计算机科学丛书

原书第3版

C++程序设计

（美） Y. Daniel Liang 著

刘晓光 李忠伟 任明明 王 刚 译

Introduction to Programming with C++

Third Edition

Introduction to Programming with C++

THIRD EDITION

Y. Daniel Liang

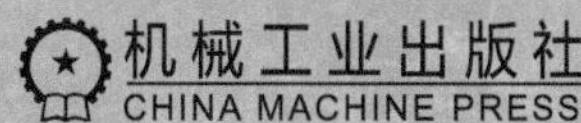

图书在版编目（CIP）数据

C++ 程序设计（原书第 3 版）/（美）梁勇（Liang，Y. D.）著；刘晓光等译．—北京：机械工业出版社，2014.11（2025.4 重印）

（计算机科学丛书）

书名原文：Introduction to Programming with C++，Third Edition

ISBN 978-7-111-48514-8

I. C⋯ II. ① 梁⋯ ② 刘⋯ III. C 语言 - 程序设计 IV. TP312

中国版本图书馆 CIP 数据核字（2014）第 267272 号

北京市版权局著作权合同登记 图字：01-2013-2094 号。

本书采用“问题驱动”、“基础先行”和“实例和实践相结合”的方式，阐明了基本的 C++ 特性。本书共分为三部分，第一部分介绍 C++ 程序设计的基本概念，第二部分介绍面向对象编程方法，第三部分介绍算法与数据结构方面的内容。为了帮助学生更好地掌握相关知识，本书每章都包括以下模块：目标，引言，关键点，检查点，问题和实例研究，本章小结，在线测验，程序设计练习，提示，小窍门，警示和教学提示。

本书可以作为高等院校计算机及相关专业 C++ 程序设计课程的教材，也可以作为 C++ 程序设计的自学参考书。

出版发行：机械工业出版社（北京市西城区百万庄大街 22 号 邮政编码：100037）

责任编辑：姚 蕾　　责任校对：殷 虹

印　刷：涿州市般润文化传播有限公司　　版　次：2025 年 4 月第 1 版第 13 次印刷

开　本：185mm × 260mm 1/16　　印　张：37

书　号：ISBN 978-7-111-48514-8　　定　价：79.00 元

客服电话：（010）88361066 68326294

译者序

随着科技的进步和各种辅助工具的层出不穷，软件设计和开发不再是一项令人生畏的艰巨工程。但是熟练的程序设计技巧仍然是必不可少的基础。这是因为，只有通过计算机程序，才能让计算机“理解”人类的意图，进而为人类服务；只有掌握了程序设计的思想和编程技巧，才能与计算机高效地“沟通”。C++ 语言是在 C 语言基础上发展起来的，它继承了 C 语言简洁、高效的特点，同时引入面向对象程序设计的思想，显著提高了程序的可读性和可维护性。因此，近 20 年来，C++ 语言一直是使用最广泛的计算机高级程序设计语言之一。

本书的作者梁勇教授（Y. Daniel Liang）是国际知名的计算机教育家和专业书籍作家。多年来他一直坚持从事计算机教学方法改革和教材的撰写工作。目前，梁勇教授已经出版了 30 多本计算机科学领域的专业教材。特别是，他所编写的 Java 系列教材，是目前世界上最畅销的 Java 教材之一，被世界各地很多高等院校广泛采用。除了 Java 以外，梁教授对于 C++ 语言也有很深刻的认识，本书是他所撰写的 C++ 教材的第 3 版。

本书分为三部分。第一部分介绍 C++ 程序设计的基础知识，包括 C++ 基本知识（第 1 章），如何使用简单数据类型、表达式、运算符等基本的编程技巧（第 2 章），分支语句（第 3 章），数学函数、字符及字符串（第 4 章），循环（第 5 章），函数（第 6 章），数组（第 7、8 章）。第二部分介绍面向对象程序设计，包括使用对象和类进行编程（第 9 章），设计类（第 10 章），指针及动态内存管理（第 11 章），用模板设计通用类（第 12 章），用 I/O 类进行文件输入输出（第 13 章），用运算符简化函数（第 14 章），由基类定义新类（第 15 章），使用异常处理创建高可靠性程序（第 16 章）。第三部分介绍算法与数据结构，包括第 17 章和第 18 ～ 26 章（这是本书的扩展阅读部分，需要读者从原书网站 www.pearsonhighered.com/liang 上付费购买），第 17 章介绍递归以及编写函数解决递归问题，第 18 章介绍如何评价算法有效性，第 19 章介绍各种排序算法并分析各自的复杂度，第 20 章介绍如何设计及实现链表、队列和优先级队列，第 21 章介绍二分搜索树，第 22 章和第 23 章介绍 C++ 的标准模板库，第 24 章和第 25 章介绍图算法及其应用，第 26 章介绍平衡二叉搜索树。

本书的翻译工作是在王刚、刘晓光等人翻译的本书第 2 版基础上，由刘晓光、李忠伟和任明明具体完成的。受译者能力所限，错漏之处在所难免，敬请读者批评指正。

感谢机械工业出版社和相关编辑为本书所付出的心血，没有辛苦的编辑和审校，本书不可能完成。

译者

2014 年 8 月于南开园

本版新内容

与第 2 版相比，第 3 版增加了许多新内容，具体包括：

- 为了让内容更简洁易懂，几乎重写了各种表示方法、主要内容、实例和练习。
- 新的实例和练习有利于激发学生编程的兴趣。
- 通过关键点强调本节的重要概念。
- 检查点以问题的形式帮助学生回顾学习的过程，并评估对于概念和实例的掌握程度。
- 视频讲解（VideoNote）通过短视频讲解来加强对概念的理解。
- 为了尽早使用字符串，本书在第 4 章就介绍了 string 对象。
- 为了让学生尽早使用文件编写程序，本书在第 4 章就介绍了简单的输入输出概念。
- 将函数相关的内容集中在第 6 章介绍。
- 列出常见的编程错误和陷阱，让学生避免犯这些错误。
- 尽量用简单的例子替换原来的复杂例子（例如，上一版第 8 章中的九宫格问题被改为检验相应的解是否正确，而完整的九宫格问题放到本书的网站上）。
- 第 18 章介绍主要算法技术：动态规划、分治、回溯和贪心算法，并通过新的实例讲解如何设计有效的算法。
- 在扩展阅读部分介绍 C++11 的新特色：foreach 循环、自动类型引用等。在本书网站的附加材料中还有 Lambda 函数的介绍。

教学特色

为了帮助学生更好地掌握相关知识，本书使用了下列模块：

- **目标**　列出学生应该掌握的内容，这样当学习完这一章后，学生能够确认自己是否达到了学习目标。
- **引言**　提出一个代表性问题，以便读者对所要学习的内容有一个概括的了解。
- **关键点**　覆盖了本节的重要概念。
- **检查点**　通过提供提示性问题帮助学生复习相关内容并评估掌握的程度。
- **问题和实例研究**　通过精心选择，以一种容易掌握的形式教授求解问题和编程的概念。本书使用很多小的、简单的、激励性的实例来表达重要思想。
- **本章小结**　概括了每章中学生应该理解和记忆的重要内容，其目的是强化学生对本章重要概念的理解。
- **在线测验**　通过 MyProgrammingLab（www.myrogramminglab.com）网站，本书还为学生提供了自测题，用于学生自我评估对编程概念和技巧的掌握程度。
- **程序设计练习**　为学生提供应用新技巧的机会。题目的难度等级分为容易（没有星号）、中等（*）、难（**）和挑战（***）。掌握编程的唯一途径就是练习，练习，再练习。为此，本书提供了大量练习题。
- **提示、小窍门、警示和教学提示**　贯穿于全书正文中，为编程训练提供有益的建议和意见。

- **提示** 提供相关主题的额外信息，并强化重要的概念。
- **小窍门** 教授好的编程风格和练习。
- **警示** 帮助学生避免编程错误和陷阱。
- **教学提示** 对如何有效使用本书资源给出建议。

灵活的章节组织

本书提供了灵活的章节组织，如下图所示。

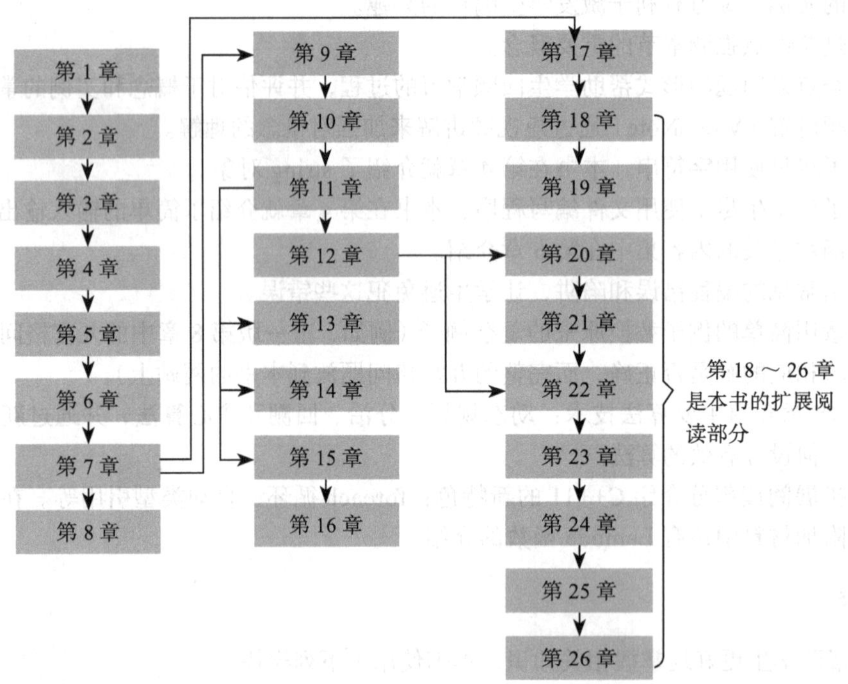

本书的组织结构

本书分为 3 部分，每部分都基于一个主题围绕着问题求解和使用 C++ 编程展开。

第一部分：编程基础（第 1 ～ 8 章）

这部分内容是起点，为你着手开始用 C++ 编程做准备。你可以初步了解 C++（第 1 章），并学习基础编程技术，包括基本数据类型、表达式和运算符（第 2 章），分支语句（第 3 章），数学函数、字符和字符串（第 4 章），循环（第 5 章），函数（第 6 章），数组（第 7、8 章）。

第二部分：面向对象编程（第 9 ～ 16 章）

这部分介绍面向对象编程。C++ 是一种面向对象编程语言，它具有抽象、封装、继承和多态等特性，适合于编写模块化、可扩充、可重用的软件。你将学习基于对象和类的编程（第 9 章），如何设计类（第 10 章），指针和动态内存管理（第 11 章），使用模板的通用类（第 12 章），基于 IO 类的文件输入输出（第 13 章），利用运算符简化函数（第 14 章），类的派生（第 15 章），利用异常处理编写可靠的程序（第 16 章）。

第三部分：算法和数据结构（第 17 章以及扩展阅读的第 18 ～ 26 章）

这部分主要介绍数据结构方面的内容。第 17 章介绍递归以及如何编程解决适合递归的问题。第 18 章介绍如何评价算法的效率，以便选择最适合应用程序的算法。第 19 章介绍各种排序算法并分析它们的复杂度。第 20 章介绍如何设计和实现链表、队列和优先队列。第 21 章介绍二分搜索树。第 22 和 23 章介绍 C++ 的标准模板库。第 24 和 25 章介绍图算法及其应用。第 26 章介绍平衡二叉搜索树。

C++ 开发工具

可以使用任意文本编辑器来编写 C++ 程序，例如 Windows 的记事本、写字板等。可以通过命令行窗口编译和运行这些程序。也可以使用 C++ 开发工具，例如 Visual C++、Dev-C++ 等。这些工具提供了一个集成开发环境（IDE），方便程序的快速编写。因为编辑、编译、链接、运行和调试都集成在一个图形化的用户界面中，所以有效地使用这些工具将显著提高编程效率。在本书网站的附加材料中提供了如何使用 Visual C++、Dev-C++ 来创建、编译和运行程序。本书的所有程序都经过 Visual C++ 2012 和 GNU C++ 验证。

利用 MyProgrammingLab 网站进行在线测验和评估

MyProgrammingLab 网站可以帮助学生全面掌握编程的逻辑、语义和语法。通过对学生测验和练习的实时和个性化反馈，MyProgrammingLab 可以有效提升初学者的编程能力，使他们在学习高级语言编程时不再局限于基本概念和范例的学习。

作为一个自我学习和家庭作业的工具，MyProgrammingLab 提供了数百个围绕着课本内容组织的小练习。对于学生来说，系统能够自动检测并指出学生提交代码的逻辑和语法错误，从而帮助学生找出错误的位置和原因。对教师来说，系统提供的成绩单存储了每一个学生的正确和错误的答案以及相关的代码，这能有效地帮助教师评估学生的成绩。

MyProgrammingLab 是为本书读者服务的。要了解更详细的情况，查看教师和学生的反馈，或者在你的课程中使用 MyProgrammingLab，请直接访问 www.myprogramminglab.com。

学生资源网站

学生资源网站（www.pearsonhighered.com/liang）包括以下内容：

- 检查点的答案。
- 偶数编号的程序设计练习的答案。
- 实例的源程序。
- 算法动画演示。
- 勘误表。

附加材料

本书涵盖了必要的主题，而附加材料则介绍了一些读者可能会感兴趣的主题和内容。附加材料可以从本书的官方网站（www.pearsonhighered.com/liang）获得。

教师资源网站⊖

教师资源网站（www.pearsonhighered.com/liang）包括以下内容：

⊖ 培生：关于教辅资源，仅提供给采用本书作为教材的教师用作课堂教学、布置作业、发布考试等。如有需要的教师，请直接联系 Pearson 北京办公室查询并填表申请。联系邮箱：Copub.Hed@pearson.com。——编辑注

- PowerPoint 格式讲义文件，其中包括彩色按钮、语法项高亮显示的源码，同时可以不退出 PowerPoint 运行程序。
- 所有程序设计练习的答案，学生只可以访问偶数编号的练习题答案。
- 测试试卷，大多数试卷包括以下 4 种题型：
  - 多选题或简答题。
  - 程序纠错。
  - 看程序写结果。
  - 编写程序。
- 项目信息。通常，每个项目都会给出相应描述，以方便学生分析、设计和实现该项目。

视频讲解

本书 20% 的视频讲解是全新的。在上一版中引入视频讲解的目的是为关键内容的实例讲解提供额外帮助，并展示从设计到代码编写这一求解问题的全过程。读者可以根据需要通过本书配套网站付费购买相应视频讲解内容。

致谢

感谢阿姆斯特朗亚特兰大州立大学给我机会讲授 C++ 课程，并支持我将授课内容编写成为教材。教学是我不断提高本书质量的动力。还要感谢使用本书的教师和学生，他们提出了许多宝贵的意见、建议、错误报告和鼓励。

还要感谢为这一版和之前版本做出贡献的许多优秀的评阅人。他们是：Anthony James Allevato（弗吉尼亚理工学院），Alton B. Coalter（田纳西大学马丁分校），Linda Cohen（福赛斯理工学院），Frank David Ducrest（路易斯安那大学拉斐特分校），Waleed Farag（宾夕法尼亚州印第安纳大学），Max I. Fomitchev（宾夕法尼亚州立大学），Jon Hanrath（伊利诺伊理工大学），Michael Hennessy（俄勒冈大学），Debbie Kaneko（欧道明大学），Henry Ledgard（托莱多大学），Brian Linard（加州大学河滨分校），Dan Lipsa（阿姆斯特朗亚特兰大州立大学），Jayantha Herath（圣克劳德州立大学），Daqing Hou（克拉克森大学），Hui Liu（密苏里州立大学），Ronald Marsh（北达科他大学），Peter Maurer（贝勒大学），Jay McCarthy（杨百翰大学），Jay D. Morris（欧道明大学），Charles Nelson（洛克谷学院），Ronald Del Porto（宾夕法尼亚州立大学），Mitch Pryor（得克萨斯大学），Martha Sanchez（得克萨斯大学达拉斯分校），William B. Seales（肯塔基大学），Kate Stewart（塔拉哈西社区学院），Ronald Taylor（莱特州立大学），Matthew Tennyson（布拉德利大学），David Topham（奥龙尼学院），Margaret Tseng（蒙哥马利学院），Barbara Tulley（伊丽莎白城学院）。

非常荣幸有机会与培生教育出版集团进行愉快的合作。我还要感谢 Tracy Johnson 和她的同事 Marcia Horton、Carole Snyder、Yez Alayan、Scott Disanno、Kayla Smith-Tarbox、Gillian Hall，以及负责组织、生产和推动该项目的其他同事。

一如既往，我还要特别感谢来自我的妻子 Samantha 的爱、支持和鼓励。

致读者

很多读者都为本书的之前版本提供了有益的反馈，他们的意见和建议对于提高本书的质量帮助良多。在这个版本中，文字表达、内容组织、课后练习和附加材料都得到了显著改善，具体包括：

- 按照逻辑顺序，重新组织了各个章节的内容和主题。
- 增加了许多有趣的实例，以及引人入胜的课后练习。
- 第 4 章就介绍了 string 类型，以便学生能够尽早使用该类型编写程序。
- 在每一节的开始，以“关键点”的形式说明重要的概念和内容。
- 在每一节的结束，以“检查点”的形式检查学生对于内容的掌握程度。

读者可以访问本书网站 www.cs.armstrong.edu/liang/cpp3e/correlation.html 获得关于本书新特色的完整列表以及与前一版本的关系等信息。

本书采用问题驱动方法，关注如何解决问题而不是语法细节。通过引入范围广泛的问题，本书力图激发学生学习编程的兴趣。前面章节的重点是解决问题。同时，为了让读者能够编写解决这些问题的程序，在这些章节中也介绍必要的语法和库。为了给问题驱动的教学提供支持，本书精心设计了覆盖多个领域、各种难度的问题以吸引学生学习。为了迎合不同专业学生的需要，本书的问题涵盖了许多应用领域，包括数学、科学、商业、金融、游戏和动画。

本书强调“基础先行”：在设计具体的类之前，先介绍基本的编程概念和技术。循环、函数和数组等基本概念和技术是编程的基础，在学生打好基础之后，才能学好面向对象编程和其他高级编程技术。

本书讲授的是 C++。但是无论使用哪种编程语言，编程的基本问题都是一样的。可以用任何一种高级语言来学习编程，例如 Python、Java、C++ 或 C#。一旦掌握了一种高级语言，学习其他语言将非常容易，因为所有编程语言的基本技术是一样的。

实例教学是讲授编程的最好办法。但是掌握编程的唯一途径是动手。本书通过实例解释基本概念，通过为学生提供各种难度的练习来加强实践。在我们的编程课程中，在每一讲之后都为学生安排了相应练习。

本书的宗旨是通过范围广泛和有趣的实例来讲授问题求解和编程的方法。如果你对本书有任何建议和意见，请直接发邮件联系我。

Y. Daniel Liang
y.daniel.liang@gmail.com
www.cs.armstrong.edu/liang
www.pearsonhigherred.com/liang

目 录

Introduction to Programming with C++, Third Edition

第二部分 面向对象编程

第三部分 算法和数据结构

附录

⊖ 第 18 ～ 26 章是本书的扩展阅读部分，需要读者从 www.personhighered.com/liang 上付费购买。——编辑注

第一部分

Introduction to Programming with C++, Third Edition

编程基础

第 1 章

Introduction to Programming with C++, Third Edition

计算机、程序和C++语言简介

目标

- 回顾计算机、程序和操作系统的基础知识（1.2 ～ 1.4 节）。
- 了解 C++ 语言的历史（1.5 节）。
- 编写一个简单的 C++ 程序（1.6 节）。
- 了解 C++ 程序开发周期（1.7 节）。
- 了解编程风格和文档（1.8 节）。
- 了解如何区分语法错误、运行时错误和逻辑错误（1.9 节）。

1.1 引言

关键点：本书的主题是学会如何用写程序的方式解决问题。

本书是关于编程的。那么，什么是编程？术语*编程*（programming）的意思是创建（或开发）软件，软件也称为*程序*（program）。在基本术语中，软件是一个包含指令的集合，这些指令告诉计算机，或者计算设备，应该做些什么。

软件就在我们的身边，甚至在一些我们意想不到的设备中。当然，我们希望能够在个人计算机上找到并使用软件，但是软件还在飞机、汽车、电话甚至烤面包机中也扮演着重要的角色。在个人计算机上，我们使用字处理器撰写文档，使用浏览器畅游 Internet，使用电子邮件程序在 Internet 上发送电子邮件。字处理器、浏览器和电子邮件程序都是在计算机上运行的软件。软件开发者使用一种强大的工具——*程序设计语言*（programming language）开发出这些软件。

本书将教会我们如何用 C++ 这种编程语言创建一个程序。人们发明了许多编程语言，有些编程语言可以追溯到好几十年前。每一种编程语言都是为了一个独特目标而被开发出来的——比之前的编程语言更为强大，或者是给开发者更新更独特的工具集。在这么多的编程语言中，我们会很自然地想要知道到底哪一种是最棒的编程语言呢？但是，答案是，没有“最棒的”编程语言。每一种编程语言都有它的优点和缺点。有经验的开发人员知道一种编程语言在某些情况下可能很有效，但是另一种编程语言却更适合其他一些场合。因此，熟练的程序开发人员会尽力掌握多种不同的编程语言，就像拥有一个巨大的开发工具库一样。

如果已经学会了用一种语言来编程，那么想要学习其他编程语言会非常容易。关键是掌握用编程的方法去解决问题。这也是本书的主题。

下面将会开始一段令人兴奋的旅程：学习如何编程。在正式进入学习之前，有必要回顾一下计算机、程序及操作系统的基础知识。如果你已经很熟悉 CPU、内存、磁盘、操作系统以及程序设计语言等术语，可以跳过 1.2 ～ 1.4 节。

1.2 什么是计算机

关键点：计算机是能够存储和处理数据的电子设备。

计算机包含硬件（hardware）和软件（software）两部分。一般而言，计算机的硬件是我们可以看到的物理特征，而软件是不可见的指令，它控制硬件，使之完成特定的任务。原则上，我们无需了解计算机硬件，就可以学习程序设计语言，但如果对硬件知识有所了解，就能帮助我们更好地理解计算机及其部件上的程序指令会产生什么效果。本节将概述计算机硬件构成及组成部件的功能。

一台计算机的硬件由如下几个主要部分组成（如图 1-1 所示）：

- 中央处理单元（CPU）。
- 内存（主存）。
- 存储设备（如磁盘、光盘）。
- 输入设备（如鼠标、键盘）。
- 输出设备（如显示器、打印机）。
- 通信设备（如调制解调器、网卡）。

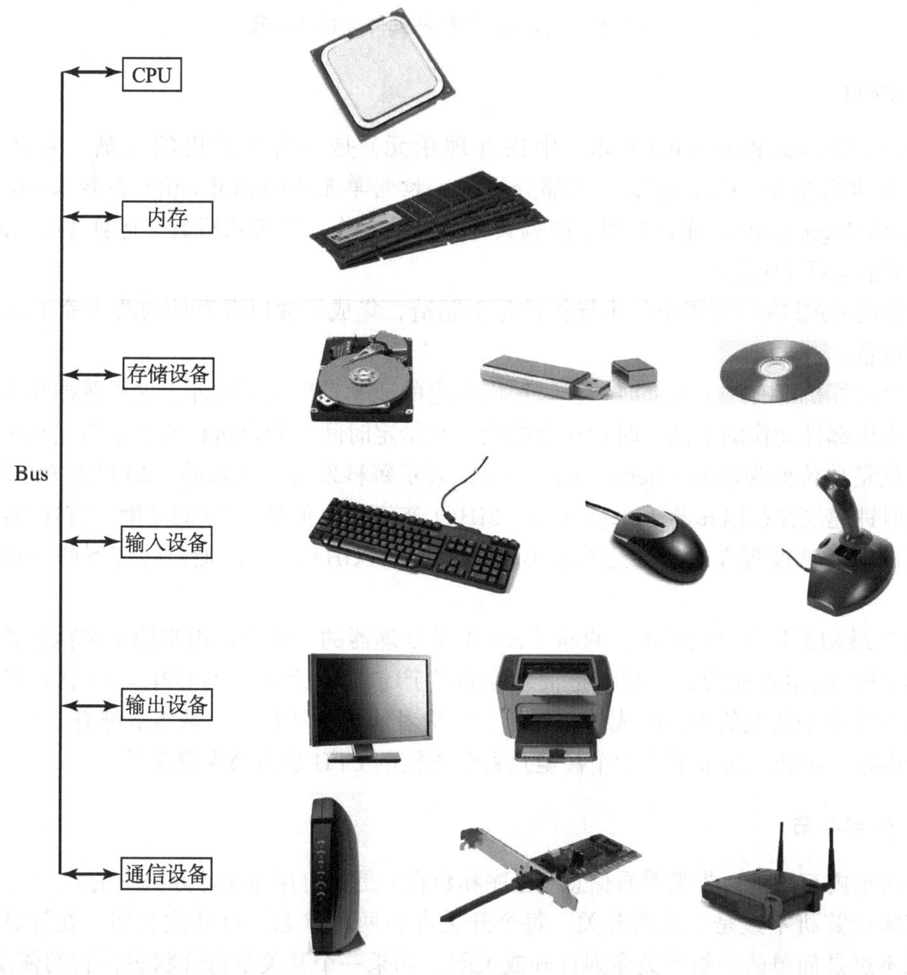

图 1-1　一台计算机包括 CPU、内存、外存储设备、输入设备、输出设备和通信设备

计算机中所有部件通过一个称为总线（bus）的子系统连接起来，可以认为总线就像计算机各部件之间的通路，数据和电能在这条通路上从一个部件连接到另一个部件。在个人计算机上，总线集成在计算机的母板（motherboard）上。母板是一个分线盒，计算机的各个部分通过它连接在一起，如图 1-2 所示。

图 1-2　母板把计算机各部件连接在一起

1.2.1　CPU

CPU（Central Processing Unit，中央处理单元）是一台计算机的大脑，它从内存获取指令并执行指令。CPU 通常由两部分组成：控制单元（control unit）和算术 / 逻辑单元（arithmetic/logic unit）。前者控制、协调其他部件的动作，后者执行数字运算（加、减、乘、除）和逻辑运算（比较）。

目前的 CPU 在一片很小的半导体硅片上制造，集成了数以百万计的晶体管（transistor）以处理信息。

每台计算机都有一个内部时钟，时钟以恒定的速率发出电子脉冲。这些脉冲用来控制和同步计算机部件动作的步调。时钟速度越快，在给定时间周期内执行的指令数量越多。时钟速度的度量单位称为赫兹（hertz，Hz），1 Hz 表示每秒发射一个脉冲。20 世纪 90 年代，计算机的时钟速度往往以兆赫（megahertz，MHz）来度量，但是 CPU 的速度一直在持续提高，计算机的时钟速度现在通常会达到吉赫（gigahertz，GHz），Intel 最新处理器的时钟速度为 3GHz。

CPU 最初都是单个内核的。内核（core）是处理器的一部分，用来读取和执行指令。为了增加 CPU 的运行能力，芯片制造商现在都生产包含多个内核的 CPU。一个多核的 CPU 是由两个或多个独立的内核组成的。如今，消费者购买的计算机，基本上都有 2 个、3 个甚至 4 个内核。很快，集成了几十个甚至几百个内核的 CPU 也将被大家接受。

1.2.2　位和字节

在讨论内存之前，先来看看信息（程序和数据）是如何存储在计算机中的。

其实计算机不过是一系列开关。每个开关存在两种状态：打开或关闭。在计算机中存储信息不过是简单的一组开关序列打开或关闭。如果一个开关是打开状态，它的值是 1。如果开关是关闭状态，它的值是 0。这些 0 和 1 的序列被解释为二进制系统的数字，称为位

(bit，二进制位)。

计算机的最小存储单元是字节 (byte)。一个字节由 8 个二进制位组成。一个比较小的数字，例如 3，就可以存储为一个单字节。如果一个数字不能够由一个字节存储，那么计算机会使用多个字节来存储。

各种各样的数据，例如数字和字符，都被编码成一系列的字节。作为程序开发人员，我们不需要担心数据是如何编码和解码的，这些是由计算机依据“编码模式”自动完成的。一个*编码模式* (encoding scheme) 是一系列如何把字符、数字和符号转换成计算机可以使用的数据的规定的集合。大多数系统的工作原理是把每个字符转换成预先规定好的二进制位的字符串。在流行的 ASCII 编码系统中，举个例子，字符 C 将转换为一个字节——01000011。

计算机的存储容量是由字节和更大的字节度量的，具体如下：

- 一个千字节 (KB) 是 1000 字节。
- 一个兆字节 (MB) 是 1 000 000 字节。
- 一个吉字节 (GB) 是 1 000 000 000 字节。
- 一个太字节 (TB) 是 1 000 000 000 000 字节。

一页典型的 Word 文档大约是 20KB。因此，1MB 可以存储 50 页的这种文件，1GB 可以存储 50 000 页的这种文件。一部典型的 2 小时高分辨率电影大约占 8GB，所以存储 20 部需要 160GB 空间。

1.2.3　内存

计算机的*内存* (memory) 由一系列有序的字节构成，用来存储程序和程序所操作的数据。可以把内存看做是计算机执行程序的工作区域。一个程序和它的数据必须装入内存中，才能被 CPU 执行。

每个字节在内存中都有一个*唯一的地址* (unique address)，如图 1-3 所示。地址用来在存储和查找数据时定位字节的位置。由于内存中的字节可以按照任意顺序进行读取，所以内存又称为*随机存储器* (Random Access Memory，RAM)。

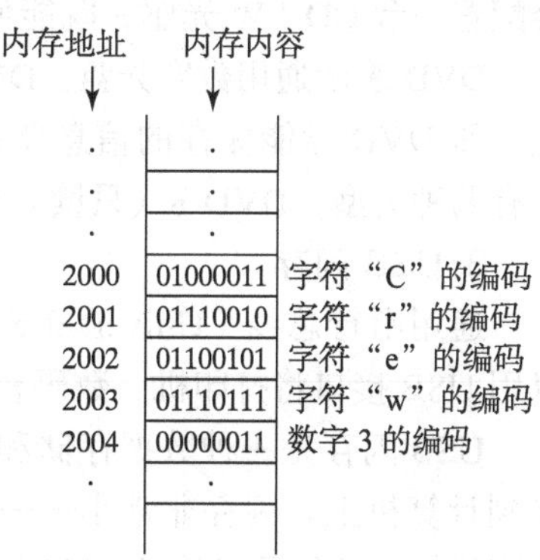

图 1-3　内存在唯一编码的存储区域中存储数据和程序指令

如今，个人计算机通常拥有至少 1GB 的 RAM，更多是 2 ～ 4GB。一般来说，一个计算机拥有的 RAM 越多，它的运行速度就越快。当然，这个简单的经验法则也是有限制的。

内存中的字节是非空的，但是其初始内容可能对程序是毫无意义的。内存字节的当前内容在新的数据写入时将会丢失。

与 CPU 一样，内存安装在表面嵌有百万晶体管的硅半导体芯片上。但是与 CPU 芯片相比，内存芯片没有那么复杂，运行速度也没有那么快，造价也没有那么高。

1.2.4　存储设备

内存是易失的，即断电后信息会丢失。程序和数据永久保存在*存储设备* (storage device) 中，当计算机真正需要使用时再传送到内存。这么做的原因是内存的速度比非易失存储设备快很多。

存储设备主要有 3 类：

- 磁盘驱动器。
- 光盘驱动器（CD 和 DVD）。
- USB 闪存驱动器。

驱动器（drive）是能够操作磁盘、光盘等存储介质的设备。存储介质对数据和程序指令进行物理存储，驱动器则从存储介质中读取数据或者将数据写入存储介质中。

1. 磁盘

一台计算机至少有一个磁盘驱动器（见图 1-4）。硬盘（hard disk）用来永久性地存储数据和程序。新款的计算机可以存储 200 ～ 800GB 的数据。硬盘通常包裹在计算机里，但是可拆卸的硬盘同样可以使用。

图 1-4 硬盘永久性地存储程序和数据

2. CD 和 DVD

CD 表示光盘。光盘驱动器分为两类：CD-R（只读）和 CD-RW（可重写）。前者是一种只读的非易失存储设备，当数据记录到光盘上后，就不能再修改。CD-RW 光盘则可像硬盘一样使用，可以读也可以重写。单张光盘的容量是 700MB。大多数最新的 PC 都会配置一台 CD-RW 光驱，既能使用 CD-R 光盘，也能使用 CD-RW 光盘。

DVD 表示通用数字光盘。DVD 盘片和 CD 盘片看起来很像，两者都可以用来存储数据。但一张 DVD 盘能保存的信息要多得多，标准 DVD 盘的容量是 4.7GB。与 CD 一样，DVD 也有两种类型，DVD-R（只读）和 DVD-RW（可重写）。

3. USB 闪存

通用串行总线（Universal Serial Bus，USB）允许用户把一些外围设备接入计算机。可以用 USB 接口将打印机、数码相机、鼠标、外接硬盘或者其他设备连接在计算机上。

USB 闪存是一种数据存储和传输设备。它是一种便携式的硬盘，可以通过 USB 接口连接到计算机上。闪存非常小——只有大约一包口香糖大小，如图 1-5 所示。目前 USB 闪存的容量最大已经可以达到 256GB。

图 1-5 USB 闪存是便携式的，而且可以存储大量数据

1.2.5 输入输出设备

输入输出设备是用户与计算机沟通的媒介。常用的输入设备有键盘（Keyboard）和鼠标（mouse），常用的输出设备有显示器（monitor）和打印机（printer）。

1. 键盘

键盘是用于输入的设备，图 1-6 所示的是一个典型的键盘，紧凑型的键盘没有数字键区。

图 1-6 一个键盘有很多用于向计算机输入数据的按键

功能键（function key）位于键盘顶端，都以 F 开头。它们的功能依赖于具体软件的设置。

辅助键（modifier key）是一些特殊的按键（如 Shift、Alt、Ctrl），当同时按下一个辅助键和某个其他按键时，这个键的标准功能就会被改变。

数字键区（numeric keypad）位于键盘右侧，由一组数字键组成，可用来快速输入数字。

方向键（arrow key）位于主键区和数字键区之间，用于向上、下、左、右四个方向移动光标。

Insert 键、Delete 键、Page Up 键和 Page Down 键用于在进行文字处理时插入、删除文字和对象，及向上、向下翻页。

2. 鼠标

鼠标是一种指示设备。用于移动屏幕上的光标（通常是箭头形状），或者点击屏幕上的对象（例如按钮）以触发相应的动作。

3. 显示器

显示器显示文本或图形信息，分辨率和点距决定了显示的质量。

分辨率（screen resolution）是指显示器每平方英寸的像素数量。像素（pixel，图像元素的简写）是一些极微小的点，它们构成了屏幕上的图像。例如，一台 17 英寸显示器的典型的分辨率是 1024 像素宽、768 像素高。用户可以手工设置分辨率。分辨率越高，图像显示越锐利、清晰。

点距（dot pitch）是指像素间的间隔大小，以毫米度量。点距越小，显示越锐利。

1.2.6 通信设备

计算机可以通过通信设备连接到网络上。常用的通信设备有拨号调制解调器、DSL、线缆调制解调器、网卡和无线适配器。

- 拨号调制解调器（dial-up modem）使用电话线传输数据，速度可达到 56 000 bps（bits per second，每秒位数）。
- DSL（Digital Subscriber Line，数字用户线路）也使用电话线，但数据传输速度可达拨号调制解调器的 20 倍。
- 线缆调制解调器（cable modem）使用有线电视线路传输数据，这种线路是由有线电视公司维护的。线缆调制解调器的速度通常比 DSL 快。
- 网卡（Network Interface Card，NIC）将计算机连接到局域网（Local Area Network，LAN）中，如图 1-7 所示。局域网通常在大学、公司以及政府部门中使用。1000BaseT 网卡的传输速度可达到 1000 mbps（million bits per second，每秒百万位）。

- 无线网络适配器通常在家、公司、学校里非常流行。如今，每台笔记本计算机都装备了无线适配器，这样可以让计算机连接到局域网和 Internet。

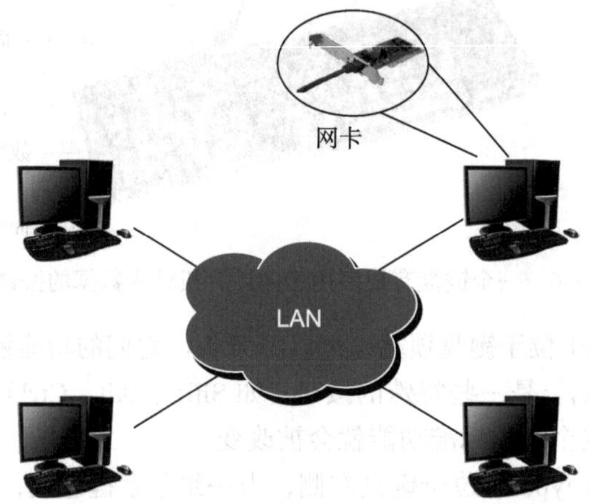

图 1-7　局域网将相邻的计算机连接在一起

提示：检查点的答案都在配套网站上。

检查点

1.1　定义软件和硬件。

1.2　列出计算机中 5 个主要的硬件部件。

1.3　CPU 表示什么？

1.4　度量 CPU 速度的单位是什么？

1.5　什么是位？什么是字节？

1.6　内存是什么？ RAM 是什么？为什么把内存叫做 RAM ？

1.7　度量内存大小的单位是什么？

1.8　衡量磁盘大小的单位是什么？

1.9　内存和存储设备最主要的区别是什么？

1.3　编程语言

关键点：计算机程序，也称为软件，实际就是发送给计算机的指令，这些指令告诉计算机要做什么。

计算机不能理解人类的语言，所以必须用计算机能够理解的语言来书写程序。现在有成百上千的编程语言，用来让人们更容易地编程。然而，这些语言都必须转换为计算机可以执行的指令。

1.3.1　机器语言

计算机能够识别的语言是计算机本机语言或者称为**机器语言**（machine language），它是每台计算机都内置的一组原语指令。机器语言指令都是二进制码格式，因此如果你想用机器语言给计算机一条指令，则必须输入二进制码指令。例如，下面的二进制数表示将两个数相加：

1101101010011010

1.3.2　汇编语言

使用机器语言编程是很乏味的过程，而且，用机器语言写的程序很难阅读和修改。因为这个原因，*汇编语言*（assembly language）被创造出来以代替机器语言。它使用一些*助记符*（mnemonic）表示机器语言指令。例如，助记符 add 表示求和，而 sub 表示求差。把 2 和 3 加起来，得到结果，可以写成这样的汇编代码：

```
add 2, 3, result
```

人们发明汇编语言是为了方便编程。然而，由于计算机不能直接执行汇编语言，所以还需要一个称为*汇编器*（assembler）的程序将汇编语言程序转换为机器码，如图 1-8 所示。

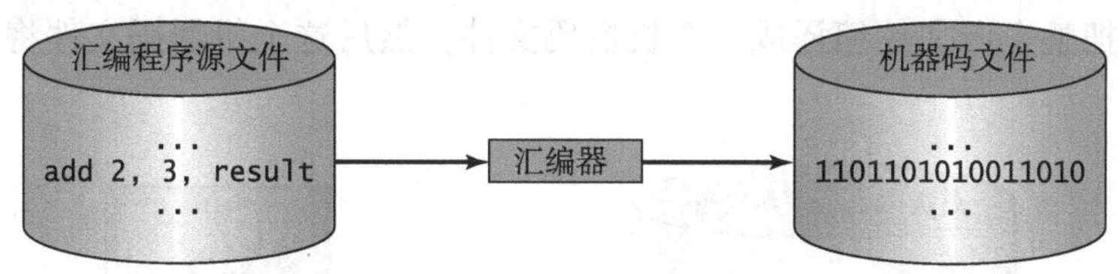

图 1-8　汇编器将汇编语言指令转换成机器语言代码

用汇编语言写程序比用机器语言更为简单。然而，汇编语言写出的程序依然晦涩难懂。一个汇编指令本质上对应着一条机器指令。写汇编程序需要了解 CPU 是如何工作的。正因为汇编语言本质上接近机器语言，而且依赖机器，所以称为*低级语言*（low-level language）。

1.3.3　高级语言

在 20 世纪 50 年代，新一代的编程语言——*高级语言*（high-level language）出现了。它们不依赖平台，意味着可以用高级语言编程，然后在不同类型的机器上运行。高级语言更像英语，而且容易学习和使用。高级语言的指令称为*语句*（statement）。举个例子，用一个高级语言的语句来计算一个半径为 5 的圆形的面积：

```
area = 5 * 5 * 3.1415
```

现在有很多种的高级语言，每一种语言都是为一种特殊的目的设计的。表 1-1 列举了一些流行的高级语言。

表 1-1　流行的高级编程语言

语言	描述
Ada	以为机械式通用计算机做出贡献的 Ada Lovelace 命名。Ada 语言是为国防部开发的，主要用于一些国防项目
BASIC	是 Beginner's All-purpose Symbolic Instruction Code 的缩写，它是为编程初学者开发的
C	在贝尔实验室中开发。C 集成了汇编语言的强大和高级语言的易用和灵活性
C++	一种基于 C 的面向对象的编程语言
C#	读作“C sharp”。微软开发的一种类 Java 和 C++ 的编程语言
COBOL	（COmmon Business Oriented Language，通用商业程序设计语言），主要用于商业应用开发
FORTRAN	（FORmula TRANslation，公式翻译），主要应用于科学和数学计算问题
Java	由 SUN 公司开发。该公司目前是 Oracle 的一部分。该语言广泛用于平台无关应用的网络开发
Pascal	以 17 世纪的计算机器先锋人物 Blaise Pascal 命名。该语言语法简单，具有结构化的特点，是一种主要用于编程教学的通用语言

（续）

语言	描述
Python	一种适用于编写短程序的简单的通用脚本语言
Visual Basic	由微软开发，编程人员可以使用它来快速开发图形化用户界面

用高级语言编写的程序称为*源程序*（source program）或*源代码*（source code）。因为计算机不能执行源程序，所以源程序必须翻译为机器码来执行。翻译工作使用一个叫做*翻译器*（interpreter）或者*编译器*（compiler）的工具来完成。

翻译器从源代码中读取一行代码，把它翻译成为机器码或者虚拟机码，然后立即执行，如图 1-9a 所示。注意，从源码中读取的一行语言可以翻译成许多机器指令。

编译器是把整个源文件编译成一个机器码文件，然后这个机器码文件将会被执行。如图 1-9b 所示。

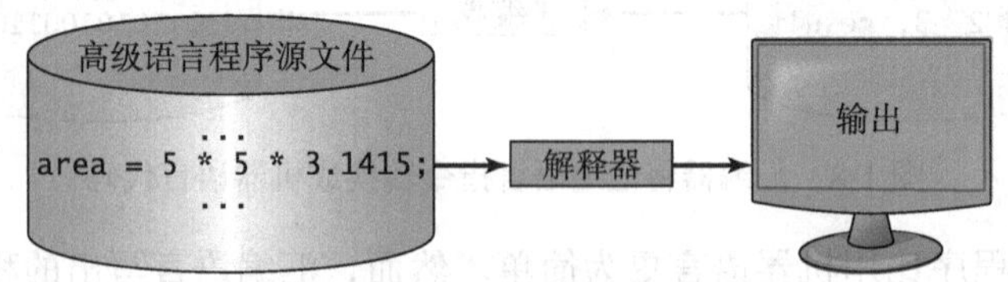

a）解释器每次解释并执行程序的一条语句

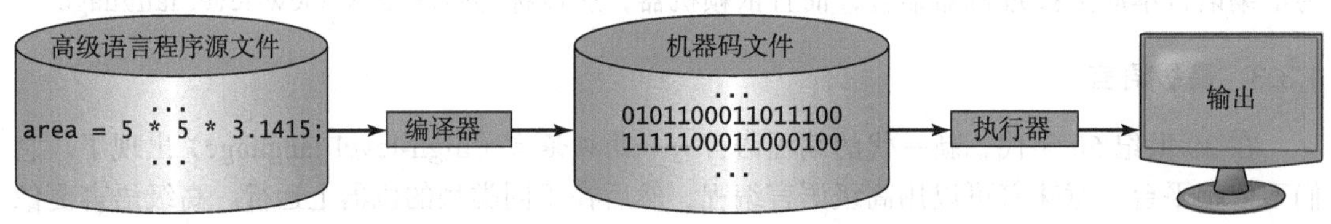

b）编译器将整个源程序转换为可执行的机器语言文件

图 1-9

检查点

1.10 CPU 能够理解的语言是哪种？

1.11 什么是汇编语言？

1.12 什么是汇编器？

1.13 什么是高级语言？

1.14 什么是源程序？

1.15 什么是解释器？

1.16 什么是汇编器？

1.17 解释型语言和编译型语言的区别是什么？

1.4 操作系统

关键点：操作系统（Operating System，OS）是一台计算机上运行的最重要的程序，它负责管理和控制计算机的所有活动。

适用于通用计算机的流行操作系统有微软的 Windows、苹果的 Mac OS 和 Linux。应用程序，例如 Web 浏览器或者文字处理软件，都不能运行在没有操作系统的机器上。图 1-10

展示了用户、应用程序、操作系统和硬件之间的相互关系。

操作系统的主要任务包括：

- 控制和监视系统活动。
- 分配和指派系统资源。
- 任务调度。

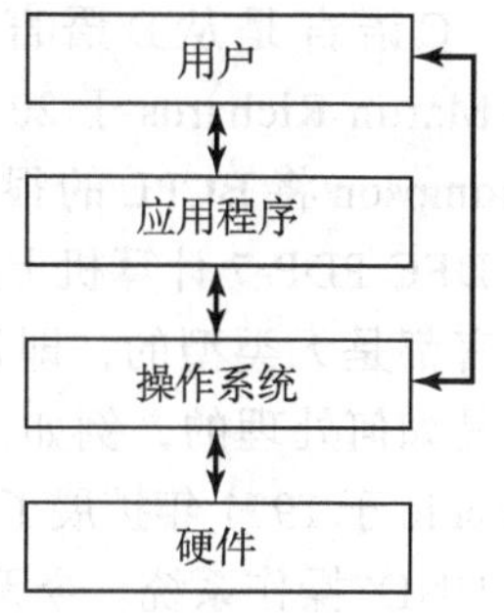

图 1-10 用户和应用程序通过操作系统访问计算机

1.4.1 控制和监视系统活动

操作系统还执行一些基本任务，如识别来自键盘的输入，发送输出到显示器，组织外存储设备上的文件和目录，以及控制诸如磁盘驱动器、打印机等外围设备。操作系统还应保证在同一时刻运行的不同程序和用户不会相互干扰。另外，操作系统负责计算机系统的安全，确保未授权的用户和程序无法访问系统。

1.4.2 分配和指派系统资源

操作系统应负责确定一个程序需要哪些计算机资源（例如，CPU 时间、内存、磁盘、输入输出设备），并负责分配资源，指派给该程序，使其正常运行。

1.4.3 任务调度

操作系统还负责调度程序，以有效利用系统资源。很多现代操作系统都支持*多道程序*、*多线程*、*多处理*等技术，以便提高系统性能。

多道程序（multiprogramming）技术允许多个程序同时运行，它们共享 CPU。CPU 要远比计算机其他部件运行速度快，因此很多时间都处于空闲状态，如等待从磁盘传输数据或等待其他系统资源的响应。一个支持多道程序的操作系统可以有效利用这一特点，可以在 CPU 本来空闲的时间，让多个程序充分使用它。例如，在 Web 浏览器正在下载文件的同时，可以使用字处理器编辑文档。

多线程（multithreading）技术允许一个程序的多个子任务同时运行。例如，字处理器程序允许用户同时编辑文本并将其存入磁盘。在这个例子中，编辑和保存是一个程序内的两个子任务，它们可以并发地执行。

多处理（multiprocessing）技术，或者称为*并行处理*（paraller processing）技术，可以使用两个或更多处理器一起来执行一个任务，这有点像多个医生共同完成一个病人的外科手术。

检查点

1.18 什么是操作系统？列举几个流行的操作系统。

1.19 操作系统最主要的任务是什么？

1.20 多道程序、多线程和多处理分别是指什么？

1.5 C++ 语言的历史

关键点：C++ 是一种通用的、面向对象的编程语言。

C、C++、Java 和 C# 非常相似。C++ 在 C 的基础上发展而来，Java 是在 C++ 之后成型的，

C# 是 C++ 的子集，且具有类似 Java 的一些特性。如果掌握了其中一门语言，学习其他几门语言就很容易。

C 语言是从 B 语言发展而来，而 B 语言是从 BCPL 语言发展而来的。BCPL 语言是 Martin Richards 于 20 世纪 60 年代中期设计的，用于操作系统和编译器的开发。Ken Thompson 将 BCPL 的很多特性引入了他的 B 语言中，并在 1970 年，在贝尔实验室的一台 DEC PDP-7 计算机上，用 B 语言创造出了 UNIX 操作系统的早期版本。BCPL 语言和 B 语言都是无类型的，即每个数据项在内存中都占用固定长度的“字”或“单元”，但数据项是如何处理的，例如，是作为一个数还是一个字符，则完全由程序员负责处理。Dennis Ritchie 于 1971 年扩展了 B 语言，添加了类型和其他特性，用该语言在 DEC PDP-11 上开发了 UNIX 操作系统。今天，C 已经演变为一种可移植的、硬件无关的语言，广泛用于操作系统的开发。

C++ 是 C 的扩展，由 Bjarne Stroustrup 在 1983 ～ 1985 年期间于贝尔实验室设计而成。C++ 改进了 C 语言，增加了一些特性，最重要的是支持使用类进行面向对象程序设计。面向对象程序设计可以使程序易于复用，且更易维护。C++ 语言可以认为是 C 语言的超集，C 的特性它都支持，C 程序可以用 C++ 编译器编译。学习了 C++ 语言，可以帮助我们更好地阅读和理解 C 程序。

国际标准化组织（International Standard Organization，ISO）于 1998 年制定了 C++ 的国际标准（C++98），其目的在于保证 C++ 的可移植性，即由一个厂商的编译器编译通过的程序，任何其他平台上的任何其他厂商的编译器编译它也不应出现编译错误。自从 ISO 标准制定以来，所有主要的 C++ 编译器厂商都已支持它。然而，C++ 厂商都会在自己的编译器中增加一些独有的特性。因此，完全有这种可能：我们的程序已经由某个编译器编译通过，但仍需要修改，以使之能被另一个不同的编译器正确编译。

一个新的标准，C++11，在 2011 年被 ISO 批准。C++11 把新的特性添加进了核心语言和标准库。这些新功能对于高级 C++ 编程是非常有效的。我们将会在相关章节中和我们的网站上介绍这些新特性。

C++ 是一个通用目的的编程语言，意味着可以使用 C++ 为任何编程任务写代码。C++ 是一个面向对象（OOP）的编程语言。面向对象的编程是开发可重用软件的有力工具。面向对象的 C++ 编程将在第 9 章中详述。

检查点

1.21　C、C++、Java 和 C# 之间的关系是怎样的？

1.22　谁最早设计了 C++？

1.6　一个简单的 C++ 程序

关键点：一个 C++ 程序是从 main 函数开始执行的。

下面从一个简单的 C++ 程序开始，这个程序在控制台上显示信息“Welcome to C++！”。（文字控制台是一个古老的计算机术语，它涉及计算机的文字录入和显示设备。控制台输入的意思是接收键盘的输入，控制台输出意思是把输出展现在显示器上。）代码如程序清单 1-1 所示。

程序清单 1-1　Welcome.cpp

```
#include <iostream>
```

```
2  using namespace std;
3
4  int main()
5  {
6    // Display Welcome to C++ to the console
7    cout << "Welcome to C++!" << endl;
8
9    return 0;
10 }
```

程序输出：

```
Welcome to C++!
```

其中的行号不是程序内容，只是为了引用方便，因此在输入程序时请不要输入行号。

程序的第 1 行

```
#include <iostream>
```

是一条编译预处理指令，作用是告知编译器在此程序中包含 iostream 库，这个库是支持控制台输入输出所必需的。C++ 库包含了开发 C++ 程序所需的预定义代码。像 iostream 这样的库在 C++ 中称为*头文件*（header file），因为通常都在程序头部包含这些库。

程序的第 2 行语句

```
using namespace std;
```

告诉编译器使用标准命名空间。std 是 standard 的缩写。命名空间是一个用来避免大型项目中名字重复的机制。第 7 行的名称 cout 和 endl 被定义在标准命名空间的 iostream 库中。为了让编译器能够找到这些名称，必须使用第 2 行的语句。命名空间是附加材料 IV.B 中的一个高级主题。从现在起，我们所要做的就是把第 2 行写进程序里来进行输入输出操作。

每个 C++ 程序都从一个主函数开始执行。所谓函数，就是包含若干语句的程序结构。本程序中第 4 ～ 10 行定义了*主函数*，共包含两条语句。这两条语句包含在一个*语句块*（block）内，语句块以左大括号“{”开始（第 5 行），以右大括号“}”结束（第 10 行）。语句块内的每条语句必须以一个分号“;”作为结尾，分号是*语句终止符*（statement terminator）。

第 7 行的语句在控制台上输出一条信息。其中 cout 表示*控制台输出*（console output），运算符“<<”称为*流插入运算符*（stream insertion operator），它向控制台发送一个字符串。字符串必须包含在引号内。第 7 行的语句先向控制台输出字符串“Welcome to C++ !”，然后输出 endl。注意，endl 表示*结束行*（end line），向控制台发送 endl 会输出一个换行，并刷新输出缓冲区，保证输出内容立即显示出来。

第 9 行的语句

```
return 0;
```

应放置在每个主函数的末尾，用来退出程序。返回值 0 表明程序*成功退出*（successful exit）。程序中如果不写这条语句，在有些编译器中是可以被编译的，但有些则不行。为了让程序适应所有的 C++ 编译器，在程序中总是写上这样的语句是一个好的实践方法。

第 6 行是一条*注释*（comment），其作用是说明这段程序是什么，是如何编写的。注释能帮助程序员相互交流，理解程序。注释不是编程语句，因此会被编译器忽略。在 C++ 中，占据一行以两个斜线（//）开始的注释称为*行注释*（line comment）。注释也可包含在“/*”和“*/”之间，这种注释可跨越一行或多行，称为*块注释*（block comment）或*段注释*

（paragraph comment）。当编译器遇到“//”时，会忽略同一行中剩余的所有文本。当编译器遇到“/*”时，则会扫描后续文本直至遇到“*/”，并忽略两者之间的所有文本。

下面是两种类型注释的例子：

```
// This application program prints Welcome to C++!
/* This application program prints Welcome to C++! */
/* This application program
   prints Welcome to C++! */
```

关键字（keyword）或称为保留字（reserved word），是指对编译器来说有特殊含义的，不能在程序中用于其他用途的字。本程序中有 4 个关键字：using、namespace、int 和 return。

警示：预处理器指令不是 C++ 语句。因此，不要把分号写在预处理器指令的结束位置。这样做可能导致微妙的错误。

警示：如果把多余的空格写在 < 和 iostream 之间，或者 iostream 和 > 之间，有些编译器可能无法编译。额外的空格将成为头文件名的一部分。为了确保程序能够运行在所有的编译器环境中，不要把多余的空格写在这类语句中。

警示：C++ 源程序是大小写敏感的。例如，如果将程序中的 main 替换成 Main，就会出现错误。

提示：讲到这里，我们可能想知道为什么主函数要以这种形式声明，为什么用 `cout << "Welcome to C++!" << endl` 这样的语句输出一条信息到控制台。这些问题目前还无法得到圆满解答，在后面的章节中会找到答案。

我们已经在程序中看到了一些特殊符号（例如，#、//、<<），它们几乎出现在每一个程序中，表 1-2 总结了它们的用法。

表 1-2　特殊符号

符号	名称	描述
#	磅符号	用在 #include 中，表示一个预处理指令
<>	左右尖角括号	用在 #include 之后用于包括一个库名
()	左右圆括号	用在如 main() 这样的函数中
{}	左右花括号	用来表示一个语句块
//	双斜线	用于处理一行注释
<<	流插入运算符	输出到控制台
" "	左右引用符号	包含一个字符串（例如，一个字符序列）
;	分号	标识语句的结束

学生在本章中遇到的最常见的错误是语法错误。与任何其他编程语言一样，C++ 有自己的语法规则，叫做语法（syntax），我们需要编写遵循语法规则的代码。如果程序违反了这些规则，C++ 编译器就报告语法错误。需要注意程序中的标点符号。重定向符号 << 是两个连续的 < 组成的。函数中每条语句以分号（；）结束。

程序清单 1-1 显示了一条消息。一旦理解了这个程序，它就可以很容易扩展以显示更多的消息。例如，可以将程序改写为显示 3 条消息，见程序清单 1-2。

程序清单 1-2 WelcomeWithThreeMessages.cpp

```
#include <iostream>
using namespace std;

```

```
int main()
{
  cout << "Programming is fun!" << endl;
  cout << "Fundamentals First" << endl;
  cout << "Problem Driven" << endl;

  return 0;
}
```

程序输出：

```
Programming is fun!
Fundamentals First
Problem Driven
```

此外，还可以执行数学计算并显示结果到控制台。程序清单 1-3 给出了这样的一个例子。

程序清单 1-3 ComputeExpression.cpp

```
1  #include <iostream>
2  using namespace std;
3
4  int main()
5  {
6    cout << "(10.5 + 2 * 3) / (45 - 3.5) = ";
7    cout << (10.5 + 2 * 3) / (45 - 3.5) << endl;
8
9    return 0;
10 }
```

程序输出：

```
(10.5 + 2 * 3) / (45 - 3.5) = 0.39759036144578314
```

乘法运算符在 C++ 中是 *。正如这里看到的，这是将一个算术表达式翻译成 C++ 表达式的简单过程，我们将在第 2 章中进一步讨论 C++ 表达式。

我们还可以将多个输出写在一条语句中。例如，下面的语句会执行和第 6 ～ 7 行相同的功能：

```
cout << "(10.5 + 2 * 3) / (45 - 3.5) = "
  << (10.5 + 2 * 3) / (45 - 3.5) << endl;
```

检查点

1.23 解释 C++ 的关键字。列出在本章中学习到的一些 C++ 关键字。

1.24 C++ 是大小写敏感的吗？ C++ 的关键字呢？

1.25 C++ 源文件名的扩展名是什么？ Windows 中 C++ 可执行文件的扩展名是什么？

1.26 什么是注释？ C++ 中的单行注释语法是什么？注释会被编译器忽略吗？

1.27 在控制台上显示一个字符串的语句是什么？

1.28 什么是 std ？

1.29 下列哪一条预处理指令是正确的？

a. `import` iostream

b. `#include` <iostream>

c. `include` <iostream>

d. `#include` iostream

1.30　下列哪一条预处理指令可以在所有的 C++ 编译器中运行？

a. **#include** < iostream>

b. **#include** <iostream >

c. **include** <iostream>

d. **#include** <iostream>

1.31　给出下面代码的输出：

```
#include <iostream>
using namespace std;

int main()
{
  cout << "3.5 * 4 / 2 - 2.5 = " << (3.5 * 4 / 2 - 2.5) << endl;

  return 0;
}
```

1.32　给出下面代码的输出：

```
#include <iostream>
using namespace std;

int main()
{
  cout << "C++" << "Java"  << endl;
  cout << "C++" << endl << "Java"  << endl;
  cout << "C++, " << "Java, "  << "and C#"  << endl;

  return 0;
}
```

1.7　C++ 程序开发周期

关键点：C++ 程序的开发周期包括创建 / 修改源代码、编译、链接和执行程序。

我们必须首先创建程序，编译它，然后才能执行。这个过程是反复的，如图 1-11 所示。如果程序出现编译错误，我们就必须修改程序修正错误，然后重新编译。如果程序运行时发生错误，或者没有生成正确的结果，那么还是要修改程序，重新编译，然后再执行一次。

C++ 编译器命令只进了队列中的 3 个任务：预处理（preprocessing）、编译（compling）和链接（linking）。因此，一个 C++ 编译器包含了 3 个不同的程序：预处理器（preprocessor）、编译器（compiler）和链接器（linker）。为了简单起见，我们把涉及的 3 个程序合起来统称为 C++ 编译器。

- 预处理器是一个用来在源文件传递给编译器之前处理它的程序。预处理器处理指令。指令都是由 # 符号开始的。举个例子，列表 1-1 中的第 1 行 #include 是一条告诉编译器包含一个类库的指令。编译器产生中间文件。
- 编译器接着把中间文件转换为机器码文件。机器码文件也称为目标文件（object file）。为了避免和 C++ 对象的冲突，我们将不会使用这个术语。
- 链接器链接机器码文件和所需的支持文件来形成一个可执行的文件。在 Windows 上，机器码文件在磁盘中存储为 .obj 文件，可执行文件存储为 .exe 文件。在 UNIX 上，机器码文件有一个 .o 的扩展名，可执行文件没有文件扩展名。

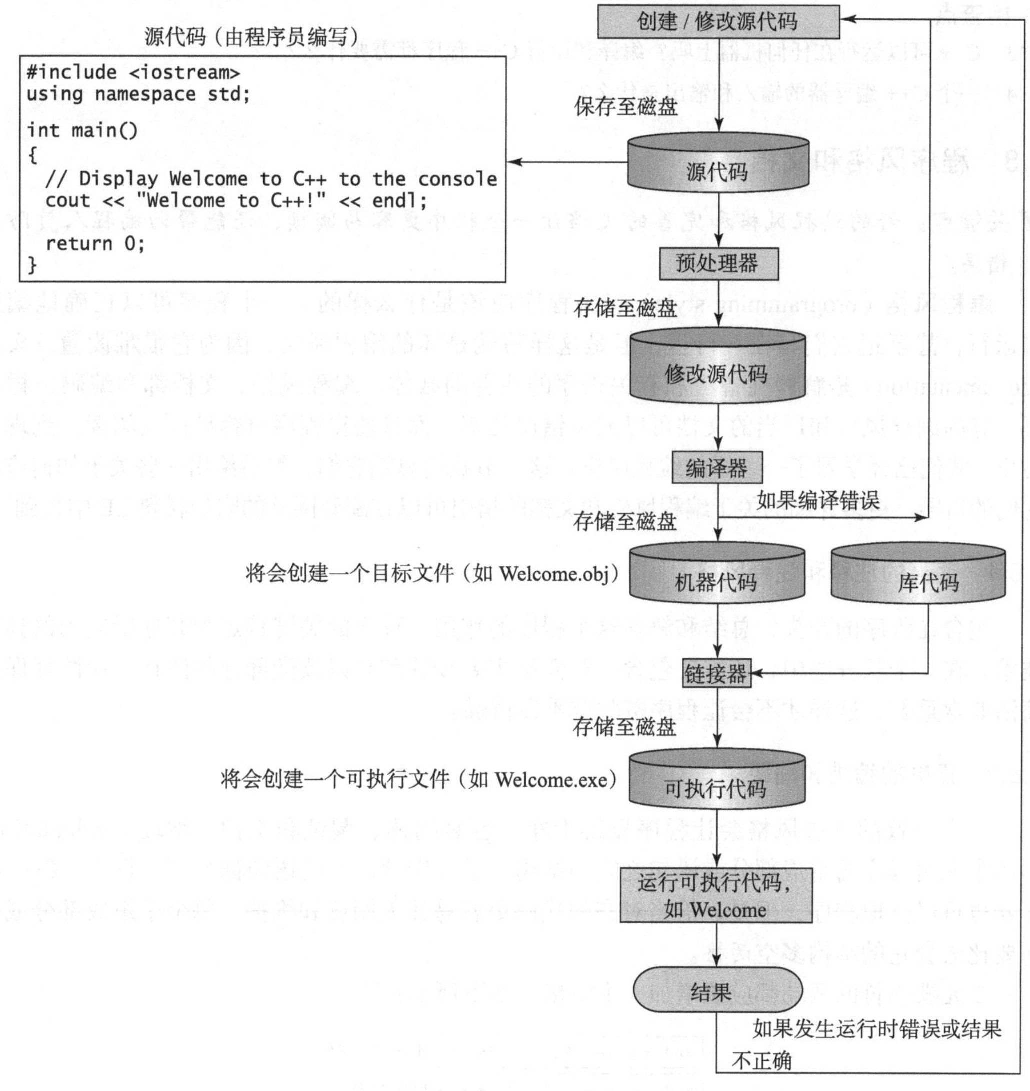

图 1-11　C++ 程序开发过程由创建 / 修改源代码、编译、链接和执行程序几个步骤组成

提示：一个 C++ 源程序文件通常以 .cpp 为扩展名。一些编译器也允许其他扩展名（如 .c、.cp 或者只是 .c），但是建议坚持使用 .cpp 扩展名，以便能适应所有 C++ 编译器。

我们既可以通过命令行方式开发一个 C++ 程序，也可以使用 IDE。IDE 就是提供了集成开发环境（integrated development environment），以便进行 C++ 程序快速开发的软件。编辑、编译、程序生成、调试和在线帮助都集成在一个图形用户界面中。只需在一个窗口中输入源码，或者在一个窗口中打开一个已有的源码文件，然后单击一个按钮、菜单项或者功能键，即可编译、运行程序。常用的 IDE 有微软的 Visual C++、Dev-C++、Eclipse 和 NetBeans。所有的 IDE 都能免费下载。

附加材料 II.B 介绍了如何用 Visual C++ 开发 C++ 程序。附加材料 II.D 介绍如何用 Dev-C++ 开发 C++ 文件。附加材料 II.E 介绍了如何用 NetBeans 开发 C++ 程序。附加材料 I.F 介绍了如何用 Windows 命令行开发 C++ 程序。附加材料 I.G 介绍了如何在 UNIX 平台上开发 C++。

检查点

1.33　C++ 可以运行在任何机器上吗？编译和运行 C++ 程序都需要什么？

1.34　一个 C++ 编译器的输入和输出是什么？

1.8　程序风格和文档

关键点：好的编程风格和完善的文档让一个程序更容易阅读，还能帮助编程人员防止错误。

编程风格（programming style）解决程序应该是什么样的。一个程序可以正确地编译和运行，甚至把它们写在一行里，但是这样写就是坏的编程风格，因为它很难读懂。**文档**（documentation）是解释性备注和有关程序的注释的载体。编程风格、文档都和编码一样重要。好的编程风格和适当的文档可以减少错误几率，而且使得程序更容易让人阅读。到现在为止，我们已经学习了一些好的编程风格。这一节我们总结它们，然后给出一些关于如何应用它们的指导。更多详细的关于编程风格和文档的指引可以在配套网站的附加材料 I.E 中找到。

1.8.1　适当的注释和注释风格

包含在程序的开头，总结和解释这个程序的作用、程序的关键特点和其他所应用的独特技术。在一个长程序中，还需要包含一些介绍主要步骤和难以读懂部分的注释。让注释保持简洁非常重要，这样才不会让程序臃肿或难以读懂。

1.8.2　正确的缩进和间距

一个一致的缩进风格会让程序显得干净，容易阅读、调试和维护。**缩进**（indentation）是用来说明程序的组成部分或语句之间的结构关系。即使所有的语句都写在一行中，C++ 编译器也可以读取程序，但是，恰当对齐的代码更容易让人阅读和维护。每个子组成部分或语句要比嵌套它的结构多空两格。

二元操作符的两端都应该增加一个空格，如下所示：

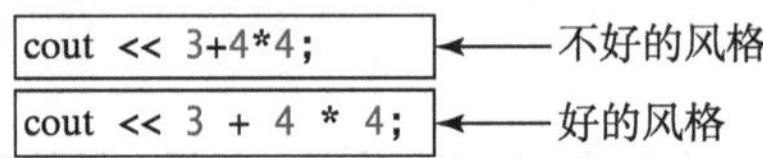

为了让程序更加容易读懂，程序段之间都需要加上一个空行。

检查点

1.35　找出并修改下面代码中的错误：

```
include <iostream>;
using namespace std;

int main
{
  // Display Welcome to C++ to the console
  cout << Welcome to C++! << endl;

  return 0;
}
```

1.36　该怎样表示一个行注释和段注释？

1.37　根据程序风格和文档指南，重新对下面程序的格式进行处理。

```
#include <iostream>
using namespace std;

int main()
{
cout << "2 + 3 = "<<2+3;
  return 0;
}
```

1.9 编程错误

关键点：*编程中遇到的错误可以归为 3 类：语法错误、运行时错误和逻辑错误。*

编程中的错误不可避免，甚至对于有经验的编程者也是如此。编程中遇到的错误可以被归为 3 类：语法错误、运行时错误和逻辑错误。

1.9.1 语法错误

编译器发现的错误叫做*语法错误*（syntax error）或者*编译错误*（compile error）。语法错误是代码结构错误的结果，例如输错了一个关键字、丢失了必要的标点符号、使用了左括号却没有右括号。这些错误通常很容易发现，因为编译器告诉我们它们在哪，是什么原因引起的。举个例子，如下所示的程序清单 1-4 中就有一个语法错误。

程序清单 1-4 ShowSyntaxErrors.cpp

```
1 #include <iostream>
2 using namespace std
3
4 int main()
5 {
6   cout << "Programming is fun << endl;
7
8   return 0;
9 }
```

当用 Visual C++ 编译这段代码的时候，会显示这样的错误：

```
1>Test.cpp(4): error C2144: syntax error : 'int' should be preceded by ';'
1>Test.cpp(6): error C2001: newline in constant
1>Test.cpp(8): error C2143: syntax error : missing ';' before 'return'
```

这里报告了 3 个错误，但程序实际有两个错误。第一，第 2 行末尾丢失了分号。第二，第 6 行的字符串“Programming is fun”丢失了右引号。

一个错误经常会显示许多行的编译错误，所以好的习惯是从最顶端的错误改起。修正程序中较早出现的错误，将会修正一些后续发生的附加错误。

小窍门：*如果不知道如何改正错误，可以把程序和本书中类似的例子程序逐个字符地进行对比。在最初几个星期的课程学习中，我们可能会花大量的时间来修正语法错误。但很快就会熟悉语法，并能迅速修正语法错误。*

1.9.2 运行时错误

运行时错误（runtime error）导致一个程序异常中断。当程序运行时，如果环境检测到一个操作不能被顺利实施，运行时错误就发生了。输入错误是典型的运行时错误的原因。当程序等待用户输入一个值，用户输入了一个程序无法使用的值，一个输入错误就发生了。举

个例子，如果程序想要读取一个数字，但是用户输入了一个字符串，这就导致了数据类型错误的发生。

另外一种常见的运行时错误就是除数是 0 的错误。这发生在当 0 是整数除法的除数的时候。举个例子，下面的程序清单 1-5 就会导致一个运行时错误。

程序清单 1-5 ShowRuntimeErrors.cpp

```
1  #include <iostream>
2  using namespace std;
3
4  int main()
5  {
6     int i = 4;
7     int j = 0;
8     cout << i / j << endl;
9
10    return 0;
11 }
```

这里，i 和 j 叫做变量。我们在第 2 章中介绍变量。i 的值是 4，j 的值是 0。第 8 行的 i/j 导致了一个除数是 0 的运行时错误。

1.9.3 逻辑错误

逻辑错误（logic error）出现在程序不是按照预期执行的时候。这种错误有很多种原因，举个例子，我们写了一个程序，如程序清单 1-6 所示，将摄氏 35 度转化为华氏温度。

程序清单 1-6 ShowLogicErrors.cpp

```
#include <iostream>
using namespace std;

int main()
{
  cout << "Celsius 35 is Fahrenheit degree " << endl;
  cout << (9 / 5) * 35 + 32 << endl;

  return 0;
}
```

程序输出：

```
Celsius 35 is Fahrenheit degree
67
```

这里得到华氏温度是 67 度，但是结果是错误的。应该是 95 度。在 C++ 中，整数除法的结果是商。小数部分被截断了。所以，9/5 的结果是 1，为了得到正确的结果，需要用 9.0/5，结果是 1.8。

通常，语法错误很容易找到和修改，因为编译器告诉我们哪里出错了，为什么出错了。运行时错误也不难找到，因为当程序崩溃时，错误的原因和地址都显示在了控制台上。但是，找到逻辑错误是非常具有挑战性的。在后续的章节中，我们将学习跟踪和找到逻辑错误的技能。

1.9.4 常见错误

初学者常见的错误有：丢失后括号、丢失分号、丢失字符串的引号和错误的拼写。

1. 常见错误 1：丢失大括号

大括号用来表示程序中的一个程序段。每一个左大括号都需要一个右大括号来配套。一个常见错误是丢失右大括号。为了避免这种错误，当键入左大括号的时候就键入右大括号，如下面的例子所示：

```
int main()
{

} ←—— 输入右大括号来匹配左大括号
```

2. 常见错误 2：丢失分号

每一个语句都需要用分号来结束。通常，一个新手容易忘记在程序段的末尾为语句加上分号。如下面的例子：

```
int main()
{
    cout << "Programming is fun!" << endl;
    cout << "Fundamentals First" << endl;
    cout << "Problem Driven" << endl
}
```

缺少一个分号

3. 常见错误 3：丢失引号

一个字符串必须写在引号之间。通常，初学者容易忘记字符串结束处的后引号。如下面的例子所示：

```
cout << "Problem Driven;
```

缺少一个引号

4. 常见错误 4：拼错名字

C++ 是大小写敏感的。初学者经常犯拼写的错误。举个例子，把 main 错拼成 Main，如下面的例子所示：

```
int Main()
{
  cout << (10.5 + 2 * 3) / (45 - 3.5) << endl;
  return 0;
}
```

检查点

1.38　什么是语法错误、运行时错误和逻辑错误？

1.39　如果忘了给一个字符串加上右引号，会发生什么错误？

1.40　如果程序需要从一个文件中读取数据，但该文件不存在，那么运行此程序时会发生一个错误。这是什么类型的错误？

1.41　假设写一个程序，用于计算矩形的周长，但却错误地将程序写成了计算一个矩形的面积。这是什么类型的错误？

1.42　找出并修正下面代码中的错误：

```
int Main()
{
  cout << 'Welcome to C++!;
  return 0;
)
```

关键术语

assembler（汇编器）
assembly language（汇编语言）
bit（位）
block（块）
block comment（块注释）
bus（总线）
byte（字节）
cable modem（线缆调制解调器）
Central Processing Unit（CPU，中央处理单元）
comment（注释）
compile error（编译错误）
compiler（编译器）
console（控制台）
console input（控制台输入）
console output（控制台输出）
dot pitch（点距）
Digital Subscriber Line（DSL，数字用户线路）
encoding scheme（编码方案）
hardware（硬件）
header file（头文件）
high-level language（高级语言）
Integrated Development Environment（IDE，集成开发环境）
interpreter（解释器）
keyword (or reserved word)（关键字（保留字））
library（库）
line comment（行注释）
linker（链接器）
logic error（逻辑错误）
low-level language（低级语言）
machine language（机器语言）
main function（主函数）
memory（内存）
modem（调制解调器）
motherboard（主板）
namespace（命名空间）
Network Interface Card（NIC，网卡）
object file（目标文件）
Operating System（OS，操作系统）
paragraph comment（段注释）
pixel（像素）
preprocessor（预处理器）
program（程序）
programming（编程）
runtime error（运行时错误）
screen resolution（屏幕分辨率）
software（软件）
source code（源代码）
source program（源程序）
statement（语句）
statement terminator（语句终止符）
storage device（存储设备）
stream insertion operator（流插入运算符）
syntax error（语法错误）

提示：以上列出的是本章中定义的关键术语。附加材料 I.A 中的词汇表中，以分章节的形式列出了本书中所有的关键术语及其描述。

本章小结

1. 计算机是一种存储和处理数据的电子设备。
2. 计算机包括硬件和软件两部分。
3. 硬件是我们可以触摸到的计算机的物理组成部分。
4. 称为软件的计算机程序，是控制硬件执行特定任务的不可见的指令集合。
5. 计算机程序设计，就是写出由计算机执行的指令序列。
6. 中央处理单元（CPU）是计算机的大脑，它从内存中寻找指令并执行指令。
7. 计算机使用 0 和 1，因为数字设备有两个稳定的状态，对应为 0 和 1。
8. 1 位就是一个二进制的 0 或者 1。
9. 1 字节是 8 个二进制位序列。
10. 1KB 大约是 1000 字节，1MB 大约是 1 000 000 字节，1GB 大约 100 000 000 字节，而 1TB 大约是 1000GB。

11. 内存中存放着 CPU 要执行的数据和程序指令。
12. 存储单元是有序的字节序列。
13. 内存中不能保留信息，因为在断电后信息会丢失。
14. 程序和数据永久地被保存在存储设备上，在计算机实际需要它们的时候才被调入内存中。
15. 机器语言是每台计算机都内置的一个原语指令集。
16. 汇编语言是一种低级程序设计语言，它实际上是机器语言指令的一种助记符表示方式。
17. 高级程序设计语言类似英语，易学、易于编程。
18. 用高级语言写成的程序称为源程序。
19. 编译器是能够将源程序翻译成机器语言程序的软件程序。
20. 操作系统（OS）是一个管理和控制计算机活动的程序。
21. C++ 是 C 的扩展。C++ 增加了许多功能，提高了 C 语言的性能。最重要的是，它增加了对使用类的面向对象编程的支持。
22. C++ 源文件的扩展名为 .cpp。
23. # include 是一个预处理指令。所有的预处理指令都是用 # 开始的。
24. 在流插入运算符（<<）后的 cout 对象可以用来在控制台上显示一个字符串。
25. 每个 C++ 程序都是从 main 函数开始执行的。函数是一个包含了语句的语法结构。
26. 在 C++ 中的每个语句必须以分号（;）结尾，分号也叫做语句结束符。
27. 在 C++ 中，注释前面有两个斜杠（//），称为行注释，包含在 /* 和 */ 中的一行或数行，称为块注释或段注释。
28. 关键字或保留字，对于编译器来说具有特定的含义，不能够在程序中被用于其他用途。关键字包括 using、namespace、int 和 return。
29. C++ 源程序是区分大小写的。
30. 可以通过命令窗口或使用如 Visual C++ 或 Dev-C++ 这样的 IDE 环境来开发 C++ 应用。
31. 编程错误可分为 3 类：语法错误、运行时错误和逻辑错误。由编译器报告的错误称为语法错误或者编译错误。运行时错误是导致程序异常终止的错误。逻辑错误发生在当程序没有按照预期执行的时候。

在线测验

请在 www.cs.armstrong.edu/liang/cpp3e/quiz.html 完成本章的在线测验。

程序设计练习

注意：本书配套网站提供了偶数数目的程序练习。所有的程序练习题目的解决方案都在教师资源网站中。难度水平以容易（无星级）、中度（*）、难（**）或具有挑战性的（***）进行区分。

1.6 ～ 1.9 节

1.1 （显示 3 条消息）编写程序显示 Welcome to C++、Welcome to Computer Science 和 Programming is fun。

1.2 （显示 5 条消息）编写程序显示 5 次 Welcome to C++。

*1.3 （显示一个图案）编写程序显示下面的图案。

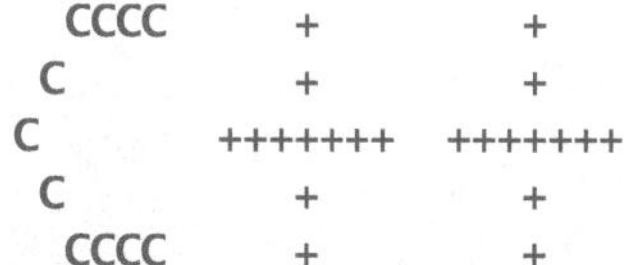

1.4 （打印一个表格）编写程序显示下面的表格。

```
a    a^2    a^3
1    1      1
2    4      8
3    9      27
4    16     64
```

1.5 （计算表达式）编写程序输出表达式 $\frac{9.5\times4.5-2.5\times3}{45.5-3.5}$ 的结果。

1.6 （系列的总和）编写程序输出 1+2+3+4+5+6+7+8+9 的结果。

1.7 $\pi=4\times\left(1-\frac{1}{3}+\frac{1}{5}-\frac{1}{7}+\frac{1}{9}-\frac{1}{11}+\cdots\right)$（π 的近似值）π 可以根据下面的公式计算出来：

编写一个程序，分别显示 $4\times\left(1-\frac{1}{3}+\frac{1}{5}-\frac{1}{7}+\frac{1}{9}-\frac{1}{11}\right)$ 和 $4\times\left(1-\frac{1}{3}+\frac{1}{5}-\frac{1}{7}+\frac{1}{9}-\frac{1}{11}+\frac{1}{13}\right)$ 的结果。在程序中使用 1.0 代替 1。

1.8 （圆的面积和周长）编写一个程序，通过计算下面的公式，输出半径为 5.5 的圆的面积和周长。

$$周长 = 2\times 半径 \times\pi$$

$$面积 = 半径 \times 半径 \times\pi$$

1.9 （矩形的面积和周长）编写一个程序，通过下面的公式计算宽度为 4.5、高度为 7.9 的矩形的面积和周长，并进行输出。

$$面积 = 宽度 \times 高度$$

1.10 （以英里为单位的平均速度）假设一个赛跑运动员在 45 分 30 秒内跑了 14 千米。编写一个程序，输出该运动员以英里为单位的每小时平均速度。（1 英里为 1.6 千米）

*1.11 （人口推算）美国人口普查局项目根据以下假设来进行人口推算：

- 每 7 秒有一人出生。
- 每 13 秒有一人死亡。
- 每 45 秒有一个新移民。

编写程序，输出每 5 年的人口推算结果。假设目前的人口为 312 032 486，每年按 365 天计算。

提示：在 C++ 中，如果两个整数执行除法，结果是商中的小数部分被截断。

例如，5/4 为 1（不是 1.25）和 10/4 为 2（不是 2.5）。为了得到准确的结果，参与除法中的其中一个数必须为小数，例如，5.0 /4 为 1.25，10 /4.0 为 2.5。

1.12 （以千米为单位的平均速度）假设一个赛跑运动员在 1 小时 40 分 35 秒内跑了 24 英里。编写程序，输出该运动员以千米为单位的每小时平均速度。（1 英里为 1.6 千米）

程序设计基础

目标

- 能编写进行简单计算的 C++ 程序（2.2 节）。
- 会从键盘读取输入（2.3 节）。
- 会使用标识符来命名变量和函数（2.4 节）。
- 会使用变量存储数据（2.5 节）。
- 会使用赋值语句和赋值表达式编写程序（2.6 节）。
- 会使用 const 关键字保存常量（2.7 节）。
- 会声明数值数据类型的变量（2.8.1 节）。
- 会使用整数、浮点数和科学记数法（2.8.2 节）。
- 会使用 +、−、*、/ 和 % 操作符（2.8.3 节）。
- 会使用 pow(a,b) 函数进行指数操作（2.8.4 节）。
- 会书写和计算表达式（2.9 节）。
- 会使用 time(0) 函数获取系统当前时间（2.10 节）。
- 会使用增强赋值运算符（+=、−=、*=、/=、%=）（2.11 节）。
- 会区分先自增，后自增，先自减和后自减（2.12 节）。
- 会使用强制转换把数字转换为不同的类型（2.13 节）。
- 会叙述软件开发过程，并应用它开发贷款支付程序（2.14 节）。
- 会写程序把一大笔钱转换成零钱（2.15 节）。
- 在编程初期避免常见错误（2.16 节）。

2.1 引言

关键点：本章主要是学习基本编程技术来解决问题。

在第 1 章中，我们学习了如何创建、编译和运行基础程序。现在将会学习如何用编程解决问题。通过解决这些问题，我们将学习使用基本数据类型、变量、常量、运算符、表达式、输入和输出语句进行基本编程。

举个例子，如果想要申请一笔学生贷款，已得知了贷款金额、贷款期限和年利率，怎样通过编程来计算每月的还款金额和总的还款金额呢？这一章将介绍如何写出这样的程序。在这个过程中，我们将会学到分析问题、设计解决方案和通过编程解决问题的一些基本步骤。

2.2 编写简单的程序

关键点：编写程序，涉及设计解决问题的策略，然后使用一种编程语言来实现这一策略。

首先，让我们以一个计算圆面积的简单问题来开始吧。如何编写一个程序来解决这个问题呢？

编写程序包括设计算法以及将算法转换为程序指令或者代码。所谓一个算法（algorithm），就是一些要执行的操作，它们描述了如何求解一个问题，这些操作的执行次序在算法中应描述清楚。算法可以帮助程序员在真正用程序设计语言编写代码之前，把一个程序的结构设计好。算法可以用自然语言或者伪代码（pseudocode）（自然语言混合一些程序代码）来表示。计算圆面积的算法如下所示：

1）读入半径。

2）用如下公式计算面积：

$$面积 = 半径 \times 半径 \times \pi$$

3）输出面积。

小窍门：在开始写代码之前以算法的形式来概述程序（或者最基础的问题）是个很好的习惯。

进行编码时，需要将一个算法转换为计算机能够理解的一种程序设计语言。我们已经知道每个 C++ 程序都从主函数开始执行，计算圆面积程序的主函数的框架应该是这样的：

```
int main()
{
  // Step 1: Read in radius

  // Step 2: Compute area

  // Step 3: Display the area
}
```

此程序需读入用户从键盘输入的圆半径，这引出了两个重要的问题：

- 如何读入半径。
- 在程序中如何保存半径。

先来看第二个问题。为了保存半径，程序需声明一个称为变量（variable）的符号，来表示半径。变量代表计算机内存中的一个值。

编程时不要使用 x、y 这样的变量名，应尽量使用有意义的描述性的名字：如在此例中，用变量 radius 表示半径，用 area 表示面积。在程序中要指定这些变量的数据类型（data type），以使编译器知道 radius 和 area 是什么，这就是所谓的变量存储数据，无论是整数、浮点数（floating-point number）或者其他的类型。这被称为声明变量（declaring variable）。C++ 提供了简单数据类型来代表整数、浮点数（带有小数点的数字）、字符、布尔类型。这些类型被称为原始数据类型（primitive data type）或基础数据类型（fundamental type）。

因此，将 radius 和 area 声明为双精度浮点数，扩展后的程序如下所示：

```
int main()
{
  double radius;
  double area;

  // Step 1: Read in radius

  // Step 2: Compute area

  // Step 3: Display the area
}
```

这个程序声明了变量 radius 和 area。保留字 double 指明了 radius 和 area 是双精度浮点数。

第一步是提示用户指定圆的半径 radius 的值。你将学习如何简短地提示用户输入信息。现在，为了学习如何使用变量，可以在写代码时，在程序中为变量 radius 分配一个固定的值；后面将学习到修改程序提示用户输入这个值。

第二步是通过将表达式 radius * radius * 3.14159 的值赋予变量 area 来计算圆面积。

第三步，通过使用 cout<<area，在控制台中显示 area 的值。

完整的程序如程序清单 2-1 所示。

程序清单 2-1 ComputeArea.cpp

```
1  #include <iostream>
2  using namespace std;
3
4  int main()
5  {
6    double radius;
7    double area;
8
9    // Step 1: Read in radius
10   radius = 20;
11
12   // Step 2: Compute area
13   area = radius * radius * 3.14159;
14
15   // Step 3: Display the area
16   cout << "The area is " << area << endl;
17
18   return 0;
19 }
```

程序输出：

```
The area is 1256.64
```

每个像 radius 和 area 这样的变量，都对应一个内存位置。每个变量都有自己的名字、类型、大小和值。程序清单 2-1 第 6 行的声明语句表明变量 radius 可保存一个双精度浮点数，但它的值到底是什么是不确定的，直至赋予它一个值。第 10 行将值 20 赋予了 radius。类似地，第 7 行声明了变量 area，而第 13 行为其赋值。如果将第 10 行注释掉，程序仍能编译通过，并正常运行，但计算结果是不可预知的，因为 radius 可能被赋予了任意的值。在 Visual C++ 中，使用一个没有初始化的变量会导致运行时错误。下面的表格中显示了程序运行过程中内存里 area 和 radius 的值，表中每一行显示了程序运行了相关的一行后变量的新值。这种回看程序工作的方法叫做*跟踪程序*（tracing a program）。跟踪程序可以帮助我们理解程序和查找程序的错误。

行号	radius	area
6	undefined value	
7		undefined value
10	20	
13		1256.64

程序第 16 行将字符串“The area is”发送到控制台。第 16 行将变量 area 中的值发送到控制台。注意，在 area 的两边没有引号，如果在 area 两边放上引号，就会将字符串“area”发送到控制台。

检查点

2.1　显示下列代码的输出：

```
double area = 5.2;
cout << "area";
cout << area;
```

2.3　从键盘读取输入

关键点：从键盘读取输入使程序可以接受用户的输入。

在程序清单 2-1 中，圆的半径是固定的。为了计算不同半径的圆的面积，需修改源代码并重新编译。显然这很不方便。我们可以使用对象 cin 从键盘读取输入，程序清单 2-2 展示了如何使用这种方法。

程序清单 2-2　ComputeAreaWithConsoleInput.cpp

```
1  #include <iostream>
2  using namespace std;
3
4  int main()
5  {
6    // Step 1: Read in radius
7    double radius;
8    cout << "Enter a radius: ";
9    cin >> radius;
10
11   // Step 2: Compute area
12   double area = radius * radius * 3.14159;
13
14   // Step 3: Display the area
15   cout << "The area is " << area << endl;
16
17   return 0;
18 }
```

程序输出：

```
Enter a radius: 2.5 ↵Enter
The area is 19.6349
```

```
Enter a radius: 23 ↵Enter
The area is 1661.9
```

程序第 8 行向控制台输出了一个字符串 “Enter a radius:”。这就是所谓的提示（prompt），因为它指示用户输入数据。我们编写的程序都应该设置这样的提示，在期望从键盘获取输入时，告诉用户应输入什么内容。

第 9 行使用对象 cin 从键盘读入一个值。

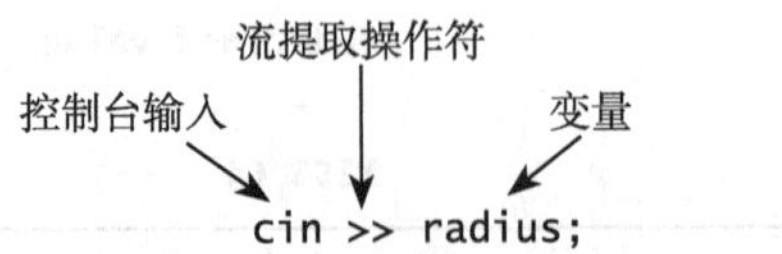

注意，cin 表示的是标准控制台输入的意思。符号 >> 称为流提取运算符（stream extraction operator），用来将输入内容赋予一个变量。如输入样例所示，程序显示提示信息 “Enter a radius:” 后，用户输入数值 2，此值被赋予变量 radius。对象 cin 会使程序进入等待

状态，直至用户从键盘输入数据并按回车（Enter）键之后，才继续运行。C++ 会将从键盘读入的数据自动转换为变量对应的数据类型。

提示：运算符 >> 与运算符 << 是相反的。>> 表示数据从 cin 流向一个变量，而 << 则表示数据从一个变量或字符串流向 cout。可以将流提取运算符 >> 看做一个指向变量的箭头，而流插入运算符 << 可以看做指向 cout 的剪头，如下所示：

```
cin >> variable; // cin → variable;
cout << "Welcome "; // cout ← "Welcome";
```

可以用一条语句读取多个输入。例如，下面语句将读取 3 个值存入变量 x1、x2 和 x3：

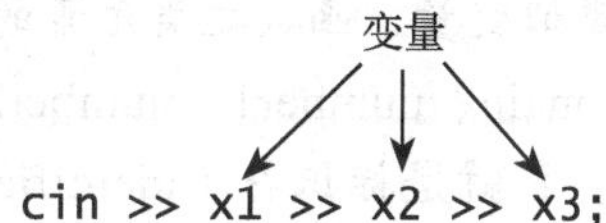

程序清单 2-3 展示了如何从键盘读取多个输入。例子读取了 3 个数字显示了它们的平均值。

程序清单 2-3 ComputeAevarage.cpp

```
1  #include <iostream>
2  using namespace std;
3
4  int main()
5  {
6    // Prompt the user to enter three numbers
7    double number1, number2, number3;
8    cout << "Enter three numbers: ";
9    cin >> number1 >> number2 >> number3;
10
11   // Compute average
12   double average = (number1 + number2 + number3) / 3;
13
14   //Display result
15   cout << "The average of " << number1 << " " << number2
16     << " " << number3 << " is " << average << endl;
17
18   return 0;
19 }
```

程序输出：

```
Enter three numbers: 1 2 3 ↵Enter
The average of 1 2 3 is 2
```

```
Enter three numbers: 10.5 ↵Enter
11 ↵Enter
11.5 ↵Enter
The average of 10.5 11 11.5 is 11
```

第 8 行提示用户输入 3 个数字。在第 9 行读取这些数字。你可以输入 3 个数字用空格分隔开，再按下回车键，也可以每输入一个数字就按下回车键，就像程序的例子里展示的那样。

提示：本书前几章中的大多数程序分三步执行：输入、处理和输出，称为 IPO。输入是从用户处获得输入；处理是用输入来产生结果；而输出是显示结果。

检查点

2.2 如何写出让用户从键盘输入一个整数和一个 double 值的语句？

2.3 当执行下列代码时，如果输入 2 2.5，那输出会是什么？

```
double width;
double height;
cin >> width >> height;
cout << width * height;
```

2.4 标识符

关键点：标识符是程序中定义类似变量、函数之类元素的名字。

在程序清单 2-3 中可以看出，main、number1、number2、number3 等是程序里出现的事物的名字。在程序术语中，这些名字就是标识符（identifier）。所有的标识符遵循的命名规则如下：

- 一个标识符是一个字符序列，可以包含字母、数字和下划线（_）。
- 一个标识符必须以一个字母或一个下划线开头，不能以数字开头。
- 不能使用保留字作为标识符。（参见附录 A 中的保留字列表）。
- 一个标识符理论上可以任意长，但我们使用的具体的 C++ 编译器可能会有限制，使用 31 个字符或更短的标识符可保证程序的可移植性。

例如，area 和 radius 都是合法的标识符，而 2A 和 d+4 就不是，它们违反了上述规则。编译器会检测出非法的标识符，并报告语法错误。

提示：由于 C++ 是大小写敏感的（case-sensitive），因此 area、Area 和 AREA 是不同的标识符。

小窍门：标识符用于命名变量、函数及程序中其他实体。有意义的描述性的标识符会使程序更为易读。避免使用缩写，使用完整的词更具有描述性。例如，numberOfStudents 就好于 numStuds、numOfStuds 或者 numOfStudents。本书中完整的程序都使用描述性的名称。然而为了简便起见，在一些代码片段中也偶尔简洁地使用 i、j、k、x 和 y 等变量名称。这些名字同样也为代码片段提供了统一的口径。

检查点

2.4 下面哪些标识符是正确的？哪些是 C++ 的关键字？

```
miles, Test, a++, --a, 4#R, $4, #44, apps
main, double, int, x, y, radius
```

2.5 变量

关键点：变量用来代替那些在程序中会改变的值。

就像在之前的几节中看到的，变量用来存储数值以便在后面使用。它们叫做变量是因为它们的值是可以改变的。

在程序清单 2-2 中，radius 和 area 都是双精度浮点类型的变量。可给 radius 和 area 赋予任何数值，它们的值也可以被重新赋予。例如，在下面的代码中，radius 的初始值是 1.0（第 2 行），然后变成了 2.0（第 7 行），area 的值被设为了 3.141 59（第 3 行），然后被重设为 12.566 36（第 8 行）。

```
// Compute the first area
radius = 1.0;                                     radius: 1.0
area = radius * radius * 3.14159;                   area: 3.14159
cout << "The area is " << area << " for radius " << radius;

// Compute the second area
radius = 2.0;                                     radius: 2.0
area = radius * radius * 3.14159;                   area: 12.56636
cout << "The area is " << area << " for radius " << radius;
```

变量表示某一种数据类型。要使用变量，需要告诉编译器变量的名称和可以存储的数据。变量声明（variable declaration）告诉编译器去依据变量数据类型分配一块适当大小的内存空间。声明一个变量的语法是：

```
datatype variableName;
```

以下是变量声明的几个例子：

```
int count;            // Declare count to be an integer variable
double radius;        // Declare radius to be a double variable
double interestRate;  // Declare interestRate to be a double variable
```

这些例子使用了 int 和 double 数据类型。稍后将介绍其他数据类型，例如，short、long、float、char 和 bool。

如果数据类型相同，它们就能被一起声明，如下所示：

```
datatype variable1, variable2,..., variablen;
```

变量通过逗号分隔开。举个例子：

```
int i, j, k; // Declare i, j, and k as int variables
```

提示：我们说声明一个变量，而不是定义一个变量。在这里要做一个细微的区别。定义只是明确了定义的条目是什么，但是声明通常包括为声明的条目分配内存来存储数据。

提示：按照惯例，变量名称都是小写的。如果一个名称包含多个词，将它们连在一起，并且大写除了第一个词以外的每个词的首字母。例如，radius 和 interestRate。

变量通常有一个初始值。可以在一步之中声明和初始化变量。举个例子，思考一下如下的代码：

```
int count = 1;
```

等同于如下的两行语句：

```
int count;
count = 1;
```

当然也可以使用简写把相同类型的变量一起声明和初始化。例如，

```
int i = 1, j = 2;
```

提示：C++ 允许用另外一种语法来声明和初始化变量，如下所示：

```
int i(1), j(2);
```

等同于

```
int i = 1, j = 2;
```

小窍门：必须在赋值前先声明变量。变量在函数中声明时必须赋值。否则，此变量为未初始化（uninitialize）的变量并且它的值是无法预知的。只要有可能，就在第一步中声明变量并且赋给它一个初始值。这使程序更易读，并且避免了编程错误。

每一个变量都有一个适用范围。变量的范围（scope of a variable）是程序中该变量可以被使用的那一部分。变量的适用范围的规则将在本书后续章节中陆续讲到。现在，只需要知道变量在使用之前需要声明和初始化，这就足够了。

检查点

2.5 找出并纠正下列代码中的错误：

```
#include<iostream>
using namespace std;

int Main()
{
  int i = k + 1;
  cout << I << endl;

  int i = 1;
  cout << i << endl;

  return 0;
}
```

2.6 赋值语句和赋值表达式

关键点：一个赋值语句给一个变量指派了一个值。一个赋值语句可以被用做 C++ 中的一个表达式。

声明一个变量之后，就可以用赋值语句（assignment statement）为它赋值。C++ 使用等号作为赋值运算符（assignment operator）。赋值语句的语法如下所示：

```
variable = expression;
```

一个表达式（expression）表示一个运算，包含数值常量、变量和运算符，它们一起来求得一个结果值。下面是一些例子：

```
int y = 1;                // Assign 1 to variable y
double radius = 1.0;      // Assign 1.0 to variable radius
int x = 5 * (3 / 2);      // Assign the value of the expression to x
x = y + 1;                // Assign the addition of y and 1 to x
area = radius * radius * 3.14159; // Compute area
```

可以在表达式中使用变量，一个变量可同时出现在一个赋值运算符的两边，如下例所示：

```
x = x + 1;
```

在这个赋值语句中，x + 1 的计算结果被赋予了 x。如果此语句执行之前 x 的值是 1，那么语句执行之后其值变为 2。

为了给一个变量赋值，变量名必须置于赋值运算符的左边。因此，1 = x; 是错误的赋值语句。

提示：在数学中，x=2*x+1 是一个方程。然而，在 C++ 中，x=2*x+1 是一个赋值语句，等同于求表达式 2*x+1 的值并把结果赋给 x。

在 C++ 中，一个赋值语句也可以当做一个表达式来处理，其值就是赋予赋值运算符左边的变量的值。因此，一个赋值语句也可以作为一个赋值表达式（assignment expression）。例如，下面的语句是正确的：

```
cout << x = 1;
```

这条语句等价于如下代码片段：

```
x = 1;
cout << x;
```

如果一个值要赋给多个变量，也可以用下面的语句：

```
i = j = k = 1;
```

它相当于：

```
k = 1;
j = k;
i = j;
```

检查点

2.6　找出并修改下列代码中的错误：

```
#include <iostream>
using namespace std;

int main()
{
  int i = j = k = 1;

  return 0;
}
```

2.7　命名常量

关键点：命名的常量是一个代表固定值的标识符。

一个变量的值在程序运行过程中是可以改变的，而一个常量（constant）则表示永远不会改变的数据。在 ComputeArea 程序中，π 就是一个常量。如果程序中频繁用到 π，反复输入 3.14159 是很烦人的，此时，可以声明一个命名常量来表示它，语法如下所示：

```
const datatype CONSTANTNAME = value;
```

一个常量必须在一条语句中声明并初始化。const 是一个 C++ 关键字，其含义是声明不可改变的常量。例如，可以将 π 定义为一个常量，重写程序清单 2-2，得到程序清单 2-4。

程序清单 2-4　ComputeAreaWithConstant.cpp

```
#include <iostream>
using namespace std;

int main()
{
  const double PI = 3.14159;

  // Step 1: Read in radius
  double radius;
  cout << "Enter a radius: ";
  cin >> radius;
```

```
   // Step 2: Compute area
   double area = radius * radius * PI;

   // Step 3: Display the area
   cout << "The area is ";
   cout << area << endl;

   return 0;
}
```

警示：习惯上，常量的名字用大写——用 PI，而不是 pi 或 Pi。

提示：使用常量有 3 个好处：1）不需要反复输入同一个值；2）如果需要改变此值（例如，将 PI 由 3.14 改为 3.141 59），只需修改程序中的一处；3）有意义的常量名字能使程序更易读。

检查点

2.7　使用命名常量的好处是什么？声明一个值为 20 的整型常量 SIZE。

2.8　将如下算法转换成 C++ 代码：

步骤 1：声明一个 double 型的变量，名为 miles，初始值为 100。

步骤 2：声明一个 double 型的常量，名为 KILOMETERS_PER_MILE，值为 1.609。

步骤 3：声明一个 double 型的变量，名为 kilometers，将 miles 和 KILOMETERS_PER_MILE 相乘，并将结果赋值给 kilometers。

步骤 4：在控制台上显示 kilometers 的值。

在步骤 4 之后，kilometers 的值是多少？

2.8　数值数据类型及其运算

关键点：C++ 中有 9 种类型的整数和浮点数以及配套的 +、−、*、/、%。

2.8.1　数值类型

每种数据类型都有其值域。编译器会根据每个变量或常量的数据类型，来为它们分配适当的内存空间。C++ 提供的基本数据类型可表示数值、字符和布尔值。本节介绍数值数据类型和运算。

表 2-1 给出了 C++ 支持的所有数值数据类型及其典型的值域和占据内存空间的大小。

表 2-1　数值数据类型

类型名	同义表示	值域	空间占用
short	short int	-2^{15}（−32 768）～ $2^{15}-1$（32 767）	16 位有符号
unsigned short	unsigned short int	0 ～ $2^{16}-1$（65 535）	16 位无符号
int signed		-2^{31}（−2 147 483 648）～ $2^{31}-1$（2 147 483 647）	32 位
unsigned	unsigned int	0 ～ $2^{32}-1$（4 294 967 295）	32 位无符号
long	long int	-2^{31}（−2 147 483 648）～ $2^{31}-1$（2 147 483 647）	32 位有符号
unsigned long	unsigned long int	-2^{31}（−2 147 483 648）～ $2^{31}-1$（2 147 483 647）	32 位无符号
float		负数范围： −3.4 028 235E+38 ～ −1.4E−45 正数范围： 1.4E−45 ～ 3.4 028 235E+38	32 位 IEEE 754 浮点数

（续）

类型名	同义表示	值域	空间占用
double		负数范围： −1.7 976 931 348 623 157E+308 ～ −4.9E−324 正数范围： 4.9E−324 ～ 1.7 976 931 348 623 157E+308	64 位 IEEE 754 浮点数
long double		负数范围： −1.18E+4932 ～ −3.37E−4932 正数范围： 3.37E−4932 ～ 1.18E+4932 19 位十进制有效数字	80 位

C++ 使用 3 种整数：短整型 short、整型 int 和长整型 long。每种整数类型又都分为两类：有符号型（signed）和无符号型（unsigned）。一个有符号短整型数所能表示的数值中，有一半是负数，另一半是正数。而一个无符号短整型数所能表示的数值都是非负的。由于两种类型占用一样大的内存空间，因此存储在一个无符号整型数中的最大值，是一个有符号整型数所能保存的最大正数值的两倍。如果确定一个变量的值始终为非负，那么就将它声明为无符号数。

提示：short int 和 short 的含义是相同的，类似地，unsigned short int 和 unsigned short 是一样的，unsigned int 和 unsigned 是一样的，long int 和 long 是一样的，unsigned long int 和 unsigned long 是一样的。例如，下面两条语句是完全相同的：

```
short int i = 2;
short i = 2;
```

C++ 支持 3 种浮点类型：单精度浮点型 float、双精度浮点型 double 和扩展双精度浮点型 long double。double 占用的空间通常是 float 的两倍，因此前者被称为双精度型，后者被称为单精度型。long double 能容纳的数值范围比 double 更大。大多数程序都需要使用 double 类型。

为了方便，C++ 在 <limits> 头文件中定义了 INT_MIN、INT_MAX、LONG_MIN、LONG_MAX、FLT_MIN、FLT_MAX、DBL_MIN 和 DBL_MAX。这些常量在编程中非常有用。运行程序清单 2-5 中的程序，可以看到编译器都定义了哪些常量。

程序清单 2-5　LimitsDemo.cpp

```
#include <iostream>
#include <limits> ⊖
using namespace std;

int main()
{
  cout << "INT_MIN is " << INT_MIN << endl;
  cout << "INT_MAX is " << INT_MAX << endl;
  cout << "LONG_MIN is " << LONG_MIN << endl;
  cout << "LONG_MAX is " << LONG_MAX << endl;
```

⊖ 在 Visual C++ 2012 下运行时采用此代码，在其他编译器下，用

```
#include<climits>
#include<cfloat>
```

代替。——编辑注

```
  cout << "FLT_MIN is " << FLT_MIN << endl;
  cout << "FLT_MIN is " << FLT_MAX << endl;
  cout << "DBL_MIN is " << DBL_MIN << endl;
  cout << "DBL_MIN is " << DBL_MAX << endl;

  return 0;
}
```

程序输出：

```
INT_MIN is -2147483648
INT_MAX is 2147483647
LONG_MIN is -2147483648
LONG_MAX is 2147483647
FLT_MIN is 1.17549e-038
FLT_MAX is 3.40282e+038
DBL_MIN is 2.22507e-308
DBL_MAX is 1.79769e+308
```

注意，这些常量在旧的编译器中可能没有定义。

数据类型的大小依赖于所使用的编译器和所使用的计算机。通常，int 和 long 有相同的大小。在某些系统里，long 需要 8 字节。

可以使用 sizeof 函数来查看一个类型或者是变量在所使用的机器上所占的大小。程序清单 2-6 展示了 int、long、double 和变量 age 和 area 在当前机器上所占的大小。

程序清单 2-6　SizeDemo.cpp

```
1  #include <iostream>
2  using namespace std;
3
4  int main()
5  {
6    cout << "The size of int: " << sizeof(int) << " bytes" << endl;
7    cout << "The size of long: " << sizeof(long) << " bytes" << endl;
8    cout << "The size of double: " << sizeof(double)
9      << " bytes" << endl;
10
11   double area = 5.4;
12   cout << "The size of variable area: " << sizeof(area)
13     << " bytes" << endl;
14
15   int age = 31;
16   cout << "The size of variable age: " << sizeof(age)
17     << " bytes" << endl;
18
19   return 0;
20 }
```

程序输出：

```
The size of int: 4 bytes
The size of long: 4 bytes
The size of double: 8 bytes
The size of variable area: 8 bytes
The size of variable age: 4 bytes
```

调用 sizeof(int)、sizeof(long) 和 sizeof(double)（6～8 行）分别展示了 int、long 和 double 类型所占的内存空间。调用 sizeof(area) 和 sizeof(age) 分别返回这两个变量所占的空间。

2.8.2 数值文字常量

所谓文字常量（literal），就是在程序中直接出现的常量值。例如，下列语句中的 34 与 0.305 都是文字常量：

```
int i = 34;
double footToMeters = 0.305;
```

默认情况下，一个整数文字常量表示一个十进制整数，一个八进制整数文字常量，使用前缀 0，十六进制整数文字常量，使用前缀 0x 或 0X。例如，后面的代码展示了十进制数 65 535 和十六进制数 FFFF，以及十进制数 8 和八进制数 10。

```
cout << 0xFFFF << " " << 010;
```

十六进制数、二进制数、八进制数都在附录 D 中介绍。

浮点型数可以写成 $a \times 10^b$ 的科学记数法。例如，123.456 的科学记数法是 $1.234\ 56 \times 10^2$，0.012 345 6 的科学记数法是 $1.234\ 56 \times 10^{-2}$。有一种特殊的语法来书写科学记数法数字，例如，$1.234\ 56 \times 10^2$ 可以写为 1.234 56E2 或者 1.234 56E+2，$1.234\ 56 \times 10^{-2}$ 可以写为 1.234 56E−2。E（或 e）代表着指数，大小写均可。

提示：float 和 double 类型用来表示带小数点的数值。它们为什么被称为浮点数？原因就在于这些数值是用科学记数法来表示的。当一个像 50.534e+1 这样的数被转换为科学记数法形式 5.0534E+1 时，小数点的位置移动了（即浮动了）。

2.8.3 数值运算符

可作用于数值数据类型的运算符（operator）包括标准算术运算符：加（+）、减（−）、乘（*）、除（/）和模（%），如表 2-2 所示。操作数（operand）是由运算符进行运算的值。

表 2-2 数值运算符

运算符	名字	示例	运算结果
+	加	34 + 1	35
−	减	34.0 − 0.1	33.9
*	乘	300 * 30	9000
/	除	1.0 / 2.0	0.5
%	模	20 % 3	2

当除法操作中的两个操作数都是整数时，除法操作的结果是整数的商，小数部分会被截断。例如，5/2 得 2，而不是 2.5；− 5/2 得− 2，而不是− 2.5。为了进行常规的数学除法操作，其中一个操作数必须为浮点型数据。例如，5.0/2 得 2.5。

% 运算符称为模或取余运算符，用于对整数进行操作，产生除法操作的余数。运算符左边的运算数为被除数，右边的运算数为除数。因此，7 % 3 得 1，3 % 7 得 3，12 % 4 得 0，26 % 8 得 2，而 20 % 13 得 7。

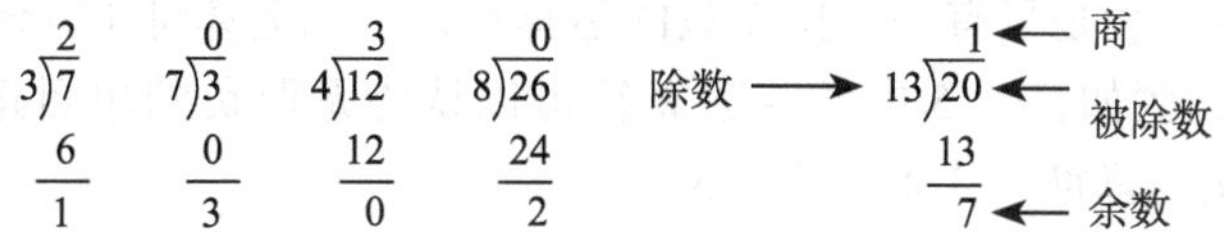

% 运算符通常用于正整数，但也可用于负整数。当 % 运算符作用于负整数时，其结果依赖于具体的编译器。在 C++ 中，% 运算符的运算对象只能是整数。

模运算在程序设计中的用处是很大的。例如，偶数 % 2 必得 0，而奇数 % 2 则始终会得到 1。因此，可利用这一特性判断一个整数是偶数还是奇数。假定今天是星期六，7 天之后还将是星期六。如果你和你的朋友约定 10 天后见面，那再过 10 天是星期几呢？通过如下表达式可以知道那天是星期二。

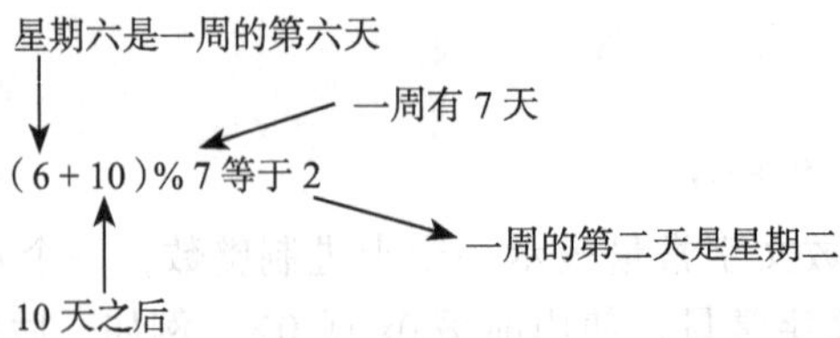

程序清单 2-7 将给定的秒数转换为分钟数和余下的秒数，例如，500 秒是 8 分钟 20 秒。

程序清单 2-7 DisplayTime.cpp

```
1  #include <iostream>
2  using namespace std;
3
4  int main()
5  {
6    // Prompt the user for input
7    int seconds;
8    cout << "Enter an integer for seconds: ";
9    cin >> seconds;
10   int minutes = seconds / 60;
11   int remainingSeconds = seconds % 60;
12   cout << seconds << " seconds is " << minutes <<
13     " minutes and " << remainingSeconds << " seconds " << endl;
14
15   return 0;
16 }
```

程序输出：

```
Enter an integer for seconds: 500 ↵Enter
500 seconds is 8 minutes and 20 seconds
```

行号	seconds	minutes	remainingSeconds
9	500		
10		8	
11			20

程序第 9 行读取一个整数秒，第 10 行利用表达式 seconds / 60 计算出分钟数，第 11 行用 seconds % 60 计算出剩余的秒数。

值得注意的是，+和−运算符既能作为二元运算符，也可作为单目运算符。一个单目运算符（unary operator）就是只有一个操作数的运算符；二元运算符（binary operator）是有两个操作数的运算符。例如，−5 中的−运算符可以认为是取负的单目运算符，而 4 − 5 中的−运算符则是二元运算符，从 4 中减去 5。

2.8.4 指数运算符

pow(a,b) 函数被用来计算 a^b。pow 是在 cmath 库文件中定义的函数。可以通过 pow(a,b) 这样的语法调用（例如 pow(2.0,3)）返回 a^b（2^3）。在这里，a 和 b 是 pow 函数的参数，数字 2.0 和 3 是实际调用函数传入的值。举个例子：

```
cout << pow(2.0, 3) << endl; // Display 8.0
cout << pow(4.0, 0.5) << endl; // Display 2.0
cout << pow(2.5, 2) << endl; // Display 6.25
cout << pow(2.5, -2) << endl; // Display 0.16
```

注意，一些 C++ 编译器需求 pow(a,b) 函数的两个参数都是十进制的数。所以在此处使用 2.0 代替 2。

更多的功能性函数将会在第 6 章介绍。现在知道调用 pow 函数来实现指数操作就足够了。

检查点

2.9　找出你所使用的机器上 short、int、long、float 以及 double 的最大、最小值。这些数据类型所需的最小内存总和是多少？

2.10　下列哪些是浮点数的正确写法？

12.3, 12.3e+2, 23.4e-2, -334.4, 20.5, 39, 40

2.11　下面哪些等同于 52.534？

5.2534e+1, 0.52534e+2, 525.34e-1, 5.2534e+0

2.12　写出下列余数的结果：

```
56 % 6
78 % 4
34 % 5
34 % 15
5 % 1
1 % 5
```

2.13　如果今天是星期二，那么 100 天后是星期几？

2.14　25/4 的结果是多少？如果你希望得到一个浮点数那你要怎样重写表达式？

2.15　写出下列代码的结果：

```
cout << 2 * (5 / 2 + 5 / 2) << endl;
cout << 2 * 5 / 2 + 2 * 5 / 2 << endl;
cout << 2 * (5 / 2) << endl;
cout << 2 * 5 / 2 << endl;
```

2.16　下面语句是对的吗？如果是，请写出结果。

```
cout << "25 / 4 is " << 25 / 4 << endl;
cout << "25 / 4.0 is " << 25 / 4.0 << endl;
cout << "3 * 2 / 4 is " << 3 * 2 / 4 << endl;
cout << "3.0 * 2 / 4 is " << 3.0 * 2 / 4 << endl;
```

2.17　写一个语句用来显示 $2^{3.5}$ 的结果。

2.18　假设 m 和 r 是整数。写一个 C++ 表达式来计算 mr^2，并且得出的结果为浮点数。

2.9　算术表达式和运算符优先级

关键点：C++ 表达式与算术表达式的计算方法是相同的。

在 C++ 程序中书写数值表达式，就是一个利用 C++ 运算符将算术表达式直接转换为 C++ 表达式的过程。例如，算术表达式

$$\frac{3+4x}{5}-\frac{10(y-5)(a+b+c)}{x}+9\left(\frac{4}{x}+\frac{9+x}{y}\right)$$

可转换为如下 C++ 表达式：

```
(3 + 4 * x) / 5 - 10 * (y - 5) * (a + b + c) / x +
9 * (4 / x + (9 + x) / y)
```

尽管 C++ 在幕后有自己的计算表达式的方法，C++ 表达式的结果与它的相应的算术表达式的结果还是一样的。因此，在计算一个 C++ 表达式时，可以放心地使用数学计算规则。括号中的运算符先进行运算。括号可以嵌套，最内层括号内的表达式最先运算。当表达式中有不止一个运算符的时候，如下的运算符优先规则决定计算的顺序。

- 接下来计算的是乘法、除法和余数运算符。如果一个表达式包含了多个乘法、除法以及余数运算符，那么它们的计算顺序为从左到右。
- 加法和减法运算符最后计算。如果一个表达式包含多个加法和减法运算符，那么它们的计算顺序为从左到右。

下面是如何计算一个表达式的例子。

```
3 + 4 * 4 + 5 * (4 + 3) - 1
                   ↑
                   └──────────────── (1) 先进行括号内的运算
3 + 4 * 4 + 5 * 7 - 1
      ↑
      └──────────────────────────── (2) 乘法
3 + 16 + 5 * 7 - 1
           ↑
           └─────────────────────── (3) 乘法
3 + 16 + 35 - 1
  ↑
  └──────────────────────────────── (4) 加法
19 + 35 - 1
   ↑
   └─────────────────────────────── (5) 加法
     54 - 1
        ↑
        └────────────────────────── (6) 减法
     53
```

程序清单 2-8 将华氏温度值转换为摄氏温度值，它使用公式 celsius=$\left(\frac{5}{9}\right)$（fahrenheit−32）进行转换。

程序清单 2-8　FahrenheitToCelsius.cpp

```
#include <iostream>
using namespace std;

int main()
{
  // Enter a degree in Fahrenheit
  double fahrenheit;
  cout << "Enter a degree in Fahrenheit: ";
  cin >> fahrenheit;

  // Obtain a celsius degree
  double celsius = (5.0 / 9) * (fahrenheit - 32);

  // Display result
  cout << "Fahrenheit " << fahrenheit << " is " <<
     celsius << " in Celsius" << endl;

  return 0;
}
```

程序输出：

```
Enter a degree in Fahrenheit: 100 ↵Enter
Fahrenheit 100 is 37.7778 in Celsius
```

行号	fahrenheit	celsius
7	undefined	
9	100	
12		37.7778

使用除法运算时要小心，C++ 中两个整数进行除法的结果是整数。因此，第 12 行将 $\frac{5}{9}$ 转换为 5.0 / 9，而不是 5 / 9，因为 5 / 9 的结果是 0。

检查点

2.19 如何用 C++ 来写下列数学表达式?

a. $\frac{4}{3(r+34)}-9(a+bc)+\frac{3+d(2+a)}{a+bd}$

b. $5.5\times(r+2.5)^{2.5+t}$

2.10 实例研究：显示当前时间

关键点：可以调用 time(0) 函数来返回当前时间。

本节设计一个程序，能以小时 : 分 : 秒的形式显示当前的格林尼治标准时间（Greenwich Mean Time，GMT)，如 13:19:8。

ctime 头文件中的 time(0) 函数，返回自格林尼治标准时间 1970 年 1 月 1 日 00:00:00 至当前时刻所流逝的秒数，如图 2-1 所示。GMT 1970 年 1 月 1 日 00:00:00 称为 UNIX 纪元（UNIX epoch)，纪元是时间开始的点。UNIX 操作系统正是 1970 年正式推出的。

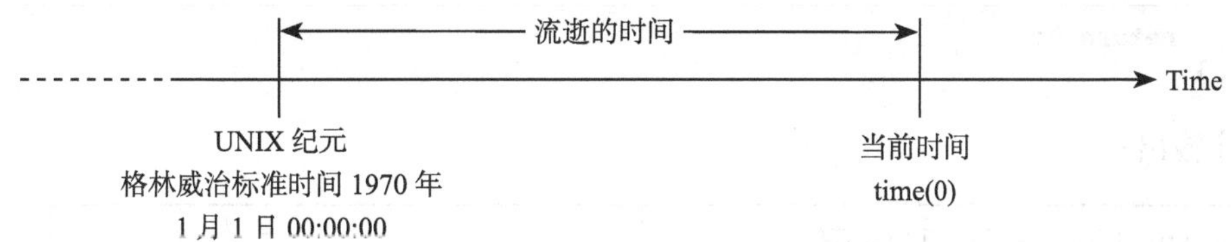

图 2-1 调用 time(0) 返回 UNIX 纪元的秒数

按如下步骤，即可通过 time(0) 得到的时间计算出当前的小时、分、秒。

1）通过调用 time(0) 获得 1970 年 1 月 1 日午夜至当前时刻经过了多少秒，保存在变量 totalSeconds 中（例如，1 203 183 086 秒)。

2）计算 totalSeconds % 60，得到当前时刻的秒值（例如，1 203 183 086 秒 % 60 = 26，即当前时刻为 8 秒)。

3）将 totalSeconds 除以 60 得到总分钟数 totalMinutes（例如，1 203 183 086 秒 / 60 = 20 053 051 分)。

4）计算 totalMinutes % 60，得到当前时刻的分钟值（例如，20 053 051 分 % 60 = 31，即为当前分钟值)。

5）将 totalMinutes 除以 60 得到总小时数 totalHours（例如，20 053 051 分 / 60 = 334 217 小时)。

6）计算 totalHours % 24 得到当前时刻的小时值（例如，334 217 小时 % 24 = 17，即为当前小时数）。

程序清单 2-9 给出了完整的程序及一个运行样例。

程序清单 2-9　ShowCurrentTime.cpp

```
1  #include <iostream>
2  #include <ctime>
3  using namespace std;
4
5  int main()
6  {
7    // Obtain the total seconds since the midnight, Jan 1, 1970
8    int totalSeconds = time(0);
9
10   // Compute the current second in the minute in the hour
11   int currentSecond = totalSeconds % 60;
12
13   // Obtain the total minutes
14   int totalMinutes = totalSeconds / 60;
15
16   // Compute the current minute in the hour
17   int currentMinute = totalMinutes % 60;
18
19   // Obtain the total hours
20   int totalHours = totalMinutes / 60;
21
22   // Compute the current hour
23   int currentHour = totalHours % 24;
24
25   // Display results
26   cout << "Current time is " << currentHour << ":"
27     << currentMinute << ":" << currentSecond << " GMT" << endl;
28
29   return 0;
30 }
```

程序输出：

```
Current time is 17:31:26 GMT
```

变量 \ 行号	8	11	14	17	20	23
totalSeconds	1203183086					
currentSecond		26				
totalMinutes			20053051			
currentMinute				31		
totalHours					334217	
currentHour						17

当调用 time(0) 时（第 8 行），它返回以秒衡量的，当前格林尼治标准时间与格林尼治标准时间 1970 年 1 月 1 日 00:00:00 的时间间隔。

检查点

2.20　怎样获取当前的时、分、秒？

2.11 简写运算符

关键点：运算符 +、—、*、/ 与 % 可以结合赋值运算符来形成简写运算符。

在编写程序中时常会遇到的一种情况是：使用一个变量的值，对它进行修改，然后再将结果赋值回同一个变量。例如，下面的语句将变量 count 的当前值加上 1，再赋值回 count：

```
count = count + 1;
```

C++ 提供了一种简写运算符，将这种加法和赋值运算合二为一。例如，上面的语句可写为：

```
count += 1;
```

+= 称为加法赋值运算符（addition assignment operator）。其他简写运算符显示在表 2-3 中。

简写运算符在表达式中没有其他的运算符后再执行。例如：

```
x /= 4 + 5.5 * 1.5;
```

与下面的语句相同：

```
x = x / (4 + 5.5 * 1.5);
```

表 2-3 简写运算符

运算符	名字	示例	等价语句
+=	加法赋值	i += 8	i = i + 8
−=	减法赋值	i −= 8	i = i − 8
*=	乘法赋值	i *= 8	i = i * 8
/=	除法赋值	i /= 8	i = i / 8
%=	取模赋值	i %= 8	i = i % 8

警示：简写运算符中没有空格。例如，+ = 应该为 +=。

提示：像赋值运算符（=）一样，运算符（+=、−=、*=、/=、%=）可以用来形成像表达式一样的赋值语句。例如，下面的代码，x+=2 在第一行为语句，在第二行为表达式。

```
x += 2; // Statement
cout << (x += 2); // Expression
```

检查点

2.21 显示下列代码的输出：

```
int a = 6;
a -= a + 1;
cout << a << endl;
a *= 6;
cout << a << endl;
a /= 2;
cout << a << endl;
```

2.12 自增、自减运算符

关键点：自增（++）和自减（−−）运算符用来让一个变量自增或者自减 1。

++ 和 −− 是使变量自增和自减 1 的运算符。在编程中变量经常会需要改变自身的值，所以使用它们非常方便。例如，下面的代码给 i 加 1，给 j 减 1。

```
int i = 3, j = 3;
i++; // i becomes 4
j--; // j becomes 2
```

i++ 发音为 i 加加，i−− 发音为 i 减减。这些操作符称为后自增（postfix increment 或 preincrement）和后自减（postfix decrement 或 postdecrement），因为它们放在变量之后，当然也可以放置在变量之前。例如：

```
int i = 3, j = 3;
++i; // i becomes 4
--j; // j becomes 2
```

++i 让 i 加 1，--j 让 j 减 1。这些操作符被称为前自增（prefix increment 或 preincrement）和前自减（prefix decrement 或 predecrement）。

就像我们能够看到的，i++、++i 或者 i-- 和 --i 在示例中的效果是一样的。但是，当它们用在表达式中时，效果是不同的。表 2-4 描述了它们的不同并给出了示例。

表 2-4　自增、自减运算符

运算符	名字	描述	示例（假设 i=1）
++var	前自增	将 var 的值增加 1，并使用 var 增加 1 后的新值进行后续运算	`int j = ++i;` `// j is 2, i is 2`
var++	后自增	将 var 的值增加 1，但使用 var 的原值进行运算	`int j = i++;` `// j is 1, i is 2`
--var	前自减	将 var 的值减 1，并使用 var 减 1 后的新值进行后续运算	`int j = --i;` `// j is 0, i is 0`
var--	后自减	将 var 的值减 1，但使用 var 的原值进行运算	`int j = i--;` `// j is 1, i is 0`

下面是用来展示前 ++（或 --）和后 ++（或 --）之间不同的例子。考虑下面的代码：

```
int i = 10;
int newNum = 10 * i++;
cout << "i is " << i
  << ", newNum is " << newNum;
```

效果等价于

```
int newNum = 10 * i;
i = i + 1;
```

程序输出：

```
i is 11, newNum is 100
```

在此例中，i 先被加 1，随后其旧值被用于乘法运算。因此 newNum 的值变为 100。如果 i++ 被替换为 ++i：

```
int i = 10;
int newNum = 10 * (++i);
cout << "i is " << i
  << ", newNum is " << newNum;
```

效果等价于

```
i = i + 1;
int newNum = 10 * i;
```

程序输出：

```
i is 11, newNum is 110
```

那么 i 的值被加 1，其新值被用于乘法运算，因此 newNum 的值变为 110。

另外一个例子：

```
double x = 1.1;
double y = 5.4;
double z = x-- + (++y);
```

这三行代码执行完后，x 的值变为 0.1，y 的值变为 6.4，z 的值变为 7.5。

警示：对于大多数二元运算符，C++ 没有指定操作数的求值顺序。通常，可以假定更靠左边的操作数先于右边的操作数求值，但 C++ 并不保证是这样做的。例如，假定 i 的值为 1，那么对于下面的表达式

```
++i + i
```

如果左边的操作数（++i）先计算，得到的值是 4(2+2)。如果右边的操作数（i）先计算，则会得到 3（2+1）。

既然 C++ 不保证操作数的运算顺序，那么在编写代码时就不应该依赖于操作数的运算顺序。

检查点

2.22　下面哪一句语句的阐述是正确的？

a. 在 C++ 中，任何表达式都可以用做语句。

b. 表达式 x++ 可以用做语句。

c. 语句 x = x + 5 也是一个表达式。

d. 语句 x = y = x = 0 是不合法的。

2.23　给出下面代码的输出结果。

```
int a = 6;
int b = a++;
cout << a << endl;
cout << b << endl;
a = 6;
b = ++a;
cout << a << endl;
cout << b << endl;
```

2.24　给出下面代码的输出结果。

```
int a = 6;
int b = a--;
cout << a << endl;
cout << b << endl;
a = 6;
b = --a;
cout << a << endl;
cout << b << endl;
```

2.13　数值类型转换

关键点：浮点型数据可以用显式转换转换为整数。

我们可以把一个整数赋值给一个浮点型的变量吗？可以。那么，可以把一个浮点数赋值给一个整数变量吗？也可以。当把一个浮点数赋值给一个整数变量的时候，浮点数的小数部分就被截取了（不是近似）。举个例子：

```
int i = 34.7;       // i becomes 34
double f = i;       // f is now 34
double g = 34.3;    // g becomes 34.3
int j = g;          // j is now 34
```

那么，可以用一个二元操作符操作两种不同数据类型的操作数吗？可以。如果一个整数和一个浮点数使用了一个二元操作符，C++ 会自动把整数转换为浮点数。所以，3*4.5 等于 3.0*4.5。

C++ 还允许通过转换运算符（casting operator）把数据由一种数据类型显式转换为另一种数据类型。语法如下：

```
static_cast<type>(value)
```

此处，value 是一个变量、一个字面常量或者是一个表达式。type 是要把 value 转换成的数据类型。

举个例子，下面的语句：

```
cout << static_cast<int>(1.7);
```

显示的结果是 1。当一个 double 类型的变量被转换为 int 值的时候，小数部分就被截断了。

下面的语句

```
cout << static_cast<double>(1) / 2;
```

结果是 0.5，因为 1 在一开始被转换为了 1.0，然后 1 除以 2。然而，语句：

```
cout << 1 / 2;
```

展示的结果是 0，因为 1 和 2 都是整数，所以结果也应当是整数。

提示：静态类型转换可以用（type）语法来完成，即给出括号里的目标类型，跟随一个变量、一个字面常量或者一个表达式。这叫做 C 类型转换（C-style cast）。例如，

```
int i = (int)5.4;
```

与此相同的是

```
int i = static_cast<int>(5.4);
```

C++ 中 static_cast 操作符由 ISO 标准介绍，更适用于 C 类型转换。

把一个小精度的变量转换为一个高精度的变量，叫做**扩展一个数据类型**（widening a type）。把一个高精度的变量转换为一个低精度的变量叫做**缩小一个数据类型**（narrowing a type）。缩小一个数据类型的精度，例如把一个 double 的数据赋给一个 int 的变量，会导致精度丢失。丢失信息也会导致结果不精确。编译器会在由缩小精度的转换的时候提醒你，除非使用了 static_cast 来强制转换。

提示：类型转换并不改变被转换变量的值。例如，在下面的代码中，d 的值在类型转换后并未改变：

```
double d = 4.5;
int i = static_cast<int>(d); // i becomes 4, but d is unchanged
```

程序清单 2-10 给出一个显示小数点后两位的销售税。

程序清单 2-10　SalesTax.cpp

```
#include <iostream>
using namespace std;

int main()
{
  // Enter purchase amount
  double purchaseAmount;
  cout << "Enter purchase amount: ";
  cin >> purchaseAmount;

  double tax = purchaseAmount * 0.06;
  cout << "Sales tax is " << static_cast<int>(tax * 100) / 100.0;

```

```
14    return 0;
15  }
```

程序输出：

```
Enter purchase amount: 197.55 Enter
Sales tax is 11.85
```

行号	purchaseAmount	tax	输出
7	Undefined		
9	197.55		
11		11.853	
12			Sales tax is 11.85

变量 purchaseAmount 保存由用户输入的购买金额（7 ～ 9 行）。假定用户输入 197.55。营业税是购买金额的 6%，那么税金是 11.853（11 行）。12 行的语句以小数点后两位精度输出的税金值是 11.85。注意

```
tax * 100 is 1185.3
static_cast<int>(tax * 100) is 1185
static_cast<int> (tax * 100) / 100.0 is 11.85
```

因此，12 行语句为显示小数点后两位的税金 11.85。

检查点

2.25　不同类型的数值是否可以一同用在一个计算中？

2.26　从 double 到 int 的变量类型转换与 double 值的小数部分有什么关系？转换是否改变被转换的变量？

2.27　显示下列输出：

```
double f = 12.5;
int i = f;
cout << "f is " << f << endl;
cout << "i is " << i << endl;
```

2.28　如果将程序清单 2-10 中 12 行的 static_cast<int>(tax * 100)/100.0 改为 static_cast<int>(tax * 100)/100，那么输入购买金额为 197.556 对应的输出为多少？

2.29　显示下列代码的输出：

```
double amount = 5;
cout << amount / 2 << endl;
cout << 5 / 2 << endl;
```

2.14　软件开发流程

关键点：软件开发的生命周期是多阶段的，它包括需求规范、分析、设计、实施、测试、部署和维护。

开发一个软件产品是一个工程化的过程。一个软件产品，不管是大还是小，都有相同的生命周期：需求规范、分析、设计、实施、测试、部署和维护，如图 2-2 所示。

需求规范（requirement specification）是一个正式的过程，旨在了解软件将解决的问题，然后用文档详细记录软件系统必须做什么。这个文档将详细涉及用户和开发人员之间的互动。本书中的例子都非常简单，它们的需求都非常明细。然而，在真实的世界里，问题总不

是定义好的。开发人员需要和他们的用户（将要使用这个软件的用户或组织）紧密合作，然后认真定义软件的必须功能。

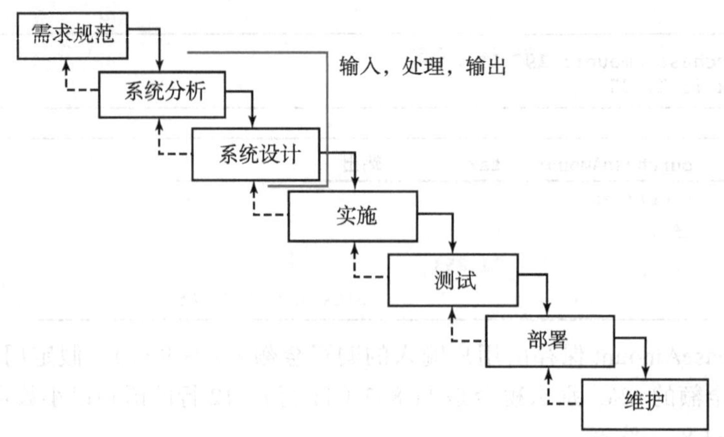

图 2-2　在软件开发生命周期的任何一个阶段都需要回到以前的阶段去更正错误或者解决可能阻碍软件按照预期发展的问题

系统分析（system analysis）是用来分析数据流，定义数据的输入输出流的。分析首先定义输出，然后得出为了这样的输出，需要什么样的用户输入。

系统设计（system design）是由输入得到输出的过程。这个过程包含多层次的抽象把问题分解成为可管理的模块，然后设计实现每个模块的策略。可以把每个模块看做是系统的一个子系统，用来完成系统的一个明确的功能。系统设计和分析的基础是：输入、处理、输出。

实施（implementation）就是把系统的设计变成程序。分开书写的程序模块最后合并一起工作。这一步需要使用诸如 C++ 这样的编程语言。实施包括编程、自我测试、调试（在程序中找到 bug）。

测试（testing）确保程序代码符合需求规范，而且取出程序中的 bug。一个独立的软件工程师团队，不涉及程序的设计和实施，通常来负责测试。

部署（deployment）使软件可以被用户使用。基于软件的类型不同，它可能会被安装在用户的机器或者接入 Internet 的服务器上。

维护（maintenance）关乎程序的更新和改进。一个软件产品，必须持续在一个不断发展的环境改善和展示。这需要定期的产品升级来解决新发现的问题并主动结合变更。

为了进一步了解软件开发的过程，现在创建一个计算贷款偿还的程序。贷款可以为汽车贷款、助学贷款或者住房抵押贷款。对于入门编程课程，这里更关注于需求规范、分析、设计、实现和测试。

阶段 1：需求规范

程序必须满足如下的需求：

- 允许用户输入年利率、贷款数额和年限。
- 计算和显示月还款和总共的还款金额。

阶段 2：系统分析

输出是月还款和总还款，通过以下的公式实现：

$$\text{monthlyPayment} = \frac{\text{loanAmount} \times \text{monthlyInterestRate}}{1 - \dfrac{1}{(1 + \text{monthlyInterestRate})^{\text{numberOfYears} \times 12}}}$$

$$\text{totalPayment} = \text{monthlyPayment} \times \text{numberOfYears} \times 12$$

因此，程序需要的输入是月利率、贷款年限和贷款数额。

提示：需求规范里讲到用户需要输入年利率、贷款数额和贷款年限。在分析中，可能数据是不足的，还有些数据对输出是无用的。如果这些发生了，就需要修改需求规范。

提示：在现实生活中，我们需要为各行各业的客户编写程序，如可能为化学、物理学、工程学、经济学和心理学编写软件。当然，我们不必去掌握这些行业的全部知识。因此，也不必知道公式是如何得出的，但是，给出年利率、贷款数额、贷款年限后，就能计算出每月需要的还款。我们需要和客户沟通来理解如何在程序中利用这个数学模型。

阶段 3：系统设计

在系统设计中，需要辨别出程序里的如下步骤。

步骤 1：提示用户输入年利率、贷款总额和贷款年限。（这个利率通常表示为一个为期一年的本金的百分比。这通常被叫做年利率。）

步骤 2：输入的年利率是一个百分比的格式，比如 4.5%。程序需要把这个数值转换为十进制整数，然后除以 100。为了从年利率中获取月利率，因为一年有 12 个月，所以除以 12。为了获得月利率的十进制整数格式，程序得把年利率除以 1200。举个例子，如果年利率是 4.5%，月利率就是 4.5/1200 = 0.003 75。

步骤 3：用之前的公式计算出每月需要还的贷款。

步骤 4：计算全部费用，用月还款乘以 12 再乘以年数。

步骤 5：显示月还款和总共的还款数额。

阶段 4：实施

实施也称为写代码（coding）。在公式中，需要计算 $(1+\text{monthlyInterestRate})^{\text{numberOfYears} \times 12}$，此时，可以用 pow(1+ monthlyInterestRate, numberOfYears*12) 来计算。

程序清单 2-11 给出了全部程序。

程序清单 2-11 ComputeLoan.cpp

```cpp
#include <iostream>
#include <cmath>
using namespace std;

int main()
{
  // Enter yearly interest rate
  cout << "Enter yearly interest rate, for example 8.25: ";
  double annualInterestRate;
  cin >> annualInterestRate;

  // Obtain monthly interest rate
  double monthlyInterestRate = annualInterestRate / 1200;

  // Enter number of years
  cout << "Enter number of years as an integer, for example 5: ";
  int numberOfYears;
  cin >> numberOfYears;

  // Enter loan amount
```

```
21     cout << "Enter loan amount, for example 120000.95: ";
22     double loanAmount;
23     cin >> loanAmount;
24
25     // Calculate payment
26     double monthlyPayment = loanAmount * monthlyInterestRate /
27       (1 - 1 / pow(1 + monthlyInterestRate, numberOfYears * 12));
28     double totalPayment = monthlyPayment * numberOfYears * 12;
29
30     monthlyPayment = static_cast<int>(monthlyPayment * 100) / 100.0;
31     totalPayment = static_cast<int>(totalPayment * 100) / 100.0;
32
33     // Display results
34     cout << "The monthly payment is " << monthlyPayment << endl <<
35       "The total payment is " << totalPayment << endl;
36
37     return 0;
38   }
```

程序输出：

```
Enter annual interest rate, for example 7.25: 3 ↵Enter
Enter number of years as an integer, for example 5: 5 ↵Enter
Enter loan amount, for example 120000.95: 1000 ↵Enter
The monthly payment is 17.96
The total payment is 1078.12
```

变量 \ 行号	10	13	18	23	26	28	30	31
annualInterestRate	3							
monthlyInterestRate		0.0025						
numberOfYears			5					
loanAmount				1000				
monthlyPayment					17.9687			
totalPayment						1078.12		
monthlyPayment							17.96	
totalPayment								1078.12

使用 pow(a,b) 函数，需要先包含 cmath 库文件（2 行），其方法同包含 iostream 库文件（1 行）的方法相同。

7 ～ 23 行程序提示用户输入 annual InterestRate、numberOfYears 和 loanAmount。如果输入了一个其他非数字值，就会报出运行时错误。

为变量选择最合适的数据类型。例如，numberOfYears 最好被声明为 int（17 行），虽然它可以被声明为 long、float 或者 double。注意，unsigned short 可能是 numberOfYears 最合适的类型。然而，简单来说，本书中的例子都会用 int 表示整数，double 表示浮点数。

计算月利率的公式在 26 ～ 27 行被转换成 C++ 代码。28 行得到总的付款。

转换被用在 30~31 行获得一个新的 monthlyPayment 和 totalPayment，使小数点后有两位小数。

阶段 5：测试

在程序实施之后，用简单的输入数据来测试程序的输出是否正确。许多问题涉及很多情况，就像即将在后续章节中看到的那样。对于这些问题，需要设计测试数据来包含所有的情况。

小窍门：这个例子中的系统设计阶段定义了许多步骤。对于编码和测试来说，递增地每次增加一个步骤是一个好办法。这种方法使查明问题和调试程序变得更简单。

检查点

2.30 如何书写下列数学表达式？

$$\frac{-b+\sqrt{b^2-4ac}}{2a}$$

2.15 实例研究：计算给定金额的货币数量

关键点：本节将设计一个程序把大数额的钱换算成小数额的钱。

本节设计一个程序，对于一个给定的金额，能求出总值等于该金额的货币单位的数量。程序让用户输入一个 double 型值，表示总金额，输出报告按顺序列出等价的最大数量的一美元、二角五分、一角、五美分和一美分硬币（纸币）的货币，得出结果的货币数最小，如输出样例所示。

下面是程序的步骤：

1）提示用户输入金额——一个小数，如 11.56。

2）将美元为单位的金额值（如 11.56）转换为美分为单位的值（1156）。

3）将美分值除以 100，得到一美元硬币（纸币）的数量，余数为剩余的美分值。

4）将美分值除以 25，得到二角五分硬币的数量，余数为剩余的美分值。

5）将美分值除以 10，得到一角硬币的数量，余数为剩余的美分值。

6）将美分值除以 5，得到五美分硬币的数量，余数为剩余的美分值。

7）剩余的以美分为单位的金额值即为一美分硬币的数量。

8）输出结果。

完整的代码如程序清单 2-12 所示。

程序清单 2-12 ComputeChange.cpp

```cpp
#include <iostream>
using namespace std;

int main()
{
  // Receive the amount
  cout << "Enter an amount in double, for example 11.56: ";
  double amount;
  cin >> amount;

  int remainingAmount = static_cast<int>(amount * 100);

  // Find the number of one dollars
  int numberOfOneDollars = remainingAmount / 100;
  remainingAmount = remainingAmount % 100;

  // Find the number of quarters in the remaining amount
  int numberOfQuarters = remainingAmount / 25;
  remainingAmount = remainingAmount % 25;

  // Find the number of dimes in the remaining amount
  int numberOfDimes = remainingAmount / 10;
```

```
23     remainingAmount = remainingAmount % 10;
24
25     // Find the number of nickels in the remaining amount
26     int numberOfNickels = remainingAmount / 5;
27     remainingAmount = remainingAmount % 5;
28
29     // Find the number of pennies in the remaining amount
30     int numberOfPennies = remainingAmount;
31
32     // Display results
33     cout << "Your amount " << amount << " consists of " << endl <<
34       "    " << numberOfOneDollars << " dollars" << endl <<
35       "    " << numberOfQuarters << " quarters"<< endl <<
36       "    " << numberOfDimes << " dimes" << endl <<
37       "    " << numberOfNickels << " nickels" << endl <<
38       "    " << numberOfPennies << " pennies" << endl;
39
40     return 0;
41   }
```

程序输出：

```
Enter an amount in double, for example 11.56: 11.56 ↵Enter
Your amount 11.56 consists of
11 dollars
2 quarters
0 dimes
1 nickels
1 pennies
```

变量 \ 行号	9	11	14	15	18	19	22	23	26	27	30
amount	11.56										
remainingAmount		1156		56		6		6		1	
numberOfOneDollars			11								
numberOfQuarters					2						
numberOfDimes							0				
numberOfNickels									1		
numberOfPennies											1

变量 amount 保存用户从键盘输入的金额（7 ～ 9 行）。此变量是不应该被修改的，因为在程序末尾要使用它输出结果。程序引入了变量 remainingAmount（11 行），来保存计算过程中不断改变的剩余金额值。

变量 amount 是一个 double 型的小数，表示美元值和美分值。将其转换为一个 int 型变量 remainingAmount，它表示美分值。例如，如果 amount 是 11.56，那么 remainingAmount 的初值为 1156。整数除法运算取结果的整数部分，因此 1156 / 100 得 11。模运算取除法的余数，因此 1156 % 100 得 56。

程序由总金额获得一美元硬币（纸币）的最大数量，将剩余金额保存入变量 remainingAmount（14 ～ 15 行）。接着由 remainingAmount 计算出二角五分硬币的最大数目，并计算 remainingAmount 的新值（18 ～ 19 行）。重复同样的过程，程序可由剩余金额计算出一角硬币、五美分硬币和一美分硬币的最大数量。

这个例子最严重的问题是，在将一个 double 型值转换为一个整型变量 remaingingAmount

时，有可能丢失精度。这会导致不准确的结果。例如，如果尝试输入金额值 10.03，那么 10.03 * 100 会得到 1002.999 999 999 999 9！那么程序输出的结果是 10 个一美元和 2 个一美分。为了修正这个问题，可以要求用户输入一个整型值作为初始金额（美分值）（参见程序设计练习 2.9）。

2.16　常见错误

关键点：常见的基础编程错误涉及未声明变量、未初始化变量、整数溢出、意外的整数除法和四舍五入错误。

1. 常见错误 1：未声明 / 未初始化变量和未使用变量

一个变量在使用前必须声明一个类型并赋一个初始值。一个常见的错误就是没有声明或初始化一个变量。考虑下面的代码：

```
double interestRate = 0.05;
double interest = interestrate * 45;
```

这段代码是错误的，因为 interestRate 被赋值了 0.05，但是 interestrate 没有声明和初始化。C++ 是大小写敏感的，所以它认为 interestRate 和 interestrate 是两种不同的变量。

如果一个变量被声明了，但是在程序中没有使用。它就是潜在的编程错误。所以，你需要把没有使用的变量从你的程序中移除。举个例子，在下面的代码中，taxRate 没有被使用。因此，它应该被从代码中移除。

```
double interestRate = 0.05;
double taxRate = 0.05;
double interest = interestRate * 45;
cout << "Interest is " << interest << endl;
```

2. 常见错误 2：整数溢出

数字和一个有限制的数字一起储存。当一个变量被赋予了一个过大（长度）的数值，就造成了数据溢出（overflow）。举个例子，执行下面的语句造成数据溢出，因为 short 类型可以存储的最大数值就是 32 767.327 68，太大了。

```
short value = 32767 + 1; // value will actually become -32768
```

类似地，执行下面的语句，将会造成数据溢出，short 类型可以存储的最小值是 −32 768。−327 69 对于一个 short 类型太小了。

```
short value = -32768 - 1; // value will actually become 32767
```

C++ 不会报溢出错误。当需要操作接近规定类型的最大值和最小值的时候，需要格外留意。

当一个浮点数太小（例如，太接近于 0）不能够被存储，就会造成下溢错误（underflow）。C++ 把它近似为 0。所以，通常你需要关心最小数据。

3. 常见错误 3：四舍五入错误

一个四舍五入错误（round-off error），又叫做近似错误（rounding error），与计算近似值和实际值是不同的。举个例子，1/3 保留三位小数的近似值是 0.333，保留 7 位小数的近似值是 0.3 333 333。因为，一个变量可以存储的数字位数是有限的，近似错误就发生了。计算涉及浮点数是近似的，因为这些数字没有被完整地存储。举个例子：

```
float a = 1000.43;
float b = 1000.0;
cout << a - b << endl;
```

的结果显示 0.429 993，不是 0.43。整数是恰当存储的。因此，计算整数范围会得到恰当的结果。

4. 常见错误 4：意想不到的整数除法

C++ 用相同的除法符号 / 表示整数和浮点数的除法。当两个操作数都是整数时，/ 就是整数除法。这个操作符的结果是商。余数部分被截取了。为了强制两个整数执行浮点数除法，就得把其中一个整数变为浮点数。举个例子，代码 a 中的 average 的值是 1，代码 b 中的 average 值是 1.5。

```
int number1 = 1;
int number2 = 2;
double average = (number1 + number2) / 2;
cout << average << endl;
```

a)

```
int number1 = 1;
int number2 = 2;
double average = (number1 + number2) / 2.0;
cout << average << endl;
```

b)

5. 常见错误 5：忘记头文件

忘记合适的头文件是一个常见的编译错误。pow 函数定义在 cmath 头文件中，time 函数定义在 ctime 头文件中。为了在程序中使用 pow 头文件，就得在程序中加载 cmath 头文件，要在程序中使用 time 函数，那就需要包含 ctime 头文件。因为每个程序都用控制台输入输出，就得包含 iostream 头文件。

关键术语

algorithm（算法）
assignment operator (=)（赋值运算符）
assignment statement（赋值语句）
C-style cast（C 类型转换）
casting operator（转换操作符）
const keyword（const 关键字）
constant（常量）
data type（数据类型）
declare variable（声明变量）
decrement operator（--，自减运算符）
double type（double 类型）
expression（表达式）
float type（float 类型）
floating-point number（浮点数）
identifier（标识符）
increment operator（++，自增运算符）
incremental code and test（逐步编码和测试）
int type（int 类型）
IPO（输入，过程，输出）
literal（字面常量）
long type（long 类型）
narrowing (of type)（缩小（类型的））
operand（操作数）
operator（操作符）
overflow（溢出）
postdecrement（后自减）
postincrement（后自增）
predecrement（前自减）
preincrement（前自增）
primitive data type（基本数据类型）
pseudocode（伪代码）
requirements specification（需求规范）
scope of a variable（变量范围）
system analysis（系统分析）
system design（系统设计）
underflow（下溢）
UNIX epoch（UNIX 纪元）
variable（变量）
widening（of type)(扩大（类型的））

本章小结

1. 带有流提取操作符（>>）的 cin 对象可以用来从控制台读取输入。
2. 标识符是在程序中给元素命名的名称。标识符是包含字母、数字和下划线（_）的字符串。标识符必须以字母或者下划线开头，不可以以数字开头。标识符不可以是保留符。
3. 选择有描述性的标识符可以使程序更易读。
4. 声明变量告知编译器这个变量可以承载何种类型的数据。
5. 在 C++ 中，等于标识（=）与赋值运算符相同。
6. 函数中声明变量必须赋值。否则，变量被称为*未初始化的*，而且它的值是不可预测的。
7. 命名的常量或者仅仅是常量代表永不变更的固定数据。
8. *命名的常量*用关键字 const 声明。
9. 按照规定，常量的名字为大写。
10. C++ 提供整数类型（short、int、long、unsigned short、unsigned int、unsigned long），它们代表不同规模的有符号和无符号整数。
11. 无符号整数是非负整数。
12. C++ 提供浮点类型（float、double、long double），它们代表不同精度的浮点数。
13. C++ 提供执行数学运算的运算符：+（加法）、-（减法）、*（乘法）、/（除法）、%（取整）。
14. 整数运算（/）得到的结果为整数。
15. 在 C++ 中，% 运算符只适用于整数。
16. C++ 表达式中数学运算符的使用与数学表达式中相同。
17. 自增运算符（++）与自减运算符（--）以 1 为单位增加或减少变量。
18. C++ 提供简写运算符 +=（加法赋值运算符）、-=（减法赋值运算符）、*=（乘法赋值运算符）、/=（除法赋值运算符）、%=（取整赋值运算符）。
19. 当计算的表达式中有不同类型的值时，C++ 自动将操作数转换为适合的类型。
20. 可以使用 <static_cast>static_cast 符号或者遗留的 C 类型 static_cast 符号来明确地使值从一个类型转换为另一个类型。
21. 在计算机科学中，1970 年 1 月 1 日的午夜为 UNIX 纪元。

在线测验

请在 www.cs.armstrong.edu/liang/cpp3e/quiz.htm 完成本章的在线测验。

程序设计练习

提示：编译器通常给出语法错误的原因。如果不知道如何改正，那么可以把自己的程序和本书中最相近的程序一个字符一个字符地做个比较。

提示：老师可能会要求你书写对选择的练习的分析和设计文档。用自己的话来分析问题，包括输入，输出，什么需要计算，以及用伪代码描述如何解决问题。

2.2 ～ 2.12 节

2.1 （将摄氏温度值转换为华氏温度值）编写程序，读入一个 double 型的摄氏温度值，将其转换为华氏温度值并显示结果。转换公式如下：

```
fahrenheit = (9 / 5) * celsius + 32
```

提示：在 C++ 中，9 / 5 得 1，但是 9.0 / 5 得 1.8。

下面为一个运行样例：

```
Enter a degree in Celsius: 43 ↵Enter
43 Celsius is 109.4 Fahrenheit
```

2.2 (计算一个圆柱体的体积) 编写一个程序，读入一个圆柱体的半径和长度，用如下公式计算其面积和体积：

```
area = radius * radius * π
volume = area * length
```

下面为一个运行样例：

```
Enter the radius and length of a cylinder: 5.5 12 ↵Enter
The area is 95.0331
The volume is 1140.4
```

2.3 (将英尺转换为米) 编写一个程序，读入一个以英尺为单位的长度值，将其转换为以米为单位的值，输出结果。1 英尺等于 0.305 米。下面为一个运行样例：

```
Enter a value for feet: 16.5 ↵Enter
16.5 feet is 5.0325 meters
```

2.4 (将磅转换为千克) 编写程序，读入一个以磅为单位的重量值，转换为以千克为单位的值，输出结果。1 磅等于 0.454 千克。下面为一个运行样例：

```
Enter a number in pounds: 55.5 ↵Enter
55.5 pounds is 25.197 kilograms
```

*2.5 (金融应用：计算小费) 编写程序，读入消费小计和小费费率，计算小费金额和消费总计。例如，用户输入消费小计为 10，小费费率为 15%，程序应输出小费金额为 $1.5 以及消费总计为 $11.5。下面为一个运行样例：

```
Enter the subtotal and a gratuity rate: 10 15 ↵Enter
The gratuity is $1.5 and total is $11.5
```

**2.6 (将一个整数中的所有数字相加) 编写一个程序，读入一个 0 ～ 1000 范围内的整数，将此整数中的所有数字相加。例如，如果整数为 932，则所有数字和为 14。

提示：提取数字可使用 % 运算符，将提取出的数字去除用 / 运算符。例如，932 % 10 = 2，932 / 10 = 93。

下面为一个运行样例：

```
Enter a number between 0 and 1000: 999 ↵Enter
The sum of the digits is 27
```

*2.7 (找出年数) 编写程序，提示用户输入分钟数 (如，10 亿)，输出所对应的年数和天数。为了简明，假定一年有 365 天。下面为一个运行样例：

```
Enter the number of minutes: 1000000000 ↵Enter
1000000000 minutes is approximately 1902 years and 214 days
```

*2.8 (当前时间) 程序清单 2-9，ShowCurrentTime.cpp，给出一个程序，显示当前的格林尼治时间。修改程序使它提示用户输入与格林尼治时间相差的时区，输出特定时区的时间。下面为一个运行样例：

```
Enter the time zone offset to GMT: -5 ↵Enter
The current time is 4:50:34
```

2.9 （物理：加速度）平均加速度被定义为速率的变化除以时间，如下列公式所示：

$$a = \frac{v_1 - v_0}{t}$$

编写程序，提示用户输入以米 / 秒为单位的初速度 v_0，以米 / 秒为单位的末速度 v_1，以秒为单位的花费时间 t，输出平均加速度。下面为一个运行样例：

```
Enter v0, v1, and t: 5.5 50.9 4.5 ↵Enter
The average acceleration is 10.0889
```

2.10 （科学技术：计算能量）编写程序，计算将水从初始温度加热到末温度所需的能量。程序提示用户输入以千克为单位的水量、初始水温以及末温度。计算公式为

```
Q = M * (finalTemperature - initialTemperature) * 4184
```

其中 M 为以千克为单位的水的质量，温度则以摄氏度为单位，能量 Q 的单位是焦耳。下面为一个运行样例：

```
Enter the amount of water in kilograms: 55.5 ↵Enter
Enter the initial temperature: 3.5 ↵Enter
Enter the final temperature: 10.5 ↵Enter
The energy needed is 1625484.0
```

2.11 （人口估测）重新编写程序设计练习 1.11 的程序，提示用户输入年数，输出这么多年后的人口数。使用程序设计练习 1.11 中的提示。下面为一个运行样例：

```
Enter the number of years: 5 ↵Enter
The population in 5 years is 325932970
```

2.12 （物理：计算跑道长度）给出飞机的加速度 a 以及起飞速度 v，可以用下面的公式计算出飞机起飞需要的最短跑道长度：

$$\text{length} = \frac{v^2}{2a}$$

编写程序，用户输入以米 / 秒（m/s）为单位的速度 v 以及以米 / 秒的平方（m/s^2）为单位的加速度 a，输出最短跑道长度。下面为一个运行样例：

```
Enter speed and acceleration: 60 3.5 ↵Enter
The minimum runway length for this airplane is 514.286
```

**2.13 （金融应用：计算零存整取价值）假定用户每月向一个储蓄账号中存 100 美元，年利率为 5%。那么，月利率为 0.05 / 12 = 0.00417。第一个月后，账面金额变为

```
100 * (1 + 0.00417) = 100.417
```

第二个月后，账面金额变为

```
(100 + 100.417) * (1 + 0.00417) = 201.252
```

第三个月后，账面金额变为：

```
(100 + 201.252) * (1 + 0.00417) = 302.507
```

以此类推。

编写程序，提示用户输入每月储蓄的金额，输出 6 个月后的账面金额。（在程序设计练习 5.32 中，会使用循环来简化本题的代码，并扩展为计算任意个月后的账面金额。）

```
Enter the monthly saving amount: 100 ↵Enter
After the sixth month, the account value is $608.81
```

*2.14（健康应用：BMI）身体质量指数（BMI）在体重方面衡量健康。用以千克问单位的重量除以以米为单位的身高的平方来计算。编写程序，提示用户输入以磅为单位的体重以及以英尺为单位的身高，输出BMI。注意，1磅等于0.45359237千克，1英尺为0.0254米。下面为一个运行样例：

```
Enter weight in pounds: 95.5 ↵Enter
Enter height in inches: 50 ↵Enter
BMI is 26.8573
```

2.15（几何学：两点之间的距离）编写程序，提示用户输入两个点（x1，y1），（x2，y2），输出它们之间的距离。计算距离的公式为 $\sqrt{(x_2-x_1)^2+(y_2-y_1)^2}$。注意可以使用 pow(a, 0.5) 来计算 $\sqrt{a}$。下面为一个运行样例：

```
Enter x1 and y1: 1.5 -3.4 ↵Enter
Enter x2 and y2: 4 5 ↵Enter
The distance between the two points is 8.764131445842194
```

2.16（几何：六边形的面积）编写程序，提示用户输入六边形的边，输出它的面积。计算六边形面积的公式为

$$\text{Area}=\frac{3\sqrt{3}}{2}s^2$$

其中 s 是边的长度。下面为一个运行样例：

```
Enter the side: 5.5 ↵Enter
The area of the hexagon is 78.5895
```

*2.17（科学技术：风冷温度）外面到底有多冷？单单的温度不足够提供答案。其他因素包括风速、相对湿度以及光照在决定户外寒冷程度上都起了重要作用。2001年，国际气候协会（NWS）履行了新的风冷温度，使用温度和风速来测量寒冷程度。公式为：

$$t_{wc}=35.74+0.6215t_a-35.75v^{0.16}+0.4275t_a v^{0.16}$$

其中 t_a 是以华氏度为单位的户外温度，v 是以英里每小时（mph）为单位的速度。t_{wc} 为风冷温度。公式在风速低于2mph或者温度低于 −58 华氏度或高于41华氏度时不能使用。

编写程序，提示用户输入在 −58 华氏度及41华氏度之间的温度，大于或等于2mph的风速，输出风冷温度。使用 pow(*a*, *b*) 来计算 $v^{0.16}$。下面为一个运行样例：

```
Enter the temperature in Fahrenheit: 5.3 ↵Enter
Enter the wind speed in miles per hour: 6 ↵Enter
The wind chill index is -5.56707
```

2.18（输出一个表）编写程序，输出下面的列表：

```
a     b     pow(a, b)
1     2     1
2     3     8
3     4     81
4     5     1024
5     6     15625
```

*2.19（几何：三角形面积）编写程序，提示用户输入三角形的三个顶点（x1，y1），（x2，y2），（x3，y3），输出它的面积。计算三角形面积的公式为

$$s=(\text{side1}+\text{side2}+\text{side3})/2$$

$$\text{area}=\sqrt{s(s-\text{side1})(s-\text{side2})(s-\text{side3})}$$

下面为一个运行样例：

```
Enter three points for a triangle: 1.5 -3.4 4.6 5 9.5 -3.4 ↵Enter
The area of the triangle is 33.6
```

*2.20 （线的斜率）编写程序，提示用户输入两个点的坐标（x1，y1）和（x2，y2），输出连接两点的线的斜率。斜率公式为 $(y_2-y_1)/(x_2-x_1)$。下面为一个运行样例：

```
Enter the coordinates for two points: 4.5 -5.5 6.6 -6.5 ↵Enter
The slope for the line that connects two points (4.5, -5.5) and (6.6,
-6.5) is -0.47619
```

*2.21 （驾车费用）编写程序，提示用户输入驾驶距离、以公里每加仑为单位的汽车耗油效率、每加仑的价格，输出这趟路程的花费。下面为一个运行样例：

```
Enter the driving distance: 900.5 ↵Enter
Enter miles per gallon: 25.5 ↵Enter
Enter price per gallon: 3.55 ↵Enter
The cost of driving is $125.36
```

2.13 ~ 2.16 节

*2.22 （金融应用：计算利息）已知余款和年利率，可计算出下个月的支付利息，用下面的公式：

```
interest = balance x (annualInterestRate/1200)
```

编写程序，读取余款及年利率，输出下个月的利息。下面为一个运行样例：

```
Enter balance and interest rate (e.g., 3 for 3%): 1000 3.5 ↵Enter
The interest is 2.91667
```

*2.23 （金融应用：未来投资价值）编写程序，读入投资数额、年利率、年数，输出未来投资价值，使用下面的公式：

$$futureInvestmentValue = investmentAmount \times (1 + monthlyInterestRate)^{numberOfYears*12}$$

例如，如果输入数额 1000，年利率 3.25%，年数 1，那么未来投资价值为 1032.98。下面为一个运行样例：

```
Enter investment amount: 1000 ↵Enter
Enter annual interest rate in percentage: 4.25 ↵Enter
Enter number of years: 1 ↵Enter
Accumulated value is $1043.34
```

*2.24 （金融应用：货币单元）重新编写程序清单 2-12，ComputeChange.cpp，修复将一个 float 值转换为 int 值时可能产生的精度丢失。输入后两个数字代表美分的整数。例如输入 1156 代表 11 美元和 56 美分。

第 3 章

Introduction to Programming with C++, Third Edition

分支语句

目标

- 声明 bool 类型变量，使用关系运算符编写布尔表达式（3.2 节）。
- 实现单分支控制结构的 if 语句（3.3 节）。
- 实现双分支控制结构的 if 语句（3.4 节）。
- 使用嵌套的 if 语句构造分支结构和 if-else 语句。（3.5 节）。
- 避免 if 语句中的常见错误和陷阱（3.6 节）。
- 使用分支语句在一些例子中（BMI、ComputeTax、SubtractionQuiz）（3.7 ～ 3.9 节）。
- 用 rand 函数生成随机数，用 srand 函数设置随机数种子（3.9 节）。
- 用逻辑符号结合条件语句（&&、|| 和！）（3.10 节）。
- 用分支语句和结合条件语句编程（LeapYear、Lottery）（3.11 ～ 3.12 节）。
- 用 switch 语句实现分支控制语句（3.13 节）。
- 用条件表达式写表达式（3.14 节）。
- 检查运算符结合时的运算符优先级（3.15 节）。
- 调试错误（3.16 节）。

3.1 引言

关键点：程序可以依据条件决定去执行哪一条语句。

如果在程序清单 2-2，ComputeAreaWithConsoleInput.cpp 中给 radius 输入了一个不合适的值，那么程序就会输出一个无效的结果。如果 radius 是不合适的值，你就不希望程序来计算面积了。如何应对这种情况呢？

就像所有高级编程语言，C++ 提供了*分支语句*（selection statement）：一种让用户选择应该执行哪一个备选方案的语句。可以用下面的选择语句来代替程序清单 2-2 中 12～15 行：

```
if (radius < 0)
{
  cout << "Incorrect input" << endl;
}
else
{
  area = radius * radius * PI;
  cout << "The area for the circle of radius " << radius
    << " is " << area << endl;
}
```

分支语句使用的条件是布尔表达式。*布尔表达式*（Boolean expression）是一种计算*布尔值*（Boolean value）的表达式：true 或者 false。下面来介绍 Boolean 类型和关系运算符。

3.2 bool 数据类型

关键点：bool 数据类型声明了一个变量，使用值 true 或者 false。

怎么样去比较两个值，例如，一个 radius 是否大于 0，等于 0，或者小于 0？ C++ 提供了 6 种关系运算符（relational operator)，见表 3-1，可以用来比较两个数值的大小（假设半径是 5）。

表 3-1 关系运算符

操作符	数学符号	名称	示例（radius 为 5）	结果
<	<	小于	`radius < 0`	`false`
<=	≤	小于或等于	`radius <= 0`	`false`
>	>	大于	`radius > 0`	`true`
>=	≥	大于或等于	`radius >= 0`	`true`
==	=	等于	`radius == 0`	`false`
!=	≠	不等于	`radius != 0`	`true`

警示：“等于”运算符是两个等号（==)，而不是单个等号（=)，后者是赋值运算符。

比较运算的结果是一个布尔值：true 或者 false。保存布尔值的变量称为布尔变量（Boolean variable)。布尔变量用 bool 类型来声明。例如，下面语句声明 bool 型变量 lightsOn 并为其赋初值 true：

```
bool lightsOn = true;
```

true 和 false 是布尔文字，就像数字 10 一样。它们是关键字，不能在程序中用作标识符。

在 C++ 内部，1 代表 true，0 代表 false。如果在控制台里显示一个 bool 值，那么 true 会显示为 1，false 则显示为 0。

例如，

```
cout << (4 < 5);
```

显示输出是 1，因为 4<5 是 true。

```
cout << (4 > 5);
```

显示输出是 0，因为 4>5 是 false。

提示：在 C++ 中，可以把任意一个数值赋给一个 bool 变量。任意不是 0 的值都是 true，0 代表 false。举下面的例子，在赋值语句之后，b1 和 b3 都变成了 true，b2 变成了 false。

```
bool b1 = -1.5; // Same as bool b1 = true
bool b2 = 0; // Same as bool b2 = false
bool b3 = 1.5; // Same as bool b3 = true
```

检查点

3.1 列出 6 个关系运算符。

3.2 假定 x=1，显示下列布尔表达式的结果：

```
(x > 0)
(x < 0)
(x != 0)
(x >= 0)
(x != 1)
```

3.3 显示下列代码的输出：

```
bool b = true;
int i = b;
cout << b << endl;
cout << i << endl;
```

3.3 if 语句

关键点：if 语句是一个结构，它能使程序按照指定的路径之一执行。

到目前为止，本书中的程序都是顺序执行的。然而，经常会面对这样的情况：我们必须提供多种可选的执行路径。C++ 提供了几种类型的分支语句：单分支 if 语句、双分支 if-else 语句、嵌套 if 语句、switch 语句和条件表达式。

一个单分支的 if 语句执行，当且仅当条件为 true。单分支的 if 语句语法如下：

```
if (boolean-expression)
{
  statement(s);
}
```

图 3-1a 中的流程图展示了 C++ 是如何执行 if 语句的语法的。流程图（flowchart）是一种描绘一种算法、过程的图，通过不同类型的框表示步骤，通过连接它们的箭头排序。过程操作都展现在这些框里，箭头代表着控制流。菱形框表示布尔条件，矩形框表示语句。

如果布尔表达式的值为 true，则框中的语句被执行。举个例子，看下面的代码：

```
if (radius >= 0)
{
  area = radius * radius * PI;
  cout << "The area for the circle of " <<
    " radius " << radius << " is " << area;
}
```

上面代码的流程图如图 3-1b 所示。如果 radius 的值大于等于 0，才会计算 area 并显示结果，否则语句块中的两条语句是不会执行的。

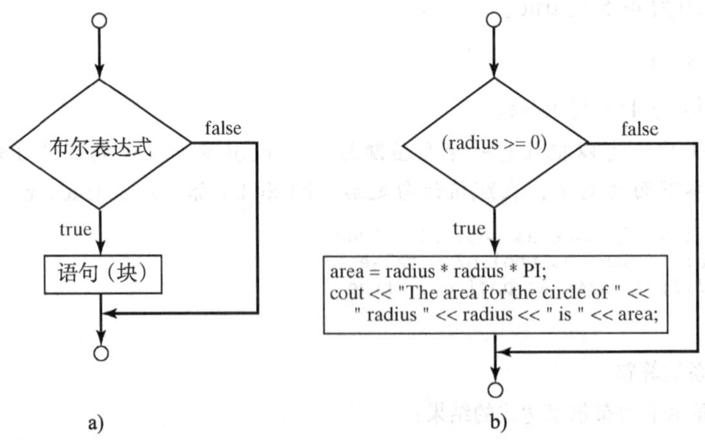

图 3-1 如果布尔表达式求值为 true 就执行 if 语句

布尔表达式是封闭在括号中的。举个例子，在下面 a）中的代码是错误的。正确的版本在 b）中。

```
if i > 0
{
  cout << "i is positive" << endl;
}
```

a) 错误

```
if (i > 0)
{
  cout << "i is positive" << endl;
}
```

b) 正确

如果括号内为一个单一的语句，那么括号可以省略。例如，下列语句是等价的。

```
if (i > 0)
{
  cout << "i is positive" << endl;
}
```

a)

等价于

```
if (i > 0)
  cout << "i is positive" << endl;
```

b)

程序清单 3-1 给出了一个程序，提示用户输入一个整数。如果这个数是 5 的倍数，显示 HiFive。如果是偶数，显示 HiEven。

程序清单 3-1 SimpleIfDemo.cpp

```
1  #include <iostream>
2  using namespace std;
3
4  int main()
5  {
6    // Prompt the user to enter an integer
7    int number;
8    cout << "Enter an integer: ";
9    cin >> number;
10
11   if (number % 5 == 0)
12     cout << "HiFive" << endl;
13
14   if (number % 2 == 0)
15     cout << "HiEven" << endl;
16
17   return 0;
18 }
```

程序输出：

```
Enter an integer: 4 ↵Enter
HiEven
```

```
Enter an integer: 30 ↵Enter
HiFive
HiEven
```

程序提示用户输入一个整数（9 行），如果是 5 的倍数，显示 HiFive（11 ～ 12 行）；如果是偶数，显示 HiEven（14 ～ 15 行）。

检查点

3.4　编写 if 语句，如果 y 大于 0，将 1 赋给 x。

3.5　编写 if 语句，如果 score 大于 90，将 pay 增加 3%。

3.6　下面代码哪里有错误？

```
if radius >= 0
{
  area = radius * radius * PI;
  cout << "The area for the circle of " <<
    " radius " << radius << " is " << area;
}
```

3.4 双分支的 if-else 语句

关键点：一个 if-else 语句会根据条件的真假决定应该执行哪一条语句。

单分支 if 语句在条件为真时执行特定的动作。如果条件为假，什么也不做。但是如果想在条件为假时执行另一个动作，该怎么办？可以使用双分支 if 语句。根据条件为真或为假，双分支 if-else 语句指定执行不同的动作。

双分支 if-else 语句的语法如下所示：

```
if (boolean-expression)
{
  statement(s)-for-the-true-case;
}
else
{
  statement(s)-for-the-false-case;
}
```

语句的流程图如图 3-2 所示。

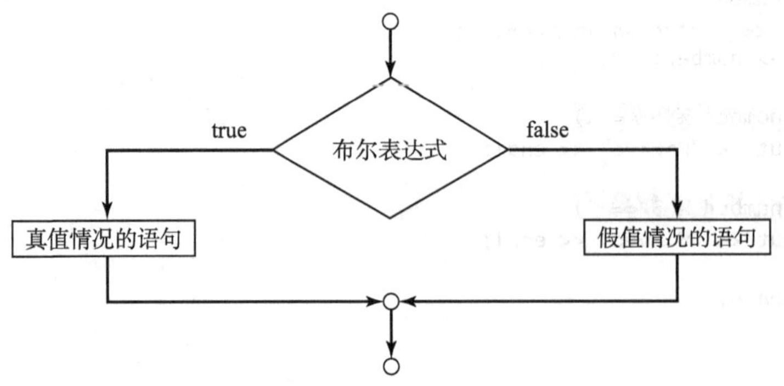

图 3-2 当布尔表达式求值为真时，if-else 语句执行针对真值情况的语句；否则，执行针对假值情况的语句

如果布尔表达式求值为真，执行针对真值情况的语句；否则，执行针对假值情况的语句。例如，看一看下面的代码：

```
if (radius >= 0)
{
  area = radius * radius * PI;
  cout << "The area for the circle of radius " <<
    radius << " is " << area;
}
else
{
  cout << "Negative radius";
}
```

如果 radius >= 0 为真，计算 area 并输出结果；如果为假，输出 “Negative radius”。

通常，如果只有一条语句，外面一层大括号可以省略。因此，前例中包在语句“ cout << "Negative radius" ”外面的大括号可以省略。

下面是使用 if-else 语句的另一个例子，该例子判断一个数是偶数还是奇数：

```
if (number % 2 == 0)
  cout << number << " is even.";
else
  cout << number << " is odd.";
```

检查点

3.7 编写 if 语句，当 score 大于 90 时，将 pay 增加 3%，否则，将 pay 增加 1%。

3.8 如果 number 为 30，a 和 b 中代码的输出结果是什么？ number 为 35 时结果又是怎样？

```
if (number % 2 == 0)
  cout << number << " is even." << endl;

cout << number << " is odd." << endl;
```

a)

```
if (number % 2 == 0)
  cout << number << " is even." << endl;
else
  cout << number << " is odd." << endl;
```

b)

3.5 嵌套的 if 语句和多分支的 if-else 语句

关键点：一个 if 语句可在另一个 if 语句中来形成一个嵌套 if 语句。

if 或 if-else 语句内的“真值情况语句”和“假值情况语句”可以是任何合法的 C++ 语句，包括另一个 if 或 if-else 语句。内层的 if 语句称为*嵌套*（nest）在外层 if 语句内。内层的 if 语句还可以包含另一个 if 语句；实际上，嵌套的深度是没有限制的。下面就是一个嵌套的 if 语句的例子：

```
if (i > k)
{
  if (j > k)
    cout << "i and j are greater than k" << endl;
}
else
  cout << "i is less than or equal to k" << endl;
```

其中，语句 `if (j > k)` 嵌套在语句 `if (i > k)` 内。

嵌套的 if 语句可以用来实现多个选择的情况。例如，图 3-3a 中给出的代码，根据得分划分几个等级，将字母表示的等级赋予变量 grade，这就是很典型的多种选择的例子。

```
if (score >= 90.0)
  cout << "Grade is A";
else
  if (score >= 80.0)
    cout << "Grade is B";
  else
    if (score >= 70.0)
      cout << "Grade is C";
    else
      if (score >= 60.0)
        cout << "Grade is D";
      else
        cout << "Grade is F";
```

a)

等价于

这种更好一点

```
if (score >= 90.0)
  cout << "Grade is A";
else if (score >= 80.0)
  cout << "Grade is B";
else if (score >= 70.0)
  cout << "Grade is C";
else if (score >= 60.0)
  cout << "Grade is D";
else
  cout << "Grade is F";
```

b)

图 3-3 b 给出了多分支 if-else 语句的一种较好的代码风格

if 语句的执行流程如图 3-4 所示：首先检查第一个条件 (score >= 90.0)，若为真，grade 为 A；若为假，检查第二个条件 (score >= 80.0)，若为真，grade 为 B；否则，检查第三个条件，剩下的条件以同样的方式被检查（如果需要），直至某个条件满足或者所有条件均被验证为假。如果所有条件均为假，则 grade 为 F。注意，一个条件被检查到的前提是它前面所有的条件均为假。

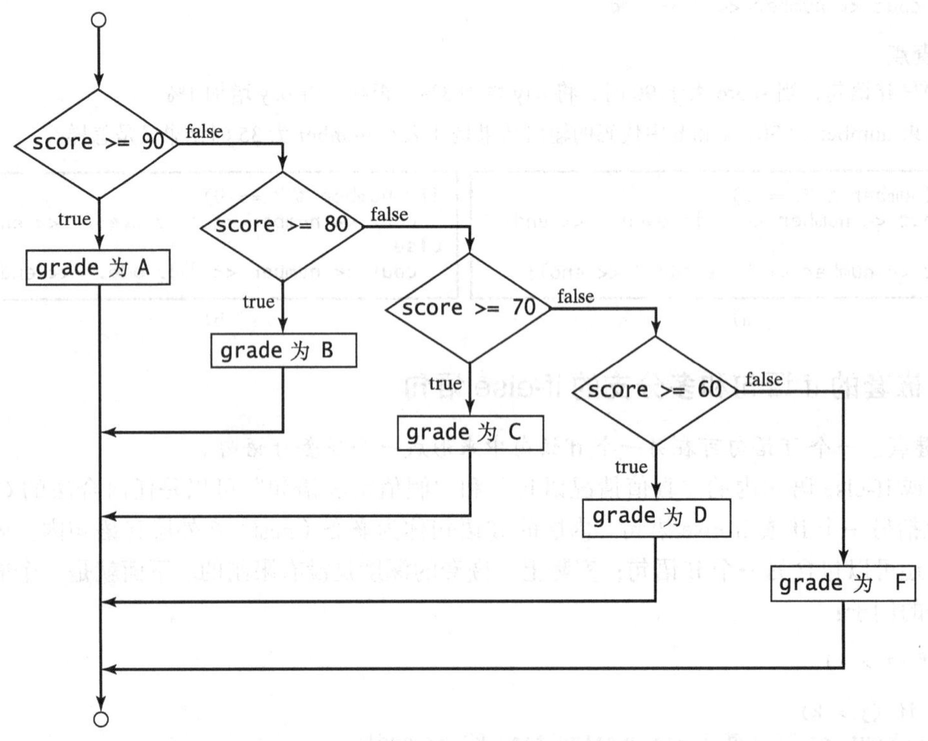

图 3-4　可以使用多分支 if-else 语句来分配 grade

图 3-3a 中的 if 语句与图 3-3b 中的 if 语句是等价的。实际上，图 3-3b 中代码是多选择 if 语句的一种较好的编码风格。这种编码风格称为*多分支 if-else 语句*，避免了过深的缩进，使代码更易读。

检查点

3.9　假设 x=3，y=2，显示下列代码的输出结果。如果 x=3，y=4，那输出又是什么？如果 x=2，y=2，输出又会是怎样的呢？为代码画一个流程图。

```
if (x > 2)
{
  if (y > 2)
  {
    int z = x + y;
    cout << "z is " << z << endl;
  }
}
else
  cout << "x is " << x << endl;
```

3.10　假设 x=2，y=3，显示下列代码的输出结果。如果 x=3，y=2，那么输出又是什么？如果 x=3，y=3，输出又是怎样的呢？

```
if (x > 2)
  if (y > 2)
  {
    int z = x + y;
    cout << "z is " << z << endl;
  }
  else
    cout << "x is " << x << endl;
```

3.11 下列代码的错误在哪里？

```
if (score >= 60.0)
  cout << "Grade is D";
else if (score >= 70.0)
  cout << Grade is C";
else if (score >= 80.0)
  cout << Grade is B";
else if (score >= 90.0)
  cout << "Grade is A";
else
  cout << "Grade is F";
```

3.6 常见错误和陷阱

关键点：在if语句中忘记必需的括号，错误使用分号，错误使用 = 代替 ==，不规范的else子句写法是分支语句中的常见错误。if-else中的重复语句和测试两个数是否相等是常见的陷阱。

1. 常见错误1：忘记必需的括号

当语句块只有一个语句的时候，括号是可以被省略的。然而，在需要括号来包含多行语句的时候，忘记括号是一个常见编程错误。在修改代码时，如果给没有括号的if语句添加新的语句，就得在程序中添加括号。举个例子，下面的代码a）就是错误的。它应该由一组括号来包含多行语句，就像b）中那样。

```
if (radius >= 0)
  area = radius * radius * PI;
  cout << "The area "
    << " is " << area;
```

a）错误

```
if (radius >= 0)
{
  area = radius * radius * PI;
  cout << "The area "
    <<  " is " <<  area;
}
```

b）正确

在a）中，控制台输出语句不是if语句的一部分，就像下面的代码：

```
if (radius >= 0)
  area = radius * radius * PI;

cout << "The area "
  << " is " << area;
```

不管if语句中的条件，控制台输出语句一定会被执行。

2. 常见错误2：if行错误的分号

在if这行的末尾加入一个分号，就像a）中一样，是一个常见错误。

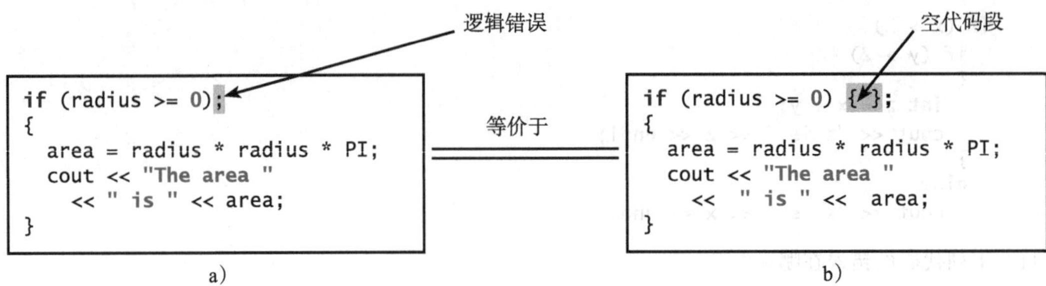

这个错误是很难查找，因为它既不是编译错误，也不是运行时错误，它是一个逻辑错误。a）中的代码是等价的 b）中一个空代码段。

3. 常见错误 3：错误使用 = 代替 = =

是否相等的操作符是两个等号（= =）。在 C++ 中，如果在应该使用 = = 的地方错误地使用了 =，那么将会导致逻辑错误。考虑下面的代码：

```
if (count = 3)
  cout << "count is zero" << endl;
else
  cout << "count is not zero" << endl;
```

它将一直显示 count is zero，因为 count = 3 这一句把 3 赋值给了 count，赋值语句的值是 3。因为 3 是一个非零值，所以 if 语句的条件就是 true。可以回想一下，所有非零值都等价于 true，而 0 值等价于 false。

4. 常见错误 4：布尔值的冗余测试

为了测试条件 bool 变量是 true 还是 false，如 a）用等价测试符（= =）是冗余的。

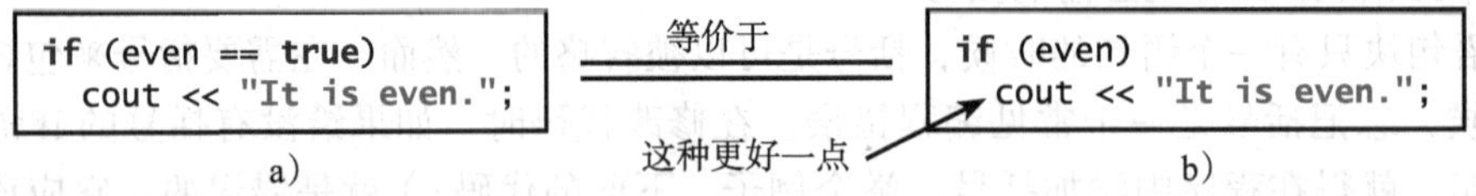

作为替代，直接测试 bool 变量，就像 b）中一样。另外一个这样做的原因就是避免难以检测的错误。用 = 符号替代 = = 来比较两个项，在测试条件句中是常见的错误。它可能会导致下面的错误语句：

```
if (even = true)
  cout << "It is even.";
```

这个语句把 true 赋值给 even，所以 even 的值一直是 true。所以，if 语句的条件一直是 true。

5. 常见错误 5：else 位置歧义

下面 a 中的代码有两个 if 子句，一个 else 子句。哪一个 if 子句是和 else 子句配套的呢？代码的缩进说明 else 子句是和第一个 if 子句搭配的。然而，这个 else 子句是和第二个 if 子句搭配的。这种情况被称为 else 位置歧义（dangling else ambiguity）。else 子句通常和同一程序段中最近的 if 子句配套。a）中的语句和 b）中代码等价：

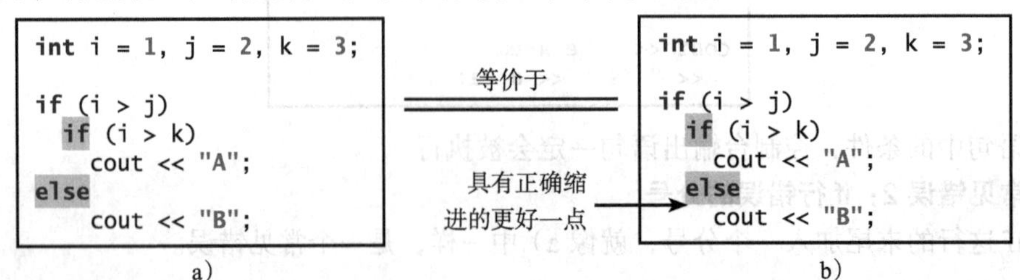

因为 (i>j) 是错误的，所以 a) 和 b) 中的语句什么也没有显示。为了强制 else 子句和第一个 if 子句配套，这里需要添加一对大括号：

```
int i = 1, j = 2, k = 3;

if (i > j)
{
  if (i > k)
    cout << "A";
}
else
  cout << "B";
```

这个语句显示 B。

6. 常见错误 6：两个浮点值的相等性测试

2.16 节中讨论的常见错误 3，浮点数有限制的精度，涉及浮点数的计算会导致舍入误差。因此，两个浮点数之间的相等性测试是不可靠的。举个例子，我们希望下面的代码显示 x is 0.5，但是出乎意料的是，它显示 x is not 0.5。

```
double x = 1.0 - 0.1 - 0.1 - 0.1 - 0.1 - 0.1;
if (x == 0.5)
  cout << "x is 0.5" << endl;
else
  cout << "x is not 0.5" << endl;
```

这里，x 不完全是 0.5，但是非常接近 0.5。我们不能认为对两个浮点数进行相等性测试是可靠的。然而，可以通过比较两个数之间的差距是不是小于一个临界条件来比较它们是否足够接近。也就是说，如果 $|x-y|< \varepsilon$，ε 是一个非常小的数值，则两个数 x 和 y 非常接近。ε，希腊字母，发音为 epsilon，常用来表示非常小的数值。通常，可以在比较两个 double 值的时候把 ε 设置为 10^{-14}，在比较两个 float 值的时候把它设为 10^{-7}。举个例子，下面的代码：

```
const double EPSILON = 1E-14;
double x = 1.0 - 0.1 - 0.1 - 0.1 - 0.1 - 0.1;
if (abs(x - 0.5) < EPSILON)
  cout << "x is approximately 0.5" << endl;
```

将显示：

```
x is approximately 0.5
```

cmath 库中的函数 abs(a) 可以用来返回一个数 a 的绝对值。

7. 常见陷阱 1：简化布尔变量赋值

通常，初学者在写代码中，容易像 a) 中那样，把一个条件测试语句赋值给一个 bool 变量：

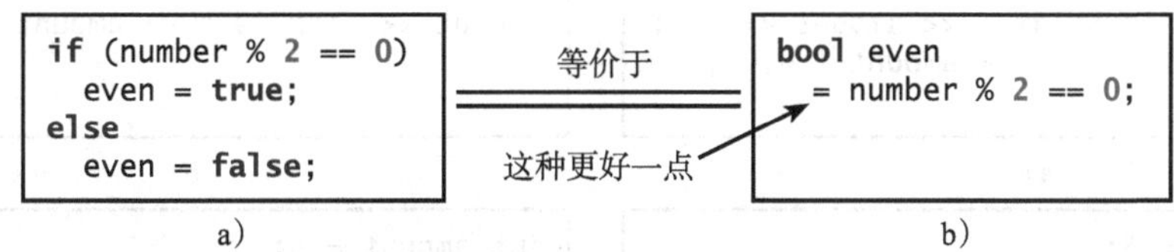

这不是一个错误，但是应该写成如 b) 所示的样子更好一点。

8. 常见陷阱 2：避免在不同分支中的相同语句

通常，初学者喜欢在不同的分支中编写那些本应该合在一处的相同代码。下面代码中高亮的代码是重复的。

```
if (inState)
{
  tuition = 5000;
  cout << "The tuition is " << tuition << endl;
}
else
{
  tuition = 15000;
  cout << "The tuition is " << tuition << endl;
}
```

这并不是一个错，但是最好还是写成如下的样式：

```
if (inState)
{
  tuition = 5000;
}
else
{
  tuition = 15000;
}
cout << "The tuition is " << tuition << endl;
```

新代码把重复的部分移除了，让代码方便维护，因为这样修改了输出语句之后，只需要修改一处就可以了。

9. 常见陷阱 3：整数值可以被用做布尔值

在 C++ 里，一个布尔值的 true 被看做 1，false 看做 0。一个数值可以被用做一个布尔值。特别的，C++ 把一个非零的数值转换成 true，把 0 转换成 false。一个布尔值可以被用做一个整数。这个可能会导致潜在的逻辑错误。举个例子，下面 a）中的代码有一个逻辑错误。假设 amount 是 40，代码会显示 Amount is more than 50，因为 !amount 等价于 0，0<= 50 是真的。正确的代码如 b）中所示。

```
if (!amount <= 50)
  cout << "Amount is more than 50";
```

a）

```
if (!(amount <= 50))
  cout << "Amount is more than 50";
```

b）

检查点

3.12 显示下列代码的输出：

```
int amount = 5;

if (amount >= 100)
{
  cout << "Amount is " << amount << " ";
  cout << "Tax is " << amount * 0.03;
}
```

a）

```
int amount = 5;

if (amount >= 100)
  cout << "Amount is " << amount << " ";
  cout << "Tax is " << amount * 0.03;
```

b）

```
int amount = 5;

if (amount >= 100);
  cout << "Amount is " << amount << " ";
  cout << "Tax is " << amount * 0.03;
```

c）

```
int amount = 0;

if (amount = 0)
  cout << "Amount is zero";
else
  cout << "Amount is not zero";
```

d）

3.13 下面哪些语句是等价的？哪些是正确缩进的？

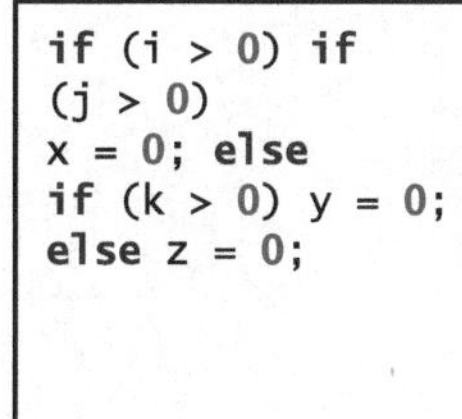

```
if (i > 0) if
(j > 0)
x = 0; else
if (k > 0) y = 0;
else z = 0;
```

a）

```
if (i > 0) {
  if (j > 0)
    x = 0;
  else if (k > 0)
    y = 0;
}
else
  z = 0;
```

b）

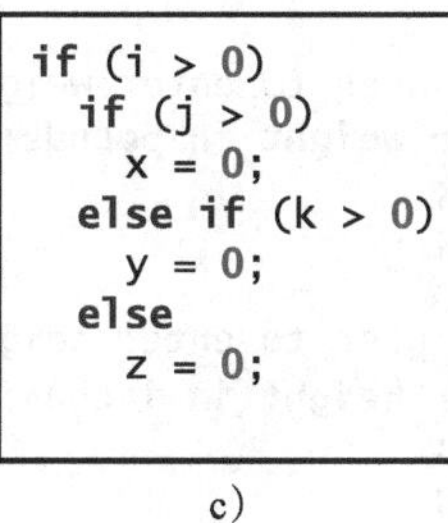

```
if (i > 0)
  if (j > 0)
    x = 0;
  else if (k > 0)
    y = 0;
  else
    z = 0;
```

c）

```
if (i > 0)
if (j > 0)
  x = 0;
else if (k > 0)
  y = 0;
else
  z = 0;
```

d）

3.14 运用布尔表达式重写下列语句：

```
if (count % 10 == 0)
  newLine = true;
else
  newLine = false;
```

3.15 下列语句是否正确？哪一个更好？

```
if (age < 16)
  cout <<
    "Cannot get a driver's license";
if (age >= 16)
  cout <<
    "Can get a driver's license";
```

a）

```
if (age < 16)
  cout <<
    "Cannot get a driver's license";
else
  cout <<
    "Can get a driver's license";
```

b）

3.16 如果 number 为 14、15、30，下面代码的输出是什么？

```
if (number % 2 == 0)
  cout << number << " is even";
if (number % 5 == 0)
  cout << number << " is multiple of 5";
```

a）

```
if (number % 2 == 0)
  cout << number << " is even";
else if (number % 5 == 0)
  cout << number << " is multiple of 5";
```

b）

3.7 实例研究：计算身体质量指数

关键点：*需要使用嵌套的 if 语句来写程序解释身体质量指数。*

身体质量指数（BMI）是一种通过体重和身高衡量健康的方法。通过用体重的千克数，除以身高的米数的平方就可以得到 BMI。下面是大于 20 岁人的 BMI 指数的解释。

BMI	解释
BMI < 18.5	偏瘦
18.6 ≤ BMI < 25.0	正常
25.0 ≤ BMI < 30.0	超重
30.0 ≤ BMI	肥胖

写一个程序提示用户输入一个以磅为单位的体重和一个以英尺为单位的身高，然后显示 BMI，注意，1 磅是 0.45359237 千克，1 英寸是 0.0254 米。程序清单 3-2 给出了实现代码。

程序清单 3-2 ComputeAndInterpreteBMI.cpp

```
#include <iostream>
using namespace std;
```

```
3
4  int main()
5  {
6    // Prompt the user to enter weight in pounds
7    cout << "Enter weight in pounds: ";
8    double weight;
9    cin >> weight;
10
11   // Prompt the user to enter height in inches
12   cout << "Enter height in inches: ";
13   double height;
14   cin >> height;
15
16   const double KILOGRAMS_PER_POUND = 0.45359237; // Constant
17   const double METERS_PER_INCH = 0.0254; // Constant
18
19   // Compute BMI
20   double weightInKilograms = weight * KILOGRAMS_PER_POUND;
21   double heightInMeters = height * METERS_PER_INCH;
22   double bmi = weightInKilograms /
23     (heightInMeters * heightInMeters);
24
25   // Display result
26   cout << "BMI is " << bmi << endl;
27   if (bmi < 18.5)
28     cout << "Underweight" << endl;
29   else if (bmi < 25)
30     cout << "Normal" << endl;
31   else if (bmi < 30)
32     cout << "Overweight" << endl;
33   else
34     cout << "Obese" << endl;
35
36   return 0;
37 }
```

程序输出：

```
Enter weight in pounds: 146 ↵Enter
Enter height in inches: 70 ↵Enter
BMI is 20.9486
Normal
```

行号	weight	height	weightInKilograms	heightInMeters	bmi	输出
9	146					
14		70				
20			66.22448602			
21				1.778		
22					20.9486	
26						BMI is 20.9486
32						Normal

两个常量 KILOGRAMS_PER_POUND 和 METERS_PER_INCH 在 16 ～ 17 行定义了。使用常量让程序更容易阅读。

我们应该输入所有可能的情况计算对应的 BMI 来测试程序，以确保程序适合所有情况。

3.8 实例研究：计算税款

关键点：可以使用嵌套if语句来写程序计算税款。

美国联邦个人所得税基于申报纳税身份和须纳税的收入来计算。有4种申报纳税身份：单身纳税者、夫妻联合纳税者或有资格的遗孀、夫妻分别纳税者和户主纳税者。每年的税率是不同的。2009年的税率如表3-2所示。比如说，对于一个单身纳税者，须纳税收入为10 000美元，其中8350美元的税率为10%，剩余1650美元税率为15%，那么他应缴的税款为1082.50美元。

表3-2 2009年美国联邦个人所得税率

税率区间	单身纳税者	夫妻联合纳税者或有资格的遗孀	夫妻分别纳税者	户主纳税者
10%	\$0 – \$8350	\$0 – \$16 700	\$0 – \$8350	\$0 – \$11 950
15%	\$8 351 – \$33 950	\$16 701 – \$67 900	\$8351 – \$33 950	\$11 951 – \$45 500
25%	\$33 951 – \$82 250	\$67 901 – \$137 050	\$33 951 – \$68 525	\$45 501 – \$117 450
28%	\$82 251 – \$171 550	\$137 051 – \$208 850	\$68 526 – \$104 425	\$117 451 – \$190 200
33%	\$171 551 – \$372 950	\$208 851 – \$372 950	\$104 426 – \$186 475	\$190 201 – \$372 950
35%	\$372 951+	\$372 951+	\$186 476+	\$372 951+

编写程序计算个人所得税。提示用户输入申报纳税身份，计算税款。0为单身纳税者，1为夫妻联合纳税者或有资格的遗孀，2为夫妻分别纳税者，3为户主纳税者。

程序应该根据不同的纳税身份和须纳税收入计算应缴税款。可按如下if语句判断纳税身份：

```
if (status == 0)
{
  // Compute tax for single filers
}
else if (status == 1)
{
  // Compute tax for married filing jointly or qualifying widow(er)
}
else if (status == 2)
{
  // Compute tax for married filing separately
}
else if (status == 3)
{
  // Compute tax for head of household
}
else {
  // Display wrong status
}
```

对每种纳税身份，有6个税率，每个税率用于一定数量的须纳税收入。例如，对于一个单身纳税者，若其须纳税收入为400 000美元，则其中8350美元的税率为10%，(33 950 − 8350)美元的税率为15%，(82 250 − 33 950)美元的税率为25%，(171 550 − 82 250)美元的税率为28%，(372 950 − 171 550)美元的税率为33%，剩余的(400 000 − 372 950)美元的税率为35%。

程序清单3-3给出了计算单身纳税者应缴税款的解决方案。完整的解决方案留给读者作为练习。

程序清单 3-3 ComputeTax.cpp

```
#include <iostream>
using namespace std;

int main()
{
  // Prompt the user to enter filing status
  cout << "(0-single filer, 1-married jointly, "
       << "or qualifying widow(er), " << endl
       << "2-married separately, 3-head of household)" << endl
       << "Enter the filing status: ";

  int status;
  cin >> status;

  // Prompt the user to enter taxable income
  cout << "Enter the taxable income: ";
  double income;
  cin >> income;

  // Compute tax
  double tax = 0;

  if (status == 0) // Compute tax for single filers
  {
    if (income <= 8350)
      tax = income * 0.10;
    else if (income <= 33950)
      tax = 8350 * 0.10 + (income - 8350) * 0.15;
    else if (income <= 82250)
      tax = 8350 * 0.10 + (33950 - 8350) * 0.15 +
        (income - 33950) * 0.25;
    else if (income <= 171550)
      tax = 8350 * 0.10 + (33950 - 8350) * 0.15 +
        (82250 - 33950) * 0.25 + (income - 82250) * 0.28;
    else if (income <= 372950)
      tax = 8350 * 0.10 + (33950 - 8350) * 0.15 +
        (82250 - 33950) * 0.25 + (171550 - 82250) * 0.28 +
        (income - 171550) * 0.33;
    else
      tax = 8350 * 0.10 + (33950 - 8350) * 0.15 +
        (82250 - 33950) * 0.25 + (171550 - 82250) * 0.28 +
        (372950 - 171550) * 0.33 + (income - 372950) * 0.35;
  }
  else if (status == 1) // Compute tax for married file jointly
  {
    // Left as an exercise
  }
  else if (status == 2) // Compute tax for married separately
  {
    // Left as an exercise
  }
  else if (status == 3) // Compute tax for head of household
  {
    // Left as an exercise
  }
  else
  {
    cout << "Error: invalid status";
```

```
59         return 0;
60     }
61
62     // Display the result
63     cout << "Tax is " << static_cast<int>(tax * 100) / 100.0 << endl;
64
65     return 0;
66 }
```

程序输出：

```
(0-single filer, 1-married jointly or qualifying widow(er),
2-married separately, 3-head of household)
Enter the filing status: 0 ↵Enter
Enter the taxable income: 400000 ↵Enter
Tax is 117684
```

行号	status	income	tax	输出
13	0			
18		400000		
21			0	
40			130599	
63				Tax is 117684

程序首先接收用户输入的纳税身份和须纳税收入。随后使用多分支 if-else 语句（23、44、48、52 和 56 行）检查纳税身份，并根据纳税身份计算税款。

要测试一个程序，我们应该提供能够覆盖所有情况的输入数据。在这个程序中，我们应该输入包含所有的状态（0，1，2，3）。对于每一种状态，测试 6 个括号里的每一个。所以，一共有 24 种情况。

小窍门：对于所有程序，在添加更多代码之前，应该写一小部分代码并对其进行测试。这称为增量开发和测试。这种方法使错误更易确定，因为错误可能就在刚刚添加的新代码中。

检查点

3.17 下列语句是否等价？

```
if (income <= 10000)
  tax = income * 0.1;
else if (income <= 20000)
  tax = 1000 +
    (income - 10000) * 0.15;
```

```
if (income <= 10000)
  tax = income * 0.1;
else if (income > 10000 &&
         income <= 20000)
  tax = 1000 +
    (income - 10000) * 0.15;
```

3.9 生成随机数

关键点：可以使用 rand() 函数来获得随机整数。

假设需要写一个程序帮助一年级学生来练习减法。程序随机生成两个一位数，number1 和 number2，而且 number1>=number2，然后把问题显示给学生，如“What is 9 - 2？”，在学生输入了答案之后，程序显示一条信息说明结果是否正确。

这里，需要使用 cstdlib 头文件中的 rand() 函数来生成随机数。这个函数返回一个在

0～RAND_MAX之间的随机整数。RAND_MAX是一个平台决定的常数。在Visual C++中，RAND_MAX是32 767。

rand()函数生成的是伪随机数。即每次在同一个系统上执行这个函数的时候，rand()函数生成同一序列的数。例如，在某台计算机中，执行这三条语句总会得到130、10 982和1090。

```
cout << rand() << endl << rand() << endl << rand() << endl;
```

为什么呢？rand()函数的算法使用一个叫种子（seed）的值来控制生成数字。默认情况下，种子的值是1。如果改变种子的值为不同的值，随机数也将会不同。可以使用cstdlib头文件中的srand（seed）函数来改变种子的值。为了确保程序中每一次种子的值都不相同，可以使用time(0)。就像在2.10节中那样，调用time(0)，返回自格林尼治时间1970年1月1日00:00:00到现在的秒数。所以，下面的代码将要显示一个随机种子生成随机整数。

```
srand(time(0));
cout << rand() << endl;
```

为了获得一个0～9之间的随机整数，使用：

```
rand() % 10
```

这个程序按照如下的方法执行：

步骤1：生成两个一位的整数，把数值赋予number1和number2。

步骤2：如果number1<number2，把number1和number2互换位置。

步骤3：提示学生回答“number1 – number2的结果是多少？”。

步骤4：检查学生的回答，并显示是否证明。

程序清单3-4显示了完整的程序。

程序清单 3-4 SubtractionQuiz.cpp

```
#include <iostream>
#include <ctime> // for time function
#include <cstdlib> // for rand and srand functions
using namespace std;

int main()
{
  // 1. Generate two random single-digit integers
  srand(time(0));
  int number1 = rand() % 10;
  int number2 = rand() % 10;

  // 2. If number1 < number2, swap number1 with number2
  if (number1 < number2)
  {
    int temp = number1;
    number1 = number2;
    number2 = temp;
  }

  // 3. Prompt the student to answer "what is number1 - number2?"
  cout << "What is " << number1 << " - " << number2 << "? ";
  int answer;
  cin >> answer;

  // 4. Grade the answer and display the result
```

```
27   if (number1 - number2 == answer)
28     cout << "You are correct!";
29   else
30     cout << "Your answer is wrong. " << number1 << " - " << number2
31          << " should be " << (number1 - number2) << endl;
32
33   return 0;
34 }
```

程序输出：

```
What is 5 - 2? 3
You are correct!
```

```
What is 4 - 2? 1
Your answer is wrong.
4 - 2 should be 2
```

行号	number1	number2	temp	answer	输出
10	2				
11		4			
16			2		
17	4				
18		2			
24				1	
30					Your answer is wrong 4 - 2 should be 2

为了互换变量的值number1和number2，一个临时变量temp（16行）最初被用来保存number1的值。number1被赋予了number2的数值（17行），然后temp的值被赋予了number2（18行）。

检查点

3.18 下列哪些有可能为来自于调用rand()的输出？

323.4, 5, 34, 1, 0.5, 0.234

3.19 a. 怎样生成一个随机数i，0 ≤ i < 20？

b. 怎样生成一个随机数i，10 ≤ i < 20？

c. 怎样生成一个随机数i，10 ≤ i ≤ 50？

d. 编写一个表达式随机返回0或者1。

e. 找出你的计算机上的RAND_MAX。

3.20 编写一个表达式随机获取34～55之间的整数。编写一个表达式随机获取0～999之间的整数。

3.10 逻辑运算符

关键点：逻辑运算符是！、&& 和 ||，用来合成一个布尔表达式。

有时候，执行路径的选择是由多个条件的组合决定的。我们可以用逻辑运算符组合多个条件。逻辑运算符（logical operator），也被称为布尔运算符（Boolean operator），是以布尔值

为运算对象，计算出新的布尔值的运算符。表 3-3 给出了布尔运算符列表。表 3-4 定义了逻辑非运算符（!）。它对 true 取反得到 false，对 false 取反得到 true。表 3-5 给出了逻辑与运算符（&&）的定义，当且仅当两个布尔值均为 true 时，它们的逻辑与运算结果为 true。表 3-6 给出了逻辑或运算符（||）的定义，如果两个布尔值至少有一个为 true，那么它们的逻辑或运算结果为 true。

表 3-3　布尔运算符

运算符	名字	描述
!	逻辑非	逻辑取反
&&	逻辑与	逻辑合取
||	逻辑或	逻辑析取

表 3-4　运算符 ! 的真值表

p	!*p*	示例（假定 age=24，weight=140）
true	false	!（age > 18）为 false，因为（age > 18）为 true !（weight==150）为 true，因为（weight==150）为 false
false	true	

表 3-5　运算符 && 的真值表

p1	*p2*	*p1* && *p2*	示例（假定 age=24，weight=140）
false	false	false	（age > 18）&&（weight <= 140）为 true，因为（age > 18）和（weight <= 140）都不为 true （age > 18）&&（weight > 140）为 false，因为（weight > 140）为 false
false	true	false	
true	false	false	
true	true	true	

表 3-6　运算符 || 的真值表

p1	*p2*	*p1* || *p2*	示例（假定 age=24，weight=140）
false	false	false	（age > 34）||（weight <= 140）为 true，因为（weight <=140）为 true （age > 34）||（weight >= 150）为 false，因为（age > 34）和（weight >= 150）均为 false
false	true	true	
true	false	true	
true	true	true	

程序清单 3-5 给出了一个程序，可以检查一个数是否被 2 和 3 同时整除，是否被 2 整除或能被 3 整除，以及是否被且只被 2、3 其中之一整除。

程序清单 3-5　TestBooleanOperators.cpp

```
#include <iostream>
using namespace std;

int main()
{
  int number;
  cout << "Enter an integer: ";
  cin >> number;

  if (number % 2 == 0 && number % 3 == 0)
    cout << number << " is divisible by 2 and 3." << endl;

  if (number % 2 == 0 || number % 3 == 0)
    cout << number << " is divisible by 2 or 3." << endl;

  if ((number % 2 == 0 || number % 3 == 0) &&
      !(number % 2 == 0 && number % 3 == 0))
    cout << number << " divisible by 2 or 3, but not both." << endl;

  return 0;
}
```

程序输出：

```
Enter an integer: 4
4 is divisible by 2 or 3.
4 is divisible by 2 or 3, but not both.
```

```
Enter an integer: 18
18 is divisible by 2 and 3
18 is divisible by 2 or 3.
```

（number % 2 == 0 && number % 3 == 0）（10 行）检查 number 是否同时被 2 和 3 整数。(number % 2 == 0 || number % 3 == 0)（13 行）检查 number 是否被 2 或 3 整除。类似地，16 ～ 17 行的布尔表达式：

```
((number % 2 == 0 || number % 3 == 0) &&
  !(number % 2 == 0 && number % 3 == 0))
```

检查 number 是否被 2 整除或被 3 整除，且不同时被它们整除。

警示：在数学中，表达式

```
1 <= numberOfDaysInAMonth <= 31
```

是正确的。然而，在 C++ 中，它是错误的，因为 1 <= numberOfDaysInAMonth 得出的是 bool 值，然后一个 bool 值（1 为 true，0 为 false）同 31 比较，这会导致一个逻辑错误。正确的表达式为

```
(1 <= numberOfDaysInAMonth) && (numberOfDaysInAMonth <= 31)
```

提示：De Morgan 定律——以印度出生的英国数学家和逻辑学家 Augustus De Morgan（1806—1871）命名的一个定律，可用来简化布尔表达式。定律描述如下：

```
!(condition1 && condition2) 等同于
  !condition1 || !condition2
!(condition1 || condition2) 等同于
  !condition1 && !condition2
```

举个例子，

```
!(number % 2 == 0 && number % 3 == 0)
```

可简化为如下等价表达式

```
(number % 2 != 0 || number % 3 != 0)
```

另一个例子，

```
!(number == 2 || number == 3)
```

更好的写法是

```
number != 2 && number != 3
```

如果运算符 && 的一个运算对象为 false，表达式的值即为 false；如果运算符 || 的一个运算对象为 true，表达式的值即为 true。C++ 利用这一特性来优化这些运算符的性能。当对 p1 && p2 求值时，C++ 首先对 p1 求值，如果 p1 为 true 则接着对 p2 求值；如果 p1 为 false，则不对 p2 求值。当对 p1 || p2 求值时，C++ 先对 p1 求值，若 p1 为 false 接着对 p2 求

值，若 p1 为 true，则不对 p2 求值。因此，&& 称为有条件的（conditional）与运算符或短路（short-circuit）与运算符，而 || 称为有条件的或运算符或短路或运算符。C++ 同时也提供了位与操作（&）和或位操作（|），在附加材料 IV.J 和 IV.K 中有介绍，供想更深入的读者参考。

检查点

3.21　假设 x 为 1，显示下列布尔表达式的结果：

```
(true) && (3 > 4)
!(x > 0) && (x > 0)
(x > 0) || (x < 0)
(x != 0) || (x == 0)
(x >= 0) || (x < 0)
(x != 1) == !(x == 1)
```

3.22　（a）编写一个布尔表达式，如果存储在变量 num 中的数值在 1 ～ 100 之间，那么得到结果为 true。（b）编写一个布尔表达式，如果存储在变量 num 中的数值在 1 ～ 100 之间或者数值为负，那么得到结果为 true。

3.23　（a）为 |x−5|<4.5 编写一个布尔表达式。（b）为 |x−5|>4.5 编写一个布尔表达式。

3.24　测试 x 是否在 10 ～ 100 之间，下列哪些表达式是正确的？

```
a. 100 > x > 10
b. (100 > x) && (x > 10)
c. (100 > x) || (x > 10)
d. (100 > x) and (x > 10)
e. (100 > x) or (x > 10)
```

3.25　下面两个表达式是否相同？

```
a. x % 2 == 0 && x % 3 == 0
b. x % 6 == 0
```

3.26　如果 x 为 45、67 或 101，表达式 x>=50 && x<=100 的值为多少？

3.27　假设，当运行程序时，从控制台输入 2 3 6，输出为多少？

```
#include <iostream>
using namespace std;

int main()
{
  double x, y, z;
  cin >> x >> y >> z;

  cout << "(x < y && y < z) is " << (x < y && y < z) << endl;
  cout << "(x < y || y < z) is " << (x < y || y < z) << endl;
  cout << "!(x < y) is " << !(x < y) << endl;
  cout << "(x + y < z) is " << (x + y < z) << endl;
  cout << "(x + y > z) is " << (x + y > z) << endl;

  return 0;
}
```

3.28　编写一个布尔表达式，如果 age 大于 13 小于 18，则结果为 true。

3.29　编写一个布尔表达式，如果 weight 大于 50 磅或身高高于 60 英尺，则结果为 true。

3.30　编写一个布尔表达式，如果 weight 大于 50 磅且身高高于 60 英尺，则结果为 true。

3.31 编写一个布尔表达式，如果 weight 大于 50 磅或身高高于 60 英尺，且两项中只有一项而不是两项成立，则结果为 true。

3.11 实例研究：确定闰年

关键点：闰年就是可以被 4 整除，但是不能被 100 整除的年份，或者就是能被 400 整除的年份。

可以使用下面的布尔表达式来检查一年是不是闰年：

```
// A leap year is divisible by 4
bool isLeapYear = (year % 4 == 0);
// A leap year is divisible by 4 but not by 100
isLeapYear = isLeapYear && (year % 100 != 0);

// A leap year is divisible by 4 but not by 100 or divisible by 400
isLeapYear = isLeapYear || (year % 400 == 0);
```

或者把这些表达式整合为一个：

```
isLeapYear = (year % 4 == 0 && year % 100 != 0) || (year % 400 == 0);
```

程序清单 3-6 给出了一个程序来让用户输入一个年份来判断这个年份是不是闰年。

程序清单 3-6 LeapYear.cpp

```
#include <iostream>
using namespace std;

int main()
{
  cout << "Enter a year: ";
  int year;
  cin >> year;

  // Check if the year is a leap year
  bool isLeapYear =
    (year % 4 == 0 && year % 100 != 0) || (year % 400 == 0);

  // Display the result
  if (isLeapYear)
    cout << year << " is a leap year" << endl;
  else
    cout << year << " is a not leap year" << endl;

  return 0;
}
```

程序输出：

```
Enter a year: 2008 ↵Enter
2008 is a leap year
```

```
Enter a year: 1900 ↵Enter
1900 is not a leap year
```

```
Enter a year: 2002 ↵Enter
2002 is not a leap year
```

3.12 实例研究：彩票

关键点：彩票程序涉及生成随机数、比较数据和使用布尔运算符。

假设写一个程序来玩彩票。程序随机生成一个两位数作为中奖号码，提示用户输入一个两位数，然后通过比较看用户按照下面的规定是否赢了：

1）如果用户的输入符合彩票数字的正确顺序，奖金是 $10 000。

2）如果用户输入的数字和彩票数字都相同，奖金是 $3000。

3）如果用户输入的数字和彩票数字中的一个相同，奖金是 $1000。

注意，生成的数字的两个位置都有可能是 0。如果一个数字小于 10，我们就给这个数字前面补充一个 0 来形成一个两位数。举个例子，数字 8 被看做是 08，0 被看做是 00。程序清单 3-7 给出了完整的程序。

程序清单 3-7 Lottery.cpp

```
#include <iostream>
#include <ctime> // for time function
#include <cstdlib> // for rand and srand functions
using namespace std;

int main()
{
  // Generate a lottery
  srand(time(0));
  int lottery = rand() % 100;

  // Prompt the user to enter a guess
  cout << "Enter your lottery pick (two digits): ";
  int guess;
  cin >> guess;

  // Get digits from lottery
  int lotteryDigit1 = lottery / 10;
  int lotteryDigit2 = lottery % 10;

  // Get digits from guess
  int guessDigit1 = guess / 10;
  int guessDigit2 = guess % 10;

  cout << "The lottery number is " << lottery << endl;

  // Check the guess
  if (guess == lottery)
    cout << "Exact match: you win $10,000" << endl;
  else if (guessDigit2 == lotteryDigit1
      && guessDigit1 == lotteryDigit2)
    cout << "Match all digits: you win $3,000" << endl;
  else if (guessDigit1 == lotteryDigit1
         || guessDigit1 == lotteryDigit2
         || guessDigit2 == lotteryDigit1
         || guessDigit2 == lotteryDigit2)
    cout << "Match one digit: you win $1,000" << endl;
  else
    cout << "Sorry, no match" << endl;

  return 0;
}
```

程序输出：

```
Enter your lottery pick (two digits): 00 ↵Enter
The lottery number is 0
Exact match: you win $10,000
```

```
Enter your lottery pick (two digits): 45 ↵Enter
The lottery number is 54
Match all digits: you win $3,000
```

```
Enter your lottery pick: 23 ↵Enter
The lottery number is 34
Match one digit: you win $1,000
```

```
Enter your lottery pick: 23 ↵Enter
The lottery number is 14
Sorry, no match
```

行号 / 变量	10	15	18	19	22	23	37
lottery	34						
guess		23					
lotteryDigit1			3				
lotteryDigit2				4			
guessDigit1					2		
guessDigit2						3	
output							Match one digit: you win $1,000

程序用 rand() 函数（10 行）生成了一个彩票数字，然后提示用户输入一个猜测（15 行）。注意，guess%10 可以获得 guess 的最后一位，guess/10 可以获得 guess 变量的第一位，因为 guess 是一个两位数（22 ～ 23 行）。

程序用下面的顺序来检查用户的猜想是不是和程序的彩票数字相同：

1）首先，检查数字是否和彩票数字完全相同（28 行）。

2）如果不是，检查用户猜测的数反转是否和彩票数字相同（30 ～ 31 行）。

3）如果不是，检查用户输入中是否有一位数字和彩票数字中数字相同（33 ～ 36 行）。

4）如果不是，没有相同的项，显示“Sorry，no match”（38 ～ 39 行）。

3.13 switch 语句

关键点：一个 switch 语句基于一个变量的值或者是一个表达式来执行语句。

程序清单 3-3 基于单真 / 假值条件的 if 语句实现多种选择。根据变量 status 的值，有 4 种不同的计算税款的情况。为处理所有情况，须使用嵌套的 if 语句。过度使用嵌套的 if 语句，会使程序变得难以理解。C++ 提供了 switch 语句，简化多重条件情况的代码。可将程序清单 3-3 中嵌套的 if 语句替换为如下 switch 语句：

```
switch (status)
{
  case 0:  compute tax for single filers;
```

```
        break;
  case 1: compute tax for married jointly or qualifying widow(er);
        break;
  case 2: compute tax for married filing separately;
        break;
  case 3: compute tax for head of household;
        break;
  default: cout << "Error: invalid status" << endl;
}
```

执行 switch 语句的流程图如图 3-5 所示。

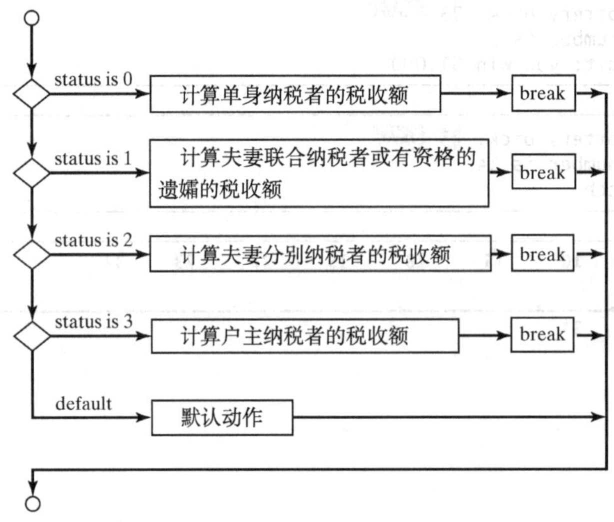

图 3-5 switch 语句检查所有情况，并执行匹配情况对应的语句

这段程序按次序检查变量 status 是否与值 0、1、2、3 匹配。如果与某个值匹配，计算所对应的税款；如果与所有值都不匹配，则输出一条信息。下面是 switch 语句的完整语法：

```
switch (switch-expression)
{
  case value1: statement(s)1;
               break;
  case value2: statement(s)2;
               break;
  ...
  case valueN: statement(s)N;
               break;
  default:     statement(s)-for-default;
}
```

switch 语句遵循如下规则：

- switch 表达式必须产生一个整型值，而且必须放在括号内。
- value1，…，valueN 是整型常量表达式，即表达式中不能包含变量，如 1 + x 就是非法的。这些值必须是整型值，不能是浮点型值。
- 当某个 case 语句中的值与 switch 表达式的值相等，则从此 case 语句开始执行后续语句，直至遇到一个 break 语句或者到达 switch 语句末尾。
- default 情况是可选的，它用于指出，在任何指定情况均与 switch 表达式不匹配时，执行什么动作。

- 关键字 break 是可选的，break 语句会立刻终止 switch 语句。

警示：在需要使用 break 的地方不要遗漏。当某个 case 语句被匹配时，会从这个 case 语句开始执行，直至遇到一个 break 语句或到达 switch 语句的末尾。这种现象被称为直通行为（fall-through behavior）。例如，day 为 1 ～ 5 时，下列代码显示 Weekdays，而 day 为 0 与 6，则显示 Weekends。

```
switch (day)
{
  case 1: // Fall to through to the next case
  case 2: // Fall to through to the next case
  case 3: // Fall to through to the next case
  case 4: // Fall to through to the next case
  case 5: cout << "Weekday"; break;
  case 0: // Fall to through to the next case
  case 6: cout << "Weekend";
}
```

小窍门：为避免编程错误，提高代码可维护性，如果程序中故意忽略了 break，最好在 case 子句中放上一段注释来说明此事。

现在让我们来写一个程序来判断一个给定的年份的中国生肖。中国生肖是一个 12 年的循环，每一年用一个动物来代表：鼠、牛、虎、兔、龙、蛇、马、羊、猴、鸡、狗和猪，并以此循环，如图 3-6 所示。

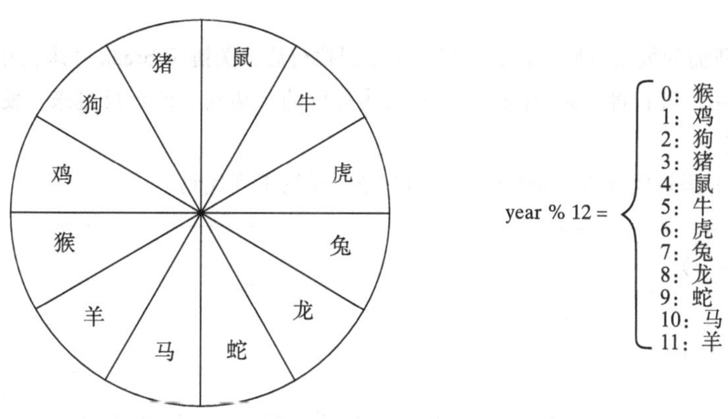

图 3-6 基于 12 年一轮回的中国生肖

注意，year%12 决定生肖的符号。1900%12 的结果是 4，所以 1900 年是鼠年。程序清单 3-8 给定了一个程序，提示用户输入一个年份，显示年份的生肖。

程序清单 3-8 ChineseZodiac.cpp

```
#include <iostream>
using namespace std;

int main()
{
  cout << "Enter a year: ";
  int year;
  cin >> year;

  switch (year % 12)
  {
    case 0: cout << "monkey" << endl; break;
```

```
    case 1: cout << "rooster" << endl; break;
    case 2: cout << "dog" << endl; break;
    case 3: cout << "pig" << endl; break;
    case 4: cout << "rat" << endl; break;
    case 5: cout << "ox" << endl; break;
    case 6: cout << "tiger" << endl; break;
    case 7: cout << "rabbit" << endl; break;
    case 8: cout << "dragon" << endl; break;
    case 9: cout << "snake" << endl; break;
    case 10: cout << "horse" << endl; break;
    case 11: cout << "sheep" << endl; break;
  }

  return 0;
}
```

程序输出：

```
Enter a year: 1963 ↵Enter
rabbit
```

```
Enter a year: 1877 ↵Enter
ox
```

检查点

3.32 switch 变量所需的数据类型是什么？当一个情况执行后，关键字 break 并未使用，那么下一条语句是否被使用？可否将一条 swich 语句转换为等价的 if 语句，或者反过来？使用 switch 语句的优点有哪些？

3.33 在下列 switch 语句执行后 y 为多少？使用 if 语句重写下列代码。

```
x = 3; y = 3;
switch (x + 3)
{
  case 6:  y = 1;
  default: y += 1;
}
```

3.34 在下列 if-else 语句执行后 x 为多少？使用 switch 语句重写它，并画出新的 switch 语句的流程图。

```
int x = 1, a = 3;
if (a == 1)
  x += 5;
else if (a == 2)
  x += 10;
else if (a == 3)
  x += 16;
else if (a == 4)
  x += 34;
```

3.14 条件表达式

关键点：条件表达式根据条件执行表达式。

有时候可能需要将一个值赋予一个变量，但要求这个赋值在某个特定条件下才进行。例如，如下语句在 x 大于 0 时将 1 赋予 y，在 x 小于等于 0 时将 −1 赋予 y：

```
if (x > 0)
  y = 1;
else
  y = -1;
```

与下面的例子一样，我们可以用一个条件表达式达到相同的目的：

```
y = x > 0 ? 1 : -1;
```

很明显，条件表达式与前面的语句有着完全不同的形式，其中没有显式的 if 语句。条件表达式的语法如下所示：

```
boolean-expression ? expression1 : expression2;
```

如果布尔表达式为真，条件表达式的值为 expression1 的值，否则就取 expression2 的值。

假如想让变量 num1 和 num2 中的较大者赋予变量 max，那么可以用条件表达式写一个很简单的语句：

```
max = num1 > num2 ? num1 : num2;
```

另一个例子，下面语句在 num 为偶数时输出信息"num is even"，否则输出"num is odd"。

```
cout << (num % 2 == 0 ? "num is even" : "num is odd") << endl;
```

提示：符号？和：一起出现在条件表达式中，它们一起构成了条件运算符。此运算符被称为三元运算符（ternary operator），因为它有三个运算对象，这也是 C++ 中唯一的三元运算符。

检查点

3.35 假定当运行下面程序的时候，从控制台输入 2 3 6。那么输出是什么？

```
#include <iostream>
using namespace std;

int main()
{
  double x, y, z;
  cin >> x >> y >> z;

  cout << (x < y && y < z ? "sorted" : "not sorted") << endl;

  return 0;
}
```

3.36 使用条件表达式重写下列 if 语句

```
if (ages >= 16)
  ticketPrice = 20;
else
  ticketPrice = 10;
```

```
if (count % 10 == 0)
  cout << count << endl;
else
  cout << count << " ";
```

3.37 使用 if-else 语句重写下列条件表达式：

a. `score = x > 10 ? 3 * scale : 4 * scale;`

b. `tax = income > 10000 ? income * 0.2 : income * 0.17 + 1000;`

c. `cout << (number % 3 == 0 ? i : j) << endl;`

3.15 运算符优先级和结合律

关键点：运算符的优先级和结合律决定着运算符的执行顺序。

在 2.9 节中，介绍了涉及算术运算符的优先级。这一节更加深入地介绍运算符的优先级。假定计算如下表达式：

```
3 + 4 * 4 > 5 * (4 + 3) - 1 && (4 - 3 > 5)
```

它的值是多少？运算符的执行次序是什么？

括号内的表达式先进行计算（括号可以嵌套，此时内层括号内的表达式先计算）。当计算一个没有括号的表达式时，运算符根据优先级规则和结合律来执行。

优先级规则定义了运算符的优先级，表 3-7 给出了我们学过的运算符的优先级，包含了到现在为止我们所有已经用到的操作符。运算符按由上至下，优先级由高到低的顺序列出。逻辑运算符的优先级低于关系运算符，关系运算符的优先级低于算术运算符。优先级相同的运算符出现在同一组中。（附录 C 给出了完整的 C++ 运算符和它们的优先级。）

表 3-7　运算符优先级表

优先级	运算符
↓（由高到低）	var++ 和 var--（后缀）
	+、-（一元加、减），++var 和 --var（前缀）
	static_cast<type>(v)，(type)(Casting)
	!（逻辑非）
	*、/、%（乘、除和模）
	+、-（二元加、减）
	<、<=、>、>=（关系）
	==、!=（等于）
	&&（逻辑与）
	||（逻辑或）
	=、+=、-=、*=、/=、%=（赋值）

如果表达式中两个相邻运算符的优先级相同，那么它们的结合律（associativity）决定它们的运算次序。除赋值运算符之外的所有二元运算符都是*左结合的*（left associative）。例如，由于 + 和 - 优先级相同，而且是左结合的，因此

$$a - b + c - d \overset{\text{等价于}}{=\!=\!=} ((a - b) + c) - d$$

赋值运算符是*右结合的*（right associative），因此

$$a - b += c = 5 \overset{\text{等价于}}{=\!=\!=} a = (b += (c = 5))$$

假设赋值之前，a、b 和 c 的值都是 1；在整个表达式计算完毕之后，a 的值是 6，b 的值是 6，c 的值是 5。注意，左结合对于赋值运算符是没有意义的。

小窍门：我们可以使用括号来强制运算符的计算次序，这也会使程序更为易读。使用冗余的括号不会使表达式的计算变慢。

检查点

3.38　列出布尔运算符的执行顺序。计算下列表达式：

```
true || true && false
true && true || false
```

3.39　对或者错？所有的二元运算符除了 = 均为左结合的。

3.40　计算下列表达式：

```
2 * 2 - 3 > 2 && 4 - 2 > 5
2 * 2 - 3 > 2 || 4 - 2 > 5
```

3.41　(x > 0 && x < 10) 是否与 ((x > 0) && (x < 10)) 相同？ (x > 0 || x < 10) 是否与 ((x > 0) || (x<10)) 相同？ (x > 0 || x < 10 && y < 0) 是否与 (x > 0 || (x < 10 && y < 0)) 相同？

3.16 调试

关键点：调试的作用是查找和修补程序中的错误。

就像我们在1.9.1节中讨论的那样，语法错误非常容易发现和修改，因为编译器会告诉我们错误在哪里，为什么错了。运行时错误也不难找到，因为操作系统在系统崩溃时在控制台中显示它们。但是，找到逻辑错误是非常具有挑战性的。

逻辑错误叫做bug。找到和改正错误的过程叫做调试（debugging）。一个常用的调试方法就是把范围缩小到bug发生的程序部分。我们可以手动跟踪（hand-trace）程序（例如，通过阅读程序查找错误），或者可以在程序中添加显示语句，用来显示程序的执行流或者变量的值。这个方法适用于比较小而且简单的程序。然而，对于一个巨大的、复杂的程序，最有效的调试办法就是使用调试工具。

C++的IDE工具，例如Visual C++，包括了集成的调试器。调试工具使我们可以追踪程序的执行情况。它们各不相同，但都支持下面的有效的特性：

- **一次只执行一条语句**：调试器允许用户一次只执行一条语句，以此让用户看到每一句的执行效果。
- **进入和跳过一个函数**：如果一个函数正在被执行中，可以让调试器进入一个函数，一次执行其中某一句，或者可以让调试器直接跳过整个函数。如果已经知道了整个函数是怎么工作的，那么就可以跳过整个函数。举个例子，跳过系统提供的函数，例如，pow（a,b）。
- **设置一个断点**：我们可以在一个具体的语句前设置一个断点。程序会在运行到断点处停下，并显示有断点的这一行。我们可以随意设置任意数量的断点。断点在我们想要知道程序的错误是从哪里开始的时候非常有用。我们可以在一行设置断点，让程序运行直到断点处停止。
- **显示变量**：调试器可以让我们选择许多变量并显示它们的值。当对程序进行跟踪的时候，变量的内容就会持续更新。
- **显示所有的调用堆栈**：调试器让我们可以跟踪所有被调用的函数和列出所有挂起的函数。这个功能在需要看到程序执行流程的大结构时非常有用。
- **修改变量**：一些调试器可以让我们在调试过程中修改一个变量的值。这个功能在我们想要用不同例子测试程序但又不想退出调试器时非常方便。

小窍门：如果使用的是微软的Visual C++，可以参考附加材料II.C中的Learning C++ Effectively with Microsoft Visual C++。这个附加材料说明了如何使用一个调试器跟踪程序，调试如何能帮助我们更有效地学习C++。

关键术语

Boolean expression（布尔表达式）
bool data type（布尔数据类型）
Boolean value（布尔值）
break statement（break语句）
conditional operator（条件运算符）
dangling else ambiguity（else位置歧义）
debugging（调试）
fall-through behavior（直通行为）
flowchart（流程图）
operator associativity（运算符结合律）
operator precedence（运算符优先级）
selection statement（分支语句）
short-circuit operator（短路运算符）
ternary operator（三元运算符）

本章小结

1. 一个布尔类型变量可以储存一个 true 或者 false 值。
2. C++ 使用 1 来代表 true，0 代表 false。
3. 向控制台显示一个布尔值，如果值为 true 则显示 1，值为 false 则显示 0。
4. 在 C++ 中，可以将一个数值赋给布尔变量。任何非零值的计算结果均为 true，0 值的计算结果为 false。
5. 关系运算符（<、<=、==、!=、>、>=）生成布尔值。
6. 相等测试运算符为两个等号（==），不是一个等号（=）。后者代表赋值。
7. 分支语句用于有可选动作过程的程序中。分支语句有多种类型：if 语句、双分支 if-else 语句、嵌套 if 语句、多分支 if-else 语句、switch 语句以及条件表达式。
8. 几种不同类型的 if 语句都是通过一个布尔表达式做出控制流决策。根据布尔表达式求值结果为 true 还是 false，从两个可能的执行路线中做出选择。
9. 布尔运算符 &&、|| 和 ! 作用于布尔值和布尔变量。
10. 当对 p1 && p2 求值时，C++ 首先对 p1 求值，如果 p1 为 true 则接着对 p2 求值；如果 p1 为 false，则不对 p2 求值。当对 p1 || p2 求值时，C++ 先对 p1 求值，若 p1 为 false 接着对 p2 求值，若 p1 为 true，则不对 p2 求值。因此，&& 为条件与运算符或短路与运算符，而 || 则为条件或者短路的或运算符。
11. switch 语句根据 switch 表达式来进行控制流决策。
12. 在 switch 语句中关键字 break 是可选的，但它通常用在每个 case 子句的末尾以终结 switch 语 句剩余部分的执行。如果未使用 break 语句，则会继续执行下一个 case 子句。
13. 算术表达式中运算符的运算次序由括号规则、运算符优先级和结合律决定。
14. 可使用括号强制运算符按任意顺序计算。
15. 具有较高优先级的运算符先进行计算。优先级相同的运算符由结合律决定计算次序。
16. 除赋值运算符外的所有二元运算符都是左结合的，赋值运算符是右结合的。

在线测验

请在 www.cs.armstrong.edu/liang/cpp3e/quiz.html 完成本章的在线测验。

程序设计练习

提示：对每个程序设计练习，学生应该仔细分析问题需求，在进行编码之前设计好问题求解的策略。

提示：当向他人寻求帮助前，可以先读一下程序，尝试向自己解释程序，并设计几个有代表性的输入，用手工方式或利用集成开发环境的调试器对程序进行跟踪。这样会从自己的错误中学到很多程序设计知识。

3.3 ～ 3.8 节

*3.1 （代数：解二次方程）二次方程 $ax^2 + bx + c = 0$ 的两个根可由下列公式得出：

$$r_1 = \frac{-b+\sqrt{b^2-4ac}}{2a} \text{ 与 } r_2 = \frac{-b-\sqrt{b^2-4ac}}{2a}$$

其中 $b^2 - 4ac$ 称为二次方程的判别式。如果它为正，则方程会有两个实根。如果它为零，则方程有一个根。如果它是负的，则方程无实根。

编写程序，提示用户输入 a、b、c 的值，输出基于判别式的结果。如果判别式为正，则输出两个根。如果判别式为 0，输出一个根。否则，输出 “The equation has no real roots.”

注意，可以使用 pow(x, 0.5) 来计算 $\sqrt{x}$。下面为一个运行样例：

```
Enter a, b, c: 1.0 3 1 ↵Enter
The roots are -0.381966 and -2.61803
```

```
Enter a, b, c: 1 2.0 1 ↵Enter
The root is -1
```

```
Enter a, b, c: 1 2 3 ↵Enter
The equation has no real roots
```

3.2 （检验数字）编写程序，提示用户输入两个整数，检验第一个数是否能由第二个数整除。下面为一个运行样例：

```
Enter two integers: 2 3 ↵Enter
2 is not divisible by 3
```

```
Enter two integers: 22 2 ↵Enter
22 is divisible by 2
```

*3.3 （代数：解 2×2 线性方程组）可以使用克莱姆法则解下列 2×2 方程组：

$$\begin{matrix} ax+by=e \\ cx+dy=f \end{matrix} \quad x=\frac{ed-bf}{ad-bc} \quad y=\frac{af-ec}{ad-bc}$$

编写程序，提示用户输入 a、b、c、d、e 和 f，输出结果。如果 $ad-bc$ 为 0，则输出“The equation has no solution”。

```
Enter a, b, c, d, e, f: 9.0 4.0 3.0 -5.0 -6.0 -21.0 ↵Enter
x is -2.0 and y is 3.0
```

```
Enter a, b, c, d, e, f: 1.0 2.0 2.0 4.0 4.0 5.0 ↵Enter
The equation has no solution
```

**3.4 （检测温度）编写程序，提示用户输入温度。如果温度低于 30，则输出 too cold；如果温度高于 100，则输出 too hot；否则，输出 just right。

*3.5 （找出未来日期）编写程序，提示用户输入代表今天是星期几的整数（星期日为 0，星期一为 1，……，星期六为 6）。接下来，提示用户输入未来某天距今天共几天，输出未来这天为星期几。下面为一个运行样例：

```
Enter today's day: 1 ↵Enter
Enter the number of days elapsed since today: 3 ↵Enter
Today is Monday and the future day is Thursday
```

```
Enter today's day: 0 ↵Enter
Enter the number of days elapsed since today: 31 ↵Enter
Today is Sunday and the future day is Wednesday
```

*3.6 （健康应用：BMI）重写程序清单 3-2，ComputeAndInterpretBMI.cpp，使用户输入体重，脚的尺寸以及身高。例如，如果一个人脚的尺寸为 5，身高为 10，则为 feet 输入 5，为 inches 输入 10。下面为一个运行样例：

```
Enter weight in pounds: 140 ↵Enter
Enter feet: 5 ↵Enter
Enter inches: 10 ↵Enter
BMI is 20.087702275404553
Normal
```

*3.7 （对 3 个整数进行排序）编写程序，提示用户输入 3 个整数，输出非递减顺序的 3 个整数的排列。

*3.8 （金融应用：计算货币单位数量）改写程序清单 2-12，ComputeChange.cpp，只显示非 0 的货币单

位数量，对于单个货币显示单词的单数形式，如 1 dollar、1 penny，对于多个货币显示复数形式，如 2 dollars、3 pennies。

3.9 ～ 3.16 节

*3.9 （求一个月的天数）编写一个程序，提示用户输入月份和年份，输出该月的天数。例如，如果用户输入月份为 2，年份为 2012，程序应该显示 2012 年 2 月有 29 天。如果用户输入月份为 3，年份为 2015，程序应该输出 2015 年 3 月有 31 天。

3.10 （游戏：加法学习工具）程序清单 3-4，SubtractionQuiz.cpp，随机生成一个减法题。修改程序，使之能随机生成一个加法题，两个运算整数均在 100 以内。

*3.11 （运输的价格）运输公司使用下列函数以包裹的重量（以磅为单位）为基础来计算运输的价格（以美元为单位）。

$$c(w)=\begin{cases}3.5 & 0<w\leqslant 1\\5.5 & 1<w\leqslant 3\\8.5 & 3<w\leqslant 10\\10.5 & 10<w\leqslant 20\end{cases}$$

编写程序，提示用户输入包裹的重量，输出运输的价格。如果重量超过 50，则输出信息“the package cannot be shipped”。

3.12 （游戏：正面朝上还是背面朝上）编写程序让用户猜测扔硬币的结果是正面朝上还是背面朝上。程序随机生成一个整数 0 或 1，分别代表正面与背面。程序提示用户输入猜测，然后告知用户是否猜对。

*3.13 （金融应用：计算税款）程序清单 3-3，ComputeTax.cpp，给出了计算单身纳税人税款的源代码。补充程序清单 3-3 给出完整的源代码。

**3.14 （游戏：彩票）重写程序清单 3-7，Lottery.cpp，来生成一个 3 个数的彩票。程序提示用户输入一个 3 位的数，根据下列规则来确定用户是否中奖：

如果用户的输入同彩票号码顺序完全相符，则奖励 $10 000。

如果用户输入的数字同彩票上的号码相同，则奖励 $3000。

如果用户输入的数字中有一个与彩票中的一个相同，则奖励 $1000。

*3.15 （游戏：剪刀、石头、布）编写程序进行剪刀、石头、布这个游戏。（剪刀可以剪布，石头可以敲击剪刀，布可以包裹石头。）程序随机生成数 0、1 或者 2，它们分别代表剪刀、石头与布。程序提示用户输入数字 0、1 或者 2，然后输出信息来告知用户或者计算机赢、输或者平。下面为一个运行样例：

```
scissor (0), rock (1), paper (2): 1 ↵Enter
The computer is scissor. You are rock. You won
```

```
scissor (0), rock (1), paper (2): 2 ↵Enter
The computer is paper. You are paper too. It is a draw
```

**3.16 （计算三角形周长）编写程序，读入一个三角形的三条边，如果输入是合法的，计算三角形的周长。否则，显示输入非法的信息。输入合法的条件是任意两条边之和大于第三条边。

*3.17 （科学技术：风冷温度）程序设计练习 2.17 给出了计算风冷温度的公式。公式对在 −58℉与 41℉之间的温度以及大于或等于 2 的风速有效。编写程序，提示用户输入温度与风速。如果输入有效，则输出风冷温度；否则，输出信息告知温度与（或）风速是无效的。

3.18 （游戏：三个数相加的学习工具）程序清单 3-4，SubtractionQuiz.cpp 中，随机生成一个减法题。修改它，使之能随机生成一个加法题，三个运算数均在 100 以内。

综合

**3.19 （几何：点是否在圆内？）编写程序，提示用户输入点（x，y），检验点是否在以（0，0）为圆心，半径为 10 的圆内。例如，(4，5) 在圆内，而 (9，9) 在圆外，如图 3-7a 所示。

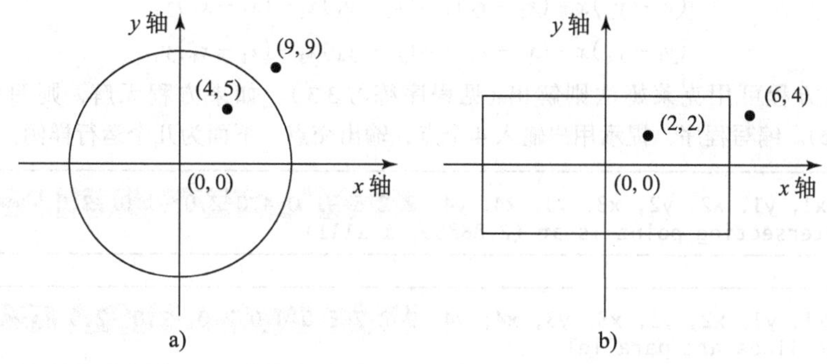

图 3-7 a) 圆内与圆外的点。b) 矩形内与矩形外的点。

（提示：如果点距 (0，0) 的距离低于或等于 10，则点在圆内。计算距离的公式为 $\sqrt{(x_2-x_1)^2+(y_2-y_1)^2}$，对所有情况测试程序。）下面为两个运行样例：

```
Enter a point with two coordinates: 4 5 ↵Enter
Point (4, 5) is in the circle
```

```
Enter a point with two coordinates: 9 9 ↵Enter
Point (9, 9) is not in the circle
```

**3.20 （几何：点是否在矩形内）编写程序，提示用户输入一个点 (x，y)，检测点是否在以点 (0，0) 为中心，宽 10，高 5 的矩形内。例如，(2，2) 在矩形内，而 (6，4) 不在矩形内，如图 3-7b 所示。（提示：如果点距 (0，0) 的水平距离小于或等于 10/2，并且它距点 (0，0) 的垂直距离小于或等于 5/2，则点在矩形内。对所有情况测试程序。）下面为两个运行样例：

```
Enter a point with two coordinates: 2 2 ↵Enter
Point (2, 2) is in the rectangle
```

```
Enter a point with two coordinates: 6 4 ↵Enter
Point (6, 4) is not in the rectangle
```

**3.21 （游戏：抽取卡牌）编写程序，模仿从有 52 张牌的整付牌中抽取卡牌。程序应该输出卡牌的排名 (Ace，2，3，4，5，6，7，8，9，10，Jack，Queen，King) 与花色 (Clubs，Diamonds，Heart，Spades)。下面为一个运行样例：

```
The card you picked is Jack of Hearts
```

*3.22 （几何：交点）给出线 1 上的两点 (x1，y1) 与 (x2，y2)，线 2 上的两点 (x3，y3) 与 (x4，y4)，如图 3-8a、b 所示。

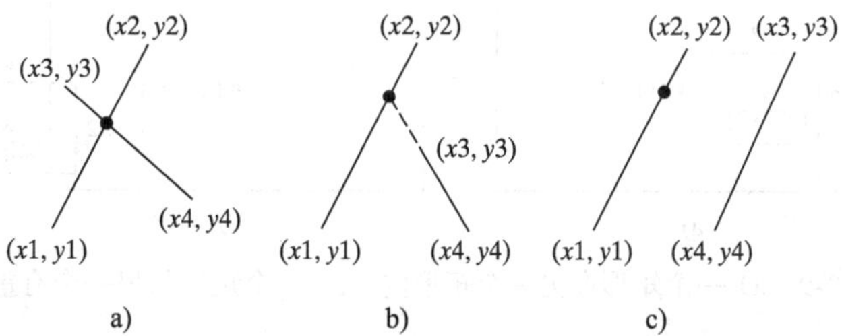

图 3-8 a) 与 b) 中两条线相交，c) 中两条线平行

两条线的交点可通过下列线性方程得出：

$$(y_1-y_2)x-(x_1-x_2)y=(y_1-y_2)x_1-(x_1-x_2)y_1$$
$$(y_3-y_4)x-(x_3-x_4)y=(y_3-y_4)x_3-(x_3-x_4)y_3$$

线性方程可用克莱姆法则解出（见程序练习 3.3）。如果方程无解，则两条线是平行的（见图 3-8c）。编写程序，提示用户输入 4 个点，输出交点。下面为几个运行样例：

```
Enter x1, y1, x2, y2, x3, y3, x4, y4: 2 2 5 -1.0 4.0 2.0 -1.0 -2.0 ↵Enter
The intersecting point is at (2.88889, 1.1111)
```

```
Enter x1, y1, x2, y2, x3, y3, x4, y4: 2 2 7 6.0 4.0 2.0 -1.0 -2.0 ↵Enter
The two lines are parallel
```

**3.23 （几何：点是否在三角形内？）假设一个正三角形放置在平面上如下所示。直角点放置在（0，0），其他两点放置在（200，0）与（0，100）。编写程序，提示用户输入带有 x、y 坐标的点，确定此点是否在三角形内部。

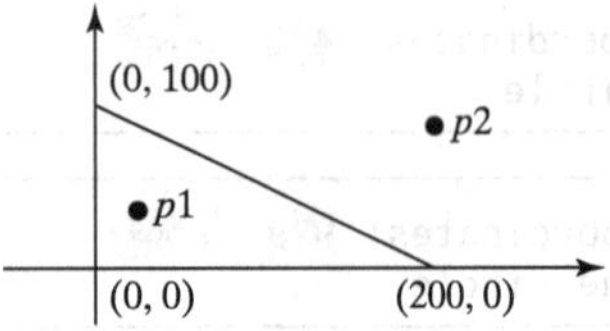

下面为几个运行样例：

```
Enter a point's x- and y-coordinates: 100.5 25.5 ↵Enter
The point is in the triangle
```

```
Enter a point's x- and y-coordinates: 100.5 50.5 ↵Enter
The point is not in the triangle
```

3.24 （使用 && 和 || 运算符）编写一个程序，提示用户输入一个整数，检查它是否能同时被 5 和 6 整除，能否被 5 或 6 整除，是否被 5、6 之一且只被其一整除。下面为一个运行样例：

```
Enter an integer: 10 ↵Enter
Is 10 divisible by 5 and 6? false
Is 10 divisible by 5 or 6? true
Is 10 divisible by 5 or 6, but not both? true
```

**3.25 （几何：两个矩形）编写程序，提示用户输入两个矩形的中心 x、y、宽度与高度，检查第二个矩形是否在第一个矩形内或是否与第一个有重叠，如图 3-9 所示。对所有形况测试程序。

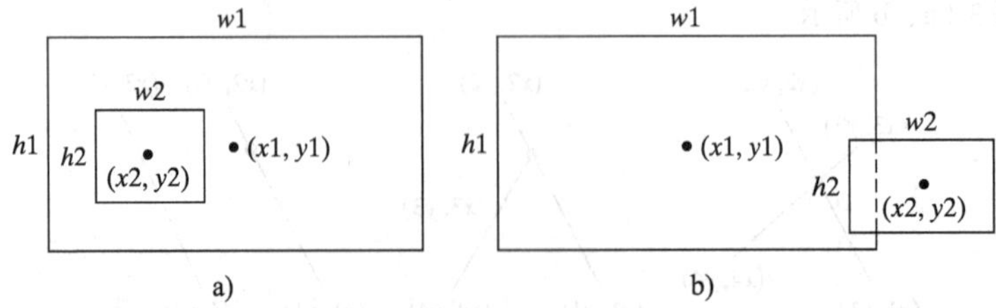

图 3-9　a）一个矩形在另一个矩形内，b）一个矩形与另一个有重叠

下面为几个运行样例：

```
Enter r1's center x-, y-coordinates, width, and height: 2.5 4 2.5 43 ↵Enter
Enter r2's center x-, y-coordinates, width, and height: 1.5 5 0.5 3 ↵Enter
r2 is inside r1
```

```
Enter r1's center x-, y-coordinates, width, and height: 1 2 3 5.5 ↵Enter
Enter r2's center x-, y-coordinates, width, and height: 3 4 4.5 5 ↵Enter
r2 overlaps r1
```

```
Enter r1's center x-, y-coordinates, width, and height: 1 2 3 3 ↵Enter
Enter r2's center x-, y-coordinates, width, and height: 40 45 3 2 ↵Enter
r2 does not overlap r1
```

**3.26 （几何：两个圆）编写程序，提示用户输入圆心坐标以及两个圆的半径，检查第二个圆是否在第一个圆内或是否与第一个圆有重叠，如图 3-10 所示。（*提示*：如果两个圆心之间的距离 <=|r1−r2|，则圆 2 在圆 1 内；如果两个圆心之间的距离 <=r1+r2，则圆 2 与圆 1 有重叠。对所有情况测试程序。）

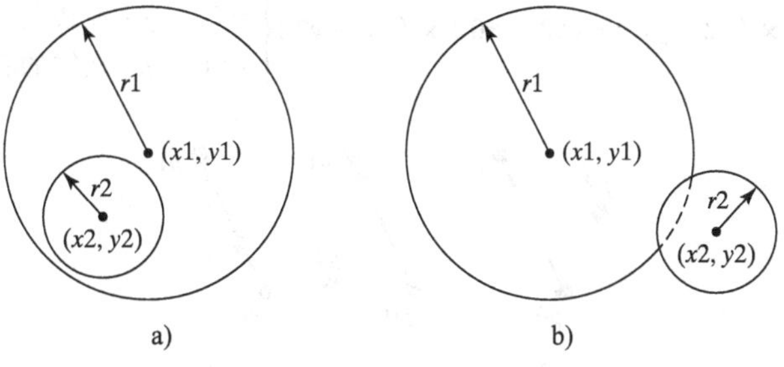

图 3-10 a）一个圆在另一个圆内，b）一个圆与另一个圆有重叠

下面为几个运行样例：

```
Enter circle1's center x-, y-coordinates, and radius: 0.5 5.1 13 ↵Enter
Enter circle2's center x-, y-coordinates, and radius: 1 1.7 4.5 ↵Enter
circle2 is inside circle1
```

```
Enter circle1's center x-, y-coordinates, and radius: 3.4 5.7 5.5 ↵Enter
Enter circle2's center x-, y-coordinates, and radius: 6.7 3.5 3 ↵Enter
circle2 overlaps circle1
```

```
Enter circle1's center x-, y-coordinates, and radius: 3.4 5.5 1 ↵Enter
Enter circle2's center x-, y-coordinates, and radius: 5.5 7.2 1 ↵Enter
circle2 does not overlap circle1
```

*3.27 （当前时间）重写程序设计练习 2.8，输出十二小时制的时间。下面为一个运行样例：

```
Enter the time zone offset to GMT: -5 ↵Enter
The current time is 4:50:34 AM
```

*3.28 （金融应用：货币兑换）编写程序，提示用户输入货币由美元到人民币的兑换率。提示用户输入 0 表示由美元到人民币的转换，1 表示由人民币到美元的转换。提示用户输入要兑换的美元或人民币的数量，分别转换为人民币或美元。下面为几个运行样例：

```
Enter the exchange rate from dollars to RMB: 6.81 ↵Enter
Enter 0 to convert dollars to RMB and 1 vice versa: 0 ↵Enter
Enter the dollar amount: 100 ↵Enter
$100 is 681 yuan
```

```
Enter the exchange rate from dollars to RMB: 6.81 ↵Enter
Enter 0 to convert dollars to RMB and 1 vice versa: 1 ↵Enter
Enter the RMB amount: 10000 ↵Enter
10000.0 yuan is $1468.43
```

```
Enter the exchange rate from dollars to RMB: 6.81 ↵Enter
Enter 0 to convert dollars to RMB and 1 vice versa: 5 ↵Enter
Incorrect input
```

*3.29 （几何：点的位置）给出从点 $p0$（$x0$，$y0$）到 $p1$（$x1$，$y1$）的有向线，可以使用下列情况来检测点 $p2$（$x2$，$y2$）在线的左侧、右侧，还是在线上（见图 3-11）：

$$(x1 - x0) \times (y2 - y0) - (x2 - x0) \times (y1 - y0) \begin{cases} > 0 & p2\text{ 在线的左边} \\ = 0 & p2\text{ 在线上} \\ < 0 & p2\text{ 在线的右边} \end{cases}$$

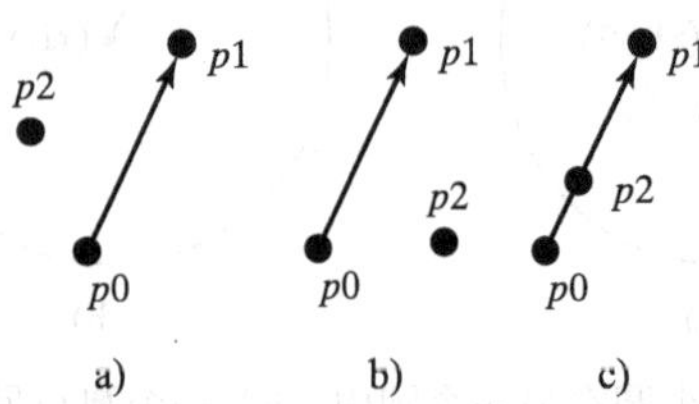

图 3-11　a）$p2$ 在线的左边，b）$p2$ 在线的右边，c）$p2$ 在线上

编写程序，提示用户输入 3 个点 $p0$、$p1$、$p2$，输出 $p2$ 是否在从 $p0$ 到 $p1$ 的有向线的左边、右边，或恰好在线上。下面为几个运行样例：

```
Enter three points for p0, p1, and p2: 4.4 2 6.5 9.5 -5 4 ↵Enter
p2 is on the left side of the line
```

```
Enter three points for p0, p1, and p2: 1 1 5 5 2 2 ↵Enter
p2 is on the same line
```

```
Enter three points for p0, p1, and p2: 3.4 2 6.5 9.5 5 2.5 ↵Enter
p2 is on the right side of the line
```

*3.30 （金融应用：比较开销）假设我们买了两袋不同的大米。编写一个程序来比较开销。程序提示用户输入重量以及每一袋的价格，输出价钱更好的一袋。下面为一个运行样例：

```
Enter weight and price for package 1: 50 24.59 ↵Enter
Enter weight and price for package 2: 25 11.99 ↵Enter
Package 2 has a better price.
```

```
Enter weight and price for package 1: 50 25 ↵Enter
Enter weight and price for package 2: 25 12.5 ↵Enter
Two packages have the same price.
```

*3.31 （几何：点在线段上）程序设计练习 3.29 显示了怎样测试一个点是否在一条无界线上。重写程序设计练习 3.29，使其测试一个点是否在一条线段上。编写程序，提示用户输入 3 个点 *p*0、*p*1、*p*2 以及 *p*2 是否在从 *p*0 到 *p*1 的线段上。下面为几个运行样例：

```
Enter three points for p0, p1, and p2: 1 1 2.5 2.5 1.5 1.5 ↵Enter
(1.5, 1.5) is on the line segment from (1, 1) to (2.5, 2.5)
```

```
Enter three points for p0, p1, and p2: 1 1 2 2 3.5 3.5 ↵Enter
(3.5, 3.5) is not on the line segment from (1, 1) to (2, 2)
```

*3.32 （代数：斜率截距式）编写程序，提示用户输入两个点的坐标（x1，y1）与（x2，y2），输出线性方程的斜率截距式，即 $y = mx + b$。对于线性方程的回顾，见 www.purplemath.com/modules/strtlneq.htm。*m* 和 *b* 用下列公式计算：

$$m = (y_2 - y_1) \ / \ (x_2 - x_1) \quad b = y_1 - mx_1$$

如果 *m* 为 1，不显示 *m*，如果 *b* 为 0，不显示 *b*。下面为几个运行样例：

```
Enter the coordinates for two points: 1 1 0 0 ↵Enter
The line equation for two points (1, 1) and (0, 0) is y = x
```

```
Enter the coordinates for two points: 4.5 -5.5 6.6 -6.5 ↵Enter
The line equation for two points (4.5, -5.5) and (6.6, -6.5) is
    y = -0.47619 x -3.35714
```

**3.33 （科学技术：星期）蔡勒公式是由扎卡里亚斯发明的用来计算星期的算法。公式为

$$h = \left(q + \frac{26(m+1)}{10} + k + \frac{k}{4} + \frac{j}{4} + 5j \right) \%7$$

其中

- h 为星期（0：星期六，1：星期日，2：星期一，3：星期二，4：星期三，5：星期四，6：星期五）。
- q 为一个月中的日期。
- m 为月份（3：三月，4：四月，…，12：十二月）。一月和二月被认为是上一年的 13 和 14 月。
- j 为世纪（即 $\frac{\text{year}}{100}$）。
- k 为世纪中的年（即 year%100）。

注意，公式中的除法执行的均为整数除法。编写程序，提示用户输入年、月以及月中的日期，输出这一天为星期几。下面为几个运行样例：

```
Enter year: (e.g., 2012): 2015 ↵Enter
Enter month: 1-12: 1 ↵Enter
Enter the day of the month: 1-31: 25 ↵Enter
Day of the week is Sunday
```

```
Enter year: (e.g., 2012): 2012 ↵Enter
Enter month: 1-12: 5 ↵Enter
Enter the day of the month: 1-31: 12 ↵Enter
Day of the week is Saturday
```

（提示：一月和二月在公式中算作 13 和 14，因此需要将用户输入的月份 1 转换为 13，2 转换为 14，将年转换为上一年。）

3.34 （随机点）编写程序，输出一矩形中的随机坐标。矩形以（0，0）为中心，宽为 100，高为 200。

**3.35 （商业：检查 ISBN-10）一个 ISBN-10（国际标准书号）包括 10 个数字：$d_1d_2d_3d_4d_5d_6d_7d_8d_9d_{10}$。最后一位数字，$d_{10}$，为校验和，是由其他 9 个数字通过以下公式计算出来的：

$$(d_1 \times 1 + d_2 \times 2 + d_3 \times 3 + d_4 \times 4 + d_5 \times 5 + d_6 \times 6 + d_7 \times 7 + d_8 \times 8 + d_9 \times 9)\% 11$$

如果校验和为 10，根据 ISBN-10 规定最后一位定义为 X。编写程序，提示用户输入前 9 个数字，输出 10 个数字 ISBN（包含前导零）。程序需要将输入整体读入。下面为几个运行样例：

```
Enter the first 9 digits of an ISBN as integer: 013601267 ↵Enter
The ISBN-10 number is 0136012671
```

```
Enter the first 9 digits of an ISBN as integer: 013031997 ↵Enter
The ISBN-10 number is 013031997X
```

3.36 （回文数）编写程序，提示用户输入一个三位的整数，判断它是否是回文数。如果一个数从右往左与从左往右读都是一样，则这个数叫做回文数。下面为一个运行样例：

```
Enter a three-digit integer: 121 ↵Enter
121 is a palindrome
```

```
Enter a three-digit integer: 123 ↵Enter
123 is not a palindrome
```

数学函数、字符和字符串

目标

- 用 C++ 的数学函数解决数学问题（4.2 节）。
- 用 char 类型代替字符（4.3 节）。
- 用 ASCII 码给字符编码（4.3.1 节）。
- 从键盘读取一个字符（4.3.2 节）。
- 用转义序列代表特殊字符（4.3.3 节）。
- 把数值转换成字符，把字符转换成整数（4.3.4 节）。
- 比较和测试字符（4.3.5 节）。
- 使用字符编程（DisplayRandomChatacter,GuessBirthday）。（4.4 ～ 4.5 节）。
- 使用 C++ 字符函数测试和转换字符（4.6 节）。
- 把一个十六进制的数转换为十进制的数（HexDigit2Dex）（4.7 节）。
- 使用 String 类型代表字符串并介绍其对象和实例函数（4.8 节）。
- 使用下标进入和修改字符串中的字符（4.8.1 节）。
- 使用 + 操作符拼接字符串（4.8.2 节）。
- 使用关系运算符比较字符串（4.8.3 节）。
- 从键盘读取字符串（4.8.4 节）。
- 使用字符串重写彩票程序（LotteryUsingStrings）。（4.9 节）。
- 使用流操作来格式化输出流（4.10 节）。
- 从一个文件中读 / 写数据（4.11 节）。

4.1 引言

关键点：这一章所关注的是数学函数、字符和字符串对象，并使用它们编写程序。

通过对前面章节中介绍的一些基础编程知识的学习，我们学会了如何使用编写程序的办法解决一些基础的问题。这一章将介绍执行常用数学操作的函数，并将在第 6 章中学习如何创建一个函数。

假设我们需要预测被四座城市包围起来的地区的面积，对于像下面图中给出的城市的 GPS 坐标（维度和经度），该如何写一个程序来解决这个问题呢？在学习这一章后，就能够写出解决这个问题的程序。

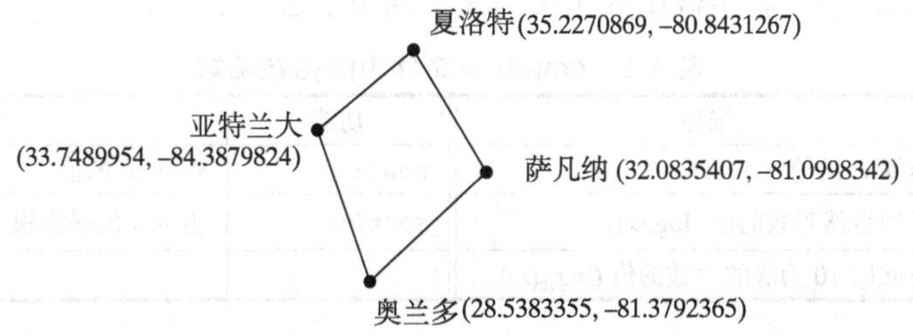

因为字符串在程序中非常常用，为了能用它们写出实用的程序，我们还是需要尽早了解它们。这一章将对字符串对象的基本知识进行介绍，在第 10 章中会学习到更多关于对象和字符串的内容。

4.2 数学函数

关键点：C++ 的 cmath 头文件中提供了非常多有用的函数来执行常用的数学功能。

一个函数是一组语句，来执行某一个特定的任务。在 2.8.4 节已经使用过 pow(a,b) 函数来执行 a^b 指数操作，以及在 3.9 节使用过 rand() 函数来生成随机数。本节将介绍其他一些有用的函数。它们可以被划分为三角函数（trigonometric function）、指数函数（exponent function）和功能函数（service function）。功能函数包括近似、最小值、最大值和绝对值函数。

4.2.1 三角函数

C++ 提供了如表 4-1 所示的 cmath 头文件中的函数，来执行三角函数功能。

表 4-1 在 cmath 头文件中的三角函数

功能	描述	功能	描述
sin(radians)	返回以弧度表示的角度的正弦值	asin(a)	返回正弦函数的弧度角度值
cos(radians)	返回以弧度表示的角度的余弦值	acos(a)	返回余弦函数的弧度角度值
tan(radians)	返回以弧度表示的角度的正切值	atan(a)	返回正切函数的弧度角度值

sin、cos 和 tan 函数的参数是一个角的弧度。函数 asin、acos 和 atan 的返回值是一个介于 $-\pi/2$ 和 $\pi/2$ 之间的角的弧度值。1 度相当于 $\pi/180$ 弧度，90 度相当于 $\pi/2$ 弧度，30 度相当于 $\pi/6$ 弧度。

假设 PI 是一个值为 3.141 59 的常量。下面是使用这些函数的例子：

sin(0) 返回 0.0
sin(270*PI/180) 返回 −1.0
sin(PI/6) 返回 0.5
sin(PI/2) 返回 1.0
cos(0) 返回 1.0
cos(PI/6) 返回 0.866
cos(PI/2) 返回 0
asin(0.5) 返回 0.523 599（和 $\pi/6$ 相同）
acos(0.5) 返回 1.047 2（和 $\pi/3$ 相同）
atan(1.0) 返回 0.785 398（和 $\pi/4$ 相同）

4.2.2 指数函数

在 cmath 头文件中，和指数函数相关的 5 个函数如表 4-2 所示。

表 4-2 cmath 头文件中的指数函数

功能	描述	功能	描述
exp(x)	返回 e^x 的值	pow(a, b)	返回 a^b 的值
log(x)	返回自然对数的值 ($\log_e(x)$)	sprt(x)	返回 x 的平方根（$\sqrt{x}$），当 $x \geqslant 0$ 时
log10(x)	返回以 10 为底的对数的值 ($\log_{10}(x)$)		

假设 E 是一个值为 2.718 28 的常数。下面是几个使用这些函数的例子：

exp(1.0) 返回 2.718 28

log(E) 返回 1.0

log10(10.0) 返回 1.0

pow(2.0,3) 返回 8.0

sqrt(4.0) 返回 2.0

sqrt(10.5) 返回 3.24

4.2.3　近似函数

表 4-3 中列出来 cmath 头文件中用来获取近似数的函数。

表 4-3　cmath 头文件中的近似函数

功能	描述
ceil(*x*)	*x* 被向上取整到一个最接近它的整数。此整数为 double 类型的值
floor(*x*)	*x* 被向下取整到一个最接近它的整数。此整数为 double 类型的值

例如：

ceil(2.1) 返回 3.0

ceil(2.0) 返回 2.0

ceil(−2.0) 返回 −2.0

ceil(−2.1) 返回 −2.0

floor(2.1) 返回 2.0

floor(2.0) 返回 2.0

floor(−2.0) 返回 −2.0

floor(−2.1) 返回 −3.0

4.2.4　min、max 和 abs 函数

min 和 max 函数返回两个数的最小值和最大值（可以是 int、long、float 或者 double 类型）。例如，max(4.4,5.0) 返回 5.0，min(3,2) 返回 2。

abs 函数返回一个数值的绝对值（可以是 int、long、float 或者 double 类型）。例如：

max(2,3) 返回 3

max(2.5,3.0) 返回 3.0

min(2.5,4.6) 返回 2.5

abs(−2) 返回 2

abs(−2.1) 返回 2.1

提示：在 GNU C++ 中 min、max 和 abs 函数都定义在 cstdlib 头文件下，而在 Visual C++ 2013 中 min 和 max 定义在 algorithm 头文件下。

4.2.5　实例研究：计算三角形的角

数学函数可以被用来解决许多计算问题。例如，已知一个三角形的三条边，可以用下面的公式计算所有的角：

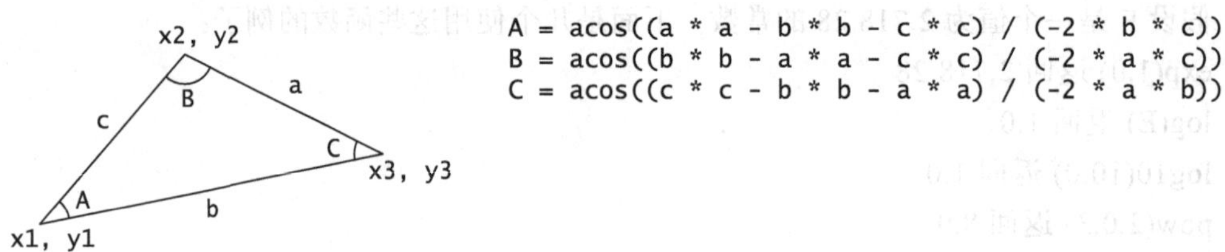

不要被数学公式所吓倒。就像我们在程序清单 2-11 中讨论的那样，写计算贷款还款的程序不需要知道数学公式是怎么得出的。例如，给定了三边的长度，可以使用这个公式写一个程序来计算三个角的度数，而不需要知道这个公式的根源。为了计算三边的长度，需要知道三个顶点的坐标，以及顶点和计算顶点之间的距离。

程序清单 4-1 是一个程序的样例，该样例提示用户输入三角形三个顶点的坐标，然后显示三角形的三个角的角度。

程序清单 4-1 ComputeAngles.cpp

```
1  #include <iostream>
2  #include <cmath>
3  using namespace std;
4
5  int main()
6  {
7    // Prompt the user to enter three points
8    cout << "Enter three points: ";
9    double x1, y1, x2, y2, x3, y3;
10   cin >> x1 >> y1 >> x2 >> y2 >> x3 >> y3;
11
12   // Compute three sides
13   double a = sqrt((x2 - x3) * (x2 - x3) + (y2 - y3) * (y2 - y3));
14   double b = sqrt((x1 - x3) * (x1 - x3) + (y1 - y3) * (y1 - y3));
15   double c = sqrt((x1 - x2) * (x1 - x2) + (y1 - y2) * (y1 - y2));
16
17   // Obtain three angles in radians
18   double A = acos((a * a - b * b - c * c) / (-2 * b * c));
19   double B = acos((b * b - a * a - c * c) / (-2 * a * c));
20   double C = acos((c * c - b * b - a * a) / (-2 * a * b));
21
22   // Display the angles in degress
23   const double PI = 3.14159;
24   cout << "The three angles are " << A * 180 / PI << " "
25        << B * 180 / PI << " " << C * 180 / PI << endl;
26
27   return 0;
28 }
```

程序输出：

```
Enter three points: 1 1 6.5 1 6.5 2.5 ↵Enter
The three angles are 15.2551 90.0001 74.7449
```

这个函数提示用户输入三个点（10 行），但这个提示消息并不清晰，应该给用户关于如何输入这三个点的明确的指示：

```
cout << "Enter the coordinates of three points separated "
  << "by spaces like x1 y1 x2 y2 x3 y3: ";
```

注意，两点（x1，y1）和（x2，y2）之间的距离可以使用公式$\sqrt{(x_2 - x_1)^2 + (y_2 - y_1)^2}$，

程序使用这一公式来计算三条边的长度（13 ～ 15 行），然后使用公式计算角的弧度值（18 ～ 20 行）。然后显示角的度数值（24 ～ 25 行）。注意，1 弧度等于 180/π 度。

检查点

4.1 设定 PI 为 3.141 59，E 为 2.718 28，计算以下函数调用：

(a) sqrt(4.0)　　(j) floor(−2.5)
(b) sin(2 * PI)　　(k) asin(0.5)
(c) cos(2 * PI)　　(l) acos(0.5)
(d) pow(2.0, 2)　　(m) atan(1.0)
(e) log(E)　　(n) ceil(2.5)
(f) exp(1.0)　　(o) floor(2.5)
(g) max(2, min(3, 4))　　(p) log10(10.0)
(h) sqrt(125.0)　　(q) pow(2.0, 3)
(i) ceil(−2.5)

4.2 三角函数的幅角是一个角的弧度表示，这句话是对是错？

4.3 写一个语句将 47 度转换为弧度，并将结果赋给一个变量。

4.4 写一个语句将 π/7 转换为以度表示的角度，并将结果赋给一个变量。

4.3 字符数据类型和操作符

关键点：一个字符数据类型代表着一个字符。

除了处理数值，还可以在 C++ 中处理字符。字符数据类型（char）代表一个单独的字符。一个字符的文字被单引号括起来。考虑下面的代码：

```
char letter = 'A';
char numChar = '4';
```

第一条语句把字符 A 赋值给 char 变量 letter。第二条语句把数字字符 4 赋值给 char 变量 numChar。

警示：字符串文字必须被双引号括起来（" "）。一个字符文字是一个单独的字符被单引号括起来（''）。因此 "A" 是一个字符串，'A' 是一个字符。

4.3.1 ASCII 码

计算机最底层使用的是二进制数字。一个字符在计算机中存储为许多 0 和 1。把一个字符映射到它的二进制码叫做*编码*（encoding）。对一个字符编码有许多编码方式。字符串是如何编码的是通过*编码方案*（encoding scheme）规定的。

大多数计算机使用 ASCII（American Standard Code for Information Interchange，美国信息互换标准代码），一种 8 位的编码方案来表示所有的大写字母、小写字母、数字、标点符号和控制字符。表 4-4 显示了一些常用字符的 ASCII 码。附录 B 给出了完整的 ASCII 字符和它们的十进制和十六进制代码。在大多数系统上，char 类型是 1 字节。

表 4-4　常用字符的 ASCII 码值

字符	ASCII 码值
'0' ~ '9'	48 ~ 57
'A' ~ 'Z'	65 ~ 90
'a' ~ 'z'	97 ~ 122

提示：自加和自减操作符也可以使用在 char 变量或者是之前的 ASCII 码字符上。例如，下面的程序显示字符 b。

```
char ch = 'a';
cout << ++ch;
```

4.3.2 从键盘读取一个字符

从键盘读取一个字符，需要使用下面的代码：

```
cout << "Enter a character: ";
char ch;
cin >> ch; // Read a character
cout << "The character read is " << ch << endl;
```

4.3.3 特殊字符的转义序列

试想如果要打印出一个含有引号的输出，可以写成下面的语句吗？

```
cout << "He said "Programming is fun"" << endl;
```

回答是否定的，这个语句有一个编译错误。编译器认为第二个引号符是字符串的结束标志，然后它就不知道该怎么处理余下的字符了。

为了克服这个问题，C++ 使用了一种特殊的符号来代表特殊符号，如表 4-5 所示。这种特殊的符号叫做转义序列（escape sequence），由一个反斜线和一个字符，或者是数字的组合构成。例如，\t 是制表符的转义序列。转义序列的符号被解释为一个整体，而不是独立的。一个转移序列被看做是一个字符。

表 4-5 转义序列

转义序列	名称	ASCII 码值	转义序列	名称	ASCII 码值
\b	回退符	8	\r	回车符	13
\t	制表符	9	\\	反斜线	92
\n	换行符	10	\"	双引号	34
\f	换页符	12			

所以，可以用下面的语句显示引号：

```
cout << "He said \"Programming is fun\"" << endl;
```

输出是

```
He said "Programming is fun"
```

注意，符号 \ 和 " 一起作为一个字符。

反斜线 \ 被叫做转义字符（escape character）。它是一个特殊字符。为了显示这个字符，你也得使用转义序列 \\。例如，下面的代码

```
cout << "\\t is a tab character" << endl;
```

显示

```
\t is a tab character
```

提示：字符 ' '、'\t'、'\f'、'\r' 和 '\n' 被称为空白字符（whitespace character）。

提示：下面的语句都会显示一个字符串，然后把光标移到下一行：

```
cout << "Welcome to C++\n";
cout << "Welcome to C++" << endl;
```

然而，使用 endl 确保在任何平台上的输出都能快速显示。

4.3.4　数值类型和字符类型之间的相互转换

一个字符能被转换为任何数值类型，反之亦然。当一个整数被转换为一个字符的时候，只有低 8 位能被使用，剩下的部分就被忽略掉了。例如：

```
char c = 0XFF41; // The lower 8 bits hex code 41 is assigned to c
cout << c;       // variable c is character A
```

当一个浮点数转换为一个字符类型时，浮点数先转换为 int 类型，然后再转换成 char 类型。

```
char c = 65.25;  // 65 is assigned to variable c
cout << c;       // variable c is character A
```

当一个 char 类型转换成一个数值类型时，字符的 ASCII 码被转换到指定的数值变量中。例如：

```
int i = 'A';     // The ASCII code of character A is assigned to i
cout << i;       // variable i is 65
```

char 类型被看做是 byte 长度的整数。所有的数值运算符都可以用于 char 操作。当其中的另一个操作对象是数字或者是字符时，char 会自动转换为数字。例如：

```
// The ASCII code for '2' is 50 and for '3' is 51
int i = '2' + '3';
cout << "i is " << i << endl; // i is now 101

int j = 2 + 'a'; // The ASCII code for 'a' is 97
cout << "j is " << j << endl;
cout << j << " is the ASCII code for character " <<
  static_cast<char>(j) << endl;
```

显示

```
i is 101
j is 99
99 is the ASCII code for character c
```

注意，static_cast<char>(value) 直接把一个数值变量转换为一个字符。

如表 4-4 所示，ASCII 码中小写字母的值是连续的整数，从 'a' 开始，然后是 'b', 'c', …, 直到 'z'。对于大写字母和数值变量，都是相同的。另外，ASCII 码中，'a' 的值大于 'A' 的值。可以利用这些属性来把一个大写字母转换为小写字母，或者相反。程序清单 4-2 提示用户输入一个小写字母，然后找到相应的大写字母。

程序清单 4-2　ToUppercase.cpp

```
#include <iostream>
using namespace std;

int main()
{
  cout << "Enter a lowercase letter: ";
  char lowercaseLetter;
```

```
8    cin >> lowercaseLetter;
9
10   char uppercaseLetter =
11     static_cast<char>('A' + (lowercaseLetter - 'a'));
12
13   cout << "The corresponding uppercase letter is "
14     << uppercaseLetter << endl;
15
16   return 0;
17 }
```

程序输出：

```
Enter a lowercase letter: b ↵Enter
The corresponding uppercase letter is B
```

注意，对于小写字母的变量ch1和大写字母的变量ch2，ch1−'a'和ch2−'A'是相同的。因此，ch2 = 'A'+ch1−'a'。所以，lowercaseLetter的大写字母变量是static_cast<char>('A'+(lowercaseLetter – 'a'))（11行）。注意，10～11行可以被替代为：

```
char uppercaseLetter = 'A' + (lowercaseLetter - 'a');
```

因为uppercaseLetter被声明为一个char型变量，所以C++自动把int值的'A' +（lowercaseLetter – 'a'）转换为char型。

4.3.5　比较和测试字符

两个字符可以使用关系运算符进行比较，就像两个数那样。这是通过比较两个字符的ASCII码做到的。例如：

'a' < 'b' 是正确的，因为 'a'（97）的ASCII码的值比 'b'（98）的ASCII码值小。

'a' < 'A' 是错误的，因为 'a'（97）的ASCII码的值比 'A'（65）的ASCII码值大。

'1' < '8' 是正确的，因为 '1'（49）的ASCII码的值比 '8'（56）的ASCII码值小。

通常在程序中需要测试一个字符是一个数字，还是一个字母，是大写还是小写。例如，下面的代码用来测试一个字符变量ch是不是一个大写字母：

```
if (ch >= 'A' && ch <= 'Z')
  cout << ch << " is an uppercase letter" << endl;
else if (ch >= 'a' && ch <= 'z')
  cout << ch << " is a lowercase letter" << endl;
else if (ch >= '0' && ch <= '9')
  cout << ch << " is a numeric character" << endl;
```

检查点

4.5　使用控制台输出语句来确定'1'、'A'、'B'、'a'和'b'的ASCII码。使用输出语句来确定十进制编码40、59、79、85和90的字符。使用输出语句来确定十六进制编码40、5A、71、72以及7A的字符。

4.6　下列是否是字符的正确写法？

```
'1', '\t', '&', '\b', '\n'
```

4.7　怎样显示字符 \ 与 " ？

4.8　显示下列代码的输出结果：

```
int i = '1';
int j = '1' + '2';
```

```
int k = 'a';
char c = 90;
cout << i << " " << j << " " << k << " " << c << endl;
```

4.9　显示下列代码的输出结果：

```
char c = 'A';
int i = c;

float f = 1000.34f;
int j = f;

double d = 1000.34;
int k = d;

int l = 97;
char ch = l;

cout << c << endl;
cout << i << endl;
cout << f << endl;
cout << j << endl;
cout << d << endl;
cout << k << endl;
cout << l << endl;
cout << ch << endl;
```

4.10　显示下列程序的输出：

```
#include <iostream>
using namespace std;

int main()
{
  char x = 'a';
  char y = 'c';

  cout << ++x << endl;
  cout << y++ << endl;
  cout << (x - y) << endl;

  return 0;
}
```

4.4　实例研究：生成随机字符

关键点：一个字符是用一个整数编码的。生成一个随机字符就是生成一个随机整数。

对于计算机程序处理数值和字符，我们已经看过了很多相关的例子。当然，理解它们和怎么处理它们也很重要。这一节给出了如何生成随机字符的例子。

每一个字符都有一个介于 0 ～ 127 之间的唯一的 ASCII 编码。生成随机字符就是随机生成一个介于 0 ～ 127 的随机数。在 3.9 节，我们已经学习了如何生成一个随机数。回想一下，当时使用的是 srand(seed) 函数去设置随机数种子，然后使用 rand() 函数来返回一个随机数。现在我们可以用这种方法写一个简单的表达式来生成任意范围的随机数。例如：

```
rand() % 10          ——→  返回一个 0~9 的随机数

50 + rand() % 50     ——→  返回一个 50~99 的随机数
```

总之：

```
a + rand() % b          ——→    返回一个介于 a~a+b 的随机数，包括 a+b
```

所以，可以使用下面的语句来生成一个介于 0 ～ 127 的整数

```
rand() % 128
```

现在来考虑如何生成一个随机的小写字母。ASCII 码中的小写字母是从 'a' ～ 'z' 的连续整数。所以，'a' 的 ASCII 编码是：

```
static_cast<int>('a')
```

所以介于 static_cast<int>('a') 和 static_cast<int>('z') 之间的随机数是：

```
static_cast<int>('a') +
   rand() % (static_cast<int>('z') - static_cast<int>('a') + 1)
```

回想一下，所有的数值运算符都可以用于 char 类型的操作数。当另一个操作数是一个字符或数字时，char 类型的操作数能转换为一个数。因此，之前的表达式可以表示为下面的代码：

```
'a' + rand() % ('z' - 'a' + 1)
```

一个随机小写字母：

```
static_cast<char>('a' + rand() % ('z' - 'a' + 1))
```

概括之前的讨论，一个随机字符介于 ch1 和 ch2 之间，且 ch1<ch2，可以用如下代码生成：

```
static_cast<char>(ch1 + rand() % (ch2 - ch1 + 1))
```

这是一个简单但是非常有用的结论。程序清单 4-3 给出了一个程序，提示用户输入两个字符 x 和 y（x<=y），来显示随机生成的介于这二者之间的字符。

程序清单 4-3 DisplayRandomCharacter.cpp

```
#include <iostream>
#include <cstdlib>
using namespace std;

int main()
{
  cout << "Enter a starting character: ";
  char startChar;
  cin >> startChar;

  cout << "Enter an ending character: ";
  char endChar;
  cin >> endChar;

  // Get a random character
  char randomChar = static_cast<char>(startChar + rand() %
            (endChar - startChar + 1));

  cout << "The random character between " << startChar << " and "
            << endChar << " is " << randomChar << endl;

  return 0;
}
```

程序输出：

```
Enter a starting character: a ↵Enter
Enter an ending character: z ↵Enter
The random character between a and z is p
```

程序提示用户先输入一个起始字符（9 行），然后输入结束字符（13 行）。程序获得介于这两个字符之间的字符（包含这两个字符），第 16 ～ 17 行。

检查点

4.11　如果起始字符与结束字符的输入是相同的，那么程序将会显示一个什么样的随机字符？

4.5　实例研究：猜生日

关键点：*猜生日是一个非常有趣而且容易编程解决的问题。*

我们可以通过问自己的朋友 5 个问题，来得出他是一月中哪一天出生的。每一个问题都是问他的生日是否在下面的 5 个集合中。

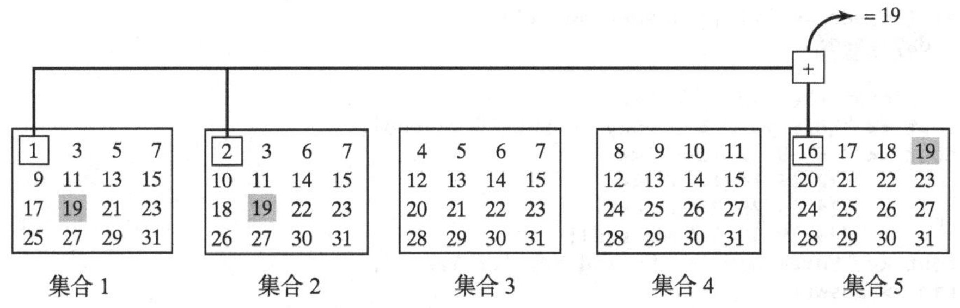

生日就是所以出现它的生日的集合的第一个数字的和。例如，如果生日是 19，它就出现在集合 1、集合 2 和集合 5 三个集合中，其首数字是 1、2 和 16，和是 19。

程序清单 4-4 给出了一个程序，提示用户回答他的生日是不是在集合 1（10 ～ 16 行）、集合 2（22 ～ 28 行）、集合 3（34 ～ 40 行）、集合 4（46 ～ 52 行）和集合 5（58 ～ 64 行）中。如果生日数字在集合里，程序把这个集合的第一个数字加入日子的集合（19、31、43、55、67 行）。

程序清单 4-4　GuessBirthday.cpp

```
1  #include <iostream>
2  using namespace std;
3
4  int main()
5  {
6    int day = 0; // Day to be determined
7    char answer;
8
9    // Prompt the user for Set1
10   cout << "Is your birthday in Set1?" << endl;
11   cout << " 1  3  5  7\n" <<
12           " 9 11 13 15\n" <<
13           "17 19 21 23\n" <<
14           "25 27 29 31" << endl;
15   cout << "Enter N/n for No and Y/y for Yes: ";
16   cin >> answer;
17
18   if (answer == 'Y' || answer == 'y')
19     day += 1;
```

```

  // Prompt the user for Set2
  cout << "\nIs your birthday in Set2?" << endl;
  cout << " 2  3  6  7\n" <<
          "10 11 14 15\n" <<
          "18 19 22 23\n" <<
          "26 27 30 31" << endl;
  cout << "Enter N/n for No and Y/y for Yes: ";
  cin >> answer;

  if (answer == 'Y' || answer == 'y')
    day += 2;

  // Prompt the user for Set3
  cout << "\nIs your birthday in Set3?" << endl;
  cout << " 4  5  6  7\n" <<
          "12 13 14 15\n" <<
          "20 21 22 23\n" <<
          "28 29 30 31" << endl;
  cout << "Enter N/n for No and Y/y for Yes: ";
  cin >> answer;

  if (answer == 'Y' || answer == 'y')
    day += 4;

  // Prompt the user for Set4
  cout << "\nIs your birthday in Set4?" << endl;
  cout << " 8  9 10 11\n" <<
          "12 13 14 15\n" <<
          "24 25 26 27\n" <<
          "28 29 30 31" << endl;
  cout << "Enter N/n for No and Y/y for Yes: ";
  cin >> answer;

  if (answer == 'Y' || answer == 'y')
    day += 8;

  // Prompt the user for Set5
  cout << "\nIs your birthday in Set5?" << endl;
  cout << "16 17 18 19\n" <<
          "20 21 22 23\n" <<
          "24 25 26 27\n" <<
          "28 29 30 31" << endl;
  cout << "Enter N/n for No and Y/y for Yes: ";
  cin >> answer;

  if (answer == 'Y' || answer == 'y')
    day += 16;

  cout << "Your birthday is " << day << endl;

  return 0;
}
```

程序输出：

```
Is your birthday in Set1?
 1  3  5  7
 9 11 13 15
17 19 21 23
25 27 29 31
Enter N/n for No and Y/y for Yes: Y ↵Enter
```

```
Is your birthday in Set2?
 2  3  6  7
10 11 14 15
18 19 22 23
26 27 30 31
Enter N/n for No and Y/y for Yes: Y ↵Enter

Is your birthday in Set3?
 4  5  6  7
12 13 14 15
20 21 22 23
28 29 30 31
Enter N/n for No and Y/y for Yes: N ↵Enter

Is your birthday in Set4?
 8  9 10 11
12 13 14 15
24 25 26 27
28 29 30 31
Enter N/n for No and Y/y for Yes: N ↵Enter

Is your birthday in Set5?
16 17 18 19
20 21 22 23
24 25 26 27
28 29 30 31
Enter N/n for No and Y/y for Yes: Y ↵Enter
Your birthday is 19
```

行号	天	回答	输出
6	0		
7		undefined value	
16		Y	
19	1		
28		Y	
31	3		
40		N	
52		N	
64		Y	
67	19		
69			Your birthday is 19

这个游戏非常容易编程。大家可能非常好奇这个游戏是怎么被创造出来的。这个游戏背后的数学其实非常简单。这些数字不是随机分组的，它们是刻意分在 5 个组里的。5 个集合的开始数字是 1、2、4、8 和 16，对应着二进制中的 1、10、100、1000 和 10000（二进制数在附录 D 中介绍）。一个二进制数表示 1 ～ 31 最多需要 5 位，如图 4-1a 所示。假设它是 $b_5b_4b_3b_2b_1$，因此，$b_5b_4b_3b_2b_1 = b_{50000} + b_{4000} + b_{300} + b_{20} + b_1$，如图 4-1b 所示。如果一个日期的二进制数有一个数字 1 在 b_k 中，这个日期就出现在集合 k 中。例如，数字 19 是二进制的 10011，所以出现在集合 1、集合 2 和集合 5 中。所以二进制的 1+10+10000 = 10011 或者十进制的 1+2+16 =19。数字 31 是二进制的 11111，所以出现在集合 1、集合 2、集合 3、集合 4 和集合 5 中。二进制数是 1+10+100+1000+10000 = 11111 或十进制的 1+2+4+8+16 = 31。

十进制	二进制
1	00001
2	00010
3	00011
...	
19	10011
...	
31	11111

a)

$$\begin{array}{r} b_5\,0\,0\,0\,0 \\ b_4\,0\,0\,0 \\ b_3\,0\,0 \\ b_2\,0 \\ +\quad b_1 \\ \hline b_5 b_4 b_3 b_2 b_1 \end{array} \qquad \begin{array}{r} 10000 \\ 10 \\ +\quad 1 \\ \hline 10011 \\ 19 \end{array} \qquad \begin{array}{r} 10000 \\ 1000 \\ 100 \\ 10 \\ +\quad 1 \\ \hline 11111 \\ 31 \end{array}$$

b)

图 4-1　a）1 ～ 31 之间的数可以由 5 位的二进制数表示，

b）一个 5 位的二进制数可以由二进制数 1、10、100、1000 或者 10000 相加得到

检查点

4.12　如果运行程序清单 4-4 时，将集合 1、集合 3 和集合 4 的输入变为 Y，而将集合 2 和集合 5 的输入变为 N，那么生日将是多少？

4.6　字符函数

关键点：C++ 包含了处理字符的函数。

C++ 提供了许多函数来测试字符和转换字符，都存储在 <cctype> 头文件中，如表 4-6 所示。测试函数测试单个字符，返回 true 和 false。注意，它们实际上返回 int 值。一个非 0 整数对应 true，0 对应 false。C++ 提供了两种函数应对转换的情况。

表 4-6　字符函数

函数	描述	函数	描述
isdigit(ch)	如果指定的字符是数字，则返回 true	isupper(ch)	如果指定的字符是大写字母，则返回 true
isalpha(ch)	如果指定的字符是字母，则返回 true	isspace(ch)	如果指定字符是空白字符，则返回 true
isalnum(ch)	如果指定的字符是字母或数字，则返回 true	tolower(ch)	返回指定字符的小写形式
islower(ch)	如果指定字符是小写字母，则返回 true	toupper(ch)	返回指定字符的大写形式

程序清单 4-5 是一个使用字符函数的程序。

程序清单 4-5　CharacterFunctions.cpp

```
#include <iostream>
#include <cctype>
using namespace std;

int main()
{
  cout << "Enter a character: ";
  char ch;
  cin >> ch;

  cout << "You entered " << ch << endl;

  if (islower(ch))
  {
    cout << "It is a lowercase letter " << endl;
    cout << "Its equivalent uppercase letter is " <<
      static_cast<char>(toupper(ch)) << endl;
  }
  else if (isupper(ch))
```

```
  {
    cout << "It is an uppercase letter " << endl;
    cout << "Its equivalent lowercase letter is " <<
      static_cast<char>(tolower(ch)) << endl;
  }
  else if (isdigit(ch))
  {
    cout << "It is a digit character " << endl;
  }

  return 0;
}
```

程序输出：

```
Enter a character: a
You entered a
It is a lowercase letter
Its equivalent uppercase letter is A
```

```
Enter a character: T
You entered T
It is an uppercase letter
Its equivalent lowercase letter is t
```

```
Enter a character: 8
You entered 8
It is a digit character
```

检查点

4.13　哪个函数是用来测试一个字符是数字、字母、小写字母，还是大写字母？是数字还是字母？

4.14　哪个函数可以用来将字母转换为小写或者大写的？

4.7　实例研究：十六进制转换为十进制

关键点：这一节展示一个程序，用来把十六进制数转换为十进制数。

十六进制数系统有 16 个数字：0 ～ 9，A ～ F。A ～ F 对应着十进制的 10 ～ 15。现在写一个程序，提示用户输入一个十六进制数，然后输出它对应的十进制数，如程序清单 4-6 所示。

程序清单 4-6　HexDigit2Dec.cpp

```
#include <iostream>
#include <cctype>
using namespace std;

int main()
{
  cout << "Enter a hex digit: ";
  char hexDigit;
  cin >> hexDigit;

  hexDigit = toupper(hexDigit);
  if (hexDigit <= 'F' && hexDigit >= 'A')
  {
    int value = 10 + hexDigit - 'A';
    cout << "The decimal value for hex digit "
```

```
16         << hexDigit << " is " << value << endl;
17     }
18     else if (isdigit(hexDigit))
19     {
20       cout << "The decimal value for hex digit "
21         << hexDigit << " is " << hexDigit << endl;
22     }
23     else
24     {
25       cout << hexDigit << " is an invalid input" << endl;
26     }
27
28     return 0;
29   }
```

程序输出：

```
Enter a hex digit: b ↵Enter
The decimal value for hex digit B is 11
```

```
Enter a hex digit: 8 ↵Enter
The decimal value for hex digit 8 is 8
```

```
Enter a hex digit: 8 ↵Enter
The decimal value for hex digit 8 is 8
```

```
Enter a hex digit: T ↵Enter
T is an invalid input
```

程序从命令行读取一个十六进制字符（9 行），然后获得它的大写字母（11 行）。如果这个字符是介于 'A' 和 'F' 之间的（12 行），对应十进制数是 hexDigit - 'A' + 10（14 行）。注意，若 hexDigit 为 'A'，则 hexDigit - 'A' 是 0；若 hexDigit 是 B，则结果是 1，以此类推。当两个字符进行数字操作的时候，字符的 ASCII 码用来计算操作。

这个程序调用 isdigit(hexDigit) 函数来检查 hexDigit 是不是介于 '0' ～ '9' 之间（18 行）。如果是，对应的十进制和十六进制就是相同的（20 ～ 21 行）。

如果 hexDigit 不介于 'A' ～ 'F' 之间，或者不是数字，程序显示错误信息（25 行）。

检查点

4.15 代码中的哪一行检测字符是否在 '0' ～ '9' 之间？

4.16 如果输入是 f，那么显示的值是多少？

4.8 字符串类型

关键点：一个字符串是一序列的字符。

char 类型仅仅代表着一个字符。为了代表一列字符，使用叫做 string 的数据类型。例如，下面的代码声明一个 string 类型的变量 message，它的值是 Programming is fun。

```
string message = "Programming is fun";
```

string 不是原有的数据类型，它被认为是一个对象类型（object type）。当声明一个对象类型的变量时，变量实际上代表一个对象。声明一个对象实际上是创建一个对象。message 是一个 string 对象，内容是 Programming is fun。

对象是通过类定义的。string 就是一个预先定义在 <string> 头文件中的类。一个对象就是一个类的实例。对象和类将会在第 9 章进行详细的介绍。现在，你仅仅需要知道如何去创建一个 string 对象，如何去使用 string 类中的简单函数，如表 4-7 所示。

表 4-7　string 对象的简单函数

函数	描述
length()	返回字符串中的字符个数
size()	同 length()
at(index)	返回字符串中指定位置的字符

string 类的函数只能被特定的 string 实例调用。因为这个原因，这些函数被叫做实例函数（instance function）。例如，你可以使用 string 类里的 size() 函数返回一个 string 对象的大小，使用 at（index）函数返回某一特定位置的字符，就像下面的代码所示：

```
string message = "ABCD";
cout << message.length() << endl;
cout << message.at(0) << endl;
string s = "Bottom";
cout << s.length() << endl;
cout << s.at(1) << endl;
```

调用 message.length() 函数返回 4，调用 message.at(0) 返回字符 A。调用 s.length() 返回 6，调用 s.at(1) 返回字符 o。

调用一个实例函数的语法是 objectName.functionName（arguments）。一个函数也许会有许多参数，也许没有参数。例如，这个 at(index) 函数有一个参数，但是 length() 函数没有参数。

提示：默认的，一个 string 被初始化为一个空字符串（empty string）。即一个不包含任何字符的 string。一个空字符串可以写为 ""。所以，下面两句的效果一样：

```
string s;
string s = "";
```

提示：为了使用 string 类型，需要在你的程序中包含 <string> 头文件。

4.8.1　字符串索引和下标操作符

s.at(index) 函数可以用来重写字符串 s 中的一个特定的字符，索引的值是介于 0 ~ s.length()−1 的。例如，message.at(0) 返回字符 W，如图 4-2 所示。注意，字符串中第一个字符的索引是 0。

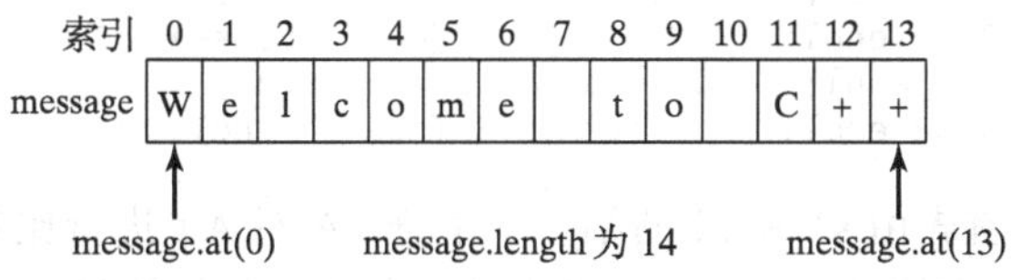

图 4-2　在 string 对象中的字符可以通过其索引来访问

为了方便，C++ 提供了下标操作符来进入字符串中某一确定位置的字符，即使用 stringName[index] 函数。我们还可以使用这个语法来检索和修改 string 中的某一个字符。例如，下面的代码用 s[0] = 'P' 把字符串索引为 0 的字符设为 P，然后显示。

```
string s = "ABCD";
s[0] = 'P';
cout << s[0] << endl;
```

警示：尝试访问字符串 s 中的越界字符是一个常见编程错误。为了避免这个错误，确定你没有使用大于 s.length()-1 的索引。例如，s.at(s.length()) 或者是 s[s.length()] 或导致错误。

4.8.2　连接字符串

C++ 提供了 + 操作符来连接两个字符串。语句如下，例如，把 s1、s2 连接后赋值给 s3:

```
string s3 = s1 + s2;
```

简写运算符 += 可以用来做字符串连接。例如，下面的代码用来把 "and programming is fun" 连接在 "Welcome to C++" 之后。

```
message += " and programming is fun";
```

因此，新的 message 变量的值是 "Welcome to C++ and programming is fun"。你同样可以把一个字符和一个字符串相连。例如：

```
string s = "ABC";
s += 'D';
```

因此，新的 s 的值是 "ABCD"。

警示：直接连接两个字符串是非法的。例如，下面的代码是不合法的：

```
string cites = "London" + "Paris";
```

然而，下面的代码是正确的，因为它先把字符串 s 和 "London" 连接起来，然后新的字符串再把 "Paris" 连接起来。

```
string s = "New York";
string cites = s + "London" + "Paris";
```

4.8.3　比较字符串

可以使用关系运算符 ==、!=、<、<=、>、>= 来比较两个字符串。具体的比较过程是两个字符串从左到右每一个字符对应比较。例如：

```
string s1 = "ABC";
string s2 = "ABE";
cout << (s1 == s2) << endl; // Displays 0 (means false)
cout << (s1 != s2) << endl; // Displays 1 (means true)
cout << (s1 > s2) << endl; // Displays 0 (means false)
cout << (s1 >= s2) << endl; // Displays 0 (means false)
cout << (s1 < s2) << endl; // Displays 1 (means true)
cout << (s1 <= s2) << endl; // Displays 1 (means true)
```

考虑计算 s1>s2。首先由 s1 和 s2 的第一个字符（A 对 A）进行比较。因为它们相等，所以两个字符串的第二个字符（B 对 B）进行比较，它们也是相等的，所以比较两个字符串的第三个字符（C 对 E）。因为字符 C 比 E 小，所以比较返回 0。

4.8.4　读字符串

一个字符串可以通过使用 cin 对象从键盘读取。例如，看下面的代码：

```
string city;
cout << "Enter a city: ";
cin >> city; // Read to string city
cout << "You entered " << city << endl;
```

第三行读取一个字符串赋值给 city。这个方法读取一个字符串是非常简单的，但是有一个问题。这个输入是以一个空白字符结束的。如果想要输入 New York，就不得不使用其他方法。C++ 在 string 头文件中提供了 getline 函数，用下面的语法读取一个字符串：

```
getline(cin, s, delimitCharacter)
```

下面的函数在遇到终止字符时停止读取字符。终止字符被读到了，但是没有存储在 string 里。第三个参数 delimitCharacter 有一个默认值（'\n'）。

下面的代码用 getline 函数读取一个字符串：

```
1 string city;
2 cout << "Enter a city: ";
3 getline(cin, city, '\n'); // Same as getline(cin, city)
4 cout << "You entered " << city << endl;
```

因为 getline 函数的第三个参数的默认值是 '\n'，所以第三行被替换为

```
getline(cin, city); // Read a string
```

程序清单 4-7 给出了一个程序，提示用户输入两个城市，并以字母表顺序显示。

程序清单 4-7　OrderTwoCities.cpp

```
 1 #include <iostream>
 2 #include <string>
 3 using namespace std;
 4
 5 int main()
 6 {
 7   string city1, city2;
 8   cout << "Enter the first city: ";
 9   getline(cin, city1);
10   cout << "Enter the second city: ";
11   getline(cin, city2);
12
13   cout << "The cities in alphabetical order are ";
14   if (city1 < city2)
15     cout << city1 << " " << city2 << endl;
16   else
17     cout << city2 << " " << city1 << endl;
18
19   return 0;
20 }
```

程序输出：

```
Enter the first city: New York ↵Enter
Enter the second city: Boston ↵Enter
The cities in alphabetical order are Boston New York
```

当在程序中使用 string 时，应该包含 string 头文件（2 行）。如果第 9 行被 cin >> city1 替代，就不能输入一个包含空格的城市名称赋值给 city1。因为一个城市的名字可能包含多个单词，它们用空格分隔开，所以程序使用 getline 函数来读取一个字符串（9、11 行）。

检查点

4.17　写一条语句，声明名为 city，值为 Chicago 的字符串。

4.18　写一条语句，显示字符串 s 中字符的个数。

4.19　写一条语句，将字符串 s 中的第一个字符变为 'P'。

4.20　显示下列代码的输出结果：

```
string s1 = "Good morning";
string s2 = "Good afternoon";
cout << s1[0] << endl;
cout << (s1 == s2 ? "true": "false") << endl;
cout << (s1 != s2 ? "true": "false") << endl;
cout << (s1 > s2 ? "true": "false") << endl;
cout << (s1 >= s2 ? "true": "false") << endl;
cout << (s1 < s2 ? "true": "false") << endl;
cout << (s1 <= s2 ? "true": "false") << endl;
```

4.21　怎样读一个含有空格的字符串？

4.9　实例研究：使用字符串修改彩票程序

关键点：一个问题可以使用多种不同的方法解决。这一节我们使用字符串来重写程序清单 3-7 的彩票程序 Lottery.cpp。使用字符串使得程序变得更加简单。

程序清单 3-7 中的彩票程序生成一个随机的两位数，提示用户输入一个两位数，然后根据游戏规则判断用户是否赢了：

1）如果用户输入和彩票的数字和顺序完全相同，赢得 $10 000。

2）如果用户输入的所有数字和彩票的数字相同，赢得 $3000。

3）如果用户输入的数字和彩票数字的一位相同，赢得 $1000。

程序清单 3-7 用一个整数来存储这个数字。程序清单 4-8 给出了一个新的程序，通过生成一个随机的两位字符串来代替数字，然后把用户的输入用字符串读入，代替了一个数。

程序清单 4-8　LotteryUsingStrings.cpp

```
#include <iostream>
#include <string> // for using strings
#include <ctime> // for time function
#include <cstdlib> // for rand and srand functions
using namespace std;

int main()
{
  string lottery;
  srand(time(0));
  int digit = rand() % 10; // Generate first digit
  lottery += static_cast<char>(digit + '0');
  digit = rand() % 10; // Generate second digit
  lottery += static_cast<char>(digit + '0');

  // Prompt the user to enter a guess
  cout << "Enter your lottery pick (two digits): ";
  string guess;
  cin >> guess;

  cout << "The lottery number is " << lottery << endl;

  // Check the guess
  if (guess == lottery)
    cout << "Exact match: you win $10,000" << endl;
  else if (guess[1] == lottery[0] && guess[0] == lottery[1])
    cout << "Match all digits: you win $3,000" << endl;
  else if (guess[0] == lottery[0] || guess[0] == lottery[1]
        || guess[1] == lottery[0] || guess[1] == lottery[1])
    cout << "Match one digit: you win $1,000" << endl;
```

```
31    else
32      cout << "Sorry, no match" << endl;
33
34    return 0;
35  }
```

程序输出：

```
Enter your lottery pick (two digits): 00 ↵Enter
The lottery number is 00
Exact match: you win $10,000
```

```
Enter your lottery pick (two digits): 45 ↵Enter
The lottery number is 54
Match all digits: you win $3,000
```

```
Enter your lottery pick: 23 ↵Enter
The lottery number is 34
Match one digit: you win $1,000
```

```
Enter your lottery pick: 23 ↵Enter
The lottery number is 14
Sorry, no match
```

程序生成第一位的随机数（11 行），强制转换为字符，然后把它和字符串 lottery 连接（12 行）。程序然后生成了第二位的随机数（13 行），转换为字符，然后和 lottery 连接（14 行）。在这之后，lottery 的两位都是随机数了。

程序提示用户输入一个两位数作为猜测（19 行），存储为 string 类型，然后以下面的顺序检测猜测的结果：

1）首先，检测猜测是否和 lottery 完全一致（24 行）。

2）如果不是，检测猜测的逆是不是和 lottery 相同（26 行）。

3）如果不是，检测猜测中的某一位是不是在 lottery 中（28 ～ 29 行）。

4）如果不是，那就没有相同的了，显示 "Sorry，no match"（31 ～ 32 行）。

4.10　格式化控制台输出

关键点：可以用流操作来在控制台上显示格式化好的输出流。

通常，都有需求用某种格式显示数字。例如，下面的代码计算利息，数额和年利率已经给定。

```
double amount = 12618.98;
double interestRate = 0.0013;
double interest = amount * interestRate;
cout << "Interest is " << interest << endl;
```

程序输出：

```
Interest is 16.4047
```

因为利息金额是货币，所以小数点后只需要显示两位。为了实现这一点，需要如下的代码：

```
double amount = 12618.98;
double interestRate = 0.0013;
```

```
double interest = amount * interestRate;
cout << "Interest is "
  << static_cast<char>(interest * 100) / 100.0 << endl;
```

程序输出：

```
Interest is 16.4
```

然而，格式依然不正确。小数点后需要有两位数（例如，16.40 而不是 16.4）。可以用如下的格式函数来修改：

```
double amount = 12618.98;
double interestRate = 0.0013;
double interest = amount * interestRate;
cout << "Interest is " << fixed << setprecision(2)
  << interest << endl;
```

程序输出：

```
Interest is 16.40
```

我们已经知道了如何使用 cout 对象在控制台显示输出。C++ 提供了附加函数来格式化一个要显示的值。这些函数叫做流操作，包含在 iomanip 头文件中。表 4-8 总结了几种有用的流操作。

表 4-8 常用的流操作

操作	描述
setprecision(n)	设定一个浮点数的精度
fixed	显示指定小数位数的浮点数
showpoint	即使没有小数部分也显示以零补足的小数点后位数
setw(width)	指定打印字段的宽度
left	调整输出到左边
right	调整输出到右边

4.10.1 setprecision(n) 操作

可以使用 setprecision（n）操作给一个浮点数指定总的显示位数，其中 n 是所需数字位数（小数点前后位数的总和）。如果一个数的位数比之前要求的要多，它就会取近似值。例如，代码：

```
double number = 12.34567;
cout << setprecision(3) << number << " "
     << setprecision(4) << number << " "
     << setprecision(5) << number << " "
     << setprecision(6) << number << endl;
```

显示

```
12.3□12.35□12.346□12.3457
```

其中，□表示空格。

number 的值显示的精度分别是 3、4、5 和 6。使用精度 3，12.345 67 被近似为 12.3。使用精度 4，12.345 67 被近似为 12.35。使用精度 5，12.345 67 被近似为 12.346. 使用精度 6，12.345 67 被近似为 12.3457。

setprecision 操作的作用是直到精度改变之前，一直保持效果。所以，

```
double number = 12.34567;
cout << setprecision(3) << number << " ";
cout << 9.34567 << " " << 121.3457 << " " << 0.2367 << endl;
```

显示

```
12.3□9.35□121□0.237
```

精度为第一个数设为了 3，然后对于后面的两个数字，它依然有效，因为它没有被改变。如果精度的宽度不足够一个整数，setprecision 操作将会被忽略。例如，

```
cout << setprecision(3) << 23456 << endl;
```

显示

```
23456
```

4.10.2　修改操作

有时候，计算机会自动用科学记数法显示一个很长的浮点数。在 Windows 系统上，语句

```
cout << 232123434.357;
```

显示为

```
2.32123e+08
```

可以使用 fixed 操作来强制数字显示为非科学记数法的形式，显示小数点后的位数。例如：

```
cout << fixed << 232123434.357;
```

显示

```
232123434.357000
```

默认情况，能修复小数点后 6 位。可以用 fixed 操作和 setprecision 操作一起来改变原来的设置。当在 fixed 操作之后使用时，setprecision 操作指定小数点后的位数，例如：

```
double monthlyPayment = 345.4567;
double totalPayment = 78676.887234;
cout << fixed << setprecision(2)
     << monthlyPayment << endl
     << totalPayment << endl;
```

显示

```
345.46
78676.89
```

4.10.3　showpoint 操作

默认情况下，没有小数部分的浮点数是不显示小数点的。但可以使用 fixed 操作来强制浮点数显示小数点和指定的小数点后位数。除此之外，还可以使用 showpoint 和 setprecision 操作一起来解决问题。

例如，

```
cout << setprecision(6);
```

```
cout << 1.23 << endl;
cout << showpoint << 1.23 << endl;
cout << showpoint << 123.0 << endl;
```

显示

```
1.23
1.23000
123.000
```

setprecision(6) 函数设置精度值为 6。所以，第一个数 1.23 被显示为 1.23。因为 showpoint 操作强制浮点数显示小数点，并在需要的位置上补充 0，第二个数是 1.23，被显示为 1.23000，有补充的 0，第三个数是 123.0，显示为 123.000，有小数点和补充的 0。

4.10.4　setw(width) 操作

默认情况下，cout 只使用所需输出的位数。还可以使用 setw(width) 函数指定输出的最小列数。例如：

```
cout << setw(8) << "C++" << setw(6) << 101 << endl;
cout << setw(8) << "Java" << setw(6) << 101 << endl;
cout << setw(8) << "HTML" << setw(6) << 101 << endl;
```

显示

```
|←—8—→|←—6—→|
□□□□□C++□□□101
□□□□Java□□□101
□□□□HTML□□□101
```

输出刚好是在指定的列数中。在第 1 行，setw(8) 指明了 "C++" 显示在第 8 列中，所以，C++ 之前有 5 个空格。setw(6) 指定 101 显示在第 6 列中，所以 101 之前有三个空格。

注意，setw 操作仅仅能够影响下一次输出。例如：

```
cout << setw(8) << "C++" << 101 << endl;
```

显示

```
□□□□□C++101
```

setw(8) 操作仅仅影响了下一次输出 "C++"，却没有影响到 101。

注意，setw(n) 和 setprecision(n) 中的参数 n，都可以是整数变量、表达式或者是常量。

如果某一项需要比指定的宽度更多的空间，宽度会自动增加。例如，下面的代码：

```
cout << setw(8) << "Programming" << "#" << setw(2) << 101;
```

显示

```
Programming#101
```

为 Programming 指定的宽度是 8，比它自己的实际大小 11 要小，所以宽度自动增加为 11。为 101 指定的宽度是 2，比自身的宽度 3 要小，所以宽度自动增加为 3。

4.10.5　left 和 right 操作

注意，setw 操作默认使用右对齐。可以使用 left 操作来设置输出为左对齐，或者 right 操作设置输出为右对齐。例如：

```
cout << right;
cout << setw(8) << 1.23 << endl;
cout << setw(8) << 351.34 << endl;
```

显示

```
□□□□1.23
□□351.34
```

```
cout << left;
cout << setw(8) << 1.23;
cout << setw(8) << 351.34 << endl;
```

显示

```
1.23□□□□351.34□□
```

检查点

4.22　要使用流操作，必须包含哪个头文件？

4.23　显示下列语句的输出：

```
cout << setw(10) << "C++" << setw(6) << 101 << endl;
cout << setw(8) << "Java" << setw(5) << 101 << endl;
cout << setw(6) << "HTML" << setw(4) << 101 << endl;
```

4.24　显示下列语句的输出：

```
double number = 93123.1234567;
cout << setw(10) << setprecision(5) << number;
cout << setw(10) << setprecision(4) << number;
cout << setw(10) << setprecision(3) << number;
cout << setw(10) << setprecision(8) << number;
```

4.25　显示下列语句的输出：

```
double monthlyPayment = 1345.4567;
double totalPayment = 866.887234;

cout << setprecision(7);
cout << monthlyPayment << endl;
cout << totalPayment << endl;

cout << fixed << setprecision(2);
cout << setw(8) << monthlyPayment << endl;
cout << setw(8) << totalPayment << endl;
```

4.26　显示下列语句的输出：

```
cout << right;
cout << setw(6) << 21.23 << endl;
cout << setw(6) << 51.34 << endl;
```

4.27　显示下列语句的输出：

```
cout << left;
cout << setw(6) << 21.23 << endl;
cout << setw(6) << 51.34 << endl;
```

4.11　简单的文件输入输出

关键点：可以使用一个文件来保存数据，并之后读取这个文件中的数据。

在前面已经学会了使用 cin 来读键盘输入，用 cout 输出到控制台。现在，还可以从文件中读取数据或向文件中存储数据。这一节介绍简单的文件输入和输出。关于文件输入和输出的内容将在第 13 章进行详细描述。

4.11.1　写入文件

要向文件中写入数据，首先要声明一个 ofstream 类型的变量：

```
ofstream output;
```

为了指定一个文件，需要调用 output 对象的 open 函数，如下所示：

```
output.open("numbers.txt");
```

这条语句创建了一个叫做 numbers.txt 的文件。如果文件已经存在了，内容将会被销毁，重新创建这个文件。调用 open 函数把文件和流关联起来。第 13 章将学习在创建一个文件之前，如何检查该文件是否存在。

如果可选择，可以通过下面的语句创建一个输出对象和打开这个文件：

```
ofstream output("numbers.txt");
```

为了写入数据，使用流插入操作符（<<），就像是你把数据发送到 cout 对象那样。例如：

```
output << 95 << " " << 56 << " " << 34 << endl;
```

这句话把数字 95、56 和 34 写入了文件。数字被空格分隔开，如图 4-3 所示。

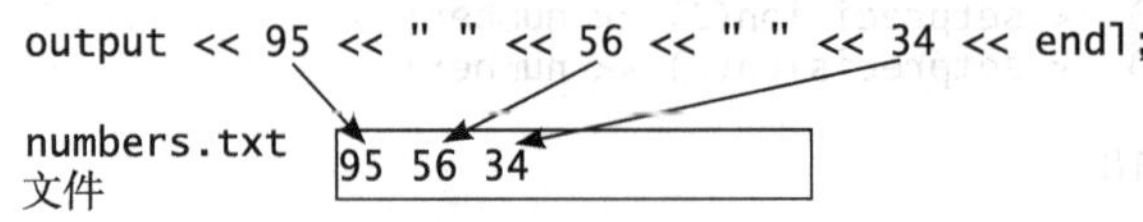

图 4-3　输出流将数据发送到文件

当你输入文件完成后，调用 output 对象的 close 函数：

```
output.close();
```

调用 close 函数是非常有必要的，因为它能保证在程序退出之前，数据已经写入了文件。

程序清单 4-9 给出了一个把数据写入文件的完整程序。

程序清单 4-9　SimpleFileOutput.cpp

```
#include <iostream>
#include <fstream>
using namespace std;

int main()
{
  ofstream output;

  // Create a file
  output.open("numbers.txt");

  // Write numbers
  output << 95 << " " << 56 << " " << 34;

  // close file
  output.close();
```

```
17
18     cout << "Done" << endl;
19
20     return 0;
21 }
```

由于 ofstream 在 fstream 头文件中有定义，所以第 2 行包含了这个头文件。

4.11.2　读取一个文件

为了读取一个文件，首先要声明一个 ifstream 类型的变量：

```
ifstream input;
```

用 input 对象的 open 函数指定一个文件：

```
input.open("numbers.txt");
```

这条语句打开了名为 numbers.txt 的文件作为输入。如果试图打开一个不存在的文件，将出现 unexpected error 提示。在第 13 章中，将学习如何在打开一个文件作为输入时检查文件是否存在。

可以像下面这样在一条语句中创建一个文件输入对象并且打开文件：

```
ifstream input("numbers.txt");
```

为了读取数据，使用输出流操作符（>>），与用 cin 对象读取数据是一样的。例如：

```
input >> score1;
input >> score2;
input >> score3;
```

或者

```
input >> score1 >> score2 >> score3;
```

这些语句从文件中读取了 3 个数值，并命名为 score1、score2 和 score3，如图 4-4 所示。

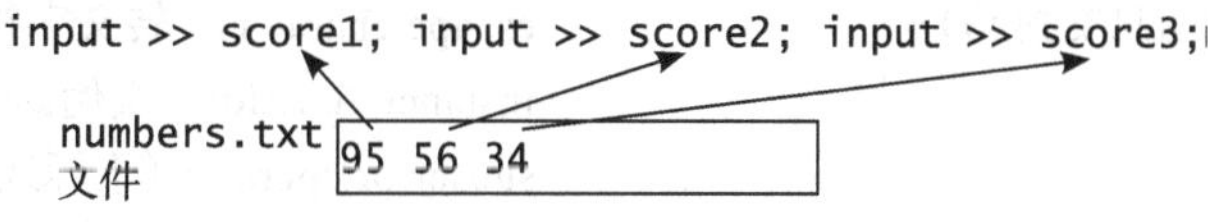

图 4-4　输入流从文件中读取数据

在完成这些代码之后，需要调用 input 对象的 close 函数：

```
input.close();
```

程序清单 4-10 给出了完整的从文件读取数据的程序。

程序清单 4-10　SimpleFileInput.cpp

```
#include <iostream>
#include <fstream>
using namespace std;

int main()
{
  ifstream input;

  // Open a file
```

```
10    input.open("numbers.txt");
11
12    int score1, score2, score3;
13
14    // Read data
15    input >> score1;
16    input >> score2;
17    input >> score3;
18
19    cout << "Total score is " << score1 + score2 + score3 << endl;
20
21    // Close file
22    input.close();
23
24    cout << "Done" << endl;
25
26    return 0;
27  }
```

程序输出：

```
Total score is 185
Done
```

因为 ifstream 在 fstream 头文件中有定义，所以第 2 行包含了这个头文件。可以用下面一句话简化 15 ～ 17 行的语句：

```
input >> score1 >> score2 >> score3;
```

检查点

4.28　怎样创建一个对象来读取文件 test.txt 中的数据？怎样创建一个对象来向 test.txt 中写入数据？

4.29　将程序清单 4-10 中 7 ～ 10 行的语句改写为一个语句。

4.30　当为了输出而打开一个文件时，如果这个文件已经存在，那么将会发生什么？

关键术语

ASCII code（美国标准信息交换码）
char type（char 类型）
encoding（编码）
escape sequence（转义序列）
empty string（空字符串）
escape character（转义字符）
instance function（实例函数）
subscript operator（下标运算符）
whitespace character（空白字符）

本章小结

1. C++ 为了执行数学功能提供了数学函数 sin、cos、tan、asin、acos、atan、exp、log、log10、pow、sqrt、ceil、floor、min、max 以及 abs。
2. 字符类型（char）代表了一个单一字符。
3. 字符 \ 是一个转义字符，转义序列以转义字符开始，随后为另一个字符或者数字的组合。
4. C++ 允许使用转义序列来表达特殊的字符，如 '\t' 和 '\n'。
5. 字符 ' '、'\t'、'\f'、'\r' 和 '\n' 为空白字符。
6. C++ 为测试一个字符是否是数字、字母、数字或字母、小写、大写、空格提供了函数 isdigit、isalpha、isalnum、islower、isupper、isspace。同样为返回一个小写或者大写字母而包含了 tolower 和 toupper 函数。

7. 一个字符串（string）是字符的序列。字符串的值被附上匹配的双引号（"）。字符值被附上匹配的单引号（'）。
8. 可以用 string 类型来声明一个字符串对象。从指定对象中调用的函数叫做*实例函数*。
9. 可以通过调用 length（）函数得出一个字符串的长度，还可以使用 at(index) 在指定的 index 中检索字符。
10. 可以使用下标运算符来检索或者修改字符串中的字符，还可以用 + 运算符来连接两个字符串。
11. 可以使用关系运算符来比较两个字符串。
12. 可以使用定义在 iomanip 头部的流操作符来进行格式输出。
13. 为了从一个文件中读数据可以创建一个 ifstream 对象，而为了向一个文件写入数据则可以创建一个 ofstream 对象。

在线测验

请在 www.cs.armstrong.edu/liang/cpp3e/quiz.html 完成本章的在线测验。

程序设计练习

4.2 节

4.1 （几何：五边形面积）编写程序，提示用户输入从五边形的中心到边的距离，计算五边形的面积，如下图所示。

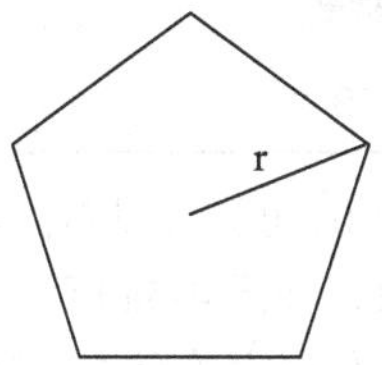

计算五边形面积的公式为 $\text{Area} = \dfrac{5 \times s^2}{4 \times \tan\left(\dfrac{\pi}{5}\right)}$，其中 s 为边长。边长可用 $s = 2r\sin\dfrac{\pi}{5}$ 来计算，

其中 r 为从五边形中心到边的距离。精确到小数点后两位。下面为一个运行样例：

```
Enter the length from the center to a vertex: 5.5 ↵Enter
The area of the pentagon is 71.92
```

*4.2 （几何：大圆距离）大圆距离为一球体表面两个点之间的距离。让（x1，y1）与（x2，y2）为两点的地理纬度与经度。两点间的大圆距离可由下列公式计算：

$$d = \text{radius} \times \arccos(\sin(x_1) \times \sin(x_2) + \cos(x_1) \times \cos(x_2) \times \cos(y_1 - y_2))$$

编写程序，提示用户输入以度为单位的地球上的两个点的经度与纬度，输出大圆距离。平均地球半径为 6378.1km。公式中的纬度和经度为北纬以及西经。因此用负数代表南纬与东经。下面为一个运行样例：

```
Enter point 1 (latitude and longitude) in degrees:
39.55, -116.25 ↵Enter
Enter point 2 (latitude and longitude) in degrees:
41.5, 87.37 ↵Enter
The distance between the two points is 10691.79183231593 km
```

*4.3 （几何：估算面积）从 www.gps-data-team.com/map/ 中为亚特兰大，佐治亚州；奥兰多，佛罗里达

州；萨凡纳，佐治亚州；以及夏洛特，北卡罗来纳州找出 GPS 位置，计算 4 个城市范围之内的估算面积。（提示：使用程序设计练习 4.2 中的公式计算两个城市之间的距离。将多边形拆分为两个三角形，用程序设计练习 2.19 中的公式计算三角形的面积）。

4.4 （几何：六边形面积）六边形（hexagon）面积可用下列公式计算（s 为边长）：

$$\text{Area} = \frac{6 \times s^2}{4 \times \tan\left(\frac{\pi}{6}\right)}$$

编写程序，提示用户输入六边形的边长，输出它的面积。下面为一个运行样例：

```
Enter the side: 5.5 ↵Enter
The area of the hexagon is 78.59
```

*4.5 （几何：正多边形的面积）正多边形为一个所有边长相同，所有角的大小相同的 n 条边的多边形（即多边形既为等边的又为等角的）。计算正多边形面积的公式为

$$\text{Area} = \frac{n \times s^2}{4 \times \tan\left(\frac{\pi}{n}\right)}$$

其中，s 为边长。编写程序，提示用户输入边数以及正多边形的边长，输出它的面积。下面为一个运行样例：

```
Enter the number of sides: 5 ↵Enter
Enter the side: 6.5 ↵Enter
The area of the polygon is 72.69
```

*4.6 （圆上的随机点）编写程序，生成以（0，0）为圆心，半径为 40 的圆上的 3 个随机点，显示由这 3 个点形成的三角形的 3 个内角度数，如图 4-5a 所示。（提示：随机生成一个弧度在 0 ～ 2π 之间的角度 α，如图 4-5b 所示，由这个角决定的点为 (r*cos(α)，r*sin(α))。）

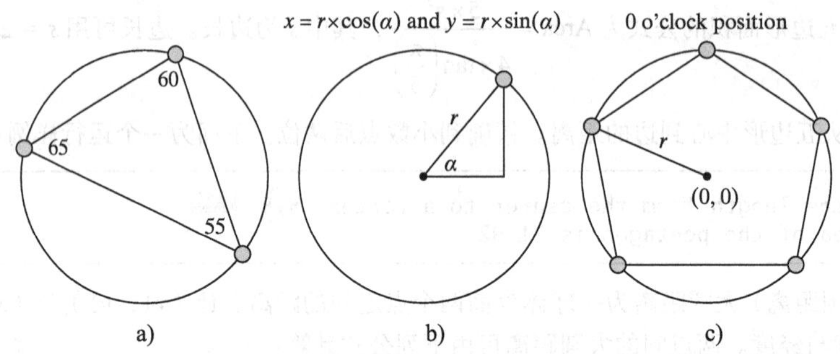

图 4-5 a）由圆上 3 个随机点形成的三角形。b）圆上的随机点可由随机角度 α 生成。c）一个以（0，0）为中心，且一个点在 0 点位置的五边形

*4.7 （拐角点坐标）假设一五边形以（0，0）为中心，一个点在 0 点位置，如图 4-5c 所示。编写程序，提示用户输入五边形的外接圆的半径，输出该五边形的 5 个拐角点的坐标。下面为一个运行样例：

```
Enter the radius of the bounding circle: 100 ↵Enter
The coordinates of five points on the pentagon are
(95.1057, 30.9017)
(0.000132679, 100)
(-95.1056, 30.9019)
(-58.7788, -80.9015)
(58.7782, -80.902)
```

4.3 ～ 4.7 节

*4.8 （找出 ASCII 码对应的字符）编写程序，接收 ASCII 码（0 ～ 127 之间的整数），输出它的字符。下面为一个运行样例：

```
Enter an ASCII code: 69 ↵Enter
The character is E
```

*4.9 （找出字符对应的 ASCII 码）编写程序，接收字符，输出它的 ASCII 码。下面为一个运行样例：

```
Enter a character: E ↵Enter
The ASCII code for the character is 69
```

*4.10 （元音还是辅音？）假设字母 A/a、E/e、I/i、O/o、U/u 为元音。编写程序，提示用户输入字母，判断字母是元音还是辅音。下面为一个运行样例：

```
Enter a letter: B ↵Enter
B is a consonant
```

```
Enter a letter grade: a ↵Enter
a is a vowel
```

```
Enter a letter grade: # ↵Enter
# is an invalid input
```

*4.11 （将大写字母转换为小写字母）编写程序，提示用户输入 1 个大写字母，将其转换为小写字母。下面为一个运行样例：

```
Enter an uppercase letter: T ↵Enter
The lowercase letter is t
```

*4.12 （将字母等级转换为数字）编写程序，提示用户输入字母 A/a、B/b、C/c、D/d、F/f，输出其相应的数字值 4、3、2、1、0。下面为一个运行样例：

```
Enter a letter grade: B ↵Enter
The numeric value for grade B is 3
```

```
Enter a letter grade: b ↵Enter
The numeric value for grade b is 3
```

```
Enter a letter grade: T ↵Enter
T is an invalid grade
```

4.13 （十六进制到二进制）编写程序，提示用户输入一个十六进制的数字，输出它对应的二进制数字。下面为一个运行样例：

```
Enter a hex digit: B ↵Enter
The binary value is 1011
```

```
Enter a hex digit: G ↵Enter
G is an invalid input
```

*4.14 （将十进制转换为十六进制）编写程序，提示用户输入 0 ～ 15 之间的整数，输出相应的十六进制数。下面为几个运行样例：

```
Enter a decimal value (0 to 15): 11 ↵Enter
The hex value is B
```

```
Enter a decimal value (0 to 15): 5 ↵Enter
The hex value is 5
```

```
Enter a decimal value (0 to 15): 31 ↵Enter
31 is an invalid input
```

*4.15 （电话键面板）电话上匹配的国际标准字母 / 数字由下图所示：

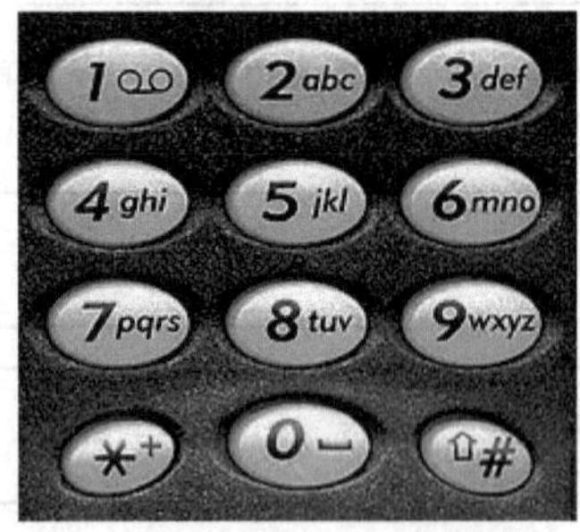

编写程序，提示用户输入一个字母，输出它对应的数字。

```
Enter a letter: A ↵Enter
The corresponding number is 2
```

```
Enter a letter: a ↵Enter
The corresponding number is 2
```

```
Enter a letter: + ↵Enter
+ is an invalid input
```

4.8 ～ 4.11 节

4.16 （处理一个字符串）编写程序，提示用户输入一个字符串，输出它的长度以及它的第一个字符。

4.17 （商业：检验 ISBN-10）重写程序设计练习 3.35 的程序，将 ISBN 数字输入为字符串。

*4.18 （随机字符串）编写程序，随机生成一个带有 3 个大写字母的字符串。

*4.19 （排列 3 个城市）编写程序，提示用户输入 3 个城市，输出它们的升序排列。下面为一个运行样例：

```
Enter the first city: Chicago ↵Enter
Enter the second city: Los Angeles ↵Enter
Enter the third city: Atlanta ↵Enter
The three cities in alphabetical order are Atlanta Chicago Los Angeles
```

*4.20 （一个月的天数）编写程序，提示用户输入年份以及月份名称的前 3 个字母（第一个字母大写），输出此月份的天数。下面为一个运行样例：

```
Enter a year: 2001 ↵Enter
Enter a month: Jan ↵Enter
Jan 2001 has 31 days
```

```
Enter a year: 2001 ↵Enter
Enter a month: jan ↵Enter
jan is not a correct month name
```

*4.21 （学生专业和年级）编写程序，提示用户输入两个字符，输出字符代表的专业以及年级。第一个字符代表专业，第二个为数字字符 1、2、3、4，代表一个学生是大一、大二、大三还是大四。假设下列字符用来定义专业：

M: Mathematics（数学）

C: Computer Science（计算机科学）

I: Information Technology（信息技术）

下面是一个运行样例

```
Enter two characters: M1 ↵Enter
Mathematics Freshman
```

```
Enter two characters: C3 ↵Enter
Computer Science Junior
```

```
Enter two characters: T3 ↵Enter
Invalid major code
```

```
Enter two characters: M7 ↵Enter
Invalid status code
```

*4.22 （金融应用：工资单）编写程序，读取下列信息，输出工资报表：

员工姓名（如 Smith）

一周内工作的时间（如 10）

小时工资率（如 9.75）

联邦税收扣缴率（如 20%）

州税扣缴率（如 9%）

下面为一个运行样例：

```
Enter employee's name: Smith ↵Enter
Enter number of hours worked in a week: 10 ↵Enter
Enter hourly pay rate: 9.75 ↵Enter
Enter federal tax withholding rate: 0.20 ↵Enter
Enter state tax withholding rate: 0.09 ↵Enter

Employee Name: Smith
Hours Worked: 10.0
Pay Rate: $9.75
Gross Pay: $97.50
Deductions:
  Federal Withholding (20.0%): $19.5
  State Withholding (9.0%): $8.77
  Total Deduction: $28.27
Net Pay: $69.22
```

*4.23 （检验 SSN）编写程序，提示用户输入 ddd-dd-dddd 形式的社会保障号码，其中 d 为一个数字。程序应该检查输入是否有效。下面为几个运行样例：

```
Enter a SSN: 232-23-5435 ↵Enter
232-23-5435 is a valid social security number
```

```
Enter a SSN: 23-23-5435 ↵Enter
23-23-5435 is an invalid social security number
```

循　　环

目标

- 使用 while 循环重复执行程序语句（5.2 节）。
- 按照循环设计策略开发循环（5.2.1 节～ 5.2.3 节）。
- 在用户的确认下控制循环（5.2.4 节）。
- 使用标志位控制循环（5.2.5 节）。
- 通过输入流重定向从文件中获取数据，而不是从键盘输入（5.2.6 节）。
- 从文件中获得所有数据（5.2.7 节）。
- 使用 do-while 语句写循环（5.3 节）。
- 使用 for 语句写循环（5.4 节）。
- 对比 3 种循环的相同和不同点（5.5 节）。
- 书写嵌套的循环（5.6 节）。
- 学习使数值误差极小化技术（5.7 节）。
- 从一些例子中学习循环（GCD，FutureTuition、MonteCarloSimulation、Dec2Hex）（5.8 节）。
- 使用 break 和 continue 实现对程序的控制（5.9 节）。
- 写一个程序来测试回文（5.10 节）。
- 写一个程序显示素数（5.11 节）。

5.1　引言

关键点：一个循环被用来重复执行语句。

假如想要显示一个字符串（比如，"Welcome to C++!"）100 遍，将下面这条语句写 100 遍，实在是非常烦人的事情。

100 遍
```
cout << "Welcome to C++!\n";
cout << "Welcome to C++!\n";
...
cout << "Welcome to C++!\n";
```

所以，应该如何解决这个问题呢？

C++ 提供了一种强有力的控制结构，称为*循环*（loop），可用来控制一个操作或一个操作序列连续执行多遍。使用循环语句，就可以让计算机显示一个字符串 100 遍，而无须将输出语句重复 100 遍。如下所示：

```
int count = 0;
while (count < 100)
{
  cout << "Welcome to C++!\n";
  count++;
}
```

变量 count 的初始值是 0。循环检查（count < 100）是不是 true。如果是，程序执行循环体，显示信息 " Welcome to C++!"，然后让 count 的值自增 1。它重复地执行循环体直到（count < 100）变成 false（就是 count 到达 100 的时候）。在这个时候，循环结束，循环之后的下一条语句被执行。

循环是一种控制语句块重复执行的结构。它是程序设计的基本概念。C++ 提供 3 种循环语句：while 循环、do-while 循环和 for 循环。

5.2 while 循环

关键点：while 循环在条件是 true 的情况下重复执行。

while 循环的语法如下所示：

```
while (loop-continuation-condition)
{
  // Loop body
  Statement(s);
}
```

while 循环的流程图如图 5-1a 所示。循环中包含重复执行的语句的部分称为*循环体*（loop body）。循环体的一次执行称为*循环的一次迭代*（或*重复*）。每个循环都包含一个*循环继续条件*（loop-continuation-condition），它是一个布尔表达式，用来控制循环体的执行。它总是在执行循环体之前进行求值，若结果为真，则执行循环体；若结果为假，则整个循环将结束，程序控制流转向 while 循环之后的语句继续执行。

前一节中介绍的显示 " Welcome to C++ ! " 100 次的循环就是一个 while 循环的例子。它的流程图如图 5-1b 所示。循环继续条件是 count < 100，循环体包含下面的语句：

```
int count = 0;          ←—— 循环继续条件
while (count < 100)
{
  cout << "Welcome to C++!\n";  } 循环体
  count++;                      }
}
```

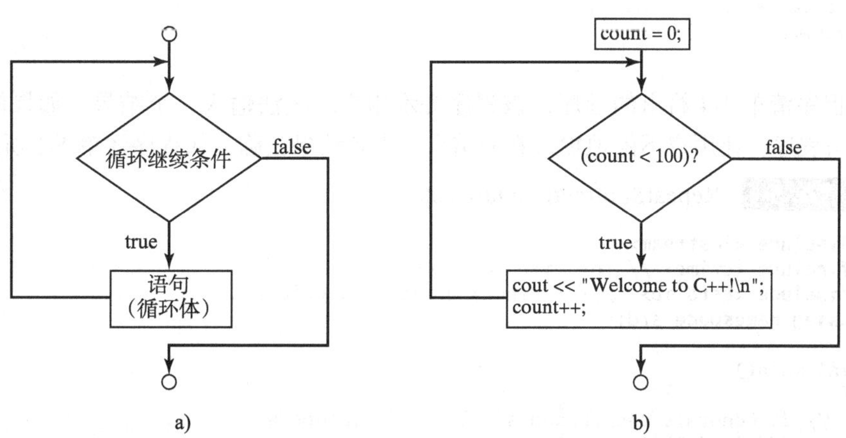

图 5-1　当循环继续条件为 true 时，while 循环重复执行循环体内语句

在这个例子中，我们可以很清楚地知道循环体应该执行多少次，因为控制变量 count 用来计数执行的次数。这种类型的循环叫做*计数控制循环*（counter-controlled loop）。

提示：循环继续条件必须出现在括号里。循环的括号在循环只有一行或没有主体的时候可以省略。

下面是另一个例子，帮助你理解循环是如何工作的：

```
int sum = 0, i = 1;
while (i < 10)
{
  sum = sum + i;
  i++;
}

cout << "sum is " << sum; // sum is 45
```

如果 i < 10 为 true，程序就把 i 加到 sum 里。变量 i 初始值是 1，然后自增到 2、3，直到 10。当 i 是 10 的时候，i < 10 就是 false，循环就退出了。因此，1+2+3+…+9 = 45。

如果程序错误地写成了如下的形式，会发生什么？

```
int sum = 0, i = 1;
while (i < 10)
{
  sum = sum + i;
}
```

程序是无限循环的，因为 i 一直是 1，且 i<10 永远都是 true。

提示：确认循环继续条件最终变成了 false，这样的话循环可以停止。一个常见的编程错误就是无休止的循环（循环持续进行）。如果一个程序不正常地长时间运行而且没有停止，就可能有无休止的循环。如果从 Windows 命令行运行这段程序，那么按下 Ctrl+C 可以结束程序。

警示：程序设计人员经常会出现执行一个循环多一次或少一次的错误。这就是差一错误（off-by-one error）。举个例子，下面的循环显示“Welcome to C++！”101 次，而不是 100 次。这个错误是因为条件语句应该是 count <100 而不是 count <=100。

```
int count = 0;
while (count <= 100)
{
  cout << "Welcome to C++!\n";
  count++;
}
```

回想程序清单 3-4 给出的程序，该程序提示用户对减法输入一个结果。如果使用循环，就可以重写程序，让用户不停地输入新的结果，直到结果正确，如程序清单 5-1 所示。

程序清单 5-1　RepeatSubtractionQuiz.cpp

```
#include <iostream>
#include <ctime> // for time function
#include <cstdlib> // for rand and srand functions
using namespace std;

int main()
{
  // 1. Generate two random single-digit integers
  srand(time(0));
  int number1 = rand() % 10;
  int number2 = rand() % 10;

  // 2. If number1 < number2, swap number1 with number2
```

```
14    if (number1 < number2)
15    {
16      int temp = number1;
17      number1 = number2;
18      number2 = temp;
19    }
20
21    // 3. Prompt the student to answer "What is number1 - number2"
22    cout << "What is " << number1 << " - " << number2 << "? ";
23    int answer;
24    cin >> answer;
25
26    // 4. Repeatedly ask the user the question until it is correct
27    while (number1 - number2 != answer)
28    {
29      cout << "Wrong answer. Try again. What is "
30        << number1 << " - " << number2 << "? ";
31      cin >> answer;
32    }
33
34    cout << "You got it!" << endl;
35
36    return 0;
37  }
```

程序输出：

```
What is 4 - 3? 4 ↵Enter
Wrong answer. Try again. What is 4 - 3? 5 ↵Enter
Wrong answer. Try again. What is 4 - 3? 1 ↵Enter
You got it!
```

在 number1−number2!= answer 为 true 时，27 ～ 32 行循环重复提示用户输入新的结果。一旦这个表达式是 false，循环退出。

5.2.1　实例研究：猜数字

这个问题是猜一猜计算机会想到什么数字。我们需要写一个程序，随机生成一个 0 ～ 100 的整数，包括 0 和 100。程序提示用户持续输入一个数字，直到这个数字和计算机想到的数字一致。对于每个用户输入，程序告诉他这个数字是太大还是太小，所以用户可以非常灵活地猜测这个数字。下面是一个运行样例：

```
Guess a magic number between 0 and 100

Enter your guess: 50 ↵Enter
Your guess is too high

Enter your guess: 25 ↵Enter
Your guess is too low

Enter your guess: 42 ↵Enter
Your guess is too high

Enter your guess: 39 ↵Enter
Yes, the number is 39
```

程序的数字在 0 ～ 100。为了最小化猜测的次数，第一次输入 50，如果猜测太大，计算机的数字介于 0 ～ 49。如果猜测太小，计算机的数字介于 51 ～ 100。所以，我们可以在一次猜测后删除一半的数字。

该如何书写这个程序呢？需要立刻开始编程吗？不，最重要的事情是编程前的思考。想象，如果不是写程序，应该如何解决这个问题。首先，需要生成一个介于 0 ~ 100 的随机数，然后提示用户输入一个猜测，然后把用户输入的数和计算机随机生成的数进行比较。

写程序逐次递增是一个好的习惯。对于那些包含循环的程序，如果不知道如何书写循环，可以尝试先写执行循环的语句，然后查找如何在一个循环里重复地执行这些代码。对于这个程序，可以先创建一个程序的草图，如程序清单 5-2 所示。

程序清单 5-2 GuessNumberOneTime.cpp

```
 1  #include <iostream>
 2  #include <cstdlib>
 3  #include <ctime> // Needed for the time function
 4  using namespace std;
 5
 6  int main()
 7  {
 8    // Generate a random number to be guessed
 9    srand(time(0));
10    int number = rand() % 101;
11
12    cout << "Guess a magic number between 0 and 100";
13
14    // Prompt the user to guess the number
15    cout << "\nEnter your guess: ";
16    int guess;
17    cin >> guess;
18
19    if (guess == number)
20      cout << "Yes, the number is " << number << endl;
21    else if (guess > number)
22      cout << "Your guess is too high" << endl;
23    else
24      cout << "Your guess is too low" << endl;
25
26    return 0;
27  }
```

当运行这个程序的时候，它提示用户输入一个猜测。为了用户能重复地输入猜测，需要把如下的代码添加到循环的 15 ~ 24 行：

```
while (true)
{
  // Prompt the user to guess the number
  cout << "\nEnter your guess: ";
  cin >> guess;

  if (guess == number)
    cout << "Yes, the number is " << number << endl;
  else if (guess > number)
    cout << "Your guess is too high" << endl;
  else
    cout << "Your guess is too low" << endl;
} // End of loop
```

这个循环重复提示用户输入一个猜测。然而，这个循环是不正确的，因为它永不停止。当 guess 的值和 number 的值匹配的时候，循环就应该结束。所以，循环应该像下面这样重写：

```
while (guess != number)
{
```

```
  // Prompt the user to guess the number
  cout << "\nEnter your guess: ";
  cin >> guess;

  if (guess == number)
    cout << "Yes, the number is " << number << endl;
  else if (guess > number)
    cout << "Your guess is too high" << endl;
  else
    cout << "Your guess is too low" << endl;
} // End of loop
```

完整的代码在程序清单 5-3 中给出。

程序清单 5-3 GuessNumber.cpp

```
 1 #include <iostream>
 2 #include <cstdlib>
 3 #include <ctime> // Needed for the time function
 4 using namespace std;
 5
 6 int main()
 7 {
 8   // Generate a random number to be guessed
 9   srand(time(0));
10   int number = rand() % 101;
11
12   cout << "Guess a magic number between 0 and 100";
13
14   int guess = -1;
15   while (guess != number)
16   {
17     // Prompt the user to guess the number
18     cout << "\nEnter your guess: ";
19     cin >> guess;
20
21     if (guess == number)
22       cout << "Yes, the number is " << number << endl;
23     else if (guess > number)
24       cout << "Your guess is too high" << endl;
25     else
26       cout << "Your guess is too low" << endl;
27   } // End of loop
28
29   return 0;
30 }
```

	行号	number	guess	输出
	10	39		
	14		-1	
迭代 1	19		50	
	24			Your guess is too high
迭代 2	19		25	
	26			Your guess is too low
迭代 3	19		12	
	24			Your guess is too high
迭代 4	19		39	
	22			Yes, the number is 39

程序在第 10 行生成了一个随机数，并在一个循环中重复提示用户输入一个猜测（15 ~ 27 行）。对于每次猜测，程序都要检查是否正确，是大了还是小了（21 ~ 26 行）。当猜测是正确的，程序退出循环（15 行）。注意，guess 的初始值是 -1。将一个值初始化在 0 ~ 100 之间可能是错的，因为它可能是猜测的数字。

5.2.2 循环设计策略

对于一个初学者，写一个正确的循环并不是一件容易的事情。写循环的时候需要考虑下面 3 个步骤：

步骤 1：确定需要重复的语句。

步骤 2：用如下的循环包含这些语句：

```
while (true)
{
  Statements;
}
```

步骤 3：编写循环继续条件，并添加合适的语句来控制循环。

```
while (loop-continuation-condition)
{
  Statements;
  Additional statements for controlling the loop;
}
```

5.2.3 实例研究：多道减法测试

程序清单 3-4 中的减法测试，每次只能生成一道问题。可以使用循环重复地生成问题。如何编写程序生成 5 个问题呢？遵循下面的循环设计策略。第一，指出需要重复的语句。它们是生成两个随机数、提示用户输入问题的答案、评价用户的答案的语句。第二，把这些语句包含在一个循环里。第三，增加循环控制变量和循环继续条件来执行循环 5 次。

程序清单 5-4 给出了一个程序，生成 5 个问题，在学生回答之后，返回正确的答案个数。程序还显示答题所用的时间。

程序清单 5-4 SubtractionQuizLoop.cpp

```
#include <iostream>
#include <ctime> // Needed for time function
#include <cstdlib> // Needed for the srand and rand functions
using namespace std;

int main()
{
  int correctCount = 0; // Count the number of correct answers
  int count = 0; // Count the number of questions
  long startTime = time(0);
  const int NUMBER_OF_QUESTIONS = 5;

  srand(time(0)); // Set a random seed

  while (count < NUMBER_OF_QUESTIONS)
  {
    // 1. Generate two random single-digit integers
    int number1 = rand() % 10;
    int number2 = rand() % 10;
```

```

    // 2. If number1 < number2, swap number1 with number2
    if (number1 < number2)
    {
      int temp = number1;
      number1 = number2;
      number2 = temp;
    }

    // 3. Prompt the student to answer "what is number1 - number2?"
    cout << "What is " << number1 << " - " << number2 << "? ";
    int answer;
    cin >> answer;

    // 4. Grade the answer and display the result
    if (number1 - number2 == answer)
    {
      cout << "You are correct!\n";
      correctCount++;
    }
    else
      cout << "Your answer is wrong.\n" << number1 << " - " <<
        number2 << " should be " << (number1 - number2) << endl;

    // Increase the count
    count++;
  }

  long endTime = time(0);
  long testTime = endTime - startTime;

  cout << "Correct count is " << correctCount << "\nTest time is "
       << testTime << " seconds\n";

  return 0;
}
```

程序输出：

```
What is 9 - 2? 7 ↵Enter
You are correct!

What is 3 - 0? 3 ↵Enter
You are correct!

What is 3 - 2? 1 ↵Enter
You are correct!

What is 7 - 4? 4 ↵Enter
Your answer is wrong.
7 - 4 should be 3

What is 7 - 5? 4 ↵Enter
Your answer is wrong.
7 - 5 should be 2

Correct count is 3
Test time is 201 seconds
```

程序使用控制变量 count 来控制循环的执行。count 初始化时 0（9 行），每次迭代以 1 自增（45 行）。每个减法问题显示和执行在每次迭代里。程序在第 10 行测试开始之前获取时间，在 48 行测试结束之后再获取时间，在第 49 行计算测试时间。

5.2.4 使用用户的确认控制循环

前面这个例子执行循环 5 次。假如程序需要由用户决定是否继续回答问题，可以让用户通过一个用户*确认*（confirmation）来控制循环的执行。下面程序给出了一个模板：

```
char continueLoop = 'Y';
while (continueLoop == 'Y')
{
  // Execute the loop body once
  ...

  // Prompt the user for confirmation
  cout << "Enter Y to continue and N to quit: ";
  cin >> continueLoop;
}
```

此外，还可以重写程序清单 5-4，加入用户确认，让用户决定是否继续下一个问题。

5.2.5 使用标记值控制循环

另外一种常用的控制循环的技术是，如果循环读入并处理一组值，那么可以设计一个特殊值来控制循环。这个特殊的输入值，称为*标记值*（sentinel value），它的出现意味着输入的结束。使用标记值来控制执行的循环叫做*标记控制的循环*（sentinel-controlled loop）。

程序清单 5-5 给出了一个程序，它读入一组整数，计算它们的和，这组整数的数量是未定的。用输入 0 来表示循环的结束。你需要为每一个输入值声明一个新的变量吗？答案是否定的，只需一个名为 data 的变量（8 行）保存输入值和另一个名为 sum 的变量（12 行）保存和即可。无论何时读入一个输入值，就将其赋给 data（9、20 行），若其不为 0 则加到 sum 上（第 15 行）。

程序清单 5-5 SentinelValue.cpp

```
1  #include <iostream>
2  using namespace std;
3
4  int main()
5  {
6    cout << "Enter an integer (the input ends " <<
7      "if it is 0): ";
8    int data;
9    cin >> data;
10
11   // Keep reading data until the input is 0
12   int sum = 0;
13   while (data != 0)
14   {
15     sum += data;
16
17     // Read the next data
18     cout << "Enter an integer (the input ends " <<
19       "if it is 0): ";
20     cin >> data;
21   }
22
```

```
23    cout << "The sum is " << sum << endl;
24
25    return 0;
26  }
```

程序输出：

```
Enter an integer (the input ends if it is 0): 2 ↵Enter
Enter an integer (the input ends if it is 0): 3 ↵Enter
Enter an integer (the input ends if it is 0): 4 ↵Enter
Enter an integer (the input ends if it is 0): 0 ↵Enter
The sum is 9
```

	行号	data	sum	输出
	9	2		
	12		0	
迭代1	15		2	
	20	3		
迭代2	15		5	
	20	4		
迭代3	17		9	
	20	0		
	23			The sum is 9

如果 data 不是 0，程序将它加到 sum 上（15 行），并继续读取下一个数据（18 ～ 20 行）。如果 data 为 0，则循环体不再执行，while 循环就此结束。输入值 0 就是此循环的标记值。注意，如果第一个输入数据即为 0，那么循环体根本不会执行，最终的和就是 0。

警示：不要在循环继续条件中使用浮点数的相等性判定。因为对于某些值来说，浮点值表示是近似值而不是精确值，所以使用它们会导致不精确的计数值和不准确的运算结果。

考虑下面的代码，计算 1+0.9+0.8+…+0.1：

```
double item = 1; double sum = 0;
while (item != 0) // No guarantee item will be 0
{
  sum += item;
  item -= 0.1;
}
cout << sum << endl;
```

变量 item 以 1 为开头，每次循环体执行时都减少 0.1。当 item 变为 0 时，循环应该结束。然而，并不能保证 item 可以恰好为 0，因为浮点算法为近似的。这个循环看似是好的，但实际上，它是无限循环的。

5.2.6 输入和输出重定向

在之前的例子中，如果有许多数据需要输入，那么从键盘键入就会非常笨拙。可以在一个文件中存储数据，使用空格分隔开，如 input.txt，然后用下面的命令运行程序：

```
SentinelValue.exe < input.txt
```

这个命令叫做输入重定向（input redirection）。这个程序从文件 input.txt 获取输入，而不是在运行时从键盘读取。假设文件的内容是：

```
2 3 4 5 6 7 8 9 12 23 32
23 45 67 89 92 12 34 35 3 1 2 4 0
```

程序应该把和设置为 518。注意，SentinelValue.exe 可以通过编译器命令行获取：

```
g++ SentinelValue.cpp -o SentinelValue.exe
```

同样，输出重定向（output redirection）可以将输出发送到一个文件中，而不是在控制台显示。输出重定向的命令是：

```
SentinelValue.exe > output.txt
```

输入和输出重定向可以在同一个命令中使用。举个例子，下面的命令从 input.txt 获取输入，然后把输出发送到 output.txt：

```
SentinelValue.exe < input.txt > output.txt
```

运行程序可以看到 output.txt 中包含了哪些内容。

5.2.7 从一个文件中读取所有的数据

程序清单 4-11 从数据文件中读取 3 个数。如果有很多数据要读取，可以使用一个循环来读取这些数据。如果不知道文件中一共有多少数据，但是想全部读入，又应该如何得知已经到了文件的末尾？这种情况下，我们可以调用 input 对象的 eof() 函数来检测。程序清单 5-6 修改了程序清单 4-10 SimpleFileInput.cpp，读取 numbers.txt 中的全部数据。

程序清单 5-6 ReadAllData.cpp

```cpp
#include <iostream>
#include <fstream>
using namespace std;

int main()
{
  // Open a file
  ifstream input("numbers.txt");

  double sum = 0;
  double number;
  while (!input.eof()) // Continue if not end of file
  {
    input >> number; // Read data
    cout << number << " "; // Display data
    sum += number;
  }

  input.close();

  cout << "\nSum is " << sum << endl;

  return 0;
}
```

程序输出：

```
95 56 34
Total score is 185
Done
```

这个程序使用一个循环读取所有的数据（12 ～ 17 行）。每次迭代读取一个数据。循环在输入流到达文件末尾的时候终止。

当没有可读取的内容时，eof() 函数返回 true。为了这个程序正确运行，文件中最后一个字符后边不能再有任何空白字符。在第 13 章，我们将讨论如何提升程序，以应对文件末尾有空白字符的特殊情况。

检查点

5.1 分析下列代码。在点 A、B、C 处，count<100 是否一直为 true，或者一直为 false，或者有时为 true 有时为 false？

```
int count = 0;
while (count < 100)
{
  // Point A
  cout << "Welcome to C++!\n";
  count++;
  // Point B
}
// Point C
```

5.2 在程序清单 5-3 中 14 行如果 guess 初始化为 0，那么哪里会出现错误？

5.3 下列循环体要重复多少次？每个循环的输出是什么？

a)
```
int i = 1;
while (i < 10)
  if (i % 2 == 0)
    cout << i << endl;
```

b)
```
int i = 1;
while (i < 10)
  if (i % 2 == 0)
    cout << i++ << endl;
```

c)
```
int i = 1;
while (i < 10)
  if (i++ % 2 == 0)
    cout << i << endl;
```

5.4 假设输入为 2 3 4 5 0。下列代码的输出是什么？

```
#include <iostream>
using namespace std;

int main()
{
  int number, max;
  cin >> number;
  max = number;

  while (number != 0)
  {
    cin >> number;
    if (number > max)
      max = number;
  }

  cout << "max is " << max << endl;
  cout << "number " << number << endl;

  return 0;
}
```

5.5 下列代码的输出是什么？做出解释。

```
int x = 80000000;

while (x > 0)
  x++;

cout << "x is " << x << endl;
```

5.6 当从文件中读取数据时，如何测试文件结尾？

5.3 do-while 循环

关键点：一个 do-while 循环是和 while 循环相同的，区别是它先执行循环体，再检验循环继续条件。

do-while 循环是 while 循环的一种变形，其语法如下所示：

```
do
{
  // Loop body;
  Statement(s);
} while (loop-continuation-condition);
```

执行流程如图 5-2 所示。

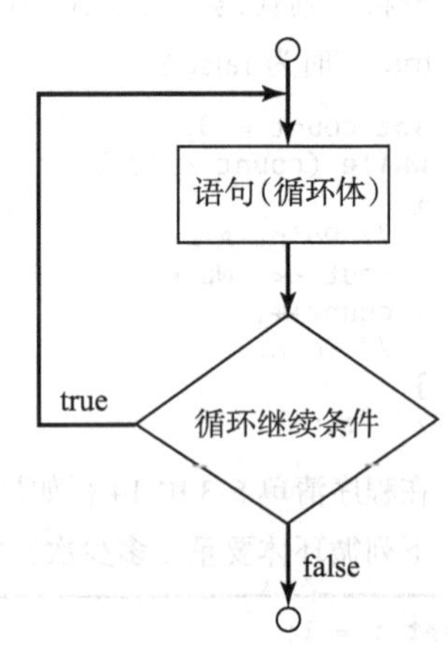

图 5-2 do-while 循环先执行循环体，然后检查循环继续条件以决定是继续还是终止循环

do-while 循环先执行循环体，后对循环继续条件进行求值。如果求值结果为真，继续执行循环体；如果为假，循环终止。while 循环和 do-while 循环的主要区别就在于是先对循环继续条件进行求值还是先执行循环体，两者的表达能力是相等的。有时，使用一种循环形式会比另一种更方便。例如，可以用 do-while 循环重写程序清单 5-5 中的 while 循环，如程序清单 5-7 所示。

程序清单 5-7 TestDoWhile.cpp

```
#include <iostream>
using namespace std;

int main()
{
  // Keep reading data until the input is 0
  int sum = 0;
  int data = 0;

  do
  {
    sum += data;

    // Read the next data
    cout << "Enter an integer (the input ends " <<
      "if it is 0): ";
    cin >> data;
  }
  while (data != 0);

  cout << "The sum is " << sum << endl;

  return 0;
}
```

程序输出：

```
Enter an integer (the input ends if it is 0): 3 Enter
Enter an integer (the input ends if it is 0): 5 Enter
Enter an integer (the input ends if it is 0): 6 Enter
Enter an integer (the input ends if it is 0): 0 Enter
The sum is 14
```

如果我们不将 sum 和 data 初始化为 0，会发生什么？会导致语法错误吗？显然不会有语法错误，而会导致一个逻辑错误，因为 sum 和 data 的初值可能是任意值。

小窍门：当循环内语句至少要执行一次时，使用 do-while 循环是很恰当的，如上面那个例子 TestDoWhile.cpp 中的 do-while 循环。对于这种情况，如果使用 while 循环，那么循环内的语句也要放在循环之前。

检查点

5.7 假设输入为 2 3 4 5 0。下列代码的输出是什么？

```
#include <iostream>
using namespace std;

int main()
{
  int number, max;
  cin >> number;
  max = number;

  do
  {
    cin >> number;
    if (number > max)
      max = number;
  } while (number != 0);

  cout << "max is " << max << endl;
  cout << "number " << number << endl;

  return 0;
}
```

5.8 while 循环和 do-while 循环的区别是什么？将下列 while 循环转换为 do-while 循环。

```
int sum = 0;
int number;
cin >> number;
while (number != 0)
{
  sum += number;
  cin >> number;
}
```

5.9 下列代码中有什么错误？

```
int total = 0, num = 0;

do
{
  // Read the next data
  cout << "Enter an int value, " <<
    "\nexit if the input is 0: ";
  int num;
  cin >> num;

  total += num;
} while (num != 0);

cout << "Total is " << total << endl;
```

5.4 for 循环

关键点：for 循环有着简洁的语法。

我们常常会用到如下形式的循环：

```
i = initialValue;  // Initialize loop-control variable
while (i < endValue)
{
  // Loop body
  ...
  i++; // Adjust loop-control variable
}
```

可以使用 for 循环简化上面的循环：

```
for (i = initialValue; i < endValue; i++)
{
  // Loop body
  ...
}
```

一般来讲，for 循环的语法如下所示：

```
for (initial-action; loop-continuation-condition;
     action-after-each-iteration)
{
  // Loop body;
  Statement(s);
}
```

for 循环的流程图如图 5-3a 所示。

for 循环语句以关键字 for 开始，后面跟以一对括号包围的初始化动作、循环继续条件和每次迭代后的动作，随后是一对大括号包围的循环体。初始化动作、循环继续条件和每次迭代后的动作以分号分隔。

一个 for 循环通常使用一个变量控制循环体执行多少次以及何时终止循环，此变量称为控制变量（control variable）。初始化动作通常初始化一个控制变量，每次迭代后的动作通常增加或减少控制变量的值，循环继续条件检测控制变量是否达到终止值。例如，下面 for 循环显示 100 次 "Welcome to C++!"：

```
int i;
for (i = 0; i < 100; i++)
{
  cout << "Welcome to C++!\n";
}
```

这段程序的流程图如图 5-3b 所示。for 循环首先将 i 初始化为 0，随后当 i 小于 100 时，重复执行显示消息的语句，并计算 i++。

初始化动作 i = 0，初始化控制变量 i。循环继续条件 i < 100 是一个布尔表达式，在初始化一结束每次迭代开始时进行求值。若条件为真，执行循环体，若为假，循环终止，程序控制流转向至循环后的语句。

每次迭代后的动作 i++，是一条调整控制变量值的语句，在每次迭代后执行。它增加控制变量的值，最终控制变量应该使循环继续条件变为假。否则，循环就成为无限的。

循环控制变量可以在 for 循环中声明与初始化。下面为一个例子：

```
for (int i = 0; i < 100; i++)
{
  cout << "Welcome to C++!\n";
}
```

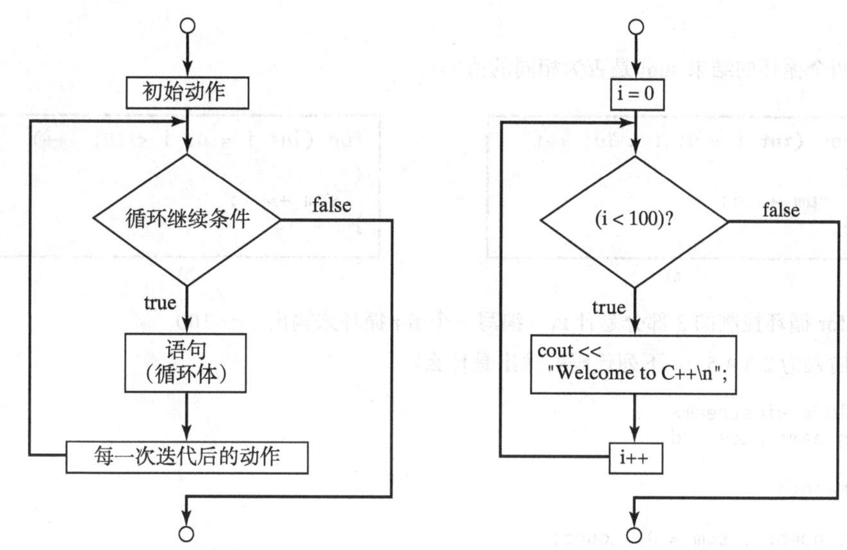

图 5-3 for 循环执行一次内部操作，然后重复执行循环体中的语句，当循环继续条件结果为 true 时，在迭代后执行操作

如果循环体只包含一条语句（如此例），那么可将大括号省略，如下所示：

```
for (int i = 0; i < 100; i++)
  cout << "Welcome to C++!\n";
```

小窍门：控制变量必须在循环控制结构内部或循环之前进行声明。如果控制变量只用在循环内，在其他任何地方都不会用到，在 for 循环的初始化动作中声明它是一种很好的程序设计习惯。如果控制变量在循环控制结构内声明，那么不能在循环之外引用它。例如，对于前面的代码，就不能在 for 循环之外引用 i，因为它是在 for 循环内声明的。

提示：for 循环的初始化动作可以是赋值表达式、一些以逗号分隔的声明语句或者是一个空语句。例如：

```
for (int i = 0, j = 0; i + j < 10; i++, j++)
{
  // Do something
}
```

for 循环每次迭代后的动作可以是一些逗号分隔的语句或是空语句，例如：

```
for (int i = 1; i < 100; cout << i << endl, i++);
```

这个例子是正确的，但它不是一个好例子，因为它使代码变得难以阅读。通常情况下，应该将初始化控制变量的语句作为初始化动作，将增加和减少控制变量的语句作为每次迭代后的动作。

提示：如果一个 for 循环的循环继续条件被省略了，那么它的值隐含地为 true。因此，下面 a) 中的无限循环代码与 b) 中的相同。然而为了避免混淆，最好使用 c) 中的等价循环。

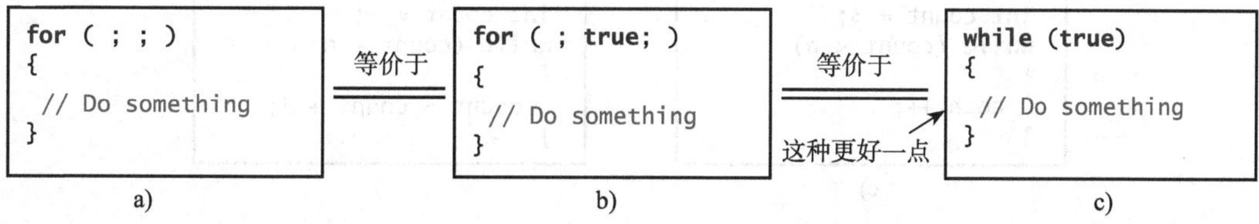

检查点

5.10　下列两个循环的结果 sum 是否为相同的值？

```
for (int i = 0; i < 10; ++i)
{
  sum += i;
}
```

a)

```
for (int i = 0; i < 10; i++)
{
  sum += i;
}
```

b)

5.11　一个 for 循环控制的 3 部分是什么？编写一个 for 循环来输出 1 ～ 100。

5.12　假设输入为 2 3 4 5 0。下列代码的输出是什么？

```
#include <iostream>
using namespace std;

int main()
{
  int number, sum = 0, count;

  for (count = 0; count < 5; count++)
  {
    cin >> number;
    sum += number;
  }

  cout << "sum is " << sum << endl;
  cout << "count is " << count << endl;

  return 0;
}
```

5.13　下列语句是做什么的？

```
for ( ; ; )
{
  // Do something
}
```

5.14　如果变量在 for 循环控制中被声明，在循环推出的时候它是否可以使用？

5.15　将下列 for 循环语句转换为 while 循环与 do-while 循环。

```
long sum = 0;
for (int i = 0; i <= 1000; i++)
  sum = sum + i;
```

5.16　计算下列循环中迭代的个数：

```
int count = 0;
while (count < n)
{
  count++;
}
```

a)

```
for (int count = 0;
    count <= n; count++)
{
}
```

b)

```
int count = 5;
while (count < n)
{
  count++;
}
```

c)

```
int count = 5;
while (count < n)
{
  count = count + 3;
}
```

d)

5.5 使用哪种循环

关键点：你可以使用 for 循环、while 循环或 do-while 循环，只要方便。

while 循环和 for 循环称为先验循环（pretest loop），因为循环继续条件的检验是在循环体执行之前。do-while 循环称为后验循环（posttest loop），因为条件检验是在循环体执行之后。这 3 种形式的循环语句（while、do-while、for），在表达能力上是等价的。也就是说，在程序中写一个循环结构时，使用任何一种都是可以的。例如，下面 a）中的 while 循环总是能转换为 b）中的 for 循环。

```
while (loop-continuation-condition)
{
  // Loop body
}
```

a)

等价于

```
for ( ; loop-continuation-condition; )
{
  // Loop body
}
```

b)

下面 a）中的 for 循环一般都可以转换为 b）中的 while 循环，除非在一些特殊的情况下（参见检查点 5.27，其中给出了一种这样的特殊情况）。

```
for (initial-action;
     loop-continuation-condition;
     action-after-each-iteration)
{
  // Loop body;
}
```

a)

等价于

```
initial-action;
while (loop-continuation-condition)
{
  // Loop body;
  action-after-each-iteration;
}
```

b)

选择最直观和最适合自己的循环语句。一般来说，如果重复次数已知，可选择 for 循环，例如，当希望显示某条信息 100 次时。如果重复次数未知，选择 while 循环较好，比如前面的例子——读取数值直至读入 0 为止。当循环体必须在检测循环继续条件之前执行时，可用 do-while 循环替代 while 循环。

警示：在 for 子句结尾处、循环体之前输入一个分号，是常见的一种错误，如下面代码所示。在 a）中，分号过早地宣告了循环的结束，循环体实际上是空的，如 b）中所示，也就是说 a）和 b）是等价的。

错误

```
for (int i = 0; i < 10; i++);
{
  cout << "i is " << i << endl;
}
```

a)

空循环体

```
for (int i = 0; i < 10; i++) { };
{
  cout << "i is " << i << endl;
}
```

b)

类似地，c）中的循环也是错误的，它与 d）是等价的。

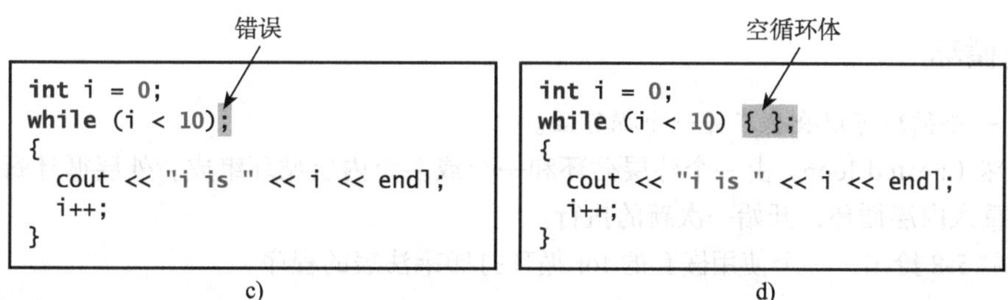


```
int i = 0;
while (i < 10);
{
  cout << "i is " << i << endl;
  i++;
}
```

c)

```
int i = 0;
while (i < 10) { };
{
  cout << "i is " << i << endl;
  i++;
}
```

d)

对于 do-while 循环，在循环末尾需要用分号。

```
int i = 0;
do
{
  cout << "i is " << i << endl;
  i++;
} while (i < 10);
```

← 正确的

检查点

5.17 你能将 for 循环转换为 while 循环吗？列出使用 for 循环的优点。

5.18 是否可以总是将 while 循环转换为 for 循环？将下列 while 循环转换为 for 循环。

```
int i = 1;
int sum = 0;
while (sum < 10000)
{
  sum = sum + i;
  i++;
}
```

5.19 识别和修改下列代码中的错误：

```
int main()
{
  for (int i = 0; i < 10; i++);
    sum += i;

  if (i < j);
    cout << i << endl;
  else
    cout << j << endl;

  while (j < 10);
  {
    j++;
  }

  do {
    j++;
  }
  while (j < 10)
}
```

5.20 下列程序中的错误在哪里？

```
int main()
{
  for (int i = 0; i < 10; i++);
    cout << i + 4 << endl;
}
```

5.6 嵌套循环

关键点：一个循环可以嵌套在另一个循环里。

嵌套循环（nested loop）由一个外层循环和一个或多个内层循环组成。外层循环每迭代一次，都会重入内层循环，开始一次新的执行。

程序清单 5-8 给出了一个使用嵌套的 for 循环打印乘法表的程序。

程序清单 5-8 MultiplicationTable.cpp

```
1  #include <iostream>
2  #include <iomanip>
3  using namespace std;
4
5  int main()
6  {
7    cout << "        Multiplication Table\n";
8
9
10   // Display the number title
11   cout << "  | ";
12   for (int j = 1; j <= 9; j++)
13     cout << setw(3) << j;
14
15   cout << "\n";
16   cout << "-----------------------------------\n";
17   // Display table body
18   for (int i = 1; i <= 9; i++)
19   {
20     cout << i << " | ";
21     for (int j = 1; j <= 9; j++)
22     {
23       // Display the product and align properly
24       cout << setw(3) << i * j;
25     }
26     cout << "\n";
27   }
28
29   return 0;
30 }
```

程序输出：

```
        Multiplication Table
     1  2  3  4  5  6  7  8  9
-----------------------------------
1 |  1  2  3  4  5  6  7  8  9
2 |  2  4  6  8 10 12 14 16 18
3 |  3  6  9 12 15 18 21 24 27
4 |  4  8 12 16 20 24 28 32 36
5 |  5 10 15 20 25 30 35 40 45
6 |  6 12 18 24 30 36 42 48 54
7 |  7 14 21 28 35 42 49 56 63
8 |  8 16 24 32 40 48 56 64 72
9 |  9 18 27 36 45 54 63 72 81
```

程序在输出的第一行显示标题（7 行），第一个 for 循环（12 ～ 13 行）在第二行显示数字 1 ～ 9，在第三行显示短划线 (-)(16 行)。

下一个循环（18 ～ 27 行）是一个嵌套的 for 循环，外层循环的控制变量为 i，内存循环的控制变量为 j。对于每个 i，内层循环会对 j 为 1、2、3、…、9 的情况，在一行中输出 9 个相应的 i * j。setw(3) 格式控制符（24 行）指定显示的每个数值的宽度为 3。

提示：注意，嵌套循环运行可能需要很长时间。考虑下列三层嵌套循环：

```
for (int i = 0; i < 10000; i++)
  for (int j = 0; j < 10000; j++)
    for (int k = 0; k < 10000; k++)
       Perform an action
```

操作执行 1 万亿次。如果执行这个操作需要 1 微秒，总共运行循环的时间可能会超过 277 小时。注意，1 微秒为 1 秒的一百万分之一（10^{-6}）。

检查点

5.21 下面输出语句执行多少次？

```
for (int i = 0; i < 10; i++)
  for (int j = 0; j < i; j++)
    cout << i * j << endl;
```

5.22 显示下列程序的输出（提示：画出一个表格，在列中列出这些变量来跟踪这些程序）

```
for (int i = 1; i < 5; i++)
{
  int j = 0;
  while (j < i)
  {
    cout << j << " ";
    j++;
  }
}
```

a)

```
int i = 0;
while (i < 5)
{
  for (int j = i; j > 1; j--)
    cout << j << " ";
  cout << "****" << endl;
  i++;
}
```

b)

```
int i = 5;
while (i >= 1)
{
  int num = 1;
  for (int j = 1; j <= i; j++)
  {
     cout << num << "xxx";
     num *= 2;
  }

  cout << endl:
  i--;
}
```

c)

```
int i = 1;
do
{
  int num = 1
  for (int j = 1; j <= i; j++)
  {
     cout << num << "G";
     num += 2;
  }

  cout << endl;
  i++;
} while (i <= 5);
```

d)

5.7 最小化数字错误

关键点：在循环继续条件中使用浮点数可能会引发数学错误。

涉及浮点数的数值错误是不可避免的。这一节将要讨论如何最小化这些错误。

程序清单 5-9 展示了一个实例把一系列数字，从 0.01 开始，到 1.0 结束，求和。序列的数字都以 0.01 递增，如：0.01+0.02+0.03+…。

程序清单 5-9 TestSum.cpp

```
#include <iostream>
using namespace std;

int main()
{
  // Initialize sum
  double sum = 0;

  // Add 0.01, 0.02, . . . , 0.99, 1 to sum
  for (double i = 0.01; i <= 1.0; i = i + 0.01)
```

```
    sum += i;

  // Display result
  cout << "The sum is " << sum << endl;

  return 0;
}
```

程序输出：

```
The sum is 49.5
```

结果是49.5，但是正确的结果是50.5。发生了什么呢？循环里的每一次迭代，i都自增0.01。当循环结束时，i的值比1大了一点点，并不是1。这导致最后一个i的值没有加到sum中去。最根本的问题就是浮点数是被近似值表示的。

为了修复这个问题，使用一个整数计数变量来确保所有的数值都被加入了sum。下面是新的循环：

```
double currentValue = 0.01;

for (int count = 0; count < 100; count++)
{
  sum += currentValue;
  currentValue += 0.01;
}
```

在这个循环之后，sum是50.5。

5.8 实例研究

关键点：循环是程序设计中最基础的。学会编写循环语句是程序设计学习中最基础的部分。

可以说，如果学会了使用循环编写程序，就学会了程序设计！因此，本节再给出额外的4个例子来展示如何使用循环来解决问题。

5.8.1 求最大公约数

两个整数4和2的最大公约数为2，16和24的最大公约数为8。如何求最大公约数呢？假定两个输入整数为n1和n2。我们知道1是两者的公约数，但不一定是最大公约数。我们可以检查k（k=2，3，4，…）是否是n1和n2的公约数，直至k大于n1或n2为止。可以使用一个名为gcd的变量保存公约数。开始时，gcd为1。每当找到一个公约数时，将其赋给GCD。当检查完所有可能是公约数的值——从2至n1或n2时，变量gcd中的值就是最大公约数。这个想法可以转换为下面的循环：

```
int gcd = 1; // Initial gcd is 1
int k = 2; // Possible gcd

while (k <= n1 && k <= n2)
{
  if (n1 % k == 0 && n2 % k == 0)
    gcd = k; // Update gcd
  k++; // Next possible gcd
}

// After the loop, gcd is the greatest common divisor for n1 and n2
```

程序清单 5-10 提示用户输入两个正整数，找出它们的最大公约数。

程序清单 5-10 GreatestCommonDivisor.cpp

```
#include <iostream>
using namespace std;

int main()
{
  // Prompt the user to enter two integers
  cout << "Enter first integer: ";
  int n1;
  cin >> n1;

  cout << "Enter second integer: ";
  int n2;
  cin >> n2;

  int gcd = 1;
  int k = 2;
  while (k <= n1 && k <= n2)
  {
    if (n1 % k == 0 && n2 % k == 0)
      gcd = k;
    k++;
  }

  cout << "The greatest common divisor for " << n1 << " and "
       << n2 << " is " << gcd << endl;

  return 0;
}
```

程序输出：

```
Enter first integer: 125 ↵Enter
Enter second integer: 2525 ↵Enter
The greatest common divisor for 125 and 2525 is 25
```

回忆一下，我们是如何设计这个程序的？拿到问题后，我们马上开始进行编码了吗？没有。如前所述，*在编码之前仔细思考*是非常重要的。思考会帮助我们设计一个问题的逻辑解决方案，而无须考虑如何编码的问题。一旦得到了一个逻辑解决方案，再着手将此方案转换为编码。这种转换不是唯一的。例如，可将前面程序中的 while 循环改写为如下的 for 循环：

```
for (int k = 2; k <= n1 && k <= n2; k++)
{
  if (n1 % k == 0 && n2 % k == 0)
    gcd = k;
}
```

一个问题通常有多种解决方案，gcd 问题就有多种求解方法。程序设计练习 4.15 给出了另一种方法。一种更为有效的方法是使用经典的欧几里得算法（请参考 www.cut-the-knot.org/blue/Euclid.shtml，以获得更多相关信息）。

如果认为一个数 n1 的约数不会大于 n1/2，那么可能会使用如下循环来改进前面的程序：

```
for (int k = 2; k <= n1 / 2 && k <= n2 / 2; k++)
{
  if (n1 % k == 0 && n2 % k == 0)
    gcd = k;
}
```

但是，这个修改是错误的。如何发现其中的原因呢？参见检查点 5.23，那里给出了答案。

5.8.2 预测未来的学费

假设某大学今年的学费（tuition）是 $10 000，学费每年递增 7%。多少年后学费会翻倍？

在写程序解决这个问题之前，想想如何能笔算解决这个问题。第二年的学费是第一年的 1.07 倍。以后每年的学费都是之前一年学费的 1.07 倍。因此，每年的学费可以用下面的公式计算：

```
double tuition = 10000;   int year = 0; // Year 0
tuition = tuition * 1.07; year++;       // Year 1
tuition = tuition * 1.07; year++;       // Year 2
tuition = tuition * 1.07; year++;       // Year 3
...
```

计算学费，直到新的一年学费至少是 20 000（美元）。到那时就能知道多少年才能让学费翻倍。现在可以把逻辑翻译为下面的循环：

```
double tuition = 10000;   // Year 0
int year = 0;
while (tuition < 20000)
{
  tuition = tuition * 1.07;
  year++;
}
```

程序清单 5-11 展示了完整的程序。

程序清单 5-11 FutureTuition.cpp

```
 1  #include <iostream>
 2  #include <iomanip>
 3  using namespace std;
 4
 5  int main()
 6  {
 7    double tuition = 10000;   // Year 1
 8    int year = 1;
 9    while (tuition < 20000)
10    {
11      tuition = tuition * 1.07;
12      year++;
13    }
14
15    cout << "Tuition will be doubled in " << year << " years" << endl;
16    cout << setprecision(2) << fixed << showpoint <<
17          "Tuition will be $" << tuition << " in "
18          << year << " years" << endl;
19
20    return 0;
21  }
```

程序输出：

```
Tuition will be doubled in 11 years
Tuition will be $21048.52 in 11 years
```

while 循环（9 ～ 13 行）重复计算新的一年的学费。当学费的值 tuition（学费）大于等于 20 000 时循环终止。

5.8.3　蒙特卡罗模拟

蒙特卡罗模拟使用随机数和概率来解决问题。这种方法在计算数学、物理、化学和金融界有着广泛的应用。这一节将给出一个蒙特卡罗模拟的实例，估计 π 的值。

为了使用蒙特卡罗模拟预估 π 的数值，先画一个圆和它的外切正方形。如右图所示。

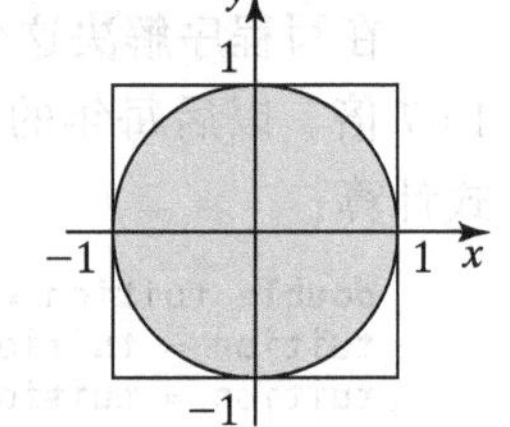

假设圆的半径是 1。因此，圆的面积是 π，正方形的面积是 4。随机在正方形中生成一个点。这个点落在圆中的概率是 circleArea/squareArea = π/4。

写一个程序，随机在正方形中生成 1 000 000 个点，让变量 numberOfHits 记录落在圆中的概率。因此，numberOfHits 接近 1 000 000 *（π/4）。π 可以被近似为 4 * numberOfHits / 1 000 000。完整的程序如程序清单 5-12 所示。

程序清单 5-12　MonteCarloSimulation.cpp

```
1  #include <iostream>
2  #include <cstdlib>
3  #include <ctime>
4  using namespace std;
5
6  int main()
7  {
8    const int NUMBER_OF_TRIALS = 1000000;
9    int numberOfHits = 0;
10   srand(time(0));
11
12   for (int i = 0; i < NUMBER_OF_TRIALS; i++)
13   {
14     double x = rand() * 2.0 / RAND_MAX - 1;
15     double y = rand() * 2.0 / RAND_MAX - 1;
16     if (x * x + y * y <= 1)
17       numberOfHits++;
18   }
19
20   double pi = 4.0 * numberOfHits / NUMBER_OF_TRIALS;
21   cout << "PI is " << pi << endl;
22
23   return 0;
24 }
```

程序输出：

```
PI is 3.14124
```

程序第 14 ～ 15 行重复在正方形中生成一个随机点（x，y）。注意，RAND_MAX 是调用 rand() 能够返回的最大值。所以，rand()*1.0/RAND_MAX 是一个 0.0 ～ 1.0 的随机数，2.0*rand()/RAND_MAX 是一个 0.0 ～ 2.0 的随机数。所以，2.0*rand()/RAND_MAX−1 是 −1.0 ～ 1.0 的随机数。

如果 $x^2+y^2 \leqslant 1$，则点在圆内，numberOfHits 增加 1。π 近似是 4*numberOfHits/NUMBER_OF_TRIALS（20 行）。

5.8.4　十进制转换为十六进制

十六进制是在计算机系统的编程中常用的数字编码方式（见附录 D 对数字系统的介绍）。

如何把十进制数转换为十六进制数呢？为了把一个十进制数 d 转换为十六进制数，必须得出十六进制数的每一位数 h_n，h_{n-1}，h_{n-2}，…，h_2，h_1 与 h_0，从而

$$d = h_n \times 16^n + h_{n-1} \times 16^{n-1} + h_{n-2} \times 16^{n-2} + \cdots + h_2 \times 16^2 + h_1 \times 16^1 + h_0 \times 16^0$$

这些十六进制的数是通过 d 连续除以 16 直到商是 0 而得到的。这些余数就是 h_0，h_1，h_2，…，h_{n-2}，h_{n-1}，h_n。十六进制数包括十进制数 0,1,2,3,4,5,6,7,8,9，还有 A 代表十进制的 10，B 代表十进制的 11，C 代表十进制的 12，D 代表十进制的 13，E 代表十进制的 14，F 代表十进制的 15。

举个例子，十进制数 123，换算成十六进制就是 7B。转换过程如下：用 16 除 123，余数是 11（就是十六进制的 B），商是 7。继续用 16 去除 7，余数是 7，商是 0。所以 7B 就是 123 的十六进制。

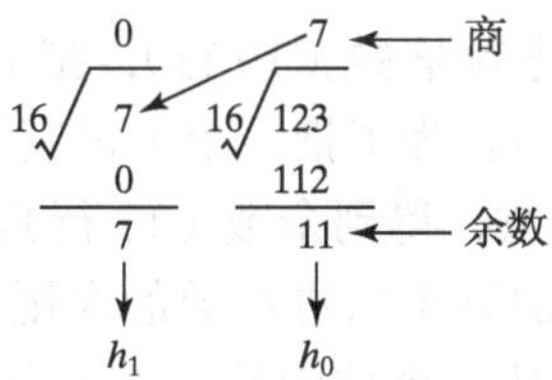

程序清单 5-13 给出了程序，提示用户输入一个十进制数，将其转换成十六进制数字符串。

程序清单 5-13 Dec2Hex.cpp

```
#include <iostream>
#include <string>
using namespace std;

int main()
{
  // Prompt the user to enter a decimal integer
  cout << "Enter a decimal number: ";
  int decimal;
  cin >> decimal;

  // Convert decimal to hex
  string hex = "";

  while (decimal != 0)
  {
    int hexValue = decimal % 16;

    // Convert a decimal value to a hex digit
    char hexChar = (hexValue <= 9 && hexValue >= 0) ?
      static_cast<char>(hexValue + '0') :
      static_cast<char>(hexValue - 10 + 'A');

    hex = hexChar + hex;
    decimal = decimal / 16;
  }

  cout << "The hex number is " << hex << endl;

  return 0;
}
```

程序输出：

```
Enter a decimal number: 1234 ↵Enter
The hex number is 4D2
```

	行号	decimal	hex	hexValue	hexChar
	13	1234	""		
迭代 1	17			2	
	24		"2"		2
	25	77			
迭代 2	17			13	
	24		"D2"		D
	25	4			
迭代 3	17			4	
	24		"4D2"		4
	25	0			

程序提示用户输入一个十进制整数（10 行），把它转换为一个十六进制的字符串（13 ～ 26 行），并显示结果（28 行）。为了把一个十进制的数转换为十六进制，程序使用一个循环持续用 16 去除这个十进制数，得到余数（17 行）。把余数转换为一个十六进制的字符（20 ～ 22 行）。并把这个字符加到十六进制数的末尾（24 行）。十六进制数初始化为空（13 行）。把十进制数除以 16，就从这个数中移出一个十六进制位（25 行）。这个循环在剩余的十进制数为 0 的时候结束。

这个程序还把一个 0 ～ 15 之间的 hexValue 转换为一个十六进制字符。如果 hexValue 为 0 ～ 9，就用 static_cast<char>(hexValue+ '0') 转为字符（21 行）。回忆当一个字符和一个整数相加时，用字符的 ASCII 码来计算。举个例子，如果 hexValue 是 5，static_cast<char>(hexValue + '0') 返回 5（21 行）。同理，如果 hexValue 为 10 ～ 15，就会使用 static_cast<char>(hexValue – 10 + 'A') 来转换（22 行）。例如，hexValue 的值是 11，（static_cast<char>(hexValue – 10 + 'A')）返回的字符就是 B。

检查点

5.23　如果程序清单 5-10 第 17 行中 n1 与 n2 分别由 n1/2 与 n2/2 代替，程序将怎样运行？

5.24　在程序清单 5-13 中，如果将第 21 行的代码 static_cast<char>(hexValue + '0') 改为 hexValue + '0'，是否正确？

5.25　在程序清单 5-13 中，对于十进制数 245 循环体执行多少次？对于十进制数 3245 循环体又执行多少次？

5.9　关键字 break 和 continue

关键点：C++ 提供了两个关键字，break 和 continue，可用来为循环语句提供额外的控制方式。

教学提示：两个关键字 break 和 continue 可以在一个循环中提供额外的控制。使用 break 和 continue 可以适当地简化程序，过度或不恰当地使用可能会导致程序难以阅读和调试（给老师的注释：你可以在学生没有理解这一章的情况下，先学习本书的其他章节）。

可以在 switch 语句中使用 break 语句，也可以在一个循环中使用 break 来立即终止循环。程序清单 5-14 展示了一个代码，体现 break 在循环中的作用。

程序清单 5-14　TestBreak.cpp

```
#include <iostream>
using namespace std;
```

```
3
4   int main()
5   {
6     int sum = 0;
7     int number = 0;
8
9     while (number < 20)
10    {
11      number++;
12      sum += number;
13      if (sum >= 100)
14        break;
15    }
16
17    cout << "The number is " << number << endl;
18    cout << "The sum is " << sum << endl;
19
20    return 0;
21  }
```

程序输出：

```
The number is 14
The sum is 105
```

程序把 1 ～ 20 的整数按顺序加起来，直到 sum 大于等于 100。没有 13 ～ 14 行，程序会计算 1 ～ 20 的总和。但是有了 13 ～ 14 行，循环在 sum 大于等于 100 时终止。没有 13 ～ 14 行，输出是：

```
The number is 20
The sum is 210
```

可以在循环中使用 continue 关键字。当遇到这个关键字时，循环终止当前迭代。程序控制到循环体结束。也就是说，continue 跳出一次迭代，break 结束整个循环。程序清单 5-15 中的程序展示了循环中的 continue。

程序清单 5-15 TestContinue.cpp

```
#include <iostream>
using namespace std;

int main()
{
  int sum = 0;
  int number = 0;

  while (number < 20)
  {
    number++;
    if (number == 10 || number == 11)
      continue;
    sum += number;
  }

  cout << "The sum is " << sum << endl;

  return 0;
}
```

程序输出：

```
The sum is 189
```

程序从 1 加到 20，除了 10 和 11，赋值给 sum。当 number 的值是 10 或 11 时，continue 语句执行。continue 语句结束当前迭代，所以循环体中的剩余部分没有执行，因此，number 没有把 10 或 11 加入到 sum。

没有 12 ～ 13 行，输出将是：

```
The sum is 210
```

在这种情况下，所有的数都被加入了 sum，甚至当 number 是 10 或 11 时。因此，结果是 210。

提示：continue 语句只能在循环内使用。在 while 和 do-while 循环中，执行 continue 语句后会立即对循环继续条件进行求值。在 for 循环中，紧接着 continue 语句执行的是每次迭代后的动作，然后才对循环继续条件求值。

实际上，我们总是可以写出不使用 break 和 continue 的循环代码。参见检查点 5.28。一般来说，如果使用 break 和 continue 能简化代码，使程序更为易读，那么使用它们就是恰当的。

假设需要一个程序找到除 1 以外的最小因子 n（假设 n >=2），可凭直觉写出一个简单使用 break 语句的程序如下：

```
int factor = 2;
while (factor <= n)
{
  if (n % factor == 0)
    break;
  factor++;
}
cout << "The smallest factor other than 1 for "
  << n << " is " << factor << endl;
```

不使用 break 语句，重写代码如下：

```
bool found = false;
int factor = 2;
while (factor <= n && !found)
{
  if (n % factor == 0)
    found = true;
  else
    factor++;
}
cout << "The smallest factor other than 1 for "
  << n << " is " << factor << endl;
```

显然，break 语句让程序更简单、更易读。然而，需要非常小心地使用 break 和 continue 语句。太多的 break 和 continue 语句会导致循环有太多的退出点，让程序难以阅读。

提示：包括 C++ 在内的一些编程语言包含了 goto 语句。使用 goto 语句可以任意地将程序控制转到任意语句处并执行。这使得程序很容易出现错误。C++ 中的 break 和 continue 语句与 goto 语句不同。它们仅适用于循环或者 switch 语句中。break 语句可以跳出循环，continue 语句跳出的是循环过程中的当前迭代。

检查点

5.26 关键词 break 是用来做什么的？关键词 continue 是用来做什么的？下面的程序是否会结束？如果可以，那给出输出。

```
int balance = 1000;
while (true)
{
  if (balance < 9)
    break;
  balance = balance - 9;
}

cout << "Balance is " <<
  balance << endl;
```

a)

```
int balance = 1000;
while (true)
{
  if (balance < 9)
    continue;
  balance = balance - 9;
}

cout << "Balance is "
  << balance << endl;
```

b)

5.27 左侧的 for 循环转换为右侧的 while 循环。哪个是错误的？改正它。

```
for (int i = 0; i < 4; i++)
{
  if (i % 3 == 0) continue;
  sum += i;
}
```

转换

错误转换

```
int i = 0;
while (i < 4)
{
  if (i % 3 == 0) continue;
  sum += i;
  i++;
}
```

5.28 重写程序清单 5-14 的程序 TestBreak 与程序清单 5-15 的程序 TestContinue，不使用 break 与 continue。

5.29 在下列循环 a 中 break 语句执行后，执行哪条语句？显示输出。在下列循环 b）中 continue 语句执行后，执行哪条语句？显示输出。

```
for (int i = 1; i < 4; i++)
{
  for (int j = 1; j < 4; j++)
  {
    if (i * j > 2)
      break;

    cout << i * j << endl;
  }

  cout << i << endl;
}
```

a)

```
for (int i = 1; i < 4; i++)
{
  for (int j = 1; j < 4; j++)
  {
    if (i * j > 2)
      continue;

    cout << i * j << endl;
  }

  cout << i << endl;
}
```

b)

5.10 实例研究：检查回文

关键点：这一节展示一个程序来测试一个字符串是不是回文。

如果一个字符串按照正序和逆序读都是相同的，这个字符串就是回文。例如，单词 mom、dad 和 noon 就是回文。

应该如何写一个程序检查一个字符串是不是回文呢？一种方法是，检查这个字符串的第一个字符和最后一个字符是不是相同。如果相同，检查第二个字符和倒数第二个字符是不是相同。这个检查持续到有不相同被发现或者所有的字符都被检测过了，除了奇数个数的字符的最中间那个字符处。

为了实现这个想法，使用两个变量 low 和 high，来存储字符串 s 的第一个和最后一个字符，如程序清单 5-16（13、16 行）所示。初始化时，low 的值是 0，high 的值是 s.length()−1。

如果两个字符串这两个位置的字符相同，low 自增 1，high 自减 1（27 ～ 28 行）。这个条件持续到 (low >= high) 或者有一个不相同被发现。

程序清单 5-16 TestPalindrome.cpp

```
1  #include <iostream>
2  #include <string>
3  using namespace std;
4
5  int main()
6  {
7    // Prompt the user to enter a string
8    cout << "Enter a string: ";
9    string s;
10   getline(cin, s);
11
12   // The index of the first character in the string
13   int low = 0;
14
15   // The index of the last character in the string
16   int high = s.length() - 1;
17
18   bool isPalindrome = true;
19   while (low < high)
20   {
21     if (s[low] != s[high])
22     {
23       isPalindrome = false; // Not a palindrome
24       break;
25     }
26
27     low++;
28     high--;
29   }
30
31   if (isPalindrome)
32     cout << s << " is a palindrome" << endl;
33   else
34     cout << s << " is not a palindrome" << endl;
35
36   return 0;
37 }
```

程序输出：

```
Enter a string: abccba ↵Enter
abccba is a palindrome
```

```
Enter a string: abca ↵Enter
abca is not a palindrome
```

程序声明了一个字符串（9 行），从控制台读取一个字符串（10 行），然后检查这个字符串是不是回文（13 ～ 29 行）。

bool 变量 isPalindrome 初始化为 true（18 行）。当比较字符串两端的字符时，如果两个字符不相同，将 isPalindrome 设置为 false（23 行）。在这种情况下，使用 break 语句退出 while 循环（24 行）。

当 low >= high，循环终止，isPalindrome 是 true，就意味着这个字符串是一个回文。

5.11 实例研究：输出素数

关键点：本节设计一个程序，输出前50个素数，每行10个，分5行显示。

如果一个大于1的整数，其正因数只有1及其自身，那么它就是一个素数（prime）。例如，2、3、5和7都是素数，而4、6、8和9都不是。

程序可以分为以下几个子任务：

- 判定一个给定整数是否是素数。
- 对number = 2，3，4，5，6，…，检查number是否是素数。
- 统计素数的数目。
- 显示每个素数，每行显示10个。

显然，需要写一个循环，反复地检查一个新给定的数是否是素数。如果是素数，将count的值加1。count的初值设为0，当它等于50时，循环终止。

算法描述如下：

```
Set the number of prime numbers to be printed as
  a constant NUMBER_OF_PRIMES;
Use count to track the number of prime numbers and
  set an initial count to 0;
Set an initial number to 2;

while (count < NUMBER_OF_PRIMES)
{
  Test whether number is prime;

  if number is prime
  {
    Display the prime number and increase the count;
  }

  Increment number by 1;
}
```

为了检查number是否是素数，可以检查它是否能被2、3、4，直至number / 2整除。如果存在因数，number就不是素数。算法描述如下：

```
Use a bool variable isPrime to denote whether
  the number is prime; Set isPrime to true initially;

for (int divisor = 2; divisor <= number / 2; divisor++)
{
  if (number % divisor == 0)
  {
    Set isPrime to false
    Exit the loop;
  }
}
```

完整程序如程序清单5-17所示。

程序清单5-17 PrimeNumber.cpp

```
#include <iostream>
#include <iomanip>
using namespace std;

int main()
{
```

```
    const int NUMBER_OF_PRIMES = 50; // Number of primes to display
    const int NUMBER_OF_PRIMES_PER_LINE = 10; // Display 10 per line
    int count = 0; // Count the number of prime numbers
    int number = 2; // A number to be tested for primeness

    cout << "The first 50 prime numbers are \n";

    // Repeatedly find prime numbers
    while (count < NUMBER_OF_PRIMES)
    {
      // Assume the number is prime
      bool isPrime = true; // Is the current number prime?

      // Test if number is prime
      for (int divisor = 2; divisor <= number / 2; divisor++)
      {
        if (number % divisor == 0)
        {
          // If true, the number is not prime
          isPrime = false; // Set isPrime to false
          break; // Exit the for loop
        }
      }

      // Display the prime number and increase the count
      if (isPrime)
      {
        count++; // Increase the count

        if (count % NUMBER_OF_PRIMES_PER_LINE == 0)
          // Display the number and advance to the new line
          cout << setw(4) << number << endl;
        else
          cout << setw(4) << number;
      }

      // Check if the next number is prime
      number++;
    }

    return 0;
  }
```

程序输出：

```
The first 50 prime numbers are
   2   3   5   7  11  13  17  19  23  29
  31  37  41  43  47  53  59  61  67  71
  73  79  83  89  97 101 103 107 109 113
 127 131 137 139 149 151 157 163 167 173
 179 181 191 193 197 199 211 223 227 229
```

对于初学者来说，这个例子较为复杂。为这样的问题设计程序解决方案，关键是将问题分解为若干子问题，依次为每个子问题设计解决方案。不要在第一步就尝试设计完整的解决方案。例如，对于本问题，可首先编写代码判定一个给定整数是否是素数，然后扩展程序，通过一个循环检查多个整数。

为了检查 number 是否是素数，检查它能否被 2 ～ number/2 之间的某个整数整除。如果有这样一个数，number 就不是素数；否则，number 是素数。如果是素数，就输出它。如果 count 能被 10 整除，就输出一个回车。当 count 等于 50 时，程序终止。

在本程序中，只要发现 number 不是素数，就用第 27 行的 break 语句退出 for 循环。可以重写 21 ～ 29 行的循环，无须使用 break 语句，如下所示：

```
for (int divisor = 2; divisor <= number / 2 && isPrime;
    divisor++)
{
  // If true, the number is not prime
  if (number % divisor == 0)
  {
    // Set isPrime to false, if the number is not prime
    isPrime = false;
  }
}
```

但是，使用 break 语句的版本更为简单，也更易读。

关键术语

break statement（break 语句）
continue statement（continue 语句）
do-while loop（do-while 循环）
for loop（for 循环）
infinite loop（无限循环）
input redirection（输入重定向）
iteration（迭代）
loop（循环）
loop body（循环体）
loop-continuation-condition（循环 – 继续 – 条件）
nested loop（嵌套循环）
off-by-one error（差 – 错误）
output redirection（输出重定向）
posttest loop（后验循环）
pretest loop（先验循环）
sentinel value（标记值）
while loop（while 循环）

本章小结

1. 有 3 种循环语句：while 循环、do-while 循环和 for 循环。
2. 循环中包含要重复的语句的部分称为*循环体*。
3. 循环体的一次执行称为*循环的迭代*。
4. *无限循环*为一条循环语句执行无限次。
5. 设计循环时，你既要考虑*循环控制结构*，也要考虑循环体构造。
6. while 循环先检查循环继续条件。如果条件为真，执行循环体；否则，循环结束。
7. do-while 循环与 while 循环类似，除了一点——do-while 循环先执行循环体，再检测循环继续条件，以决定是继续循环还是终止循环。
8. 当重复次数不预先确定时，使用 while 循环与 do-while 循环。
9. *标记值*为一特定值标记循环的结束。
10. for 循环通常用于预知循环体执行次数的情况。
11. for 循环的控制结构有 3 个部分：第一部分是一个初始化动作，通常用于初始化控制变量；第二部分是循环继续条件，用于判定是否继续执行循环体；第三部分在每次迭代后执行，通常用于调整控制变量的值。循环控制变量一般都在控制结构中初始化、更新值。
12. while 循环和 for 循环称为*先验循环*，因为继续条件在循环体执行前被检验。
13. do-while 循环称为*后验循环*，因为条件在循环体执行后被检验。
14. 两个关键字，break 和 continue，可以用于循环中。
15. 关键字 break 立即结束包含它的最内层循环。
16. continue 仅结束当前迭代。

在线测验

请在 www.cs.armstrong.edu/liang/cpp3e/quiz.html 完成本章的在线测验。

程序设计练习

教学提示：反复阅读每个题目直到你理解了。在开始编写代码之前想一想如何解决问题。将你的逻辑转换为程序。每个问题都可能有很多种解决方法。应该鼓励学生探索不同的解决方案。

5.2 ～ 5.7 节

*5.1 （统计正数和负数的数目，计算平均值）编写程序，读入整数（数目未定），判定读入的整数中有多少正数，多少负数，并计算这些整数的总和与平均值（0 不计算在内）。如果读入 0，程序即终止。平均值以浮点数显示。下面是一个运行样例：

```
Enter an integer, the input ends if it is 0: 1 2 -1 3 0 ↵Enter
The number of positives is 3
The number of negatives is 1
The total is 5
The average is 1.25
```

```
Enter an integer, the input ends if it is 0: 0 ↵Enter

No numbers are entered except 0
```

5.2 （重复加法练习）程序清单 5-4 生成 10 个随机的减法题。修改该程序，使之能生成 10 个随机的加法题，要求两个运算数是 1 ～ 15 之间的整数。显示回答正确的题数和测试所用的时间。

5.3 （将千克数转换为磅数）编写程序，输出下表（注意 1 千克等于 2.2 磅）：

```
Kilograms     Pounds
1             2.2
3             6.6
...
197           433.4
199           437.8
```

5.4 （将英里数转换为千米数）编写程序，输出下表（注意 1 英里等于 1.609 千米）：

```
Miles      Kilometers
1          1.609
2          3.218
...
9          14.481
10         16.090
```

5.5 （将千克数转换为磅数，将磅数转为千克数）编写程序，显示下面两个并排的表（注意 1 千克等于 2.2 磅）：

```
Kilograms   Pounds   |   Pounds   Kilograms
1           2.2      |   20       9.09
3           6.6      |   25       11.36
...
197         433.4    |   510      231.82
199         437.8    |   515      234.09
```

5.6 （将英里数转换为千米数，将千米数转换为英里数）编写程序，输出下面两个并排的表（注意 1 英里等于 1.609 千米）：

```
Miles      Kilometers   |  Kilometers      Miles
1          1.609        |  20              12.430
2          3.218        |  25              15.538
...
9          14.481       |  60              37.290
10         16.090       |  65              40.398
```

5.7 （使用三角函数）输出下列表格，显示 0 ～ 360 度中以 10 度为单位增长的度数相应的 sin 值与 cos 值。精确到小数点后 4 位。

```
Degree     Sin         Cos
0          0.0000      1.0000
10         0.1736      0.9848
...
350        -0.1736     0.9848
360        0.0000      1.0000
```

5.8 （使用 sqrt 函数）使用 sqrt 函数编写程序来输出下列表格：

```
Number        SquareRoot
0             0.0000
2             1.4142
...
18            4.2426
20            4.4721
```

**5.9 （金融应用：计算未来的学费）假定一所大学今年的学费为 10 000 美元，且以每年 5% 的幅度增长。编写一个程序，使用循环计算 10 年内的学费。编写另一个程序，计算 10 年内以每年为开始的 4 年大学的总学费。

5.10 （求最高成绩）编写一个程序，由用户输入学生数和每个学生的姓名及成绩，最终输出成绩最高的学生的姓名和成绩。

*5.11 （求最高的两个成绩）编写一个程序，提示用户输入学生数和每个学生的姓名及成绩，程序输出最高成绩和成绩排在第二位的学生的姓名和成绩。

5.12 （求能同时被 5 和 6 整除的数）编写程序，输出 100 ～ 1000 之间所有能同时被 5 和 6 整除的整数，每行输出 10 个。数字间由空格分开。

5.13 （求能被 5、6 之一整除的数）编写程序，输出 100 ～ 200 之间所有能被 5 和 6 之一整除的，且只能被两者之一整除的整数，每行显示 10 个。数字间由空格分开。

5.14 （求满足 $n^2 > 12\,000$ 的最小的 n）使用一个 while 循环，求平方值大于 12 000 的最小整数 n。

5.15 （求满足 $n^3 < 12\,000$ 的最大的 n）用一个 while 循环，求立方值小于 12 000 的最大整数 n。

5.8 ～ 5.11 节

*5.16 （计算最大公约数）程序清单 5-10 之外的另一种求两个整数 n1 和 n2 的最大公约数的方法如下：首先求 n1 和 n2 中较小的那个值 d，然后按顺序检查 d、d-1、d-2、…、2 或 1 是否能同时整除 n1 和 n2。第一个检查到的公约数显然就是 n1 和 n2 的最大公约数。编写程序，提示用户输入两个正整数，输出最大公约数。

*5.17 （输出 ASCII 字符表）编写一个程序，打印 ASCII 字符表中从 ! 到 ~ 之间的字符，每行打印 10 个字符。ASCII 表在附录 B 中显示。字符由空格分开。

*5.18 （求一个整数的因子）编写一个程序，读入一个整数，由小至大显示其所有因子。例如，如果输入整数为 120，输出应该是：2、2、2、3、5。

5.19 （输出金字塔）编写程序，提示用户输入 1 ～ 15 中的某个数字，输出金字图案，如下面所示。

```
Enter the number of lines: 7
                      1
                    2 1 2
                  3 2 1 2 3
                4 3 2 1 2 3 4
              5 4 3 2 1 2 3 4 5
            6 5 4 3 2 1 2 3 4 5 6
          7 6 5 4 3 2 1 2 3 4 5 6 7
```

*5.20（用循环打印 4 个图案）使用嵌套循环编写 4 个程序，分别输出下面 4 个图案：

```
Pattern A      Pattern B      Pattern C      Pattern D
1              1 2 3 4 5 6    1              1 2 3 4 5 6
1 2            1 2 3 4 5      2 1            1 2 3 4 5
1 2 3          1 2 3 4        3 2 1          1 2 3 4
1 2 3 4        1 2 3          4 3 2 1        1 2 3
1 2 3 4 5      1 2            5 4 3 2 1      1 2
1 2 3 4 5 6    1              6 5 4 3 2 1    1
```

**5.21（输出一个数字金字塔图案）编写一个嵌入的 for 循环，输出下面的图案：

```
                              1
                          1   2   1
                      1   2   4   2   1
                  1   2   4   8   4   2   1
              1   2   4   8  16   8   4   2   1
          1   2   4   8  16  32  16   8   4   2   1
      1   2   4   8  16  32  64  32  16   8   4   2   1
  1   2   4   8  16  32  64 128  64  32  16   8   4   2   1
```

*5.22（输出 2 ～ 1000 之间的素数）修改程序清单 5-17，输出 2 ～ 1000（包含 2 与 1000）之间的所有素数。每行显示 8 个。数字由空格分开。

综合题

**5.23（金融应用：比较不同利率下的还款金额）编写一个程序，由用户输入贷款额和贷款年限，输出不同利率下的月还款额和总还款额，利率从 5% ～ 8%，增长间隔为 1/8。下面为一个运行样例：

```
Loan Amount: 10000
Number of Years: 5
Interest Rate     Monthly Payment     Total Payment
5.000%            188.71              11322.74
5.125%            189.28              11357.13
5.250%            189.85              11391.59
...
7.875%            202.17              12129.97
8.000%            202.76              12165.83
```

计算月还款的公式见程序清单 2-11。

**5.24（金融应用：贷款分期偿还计划）一笔贷款的月还款包括偿还本金和偿还利息。月利息可以通过月利率乘以余额（剩余本金）来计算，于是月偿还本金就等于月还款额减去月偿还利息。编写一个程序，由用户输入贷款额、贷款年限和利率，输出分期还款的计划。下面为一个运行样例：

```
Loan Amount: 10000
Number of Years: 1
Annual Interest Rate: 7

Monthly Payment: 865.26
Total Payment: 10383.21
```

```
Payment#  Interest  Principal  Balance
1         58.33     806.93     9193.07
2         53.62     811.64     8381.43
...
11        10.00     855.26      860.27
12         5.01     860.25        0.01
```

提示：最后一次还款后的余额可能不是0。如果是这种情况，那么最后一次还款额应该是正常的月还款额加上最终的余额。

提示：编写一个循环输出这个表。由于每月的月还款额都是一样的，所以应在循环之前计算这个值。余额的初值就是贷款额。每次循环迭代中，计算利息和本金，并更新余额。循环可能是这个样的：

```
for (i = 1; i <= numberOfYears * 12; i++)
{
  interest = monthlyInterestRate * balance;
  principal = monthlyPayment - interest;
  balance = balance - principal;
  cout << i << "\t\t" << interest
    << "\t\t" << principal << "\t\t" << balance << endl;
}
```

*5.25 （演示消去误差）当一个很大的数与一个很小的数进行运算时，可能会发生消去误差，大数可能抵消掉小数。例如，100 000 000.0 + 0.000 000 001 的结果是 100 000 000.0。为了避免消去误差，获得更精确的结果，应小心选择计算的阶。例如，当计算如下级数时，由右至左计算就会比由左至右计算获得更为精确的结果：

$$1+\frac{1}{2}+\frac{1}{3}+\cdots+\frac{1}{n}$$

编写一个程序，计算上面级数的和，由左至右计算一次，再由右至左计算一次，$n=$ 50 000。

*5.26 （计算一个级数的和）编写程序，计算下面级数的和：

$$\frac{1}{3}+\frac{3}{5}+\frac{5}{7}+\frac{7}{9}+\frac{9}{11}+\frac{11}{13}+\cdots+\frac{95}{97}+\frac{97}{99}$$

**5.27 （计算π）可以使用下面的级数来逼近π：

$$\pi=4\left(1-\frac{1}{3}+\frac{1}{5}-\frac{1}{7}+\frac{1}{9}-\frac{1}{11}+\cdots+\frac{(-1)^{i+1}}{2i-1}\right)$$

编写一个程序，输出由 i = 10 000、20 000、…、100 000 计算出的π。

**5.28 （计算e）可以使用下面的级数来逼近e：

$$e=1+\frac{1}{1!}+\frac{1}{2!}+\frac{1}{3!}+\frac{1}{4!}+\cdots\frac{1}{i!}$$

编写一个程序，输出由 i = 10 000、20 000、…、100 000 计算出的e。（提示：由于 $i!=i\times(i-1)\times\cdots\times2\times1$，因此$\frac{1}{i!}$等于$\frac{1}{i(i-1)!}$。将e和item都初始化为1，循环中不断将新的item值加到e上。新的item值等于前一个item值除以 i，i = 2，3，4，…）。

**5.29 （显示闰年）编写一个程序，输出21世纪（2001—2100年）中的所有闰年，每行输出10项，闰年之间间隔为一个空格。

**5.30 （显示每个月的第一天）编写程序，提示用户输入一个年份及这年的第一天是星期几，输出每个月的第一天是星期几。例如，如果用户输入2013和2，表示2013年1月1日是星期二，程序应输出如下内容：

```
January 1, 2013 is Tuesday
...
December 1, 2013 is Sunday
```

**5.31 （输出日历）编写程序，提示用户输入年份和这一年的第一天是星期几，输出这一年的日历。例如，如果用户输入 2013 和 2，表示 2013 年 1 月 1 日是星期二，则程序应输出此年中每个月的日历，如下所示：

```
                    January 2013
  ---------------------------------------------
   Sun    Mon    Tue    Wed    Thu    Fri    Sat
                   1      2      3      4      5
     6      7      8      9     10     11     12
    13     14     15     16     17     18     19
    20     21     22     23     24     25     26
    27     28     29     30     31
                         ...

                    December 2013
  ---------------------------------------------
   Sun    Mon    Tue    Wed    Thu    Fri    Sat
     1      2      3      4      5      6      7
     8      9     10     11     12     13     14
    15     16     17     18     19     20     21
    22     23     24     25     26     27     28
    29     30     31
```

*5.32 （金融应用：计算零存整取）假定你每月向一个储蓄账户存入 100 美元，利率是 5%。那么，月利率是 0.05 / 12 = 0.004 17。第一个月后，账面金额变为

$$100 * (1 + 0.004\ 17) = 100.417$$

第二个月后，账面金额变为

$$(100 + 100.417) * (1 + 0.004\ 17) = 201.252$$

第三个月后，账面金额变为：

$$(100 + 201.252) * (1 + 0.004\ 17) = 302.507$$

以此类推。

编写一个程序，提示用户输入月存入金额（如 100）、年利率（如 5）、月数（如 6），输出指定月数后账面金额。

*5.33 （金融应用：计算 CD 价值）假定你向 CD 投入 10 000 美元，年度百分比收益率为 5.75%。一个月后，CD 的价值为

$$10\ 000 + 10\ 000*5.75/1200 = 10\ 047.91$$

第二个月后，CD 的价值为

$$10\ 047.91 + 10\ 047.91*5.75/1200 = 10\ 096.06$$

第三个月后，CD 的价值为

$$10\ 096.06 + 10\ 096.06*5.75/1200 = 10\ 144.43$$

以此类推。

编写程序，提示用户输入金额（如 10 000）、年度百分比收益率（如 5.75）和月数（如 18），输出表格如下所示。

```
Enter the initial deposit amount: 10000 ↵Enter
Enter annual percentage yield: 5.75 ↵Enter
Enter maturity period (number of months): 18 ↵Enter

Month CD Value
1     10047.91
2     10096.06
...
17    10846.56
18    10898.54
```

*5.34 （游戏：彩票）重写程序清单 3-7，Lottery.cpp，生成一个两位数的彩票。一个数中的两个数字不同。（提示：生成第一个数字。使用循环重复生成第二个数字，直到它同第一个数字不同。）

**5.35 （完全数）如果一个正整数等于它的所有正因子（不包括它本身）之和，则这个正整数称为完全数（perfect number）。例如，6 为第一个完全数，因为 6 = 3 + 2 + 1。下一个为 28 = 14 + 7 + 4 + 2 + 1。小于 10 000 的完全数有 4 个。编写程序找出这 4 个数字。

***5.36 （游戏：剪刀，石头，布）程序设计练习 3.15 给出了玩剪刀 – 石头 – 布游戏的程序。重写程序，使其一直进行直到用户或者计算机赢两次以上。

*5.37 （求和）编写程序计算下列数的总和。

$$\frac{1}{1+\sqrt{2}}+\frac{1}{\sqrt{2}+\sqrt{3}}+\frac{1}{\sqrt{3}+\sqrt{4}}+\cdots+\frac{1}{\sqrt{624}+\sqrt{625}}$$

**5.38 （商业应用：检测 ISBN）使用循环来简化程序设计练习 3.35。

*5.39 （金融应用：计算出销售额）你刚刚在百货公司开始做销售工作。你的工资包括基础工资与提成。基础工资为 $5000。下面的计划表用来决定提成率：

Sales Amount	**Commission Rate**
$0.01 ～ $5 000	8%
$5000.01 ～ $10 000	10%
$10 000.01 及以上	12%

注意，这是一个累进税率。第一个 $5000 为 8%，第二个 $5000 为 10%，剩下的为 12%。如果销售额为 25 000，则提成为 5000*8% + 5000*10%+15 000*12% = 2700。

你的目标为每年赚 $30 000。编写程序，使用 do-while 循环，计算出赚取 $30 000 需要最少的销售额。

5.40 （模拟实验：正面或背面）编写程序，模拟抛硬币 1 百万次，输出正面与背面出现的次数。

**5.41 （最大数出现的次数）编写程序，读取整数，找出其中的最大值，并计算它出现的次数。规定输入以数字 0 为结尾。假定你输入 3 5 2 5 5 5 0；那么程序找出最大值为 5，它出现的次数为 4。

（提示：创建两个变量 max 和 count。max 存储当前最大数字，count 存储它出现的次数。初始化时，将第一个数字赋给 max，1 赋给 count。与 max 比较子序列中每个数字。如果数字大于 max，将它赋给 max，将 count 重置为 1。如果数字等于 max，则将 count 加 1。）

```
Enter numbers: 3 5 2 5 5 5 0 ↵Enter
The largest number is 5
The occurrence count of the largest number is 4
```

*5.42 （金融应用：计算销售额）重新编写程序设计练习 5.39，要求如下：

- 使用 for 循环代替 do-while 循环。
- 让用户输入 COMMISSION_SOUGHT，而不是将它设定为常量。

*5.43 （模拟实验：倒计时）编写程序，提示用户输入秒数，每一秒均显示信息，当时间用完时程序结

束。下面为运行样例：

```
Enter the number of seconds: 3 ↵Enter
2 seconds remaining
1 second remaining
Stopped
```

**5.44 （蒙特卡罗模拟实验）一个正方形分为 4 个小的区域，如图 a）所示。如果向正方形投掷飞镖 1 000 000 次，那么飞镖进入奇数区域的可能性是多少？编写程序模拟过程并输出结果。

（提示：将正方形的中心放置在坐标系原点上，如图 b）所示。随机生成正方形内的一个点，计算这个点出现在奇数区域内的次数。）

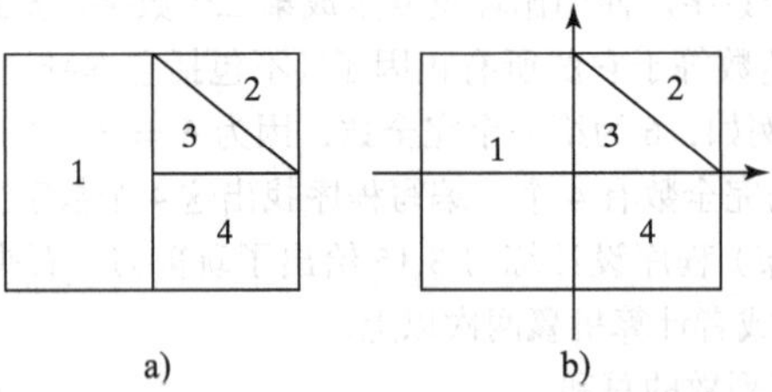

a)　　　b)

*5.45 （数学：组合）编写程序，输出整数 1 ～ 7 内两个数字的所有可能的组合。同时，输出所有组合的总的个数。

```
1 2
1 3
...
...

The total number of all combinations is 21
```

*5.46 （计算机系统结构：位操作）一个 short 值占 16 位。编写程序，提示用户输入一个 short 类型的整数，输出这个整数的 16 位表示。下面为 2 个运行样例：

```
Enter an integer: 5 ↵Enter
The bits are 0000000000000101
```

```
Enter an integer: -5 ↵Enter
The bits are 1111111111111011
```

提示：你需要使用无符号整数右移位操作符（>>）和位与操作符（&）其用法详见附录 E。

**5.47 （统计学：计算均值和标准差）在商业应用中，经常会需要计算数据的均值与标准差。均值为数字的平均值。标准差为一个统计数值，告诉你一组数据中所有数据是多紧密地聚集在均值周围。例如，一个班中学生的平均年龄为多少？年龄有多相近？如果所有同学都为相同年龄，则标准差为 0。

编写程序，提示用户输入 10 个数字，使用下列公式输出这些数字的均值与标准差：

$$\text{mean} = \frac{\sum_{i=1}^{n} x_i}{n} = \frac{x_1 + x_2 + \cdots + x_n}{n} \qquad \text{deviation} = \sqrt{\frac{\sum_{i=1}^{n} x_i^2 - \frac{\left(\sum_{i=1}^{n} x_i\right)^2}{n}}{n-1}}$$

下面为一个运行样例：

```
Enter ten numbers: 1 2 3 4.5 5.6 6 7 8 9 10 ↵Enter
The mean is 5.61
The standard deviation is 2.99794
```

*5.48 （计数大写字母）编写程序，提示用户输入一个字符串，输出字符串中大写字母的个数。下面为一个运行样例：

```
Enter a string: Programming Is Fun ↵Enter
The number of uppercase letters is 3
```

*5.49 （最长公共前缀）编写程序，提示用户输入两个字符串，输出字符串的最长公共前缀。下面为几个运行样例：

```
Enter s1: Programming is fun ↵Enter
Enter s2: Program using a language ↵Enter
The common prefix is Program
```

```
Enter s1: ABC ↵Enter
Enter s2: CBA ↵Enter
ABC and CBA have no common prefix
```

*5.50 （倒置字符串）编写程序，提示用户输入字符串，以相反顺序输出字符串。

```
Enter a string: ABCD ↵Enter
The reversed string is DCBA
```

*5.51 （商业：检测ISBN-13）ISBN-13为识别图书的新的标准。它使用13个数字 $d_1d_2d_3d_4d_5d_6d_7d_8d_9d_{10}d_{11}d_{12}d_{13}$。最后一个数字 d_{13} 为校验和，使用下列公式由其他数字得出：

$$10-(d_1+3d_2+d_3+3d_4+d_5+3d_6+d_7+3d_8+d_9+3d_{10}+d_{11}+3d_{12})\ \%10$$

如果校验和为10，则用0来代替。程序应该将输入读取为字符串。下面为几个运行样例：

```
Enter the first 12 digits of an ISBN-13 as a string: 978013213080 ↵Enter
The ISBN-13 number is 9780132130806
```

```
Enter the first 12 digits of an ISBN-13 as a string: 978013213079 ↵Enter
The ISBN-13 number is 9780132130790
```

```
Enter the first 12 digits of an ISBN-13 as a string: 97801320 ↵Enter
97801320 is an invalid input
```

*5.52 （处理字符串）编写程序，提示用户输入字符串，输出奇数下标位置的字符。下面为一个运行样例：

```
Enter a string: ABeijing Chicago ↵Enter
BiigCiao
```

*5.53 （计算元音和辅音）将字母A、E、I、O、U定为元音。编写程序，提示用户输入字符串，输出字符串中元音和辅音的个数。

```
Enter a string: Programming is fun ↵Enter
The number of vowels is 5
The number of consonants is 11
```

**5.54 （计算文件中字母个数）编写程序，计算名为countletters.txt文件中字母的个数。

**5.55 （数学辅导）编写程序，输出运行样例中所示的菜单。输入1、2、3、4选择加法、减法、乘法或者除法测试。在测试结束后，菜单会重新显示。你可以选择另一个测试或者输入5退出系统。每个测试随机生成两个仅有一个数字的数。对于减法来说，number1－number2，number1大于或等于number2。对于除法来说，number1/number2，number2不为0。

```
Main menu
1: Addition
2: Subtraction
3: Multiplication
4: Division
5: Exit
Enter a choice: 1 ↵Enter
What is 1 + 7? 8 ↵Enter
Correct

Main menu
1: Addition
2: Subtraction
3: Multiplication
4: Division
5: Exit
Enter a choice: 1 ↵Enter
What is 4 + 0? 5 ↵Enter
Your answer is wrong. The correct answer is 4

Main menu
1: Addition
2: Subtraction
3: Multiplication
4: Division
5: Exit
Enter a choice: 4 ↵Enter
What is 4 / 5? 1 ↵Enter
Your answer is wrong. The correct answer is 0
Main menu
1: Addition
2: Subtraction
3: Multiplication
4: Division
5: Exit
Enter a choice:
```

*5.56（拐点坐标）假定一个有 n 条边的正多边形中心为（0，0），一个点在 3 点钟方向，如图 5-4 所示。编写程序，提示用户输入边的个数和正多边形外接圆的半径，输出正多边形拐点的坐标。

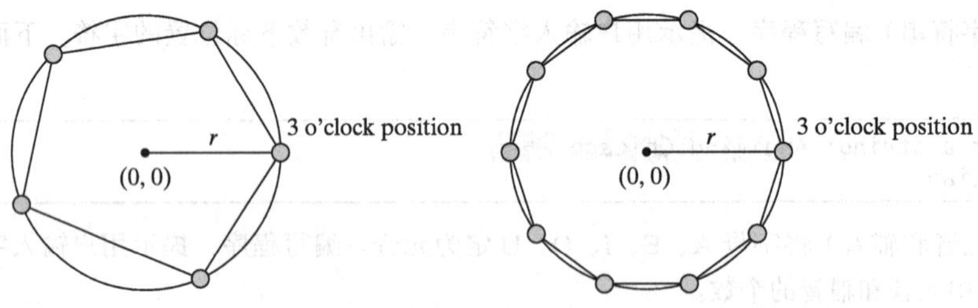

图 5-4　一个正 n 边形，中心为（0，0），一个点在 3 点钟位置

下面为一个运行样例：

```
Enter the number of the sides: 6 ↵Enter
Enter the radius of the bounding circle: 100 ↵Enter
The coordinates of the points on the polygon are
(100, 0)
(50.0001, 86.6025)
(-49.9998, 86.6026)
```

```
(-100, 0.000265359)
(-50.0003, -86.6024)
(49.9996, -86.6028)
```

**5.57 （检测密码）有些网站施加一些对密码的规定。假定密码规则如下：

- 密码必须有至少 8 位字符。
- 密码必须仅包含字母和数字。
- 密码必须包含至少两个数字。

编写程序，提示用户输入密码，如果遵循了密码规则，则显示 valid password，否则显示 invalid password。

第 6 章

Introduction to Programming with C++, Third Edition

函 数

目标

- 定义有形式参数的函数（6.2 节）。
- 定义和调用有返回值的函数（6.3 节）。
- 定义和调用没有返回值的函数（6.4 节）。
- 通过参数传值（6.5 节）。
- 开发模块化、易阅读、易调试、易维护的代码（6.6 节）。
- 使用函数重载和理解模糊的函数重载（6.7 节）。
- 使用函数模型来声明函数头（6.8 节）。
- 用默认的参数定义函数（6.9 节）。
- 对短的函数使用内联函数提升运行时效果（6.10 节）。
- 定义全局变量和局部变量的范围（6.11 节）。
- 使用引用传递参数，并理解传递数值和传递引用的区别（6.12 节）。
- 声明 const 变量，防止它们被偶然修改（6.13 节）。
- 写一个函数把十六进制数转换为十进制数（6.14 节）。
- 使用逐步求精的方法设计和实现函数（6.15 节）。

6.1 引言

关键点：函数可以用来定义可重用的代码，并组织和简化这些代码。

假设需要分别计算 1 ～ 10 的整数的和，以及 20 ～ 37，35 ～ 49 的和，我们可能会写下如下的代码：

```
int sum = 0;
for (int i = 1; i <= 10; i++)
  sum += i;
cout << "Sum from 1 to 10 is " << sum << endl;

sum = 0;
for (int i = 20; i <= 37; i++)
  sum += i;
cout << "Sum from 20 to 37 is " << sum << endl;

sum = 0;
for (int i = 35; i <= 49; i++)
  sum += i;
cout << "Sum from 35 to 49 is " << sum << endl;
```

从这三段代码中可以看出，计算 1 ～ 10、20 ～ 37、35 ～ 49 的和，过程是非常相似的，只是起始和结束的整数不同。那么，如果能够只写一次相同的代码，而重复使用的话，岂不更好？在这种情况下，可以通过定义一个函数和调用它来实现。

之前的代码可以简化如下：

```
1  int sum(int i1, int i2)
2  {
3    int sum = 0;
4    for (int i = i1; i <= i2; i++)
5      sum += i;
6
7    return sum;
8  }
9
10 int main()
11 {
12   cout << "Sum from 1 to 10 is " << sum(1, 10) << endl;
13   cout << "Sum from 20 to 37 is " << sum(20, 37) << endl;
14   cout << "Sum from 35 to 49 is " << sum(35, 49) << endl;
15
16   return 0;
17 }
```

1～8行定义了一个叫做sum的函数，有两个参数i1和i2。mian函数里的语句调用了sum(1，10)来计算1～10的和，sum(20，37)来计算20～37的和，sum(35，49)来计算35～49的和。

一个函数（function）是一些语句的集合来执行一个操作。在之前的章节，我们已经学了一些函数，例如pow(a,b)、rand()、srand(seed)、time(0)和main()函数。例如，当调用pow(a,b)函数时，系统执行了函数中的语句，返回了结果。在本章中，可以学习到如何定义和使用函数，并使用函数抽象来解决复杂的问题。

6.2　函数定义

关键点：一个函数由函数名、参数、返回值类型和主体构成。

定义函数的语法如下：

```
returnValueType functionName(list of parameters)
{
  // Function body;
}
```

让我们来看一下一个已经创建好的函数，它的作用是求出两个整数中的较大者。函数名为max，它有两个整型参数，num1和num2，函数返回两者中较大者。图6-1说明了此函数的各个组成部分。

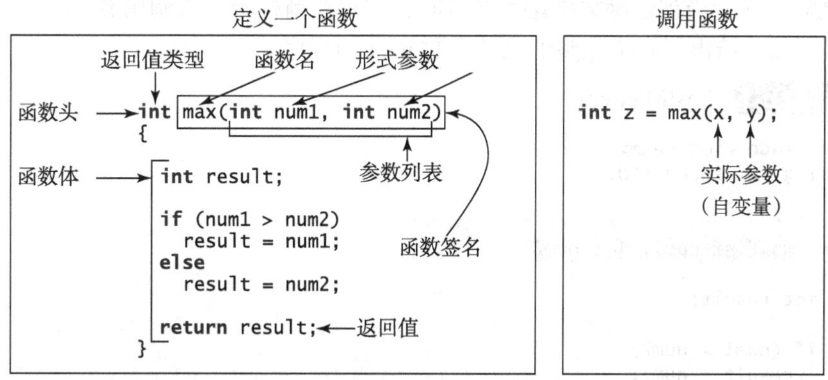

图6-1　可以定义一个函数并通过参数调用它

函数头（function header）指明了返回值类型、函数名和函数的参数列表。

一个函数可以返回一个值，returnValueType 是函数返回值的数据类型。一些函数只执行指定的操作，而不返回一个值。在这种情况中，返回值类型部分应使用关键字 void。例如，函数 srand 的返回值类型就是 void。返回一个值的函数被称为*返回值函数*（value-returning function），不返回值的函数称为 *void 函数*（void function）。

在函数头中定义的变量被称为*形式参数*（formal parameter），或者就简单地称为*参数*。一个参数就像一个占位符，当函数被调用时，调用者应向参数传递一个值。被传递的值称为*实际参数*（actual parameter）或*自变量*（argument）。*参数列表*（parameter list）指明了函数参数的数量、次序和每个参数的类型。函数名和参数列表一起构成了*函数签名*（function signature）。参数是可选的，即一个函数可以没有参数。例如，rand() 函数没有参数。

函数体包含一个语句集合，定义了函数做什么。函数 max 的函数体使用一个 if 语句判定哪个数较大，并返回此数的值。返回值函数需要有一个返回语句，它使用关键字 return 将结果返回。return 语句执行后，函数就结束了。

警示：在函数头部，需要为每个参数分别指明数据类型，例如，max(int num1, int num2) 是正确的，max(int num1, num2) 是错误的。

6.3 函数调用

关键点：调用一个函数就是执行函数中的代码。

在创建函数时就给出了一个函数做什么的定义。为了使用函数，需要*调用*（call 或 invoke）它们。有两种调用函数的方式，选择哪种方式基于函数是否返回一个值。

如果函数返回一个值，对它的一个调用通常当做一个值来处理。例如，

```
int larger = max(3, 4);
```

调用 max(3, 4)，将返回值赋予变量 larger。下面是另一个例子，

```
cout << max(3, 4);
```

这条语句打印调用函数 max(3, 4) 所返回的值。

提示：在 C++ 中，返回值函数也可以作为一条语句来调用。在这种情况下，调用者简单地将返回值忽略。这种用法很少见，但如果调用者对返回值不感兴趣，这样用是允许的。

当一个程序调用一个函数时，程序控制流转向到被调用的函数。当被调用函数的 return 语句执行之后，或者当到达函数结尾大括号时，它将控制权交还给调用者。

程序清单 6-1 给出了一个完整的测试函数 max 的程序。

程序清单 6-1 TestMax.cpp

```
#include <iostream>
using namespace std;

// Return the max between two numbers
int max(int num1, int num2)
{
  int result;

  if (num1 > num2)
    result = num1;
  else
```

```
12      result = num2;
13
14    return result;
15  }
16
17  int main()
18  {
19    int i = 5;
20    int j = 2;
21    int k = max(i, j);
22    cout << "The maximum between " << i <<
23      " and " << j << " is " << k << endl;
24
25    return 0;
26  }
```

程序输出：

```
The maximum between 5 and 2 is 5
```

	行号	i	j	k	num1	num2	result
	19	5					
	20		2				
invoking max	5				5	2	
invoking max	7						undefined
invoking max	10						5
	21			5			

此程序包含函数 max 和主函数 main。主函数与其他函数是相似的，唯一的差别在于它是由操作系统来调用的，用于启动程序的执行。其他函数必须由函数调用语句来执行。

函数必须在调用之前声明。由于函数 max 被主函数调用，因此它必须在主函数之前声明。

当函数 max 被调用时（21 行），变量 i 的值 5 被传递给 num1，变量 j 的值 2 被传递给 num2，控制流转到 max。当函数 max 中的 return 语句被执行时，max 将控制权返回给调用者（在此例中是主函数）。此流程如图 6-2 所示。

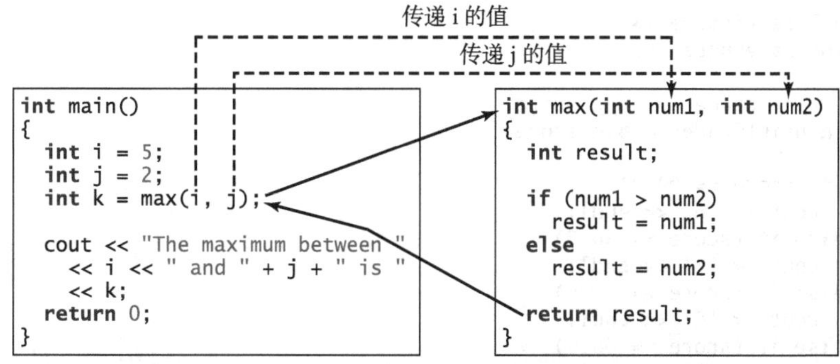

图 6-2 当函数 max 被调用时，控制流转到函数。一旦函数结束，它将控制权返回给调用者

每当一个函数被调用时，系统都会创建一个活动记录（也称为活动结构）来存储其参数和变量并将活动记录放置到一个叫做调用栈的内存区域。调用栈也被称为执行栈、运行栈或

者机器栈，也经常简称为栈。当一个函数调用另一个函数时，调用者的活动记录被完好无损地保留，系统会创建新的活动记录来处理新的函数调用。当一个函数完成它的工作并返回其调用者时，它关联的活动记录将从调用栈中释放。

栈中的元素存取按后进先出的方式（last-in first-out）。最后一个调用的函数的栈信息是第一个从栈中移除的。假设函数 m1 调用了 m2，m2 调用了 m3。运行时系统把 m1 的活动记录 push 入栈，然后是 m2 的、m3 的。在 m3 完成之后，它的活动记录第一个被移出栈。在 m2 完成之后，m2 的信息也被移出。同理 m1 也是如此。

理解调用栈对领会函数如何被调用是非常有帮助的。上例中，主函数中定义了三个变量 i、j 和 k。函数 max 中定义的变量是 num1、num2 和 result。其中 num1 和 num2 在函数签名中定义，它们实际上是函数的参数。它们的值在函数调用时传入。图 6-3 演示了调用栈中的活动记录。

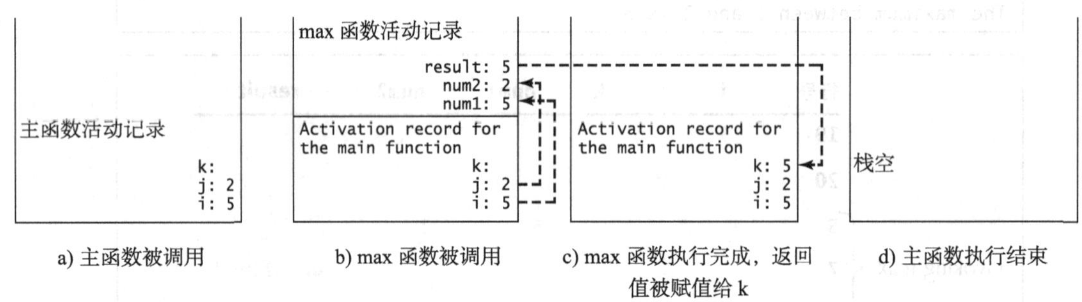

图 6-3　当函数 max 被调用时，控制流转向它。一旦它结束，就将控制权返回调用者

6.4　无返回值函数

关键点：无返回值的函数不返回值。

上节给出了一个返回值函数的例子，此节将展示如何声明和调用无返回值函数（void 函数）。程序清单 6-2 中给出了一个程序，程序声明了一个名为 printGrade 的函数，并调用该函数打印给定分数的等级。

程序清单 6-2　TestVoidFunction.cpp

```
#include <iostream>
using namespace std;

// Print grade for the score
void printGrade(double score)
{
  if (score >= 90.0)
    cout << 'A' << endl;
  else if (score >= 80.0)
    cout << 'B' << endl;
  else if (score >= 70.0)
    cout << 'C' << endl;
  else if (score >= 60.0)
    cout << 'D' << endl;
  else
    cout << 'F' << endl;
}

int main()
```

```
20 {
21   cout << "Enter a score: ";
22   double score;
23   cin >> score;
24
25   cout << "The grade is ";
26   printGrade(score);
27
28   return 0;
29 }
```

程序输出：

```
Enter a score: 78.5 ↵Enter
The grade is C
```

函数 printGrade 是一个 void 函数，它不返回任何值。对 void 函数的调用必须作为一条语句。因此，此例中第 26 行主函数对 printGrade 的调用就是一条语句，它与任何 C++ 语句一样，以分号结束。

为了观察一个无返回值的函数和一个有返回值的函数，可以重新设计一下 printGrade 函数来返回一个数值。可以调用新函数返回成绩，如程序清单 6-3 的 getGrade 函数。

程序清单 6-3 TestReturnGradeFunction.cpp

```
#include <iostream>
using namespace std;

// Return the grade for the score
char getGrade(double score)
{
  if (score >= 90.0)
    return 'A';
  else if (score >= 80.0)
    return 'B';
  else if (score >= 70.0)
    return 'C';
  else if (score >= 60.0)
    return 'D';
  else
    return 'F';
}

int main()
{
  cout << "Enter a score: ";
  double score;
  cin >> score;

  cout << "The grade is ";
  cout << getGrade(score) << endl;

  return 0;
}
```

程序输出：

```
Enter a score: 78.5 ↵Enter
The grade is C
```

getGrade 函数在 5 ~ 17 行定义，根据数值得分返回一个字符。程序在 26 行调用这个函数。

getGrade 函数可以在任何需要一个字符的时候被调用。printGrade 函数不返回任何值，它必须作为语句来调用。

提示：void 函数是不需要 return 语句的，但可以在 void 函数中使用 void 语句结束函数，返回调用者。语法如下：

```
return;
```

这种用法并不常见，但有时可有效地绕过一个 void 函数的正常控制流。例如，下面程序中有一个 return 语句，用来在分数值非法时结束函数：

```
// Print grade for the score
void printGrade(double score)
{
  if (score < 0 || score > 100)
  {
    cout << "Invalid score";
    return;
  }

  if (score >= 90.0)
    cout << 'A';
  else if (score >= 80.0)
    cout << 'B';
  else if (score >= 70.0)
    cout << 'C';
  else if (score >= 60.0)
    cout << 'D';
  else
    cout << 'F';
}
```

提示：有时候需要在不正常的情况下终止程序。这个功能可以通过调用 exit(int) 函数，在 cstdlib 头文件中。可以通过传递任何一个整数来调用这个函数的显示程序中的错误。举个例子，下面的函数在成绩是一个不合法的数值的时候调用函数终结。

```
// Print grade for the score
void printGrade(double score)
{
  if (score < 0 || score > 100)
  {
    cout << "Invalid score" << endl;
    exit(1);
  }

  if (score >= 90.0)
    cout << 'A';
  else if (score >= 80.0)
    cout << 'B';
  else if (score >= 70.0)
    cout << 'C';
  else if (score >= 60.0)
    cout << 'D';
  else
    cout << 'F';
}
```

检查点

6.1 使用函数的好处是什么？

6.2 如何定义一个函数？如何调用一个函数？

6.3 在程序清单 6-1 中如何使用条件表达式简化 max 函数？

6.4 下面的说法对还是错？无返回值的函数调用自身就是一条语句，但是有返回值的函数调用本身不能是一条语句。

6.5 主函数的返回类型是什么？

6.6 在一个有返回值的函数中不写 return 语句会发生什么错误？在一个无返回值的函数中是否会有 return 语句？下列函数中 return 语句是否会引发语法错误？

```
void p(double x, double y)
{
  cout << x << " " << y << endl;
  return x + y;
}
```

6.7 定义条件参数、自变量以及函数签名。

6.8 为下列函数编写函数头部（不是函数体）：

a. 返回销售佣金，给出销售量和佣金率。

b. 显示一个月份的日历，给出月份和年份。

c. 返回一个数的平方根。

d. 检验数是否为偶数，如果是则返回 true。

e. 显示一条信息指定的次数。

f. 返回月付款数，给出贷款数、年限、年利率。

g. 给出小写字母，返回相应的大写字母。

6.9 在下列程序中识别错误并改正：

```
int function1(int n)
{
  cout << n;
}

function2(int n, m)
{
  n += m;
  function1(3.4);
}
```

6.5 以传值方式传递参数

关键点：默认情况下，调用函数的时候通过传递参数的形式传递数值。

函数的能力在于其可根据参数进行不同的工作。我们可以使用函数 max 求任意两个 int 型值中的较大者。当调用一个函数时，必须提供参数，其顺序必须与函数签名中的顺序一致。这就是所谓的*参数顺序关联*（parameter order association）。例如，下面程序打印一个字符 *n* 次：

```
void nPrint(char ch, int n)
{
  for (int i = 0; i < n; i++)
    cout << ch;
}
```

通过上面的函数，可以用 nPrint('a', 3) 打印 'a'3 次。语句 nPrint('a', 3) 将实际参数字符 'a' 传递给参数 ch，将 3 传递给 n，因此函数会将 'a' 打印 3 次。然而，nPrint(3, 'a') 有着完全不同的含义，它将 3 传递给 ch，将 'a' 传递给 n。

检查点

6.10 自变量是否可以同它的参数用同一名字？

6.11 识别并改正下列程序中的错误：

```
void nPrintln(string message, int n)
{
  int n = 1;
  for (int i = 0; i < n; i++)
    cout << message << endl;
}

int main()
{
  nPrintln(5, "Welcome to C++!");
}
```

6.6 模块化代码

关键点：模块化使得代码容易维护和调试，使得代码可以被复用。

函数可以被用来减少冗余的代码，并使代码可以复用。函数可以用来模块化代码并提升程序的质量。

程序清单 5-10 给出了一个程序，提示用户输入两个整数，并显示它们的最大公约数。可以通过一个函数重写这个程序，如程序清单 6-4 所示。

程序清单 6-4 GreatestCommonDivisorFunction.cpp

```
#include <iostream>
using namespace std;

// Return the gcd of two integers
int gcd(int n1, int n2)
{
  int gcd = 1; // Initial gcd is 1
  int k = 2;   // Possible gcd

  while (k <= n1 && k <= n2)
  {
    if (n1 % k == 0 && n2 % k == 0)
      gcd = k; // Update gcd
    k++;
  }

  return gcd; // Return gcd
}

int main()
{
  // Prompt the user to enter two integers
  cout << "Enter first integer: ";
  int n1;
  cin >> n1;

  cout << "Enter second integer: ";
  int n2;
```

```
  cin >> n2;

  cout << "The greatest common divisor for " << n1 <<
    " and " << n2 << " is " << gcd(n1, n2) << endl;

  return 0;
}
```

程序输出:

```
Enter first integer: 45 ↵Enter
Enter second integer: 75 ↵Enter
The greatest common divisor for 45 and 75 is 15
```

通过把获取 GCD 的代码压缩到一个函数，这个程序有如下的优点：

1）把计算 GCD 的函数和 main 函数的其他代码分隔开。因此，逻辑很清晰，程序也容易阅读。

2）如果计算 GCD 的过程有错误，这些错误都局限在 gcd 函数中，缩小了调试的范围。

3）gcd 函数可以被其他程序复用。

程序清单 6-5 应用代码模块化的概念来提升程序清单 5-17。函数定义了两个新函数，isPrime 和 printPrimeNumbers。函数 isPrime 检查一个数字是不是素数，函数 printPrimrNumbers 函数显示素数。

程序清单 6-5 PrimeNumberFunction.cpp

```
#include <iostream>
#include <iomanip>
using namespace std;

// Check whether number is prime
bool isPrime(int number)
{
  for (int divisor = 2; divisor <= number / 2; divisor++)
  {
    if (number % divisor == 0)
    {
      // If true, number is not prime
      return false; // number is not a prime
    }
  }

  return true; // number is prime
}

void printPrimeNumbers(int numberOfPrimes)
{
  const int NUMBER_OF_PRIMES = 50; // Number of primes to display
  const int NUMBER_OF_PRIMES_PER_LINE = 10; // Display 10 per line
  int count = 0; // Count the number of prime numbers
  int number = 2; // A number to be tested for primeness

  // Repeatedly find prime numbers
  while (count < numberOfPrimes)
  {
    // Print the prime number and increase the count
    if (isPrime(number))
    {
      count++; // Increase the count

```

```
      if (count % NUMBER_OF_PRIMES_PER_LINE == 0)
      {
        // Print the number and advance to the new line
        cout << setw(4) << number << endl;
      }
      else
        cout << setw(4) << number;
    }

    // Check if the next number is prime
    number++;
  }
}

int main()
{
  cout << "The first 50 prime numbers are \n";
  printPrimeNumbers(50);

  return 0;
}
```

程序输出：

```
The first 50 prime numbers are
  2   3   5   7  11  13  17  19  23  29
 31  37  41  43  47  53  59  61  67  71
 73  79  83  89  97 101 103 107 109 113
127 131 137 139 149 151 157 163 167 173
179 181 191 193 197 199 211 223 227 229
```

我们把一个大问题分解成了两个小问题。作为结果，新程序更易读，易调试。另外，函数 printPrimeNumbers 和函数 isPrime 可以被其他程序复用。

6.7　函数的重载

关键点：函数的重载使你可以用同样的名字命名函数，只要函数的签名不同。

max 函数最初只能被 int 类型的数据使用。但是如果你要判断两个浮点数的大小呢？解决办法是创建另外一个函数，使用相同的名称，但是不同的参数，代码如下：

```
double max(double num1, double num2)
{
  if (num1 > num2)
    return num1;
  else
    return num2;
}
```

如果用 int 型参数调用 max 函数，int 型参数的 max 函数就会被调用；如果用 double 类型的参数调用 max 函数，double 型参数的 max 函数就会被调用。这就叫做*函数的重载*（function overloading）。两个函数有相同的名称，但是不同的参数列表，并且在同一个文件中。C++ 编译器根据函数标签决定哪一个函数应该被使用。

程序清单 6-6 中的程序创建了 3 个函数。第一个函数得出最大整数，第二个函数得出最大双精度数，第三个函数得出 3 个双精度值中最大的一个。所有 3 个函数均命名为 max。

程序清单 6-6 TestFunctionOverloading.cpp

```
1  #include <iostream>
2  using namespace std;
3
4  // Return the max between two int values
5  int max(int num1, int num2)
6  {
7    if (num1 > num2)
8      return num1;
9    else
10     return num2;
11 }
12
13 // Find the max between two double values
14 double max(double num1, double num2)
15 {
16   if (num1 > num2)
17     return num1;
18   else
19     return num2;
20 }
21
22 // Return the max among three double values
23 double max(double num1, double num2, double num3)
24 {
25   return max(max(num1, num2), num3);
26 }
27
28 int main()
29 {
30   // Invoke the max function with int parameters
31   cout << "The maximum between 3 and 4 is " << max(3, 4) << endl;
32
33   // Invoke the max function with the double parameters
34   cout << "The maximum between 3.0 and 5.4 is "
35     << max(3.0, 5.4) << endl;
36
37   // Invoke the max function with three double parameters
38   cout << "The maximum between 3.0, 5.4, and 10.14 is "
39     << max(3.0, 5.4, 10.14) << endl;
40
41   return 0;
42 }
```

当调用 max(3,4)（31 行）时，寻找两个 int 型数中的最大值的函数被调用。当调用 max(3.0,5.4)（35 行）时，寻找两个 double 类型的数中的最大值的函数被调用。当调用 max(3.0,5.4,10.14)（39 行）时，寻找 3 个 double 类型的数的最大值的函数被调用。

那么，可以用一个 int 类型的数值和一个 double 类型的数值调用 max 函数吗？例如，max(2,2.5)？如果可以，哪一个 max 函数被调用了呢？第一个问题的答案是肯定的。第二个问题的答案是，寻找两个 double 类型数值中的最大值的 max 函数被调用。参数 2 被自动转为了 double 类型的数值，然后传入这个函数。

可能会有人问：为什么 max(double，double) 没有在调用 max(3,4) 的时候调用呢？max(double，double) 和 max(int，int) 都可以和 max(3,4) 匹配。C++ 编译器在调用函数的时候选择最匹配的。因为 max(int，int) 函数比 max(double，double) 函数更适合 max(3,4)。

小窍门：重载函数可以让程序更清晰和更具可读性。执行相同任务，但拥有不同类型的参数的函数应该用相同的名字。

提示：重载函数必须有不同的参数列表。你不能依据不同的返回类型重载函数。

有时候两个或更多函数匹配调用，编译器不能区分哪一个是最佳匹配的函数。这就导致了模糊调用（ambiguous invocation）。模糊调用会导致一个编译错误。考虑下面的代码：

```
#include <iostream>
using namespace std;

int maxNumber(int num1, double num2)
{
  if (num1 > num2)
    return num1;
  else
    return num2;
}

double maxNumber(double num1, int num2)
{
  if (num1 > num2)
    return num1;
  else
    return num2;
}

int main()
{
  cout << maxNumber(1, 2) << endl;

  return 0;
}
```

maxNumber(int, double) 和 maxNumber(double，int) 都可以匹配 max Number(1,2)。而且也没有一个更加匹配的，调用的对象很模糊，这样就导致了编译错误。

如果将 maxNumber(1,2) 更改为 maxNumber(1,2.0)，将匹配第一个 maxNumber 函数。因此，将没有编译错误。

警示：数学函数都在 <cmath> 头文件中重载。例如，sin 有 3 个重载函数：

```
float sin(float)
double sin(double)
long double sin(long double)
```

检查点

6.12　函数重载是什么？是否可以定义两个有相同名字但含不同参数类型的函数？在一个程序中，是否可以定义两个带有相同的函数名与参数列表但有不同的返回值类型的函数？

6.13　下列程序中的错误是什么？

```
void p(int i)
{
  cout << i << endl;
}

int p(int j)
{
  cout << j << endl;
}
```

6.14　给出两个函数定义，

```
double m(double x, double y)
double m(int x, double y)
```

回答下列问题：

a. double z = m(4, 5);

调用两个函数中的哪个？

b. double z = m(4, 5.4);

调用两个函数中的哪个？

c. double z = m(4.5, 5.4);

调用两个函数中的哪个？

6.8 函数原型

关键点：函数原型声明了一个函数，但是没有实现它。

在调用一个函数之前，必须在程序中声明它。一种保证这一要求的方法是，将函数声明放在所有函数调用之前。另一种方法是，在函数调用之前声明一个函数原型（function prototype）。一个函数原型，就是一个没有函数实现（函数体）的单纯的函数声明（function declaration），函数的实现可以在稍后的程序中给出。

可以使用函数原型重写程序清单 6-6，程序清单 6-7 给出了重写的程序。3 个 max 函数原型在第 5 ～ 7 行定义。随后主函数调用这些函数，而 3 个函数的实现则在第 27、36 和 45 行给出。

程序清单 6-7 TestFunctionPrototype.cpp

```
 1 #include <iostream>
 2 using namespace std;
 3
 4 // Function prototype
 5 int max(int num1, int num2);
 6 double max(double num1, double num2);
 7 double max(double num1, double num2, double num3);
 8
 9 int main()
10 {
11   // Invoke the max function with int parameters
12   cout << "The maximum between 3 and 4 is " <<
13     max(3, 4) << endl;
14
15   // Invoke the max function with the double parameters
16   cout << "The maximum between 3.0 and 5.4 is "
17     << max(3.0, 5.4) << endl;
18
19   // Invoke the max function with three double parameters
20   cout << "The maximum between 3.0, 5.4, and 10.14 is "
21     << max(3.0, 5.4, 10.14) << endl;
22
23   return 0;
24 }
25
26 // Return the max between two int values
27 int max(int num1, int num2)
28 {
29   if (num1 > num2)
30     return num1;
31   else
32     return num2;
33 }
34
```

```
35 // Find the max between two double values
36 double max(double num1, double num2)
37 {
38   if (num1 > num2)
39     return num1;
40   else
41     return num2;
42 }
43
44 // Return the max among three double values
45 double max(double num1, double num2, double num3)
46 {
47   return max(max(num1, num2), num3);
48 }
```

小窍门：在函数原型中不必列出参数的名字，只列出参数类型就可以了，C++ 编译器处理函数原型时实际上是忽略参数名的。函数原型告知编译器函数的名字、它的返回类型、参数的数目和每个参数的类型。因此程序 5 ～ 7 行可改写为

```
int max(int, int);
double max(double, double);
double max(double, double, double);
```

提示：定义函数与声明函数。声明函数为规定一个函数并不实现它。定义函数给出执行函数的函数体。

6.9 缺省参数

关键点：可以为函数中的参数定义一个缺省值。

C++ 允许在声明函数时指定参数的缺省值。如果函数调用中未给出参数，那么参数的缺省值将被传递给函数。

程序清单 6-8 展示了如何声明一个带缺省参数的函数以及如何调用这样的函数。

程序清单 6-8 DefaultArgumentDemo.cpp

```
1  #include <iostream>
2  using namespace std;
3
4  // Display area of a circle
5  void printArea(double radius = 1)
6  {
7    double area = radius * radius * 3.14159;
8    cout << "area is " << area << endl;
9  }
10
11 int main()
12 {
13   printArea();
14   printArea(4);
15
16   return 0;
17 }
```

程序输出：

```
area is 3.14159
area is 50.2654
```

程序第 5 行声明了函数 printArea，它带有参数 radius。radius 的缺省值为 1。第 13 行对

函数的调用没有给定参数，在此情况下，缺省值1会被赋予radius。

如果函数的参数中，有的设置缺省值，有的没有，那么带缺省值的参数应该放在参数列表的末尾。例如，下面的代码是不合法的：

```
void t1(int x, int y = 0, int z); // Illegal
void t2(int x = 0, int y = 0, int z); // Illegal
```

而下面的代码则没有问题：

```
void t3(int x, int y = 0, int z = 0); // Legal
void t4(int x = 0, int y = 0, int z = 0); // Legal
```

当调用一个函数时，如果一个参数未给出，那么在它之后的所有参数也不能给出。例如，下面的函数调用是不合法的：

```
t3(1,  , 20);
t4(,  , 20);
```

下面的函数调用是合法的：

```
t3(1); // Parameters y and z are assigned a default value
t4(1, 2); // Parameter z is assigned a default value
```

检查点

6.15 下列函数声明是否合法？

```
void t1(int x, int y = 0, int z);
void t2(int x = 0, int y = 0, int z);
void t3(int x, int y = 0, int z = 0);
void t4(int x = 0, int y = 0, int z = 0);
```

6.10 内联函数

关键点：C++提供了内联函数来提升短函数的性能。

使用函数来实现程序，使程序更为易读、易于维护，但是函数调用有额外的运行时开销（即将参数和CPU寄存器压入调用栈，以及在函数间切换控制所花费的时间）。C++提供了内联函数（inline function）功能，可避免函数调用的开销。内联函数是不会被调用的，实际上编译器将其代码复制到了每个调用点上。为指定一个函数为内联函数，在函数声明前加上关键字inline即可，如程序清单6-9所示。

程序清单6-9 InlineDemo.cpp

```
#include <iostream>
using namespace std;

inline void f(int month, int year)
{
  cout << "month is " << month << endl;
  cout << "year is " << year << endl;
}

int main()
{
  int month = 10, year = 2008;
  f(month, year);  // Invoke inline function
  f(9, 2010); // Invoke inline function
```

```

  return 0;
}
```

程序输出：

```
month is 10
year is 2008
month is 9
year is 2010
```

从程序设计的角度看，除了关键字 inline 之外，内联函数与普通函数没有什么不同。然而，隐藏在幕后的实际情况是，C++ 编译器会扩展每个对内联函数的调用，将函数代码复制过来替换调用。因此，程序清单 6-9 与程序清单 6-10 本质上是等价的。

程序清单 6-10 InlineExpandedDemo.cpp

```
#include <iostream>
using namespace std;

int main()
{
  int month = 10, year = 2008;
  cout << "month is " << month << endl;
  cout << "year is " << year << endl;
  cout << "month is " << 9 << endl;
  cout << "year is " << 2010 << endl;

  return 0;
}
```

内联函数扩展

程序输出：

```
month is 10
year is 2008
month is 9
year is 2010
```

提示：内联函数机制对于短函数而言是值得使用的，但并不适合在程序中多次被调用的长函数。在此情况下使用内联函数会急剧增加可执行代码的长度，因为函数代码会被复制到多个位置。出于这一原因，C++ 允许编译器对过长的函数忽略 inline 关键字。因此，inline 关键字只是对编译器提出了一个请求，至于是接受还是忽略这一请求则由编译器来决定。

检查点

6.16　什么是内联函数？如何定义内联函数？

6.17　何时使用内联函数？

6.11　局部、全局和静态局部变量

C++ 中一个变量可以被声明为一个局部、全局或静态局部变量。

在 2.5 节中曾提到过，一个变量的作用域（scope of a variable）就是能引用该变量的程序范围。函数内部定义的变量称为*局部变量*（local variable）。C++ 也允许使用*全局变量*（global variable），全局变量定义在所有函数之外，可被其作用域内的所有函数访问。局部变量没有缺省值，而全局变量的缺省值为 0。

变量必须在使用之前声明。一个局部变量的作用域从它的声明开始，直至包含它的程序块结束为止。一个全局变量的作用域从它的声明开始，直至程序末尾为止。

参数实质上是局部变量，参数的作用域覆盖整个函数。

程序清单 6-11 展示了局部变量和全局变量的作用域。

程序清单 6-11 VariableScopeDemo.cpp

```
1  #include <iostream>
2  using namespace std;
3
4  void t1(); // Function prototype
5  void t2(); // Function prototype
6
7  int main()
8  {
9    t1();
10   t2();
11
12   return 0;
13 }
14
15 int y; // Global variable, default to 0
16
17 void t1()
18 {
19   int x = 1;
20   cout << "x is " << x << endl;
21   cout << "y is " << y << endl;
22   x++;
23   y++;
24 }
25
26 void t2()
27 {
28   int x = 1;
29   cout << "x is " << x << endl;
30   cout << "y is " << y << endl;
31 }
```

程序输出：

```
x is 1
y is 0
x is 1
y is 1
```

第 15 行声明了一个全局变量 y，其缺省值为 0。它在函数 t1 和 t2 中均可访问，但在主函数中无法访问，因为主函数的声明在 y 的声明之前。

当主函数在第 9 行调用 t1() 时，全局变量 y 的值被加上 1（23 行），从而在 t1 中变为 1。因此当主函数于第 10 行调用 t2() 时，y 的当前值为 1。

t1() 于第 19 行声明了一个局部变量 x，t2() 于第 28 行声明了另一个局部变量 x。这两个变量虽然名字相同，但它们是无关的。因此，在 t1() 中将 x 值加 1，不会影响 t2() 中的 x。

如果一个函数中定义了一个与全局变量同名的局部变量，那么在函数内部只有局部变量是可见的。

警示：对一个变量，以全局变量的形式声明一次，然后就可以在所有函数中使用它，而无须重新声明，这看上去挺有吸引力。但是，这是一种不好的编程习惯。由于所有函数都可以改变全局变量的值，这可能会导致难以调试的错误。应尽量避免使用全局变量，当常量永远不会改变时，使用全局常量是没问题的。

6.11.1　for循环中变量的作用域

一个变量如果声明在一个for循环的循环头的初始化动作中，则其作用域覆盖整个循环。但如果一个变量在for循环的循环体内声明，则其作用域局限于循环体内部，从其声明位置开始，到包含它的程序块的末尾结束，如图6-4所示。

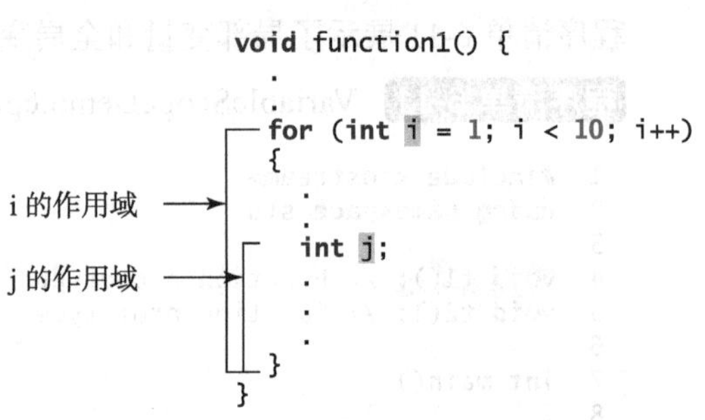

图6-4　一个变量在for循环的循环体的初始化动作部分声明，其作用域覆盖整个循环

通常，在一个函数的多个非嵌套的程序块中，多次使用相同的名字声明局部变量是可以的，如图6-5a所示。但是，在嵌套的程序块中多次声明同名的变量（虽然在C++中允许这样），则是不好的编程习惯，如图6-5b所示。在此例中，函数体程序块中定义了变量i，for循环中也定义了i。程序可以正确编译并运行，但这种编程方式极容易造成错误。因此，应该避免在嵌套的程序块中声明同名变量。

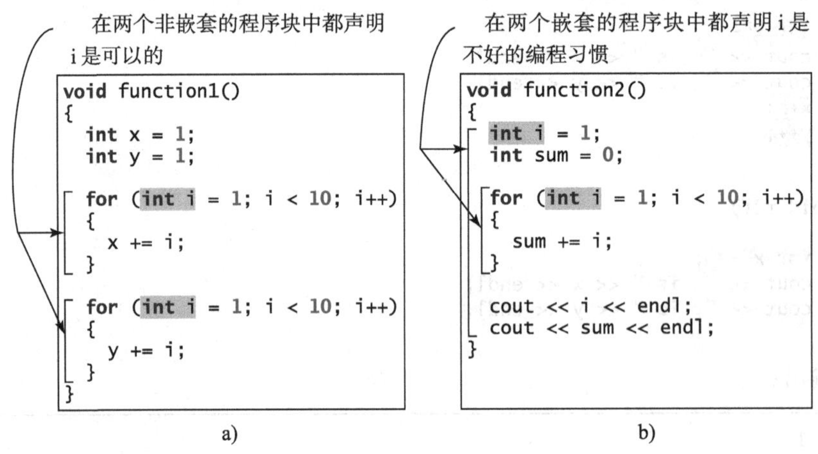

图6-5　可以在非嵌套的程序块中多次声明同名变量，但应避免在嵌套的程序块中声明同名变量

警示：在一个程序块中声明的变量，不要试图在块外使用。这是一个常常会犯的错误，下面是一个例子：

```
for (int i = 0; i < 10; i++)
{
}

cout << i << endl;
```

最后一条语句会引起一个语法错误，因为变量i在for循环之外并未定义。

6.11.2　静态局部变量

当一个函数结束执行后，其所有局部变量都会被销毁，这些变量也称为自动变量（automatic variable）。有时，我们需要保留局部变量的值，以便在下次调用时使用。C++

提供了静态局部变量机制来达到此目的。在程序的整个生命周期中，**静态局部变量**（static local variable）会一直驻留在内存中。静态局部变量的声明使用关键字 static。

程序清单 6-12 说明了静态局部变量的用法。

程序清单 6-12 StaticVariableDemo.cpp

```
 1 #include <iostream>
 2 using namespace std;
 3
 4 void t1(); // Function prototype
 5
 6 int main()
 7 {
 8   t1();
 9   t1();
10
11   return 0;
12 }
13
14 void t1()
15 {
16   static int x = 1;
17   int y = 1;
18   x++;
19   y++;
20   cout << "x is " << x << endl;
21   cout << "y is " << y << endl;
22 }
```

程序输出：

```
x is 2
y is 2
x is 3
y is 2
```

程序第 16 行定义了一个静态局部变量 x，初值设为 1。静态变量的初始化只在第一次调用时发生一次。当程序第 8 行第一次调用 t1() 时，x 的值增加为 2（18 行）。由于 x 是一个静态局部变量，此次调用后其值保留在内存中。当第 9 行再次调用 t1() 时，x 的值为 2，被增加为 3（18 行）。

第 17 行声明了一个普通局部变量 y，初值也为 1。当第 8 行第一次调用 t1() 时，y 的值增加为 2（19 行）。由于 y 是普通局部变量，此次调用后 y 被销毁。当第 9 行再次调用 t1() 时，y 再次被初始化为 1，然后增加为 2（19 行）。

检查点

6.18 显示下列代码的输出：

```
#include <iostream>
using namespace std;

const double PI = 3.14159;

double getArea(double radius)
{
  return radius * radius * PI;
}
```

```
void displayArea(double radius)
{
  cout << getArea(radius) << endl;
}

int main()
{
  double r1 = 1;
  double r2 = 10;
  cout << getArea(r1) << endl;
  displayArea(r2);
}
```

6.19 在下列程序中定义全局与局部变量。全局变量是否有缺省值？局部变量是否有缺省值？下列代码的输出是什么？

```
#include <iostream>
using namespace std;

int j;

int main()
{
  int i;
  cout << "i is " << i << endl;
  cout << "j is " << j << endl;
}
```

6.20 在下列程序中定义全局变量、局部变量和静态局部变量。下列代码的输出是什么？

```
#include <iostream>
using namespace std;

int j = 40;

void p()
{
  int i = 5;
  static int j = 5;
  i++;
  j++;

  cout << "i is " << i << endl;
  cout << "j is " << j << endl;
}

int main()
{
  p();
  p();
}
```

6.21 识别与改正下列程序中的错误：

```
void p(int i)
{
  int i = 5;

  cout << "i is " << i << endl;
}
```

6.12　以引用方式传递参数

关键点：参数可以通过引用的方式调用，使形式参数是实际参数的一个别名。因此，函数中参数的改变也改变了参数的实际值。

当用参数调用一个函数的时候，就像之前章节介绍的那样，参数的值被传递给了函数的形式参数。这种叫做值传递（pass-by-value）。如果参数是一个变量而不是具体的数值，参数的数值被传递给了形式参数。不论形式参数在函数中作何种变化，变量的值都不受影响。如程序清单 6-13 所示，在调用 increment 函数（14 行）时，x 的值，1，被传递给了形式参数 n。n 在函数中自增了 1（6 行），但是不论函数做了什么 x 的值没有变化。

程序清单 6-13　Increment.cpp

```
 1  #include <iostream>
 2  using namespace std;
 3
 4  void increment(int n)
 5  {
 6    n++;
 7    cout << "\tn inside the function is " << n << endl;
 8  }
 9
10  int main()
11  {
12    int x = 1;
13    cout << "Before the call, x is " << x << endl;
14    increment(x);
15    cout << "after the call, x is " << x << endl;
16
17    return 0;
18  }
```

程序输出：

```
Before the call, x is 1
  n inside the function is 2
after the call, x is 1
```

值传递的方式有很大的局限性。程序清单 6-14 展示了这个问题。程序创建了一个函数交换两个变量的值。swap 函数通过传参的形式被调用。然而，两个参数的值在函数被调用之后没有改变。

程序清单 6-14　SwapByValue.cpp

```
#include <iostream>
using namespace std;

// Attempt to swap two variables does not work!
void swap(int n1, int n2)
{
  cout << "\tInside the swap function" << endl;
  cout << "\tBefore swapping n1 is " << n1 <<
    " n2 is " << n2 << endl;

  // Swap n1 with n2
  int temp = n1;
  n1 = n2;
  n2 = temp;

```

```
16    cout << "\tAfter swapping n1 is " << n1 <<
17      " n2 is " << n2 << endl;
18  }
19
20  int main()
21  {
22    // Declare and initialize variables
23    int num1 = 1;
24    int num2 = 2;
25
26    cout << "Before invoking the swap function, num1 is "
27      << num1 << " and num2 is " << num2 << endl;
28
29    // Invoke the swap function to attempt to swap two variables
30    swap(num1, num2);
31
32    cout << "After invoking the swap function, num1 is " << num1 <<
33      " and num2 is " << num2 << endl;
34
35    return 0;
36  }
```

程序输出：

```
Before invoking the swap function, num1 is 1 and num2 is 2
    Inside the swap function
    Before swapping n1 is 1 n2 is 2
    After swapping n1 is 2 n2 is 1
After invoking the swap function, num1 is 1 and num2 is 2
```

在swap函数调用之前（30行），num1是1，num2是2。swap函数调用之后，num1仍然是1，num2也还是2。它们的数值没有发生改变。如图6-6所示，实际变量num1和num2的值被传递给了n1和n2，新的变量的内存是和num1、num2的内存分开的。因此，n1和n2的改变不会影响num1和num2的值。

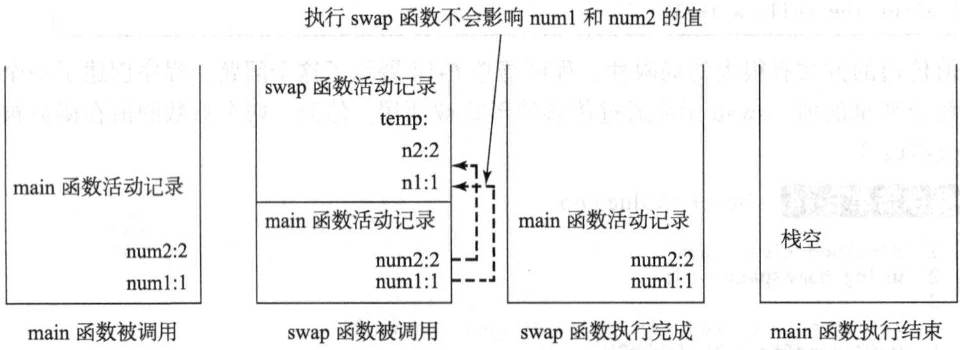

图6-6 变量值传递到函数参数中

另一个变换是把传入的参数的名字由n1变成num1。这会有什么影响发生呢？什么都没有，因为形式参数和实际参数是否有相同的名字不会有什么不同。形式变量在函数中有它自己的内存空间。这种变量在函数被调用的时候分配空间，在函数结束返回的时候，它的空间被销毁。

swap函数尝试去交换两个变量的值。在函数调用之后，变量的值却没有改变，因为变量的值都是传给了形式参数。最初变量和参数是独立的。即使被调用函数中值已经改变了，初始变量的值也没有改变。

所以，是否能够写一个函数来交换两个变量的值呢？是的。这个功能可以通过传递变量引用的形式完成。C++ 提供了一种特殊的变量，称为引用变量（reference variable），引用变量可以被用在函数参数中来引用原变量。可以通过引用变量来访问和修改存储在变量中的原数据。一个引用变量实质上是另一个变量的一个别名，任何对引用变量的改变实际上都会作用到原变量上。为声明一个引用变量，应在变量名前或变量数据类型后加一个“与符号”(&)。例如，下面的程序声明了一个引用变量 r 来引用变量 count：

```
int &r = count;
```

或者

```
int& r = count;
```

提示：下列声明引用变量的不同形式都是等价的：

```
dataType &refVar;
dataType & refVar;
dataType& refVar;
```

最后的符号更加直观，它清楚地表明变量 refVar 为类型 dataType&。因此本书中的程序全部使用最后一种形式。

程序清单 6-15 给出使用引用变量的例子。

程序清单 6-15 TestReferenceVariable.cpp

```
#include <iostream>
using namespace std;

int main()
{
  int count = 1;
  int& r = count;
  cout << "count is " << count << endl;
  cout << "r is " << r << endl;

  r++;
  cout << "count is " << count << endl;
  cout << "r is " << r << endl;

  count = 10;
  cout << "count is " << count << endl;
  cout << "r is " << r << endl;

  return 0;
}
```

程序输出：

```
count is 1
r is 1
count is 2
r is 2
count is 10
r is 10
```

程序第 7 行声明了一个名为 r 的引用变量，它只不过是 count 的别名而已。如图 6-7a 所示，r 和 count 实际上引用的是同一个值。第 11 行增加了 r，也影响了 count 的值，因为它们共享内存，如图 6-7b 所示。

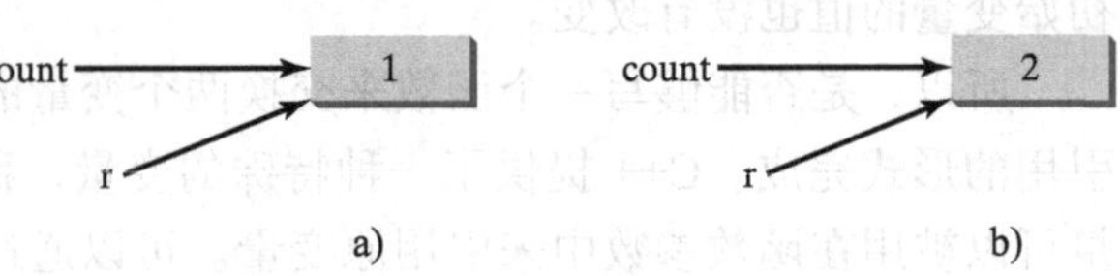

图 6-7　r 和 count 共享相同的值

第 15 行把 10 赋值给了 count。因为，count 和 r 有相同的值，所以 r 和 count 现在都是 10。

可以将函数的形参声明为引用变量形式，调用时传递一个常规变量，这样，形参就成为原变量的一个别名，这就是所谓的*引用传递*（pass-by-reference）方式。当改变引用变量（形参）的值时，原变量的值也会改变。为了展示传引用的效果，重写了程序清单 6-13 的 increment 函数，如程序清单 6-16 所示。

程序清单 6-16　IncrementWithPassByReference.cpp

```
1  #include <iostream>
2  using namespace std;
3
4  void increment(int& n)
5  {
6    n++;
7    cout << "n inside the function is " << n << endl;
8  }
9
10 int main()
11 {
12   int x = 1;
13   cout << "Before the call, x is " << x << endl;
14   increment(x);
15   cout << "After the call, x is " << x << endl;
16
17   return 0;
18 }
```

程序输出：

```
Before the call, x is 1
  n inside the function is 2
After the call, x is 2
```

第 14 行调用 increment(x)，传递了变量 x 的引用给引用变量 n，在函数 increment 中，现在 n 和 x 是一样的了，就如输出显示的那样。在函数中增加 n 的值（6 行）就和增加 x 的值是一样的，所以在函数调用之前，x 是 1，在调用之后 x 是 2。

值传递和引用传递是函数参数传递的两种方式。值传递方式将实参的值传递给一个无关的变量（形参），而引用传递方式中形参与实参共享相同的变量。从语义角度讲，传引用可以理解为*传共享*（pass-by-sharing）。

现在可以使用引用参数来实现一个正确的 swap 函数，如程序清单 6-17 所示。

程序清单 6-17　SwapByReference.cpp

```
#include <iostream>
using namespace std;

// Swap two variables
```

```
5 void swap(int& n1, int& n2)
6 {
7   cout << "\tInside the swap function" << endl;
8   cout << "\tBefore swapping n1 is " << n1 <<
9     " n2 is " << n2 << endl;
10
11   // Swap n1 with n2
12   int temp = n1;
13   n1 = n2;
14   n2 = temp;
15
16   cout << "\tAfter swapping n1 is " << n1 <<
17     " n2 is " << n2 << endl;
18 }
19
20 int main()
21 {
22   // Declare and initialize variables
23   int num1 = 1;
24   int num2 = 2;
25
26   cout << "Before invoking the swap function, num1 is "
27     << num1 << " and num2 is " << num2 << endl;
28
29   // Invoke the swap function to attempt to swap two variables
30   swap(num1, num2);
31
32   cout << "After invoking the swap function, num1 is " << num1 <<
33     " and num2 is " << num2 << endl;
34
35   return 0;
36 }
```

程序输出：

```
Before invoking the swap function, num1 is 1 and num2 is 2
  Inside the swap function
  Before swapping n1 is 1 n2 is 2
  After swapping n1 is 2 n2 is 1
After invoking the swap function, num1 is 2 and num2 is 1
```

在函数 swap 被调用（30 行）之前，num1 的值为 1，num2 为 2。swap 被调用之后，num1 变为 2，num2 变为 1，两个变量的值确实被交换了。如图 6-8 所示，num1 和 num2 的

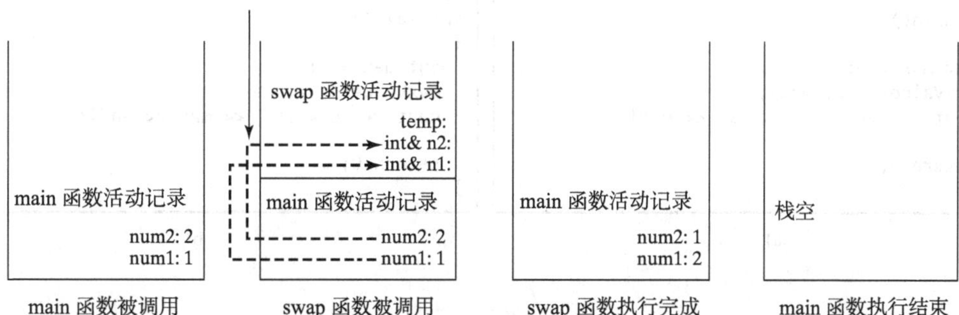

图 6-8 变量引用传递至函数参数

引用被传递给了 n1 和 n2，所以，n1 和 num1 是 n2 和 num2 的别名。交换 n1 和 n2 的值和交换 num1 和 num2 的值是相同的。

当使用引用传递方式时，形参和实参的类型必须是相同的。例如，在下面代码中，变量 x 的引用被传递给函数 f 的形参 p。然而，对于实参 y，则是将其值传递给 p，因为两者的类型是不同的。

```
#include <iostream>
using namespace std;

void increment(double& n)
{
  n++;
}

int main()
{
  double x = 1;
  int y = 1;

  increment(x);
  increment(y); // Cannot invoke increment(y) with an int argument

  cout << "x is " << x << endl;
  cout << "y is " << y << endl;

  return 0;
}
```

当使用引用传递的时候，实际参数必须是一个变量。当使用值传递的时候，传入的参数可以是一个数值、一个变量或者是一个表达式，甚至是另一个函数的返回值。

检查点

6.22 什么是值传递？什么是引用传递？显示下列程序的结果：

```
#include <iostream>
using namespace std;

void maxValue(int value1, int value2, int max)
{
  if (value1 > value2)
    max = value1;
  else
    max = value2;
}

int main()
{
  int max = 0;
  maxValue(1, 2, max);
  cout << "max is " << max << endl;

  return 0;
}
```

a)

```
#include <iostream>
using namespace std;

void maxValue(int value1, int value2, int& max)
{
  if (value1 > value2)
    max = value1;
  else
    max = value2;
}

int main()
{
  int max = 0;
  maxValue(1, 2, max);
  cout << "max is " << max << endl;

  return 0;
}
```

b)

```
#include <iostream>
using namespace std;

void f(int i, int num)
{
  for (int j = 1; j <= i; j++)
  {
    cout << num << " ";
    num *= 2;
  }

  cout << endl;
}

int main()
{
  int i = 1;
  while (i <= 6)
  {
    f(i, 2);
    i++;
  }

  return 0;
}
```

c)

```
#include <iostream>
using namespace std;

void f(int& i, int num)
{
  for (int j = 1; j <= i; j++)
  {
    cout << num << " ";
    num *= 2;
  }

  cout << endl;
}

int main()
{
  int i = 1;
  while (i <= 6)
  {
    f(i, 2);
    i++;
  }

  return 0;
}
```

d)

6.23 一位学生编写下列函数来找出 a 与 b 两个值中的最小值和最大值。程序中的错误在哪里?

```
#include <iostream>
using namespace std;

void minMax(double a, double b, double min, double max)
{
  if (a < b)
  {
    min = a;
    max = b;
  }
  else
  {
    min - b;
    max = a;
  }
}

int main()
{
  double a = 5, b = 6, min, max;
  minMax(a, b, min, max);

  cout << "min is " << min << " and max is " << max << endl;

  return 0;
}
```

6.24 一位学生编写下列函数来找出 a 与 b 两个值中的最小值和最大值。程序中的错误在哪里?

```
#include <iostream>
using namespace std;

void minMax(double a, double b, double& min, double& max)
{
  if (a < b)
```

```
  {
    double min = a;
    double max = b;
  }
  else
  {
    double min = b;
    double max = a;
  }
}

int main()
{
  double a = 5, b = 6, min, max;
  minMax(a, b, min, max);

  cout << "min is " << min << " and max is " << max << endl;

  return 0;
}
```

6.25 对于检查点 6.24，分别在函数 minMax 马上要被调用时、在刚刚输入 minMax 后、在 minMax 马上要返回时、在 minMax 刚刚返回后显示堆栈内容。

6.26 显示下列代码的输出：

```
#include <iostream>
using namespace std;

void f(double& p)
{
  p += 2;
}

int main()
{
  double x = 10;
  int y = 10;

  f(x);
  f(y);

  cout << "x is " << x << endl;
  cout << "y is " << y << endl;

  return 0;
}
```

6.27 下列程序中的错误是什么？

```
#include <iostream>
using namespace std;

void p(int& i)
{
  cout << i << endl;
}

int p(int j)
{
  cout << j << endl;
}
```

```
int main()
{
  int k = 5;
  p(k);

  return 0;
}
```

6.13 常量引用参数

关键点：可以指定一个常量引用参数，以防止变量的数值被意外修改。

如果程序使用了一个传递引用的参数，参数在函数中不能改变，应该把这个变量设置为常量，告诉编译器这个数值不能改变。为了这样做，把关键字 const 加在函数的形式参数声明之前。这种参数就是*常量引用参数*（constant reference parameter）。举个例子，下面函数中的 num1、num2 就是声明的常量引用参数。

```
// Return the max between two numbers
int max(const int& num1, const int& num2)
{
  int result;

  if (num1 > num2)
    result = num1;
  else
    result = num2;

  return result;
}
```

在值传递中，实际参数和形式参数是独立的变量。在引用传递中，实际参数和形式参数是同一个变量。对于一个 string 类型的对象，引用传递比值传递更有效，因为对象可能占据大量内存。然而，对于 int 和 double 类型，区别是微不足道的。所以，如果原始的数据类型不需要在函数中改变，就可以简单地声明值传递。

6.14 实例研究：十六进制转换为十进制

关键点：本节写一个程序把一个十六进制数转换为一个十进制数。

5.8.4 节给出了一个程序，把一个十进制数转换为一个十六进制数。那么，如何把一个十六进制数转换为一个十进制数呢？

给出一个十六进制的数 $h_n h_{n-1} h_{n-2} \cdots h_2 h_1 h_0$，等值的十进制数是 $h_n \times 16^n + h_{n-1} \times 16^{n-1} + h_{n-2} \times 16^{n-2} + \cdots + h_2 \times 16^2 + h_1 \times 16^1 + h_0 \times 16^0$

举个例子，十六进制的 AB8C 是

$$10 \times 16^3 + 11 \times 16^2 + 8 \times 16^1 + 12 \times 16^0 = 43\,916$$

程序会以 string 的形式提示用户输入一个十六进制数，然后把它用下面的函数转换为一个十进制数：

```
int hex2Dec(const string& hex)
```

一种强力的方法就是把十六进制的每一位都转换为十进制的数，十六进制数的 i 位乘以 16^i，然后把所有的数加起来获得最终的十进制数。

注意：

$$h_n\times16^n+h_{n-1}\times16^{n-1}+h_{n-2}\times16^{n-2}+\cdots+h_2\times16^1+h_0\times16^0$$
$$=(\cdots((h_n\times16+h_{n-1})\times16+h_{n-2})\times16+\cdots h_1)\times16+h_0$$

从这种称为霍纳算法的观测方法中可以得出下面的有效代码，把一个十六进制数转换为一个十进制数：

```
int decimalValue = 0;
for (int i = 0; i < hex.size(); i++)
{
  char hexChar = hex[i];
  decimalValue = decimalValue * 16 + hexCharToDecimal(hexChar);
}
```

下面是对十六进制数 AB8C 应用算法的追踪。

	i	hexChar	hexCharToDecimal (hexChar)	decimalValue
循环之前				0
第一次迭代之后	0	A	10	10
第二次迭代之后	1	B	11	10 * 16 + 11
第三次迭代之后	2	8	8	(10 * 16 + 11) * 16 + 8
第四次迭代之后	3	C	12	((10 * 16 + 11) * 16 + 8) * 16 + 12

程序清单 6-18 给出了完整的程序。

程序清单 6-18 Hex2Dec.cpp

```
#include <iostream>
#include <string>
#include <cctype>
using namespace std;

// Converts a hex number as a string to decimal
int hex2Dec(const string& hex);

// Converts a hex character to a decimal value
int hexCharToDecimal(char ch);

int main()
{
  // Prompt the user to enter a hex number as a string
  cout << "Enter a hex number: ";
  string hex;
  cin >> hex;

  cout << "The decimal value for hex number " << hex
    << " is " << hex2Dec(hex) << endl;

  return 0;
}

int hex2Dec(const string& hex)
{
  int decimalValue = 0;
  for (unsigned i = 0; i < hex.size(); i++)
    decimalValue = decimalValue * 16 + hexCharToDecimal(hex[i]);

  return decimalValue;
```

```
32 }
33
34 int hexCharToDecimal(char ch)
35 {
36   ch = toupper(ch); // Change it to uppercase
37   if (ch >= 'A' && ch <= 'F')
38     return 10 + ch - 'A';
39   else // ch is '0', '1', ..., or '9'
40     return ch - '0';
41 }
```

程序输出：

```
Enter a hex number: AB8C ↵Enter
The decimal value for hex number AB8C is 43916
```

```
Enter a hex number: af71 ↵Enter
The decimal value for hex number af71 is 44913
```

程序从控制台读取一个字符串（17 行），然后调用 hex2Dec 函数把一个十六进制数转换为一个十进制数（20 行）。

hex2Dec 函数定义在 25 ～ 32 行，返回一个整数。string 类型的参数被声明为一个常量，通过传递引用传递。因为 string 变量不能在函数中变化，而且使用常量引用传递参数节省内存。string 变量的长度决定于第 28 行的 hex.size()。

hexCharToDecimal 函数定义在 34 ～ 41 行，返回一个十六进制字符的十进制值。字符可以是大写或小写的。在第 36 行转换为大写。回想一下，两个字符相减就是它们的 ASCII 码相减，例如，'5' – '0' = 5。

6.15 函数抽象和逐步求精

关键点：*开发软件的一个关键是抽象这一思想的应用。*

在本书中，你会学到多个层次的抽象。*函数抽象*（function abstraction），就是将函数的使用和实现分离。应做到用户无须了解函数是如何实现的，就能正确使用。实现细节被封装在函数内，对调用函数的用户是隐藏的。这就是所谓的*信息隐藏*（information hiding）或*封装*（encapsulation）。如果决定改变实现，只要不改变函数签名，用户程序是不会受到影响的。函数实现的信息对用户来说是隐藏在“黑箱”（black box）内的，如图 6-9 所示。

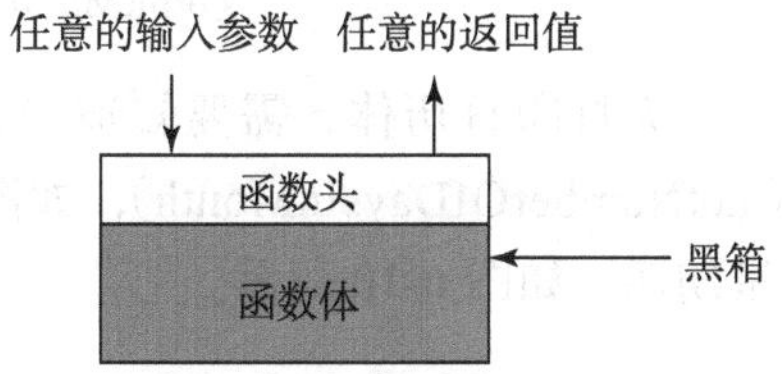

你在前面已经用过函数 rand() 返回一个随机数，用过函数 time(0) 获得当前时间，以及函数 max 求两个数中较大者。而且也知道在程序中应如何写代码正确调用这些函数，但作为使用者，我们不需要知道这些函数是如何实现的。

任意的输入参数 任意的返回值
函数头
函数体
黑箱

图 6-9 函数体可被想象为一个包含函数实现细节的黑箱

函数抽象的思想可以用于程序开发过程。当编写一个大程序时，可使用*分治*（divide and conquer）的策略，也称为*逐步求精*（stepwise refinement），即将原问题分解为若干子问题。子问题还可进一步分解为更小的、更易处理的问题。

假如要编写一个程序，对给定的年月输出日历。程序提示用户输入年份和月份，然后显示此月的完整日历，如图 6-10 所示。

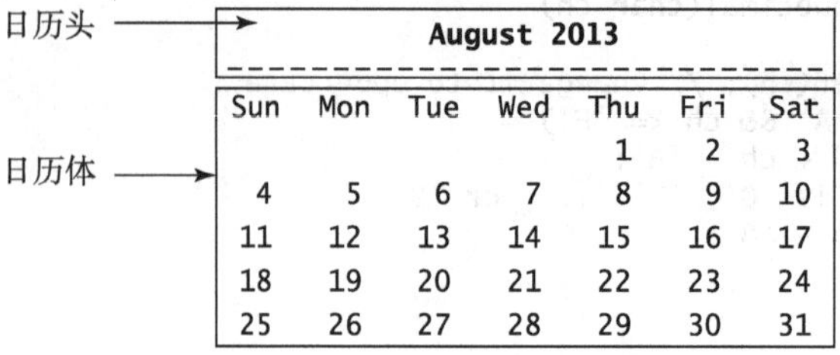

日历头 →

```
          August 2013
-------------------------------
 Sun  Mon  Tue  Wed  Thu  Fri  Sat
                       1    2    3
   4    5    6    7    8    9   10
  11   12   13   14   15   16   17
  18   19   20   21   22   23   24
  25   26   27   28   29   30   31
```

日历体 →

图 6-10　在提示用户输入年份和月份后，程序输出这个月的日历

下面用这个例子来说明分而治之方法。

6.15.1　自顶向下设计

要编写这样一个程序，应如何入手？立即开始编码？程序员新手往往会这样，开始就试图从细节着手求解问题。虽然在最终程序中细节是很重要的，但在开始阶段就考虑细节会阻塞问题求解进程。为使问题求解流程尽可能顺畅，在求解这个问题时使用函数抽象思想将设计和细节分离，最后再实现细节。

对于本例，问题首先被分解为两个子问题：从用户获取输入和打印指定月份的日历。在目前阶段，程序员应考虑需要解决哪些子问题，而不是如何获得输入或如何打印当月日历这些解决细节。可以画一个结构图来帮助我们把问题分解形象化，如图 6-11a 所示。

可以使用 cin 对象读取年份和月份。而打印指定月份日历的问题可分解为两个子问题：打印日历头和打印日历体，如图 6-11b 所示。日历头由三行组成：月份和年份，一条虚线，以及一周七天的星期名。月份的名字（如 January）可从月份数值（如 1）获得，这通过打印月份名（printMonthName）来完成（如图 6-12a 所示）。

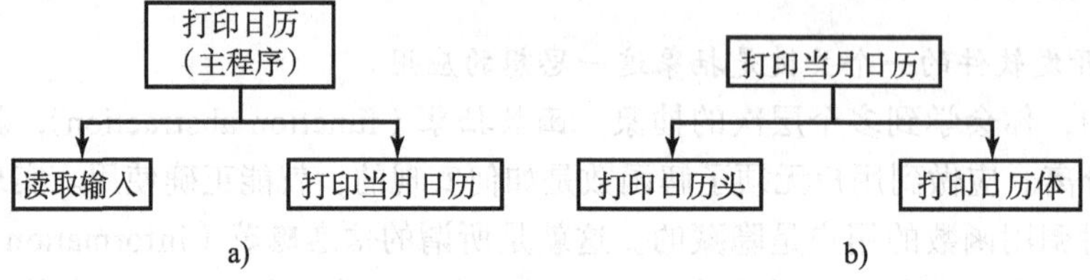

图 6-11　a）结构图表明打印日历问题（printCalendar）可分解为两个子问题：读取输入（readInput）和打印当月日历（printMonth）。b）打印当月日历问题又可分解为两个更小的子问题：打印日历头（printMonthTitile）和打印日历体（printMonthBody）

为打印日历体，需要知道当月的第一天是星期几（gentStartDay），以及当月有多少天（getNumberOfDaysInMonth），如图 6-12b 所示。例如，2013 年 8 月有 31 天，该月第一天是星期四，如图 6-10 所示。

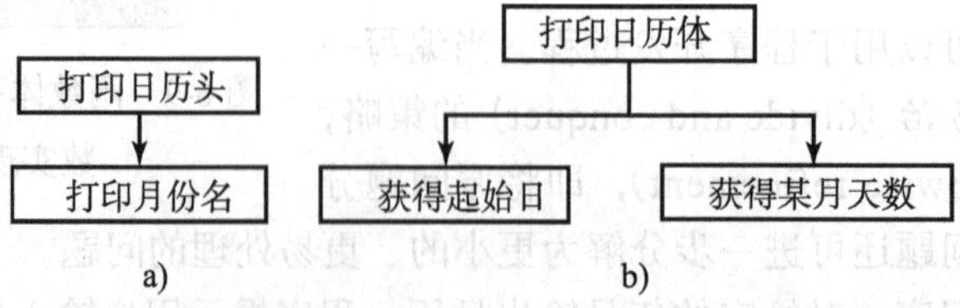

图 6-12　a) 为完成日历头的打印，需要打印月份名。b) 打印日历体的问题被精化为若干更小的子问题

如何获取某个月第一天是星期几？有好几种方法。假如知道1800年1月1日是星期三（startDay1800 = 3）。那么就能计算出从1800年1月1日至给定月份的第一天的总天数（totalNumberOfDays）。由于每周有7天，因此给定月份第一天的星期值为(totalNumberOfDays + startDay1800) % 7。因而获得起始日问题进一步求精为获得总天数问题（getTotalNumberOfDays），如图6-13a所示。

为了获得总天数，还需要知道哪一年是闰年，以及每个月有多少天。因此获得总天数问题进一步求精为两个子问题：判断闰年和获得某月天数问题，如图6-13b所示。完整的结构图如图6-14所示。

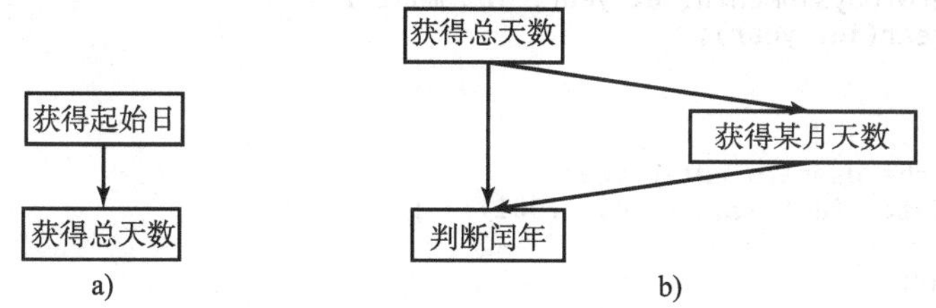

图6-13 a) 为获得起始日，需要获得自1800年1月1日起的总天数。
b) 获得总天数的问题又可求精为两个更小的子问题

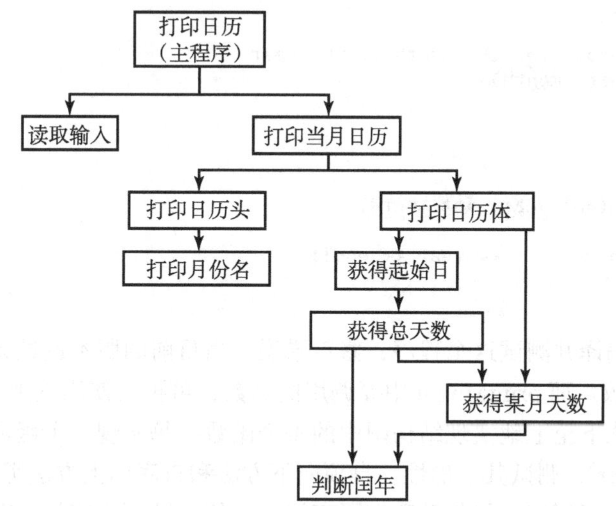

图6-14 结构图显示了打印日历问题的子问题间的层次关系

6.15.2 自顶向下或自底向上实现

现在把注意力转到程序的实现上。通常情况下，每个子问题实现为一个函数，当然有些子问题实在简单没必要这样做，所以需要决定哪些模块实现为函数，而哪些模块应组合到其他函数中。做出这种决定的依据，应该是看得到的整个程序是否易读。例如，在此例中，读取输入子问题就可以直接实现为主函数的一个代码片段。

实现上可以采用“自顶向下”(top-down) 方法，也可使用“自底向上”(bottom-up) 方法。所谓自顶向下方法，就是按结构图，从上至下依次实现每个函数。对于还未实现的函数，可用“桩”函数代替，所谓桩（stub）函数就是一个简单的但并不完整的函数版本。使用桩函数，可以在函数未实现的情况下，就能测试对它的“调用”，不致阻碍程序整体的开发。对于本例，可以先实现 main 函数，然后为 printMonth 函数设置一个桩函数。例如，可以在桩函数中简单输出年份和月份值。因此，程序开始时可能是这样的：

```
#include <iostream>
#include <iomanip>
using namespace std;

void printMonth(int year, int month);
void printMonthTitle(int year, int month);
void printMonthName(int month);
void printMonthBody(int year, int month);
int getStartDay(int year, int month);
int getTotalNumberOfDays(int year, int month);
int getNumberOfDaysInMonth(int year, int month);
bool isLeapYear(int year);

int main()
{
  // Prompt the user to enter year
  cout << "Enter full year (e.g., 2001): ";
  int year;
  cin >> year;

  // Prompt the user to enter month
  cout << "Enter month in number between 1 and 12: ";
  int month;
  cin >> month;

  // Print calendar for the month of the year
  printMonth(year, month);

  return 0;
}

void printMonth(int year, int month)
{
  cout << month << "  " << year << endl;
}
```

接着就可以先编译并测试这个程序，修正错误。当目前的版本调试无误后，接着就可以实现 printMonth 函数。而 printMonth 中要调用的函数，可再次使用桩函数。

自底向上方法从下至上地实现结构图中的每个函数。每实现一个函数，编写一个测试函数，也称驱动（driver），测试其正确性。自顶向下方法和自底向上方法都是可用的实现方法。两个方法都是逐步实现程序，能帮助我们隔离错误，使调试更为容易。有时可以组合使用两种方法。

6.15.3 实现细节

函数 isLeapYear(int year) 可实现为如下代码：

```
return (year % 400 == 0 || (year % 4 == 0 && year % 100 != 0));
```

getNumberOfDaysInMonth(int year, int month) 的实现可基于如下事实：

- 1 月、3 月、5 月、7 月、8 月、10 月和 12 月都有 31 天。
- 4 月、6 月、9 月和 11 月都是 30 天。
- 闰年的 2 月有 29 天，非闰年的 2 月有 28 天。因此，非闰年有 365 天，而闰年有 366 天。

为实现 getTotalNumberOfDays (int year, int month)，需要计算从 1800 年 1 月 1 日至给

定月份第一天的总天数（totalNumberOfDays）。可以先算出从 1800 年至给定年份的总天数，再计算在给定年份中，给定月份之前的总天数，这两项相加即为 totalNumberOfDays 的值。

为打印日历体，先打印该月 1 日之前的空格，然后逐行打印每个星期，如图 6-10 所示的 2013 年 8 月的打印效果。

完整的程序在程序清单 6-19 中给出。

程序清单 6-19 PrintCalendar.cpp

```
#include <iostream>
#include <iomanip>
using namespace std;

// Function prototypes
void printMonth(int year, int month);
void printMonthTitle(int year, int month);
void printMonthName(int month);
void printMonthBody(int year, int month);
int getStartDay(int year, int month);
int getTotalNumberOfDays(int year, int month);
int getNumberOfDaysInMonth(int year, int month);
bool isLeapYear(int year);

int main()
{
  // Prompt the user to enter year
  cout << "Enter full year (e.g., 2001): ";
  int year;
  cin >> year;

  // Prompt the user to enter month
  cout << "Enter month in number between 1 and 12: ";
  int month;
  cin >> month;

  // Print calendar for the month of the year
  printMonth(year, month);

  return 0;
}

// Print the calendar for a month in a year
void printMonth(int year, int month)
{
  // Print the headings of the calendar
  printMonthTitle(year, month);

  // Print the body of the calendar
  printMonthBody(year, month);
}

// Print the month title, e.g., May, 1999
void printMonthTitle(int year, int month)
{
  printMonthName(month);
  cout << "  " << year << endl;
  cout << "-----------------------------" << endl;
  cout << " Sun Mon Tue Wed Thu Fri Sat" << endl;
}

// Get the English name for the month
void printMonthName(int month)
{
```

```
  switch (month)
  {
    case 1:
      cout << "January";
      break;
    case 2:
      cout << "February";
      break;
    case 3:
      cout << "March";
      break;
    case 4:
      cout << "April";
      break;
    case 5:
      cout << "May";
      break;
    case 6:
      cout << "June";
      break;
    case 7:
      cout << "July";
      break;
    case 8:
      cout << "August";
      break;
    case 9:
      cout << "September";
      break;
    case 10:
      cout << "October";
      break;
    case 11:
      cout << "November";
      break;
    case 12:
      cout << "December";
  }
}

// Print month body
void printMonthBody(int year, int month)
{
  // Get start day of the week for the first date in the month
  int startDay = getStartDay(year, month);

  // Get number of days in the month
  int numberOfDaysInMonth = getNumberOfDaysInMonth(year, month);

  // Pad space before the first day of the month
  int i = 0;
  for (i = 0; i < startDay; i++)
    cout << "    ";

  for (i = 1; i <= numberOfDaysInMonth; i++)
  {
    cout << setw(4) << i;

    if ((i + startDay) % 7 == 0)
      cout << endl;
  }
}

// Get the start day of the first day in a month
int getStartDay(int year, int month)
```

```
{
  // Get total number of days since 1/1/1800
  int startDay1800 = 3;
  int totalNumberOfDays = getTotalNumberOfDays(year, month);

  // Return the start day
  return (totalNumberOfDays + startDay1800) % 7;
}

// Get the total number of days since January 1, 1800
int getTotalNumberOfDays(int year, int month)
{
  int total = 0;

  // Get the total days from 1800 to year - 1
  for (int i = 1800; i < year; i++)
    if (isLeapYear(i))
      total = total + 366;
    else
      total = total + 365;

  // Add days from Jan to the month prior to the calendar month
  for (int i = 1; i < month; i++)
    total = total + getNumberOfDaysInMonth(year, i);

  return total;
}

// Get the number of days in a month
int getNumberOfDaysInMonth(int year, int month)
{
  if (month == 1 || month == 3 || month == 5 || month == 7 ||
      month == 8 || month == 10 || month == 12)
    return 31;

  if (month == 4 || month == 6 || month == 9 || month == 11)
    return 30;

  if (month == 2) return isLeapYear(year) ? 29 : 28;

  return 0; // If month is incorrect
}

// Determine if it is a leap year
bool isLeapYear(int year)
{
  return year % 400 == 0 || (year % 4 == 0 && year % 100 != 0);
}
```

程序输出：

```
Enter full year (e.g., 2012): 2012 ↵Enter
Enter month as a number between 1 and 12: 3 ↵Enter
          March 2012
-----------------------------
 Sun Mon Tue Wed Thu Fri Sat
                   1   2   3
   4   5   6   7   8   9  10
  11  12  13  14  15  16  17
  18  19  20  21  22  23  24
  25  26  27  28  29  30  31
```

程序并未检查用户输入的合法性。例如，如果用户输入的月份值不在 1 ～ 12 之间，或输入一个早于 1800 年的年份，程序会输出错误的日历。为避免这种错误，可添加一个 if 语句，在打印日历之前检查输入的合法性。

此程序打印指定月份的日历，但可以很简单地修改为打印全年的日历。虽然此程序只能打印 1800 年 1 月之后的某月的日历，但改为能处理 1800 年之前的情况也不困难。

6.15.4　逐步求精的好处

逐步求精法把一个巨大的问题分成了许多小的可管理的子问题。每一个子问题可以用一个函数来解决。这个方法使得程序容易编写、复用、调试、测试、修改和维护。

1. 更简单的程序

打印日历的程序非常长。比起在一个函数中写一长串的语句，逐步求精法把这个问题分成了许多更小的函数。这简化了程序，使得整个程序更容易阅读和理解。

2. 复用函数

逐步求精法提倡程序中的代码复用。isLeapYear 函数定义了一次，却在 getTotalNumberOfDays 和 getNumberOfDaysInMonth 函数中被调用。这减少了代码的冗余。

3. 更容易开发、调试、测试

因为每个子问题都能在一个函数中解决，而一个函数又能单独开发、调试、测试。这就隔离开了错误，使得开发、调试、测试更加容易。

当实现一个大的程序时，使用自顶向下和自底向上的方法。不要尝试一次写出整个程序。使用这些方法看起来花费了更多的开发时间（因为重复编译和运行程序），但实际上节省了时间，还有利于调试。

4. 更好地促进团队合作

因为一个大问题被分解成了许多子问题，子问题可以交付给另外一个开发者。这使得团队合作更加容易。

关键术语

actual parameter（实际参数）
ambiguous invocation（模糊调用）
argument（自变量）
automatic variable（自动变量）
bottom-up implementation（自底向上实现）
divide and conquer（分治）
formal parameter (i.e., parameter)（形式参数（即参数））
function abstraction（函数抽象）
function declaration（函数声明）
function header（函数头部）
function overloading（函数重载）
function prototype（函数原型）
function signature（函数签名）
global variable（全局变量）
information hiding（信息隐藏）
inline function（内联函数）
local variable（局部变量）
parameter list（参数列表）
pass-by-reference（引用传递）
pass-by-value（值传递）
reference variable（引用变量）
scope of variable（变量范围）
static local variable（静态局部变量）
stepwise refinement（逐步求精）
stub（桩函数）
top-down implementation（自顶向下实现）

本章小结

1. 程序模块化和重用是软件工程的一个目标。函数可用来开发模块和重用代码。
2. 函数头指明了函数的*返回值类型*、*函数名*和*参数*。
3. 函数可以返回一个值。返回值类型是函数返回值的数据类型。
4. 如果函数不返回值，那么返回值类型使用关键字 void。
5. *参数列表*指出了函数参数的类型、次序和数目。
6. 传递给函数的自变量，必须与函数签名中的参数在数目、类型和次序上相同。
7. 函数名和参数列表一起构成了*函数签名*。
8. 参数是可选的，即一个函数可以没有参数。
9. 当函数结束时，有返回值函数必须返回一个值。
10. 在 void 函数中，可以使用返回语句结束函数，返回调用者。
11. 当程序中调用函数时，程序控制流转向被调用的函数。
12. 当函数执行返回语句或到达函数末尾的大括号时，控制流转回函数的调用者。
13. 在 C++ 中，有返回值函数也可作为语句调用。在此情况下，调用者简单地将返回值忽略。
14. 函数可以被重载，即两个函数可以有相同的名字，只要它们的参数列表不同即可。
15. 值传递将自变量的值传给参数。
16. 引用传递将自变量的引用传给参数。
17. 如果在函数中改变值传递自变量的值，则在函数结束后自变量中的值不会改变。
18. 如果在函数中改变引用传递自变量的值，则在函数结束后自变量中的值会改变。
19. *常数引用参数*由关键字 const 指定，告知编译器它的值不能在函数中改变。
20. *变量的范围*为程序中变量使用的部分。
21. 全局变量定义于所有函数之外，可以被作用域中所有函数访问。
22. 局部变量定义于函数内。在一个函数结束执行后，其所有局部变量都会被销毁。
23. 局部变量也称为自动变量。
24. 静态局部变量的作用是能保持局部变量的值，以便下次调用时使用。
25. C++ 提供*内联函数*来避免快速执行的函数调用。
26. 内联函数不被调用；而是，编译器在每个调用点有秩序地复制函数代码。
27. 用关键字 inline 声明内联函数。
28. C++ 允许声明带有含默认参数值的值传递参数的函数。
29. 当函数被调用时没有自变量，那么缺省值传递给参数。
30. 所谓*函数抽象*，就是将函数的使用和实现相分离。
31. 编写程序变为编写一组简单的函数，这样写出的程序更易于编写、调试、维护和修改。
32. 当实现一个大型程序时，应该使用自顶向下方法或自底向上方法。
33. 不要试图一下子完成整个程序的编码。这种方法看起来会花费更多的编码时间（因为需要反复地编译和运行渐进的程序版本），但是实际上会节省总时间，而且使调试更为容易。

在线测验

请在 www.cs.armstrong.edu/liang/cpp3e/quiz.html 完成本章的在线测验。

程序设计练习

6.2 ～ 6.11 节

6.1 （数学：五角数）五角数被定义为 $n(3n-1)/2$，$n = 1, 2, \cdots$，以此类推。因此，最初的几个五角数为 1，5，12，22，…，请使用下面的函数头编写函数，返回五角数：

```
int getPentagonalNumber(int n)
```

编写测试程序，并使用这个函数展示前 100 个五角数，每行打印 10 个。

*6.2 （计算一个整数的数字之和）编写一个函数，计算一个整数的数字之和。使用如下的函数头：

```
int sumDigits(long n)
```

例如，sumDigits(234) 应返回 9（2 + 3 + 4 = 9）。

（提示：可以使用 % 运算符提取整数中的数字，用 / 运算符将提取出的数字从整数中去掉。

例如，计算 234 % 10 (=4)，即可提取出整数 234 中的数字 4。而计算 234 / 10 (= 23)，即可将 4 去掉。可以使用一个循环，反复提取并去除数字，直至整数中所有数字都处理完毕。编写测试程序，提示用户输入一个整数，并显示其数字之和。）

**6.3 （回文数）请使用下面的函数头编写函数：

```
// Return the reversal of an integer,
// i.e., reverse(456) returns 654
int reverse(int number)

// Return true if number is a palindrome
bool isPalindrome(int number)
```

使用 reverse 函数来实现 isPalindrome 函数。如果一个整数的逆序是它本身，那么它是回文数。编写测试程序，提示用户输入一个整数并报告整数是否是回文数。

*6.4 （显示整数的逆序）编写一个函数，按逆序显示一个函数，函数头如下：

```
void reverse(int number)
```

例如，reverse(3456) 应显示 6543。编写测试程序，提示用户输入一个整数并显示它的逆序。

*6.5 （对 3 个数进行排序）编写一个函数，将 3 个数整理为升序：

```
void displaySortedNumbers(
  double num1, double num2, double num3)
```

编写测试程序，提示用户输入 3 个数并调用如上函数以升序显示它们。

*6.6 （显示图案）编写一个函数，显示如下图案：

```
                1
              2 1
            3 2 1
...
n n-1 ... 3 2 1
```

函数头为

```
void displayPattern(int n)
```

*6.7 （金融应用：计算投资的未来价值）编写一个函数，对给定的利率和投资年限，计算投资的未来价值。计算公式参见程序设计练习 2.23。

函数头如下所示：

```
double futureInvestmentValue(
  double investmentAmount, double monthlyInterestRate, int years)
```

例如，futureInvestmentValue(10000, 0.05/12, 5) 返回 12833.59。

编写测试程序，提示用户输入投资金额（比如 1000）和利率（比如 9%），打印一个表格，显示投资在未来 1 ~ 30 年的价值，如下所示：

```
The amount invested: 1000 ↵Enter
Annual interest rate: 9 ↵Enter

Years  Future Value
1      1093.80
2      1196.41
...
29     13467.25
30     14730.57
```

6.8 （英尺和米转换）编写下面两个函数：

```
// Convert from feet to meters
double footToMeter(double foot)

// Convert from meters to feet
double meterToFoot(double meter)
```

转换公式如下所示：

```
meter = 0.305 * foot
```

编写测试程序，调用两个函数显示下表：

```
Feet        Meters    |  Meters      Feet
1.0         0.305     |  20.0        65.574
2.0         0.610     |  25.0        81.967
...
9.0         2.745     |  60.0        196.721
10.0        3.050     |  65.0        213.115
```

6.9 （摄氏温度和华氏温度转换）编写下面两个函数：

```
// Convert from Celsius to Fahrenheit
double celsiusToFahrenheit(double celsius)

// Convert from Fahrenheit to Celsius
double fahrenheitToCelsius(double fahrenheit)
```

转换公式如下所示：

```
fahrenheit = (9.0 / 5) * celsius + 32
celsius = (5.0 / 9) * (fahrenheit - 32)
```

编写测试程序，调用两个函数显示下表：

```
Celsius       Fahrenheit    |   Fahrenheit      Celsius
40.0          104.0         |   120.0           48.89
39.0          102.2         |   110.0           43.33
...
32.0          89.6          |   40.0            4.44
31.0          87.8          |   30.0            -1.11
```

6.10 （金融应用：计算佣金）编写函数，用程序设计练习 5.39 中的方法计算佣金。函数头如下：

```
double computeCommission(double salesAmount)
```

编写测试程序，计算显示下表：

```
Sales Amount      Commission
10000             900.0
15000             1500.0
...
95000             11100.0
100000            11700.0
```

6.11 （显示字符）编写函数，打印字符，函数头如下：

```
void printChars(char ch1, char ch2, int numberPerLine)
```

此函数打印 ch1 至 ch2 之间的字符，numberPerLine 指出每行打印多少个字符。编写一个测试程序打印 'I' 至 'Z' 之间的字符，每行打印 10 个。字符之间由空格分开。

*6.12 （级数求和）编写一个函数，计算如下级数：

$$m(i)=\frac{1}{2}+\frac{2}{3}+\cdots+\frac{i}{i+1}$$

编写测试程序，输出下表：

```
i                    m(i)
1                    0.5000
2                    1.1667
...
19                   16.4023
20                   17.3546
```

*6.13 （计算 π）使用下面级数计算 π：

$$m(i)=4\left(1-\frac{1}{3}+\frac{1}{5}-\frac{1}{7}+\frac{1}{9}-\frac{1}{11}+\cdots+\frac{(-1)^{i+1}}{2i-1}\right)$$

编写函数，对每一个给出的 i 返回 m(i)，编写测试程序输出下表：

```
i                    m(i)
1                    4.0000
101                  3.1515
201                  3.1466
301                  3.1449
401                  3.1441
501                  3.1436
601                  3.1433
701                  3.1430
801                  3.1428
901                  3.1427
```

*6.14 （金融引用：打印纳税表）程序清单 3-3，ComputeTax.cpp，是一个计算税收的程序，请使用如下函数头编写函数计算税收：

```
double computeTax(int status, double taxableIncome)
```

使用这个函数编写一个程序，打印所有 4 种纳税身份的纳税表，应纳税收入在 50 000 ～ 60 000 美元之间，间隔 50 美元，如下所示：

应纳税收入	单身纳税者	夫妻联合纳税者	夫妻分别纳税者	户主纳税者
50000	8688	6665	8688	7352
50050	8700	6673	8700	7365
...				
59950	11175	8158	11175	9840
60000	11188	8165	11188	9852

*6.15 （一年的天数）请使用下面的函数头编写函数，返回一年的天数：

```
int numberOfDaysInAYear(int year)
```

编写测试程序，显示 2000 ～ 2010 年每年的天数。

*6.16 （显示 0/1 矩阵）编写一个函数，显示一个 $n\times n$ 的矩阵，函数头如下：

```
void printMatrix(int n)
```

矩阵的每个元素都是 0 或 1，随机生成。编写测试程序，提示用户输入整数 *n*，并显示 *n*×*n* 的矩阵，下面是一个运行样例：

```
Enter n: 3 ↵Enter
0 1 0
0 0 0
1 1 1
```

6.17 （三角形有效性和面积）实现下面两个函数：

```
// Returns true if the sum of any two sides is
//   greater than the third side.
bool isValid(double side1, double side2, double side3)

// Returns the area of the triangle.
double area(double side1, double side2, double side3)
```

计算三角形面积的公式已经在程序设计练习 2.19 中给出。编写测试程序，读入三角形的三条边，如果输入有效则计算其面积；否则，显示输入是无效的。

6.18 （使用 isPrime 函数）程序清单 6-5，PrimeNumberFunction.cpp，提供了 isPrime(int number) 函数来测试一个数是否是素数。使用这个函数来寻找 10 000 以内的素数数量。

**6.19 （孪生素数）如果两个素数之差为 2，则称它们为孪生素数。如，3 和 5 是孪生素数，5 和 7 是孪生素数，11 和 13 也是。编写一个程序，找到所有小于 1000 的孪生素数。以如下形式显示：

```
(3, 5)
(5, 7)
...
```

*6.20 （几何：点的位置）程序设计练习 3.29 提供了如何判断一个点是在一条直线左侧、右侧或者在线上的方法。编写下列函数：

```
/** Return true if point (x2, y2) is on the left side of the
 *  directed line from (x0, y0) to (x1, y1) */
bool leftOfTheLine(double x0, double y0,
  double x1, double y1, double x2, double y2)

/** Return true if point (x2, y2) is on the same
 *  line from (x0, y0) to (x1, y1) */
bool onTheSameLine(double x0, double y0,
  double x1, double y1, double x2, double y2)

/** Return true if point (x2, y2) is on the
 *  line segment from (x0, y0) to (x1, y1) */
bool onTheLineSegment(double x0, double y0,
  double x1, double y1, double x2, double y2)
```

编写程序，提示用户输入 3 个点 p0、p1 和 p2，并显示 p2 是在直线 p0 到 p1 的左侧、右侧、直线上，还是在线段 p0 到 p1 上。下面是一些运行样例：

```
Enter three points for p0, p1, and p2: 1 1 2 2 1.5 1.5 ↵Enter
(1.5, 1.5) is on the line segment from (1.0, 1.0) to (2.0, 2.0)
```

```
Enter three points for p0, p1, and p2: 1 1 2 2 3 3 ↵Enter
(3.0, 3.0) is on the same line from (1.0, 1.0) to (2.0, 2.0)
```

```
Enter three points for p0, p1, and p2: 1 1 2 2 1 1.5 ↵Enter
(1.0, 1.5) is on the left side of the line
  from (1.0, 1.0) to (2.0, 2.0)
```

```
Enter three points for p0, p1, and p2: 1 1 2 2 1 -1 ↵Enter
(1.0, -1.0) is on the right side of the line
  from (1.0, 1.0) to (2.0, 2.0)
```

**6.21 （数学：回文素数）所谓*回文素数*（palindromic prime），就是一数既为素数，其文字形式又为回文。例如，131 是素数，也是回文素数。313 和 757 也是如此。编写程序，输出前 100 个回文素数，每行打印 10 个，适当对齐，如下所示：

```
  2    3    5    7   11  101  131  151  181  191
313  353  373  383  727  757  787  797  919  929
...
```

**6.22 （游戏：双骰子）双骰子是一项非常流行于赌场的骰子游戏。编写程序实现这个游戏的变种，如下所示：

投掷两枚骰子。每枚骰子有 6 个面，分别代表值 1、2、…、6。检视一下两枚骰子的数字之和。如果这个和为 2、3 或 12（叫做*双骰*），你输；如果这个和为 7 或者 11（叫做自然），你赢；如果这个和是其他值（例如 4、5、6、8、9 或者 10），那么称这个和为*点数*。继续投掷两枚骰子，知道你掷出 7（你输）或者掷出刚才的点数（你赢）。

你的程序模拟一个玩家的情况。下面是一些运行样例：

```
You rolled 5 + 6 = 11
You win
```

```
You rolled 1 + 2 = 3
You lose
```

```
You rolled 4 + 4 = 8
point is 8
You rolled 6 + 2 = 8
You win
```

```
You rolled 3 + 2 = 5
point is 5
You rolled 2 + 5 = 7
You lose
```

**6.23 （emirp）emirp（素数 prime 的英文拼写的逆序）是一种非回文素数，将其反转后仍是素数。例如，17 是素数，71 也是，因此 17 和 71 是 emirp。编写程序输出前 100 个 emirp，每行显示 10 个，并恰当对齐，如下所示：

```
 13   17   31   37   71   73   79   97  107  113
149  157  167  179  199  311  337  347  359  389
...
```

**6.24 （游戏：花旗骰获胜的机会）复习程序设计练习 6.22，运行程序 10 000 次并显示在游戏中获胜的次数。

**6.25 （梅森素数）如果一个素数可以写成 2^p-1 的形式，其中 p 为某个正整数，则称为梅森素数。编写程序，求所有 $p \leqslant 31$ 的梅森素数，以如下形式输出：

```
p        2^p - 1
2            3
3            7
5           31
...
```

**6.26 （打印日历）程序设计练习 3.33 使用 Zell 的同余法来计算一周中的日期是星期几。简化程序清单

6-19，PrintCalendar.cpp，使用 Zell 的算法得出一个月第一天是星期几。

**6.27 （数学：逼近平方根）函数 sprt 在 cmatch 库中是如何实现的？有这样几个技术来实现它。其中一个技术叫做*巴比伦方法*。对于一个数 *n*，其平方根可通过重复计算下面公式来逼近：

```
nextGuess = (lastGuess + (n / lastGuess)) / 2
```

当 nextGuess 和 lastGuess 几乎相等时，nextGuess 就是近似的平方根。初始猜测可以为任何正数，比如 1。这个值被用做 lastGuess 的初始值。如果 nextGuess 和 lastGuess 的差小于一个非常小的数，比如 0.000 1，就可以做出结论：nextGuess 即为 *n* 的平方根的近似值。否则，nextGuess 变成 lastGuess，相似的过程继续进行下去。实现下面的函数返回 *n* 的平方根：

```
double sqrt(int n)
```

*6.28 （返回整数的位数）请使用下面的函数头编写函数，返回一个整数的位数：

```
int getSize(int n)
```

例如，getSize(45) 返回 2，getSize(3434) 返回 4，getSize(4) 返回 1，getSize(0) 返回 1。编写测试程序，提示用户输入一个整数并显示它的位数。

*6.29 （奇数位上数字的和）使用下面的函数头部编写函数，返回整数中奇数位上数字的和：

```
int sumOfOddPlaces(int n)
```

例如，sumOfOddPlaces (1345) 返回 8，sumOfOddPlaces（13451）返回 6。编写测试程序，提示用户输入一个整数，输出这个整数奇数位上数字的和。

6.12 ～ 6.15 节

*6.30 （打乱字符串）请使用下面的函数头编写函数，打乱字符串中字符的顺序：

```
void shuffle(string& s)
```

编写程序，提示用户输入一个字符串，并显示打乱字符顺序后的字符串。

*6.31 （对 3 个数进行排序）编写一个函数，将 3 个数整理为升序：

```
void sort(double& num1, double& num2, double& num3)
```

编写测试程序，提示用户输入 3 个数，并调用如上函数以升序显示它们。

*6.32 （代数：解二次方程）二次方程 $ax^2 + bx + c = 0$ 的两个根可以使用下面的公式获得：

$$r_1 = \frac{-b+\sqrt{b^2-4ac}}{2a} \text{和} = r_2\frac{-b-\sqrt{b^2-4ac}}{2a}$$

请使用下面的函数头编写函数

```
void solveQuadraticEquation(double a, double b, double c,
  double& discriminant, double& r1, double& r2)
```

$b^2 - 4ac$ 被称做二次方程式的判别式。如果判别式小于 0，方程式没有根。在这种情况下，忽略 *r*1 和 *r*2 的值。

编写测试程序，提示用户输入值 a、b、c，并根据判别式显示计算结果。如果判别式大于或等于 0，显示两个根。如果判别式等于 0，显示一个根。否则，显示“方程式没有根”。运行样例，参照程序设计练习 3.1。

*6.33 （代数：解 2 × 2 线性方程组）你可以使用克莱姆法则来解下面的 2 × 2 线性方程组：

$$\begin{aligned} ax+by&=e \\ cx+dy&=f \end{aligned} \qquad x=\frac{ed-bf}{ad-bc} \qquad y=\frac{af-ec}{ad-bc}$$

使用下面的函数头编写函数：

```
void solveEquation(double a, double b, double c, double d,
  double e, double f, double& x, double& y, bool& isSolvable)
```

如果 $ad - bc$ 等于 0，方程组没有解，并且 isSolvable 应该为假。编写程序，提示用户输入 a、b、c、d、e 和 f 并显示结果。如果 $ad - bc$ 等于 0，则报告“方程组没有解”。运行样例，参看程序设计练习 3.3。

***6.34 （当前日期和时间）调用 time(0) 返回从 1970 年 1 月 1 日午夜过去的毫秒级时间。编写程序，显示日期和时间。下面是一个运行样例：

```
Current date and time is May 16, 2009 10:34:23
```

**6.35 （集合：相交问题）假定两条线段相交。第一条线段的两个端点为（x1, y1）和（x2, y2），第二条线段的两个端点为（x3, y3）和（x4, y4）。编写如下函数，如果两条线段相交返回交点：

```
void intersectPoint(double x1, double y1, double x2, double y2,
  double x3, double y3, double x4, double y4,
  double& x, double& y, bool& isIntersecting)
```

编写程序，提示用户输入这 4 个端点并且显示交点。提示：使用程序设计练习 6.33 中解 2×2 线性方程组的函数。）

```
Enter the endpoints of the first line segment: 2.0 2.0 0 0 ↵Enter
Enter the endpoints of the second line segment: 0 2.0 2.0 0 ↵Enter
The intersecting point is: (1, 1)
```

```
Enter the endpoints of the first line segment: 2.0 2.0 0 0 ↵Enter
Enter the endpoints of the second line segment: 3 3 1 1 ↵Enter
The two lines do not cross
```

6.36 （格式化整数）请使用下面的函数头编写程序，为一个正整数规定一个明确的宽度：

```
string format(int number, int width)
```

这个函数返回一个字符串，由数字与一个或多个前缀 0 组成。字符串的长度为规定的宽度，例如，format(34, 4) 返回 0034，format(34, 5) 返回 00034。如果数字比宽度要长，函数返回数字的字符串表示。例如，format(34, 1) 返回 34。

编写测试程序，提示用户输入一个数字和它的宽度，并调用 format(number, width) 函数显示返回值。

**6.37 （金融：信用卡号码校验）信用卡号码遵守某些模式。信用卡的号码数一定在 13 ~ 16 位之间。数字必须以如下的方式开始：

- 开头是 4 表示 Visa cards
- 开头是 5 表示 MasterCard cards
- 开头是 37 表示 American Express cards
- 开头是 6 表示 Discover cards

1954 年，IBM 的 Hans Luhn 提出一个算法来校验信用卡号码。这个算法在检查信用卡号码是否正确输入或正确扫描上非常实用。几乎所有的信用卡号码，逐渐开始使用这种被称为 Luhn 校验或者模 10 校验的校验方法。这种方法可以被如下描述。（考虑图中的卡号为 4388576018402626。）

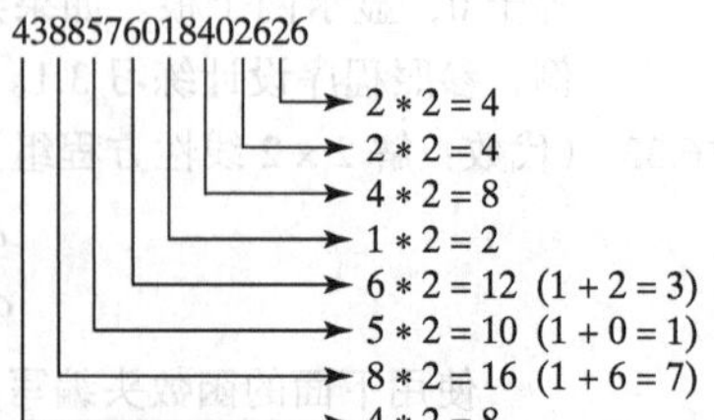

1）将从右向左数的偶位数乘以 2。如果乘 2 以后变成了两位数，那么将两位数字加起来得到新的一位数字。

2）现在将第 1）步得到的各位数字加起来求和。

$$4+4+8+2+3+1+7+8=37$$

3）将信用卡奇数位数字从右向左加起来求和。

$$6+6+0+8+0+7+8+3=38$$

4）将第2）步和第3）步得到的结果相加。

$$37+38=75$$

5）如果第4）步得到的结果能被10整除，那么信用卡号是有效的；否则，它就是无效的。例如，卡号4388576018402626是无效的，但是4388576018410707是有效的。

编写程序，提示用户输入一个信用卡号码字符串。显示信用卡号码是否有效。使用下面的函数设计你的程序：

```
// Return true if the card number is valid
bool isValid(const string& cardNumber)

// Get the result from Step 2
int sumOfDoubleEvenPlace(const string& cardNumber)

// Return this number if it is a single digit, otherwise,
// return the sum of the two digits
int getDigit(int number)

// Return sum of odd-place digits in the card number
int sumOfOddPlace(const string& cardNumber)

// Return true if substr is the prefix for cardNumber
bool startsWith(const string& cardNumber, const string& substr)
```

*6.38 （二进制转换为十六进制）编写函数，将二进制数转换为十六进制数。函数头如下：

```
string bin2Hex(const string& binaryString)
```

编写测试程序，提示用户输入二进制数字符串，并显示相应的十六进制数。

*6.39 （二进制转换为十进制）编写函数，将二进制数转换为十进制数。函数头如下：

```
int bin2Dec(const string& binaryString)
```

例如，二进制字符串10001是17（$1\times2^4+0\times2^3+0\times2^2+0\times2+1=17$）。所以bin2Dec("10001")返回17。编写测试程序，提示用户输入二进制数字符串，并显示相应的十进制数。

*6.40 （十进制转换为十六进制）编写函数，将十进制数字符串转换为十六进制。函数头如下：

```
string dec2Hex(int value)
```

参照附录D中十进制转换为十六进制的相关内容。编写测试程序，提示用户输入十进制数字符串，并显示相应的十六进制数。

*6.41 （十进制转换为二进制）编写函数，将十进制数字符串转换为二进制。函数头如下：

```
string dec2Bin(int value)
```

参照附录D中十进制转换为二进制的相关内容。编写测试程序，提示用户输入十进制数字符串，并显示相应的二进制数。

*6.42 （最长公共前缀）请使用如下函数头编写prefix函数，返回两个字符串的最长公共前缀：

```
string prefix(const string& s1, const string& s2)
```

编写测试程序，提示用户输入两个字符串，并显示它们的最长公共前缀。运行样例与程序设计练习5.49相同。

**6.43 (子串检验)编写如下函数来检测字符串 s1 是否是字符串 s2 的子串。如果匹配成功，返回子串在 s2 中的第一个索引；否则，返回 -1。

```
int indexOf(const string& s1, const string& s2)
```

编写测试程序，读入两个字符串，并检验第一个字符串是否是第二个字符串的子串。下面是程序的运行样例：

```
Enter the first string: welcome ↵Enter
Enter the second string: We welcome you! ↵Enter
indexOf("welcome", "We welcome you!") is 3
```

```
Enter the first string: welcome ↵Enter
Enter the second string: We invite you! ↵Enter
indexOf("welcome", "We invite you!") is -1
```

*6.44 (指定字符在字符串中出现的次数)请使用下面的函数头编写函数，找到指定字符在字符串中出现的次数：

```
int count(const string& s, char a)
```

例如，count("Welcome", 'e') 返回 2。编写测试程序，读入一个字符串和字符，并显示字符在字符串中出现的次数。下面是运行样例：

```
Enter a string: Welcome to C++ ↵Enter
Enter a character: o ↵Enter
o appears in Welcome to C++ 2 times
```

***6.45 (当前年月日)请使用 time(0) 函数，编写程序显示当前年月日。下面是程序的一个运行样例：

```
The current date is May 17, 2012
```

**6.46 (互换实例)编写下面的函数，将字符串的大写字母转换成小写，小写字母转换成大写字母，并返回新的字符串。

```
string swapCase(const string& s)
```

编写测试程序，提示用户输入字符串并调用这个函数，显示函数的返回值。下面是一个运行样例：

```
Enter a string: I'm here
The new string is: i'M HERE
```

**6.47 (电话拨号面板)程序设计练习 4.15 中展示了国际标准手机键盘上的字母 / 数字对应关系。编写如下函数，给定一个大写字母返回一个数字：

```
int getNumber(char uppercaseLetter)
```

编写测试程序，提示用户输入电话号码字符串。输入数字中可能含有字母。程序要将字母(大写或小写)翻译成数字，并保持其他字符不变。下面是程序的一个运行样例：

```
Enter a string: 1-800-Flowers ↵Enter
1-800-3569377
```

```
Enter a string: 1800flowers ↵Enter
18003569377
```

第 7 章 一维数组和 C 字符串

目标

- 理解程序设计为什么需要数组（7.1 节）。
- 学会声明数组（7.2.1 节）。
- 会使用下标变量访问数组元素（7.2.2 节）。
- 会初始化数组中的值（7.2.3 节）。
- 编程实现常用数组操作（显示数组、数组求和、寻找最大最小值、随机洗牌、转移元素）（7.2.4 节）。
- 在程序开发中使用数组（LottoNumbers、DeckOfCards）（7.3 ～ 7.4 节）。
- 会设计、调用以数组为参数的函数（7.5 节）。
- 定义一个 const 数组参数来防止它被改变（7.6 节）。
- 数组作为参数传递并返回给它自身（7.7 节）。
- 计算字符数组中每一个字符的出现频率（CountLettersInArray）（7.8 节）。
- 会使用顺序搜索算法（7.9.1 节）或二分搜索算法（7.9.2 节）搜索数组元素。
- 会使用选择排序算法对数组进行排序（7.10 节）。
- 使用 C 字符串和 C 字符串函数表示字符串（7.11 节）。

7.1 引言

关键点：一个简单的数组可以存储大量的数据。

程序的执行过程中经常会存储大量的值。假设需要读取 100 个数字，计算它们的平均值，并且算出有多少个数值是高于平均值的。首先，程序要读取数值并且计算出它们的平均值，然后将每一个数值和平均值对比以确定它们是否高于平均值。为了达到这个目的，这些数值必须用变量来存储。这样一来，就必须声明 100 个变量，然后重复写 100 遍相似的代码。这样写程序是不切实际的。因此，该怎样解决这个问题呢？

一种高效、有组织的方法是必要的。C++ 和大多数其他高级语言都提供了一种数据结构——数组（array），这是一种存储了一个固定大小元素的集合，这个集合里的成员有着相同的类型。以这种方式，就可以把 100 个数字都存储到一个数组之中，然后通过一个数组变量来访问它们。解决的方法在程序清单 7-1 中。

程序清单 7-1 AnalyzeNumbers.cpp

```
#include <iostream>
using namespace std;

int main()
```

```
5 {
6   const int NUMBER_OF_ELEMENTS = 100;
7   double numbers[NUMBER_OF_ELEMENTS];
8   double sum = 0;
9
10  for (int i = 0; i < NUMBER_OF_ELEMENTS; i++)
11  {
12    cout << "Enter a new number: ";
13    cin >> numbers[i];
14    sum += numbers[i];
15  }
16
17  double average = sum / NUMBER_OF_ELEMENTS;
18
19  int count = 0; // The number of elements above average
20  for (int i = 0; i < NUMBER_OF_ELEMENTS; i++)
21    if (numbers[i] > average)
22      count++;
23
24  cout << "Average is " << average << endl;
25  cout << "Number of elements above the average " << count << endl;
26
27  return 0;
28 }
```

numbers[0]:
numbers[1]:
numbers[2]:
numbers[i]:
numbers[97]:
numbers[98]:
numbers[99]:

这段程序在第 7 行声明了一个有 100 个元素的数组，在第 13 行将数值存储到数组中，在第 14 行将各个数值求和，在第 17 行得到平均值。然后它将数组中的每一个数值和平均值做对比，得到高于平均数的数值的个数（19 ～ 22 行）。

当完成了本章的学习就可以写下这段程序。本章介绍一维数组。第 8 章将介绍二维和多维数组。

7.2　数组基础

关键点：数组是用来存储同类型变量的数据集合。一个数组中的元素可以用下标来访问。

数组用来保存数据集合，但通常更有用的理解是把数组看做同类型变量的集合。有了数组，就不必声明大量单个变量，如 number0、number1、…、number99，而代之以声明一个数组，例如名为 numbers，然后可以用 numbers[0]、numbers[1]、…、numbers[99] 即表示单个变量。本节介绍如何声明数组变量以及如何使用下标访问数组。

7.2.1　声明数组

声明数组，需指明*元素类型*（element type）和数组大小，语法如下所示：

```
elementType arrayName[SIZE];
```

elementType 可以是任何数据类型，并且所有的数组成员都将是同样的数据类型。其中 SIZE 是*数组大小说明符*，必须是大于 0 的整数。例如，下面语句声明一个 10 个 double 型值的数组：

```
double myList[10];
```

编译器为数组 myList 分配了 10 个 double 型元素的空间。当一个数组被声明后，其元素的初值是任意的。数组元素赋值的语法如下所示：

```
arrayName[index] = value;
```

例如，下面代码初始化 myList 数组：

```
myList[0] = 5.6;
myList[1] = 4.5;
myList[2] = 3.3;
myList[3] = 13.2;
myList[4] = 4.0;
myList[5] = 34.33;
myList[6] = 34.0;
myList[7] = 45.45;
myList[8] = 99.993;
myList[9] = 111.23;
```

数组内容如图 7-1 所示。

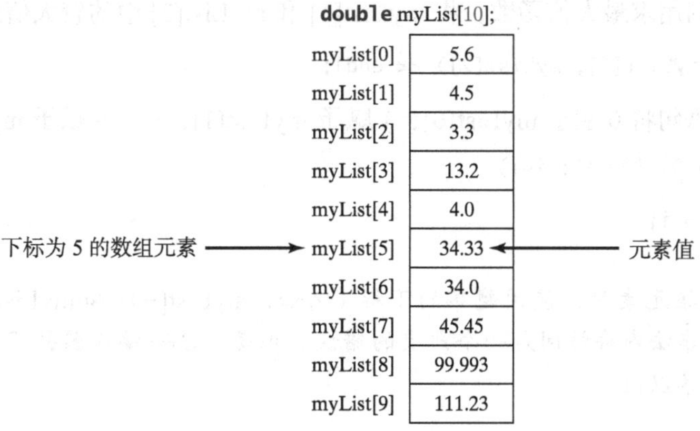

图 7-1　数组 myList 中有 10 个 double 类型的元素，其下标为整型的 0 ～ 9

提示：C++ 要求在数组声明中，数组大小必须是常量表达式。例如，下面的代码是非法的：

```
int size = 4;
double myList[size]; // Wrong
```

但是，如果如下面的代码用一个常量 SIZE 作为数组大小，就是合法的：

```
const int SIZE = 4;
double myList[SIZE]; // Correct
```

小窍门：如果多个数组的元素类型相同，那么可以在一条语句中声明这些数组，如下所示：

```
elementType arrayName1[size1], arrayName2[size2], ...,
  arrayNamen[sizeN];
```

其中，用逗号将数组隔开，例如：

```
double list1[10], list2[25];
```

7.2.2　访问数组元素

数组元素通过下标变量来访问。数组下标是 0 基址的，即从 0 开始到 arraySize−1。第一个元素的下标为 0，第二个元素的下标为 1，以此类推。在图 7-1 的例子中，myList 包含 10 个 double 型值，下标从 0 到 9。

数组中每个元素可用如下语法表示：

```
arrayName[index];
```

例如，myList[9] 表示数组 myList 的最后一个元素。注意，数组大小声明符号用来在声明数组时表示数组的大小。一个数组的下标用来访问数组中某个特定元素。

当使用下标访问时，数组中的每一个元素都可以当做变量来使用。例如，下面代码将 myList[0] 与 myList[1] 相加，赋予 myList[2]：

```
myList[2] = myList[0] + myList[1];
```

下面代码是让 myList[0] 增加 1：

```
myList[0]++;
```

下面代码是调用求最大值函数，将 myList[1] 和 myList[2] 中的较大值返回：

```
cout << max(myList[1], myList[2]) << endl;
```

下面的循环语句将 0 赋予 myList[0]，1 赋予 myList[1]，…，9 赋予 myList[9]：

```
for (int i = 0; i < 10; i++)
{
  myList[i] = i;
}
```

警示：访问数组元素时，使用越界的下标（例如，myList[−1] 和 myList[10]）会引起非法越界的错误。非法内存访问是一个严重的错误。但是，C++ 编译器并不会报错。注意确保数组下标在边界以内。

7.2.3　数组初始化语句

C++ 提供了一种称为“数组初始化语句”（array initializer）的语句简写形式，将数组声明和初始化组合在一条语句中，语法如下所示：

```
elementType arrayName[arraySize] = {value0, value1, ..., valuek};
```

例如：

```
double myList[4] = {1.9, 2.9, 3.4, 3.5};
```

此语句声明并初始化一个包含 4 个元素的数组 myList，它与下面语句是等价的：

```
double myList[4];
myList[0] = 1.9;
myList[1] = 2.9;
myList[2] = 3.4;
myList[3] = 3.5;
```

警示：使用数组初始化语句，只能在一条语句中完成数组声明和初始化，将两者分开会导致一个语法错误。如下面语句就是错误的：

```
double myList[4];
myList = {1.9, 2.9, 3.4, 3.5};
```

提示：当使用数组初始化语句声明并创建一个数组时，C++ 允许省略数组大小。例如，下面声明语句是合法的：

```
double myList[] = {1.9, 2.9, 3.4, 3.5};
```

编译器会自动计算出数组包含几个元素。

提示：C++ 允许只初始化数组的一部分元素。例如，下面语句将 1.9 和 2.9 赋予数组的前两个元素，另两个元素被赋予 0。

```
double myList[4] = {1.9, 2.9};
```

注意，如果一个数组被创建，但还未初始化，那么其元素的值都是“垃圾”(不确定是什么内容)，这一点与其他局部变量是类似的。

7.2.4 处理数组

通常需要使用 for 循环来处理数组元素。原因如下：

- 数组中所有元素都是相同类型的。使用循环，就能反复地以同样的方式一致地处理所有元素。
- 由于数组大小是已知的，用 for 循环是很自然的。

假定数组定义如下：

```
const int ARRAY_SIZE = 10;
double myList[ARRAY_SIZE];
```

下面是 10 个处理数组的例子：

1）用输入的值来初始化数组：下面的循环用输入的值来初始化数组 myList。

```
cout << "Enter " << ARRAY_SIZE << " values: ";
for (int i = 0; i < ARRAY_SIZE; i++)
  cin >> myList[i];
```

2）用随机数初始化数组：下面的循环用 0 ～ 99 之间的随机数初始化数组 myList。

```
for (int i = 0; i < ARRAY_SIZE; i++)
{
  myList[i] = rand() % 100;
}
```

3）输出数组：为输出一个数组，需要使用一个循环输出数组中每个元素，如下所示。

```
for (int i = 0; i < ARRAY_SIZE; i++)
{
  cout << myList[i] << " ";
}
```

4）复制数组：可以用类似下面的语句复制一个数组吗？

```
list = myList;
```

这在 C++ 中是不允许的。需要在两个数组之间逐个元素地进行复制，如下所示。

```
for (int i = 0; i < ARRAY_SIZE; i++)
{
  list[i] = myList[i];
}
```

5）求所有元素的和：使用一个名为 total 的变量保存和。total 的初值设为 0，使用一个循环将每个元素加到 total 上，如下所示。

```
double total = 0;
for (int i = 0; i < ARRAY_SIZE; i++)
{
  total += myList[i];
}
```

6）*求最大元素*：使用一个名为max的变量保存最大元素。max的初值设置为myList[0]。为求数组myList中的最大元素，将myList中的每个元素与max进行比较，若数组元素比max大则更新max。

```
double max = myList[0];
for (int i = 1; i < ARRAY_SIZE; i++)
{
  if (myList[i] > max) max = myList[i];
}
```

7）*求最大元素的最小下标*：通常需要获得数组中最大元素的位置。如果一个数组中有多个最大元素，常需要定位下标最小的元素。假定数组myList为{1, 5, 3, 4, 5, 5}，那么最大元素为5，而值为5的元素中最小下标为1。可用一个名为max的变量保存最大元素，一个名为indexOfMax的变量保存最大元素的最小下标。max的初值为myList[0]，indexOfMax的初值为0。将数组myList中每个元素与max进行比较，若数组元素大于max，则更新max和indexOfMax的值。

```
double max = myList[0];
int indexOfMax = 0;

for (int i = 1; i < ARRAY_SIZE; i++)
{
  if (myList[i] > max)
  {
    max = myList[i];
    indexOfMax = i;
  }
}
```

可以思考这样一个问题：如果用(myList[i] >= max)替换(myList[i] > max)，会产生什么样的结果？

8）*随机重排*：在许多应用中，需要将一个数组中的元素随机重排。这就是重排（shuffling）。为了达到这个目的，对每个元素myList[i]，随机产生一个下标j，然后交换myList[i]和myList[j]，如下所示。

```
srand(time(0));

for (int i = ARRAY_SIZE - 1; i > 0; i--)
{
  // Generate an index j randomly with 0 <= j <=i
  int j = rand() % (i + 1);

  // Swap myList[i] with myList[j]
  double temp = myList[i];
  myList[i] = myList[j]
  myList[j] = temp;
}
```

myList
i
[0]
[1]
[i]
交换
随机下标 [j]
[n−1]

9）*移动元素*：有时需要向左或者向右移动元素。例如，可以将元素向左移动一个位置，然后用第一个元素来填写最后一个位置。

```
double temp = myList[0]; // Retain the first element

// Shift elements left
for (int i = 1; i < ARRAY_SIZE; i++)
{
  myList[i - 1] = myList[i];
```

myList

```
}

// Move the first element to fill in the last position
myList[ARRAY_SIZE - 1] = temp;
```

10）简化代码：数组可以在某些任务当中简化代码。例如，假设想通过月份的数字来获得月份的英文名称。如果将月份的名称存储在一个数组当中，月份名称就可以通过下标来访问。以下的代码就向用户展示了通过月份的数字来显示月份名称。

```
string months[] = {"January", "February", ..., "December"};
cout << "Enter a month number (1 to 12): ";
int monthNumber;
cin >> monthNumber;
cout << "The month is " << months[monthNumber - 1] << endl;
```

如果不使用 months 数组，就需要使用一个冗长的多分支 if-else 语句来决定月份名称，代码如下：

```
if (monthNumber == 1)
  cout << "The month is January" << endl;
else if (monthNumber == 2)
  cout << "The month is February" << endl;
...
else
  cout << "The month is December" << endl;
```

警示：程序设计人员经常错误地将一个数组的第一个元素的下标视为 1。这称为差一错误。它是一种常见的错误，尤其在一个循环中本该使用 < 的时候使用了 <=。举个例子，下面的代码是错误的：

```
for (int i = 0; i <= ARRAY_SIZE; i++)
  cout << list[i] << " ";
```

这里 <= 应该改为 <。

小窍门：由于 C++ 不检查数组边界，所以应该对此加以特别注意，以确保下标在合法范围内。可以检查循环的第一次和最后一次迭代，查看下标是否在允许的范围内。

检查点

7.1　如何声明一个数组？数组大小说明符与数组下标之间有什么区别？

7.2　如何访问数组中的元素？是否可以使用 b = a 来将数组 a 复制到数组 b 中？

7.3　声明数组时是否分配内存？数组中的元素是否有缺省值？当下列代码执行时会发生什么？

```
int numbers[30];
cout << "numbers[0] is " << numbers[0] << endl;
cout << "numbers[29] is " << numbers[29] << endl;
cout << "numbers[30] is " << numbers[30] << endl;
```

7.4　判断对错：

- 数组中每个元素都有相同的类型。
- 在声明后数组大小是固定的。
- 数组大小说明符必须为常数表达式。
- 在数组声明时初始化数组元素。

7.5　下列语句是有效的数组声明吗？

```
double d[30];
char[30] r;
```

```
int i[] = (3, 4, 3, 2);
float f[] = {2.3, 4.5, 6.6};
```

7.6　数组下标类型是什么？最小下标是什么？名为 a 的数组中第三个元素如何表示？

7.7　编写 C++ 语句：

a. 声明一个数组用来储存 10 个双精度值。

b. 将 5.5 赋给数组中最后一个元素。

c. 显示前两个元素的和。

d. 编写一个循环计算数组中所有元素的和。

e. 编写一个循环找出数组中的最小元素。

f. 随机生成一个下标并显示数组中此下标所表示的元素。

g. 使用数组初始化来声明另一个数组，初始化值为 3.5、5.5、4.52 和 5.6。

7.8　当程序想要访问无效下标的数组元素时会发生什么？

7.9　识别并修改下列代码中的错误：

```
int main()
{
  double[100] r;

  for (int i = 0; i < 100; i++);
    r(i) = rand() % 100;
}
```

7.10　下列代码的输出是什么？

```
int list[] = {1, 2, 3, 4, 5, 6};

for (int i = 1; i < 6; i++)
  list[i] = list[i - 1];

for (int i = 0; i < 6; i++)
  cout << list[i] << " ";
```

7.3　问题：彩票号码

关键点：问题是写一个程序检查所有的输入数字覆盖了 1 ～ 99。

每一个选 10 个的乐透券都有 10 个从 1 ～ 99 的不同数字。假如买了很多券，想要让它们覆盖 1 ～ 99。写一个程序从文件中读取数据，并且检查这些数字是否都被覆盖了。假设文件中的最后一个数字是 0，文件中包含的数字如下

```
80 3 87 62 30 90 10 21 46 27
12 40 83 9 39 88 95 59 20 37
80 40 87 67 31 90 11 24 56 77
11 48 51 42 8 74 1 41 36 53
52 82 16 72 19 70 44 56 29 33
54 64 99 14 23 22 94 79 55 2
60 86 34 4 31 63 84 89 7 78
43 93 97 45 25 38 28 26 85 49
47 65 57 67 73 69 32 71 24 66
92 98 96 77 6 75 17 61 58 13
35 81 18 15 5 68 91 50 76
0
```

程序需要显示：

```
The tickets cover all numbers
```

假设文件中的数字如下：

```
11 48 51 42 8 74 1 41 36 53
52 82 16 72 19 70 44 56 29 33
0
```

程序需要显示：

```
The tickets don't cover all numbers
```

如何标记一个数字被覆盖了？可以声明一个有 99 个布尔类型元素的数组。每一个数组中的元素可以用来标记一个数字是否被覆盖。数组为 isCovered。最初，每个元素都是 false，如图 7-2a 所示。每当一个数字被读，它对应的元素就被设置为 true。假如输入的数字是 1、2、3、99、0。当数字 1 被读取后，isCovered[1−1] 就被设置为 true，如图 7-2b 所示。当数字 2 被读取后，isCovered[2−1] 就被设置为 true，如图 7-2c 所示。当数字 3 被读取后，isCoverd[3−1] 被设置为 true，如图 7-2d 所示。当数字 99 被读取后，isCovered[99−1] 被设置为 true，如图 7-2e 所示。

isCovered	a)	b)	c)	d)	e)
[0]	false	true	true	true	true
[1]	false	false	true	true	true
[2]	false	false	false	true	true
[3]	false	false	false	false	false
⋮	. . .	. . .	. . .	. . .	. . .
[97]	false	false	false	false	false
[98]	false	false	false	false	true

图 7-2　如果数字 i 出现在乐透彩票中，isCovered[i−1] 就被设置为 true

算法的描述如下：

```
for each number k read from the file,
  mark number k as covered by setting isCovered[k - 1] true;

if every isCovered[i] is true
  The tickets cover all numbers
else
  The tickets don't cover all numbers
```

程序清单 7-2 给出了完整的程序。

程序清单 7-2　LottoNumbers.cpp

```
#include <iostream>
using namespace std;

int main()
{
  bool isCovered[99];
```

```
7      int number; // number read from a file
8
9      // Initialize the array
10     for (int i = 0; i < 99; i++)
11       isCovered[i] = false;
12
13     // Read each number and mark its corresponding element covered
14     cin >> number;
15     while (number != 0)
16     {
17       isCovered[number - 1] = true;
18       cin >> number;
19     }
20
21     // Check if all covered
22     bool allCovered = true; // Assume all covered initially
23     for (int i = 0; i < 99; i++)
24       if (!isCovered[i])
25       {
26         allCovered = false; // Find one number not covered
27         break;
28       }
29
30     // Display result
31     if (allCovered)
32       cout << "The tickets cover all numbers" << endl;
33     else
34       cout << "The tickets don't cover all numbers" << endl;
35
36     return 0;
37   }
```

假设创建了一个文本文件叫做 LottoNumbers.txt，包含了输入数据 2 5 6 5 4 3 23 43 2 0，那么可以使用下面的命令来运行程序：

```
g++ LottoNumbers.cpp -o LottoNumbers.exe
LottoNumbers.exe < LottoNumbers.txt
```

程序过程如下：

	Representative elements in array isCovered								
行号	[1]	[2]	[3]	[4]	[5]	[22]	[42]	number	allCovered
11	false	false	false	false	false	false	false		
14								2	
17	true								
18								5	
17				true					
18								6	
17					true				
18								5	
17				true					
18								4	
17			true						
18								3	
17		true							

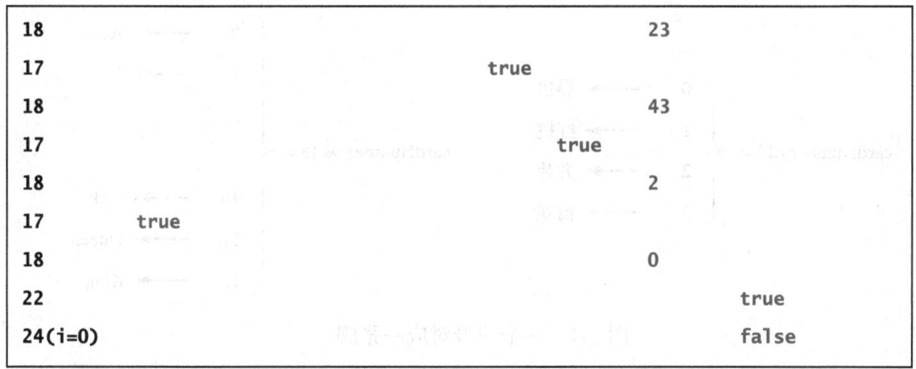

18				23	
17		true			
18				43	
17			true		
18				2	
17	true				
18				0	
22					true
24(i=0)					false

程序声明了一个数组，有 99 个 bool 元素（6 行），然后把每一个元素初始化为 false（10 ～ 11 行）。它从文件中读取第一个数字（14 行）。程序在循环中重复下面的操作：

- 如果数字不是 0，设置它在数组中对应值的 isCoverd 为 true（17 行）
- 读取下一个数字（18 行）

当输入是 0，输入结束。程序在 22 ～ 28 行检查是否所有的数都覆盖了，然后在 31 ～ 34 行显示结果。

7.4　问题：一副纸牌

关键点：问题是创建一个程序，随机从一副纸牌的 52 张中选出 4 张。

所有的纸牌都能用一个数组 deck 表示，初始化初值为 0 ～ 51，如下：

```
int deck[52];

// Initialize cards
for (int i = 0; i < NUMBER_OF_CARDS; i++)
  deck[i] = i;
```

纸牌的数字 0 ～ 12,13 ～ 25，26 ～ 38，39 ～ 51 各有 13 张黑桃，13 张红桃，13 张方片，13 张梅花，如图 7-3 所示。cardNumber/13 决定了纸牌的组合，cardNumber%13 决定了纸牌的排序，如图 7-4 所示。在对 deck 数组内容进行洗牌之后，选取整副纸牌中的前 4 张牌。

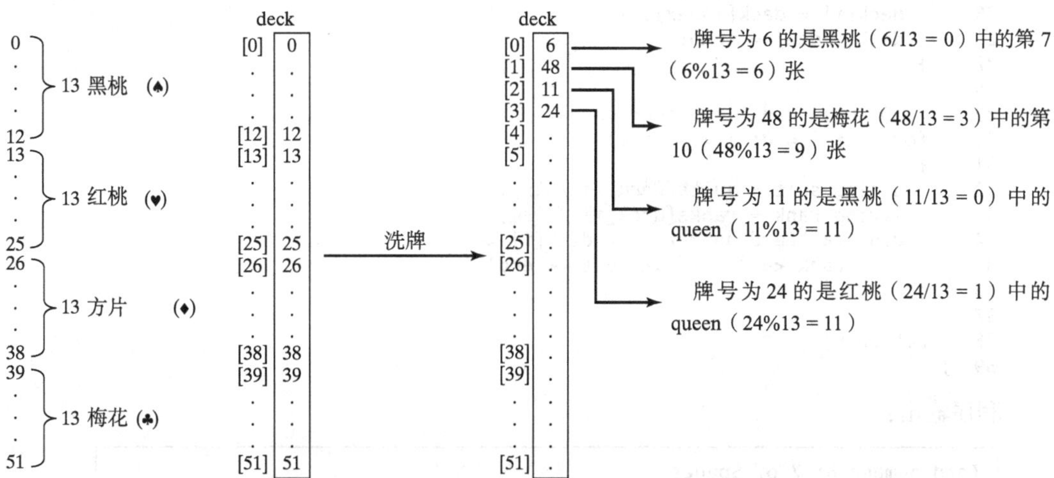

图 7-3　在名为 deck 的数组中存储 52 张牌

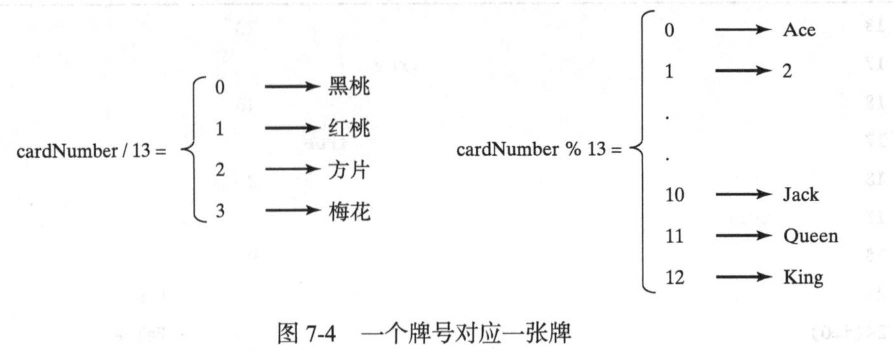

图 7-4 一个牌号对应一张牌

程序清单 7-3 给出了问题的解决办法。

程序清单 7-3 DeckOfCards.cpp

```
#include <iostream>
#include <ctime>
#include <string>
using namespace std;

int main()
{
  const int NUMBER_OF_CARDS = 52;
  int deck[NUMBER_OF_CARDS];
  string suits[] = {"Spades", "Hearts", "Diamonds", "Clubs"};
  string ranks[] = {"Ace", "2", "3", "4", "5", "6", "7", "8", "9",
    "10", "Jack", "Queen", "King"};

  // Initialize cards
  for (int i = 0; i < NUMBER_OF_CARDS; i++)
    deck[i] = i;

  // Shuffle the cards
  srand(time(0));
  for (int i = 0; i < NUMBER_OF_CARDS; i++)
  {
    // Generate an index randomly
    int index = rand() % NUMBER_OF_CARDS;
    int temp = deck[i];
    deck[i] = deck[index];
    deck[index] = temp;
  }

  // Display the first four cards
  for (int i = 0; i < 4; i++)
  {
    string suit = suits[deck[i] / 13];
    string rank = ranks[deck[i] % 13];
    cout << "Card number " << deck[i] << ": "
      << rank << " of " << suit << endl;
  }

  return 0;
}
```

程序输出：

```
Card number 6: 7 of Spades
Card number 48: 10 of Clubs
```

```
Card number 11: Queen of Spades
Card number 24: Queen of Hearts
```

程序定义一个数组 deck 有 52 张纸牌（9 行）。deck 在 15 ～ 16 行被初始化为 0 ～ 51。牌面为 0 代表着黑桃 A，1 代表黑桃 2,13 代表红桃 A，14 代表红桃 2。程序 20 ～ 27 行随机混 deck。在混排之后，deck[i] 中的数值是一个随机数。deck[i] / 13 的结果 0、1、2、3 决定了是哪一套牌（32 行）。deck[i] % 13 是一个介于 0 ～ 12 的值，决定着排序（33 行）。如果 suits 数组没有定义，需要使用很长的多个如下的 if-else 语句决定 suit：

```
if (deck[i] / 13 == 0)
  cout << "suit is Spades" << endl;
else if (deck[i] / 13 == 1)
  cout << "suit is Heart" << endl;
else if (deck[i] / 13 == 2)
  cout << "suit is Diamonds" << endl;
else
  cout << "suit is Clubs" << endl;
```

使用 suits = {"Spades", "Hearts", "Diamonds", "Clubs"} 这个数组，suits[deck / 13] 给出了牌的花色。使用数组极大地简化了程序的解决方案。

7.5　数组作为函数参数

关键点：当一个数组参数传递给了一个函数，数组的起始地址被传递给了函数中的数组参数。实际参数和形式参数使用的是同一个数组。

正如同可以将单个值传递给函数，也可以将整个数组传递给函数。程序清单 7-4 给出了一个例子，说明了如何声明并调用这种类型的函数。

程序清单 7-4　PassArrayDemo.cpp

```
1  #include <iostream>
2  using namespace std;
3
4  void printArray(int list[], int arraySize); // Function prototype
5
6  int main()
7  {
8    int numbers[5] = {1, 4, 3, 6, 8};
9    printArray(numbers, 5); // Invoke the function
10
11   return 0;
12 }
13
14 void printArray(int list[], int arraySize)
15 {
16   for (int i = 0; i < arraySize; i++)
17   {
18     cout << list[i] << " ";
19   }
20 }
```

程序输出：

```
1 4 3 6 8
```

在函数头中（14 行），int list[] 指出此参数是一个整型数组，其大小可以是任意的。因此，可以传递任意的整型数组调用此函数（9 行）。注意，函数原型中的参数名可以省略。

因此函数原型可以不要参数名 list 和 arraySize，如下所示：

```
void printArray(int [], int); // Function prototype
```

提示：通常，向一个函数传递一个数组时，应该通过另一个参数将其大小也传递给函数，这样函数就能知道数组中包含多少个元素。否则，就需要将数组大小硬编码到函数中，或在全局变量中声明它。但哪种方法都不是一种灵活的、健壮的方法。

C++ 使用值传递来给函数传递数组参数。向函数传递基本数据类型变量和传递数组，这两者有着重要的不同：

- 传递一个基本数据类型变量，意味着变量的值被传递给形参。
- 传递一个数组意味着数组的起始地址被传递给形参。这个值被传递给函数中的数组参数。语义上讲，这就属于传递共享，也就是，函数中的数组和传递给函数的数组是同一个。因此，如果你改变函数中的数组，你也将会改变函数之外的数组。程序清单 7-5 给出了一个示例展示这种效果。

程序清单 7-5 EffectOfPassArrayDemo.cpp

```
#include <iostream>
using namespace std;

void m(int, int []);

int main()
{
  int x = 1; // x represents an int value
  int y[10]; // y represents an array of int values
  y[0] = 1; // Initialize y[0]

  m(x, y); // Invoke m with arguments x and y

  cout << "x is " << x << endl;
  cout << "y[0] is " << y[0] << endl;

  return 0;
}

void m(int number, int numbers[])
{
  number = 1001; // Assign a new value to number
  numbers[0] = 5555; // Assign a new value to numbers[0]
}
```

程序输出：

```
x is 1
y[0] is 5555
```

可以看出，当函数 m 被调用后，x 的值仍为 1，但 y[0] 的值变为 5555。这是因为 x 的值被复制给 number，x 和 number 是独立的变量，但 y 和 numbers 指向的是相同的数组，numbers 可以认为是数组 y 的别名。

7.6 防止函数修改传递参数的数组

关键点：可以在函数中定义 const 数组参数来防止数组在函数中被修改。

传递数组参数其实就是传递了数组在内存中的首地址。数组元素没有被复制。这对保护内存空间非常有意义。然而，如果函数偶然地修改了数组，则使用数组参数可能导致错误。为了避免这个错误，可以把 const 关键字放在数组参数之前，以此告诉编译器这个数组不能被修改。如果有代码尝试修改这个数组，编译器就会报错。

程序清单 7-6 给出了一个实例，在函数 P 中声明一个 const 数组参数 list（4 行）。在第 7 行，函数尝试修改数组的第一个元素。这个错误被编译器发现了，如样例输出中所示。

程序清单 7-6 ConstArrayDemo.cpp

```
1  #include <iostream>
2  using namespace std;
3
4  void p(const int list[], int arraySize)
5  {
6    // Modify array accidentally
7    list[0] = 100; // Compile error!
8  }
9
10 int main()
11 {
12   int numbers[5] = {1, 4, 3, 6, 8};
13   p(numbers, 5);
14
15   return 0;
16 }
```

程序输出：

使用 Visual C++ 2012 编译

```
error C3892: "list": you cannot assign to a variable that is const
```

使用 GNU C++ 编译

```
ConstArrayDemo.cpp:7: error: assignment of read-only location
```

提示：如果在函数 f1 中定义了一个 const 变量，而且这个参数被传递给了另外一个函数 f2，那么 f2 中的对应参数必须声明为 const 类型，确保一致性。考虑下面的代码：

```
void f2(int list[], int size)
{
  // Do something
}

void f1(const int list[], int size)
{
  // Do something
  f2(list, size);
}
```

编译器报错，因为 list 是 f1 中的 const 类型变量，被传递给了 f2，但是在 f2 中不是 const 类型。函数 f2 的声明应该是

```
void f2(const int list[], int size)
```

7.7 数组作为函数值返回

关键点：要从函数中返回一个数组，把它作为参数传递给函数。

可以定义一个返回基本数据类型值或对象的函数，如下所示：

```
// Return the sum of the elements in the list
int sum(const int list[], int size)
```

可以用类似的语法从函数中返回数组吗？例如，可能要声明一个函数，返回一个新的数组，其内容是一个已有数组的逆序，如下所示：

```
// Return the reversal of list
int[] reverse(const int list[], int size)
```

C++ 是不允许这样的。但是，可以向函数传递两个数组，就能绕过这个限制，如下所示：

```
// newList is the reversal of list
void reverse(const int list[], int newList[], int size)
```

完整程序如程序清单 7-7 所示。

程序清单 7-7 ReverseArray.cpp

```
#include <iostream>
using namespace std;

// newList is the reversal of list
void reverse(const int list[], int newList[], int size)
{
  for (int i = 0, j = size - 1; i < size; i++, j--)
  {
    newList[j] = list[i];
  }
}

void printArray(const int list[], int size)
{
  for (int i = 0; i < size; i++)
    cout << list[i] << " ";
}

int main()
{
  const int SIZE = 6;
  int list[] = {1, 2, 3, 4, 5, 6};
  int newList[SIZE];

  reverse(list, newList, SIZE);

  cout << "The original array: ";
  printArray(list, SIZE);
  cout << endl;

  cout << "The reversed array: ";
  printArray(newList, SIZE);
  cout << endl;

  return 0;
}
```

程序输出：

```
The original array: 1 2 3 4 5 6
The reversed array: 6 5 4 3 2 1
```

reverse（5 ～ 11 行）使用一个循环将原数组的第一个元素、第二个元素……分别复制到新数组的最后一个元素、倒数第二个元素……如下图所示。

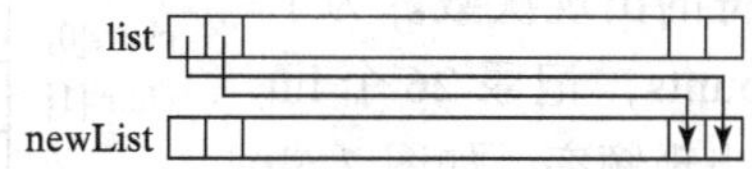

为调用此函数（25 行），需传递三个参数。第一个参数是原数组，其内容在函数中不会改变。第二个参数是新数组，其内容在函数中被修改。第三个参数指出数组的大小。

检查点

7.11　将一个数组参数传递给函数，会创建一个新的数组传递给函数。这种说法对吗？

7.12　显示下列两个程序的输出：

```
#include <iostream>
using namespace std;

void m(int x, int y[])
{
  x = 3;
  y[0] = 3;
}

int main()
{
  int number = 0;
  int numbers[1];

  m(number, numbers);

  cout << "number is " << number
    << " and numbers[0] is " << numbers[0];

  return 0;
}
```

a)

```
#include <iostream>
using namespace std;

void reverse(int list[], int size)
{
  for (int i = 0; i < size / 2; i++)
  {
    int temp = list[i];
    list[i] = list[size - 1 - i];
    list[size - 1 - i] = temp;
  }
}

int main()
{
  int list[] = {1, 2, 3, 4, 5};
  int size = 5;
  reverse(list, size);
  for (int i = 0; i < size; i++)
    cout << list[i] << " ";

  return 0;
}
```

b)

7.13　如何防止函数中数组突然被更改？

7.14　假设下列代码用来反转字符串中的字符，说说它错在了哪里。

```
string s = "ABCD";
for (int i = 0, j = s.size() - 1; i < s.size(); i++, j--)
{
  // Swap s[i] with s[j]
  char temp = s[i];
  s[i] = s[j];
  s[j] = temp;
}

cout << "The reversed string is " << s << endl;
```

7.8　问题：计算每个字符的出现次数

关键点： 本节展示了一个程序，计算一个数组中的每一个字符的出现次数。

程序做了如下操作：

1）随机生成100个小写字母，把它们赋值给一个字符数组，如图7-5a所示。与4.4节一样，一个随机小写字母可以使用下面的公式生成：

```
static_cast<char>('a' + rand() % ('z' - 'a' + 1))
```

2）计算数组中每一个字符的出现次数。为了实现效果，声明一个数组counts，记录26个int值，每一个都记录一个字母的出现频率，如图7-5b所示。即counts[0]计算a的个数，counts[1]计算b的个数，以此类推。

chars[0]
chars[1]
…
…
chars[98]
chars[99]
a)

counts[0]
counts[1]
…
…
counts[24]
counts[25]
b)

图7-5　chars数组存储100个字符，counts数组存储26个计数，每一个记一个字母的出现次数

程序清单7-8给出了完整的程序。

程序清单7-8　CountLettersInArray.cpp

```
#include <iostream>
#include <ctime>
using namespace std;

const int NUMBER_OF_LETTERS = 26;
const int NUMBER_OF_RANDOM_LETTERS = 100;
void createArray(char []);
void displayArray(const char []);
void countLetters(const char [], int []);
void displayCounts(const int []);

int main()
{
  // Declare and create an array
  char chars[NUMBER_OF_RANDOM_LETTERS];

  // Initialize the array with random lowercase letters
  createArray(chars);

  // Display the array
  cout << "The lowercase letters are: " << endl;
  displayArray(chars);

  // Count the occurrences of each letter
  int counts[NUMBER_OF_LETTERS];

  // Count the occurrences of each letter
  countLetters(chars, counts);

  // Display counts
  cout << "\nThe occurrences of each letter are: " << endl;
  displayCounts(counts);

  return 0;
}

// Create an array of characters
void createArray(char chars[])
{
  // Create lowercase letters randomly and assign
  // them to the array
  srand(time(0));
  for (int i = 0; i < NUMBER_OF_RANDOM_LETTERS; i++)
    chars[i] = static_cast<char>('a' + rand() % ('z' - 'a' + 1));
}
```

```
46
47 // Display the array of characters
48 void displayArray(const char chars[])
49 {
50   // Display the characters in the array 20 on each line
51   for (int i = 0; i < NUMBER_OF_RANDOM_LETTERS; i++)
52   {
53     if ((i + 1) % 20 == 0)
54       cout << chars[i] << " " << endl;
55     else
56       cout << chars[i] << " ";
57   }
58 }
59
60 // Count the occurrences of each letter
61 void countLetters(const char chars[], int counts[])
62 {
63   // Initialize the array
64   for (int i = 0; i < NUMBER_OF_LETTERS; i++)
65     counts[i] = 0;
66
67   // For each lowercase letter in the array, count it
68   for (int i = 0; i < NUMBER_OF_RANDOM_LETTERS; i++)
69     counts[chars[i] - 'a'] ++;
70 }
71
72 // Display counts
73 void displayCounts(const int counts[])
74 {
75   for (int i = 0; i < NUMBER_OF_LETTERS; i++)
76   {
77     if ((i + 1) % 10 == 0)
78       cout << counts[i] << " " << static_cast<char>(i + 'a') << endl;
79     else
80       cout << counts[i] << " " << static_cast<char>(i + 'a') << " ";
81   }
82 }
```

程序输出：

```
The lowercase letters are:
p y a o u n s u i b t h y g w q l b y o
x v b r i g h i x w v c g r a s p y i z
n f j v c j c a c v l a j r x r d t w q
m a y e v m k d m e m o j v k m e v t a
r m o u v d h f o o x d g i u w r i q h

The occurrences of each letter are:
6 a 3 b 4 c 4 d 3 e 2 f 4 g 4 h 6 i 4 j
2 k 2 l 6 m 2 n 6 o 2 p 3 q 6 r 2 s 3 t
4 u 8 v 4 w 4 x 5 y 1 z
```

函数 createArray(38 ～ 45 行) 生成了一个有 100 个随机小写字母的数组，把它们赋值给 chars 数组。countLetters 函数（61 ～ 70 行）计算 chars 中存储的每个字符的出现次数，记录在 counts 数组中。counts 中的每一个元素代表着一种字母的出现次数。函数处理数组中的每一个字母，然后把这个字母的 count 数值加 1。强行计算每一个字母的出现次数的方法如下：

```
for (int i = 0; i < NUMBER_OF_RANDOM_LETTERS; i++)
  if (chars[i] == 'a')
```

```
    counts[0]++;
  else if (chars[i] == 'b')
    counts[1]++;
  ...
```

但是第 68 ～ 69 行给出了一种更好的解决方案：

```
for (int i = 0; i < NUMBER_OF_RANDOM_LETTERS; i++)
  counts[chars[i] - 'a']++;
```

如果字母 chars[i] 是 'a' 的话，对应的计数变量就是 counts['a'−'a']（也就是 counts[0]）。如果字母是 'b'，对应的计数变量就是 counts['b' - 'a']（也就是 counts[1]），因为 'b' 的 ASCII 码大于 'a' 的 ASCII 码。如果字母是 'z'，对应的计数变量就是 counts['z' - 'a']（也就是 counts[25]），因为 'z' 的 ASCII 码比 'a' 的大 25。

7.9 搜索数组

关键点：如果一个数组已经被排序，要找到一个数组元素，二分搜索法比顺序搜索法更有效。

所谓搜索（searching），就是在数组中寻找一个指定元素的过程——例如，查找一个特定成绩是否出现在一个成绩列表中。搜索是计算机程序设计中的一种任务。对于这个问题，人们已经研究了很多算法和数据结构。本节将讨论两种常用的方法：顺序搜索（linear search）和二分搜索（binary search）。

7.9.1 顺序搜索方法

顺序搜索方法将关键字 key 顺序地与数组中每个元素进行比较，这个过程会一直持续下去，直至关键字与某个数组元素匹配，或者所有数组元素都已比较完毕，未找到与关键字匹配者。如果发现匹配元素，则顺序搜索算法返回与关键字相匹配的数组元素的下标。如果未找到匹配者，算法返回 −1。程序清单 7-9 中的函数 linearSearch 给出了完整的解决方案：

程序清单 7-9 LinearSearch.cpp

```
int linearSearch(const int list[], int key, int arraySize)
{
  for (int i = 0; i < arraySize; i++)
  {
    if (key == list[i])
      return i;
  }
  return -1;
}
```

[0] [1] [2] ...
list
将 key 与 list[i]（i=0, 1, …）进行比较

请利用下面语句跟踪测试函数：

```
int list[] = {1, 4, 4, 2, 5, -3, 6, 2};
int i = linearSearch(list, 4, 8);  // Returns 1
int j = linearSearch(list, -4, 8); // Returns -1
int k = linearSearch(list, -3, 8); // Returns 5
```

顺序搜索函数用数组中每个元素与关键字进行比较。数组中元素的次序可以是任意的。平均起来，如果关键字出现在数组中，则顺序搜索算法在找到它之前，需要将它与一半的数组元素进行比较。由于顺序搜索的运行时间随着数组元素数目的增长而线性增长，所以对于

大数组其效率不高。

7.9.2 二分搜索方法

二分搜索是另一种常用的搜索方法，它要求数组中的元素必须是有序存放的。不失一般性，可以假定数组元素是升序存放的。二分搜索方法首先将关键字与位于数组中间的元素进行比较。比较结果有三种情况：

- 如果关键字小于中间元素，只需继续在数组的前半部分进行搜索。
- 如果关键字与中间元素相等，则搜索结束，找到匹配元素。
- 如果关键字大于中间元素，只需继续搜索数组的后半部分。

很明显，每经过一次搜索，二分搜索方法会将搜索范围缩小一半。有时减少一半元素，有时减少一半减一个元素。假定数组元素个数为 n，方便起见，不妨假定 n 是 2 的幂。则第一次比较后，只剩 $n/2$ 个元素需要继续搜索；第二次比较后，只剩 $(n/2)/2$ 个元素需要继续搜索。则第 k 次比较后，剩下 $n/2^k$ 个元素需要继续搜索。当 $k = \log_2 n$ 时，只剩下一个元素了，因而只需再进行一次比较。因此，用二分搜索方法在一个已排序数组中查找一个关键字，在最坏情况下只需 $\log_2 n+1$ 次比较操作。对于一个有 1024 个（2^{10}）元素的列表，二分搜索最坏情况下只需 11 次比较，而顺序搜索方法最坏情况下需 1024 次比较。二分搜索算法在每次比较之后，会将需搜索的数组范围缩小一半。可以用 low 和 high 分别表示当前正在搜索的数组区域的首下标和尾下标。low 和 high 的初始值分别设置为 0 和 listSize−1。用 mid 表示中间元素的下标，则 mid 的值应为 (low + high) / 2。图 7-6 显示了如何用二分搜索算法在列表 {2, 4, 7, 10, 11, 45, 50, 59, 60, 66, 69, 70, 79} 中搜索关键字 11。

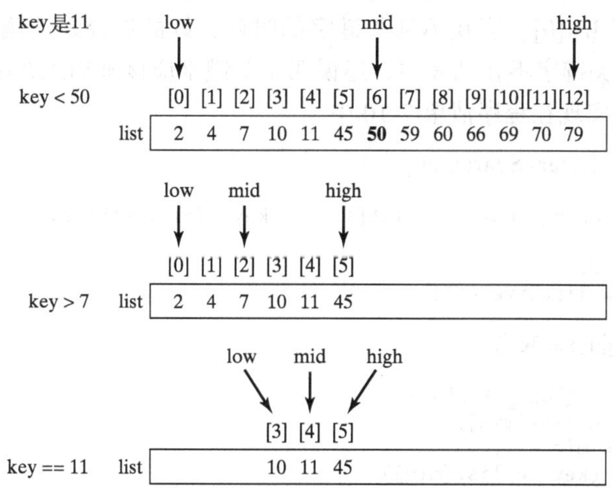

图 7-6　在每次比较后，二分搜索算法会将列表的一半排除在进一步搜索之外

上面介绍了二分搜索的工作原理，现在的任务就是用 C++ 实现它，但不要急于给出一个完整的实现，而是渐进的实现，一次一步。可以从搜索的第一次迭代开始，如图 7-7a 所示。程序开始时，将关键字与初始搜索区域 (0, listSize − 1) 的中间元素进行比较。若 key < list[mid]，将搜索区域的上边界设置为 mid−1；若 key == list[mid]，表明找到匹配者，返回 mid 即可；若 key > list[mid]，则将下边界设置为 mid+1。

接下来，考虑如何通过在函数中添加一个循环，来执行重复的搜索，如图 7-7b 所示。

搜索在找到关键字或者最终没有找到关键字的时候结束。注意，当 low>high 的时候，关键字就是没有找到。

```
int binarySearch(const int
    list[], listSize)
{
  int low = 0;
  int high = listSize - 1;


    int mid = (low + high) / 2;
    if (key < list[mid])
      high = mid - 1;
    else if (key == list[mid])
      return mid;
    else
      low = mid + 1;


}
```

a) 版本 1

```
int binarySearch(const int
    list[], listSize)
{
  int low = 0;
  int high = listSize - 1;

  while (low <= high)
  {
    int mid = (low + high) / 2;
    if (key < list[mid])
      high = mid - 1;
    else if (key == list[mid])
      return mid;
    else
      low = mid + 1;
  }

  return -1;
}
```

b) 版本 2

图 7-7 二分搜索的逐步实现

如果关键字没有找到，low 就是应该插入一个关键字来维护列表顺序的插入点。返回插入点比返回 -1 更有用。函数得返回一个否定的值来说明关键字不在列表中。能简单地返回 -low 吗？不能。如果关键字比 list[0] 小，low 就应该是 0。-0 还是 0。而这说明关键字在列表中，匹配了 list[0]。当找不到关键字的时候，好的选择是让函数返回 -low-1。返回 -low-1 不仅说明关键字不在列表中，还说明了关键字应该被插入在哪里。

二分搜索的函数实现在程序清单 7-10 中。

程序清单 7-10 BinarySearch.cpp

```
1  int binarySearch(const int list[], int key, int listSize)
2  {
3    int low = 0;
4    int high = listSize - 1;
5
6    while (high >= low)
7    {
8      int mid = (low + high) / 2;
9      if (key < list[mid])
10       high = mid - 1;
11     else if (key == list[mid])
12       return mid;
13     else
14       low = mid + 1;
15   }
16
17   return -low - 1;
18 }
```

当关键字在列表中的时候，二分搜索返回搜索关键字的索引（12 行）。否则，它会返回 -low-1（17 行）。如果把第 6 行的 (high >= low) 替换为 (high > low)，会产生什么结果？有可能会漏掉匹配元素。考虑一个长度为 1 的列表，上述更改会导致错过列表中唯一的元素，因为 low 和 high 的初值均为 0。如果列表中有重复元素，函数还会正常工作吗？答案是肯定的，只要元素是升序存放的，函数就会正常工作。如果有多个元素与关键字匹配，函数将返回其中某个的下标。

为了帮助理解二分搜索函数的工作原理，请用下面的语句跟踪函数，给出函数返回时的 low 和 high 的值：

```
int list[] = {2, 4, 7, 10, 11, 45, 50, 59, 60, 66, 69, 70, 79};
int i = binarySearch(list, 2, 13); // Returns 0
int j = binarySearch(list, 11, 13); // Returns 4
int k = binarySearch(list, 12, 13); // Returns -6
int l = binarySearch(list, 1, 13); // Returns -1
int m = binarySearch(list, 3, 13); // Returns -2
```

下表给出了当函数结束时 low 和 high 的值以及函数的返回值。

函数	low	high	返回值
binarySearch(list, 2, 13)	0	1	0
binarySearch(list, 11, 13)	3	5	4
binarySearch(list, 12, 13)	5	4	−6
binarySearch(list, 1, 13)	0	−1	−1
binarySearch(list, 3, 13)	1	0	−2

提示：对于小数组或未排序数组的搜索，顺序搜索是很有用的，但它在数组较大的情况下效率较差。二分搜索更高效，但要求数组预先排好序。

7.10　排序数组

关键点：排序（sorting）与搜索一样，也是计算机程序设计中常见的操作。与搜索问题一样，人们已经设计了很多排序算法。本节介绍一种简单、直观的排序算法：选择排序。

假定希望将列表排序为升序序列。选择排序算法首先找到列表中的最小元素，将其放置在列表开头。然后在剩余元素中求最小元素，放在最小元素之后。依次类推，直至列表只剩下一个元素为止。图 7-8 显示了如何用选择排序算法排序列表 {2, 9, 5, 4, 8, 1, 6}。

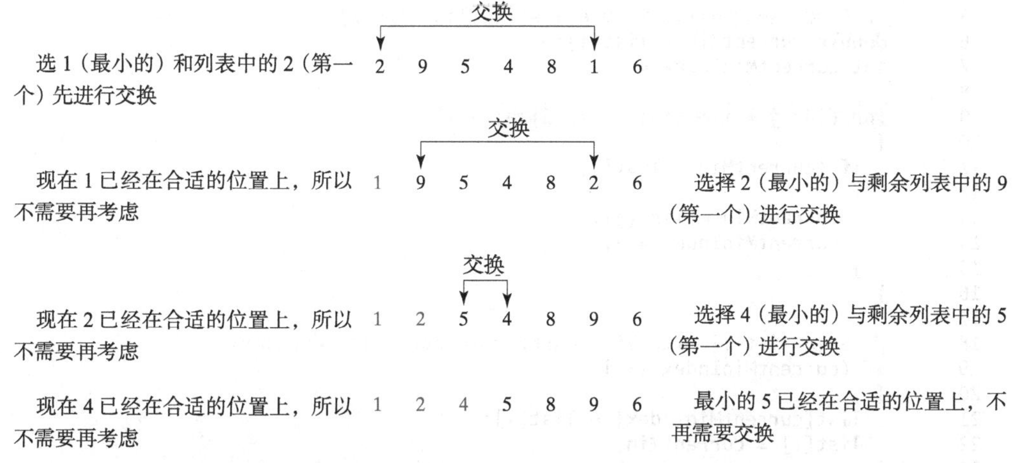

图 7-8　选择排序反复地选择最小元素，并将其与剩余列表开头元素交换

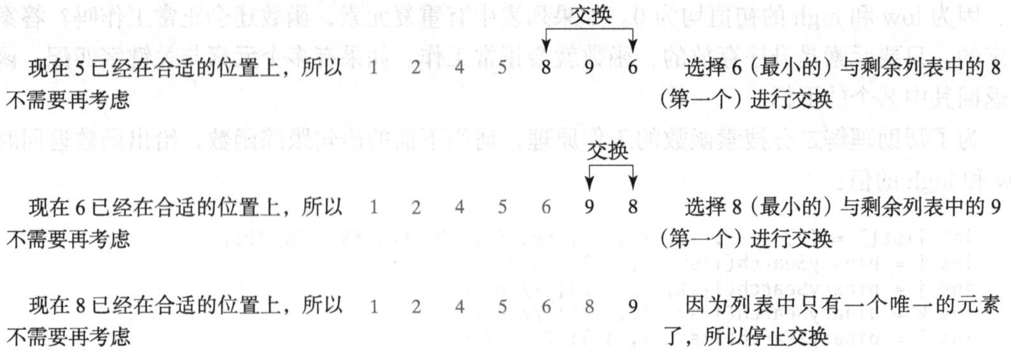

交换

现在 5 已经在合适的位置上，所以不需要再考虑 1 2 4 5 8 9 6 选择 6（最小的）与剩余列表中的 8（第一个）进行交换

交换

现在 6 已经在合适的位置上，所以不需要再考虑 1 2 4 5 6 9 8 选择 8（最小的）与剩余列表中的 9（第一个）进行交换

现在 8 已经在合适的位置上，所以不需要再考虑 1 2 4 5 6 8 9 因为列表中只有一个唯一的元素了，所以停止交换

图 7-8 （续）

上面介绍了选择排序算法是如何工作的。现在的任务就是用 C++ 实现它。对于初学者来说，第一步就尝试开发完整的解决方案是很困难的。首先，可以先编写第一次迭代的代码，即求列表中最小元素，并将其与列表开头元素交换。其次，可以考察一下第二次迭代与第一次迭代有什么不同，第三次呢，依此类推。这样可帮助我们写出适合于每次迭代的一般性的循环代码。

代码框架如下所示：

```
for (int i = 0; i < listSize - 1; i++)
{
  select the smallest element in list[i..listSize-1];
  swap the smallest with list[i], if necessary;
  // list[i] is in its correct position.
  // The next iteration apply on list[i+1..listSize-1]
}
```

程序清单 7-11 给出了完整的实现。

程序清单 7-11 SelectionSort.cpp

```
void selectionSort(double list[], int listSize)
{
  for (int i = 0; i < listSize - 1; i++)
  {
    // Find the minimum in the list[i..listSize-1]
    double currentMin = list[i];
    int currentMinIndex = i;

    for (int j = i + 1; j < listSize; j++)
    {
      if (currentMin > list[j])
      {
        currentMin = list[j];
        currentMinIndex = j;
      }
    }

    // Swap list[i] with list[currentMinIndex] if necessary;
    if (currentMinIndex != i)
    {
      list[currentMinIndex] = list[i];
      list[i] = currentMin;
    }
  }
}
```

函数 selectionSort(double list[], int listSize) 可对任意 double 型数组进行排序。函数主体是一个嵌套的 for 循环。外层循环（以 i 为循环控制变量）（3 行）求从 list[i] 至 list[listSize−1] 范围内的列表中的最小元素，并将其与 list[i] 交换。变量 i 的初值设为 0。外层循环每次迭代结束后，list[i] 处的元素保证位于正确的位置上。最终，所有元素都被放置在正确位置上，因而整个列表被正确排序。可用下面语句跟踪函数，帮助对函数的理解：

```
double list[] = {1, 9, 4.5, 6.6, 5.7, -4.5};
selectionSort(list, 6);
```

检查点

7.15　参照图 7-6，说明如何应用二分搜索方法在列表 {2, 4, 7, 10, 11, 45, 50, 59, 60, 66, 69, 70, 79} 中搜索关键字 10 和 12。

7.16　参照图 7-8，说明如何用选择排序方法对列表 {3.4, 5, 3, 3.5, 2.2, 1.9, 2} 进行排序？

7.17　如何修改程序清单 7-11 中的 selectionSort 函数，使其将列表排序为降序？

7.11　C 字符串

关键点：C 字符串是一个字符数组，以 '\0'（空终结符）结尾。可以使用 C++ 库中的 C 字符串函数操作 C 字符串。

教学提示：C 字符串在 C 语言中非常流行，但是被 C++ 中更健壮、更方便、更有用的 string 类型代替了。因为这个原因，string 类型在本书第 4 章中被介绍来操作字符串。这一节介绍 C 字符串的目的是给出更多的例子和练习操作数组，也可以解决一些 C 程序的遗留问题。

C 字符串是一个字符数组，以 '\0' 空终结符（null terminator）结尾，显示了内存中的字符串是如何结束的。回忆 4.3.3 节，字符以反斜杠（\）开始的是转义字符，符号 \ 和 0 一起代表一个字符。这个字符是 ASCII 表中的第一个字符。

每一个字符串值都是一个 C 字符串。可以声明一个数组并用字符串值初始化它。举个例子，下面的代码为 C 字符串创建了一个数组，包含字符 'D'、'a'、'l'、'l'、'a'、's' 和 '\0'，如图 7-9 所示。

```
char city[7] = "Dallas";
```

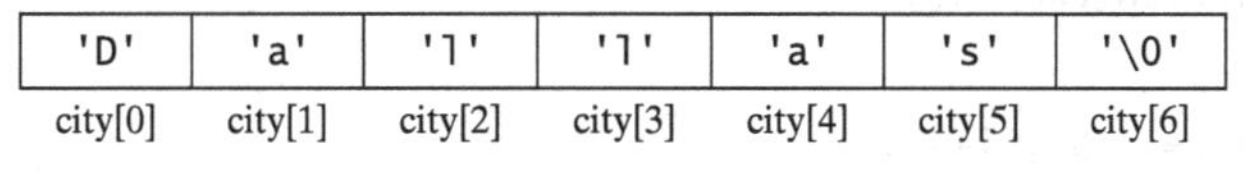

图 7-9　一个字符数组初始化为一个 C 字符串

注意，数组的大小是 7，最后一个字符是 '\0'。C 字符串和一个字符数组有着微妙的区别。举个例子，下面两行代码是不同的：

```
char city1[] = "Dallas"; // C-string
char city2[] = {'D', 'a', 'l', 'l', 'a', 's'}; // Not a C-string
```

第一条语句是一个 C 字符串，第二条语句是一个字符数组。第一个有 7 个字符（包括最后的空终结符），第二个有 6 个字符。

7.11.1　输入和输出 C 字符串

要输出 C 字符串很简单。假设 s 是一个 C 字符串的数组。要在控制台显示，简单调用下面的语句：

```
cout << s;
```

可以从键盘读取一个 C 字符串，就像读取一个数字那样。举个例子，考虑下面的代码：

```
char city[7];
cout << "Enter a city: ";
cin >> city; // Read to array city
cout << "You entered " << city << endl;
```

当读取一个 string 存入数组，确认为最后的空终结符留了空间。因为 city 的大小是 7，用户的输入不能超过 6 个字符。这个方法读取一个字符串很简单，但是问题来了。输入的末尾是空格。不能读取一个有空格的字符串。假设用户想输入 New York；那么就得使用其他的方法了。C++ 提供了 cin.getline 函数，在 iostream 头文件中，用来读取一个字符串存入数组。语法如下：

```
cin.getline(char array[], int size, char delimitChar)
```

当遇到空终结符或者读取了 size-1 个字符之后函数停止读入字符。最后一个字符被空终结符替代。如果已经包含了空终结符，但是还没有存储入数组。第三个参数 delimitChar 有一个默认值 '\n'。下面的代码使用 cin.getline 函数读取一个字符串：

```
1  char city[30];
2  cout << "Enter a city: "; // i.e., New York
3  cin.getline(city, 30, '\n'); // Read to array city
4  cout << "You entered " << city << endl;
```

因为 cin.getline 的第三个参数的缺省值是 '\n'，所以第三行被替换为

```
cin.getline(city, 30); // Read to array city
```

7.11.2　C 字符串函数

一个 C 字符串以空终结符结束，C++ 可以利用这个事实来更有效地操作 C 字符串。当想要把一个 C 字符串传递给一个函数时，可以不用传递它的长度，因为长度可以通过计数从左到右的字符数，直到空终结符，来获取。下面的函数用来获取 C 字符串的长度：

```
unsigned int strlen(char s[])
{
  int i = 0;
  for ( ; s[i] != '\0'; i++);
  return i;
}
```

事实上，strlen 和其他 C++ 库提供的函数可以来操作 C 字符串，如表 7-1 所示。

提示：size_t 是一个 C++ 类型。对于大多数编译器，它和 unsigned int 相同。

所有这些函数都定义在 cstring 头文件下，除了转换函数 atoi、atof、atol 定义在 cstdlib 头文件下。

表 7-1　字符串函数

函数	描述
`size_t strlen(char s[])`	返回字符串的长度，即在空终结符之前的字符个数
`strcpy(char s1[], const chars2[])`	将字符串 s2 复制到 s1 中

（续）

函数	描述
strncpy(char s1[], const char s2[], size_t n)	将字符串 s2 中前 n 个符号复制到 s1 中
strcat(char s1[], const char s2[])	将字符串 s2 拼接到 s1 之后
strncat(char s1[], const char s2[], size_t n)	将字符串 s2 的前 n 个符号拼接到 s1 之后
int strcmp(char s1[], const char s2[])	通过字符的数值码对比，判断 s1 大于、等于或小于 s2，分别返回一个大于 0 的数、0，或者小于 0 的数
int strncmp(char s1[], const char s2[], size_t n)	类似于 strcmp 函数，但是指定了比较 s1 和 s2 中的 n 个字符
int atoi(char s[])	返回字符串对应的 int 型值
double atof(char s[])	返回字符串对应的 double 型值
long atol(char s[])	返回字符串对应的 long 型值
void itoa(int value, char s[], int radix)	获得一个字符串的整数值，基于一个指定的集数

7.11.3　使用 strcpy 和 strncpy 函数复制字符串

函数 strcpy 可以把第二个参数的源字符串复制到第一个参数的目标字符串。目标字符串必须已经在内存中分配了足够的空间。一个复制 C 字符串的常见错误是：

```
char city[30] = "Chicago";
city = "New York"; // Copy New York to city. Wrong!
```

为了能够实现这个功能，你必须使用

```
strcpy(city, "New York");
```

strncpy 函数和 strcpy 函数工作原理相同，除了它需要第三个参数指定需要复制的字符数。举个例子，下面的代码只会把前三个字符 "New" 复制给 city。

```
char city[9];
strncpy(city, "New York", 3);
```

对于这段代码有一个问题。如果指定的数字小于或等于源字符串的长度，strncpy 函数不会把空终结符复制到目标字符串中。如果指定的数字大于源字符串的长度，源字符串的全部内容，包括空终结符都会被复制。strcpy 和 strncpy 都会潜在有数组越界的可能。为了确保安全复制，在使用函数之前检查数组的界限。

7.11.4　使用 strcat 和 strncat 函数拼接字符串

函数 strcat 可以用来把第二个参数的字符串拼接在第一个参数的字符串的后面。为了函数工作，第一个字符串必须在使用之前已经分配好足够内存。举个例子，下面的代码把 s2 拼接在 s1 之后：

```
char s1[7] = "abc";
char s2[4] = "def";
strcat(s1, s2);
cout << s1 << endl; // The printout is abcdef
```

但是，下面的代码不能正常工作，因为没有足够的空间把 s2 加入 s1。

```
char s1[4] = "abc";
char s2[4] = "def";
strcat(s1, s2);
```

strncat 函数和 strcat 函数的工作原理类似，除了它的第三个参数指定了需要拼接在目标字符串末尾的源字符的个数。举个例子，下面的代码把前三个字符 "ABC" 拼接在 s 之后：

```
char s[9] = "abc";
strncat(s, "ABCDEF", 3);
cout << s << endl; // The printout is abcABC
```

strcat 和 strncat 函数都有潜在的数组越界的可能。为了安全连接，在使用函数之前请检查数组界限。

7.11.5 使用 strcmp 函数比较字符串

函数 strcmp 可以用来对比两个字符串。如何对比字符串呢？这是通过比较每个字符对应的数值码实现的。多数编译器使用 ASCII 码。如果 s1 等于 s2，函数返回 0，如果 s1 小于 s2，返回值小于 0，如果 s1 大于 s2，返回值大于 0。举个例子，假设 s1 是 "abc"，s2 是 "abg"，调用 strcmp（s1,s2）返回一个负数。首先比较第一个字符，因为都是 a，所以比较第二个字符，又都是 b，所以比较第三个字符。因为 c 比 g 小 4，所以整个函数返回了一个负数。具体返回什么数决定于编译器。Visual C++ 和 GNU 编译器返回 −1，Borland C++ 编译器返回 −4，因为字符 c 比 g 小 4。

下面是 strcmp 函数的实例：

```
char s1[] = "Good morning";
char s2[] = "Good afternoon";
if (strcmp(s1, s2) > 0)
  cout << "s1 is greater than s2" << endl;
else if (strcmp(s1, s2) == 0)
  cout << "s1 is equal to s2" << endl;
else
  cout << "s1 is less than s2" << endl;
```

显示 s1 is greater than s2。

strncmp 函数和 strcmp 函数的工作原理相同。除了它的第三个参数指定了比较多少个字符。举个例子，下面的代码比较两个字符串的前 4 个字符。

```
char s1[] = "Good morning";
char s2[] = "Good afternoon";
cout << strncmp(s1, s2, 4) << endl;
```

显示 0。

7.11.6 字符串和数字之间的转换

函数 atoi 用来把一个 C 字符串转换为 int 类型的整数，atol 函数用来把一个 C 字符串转换为一个 long 型的整数。举个例子，下面的代码把数值字符串 s1 和 s2 转换为整数：

```
char s1[] = "65";
char s2[] = "4";
cout << atoi(s1) + atoi(s2) << endl;
```

显示 69。

函数 atof 用来把一个 C 字符串转换为一个浮点数。举个例子，下面的代码把数值字符串 s1 和 s2 转换为浮点数：

```
char s1[] = "65.5";
char s2[] = "4.4";
cout << atof(s1) + atof(s2) << endl;
```

显示 69.9。

函数 itoa 基于一指定的基数把整数转换为 C 字符串。举个例子，下面的代码：

```
char s1[15];
char s2[15];
char s3[15];
itoa(100, s1, 16);
itoa(100, s2, 2);
itoa(100, s3, 10);
cout << "The hex number for 100 is " << s1 << endl;
cout << "The binary number for 100 is " << s2 << endl;
cout << "s3 is " << s3 << endl;
```

显示

```
The hex number for 100 is 64
The binary number for 100 is 1100100
s3 is 100
```

注意，有些 C++ 编译器不支持 itoa 函数。

检查点

7.18　下列数组的区别是什么？

```
char s1[] = {'a', 'b', 'c'};
char s2[] = "abc";
```

7.19　假设 s1 与 s2 如下定义：

```
char s1[] = "abc";
char s2[] = "efg";
```

下列表达式 / 语句是否正确？

a. `s1 = "good"`

b. `s1 < s2`

c. `s1[0]`

d. `s1[0] < s2[0]`

e. `strcpy(s1, s2)`

f. `strcmp(s1, s2)`

g. `strlen(s1)`

关键术语

array（数组）
array size declaratory（数组大小声明）
array index（数组下标）
array initializer（数组初始化语句）
binary search（二分搜索）
const array（const 数组）
C-string（C 字符串）
index（下标）
linear search（顺序搜索）
null terminator（空终结符，'\0'）
selection sort（选择排序）

本章小结

1. 一个数组表示相同类型值的一个列表。
2. 声明数组的语法为

```
elementType arrayName[size]
```

3. 表示数组中元素的语法为 arrayName[index]。
4. 下标（index）必须是一个整数或整数表达式。
5. 数组下标是 0 基址的，即数组首元素的下标为 0。
6. 程序员常会错误地用下标 1 而不是下标 0 来访问数组第一个元素。这称为**下标差一错误**。
7. 使用超出范围的下标访问元素引发越界错误。
8. 越界是一个很严重的错误，但是却不能自动地被 C++ 编译器检查。
9. C++ 有一种语句简写形式，将数组的声明和初始化合并在一条语句中，称为**数组初始化语句**，语法如下：

```
elementType arrayName[] = {value0, value1, ..., valuek};
```

10. 向函数传递数组时，数组的起始地址传递给函数中的数组参数。
11. 向函数传递一个数组参数，通常还要用另一参数传递数组大小，这样函数才能知道数组中有多少个元素。
12. 可以将数组参数指定为常量类型（const），避免意外地改变数组内容。
13. 以空终结符为结尾的字符数组叫做 C 字符串。
14. 文字字符串为一个 C 字符串。
15. C++ 为处理 C 字符串提供了许多函数。
16. 可以使用 strlen 函数获得 C 字符串长度。
17. 可以使用 strcpy 函数将一个 C 字符串复制到另一个 C 字符串。
18. 可以使用 strcmp 函数比较两个 C 字符串。
19. 可以使用 itoa 函数将一个整数转换为一个 C 字符串，使用 atoi 将一个字符串转换为一个整数。

在线测验

请在 www.cs.armstrong.edu/liang/cpp3e/quiz.html 完成本章的在线测验。

程序设计练习

7.2 ～ 7.4 节

7.1 （设计等级）编写程序，读入学生分数，得到最好的分数并根据下面的计划设计分数等级：

Grade 为 A，如果 score >= best−10;
Grade 为 B，如果 score >= best−20;
Grade 为 C，如果 score >= best−30;
Grade 为 D，如果 score >= best−40;
Grade 为 F，其他。

程序先提示用户输入学生总数，然后提示用户输入所有成绩，最后显示分数等级。下面是一个运行样例：

```
Enter the number of students: 4 ↵Enter
Enter 4 scores: 40 55 70 58 ↵Enter
Student 0 score is 40 and grade is C
```

```
Student 1 score is 55 and grade is B
Student 2 score is 70 and grade is A
Student 3 score is 58 and grade is B
```

7.2 （将输入整数的顺序反转）编写一个程序，读入 10 个整数，以输入的逆序输出它们。

*7.3 （统计数字数目）编写一个程序，读入至多 100 个 1 ～ 100 之间的整数，数出每个数出现的次数。假定输入以 0 结束。下面是一个运行样例：

```
Enter the integers between 1 and 100: 2 5 6 5 4 3 23 43 2 0 ↵Enter
2 occurs 2 times
3 occurs 1 time
4 occurs 1 time
5 occurs 2 times
6 occurs 1 time
23 occurs 1 time
43 occurs 1 time
```

注意，如果一个数字出现超过一次，那么要使用复数形式的 times。

7.4 （分析成绩）编写一个程序，读入若干成绩，数目未定，分析有多少成绩在平均成绩之上、之下及恰好相等。用户输入负数表示输入结束。假定成绩最高为 100 分。

**7.5 （打印不同的数）编写一个程序，读入 10 个数，输出其中不同的数（即如果一个数出现多次，只打印一次）。（*提示*：读入的数如果是一个新的值，则将其存入一个数组。否则，将其丢弃。输入完毕后，数组中保存的就是不同的数。）下面是一个运行样例：

```
Enter ten numbers: 1 2 3 2 1 6 3 4 5 2 ↵Enter
The distinct numbers are: 1 2 3 6 4 5
```

*7.6 （修改程序清单 5-17）程序清单 5-17 通过检查一个数 n 是否能被 2、3、4、5、6、…、$n/2$ 整除来判定 n 是否为素数。如果找到一个因子，则 n 不是素数。一个更有效的方法是，检查所有小于等于 $\sqrt{n}$ 的素数是否能整除 n。如果均不能整除，则 n 是素数。用此方法重写程序清单 5-17，输出前 50 个素数。你需要使用一个数组保存找到的素数，随后检查它们是否能整除 n。

*7.7 （统计数字数目）编写一个程序，随机生成 100 个 0～9 之间的随机整数，输出每个数出现的次数。（*提示*：使用 rand() % 10 生成一个 0 ～ 9 之间的随机整数。使用一个包含 10 个整数的数组，比如说 counts，保存 0、1、…、9 的出现次数。）

7.5 ～ 7.7 节

7.8 （求数组均值）编写两个重载函数，返回一个数组中值的平均值，函数头如下：

```
int average(const int array[], int size);
double average(const double array[], int size);
```

编写测试程序，提示用户输入 10 个双精度数，调用这个函数并显示平均值。

7.9 （求最小元素）使用如下函数头编写一个函数，求双精度数组中的最小元素。

```
double min(double array[], int size)
```

编写测试程序，提示用户输入 10 个数字，调用这个函数并显示最小的值。下面是一个程序运行的样例：

```
Enter ten numbers: 1.9 2.5 3.7 2 1.5 6 3 4 5 2 ↵Enter
The minimum number is 1.5
```

7.10 （求最小元素的下标）编写一个函数，返回一个整型数组中最小元素的下标。如果有多个最小元素，返回最小的下标。请使用下面的函数头：

```
int indexOfSmallestElement(double array[], int size)
```

编写测试程序，提示用户输入 10 个数字，调用这个函数返回最小元素的下标并显示出来。

*7.11 （统计：计算标准差）程序设计练习 5.47 计算一组数的标准差。本练习使用一个不同但等价的公式计算 n 个数的标准差：

$$\text{mean} = \frac{\sum_{i=1}^{n} x_i}{n} = \frac{x_1 + x_2 + \cdots + x_n}{n} \quad \text{deviation} = \sqrt{\frac{\sum_{i=1}^{n}(x_i - \text{mean})^2}{n-1}}$$

为了用此公式计算标准差，你需要用一个数组保存每个数，在计算出均值后用这些数计算标准差。

程序应包含如下函数：

```
// Compute the mean of an array of double values
double mean(const double x[], int size)

// Compute the deviation of double values
double deviation(const double x[], int size)
```

编写测试程序，提示用户输入 10 个数字，并显示平均值和标准差，下面是运行样例：

```
Enter ten numbers: 1.9 2.5 3.7 2 1 6 3 4 5 2 ↵Enter
The mean is 3.11
The standard deviation is 1.55738
```

7.8 ～ 7.9 节

7.12 （运行时间）编写一个程序，随机生成一个包含 100 000 个整数的数组和一个关键字。计算调用程序清单 7-9 中 linearSearch 函数所花费的时间。排序数组，然后计算调用程序清单 7-10 中 binarySearch 函数所花费的时间。可用如下代码模板获取程序运行时间：

```
long startTime = time(0);
perform the task;
long endTime = time(0);
long executionTime = endTime - startTime;
```

7.13 （金融应用：求销售额）用二分搜索方法重写程序设计练习 5.39。由于销售额在 1 ～ COMMISSION_SOUGHT/0.08 之间，因此可用二分搜索方法改进程序。

**7.14 （起泡排序）利用起泡排序算法编写一个排序函数。起泡排序算法分若干趟对数组进行处理。每趟处理中，对相邻元素进行比较。若为降序，则交换；否则，保持原顺序。此技术被称为*起泡排序*（bubble sort）或*下沉排序*（sinking sort），因为较小的值逐渐地“冒泡”到上部，而较大值逐渐下沉到底部。

算法可描述如下：

```
bool changed = true;
do
{
  changed = false;
  for (int j = 0; j < listSize - 1; j++)
    if (list[j] > list[j + 1])
    {
      swap list[j] with list[j + 1];
      changed = true;
    }
} while (changed);
```

很明显，循环结束后，列表变为升序。容易证明 do 循环最多执行 listSize － 1 次。

编写测试程序，读入一个含有 10 个双精度数字的数组，调用函数并显示排列后的数字。

*7.15（游戏：存物柜问题）一个学校有 100 个存物柜，100 个学生。开学第一天所有存物柜都是关闭的。第一个学生（记为 S1）来到学校后，打开所有存物柜。第二个学生 S2，从第二个存物柜（记为 L2）开始，每隔两个存物柜，将它们关闭。第三个学生 S3 从第三个存物柜 L3 开始，每隔三个，将它们的状态改变（开着的关上，关着的打开）。学生 S4 从 L4 开始，每隔四个改变它们的状态。学生 S5 从 L5 开始，每隔五个改变状态。依此类推，直至学生 S100 改变 L100 的状态。

当所有学生完成这个过程，哪些存物柜是开着的？编写一个程序求解此问题，显示所有开着的柜子的号码，号码之间用一个空格隔开。

（提示：使用一个 100 个布尔型元素的数组，每个元素代表存物柜是开（true）或关（false）。最初所有存物柜都是关闭的。）

7.16（修改选择排序）7.10 节介绍了选择排序。方法是反复求当前（未排序）数组中最小元素，与数组首元素交换。重写程序，每个步骤找出最大元素，与数组尾元素交换。编写测试程序，读入一个由 10 个双精度数组成的数组，调用函数并显示排序后的数字。

***7.17（游戏：豆子机）豆子机也称梅花形或高尔顿盒子。它是用于统计实验的设备，以英国科学家弗朗西斯·高尔顿的名字命名。它由一个均匀钉上钉子的三角形竖直面板组成，如图 7-10 所示。

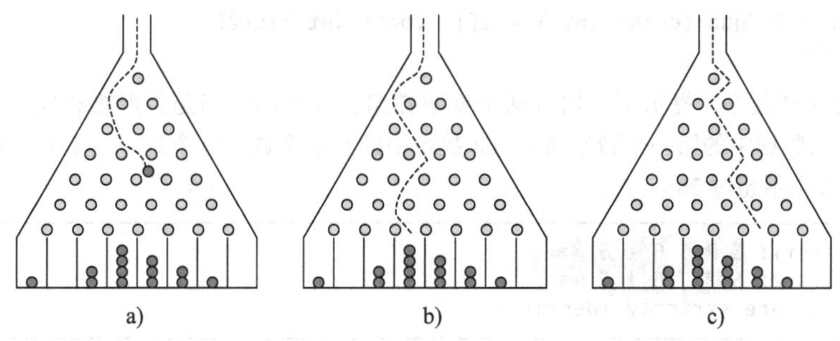

图 7-10　每个球经过一个随机路径落入槽内

球从面板的开口处落下。每一次小球撞击钉子，它各有 50% 的概率落向左边和右边。这些球会累积在面板底部的狭缝里。

编写程序模拟豆子机。程序应该提示用户输入小球的数量和机器中狭缝的数量（最多 50）。通过打印球的路径，模拟每一个球的下落状态。例如，图 7-10b 中的小球下落路径为 LLRRLLR，图 7-10c 中的小球下落路径为 RLRRLRR。用柱状图显示最后小球的堆积方式。下面是程序的运行样例：

```
Enter the number of balls to drop: 5 ↵Enter
Enter the number of slots in the bean machine: 8 ↵Enter

LRLRLRR
RRLLLRR
LLRLLRR
RRLLLLL
LRLRRLR

    0
    0
   000
```

（提示：建立一个叫做 slots 的数组。每个 slots 数组中的元素存储每个狭缝中的小球数量。每个小球通过路径落入狭缝。路径中 R 的数量就是小球最终落到的位置。例如，对于路径 LRLRLRR，小球落进 slots[4]；对于路径 RRLLLLL，小球落进 slots[2]。）

***7.18（游戏：八皇后）经典的八皇后问题就是把八个皇后放在棋盘上，使得没有两个皇后能攻击到对

方（即没有两个皇后在同一行、同一列和同一对角线上）。这个问题有很多解。编写程序显示其中的一个解。下面是一个运行样例的输出结果：

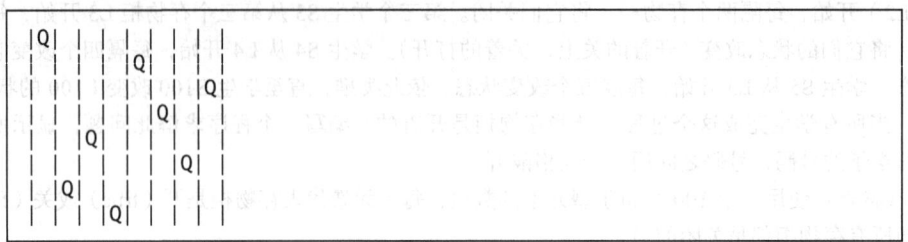

***7.19 （游戏：多个八皇后问题的解）程序设计练习 7.18 找出了八皇后问题的一个解。编写程序计算所有可能的解并显示它们。

7.20 （严格相同数组）如果两个数组 list1 和 list2 具有相同的长度，并且对于每个 i 都有 list1[i] 和 list2[i] 相同，那么称它们*严格相同*（strictly identical）。使用下面的函数头编写函数，如果 list1 和 list2 严格相同，那么返回 true。

```
bool strictlyEqual(const int list1[], const int list2[],
  int size)
```

编写测试程序，提示用户输入两个整数数组，并显示它们是否严格相同，样例运行如下。注意，输入数据中的第一个数字表明 list 数组中的元素个数。这个数字不是 list 中的一部分。假定 list 的大小不超过 20。

```
Enter list1: 5 2 5 6 1 6 ↵Enter
Enter list2: 5 2 5 6 1 6 ↵Enter
Two lists are strictly identical
```

```
Enter list1: 5 2 5 6 6 1 ↵Enter
Enter list2: 5 2 5 6 1 6 ↵Enter
Two lists are not strictly identical
```

**7.21 （模拟：赠券收集问题）赠券收集问题是一个经典的统计问题，具有很多实际应用。这个问题是从对象集合中重复地挑选对象，并判定至少需要多少次挑选才能在某一次挑选中得到全部对象。这个问题有一个变形，从洗乱的 52 张扑克牌中抽牌，并计算出每种花色都抽到一张至少需要抽多少张牌。假定选完牌之后要放回。编写程序，模拟得到四种花色各一张所需抽牌数量，并显示抽到的这四张牌（同一张牌有可能被抽到两次）。下面是程序的运行样例：

```
Queen of Spades
5 of Clubs
Queen of Hearts
4 of Diamonds
Number of picks: 12
```

7.22 （数学：组合）编写程序，提示用输入 10 个整数，并显示 10 个数字中挑选 2 个数字的所有组合。

7.23 （相同数组）如果两个数组 list1 和 list2 含有相同的内容，那么称它们为*相同的*（identical）。请使用下面的函数头编写函数，如果 list1 和 list2 是相同的，返回 true。

```
bool isEqual(const int list1[], const int list2[], int size)
```

编写测试程序，提示用户输入两组整数并显示它们是否是相同的数组。下面是一些运行样例。注意，输入数据中的第一个数字表明 list 数组中的元素个数，而不是数组的一部分。假定 list 的大小不超过 20。

```
Enter list1: 5 2 5 6 6 1 ↵Enter
Enter list2: 5 5 2 6 1 6 ↵Enter
Two lists are identical
```

```
Enter list1: 5 5 5 6 6 1 ↵Enter
Enter list2: 5 2 5 6 1 6 ↵Enter
Two lists are not identical
```

*7.24 （模式识别：4 个连续的相同数字）编写如下函数，测试数组是否含有 4 个连续的具有相同值的元素。

```
bool isConsecutiveFour(const int values[], int size)
```

编写测试程序，提示用户输入一系列整数，并显示它们是否含有 4 个连续相同数字。程序应该首先提示用户输入数字的数量，也就是数组的元素数。假定最大的数量是 80。下面是运行的样例：

```
Enter the number of values: 8 ↵Enter
Enter the values: 3 4 5 5 5 5 4 5 ↵Enter
The list has consecutive fours
```

```
Enter the number of values: 9 ↵Enter
Enter the values: 3 4 5 5 6 5 5 4 5 ↵Enter
The list has no consecutive fours
```

7.25 （游戏：抽 4 张牌）编写程序，从一副 52 张牌中抽 4 张并计算它们的和。A、K、Q、J 分别代表 1、13、12 和 11。程序应该显示和为 24 的选择有多少种。

**7.26 （合并两个排列好的数组）编写如下函数，合并两个排列好的数组，形成一个新的排列好的数组。

```
void merge(const int list1[], int size1, const int list2[],
  int size2, int list3[])
```

使用 size1+size2 次比较实现函数。编写测试程序，提示用户输入两个排列好的数组，并显示合并以后的数组。下面是一个运行样例。注意，输入数据的第一个数字是数组的元素数，而不是数组的一部分。假定数组大小不超过 80。

```
Enter list1: 5 1 5 16 61 111 ↵Enter
Enter list2: 4 2 4 5 6 ↵Enter
The merged list is 1 2 4 5 5 6 16 61 111
```

**7.27 （排列好了？）编写如下函数，如果数组已经按照升序排列，那么返回 true：

```
bool isSorted(const int list[], int size)
```

编写测试程序，提示用户输入一个数组并显示数组是否是排列好的。下面是一个运行样例。注意，输入数据的第一个数字是数组的元素数，而不是数组的一部分。假定数组大小不超过 80。

```
Enter list: 8 10 1 5 16 61 9 11 1 ↵Enter
The list is not sorted
```

```
Enter list: 10 1 1 3 4 4 5 7 9 11 21 ↵Enter
The list is already sorted
```

**7.28 （数组的划分）编写如下函数，用数组的第一个元素划分数组，这个元素称为关键点：

```
int partition(int list[], int size)
```

划分后，关键点之前的元素都比关键点小或相等，关键点之后的元素都比关键点大。函数同时返回关键点在新数组的位置。例如，数组 {5, 2, 9, 3, 6, 8} 在划分之后变成 {3, 2, 5, 9, 6, 8}。交换的次数应与数组的大小相同，实现函数。

编写测试程序，提示用户输入数组，并显示划分后的新数组。下面是运行样例。注意，输入数据的第一个数字是数组的元素数，而不是数组的一部分。假定数组大小不超过 80。

```
Enter list: 8 10 1 5 16 61 9 11 1 ↵Enter
After the partition, the list is 9 1 5 1 10 61 11 16
```

*7.29 (多边形面积) 编写程序，提示用户输入凸多边形的各顶点，并显示它的面积。假定多边形有六个顶点，且顶点按照顺时针顺序输入。关于凸多边形的定义，参照 www.mathopenref.com/polygonconvex.html。提示：如图 7-11 所示，多边形的总面积是三角形面积之和。

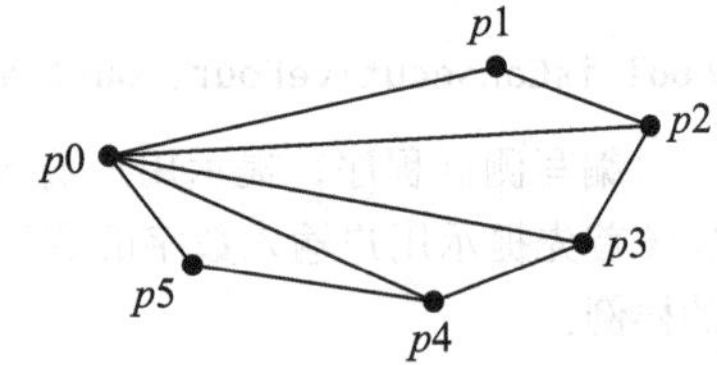

图 7-11　凸多边形可以划分为不重叠的三角形

下面是一个运行样例：

```
Enter the coordinates of six points:
  -8.5 10 0 11.4 5.5 7.8 6 -5.5 0 -7 -3.5 -3.5 ↵Enter
The total area is 183.95
```

*7.30 (文化：十二生肖) 使用一个字符串数组存储动物的名字，来简化程序清单 3-8，ChineseZodiac.cpp。

**7.31 (共有元素) 编写程序，提示用户输入两个含有 10 个元素的整数数组，并显示同时出现在两个数组里的共有元素。下面是运行样例：

```
Enter list1: 8 5 10 1 6 16 61 9 11 2 ↵Enter
Enter list2: 4 2 3 10 3 34 35 67 3 1 ↵Enter
The common elements are 10 1 2
```

7.11 节

*7.32 (最长公共前缀) 使用如下函数头，重写程序设计练习 6-42 中的 prefix 函数，来寻找两个 C 字符串的最长公共前缀。

```
void prefix(const char s1[], const char s2[],
  char commonPrefix[])
```

编写测试程序，提示用户输入两个 C 字符串，并显示它们的公共前缀。运行样例与程序设计练习 5.49 一样。

*7.33 (检验子串) 重写程序设计练习 6.43 的 indexOf 函数，检验 C 字符串 s1 是否是 C 字符串 s2 的子串。如果匹配，返回 s1 在 s2 中的第一个下标，否则返回 -1。

```
int indexOf(const char s1[], const char s2[])
```

编写测试程序，读入两个 C 字符串，检验 C 字符串 s1 是否是 C 字符串 s2 的子串。运行样例与程序设计练习 6.43 一样。

*7.34 (指定字符在字符串中出现的次数) 使用如下函数头，重写程序设计练习 6.44 中的 count 函数，找到指定字符在 C 字符串中出现的次数。

```
int count(const char s[], char a)
```

编写测试程序，读入一个字符串和字符，并显示字符在字符串中出现的次数。运行样例与程序设计练习 6.44 一样。

*7.35 （字符串中字母的数量）请使用如下函数头编写函数，数出 C 字符串中的字母数量。

```
int countLetters(const char s[])
```

编写测试程序，读入一个 C 字符串，并显示字符串中的字母数量。下面是程序的运行样例：

```
Enter a string: 2010 is coming ↵Enter
The number of letters in 2010 is coming is 8
```

**7.36 （互换实例）使用如下函数头重写程序设计练习 6.46 中的 swapCase 函数，将字符串 s1 中的大写字母转换成小写，小写字母转换成大写，得到新的字符串 s2。

```
void swapCase(const char s1[], char s2[])
```

编写测试程序，提示用户输入字符串并调用这个函数，显示新字符串。运行样例与程序设计练习 6.46 一样。

*7.37 （字符串中每个字母出现的次数）请使用如下函数头编写函数，数出字符串中每个字母出现的次数。

```
void count(const char s[], int counts[])
```

counts 是一个有 26 个元素的整数数组。counts[0], counts[1], …, counts[25] 分别记录 a, b, …, z 出现的次数。字母不分大小写，例如字母 A 和字母 a 都被看做 a。

编写测试程序，读入字符串并调用 count 函数，显示非零的次数。下面是程序的一个运行样例：

```
Enter a string: Welcome to New York! ↵Enter
c: 1 times
e: 3 times
k: 1 times
l: 1 times
m: 1 times
n: 1 times
o: 3 times
r: 1 times
t: 1 times
w: 2 times
y: 1 times
```

*7.38 （浮点数转换为字符串）请使用如下函数头编写函数，将浮点数转换为 C 字符串。

```
void ftoa(double f, char s[])
```

编写测试程序，提示用户输入一个浮点数，显示每个数字和小数点，并且用空格隔开。下面是运行样例：

```
Enter a number: 232.45 ↵Enter
The number is 2 3 2 . 4 5
```

*7.39 （商业：ISBN-13 校验）使用 C 字符串代替 string 存储 ISBN 数字，重写程序设计练习 5.51。编写如下函数获得前 12 位数字的校验和：

```
int getChecksum(const char s[])
```

程序应该按照 C 字符串读取输入。运行样例与程序设计练习 5.51 一样。

*7.40 （二进制转换为十六进制）使用如下函数头重写程序设计练习 6.38 中的 bin2Hex 函数，使用 C 字符串转换为二进制，返回十六进制。

```
void bin2Hex(const char binaryString[], char hexString[])
```

编写测试程序，提示用户输入二进制数字符串，并显示相应的十六进制数字符串。

*7.41 （二进制转换为十进制）使用如下函数头重写程序设计练习 6.39 中的 bin2Dec 函数，转换二进制数字符串，返回十进制数字。

```
int bin2Dec(const char binaryString[])
```

编写测试程序，提示用户输入二进制数字符串，并显示相应的十进制数。

**7.42 （十进制转换为十六进制）使用如下函数头重写程序设计练习 6.40 中的 dec2Hex 函数，将十进制数转换为十六进制数字符串。

```
void dec2Hex(int value, char hexString[])
```

编写测试程序，提示用户输入十进制数，并显示相应的十六进制数字符串。

**7.43 （十进制转换为二进制）使用如下函数头重写程序设计练习 6.41 中的 dec2Bin 函数，将十进制数转换为二进制数字符串。

```
void dec2Bin(int value, char binaryString[])
```

编写测试程序，提示用户输入十进制数，并显示相应的二进制数字符串。

多维数组

目标

- 能给出用二维数组表示数据的例子（8.1 节）。
- 学会声明二维数组及通过行列下标来访问二维数组的元素（8.2 节）。
- 编程实现二维数组的通用操作（显示数组、所有元素求和、找极小极大元素及随机洗牌)(8.3 节)。
- 学会给函数传递二维数组（8.4 节）。
- 能用二维数组编写程序来实现多选题测试的打分（8.5 节）。
- 能用二维数组解决最近配对问题（8.6 节）。
- 能用二维数组验证数独问题的解（8.7 节）。
- 学会声明和使用多维数组（8.8 节）。

8.1 引言

关键点：表或矩阵的数据可以通过二维数组来表示。

第 7 章介绍了使用一维数组来存储线性元素集。你可以使用二维数组来存储一个矩阵或者表。例如，下面这个表格描述了城市间的距离，我们可以用二维数组来存储它。

距离表（单位：英里）

	芝加哥	波士顿	纽约	亚特兰大	迈阿密	达拉斯	休斯敦
芝加哥	0	983	787	714	1375	967	1087
波士顿	983	0	214	1102	1763	1723	1842
纽约	787	214	0	888	1549	1548	1627
亚特兰大	714	1102	888	0	661	781	810
迈阿密	1375	1763	1549	661	0	1426	1187
达拉斯	967	1723	1548	781	1426	0	239
休斯敦	1087	1842	1627	810	1187	239	0

8.2 声明二维数组

关键点：二维数组的元素可通过行列下标来访问。

声明二维数组的语法如下所示：

```
elementType arrayName[ROW_SIZE][COLUMN_SIZE];
```

下面是一个例子，声明了一个 int 型的二维数组 matrix：

```
int matrix[5][5];
```

二维数组使用两个下标，一个指明行号，另一个指明列号。与一维数组一样，两个下标都是 int 型，值从 0 开始，如图 8-1a 所示。

如图 8-1b 所示，可用如下语句将值 7 赋予数组第 2 行第 1 列的元素：

```
matrix[2][1] = 7;
```

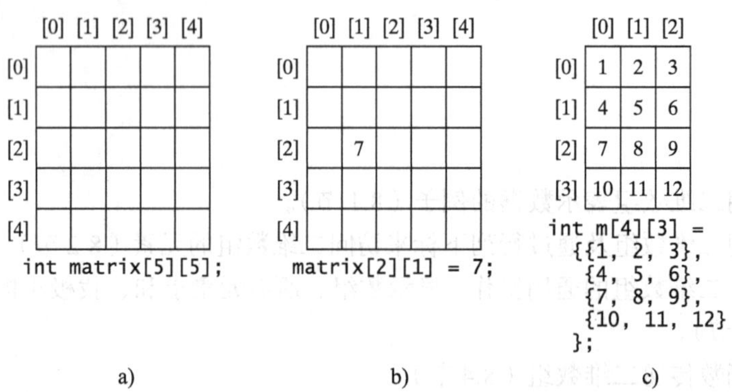

图 8-1　二维数组的两个下标都是从 0 开始的整型值

警示：试图使用 matrix[2, 1] 访问第 2 行第 1 列的元素，是一个常见的错误。在 C++ 中，每个下标都要用一对方括号括起来。

仍可使用数组初始化语句在一条语句中声明并初始化一个二维数组。例如，下面给出的代码 a）创建一个二维数组，并赋予其图 8-1c 所示的初值。这条语句与代码 b）是等价的。

```
int m[4][3] =
{  {1, 2, 3},
   {4, 5, 6},
   {7, 8, 9},
   {10, 11, 12}
};
```

a)

等价的

```
int m[4][3];
m[0][0] = 1; m[0][1] = 2; m[0][2] = 3;
m[1][0] = 4; m[1][1] = 5; m[1][2] = 6;
m[2][0] = 7; m[2][1] = 8; m[2][2] = 9;
m[3][0] = 10; m[3][1] = 11; m[3][2] = 12;
```

b)

检查点

8.1　声明并创建一个 4 × 5 的 int 型矩阵。

8.2　下面代码的输出是什么？

```
int m[5][6];
int x[] = {1, 2};
m[0][1] = x[1];
cout << "m[0][1] is " << m[0][1];
```

8.3　下面语句哪些是合法的数组声明？

```
int r[2];
int x[];
int y[3][];
```

8.3　操作二维数组

关键点：常用嵌套的 for 循环来操作二维数组。

假定数组 matrix 声明如下：

```
const int ROW_SIZE = 10;
const int COLUMN_SIZE = 10;
int matrix[ROW_SIZE][COLUMN_SIZE];
```

下面是一些对二维数组进行操作的例子：

1）（用输入值初始化数组）下面的循环通过用户输入值来初始化数组：

```
cout << "Enter " << ROW_SIZE << " rows and "
  << COLUMN_SIZE << " columns: " << endl;
for (int i = 0; i < ROW_SIZE; i++)
  for (int j = 0; j < COLUMN_SIZE; j++)
    cin >> matrix[i][j];
```

2）（用随机数初始化数组）下面循环用 0 ～ 99 的随机数初始化数组：

```
for (int row = 0; row < ROW_SIZE; row++)
{
  for (int column = 0; column < COLUMN_SIZE; column++)
  {
    matrix[row][column] = rand() % 100;
  }
}
```

3）（打印数组）为打印一个二维数组，须使用类似下面代码的循环打印数组中每个元素：

```
for (int row = 0; row < ROW_SIZE; row++)
{
  for (int column = 0; column < COLUMN_SIZE; column++)
  {
    cout << matrix[row][column] << " ";
  }

  cout << endl;
}
```

4）（求所有元素的和）使用一个名为 total 的变量保存和，其初值为 0。用类似下面代码的循环将数组中每个元素加到 total 上：

```
int total = 0;
for (int row = 0; row < ROW_SIZE; row++)
{
  for (int column = 0; column < COLUMN_SIZE; column++)
  {
    total += matrix[row][column];
  }
}
```

5）（按列求元素和）对每一列，用变量 total 存储该列元素和。可用如下循环把该列中每个元素加到 total 变量里：

```
for (int column = 0; column < COLUMN_SIZE; column++)
{
  int total = 0;
  for (int row = 0; row < ROW_SIZE; row++)
    total += matrix[row][column];
  cout << "Sum for column " << column << " is " << total << endl;
}
```

6）（哪行的和最大）用变量 maxRow 和 indexOfMaxRow 保存最大和及其行号。对每行，计算其和，若得到的结果更大，则更新 maxRow 和 indexOfMaxRow 的值：

```
int maxRow = 0;
int indexOfMaxRow = 0;

// Get sum of the first row in maxRow
```

```
for (int column = 0; column < COLUMN_SIZE; column++)
  maxRow += matrix[0][column];

for (int row = 1; row < ROW_SIZE; row++)
{
  int totalOfThisRow = 0;
  for (int column = 0; column < COLUMN_SIZE; column++)
    totalOfThisRow += matrix[row][column];

  if (totalOfThisRow > maxRow)
  {
    maxRow = totalOfThisRow;
    indexOfMaxRow = row;
  }
}

cout << "Row " << indexOfMaxRow
  << " has the maximum sum of " << maxRow << endl;
```

7）（随机洗牌）在 7.2.4 节中介绍过一维数组元素的洗牌操作。怎么对二维数组的所有元素做洗牌呢？为实现该目标，可对每个元素 matrix[i][j]，随机生成两个下标 i1 和 j1，交换 matrix[i][j] 和 matrix[i1][j1]，如下所示：

```
srand(time(0));

for (int i = 0; i < ROW_SIZE; i++)
{
  for (int j = 0; j < COLUMN_SIZE; j++)
  {
    int i1 = rand() % ROW_SIZE;
    int j1 = rand() % COLUMN_SIZE;

    // Swap matrix[i][j] with matrix[i1][j1]
    double temp = matrix[i][j];
    matrix[i][j] = matrix[i1][j1];
    matrix[i1][j1] = temp;
  }
}
```

检查点

8.4　下面代码的输出是什么？

```
#include <iostream>
using namespace std;

int main()
{
  int matrix[4][4] =
    {{1, 2, 3, 4},
     {4, 5, 6, 7},
     {8, 9, 10, 11},
     {12, 13, 14, 15}};

  int sum = 0;

  for (int i = 0; i < 4; i++)
    sum += matrix[i][i];

  cout << sum << endl;

  return 0;
}
```

8.5 下面代码的输出是什么？

```
#include <iostream>
using namespace std;

int main()
{
  int matrix[4][4] =
    {{1, 2, 3, 4},
     {4, 5, 6, 7},
     {8, 9, 10, 11},
     {12, 13, 14, 15}};

  int sum = 0;

  for (int i = 0; i < 4; i++)
    cout << matrix[i][1] << " ";

  return 0;
}
```

8.4 二维数组作为函数参数

关键点：可以用二维数组作为函数参数，但 C++ 要求在函数参数类型声明中指明列的大小。

程序清单 8-1 给出了一个例子，用一个函数计算矩阵中所有元素之和。

程序清单 8-1 PassTwoDimensionalArray.cpp

```
#include <iostream>
using namespace std;

const int COLUMN_SIZE = 4;

int sum(const int a[][COLUMN_SIZE], int rowSize)
{
  int total = 0;
  for (int row = 0; row < rowSize; row++)
  {
    for (int column = 0; column < COLUMN_SIZE; column++)
    {
      total += a[row][column];
    }
  }

  return total;
}

int main()
{
  const int ROW_SIZE = 3;
  int m[ROW_SIZE][COLUMN_SIZE];
  cout << "Enter " << ROW_SIZE << " rows and "
    << COLUMN_SIZE << " columns: " << endl;
  for (int i = 0; i < ROW_SIZE; i++)
    for (int j = 0; j < COLUMN_SIZE; j++)
      cin >> m[i][j];

  cout << "\nSum of all elements is " << sum(m, ROW_SIZE) << endl;

  return 0;
}
```

程序输出：

```
Enter 3 rows and 4 columns:
1 2 3 4 ↵Enter
5 6 7 8 ↵Enter
9 10 11 12 ↵Enter
Sum of all elements is 78
```

函数 sum（6 行）有两个参数，第一个参数指明一个列大小固定的二维数组，第二个参数指明二维数组的行大小。

检查点

8.6 下面的函数声明哪些是错误的？

```
int f(int[][] a, int rowSize, int columnSize);
int f(int a[][], int rowSize, int columnSize);
int f(int a[][3], int rowSize);
```

8.5 问题：评定多项选择测试的成绩

关键点：要求给出一个程序，为多项选择测试打分。

假定有 8 个学生和 10 道题，答案保存在一个二维数组中，每行记录一个学生对所有问题的解答。例如，下面的数组存储了该测试。

学生的解答

	0	1	2	3	4	5	6	7	8	9
学生 0	A	B	A	C	C	D	E	E	A	D
学生 1	D	B	A	B	C	A	E	E	A	D
学生 2	E	D	D	A	C	B	E	E	A	D
学生 3	C	B	A	E	D	C	E	E	A	D
学生 4	A	B	D	C	C	D	E	E	A	D
学生 5	B	B	E	C	C	D	E	E	A	D
学生 6	B	B	A	C	C	D	E	E	A	D
学生 7	E	B	E	C	C	D	E	E	A	D

正确答案保存在一个一维数组中，如下所示：

正确答案

	0	1	2	3	4	5	6	7	8	9
答案	D	B	D	C	C	D	A	E	A	D

本程序评定成绩并输出结果，应首先将每个学生的答案与标准答案进行比较，统计回答正确的题目的数目，然后输出结果。程序清单 8-2 给出了完整的程序。

程序清单 8-2 GradeExam.cpp

```
#include <iostream>
using namespace std;

int main()
{
```

```
6     const int NUMBER_OF_STUDENTS = 8;
7     const int NUMBER_OF_QUESTIONS = 10;
8
9     // Students' answers to the questions
10    char answers[NUMBER_OF_STUDENTS][NUMBER_OF_QUESTIONS] =
11    {
12      {'A', 'B', 'A', 'C', 'C', 'D', 'E', 'E', 'A', 'D'},
13      {'D', 'B', 'A', 'B', 'C', 'A', 'E', 'E', 'A', 'D'},
14      {'E', 'D', 'D', 'A', 'C', 'B', 'E', 'E', 'A', 'D'},
15      {'C', 'B', 'A', 'E', 'D', 'C', 'E', 'E', 'A', 'D'},
16      {'A', 'B', 'D', 'C', 'C', 'D', 'E', 'E', 'A', 'D'},
17      {'B', 'B', 'E', 'C', 'C', 'D', 'E', 'E', 'A', 'D'},
18      {'B', 'B', 'A', 'C', 'C', 'D', 'E', 'E', 'A', 'D'},
19      {'E', 'B', 'E', 'C', 'C', 'D', 'E', 'E', 'A', 'D'}
20    };
21
22    // Key to the questions
23    char keys[] = {'D', 'B', 'D', 'C', 'C', 'D', 'A', 'E', 'A', 'D'};
24
25    // Grade all answers
26    for (int i = 0; i < NUMBER_OF_STUDENTS; i++)
27    {
28      // Grade one student
29      int correctCount = 0;
30      for (int j = 0; j < NUMBER_OF_QUESTIONS; j++)
31      {
32        if (answers[i][j] == keys[j])
33          correctCount++;
34      }
35
36      cout << "Student " << i << "'s correct count is " <<
37        correctCount << endl;
38    }
39
40    return 0;
41  }
```

程序输出：

```
Student 0's correct count is 7
Student 1's correct count is 6
Student 2's correct count is 5
Student 3's correct count is 4
Student 4's correct count is 8
Student 5's correct count is 7
Student 6's correct count is 7
Student 7's correct count is 7
```

第 10 ～ 20 行的语句声明并初始化了一个二维字符数组。

第 23 行的语句声明并初始化了一个一维 char 型数组。

数组 answers 的每行存储一个学生的答案，通过与数组 keys 中的正确答案比较来评定成绩，成绩评定完后立即输出结果。

8.6 问题：找最近邻点对

关键点：本节将展示几何中寻找最近邻点对的问题。

给定一个点集，最近邻点对问题即寻找其中距离最近的两个点。例如，在图 8-2 中，点 (1, 1) 和 (2, 0.5) 是距离最近的两个点。解决这个问题的方法有很多，一个直观的方法即计算所有点对之间的距离，然后找出最小距离，如程序清单 8-3 所示。

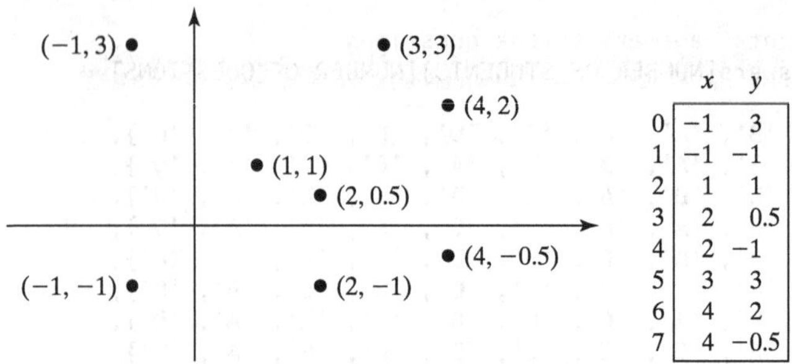

图 8-2　点集可用一个二维数组来表示

程序清单 8-3 FindNearestPoints.cpp

```
#include <iostream>
#include <cmath>
using namespace std;

// Compute the distance between two points (x1, y1) and (x2, y2)
double getDistance(double x1, double y1, double x2, double y2)
{
  return sqrt((x2 - x1) * (x2 - x1) + (y2 - y1) * (y2 - y1));
}

int main()
{
  const int NUMBER_OF_POINTS = 8;

  // Each row in points represents a point
  double points[NUMBER_OF_POINTS][2];

  cout << "Enter " << NUMBER_OF_POINTS << " points: ";
  for (int i = 0; i < NUMBER_OF_POINTS; i++)
    cin >> points[i][0] >> points[i][1];

  // p1 and p2 are the indices in the points array
  int p1 = 0, p2 = 1; // Initial two points
  double shortestDistance = getDistance(points[p1][0], points[p1][1],
    points[p2][0], points[p2][1]); // Initialize shortestDistance

  // Compute distance for every two points
  for (int i = 0; i < NUMBER_OF_POINTS; i++)
  {
    for (int j = i + 1; j < NUMBER_OF_POINTS; j++)
    {
      double distance = getDistance(points[i][0], points[i][1],
        points[j][0], points[j][1]); // Find distance

      if (shortestDistance > distance)
      {
        p1 = i; // Update p1
        p2 = j; // Update p2
        shortestDistance = distance; // Update shortestDistance
      }
    }
  }

  // Display result
  cout << "The closest two points are" <<
```

```
46        "(" << points[p1][0] << ", " << points[p1][1] << ") and (" <<
47        points[p2][0] << ", " << points[p2][1] << ")" << endl;
48
49      return 0;
50    }
```

程序输出：

```
Enter 8 points: -1 3  -1 -1  1 1  2 0.5  2 -1  3 3 4 2 4 -0.5 ↵Enter
The closest two points are (1, 1) and (2, 0.5)
```

所有点通过控制台读入并且存储在二维数组 points 中（19 ～ 20 行）。程序使用变量 shortestDistance（24 行）存储最近的两个点的距离，这两个点在 points 数组中的下标存储在变量 p1 和 p2 中（23 行）。

给定每个以 i 为下标的点，程序对所有 j>i 计算 points[i] 和 points[j] 之间的距离（28 ～ 42 行）。当找到更近的距离时，就更新变量 shortestDistance、p1 和 p2（37 ～ 39 行）。

函数 getDistance（6 ～ 9 行）利用公式 $\sqrt{(x_2-x_1)^2+(y_2-y_1)^2}$ 来计算两点 (x1, y1) 和 (x2, y2) 间的距离。

本程序假定平面上至少有两个点，可以很容易修改程序使之能处理仅有一个点或者没有点的情形。

注意，可能有超过一个点对同时具有最小的距离，程序只找到其中一个点对，可以修改程序使之能找到所有的最近邻点对，参看程序设计练习 8.10。

小窍门：通过键盘输入所有点是非常繁琐的，可以把输入数据存储在文件中，取名如 FindNearestPoints.txt，按如下命令编译并且运行程序：

```
g++ FindNearestPoints.cpp -o FindNearestPoints.exe
FindNearestPoints.exe < FindNearestPoints.txt
```

8.7　问题：数独

关键点：给定一个数独问题的解，验证其是否正确。

本书通过难易程度迥异的各种问题来展示怎样编写程序。我们使用容易、简短和启发性的实例来介绍编程和解决问题的技巧，同时使用有趣和富有挑战性的例子来激励学生。本节介绍一个每天在报纸上都会出现的有趣问题，这是一个数字放置游戏，俗称数独（Sudoku）。数独是一个非常具有挑战性的问题。为了使新手更容易理解，此处只介绍如何解决简化了的数独问题，即验证一个数独问题的解是否正确。本书网站的附加材料 VI.A 中给出了如何找到数独问题的一个解。

数独是一个 9 × 9 的网格，划分成 9 个 3 × 3 方格的盒子（也称为区域或块），如图 8-3a 所示。有些方格以 1 ～ 9 中的某个数字填充，这些网格被称为*固定方格*（fixed cell）。其他空白方格被称为*自由方格*（free cell），目标是用 1 ～ 9 中的数字填补所有自由方格，使得每行、每列及每一个 3 × 3 盒子中都包含数字 1 ～ 9，如图 8-3b 所示。

为方便起见，我们用值 0 来表示一个自由方格，如图 8-4a 所示。这样整个网格可以使用一个二维数组来自然地表示，如图 8-4b 所示。

找到数独的解也就是把网格中的 0 填充为合适的 1 ～ 9 之间的数字。对于图 8-3b 中的解，grid 即如图 8-5 所示。

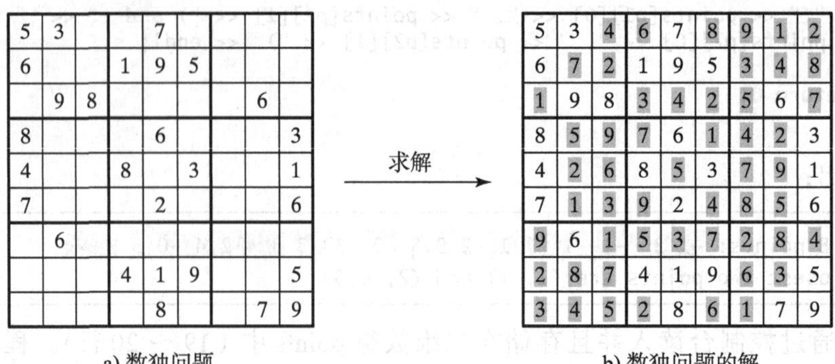

a) 数独问题　　b) 数独问题的解

图 8-3　b) 是 a) 中数独问题的一个解

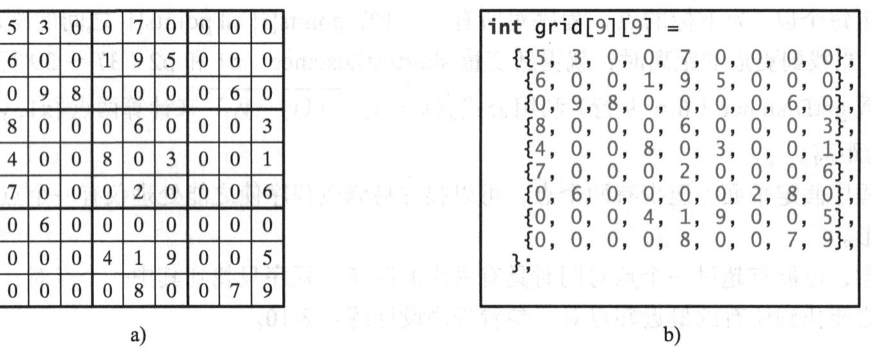

a)　　b)

图 8-4　数独网格可用二维数组来表示

图 8-3b 中的解，其 grid 为

```
{{5, 3, 4, 6, 7, 8, 9, 1, 2},
 {6, 7, 2, 1, 9, 5, 3, 4, 8},
 {1, 9, 8, 3, 4, 2, 5, 6, 7},
 {8, 5, 9, 7, 6, 1, 4, 2, 3},
 {4, 2, 6, 8, 5, 3, 7, 9, 1},
 {7, 1, 3, 9, 2, 4, 8, 5, 6},
 {9, 6, 1, 5, 3, 7, 2, 8, 4},
 {2, 8, 7, 4, 1, 9, 6, 3, 5},
 {3, 4, 5, 2, 8, 6, 1, 7, 9}
};
```

图 8-5　在 grid 中存储解

假设给定一个数独问题的解，如何验证解的正确性？有两种方法：

- 看是否每行都含有数字 1 ～ 9、是否每列都含有数字 1 ～ 9、是否每个 3 × 3 的小块都含有数字 1 ～ 9。
- 检查每个方格，每个方格中的数字必须是 1 ～ 9 中的某一个，并且在每行、每列及每个 3 × 3 的小块中都是唯一的。

程序清单 8-4 先提示用户输入一个解，进而验证该解的正确性。这里采用的是第二种方法。

程序清单 8-4　CheckSudokuSolution.cpp

```
#include <iostream>
using namespace std;

void readASolution(int grid[][9]);
```

```
bool isValid(const int grid[][9]);
bool isValid(int i, int j, const int grid[][9]);

int main()
{
  // Read a Sudoku puzzle
  int grid[9][9];
  readASolution(grid);

  cout << (isValid(grid) ? "Valid solution" : "Invalid solution");

  return 0;
}

// Read a Sudoku puzzle from the keyboard
void readASolution(int grid[][9])
{
  cout << "Enter a Sudoku puzzle:" << endl;
  for (int i = 0; i < 9; i++)
    for (int j = 0; j < 9; j++)
      cin >> grid[i][j];
}

// Check whether the fixed cells are valid in the grid
bool isValid(const int grid[][9])
{
  for (int i = 0; i < 9; i++)
    for (int j = 0; j < 9; j++)
      if (grid[i][j] < 1 || grid[i][j] > 9 ||
          !isValid(i, j, grid))
        return false;

  return true; // The fixed cells are valid
}

// Check whether grid[i][j] is valid in the grid
bool isValid(int i, int j, const int grid[][9])
{
  // Check whether grid[i][j] is valid at the i's row
  for (int column = 0; column < 9; column++)
    if (column != j && grid[i][column] == grid[i][j])
      return false;

  // Check whether grid[i][j] is valid at the j's column
  for (int row = 0; row < 9; row++)
    if (row != i && grid[row][j] == grid[i][j])
      return false;

  // Check whether grid[i][j] is valid in the 3-by-3 box
  for (int row = (i / 3) * 3; row < (i / 3) * 3 + 3; row++)
    for (int col = (j / 3) * 3; col < (j / 3) * 3 + 3; col++)
      if (row != i && col != j && grid[row][col] == grid[i][j])
        return false;

  return true; // The current value at grid[i][j] is valid
}
```

程序输出:

```
Enter a Sudoku puzzle solution:
9 6 3 1 7 4 2 5 8 ↵Enter
1 7 8 3 2 5 6 4 9 ↵Enter
2 5 4 6 8 9 7 3 1 ↵Enter
8 2 1 4 3 7 5 9 6 ↵Enter
```

```
4 9 6 8 5 2 3 1 7 ↵Enter
7 3 5 9 6 1 8 2 4 ↵Enter
5 8 9 7 1 3 4 6 2 ↵Enter
3 1 7 2 4 6 9 8 5 ↵Enter
6 4 2 5 9 8 1 7 3 ↵Enter
Valid solution
```

程序调用函数 readASolution(grid)（12 行）读取一个数独解到一个二维数组，该二维数组表示一个数独网格。

函数 isValid(grid) 检查网格中的数字是否合理。它检查每个值是否是 1 ～ 9 之间的数字，且每个值在网格中是否合理（31 ～ 35 行）。

函数 isValid(i, j, grid) 检查 grid[i][j] 中的值是否合理。它分别检查值 grid[i][j] 是否在第 i 行（44 ～ 46 行）、第 j 列（49 ～ 51 行）及相应的 3 × 3 方块（54 ～ 57 行）中出现超过一次。

怎样找到位于同一个 3 × 3 方块中的所有方格？对任意的 grid[i][j]，它所在的 3 × 3 方块中的第一个方格就是 grid[(i / 3) * 3][(j / 3) * 3]，如图 8-6 所示。

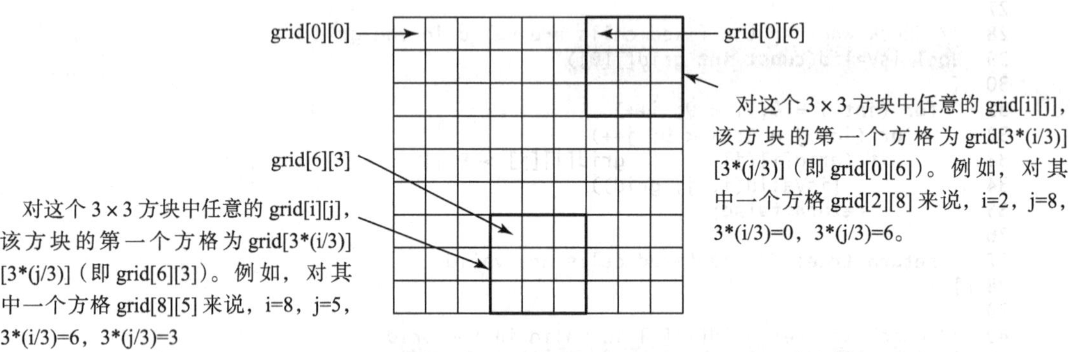

图 8-6 一个 3 × 3 方块中的第一个方格的位置决定了该方块中其他方格的位置

通过如上观察，可以很容易确定一个 3×3 方块中的所有方格。假定 grid[r][c] 是该方块中的第一个方格，那么该方块中的其他方格可用如下嵌套循环来遍历：

```
// Get all cells in a 3 by 3 box starting at grid[r][c]
for (int row = r; row < r + 3; row++)
  for (int col = c; col < c + 3; col++)
    // grid[row][col] is in the box
```

通过键盘输入 81 个数是很繁琐的，可以把这些数存储在文件中，取名 CheckSudoku-Solution.txt（请参看 www.cs.armstrong.edu/liang/data/CheckSudokuSolution.txt），然后用下述命令来编译和运行程序：

```
g++ CheckSudokuSolution.cpp -o CheckSudokuSolution.exe
CheckSudokuSolution.exe < CheckSudokuSolution.txt
```

8.8 多维数组

关键点：在 C++ 中，可以创建任意维数的数组。

上节中，我们已经学习了用二维数组表示矩阵或表。有时，需要表示 n 维的数据结构，在 C++ 中，我们可以创建任意维数的数组。

声明二维数组的方法可以推广到 n 维（n >= 3）的情形。例如，可以用一个三维数组来存储一个班的考试成绩。该班级共有 6 个学生，一共有 5 个科目，每科考试由两部分组成：多项选择和论文。下面语句声明了一个三维数组 scores：

```
double scores[6][5][2];
```

也可以用如下简便的方式来创建并初始化这个数组：

```
double scores[6][5][2] = {
  {{7.5, 20.5}, {9.0, 22.5}, {15, 33.5}, {13, 21.5}, {15, 2.5}},
  {{4.5, 21.5}, {9.0, 22.5}, {15, 34.5}, {12, 20.5}, {14, 9.5}},
  {{6.5, 30.5}, {9.4, 10.5}, {11, 33.5}, {11, 23.5}, {10, 2.5}},
  {{6.5, 23.5}, {9.4, 32.5}, {13, 34.5}, {11, 20.5}, {16, 7.5}},
  {{8.5, 26.5}, {9.4, 52.5}, {13, 36.5}, {13, 24.5}, {16, 2.5}},
  {{9.5, 20.5}, {9.4, 42.5}, {13, 31.5}, {12, 20.5}, {16, 6.5}}};
```

scores[0][1][0] 记录第 1 个学生的第 2 个科目的多项选择的成绩，即 9.0。scores[0][1][1] 记录第 1 个学生的第 2 个科目的论文的成绩，即 22.5。下图描绘了对应关系：

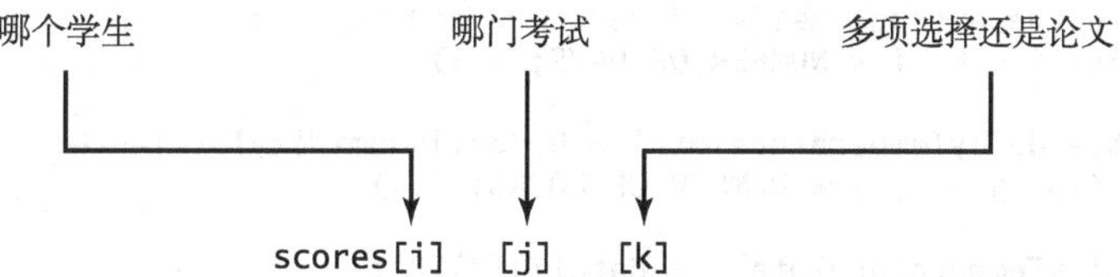

8.8.1　问题：每日温度与湿度

气象站每天记录温度和湿度，每隔 1 小时记录一次，另外气象站还在一个名为 weather.txt 的文本文件中存储之前 10 天的数据（见 www.cs.armstrong.edu/liang/data/weather.txt）。文件的每一行由四个数字组成，分别表示日期、时间、温度和湿度。文件的内容类似于图 a 中所示。

注意文件中的行不一定有序。比如，文件可以如图 b 所示。

```
1   1   76.4   0.92
1   2   77.7   0.93
...
10   23   97.7   0.71
10   24   98.7   0.74
```

a)

```
10   24   98.7   0.74
1   2   77.7   0.93
...
10   23   97.7   0.71
1   1   76.4   0.92
```

b)

我们的任务是编写一个程序，计算 10 天的日均温度和湿度。可以使用输入重定向从文件中读取数据，并将它们存储在一个三维数组 data 中。data 的第一个下标范围是 0 ～ 9，对应 10 天，第二个下标为 0 ～ 23，对应 24 个小时，第三个下标为 0 ～ 1，分别对应温度和湿度。需要注意的是，文件中的日期是 1 ～ 10，小时是 1 ～ 24。由于数组的起始下标是 0，所以 data[0][0][0] 存储的是第 1 天第 1 小时的温度，data[9] [23] [1] 存储的是第 10 天第 24 小时的湿度。

程序在程序清单 8-5 中给出。

程序清单 8-5 Weather.cpp

```
1  #include <iostream>
2  using namespace std;
3
4  int main()
5  {
6    const int NUMBER_OF_DAYS = 10;
7    const int NUMBER_OF_HOURS = 24;
8    double data[NUMBER_OF_DAYS][NUMBER_OF_HOURS][2];
9
10   // Read input using input redirection from a file
11   int day, hour;
12   double temperature, humidity;
13   for (int k = 0; k < NUMBER_OF_DAYS * NUMBER_OF_HOURS; k++)
14   {
15     cin >> day >> hour >> temperature >> humidity;
16     data[day - 1][hour - 1][0] = temperature;
17     data[day - 1][hour - 1][1] = humidity;
18   }
19
20   // Find the average daily temperature and humidity
21   for (int i = 0; i < NUMBER_OF_DAYS; i++)
22   {
23     double dailyTemperatureTotal = 0, dailyHumidityTotal = 0;
24     for (int j = 0; j < NUMBER_OF_HOURS; j++)
25     {
26       dailyTemperatureTotal += data[i][j][0];
27       dailyHumidityTotal += data[i][j][1];
28     }
29
30     // Display result
31     cout << "Day " << i << "'s average temperature is "
32       << dailyTemperatureTotal / NUMBER_OF_HOURS << endl;
33     cout << "Day " << i << "'s average humidity is "
34       << dailyHumidityTotal / NUMBER_OF_HOURS << endl;
35   }
36
37   return 0;
38 }
```

程序输出：

```
Day 0's average temperature is 77.7708
Day 0's average humidity is 0.929583
Day 1's average temperature is 77.3125
Day 1's average humidity is 0.929583
...
Day 9's average temperature is 79.3542
Day 9's average humidity is 0.9125
```

可以使用下面的命令来编译这个程序：

```
g++ Weather.cpp -o Weather
```

使用下面的命令来运行程序：

```
Weather.exe < Weather.txt
```

在第 8 行声明了一个三维数组 data。第 13 ～ 18 行的循环读取输入到该数组。也可以通过键盘输入，但是相当繁琐。为了方便起见，我们把数据存储在文件中，利用输入重定向从文件中读取数据。第 24 ～ 28 行中的循环将一天中每个小时的温度加到变量 dailyTemperatureTotal 中，将一天中每个小时的湿度加到变量 dailyHumidityTotal 中。第 31 ～ 34 行打印日均温度和湿度。

8.8.2 问题：猜生日

程序清单 4-4 可以猜生日，此程序可简化，方法是用一个三维数组保存 5 个整数集，用一个循环提示用户回答问题，如程序清单 8-6 所示。

程序清单 8-6 GuessBirthdayUsingArray.cpp

```
#include <iostream>
#include <iomanip>
using namespace std;

int main()
{
  int day = 0; // Day to be determined
  char answer;

  int dates[5][4][4] = {
    {{ 1,  3,  5,  7},
     { 9, 11, 13, 15},
     {17, 19, 21, 23},
     {25, 27, 29, 31}},
    {{ 2,  3,  6,  7},
     {10, 11, 14, 15},
     {18, 19, 22, 23},
     {26, 27, 30, 31}},
    {{ 4,  5,  6,  7},
     {12, 13, 14, 15},
     {20, 21, 22, 23},
     {28, 29, 30, 31}},
    {{ 8,  9, 10, 11},
     {12, 13, 14, 15},
     {24, 25, 26, 27},
     {28, 29, 30, 31}},
    {{16, 17, 18, 19},
     {20, 21, 22, 23},
     {24, 25, 26, 27},
     {28, 29, 30, 31}}};

  for (int i = 0; i < 5; i++)
  {
    cout << "Is your birthday in Set" << (i + 1) << "?" << endl;
    for (int j = 0; j < 4; j++)
    {
      for (int k = 0; k < 4; k++)
        cout << setw(3) << dates[i][j][k] << " ";
      cout << endl;
    }
    cout << "\nEnter N/n for No and Y/y for Yes: ";
    cin >> answer;
    if (answer == 'Y' || answer == 'y')
      day += dates[i][0][0];
  }

  cout << "Your birthday is " << day << endl;

  return 0;
}
```

程序第 10 ～ 30 行创建了一个名为 dates 的三维数组，保存了 5 个整数集合，每个集合是一个 4 × 4 的二维数组。

从 32 行开始的循环输出每个集合中的数，提示用户回答生日是否在当前集合中（37 ～ 38 行）。如果在，集合中的第一个数（dates[i][0][0]）被加到变量 day 上（44 行）。

检查点

8.7　声明并创建一个 4 × 6 × 5 的 int 型数组。

本章小结

1. 二维数组可用于存储表。
2. 二维数组可用语法 elmentType arrayName[ROW_SIZE][COLUMN_SIZE] 来创建。
3. 二维数组中的元素可用语法 arrayName[rowIndex][columnIndex] 来表示。
4. 可以用如下语法来创建并初始化二维数组：elementType arrayName[][COLUMN_SIZE] = {{row values}, ⋯, {row values}}。
5. 可以给函数传递一个二维数组，但是，C++ 要求在函数声明时必须指明列的大小。
6. 可以使用数组的数组来构建多维数组。例如，三维数组通过数组的数组来声明，语法为 elementType arrayName[size1][size2][size3]。

在线测验

请在 www.cs.armstrong.edu/liang/cpp3e/quiz.html 完成本章的在线测验。

程序设计练习

8.2 ～ 8.5 节

*8.1　（按列求元素和）编写一个函数，返回一个矩阵特定列的所有元素和，函数头如下：

```
const int SIZE = 4;
double sumColumn(const double m[][SIZE], int rowSize,
  int columnIndex);
```

编写一个测试程序，读入 3 × 4 的矩阵，打印输出每一列的元素和。下面是样例输出：

```
Enter a 3-by-4 matrix row by row:
1.5 2 3 4 ↵Enter
5.5 6 7 8 ↵Enter
9.5 1 3 1 ↵Enter
Sum of the elements at column 0 is 16.5
Sum of the elements at column 1 is 9
Sum of the elements at column 2 is 13
Sum of the elements at column 3 is 13
```

*8.2　（求矩阵主对角线和）编写一个函数，对 $n \times n$ 的双精度值矩阵，求其主对角线上的元素和，函数头如下：

```
const int SIZE = 4;
double sumMajorDiagonal(const double m[][SIZE]);
```

编写一个测试程序，读入 4 × 4 的矩阵，打印输出主对角线上的元素和。下面是样例输出：

```
Enter a 4-by-4 matrix row by row:
1 2 3 4 ↵Enter
5 6 7 8 ↵Enter
9 10 11 12 ↵Enter
13 14 15 16 ↵Enter
Sum of the elements in the major diagonal is 34
```

*8.3 （按成绩给学生排序）重写程序清单 8-2，按照回答正确的数目，以升序打印输出学生名单。

*8.4 （计算员工每周工作时间）假定所有员工的每周工作时间保存在一个二维数组中。每行保存一个员工 7 天的工作时间。例如，下面数组保存了 8 个员工的周工作时间。编写一个程序，按周工作总时数递减的次序输出所有员工及他们的周工作总时数。

	周日	周一	周二	周三	周四	周五	周六
员工 0	2	4	3	4	5	8	8
员工 1	7	3	4	3	3	4	4
员工 2	3	3	4	3	3	2	2
员工 3	9	3	4	7	3	4	1
员工 4	3	5	4	3	6	3	8
员工 5	3	4	4	6	3	4	4
员工 6	3	7	4	8	3	8	4
员工 7	6	3	5	9	2	7	9

8.5 （代数：矩阵相加）编写一个函数，将两个矩阵 a 和 b 相加，结果存储在矩阵 c 中。

$$\begin{pmatrix} a_{11} & a_{12} & a_{13} \\ a_{21} & a_{22} & a_{23} \\ a_{31} & a_{32} & a_{33} \end{pmatrix} + \begin{pmatrix} b_{11} & b_{12} & b_{13} \\ b_{21} & b_{22} & b_{23} \\ b_{31} & b_{32} & b_{33} \end{pmatrix} = \begin{pmatrix} a_{11}+b_{11} & a_{12}+b_{12} & a_{13}+b_{13} \\ a_{21}+b_{21} & a_{22}+b_{22} & a_{23}+b_{23} \\ a_{31}+b_{31} & a_{32}+b_{32} & a_{33}+b_{33} \end{pmatrix}$$

函数头如下：

```
const int N = 3;

void addMatrix(const double a[][N],
  const double b[][N], double c[][N]);
```

每个元素 c_{ij} 等于 $a_{ij} + b_{ij}$。编写一个测试程序，提示用户输入两个 3×3 的矩阵，打印输出它们的和。下面是样例输出：

```
Enter matrix1: 1 2 3 4 5 6 7 8 9 ↵Enter
Enter matrix2: 0 2 4 1 4.5 2.2 1.1 4.3 5.2 ↵Enter
The addition of the matrices is
 1 2 3     0 2 4           1 4 7
 4 5 6  +  1 4.5 2.2   =   5 9.5 8.2
 7 8 9     1.1 4.3 5.2     8.1 12.3 14.2
```

**8.6 （金融应用：税款计算）使用数组重写程序清单 3-3。对每个纳税身份，有 6 种税率，每种税率适用于一个特定的收入范围。例如，对于一个应纳税收入为 400 000 美元的单身纳税者，其收入中 8350 美元的税率为 10%，(33 950 − 8350) 美元的税率为 15%，(82 250 − 33 950) 美元的税率为 25%，(171 550 − 82 250) 美元的税率为 28%，(372 550 − 82 250) 美元的税率为 33%，(400 000 − 372 950) 美元的税率为 36%。这 6 种税率对所有纳税身份都是一样的，可用如下数组表示：

```
double rates[] = {0.10, 0.15, 0.25, 0.28, 0.33, 0.36};
```

对所有纳税身份，税率适用的收入范围可用一个二维数组表示：

```
int brackets[4][5] =
{
  {8350, 33950, 82250, 171550, 372950},    // Single filer
  {16700, 67900, 137050, 20885, 372950},   // Married jointly
                                           // or qualifying
                                           // widow(er)
```

```
  {8350, 33950, 68525, 104425, 186475},    // Married separately
  {11950, 45500, 117450, 190200, 372950}  // Head of household
};
```

假定一个单身纳税者的应纳税收入为 400 000 美元，则纳税额可用如下公式计算：

```
tax = brackets[0][0] * rates[0] +
  (brackets[0][1] - brackets[0][0]) * rates[1] +
  (brackets[0][2] - brackets[0][1]) * rates[2] +
  (brackets[0][3] - brackets[0][2]) * rates[3] +
  (brackets[0][4] - brackets[0][3]) * rates[4] +
  (400000 - brackets[0][4]) * rates[5]
```

**8.7 （检查矩阵）编写一个程序，随机的用 0 和 1 填充一个 4 × 4 的方阵，打印输出该矩阵，并且找出全为 0 或 1 的行、列和对角线。以下是样例输出：

```
0111
0000
0100
1111
All 0's on row 1
All 1's on row 3
No same numbers on a column
No same numbers on the major diagonal
No same numbers on the sub-diagonal
```

***8.8 （对矩阵行洗牌）编写一个函数，对一个二维 int 型数组的行进行洗牌，函数头如下：

```
void shuffle(int m[][2], int rowSize);
```

编写一个测试程序，对下面矩阵的行进行洗牌：

```
int m[][2] = {{1, 2}, {3, 4}, {5, 6}, {7, 8}, {9, 10}};
```

**8.9 （代数：矩阵相乘）编写一个函数，将两个矩阵 a 和 b 相乘，结果存储在矩阵 c 中。

$$\begin{pmatrix} a_{11} & a_{12} & a_{13} \\ a_{21} & a_{22} & a_{23} \\ a_{31} & a_{32} & a_{33} \end{pmatrix} \times \begin{pmatrix} b_{11} & b_{12} & b_{13} \\ b_{21} & b_{22} & b_{23} \\ b_{31} & b_{32} & b_{33} \end{pmatrix} = \begin{pmatrix} c_{11} & c_{12} & c_{13} \\ c_{21} & c_{22} & c_{23} \\ c_{31} & c_{32} & c_{33} \end{pmatrix}$$

函数头如下：

```
const int N = 3;
void multiplyMatrix(const double a[][N],
  const double b[][N], double c[][N]);
```

每个元素 c_{ij} 等于 $a_{i1} \times b_{1j} \times a_{i2} \times b_{2j} + a_{i3} \times b_{3j}$。

编写一个测试程序，提示用户输入两个 3 × 3 的矩阵，打印输出它们的乘积。下面是样例输出：

```
Enter matrix1: 1 2 3 4 5 6 7 8 9 ↵Enter
Enter matrix2: 0 2 4 1 4.5 2.2 1.1 4.3 5.2 ↵Enter
The multiplication of the matrices is
 1 2 3     0 2.0 4.0       5.3 23.9 24
 4 5 6  *  1 4.5 2.2   =   11.6 56.3 58.2
 7 8 9     1.1 4.3 5.2     17.9 88.7 92.4
```

8.6 节

**8.10 （所有最近邻点对）程序清单 8-3 找到了其中一个最近邻点对。修改该程序，使之能输出所有的最近邻点对（有相同的最小距离）。下面是样例输出：

```
Enter the number of points: 8 ↵Enter
Enter 8 points: 0 0 1 1 -1 -1  2 2 -2 -2 -3 -3 -4 -4 5 5 ↵Enter
The closest two points are (0.0, 0.0) and (1.0, 1.0)
The closest two points are (0.0, 0.0) and (-1.0, -1.0)
The closest two points are (1.0, 1.0) and (2.0, 2.0)
The closest two points are (-1.0, -1.0) and (-2.0, -2.0)
The closest two points are (-2.0, -2.0) and (-3.0, -3.0)
The closest two points are (-3.0, -3.0) and (-4.0, -4.0)
Their distance is 1.4142135623730951
```

**8.11 （游戏：9 枚硬币的正面和反面）9 枚硬币放置在 3 × 3 的矩阵中，有些正面朝上，有些反面朝上。可用一个 3 × 3 的矩阵——元素值为 0（正面朝上）或 1（反面朝上）——来表示 9 枚硬币的状态。下面是一些例子：

```
0 0 0    1 0 1    1 1 0    1 0 1    1 0 0
0 1 0    0 0 1    1 0 0    1 1 0    1 1 1
0 0 0    1 0 0    0 0 1    1 0 0    1 1 0
```

这 9 枚硬币的状态可以用一个二进制数字来表示。例如，上面的矩阵分别对应如下数字：

000010000 101001100 110100001 101110100 100111110

总共的可能状态数是 512，所以你可以用十进制数字 0,1,2,3, ⋯ , 511 来表示矩阵中的所有状态。编写一个程序，提示用户输入一个 0 ～ 511 的数字，打印输出相应的状态矩阵，用 H 表示正面朝上，T 表示反面朝上。下面是样例输出：

```
Enter a number between 0 and 511: 7 ↵Enter
H H H
H H H
T T T
```

用户输入了 7，对应的二进制数字是 000000111。因为 0 表示正面朝上（H），1 表示反面朝上（T），所以上面的输出结果是正确的。

*8.12 （最近邻点对）程序清单 8-3 是在二维空间中找到最近邻点对。修改该程序，使得它可以找到三维空间中的最近邻点对。使用一个二维数组来表示这些点，用下列点来测试你的程序：

```
double points[][3] = {{-1, 0, 3}, {-1, -1, -1}, {4, 1, 1},
  {2, 0.5, 9}, {3.5, 2, -1}, {3, 1.5, 3}, {-1.5, 4, 2},
  {5.5, 4, -0.5}};
```

计算三维空间中两点 (x_1, y_1, z_1) 和 (x_2, y_2, z_2) 之间的距离，数学公式为 $\sqrt{(x_2-x_1)^2+(y_2-y_1)^2+(z_2-z_1)^2}$ 。

*8.13 （给二维数组排序）编写一个函数，排序一个二维数组，函数头如下：

```
void sort(int m[][2], int numberOfRows)
```

该函数对每一行按照第一个元素排序，如果第一个元素相同，则按第二个元素排序。例如，数组 {{4, 2}, {1, 7}, {4, 5}, {1, 2}, {1, 1}, {4, 1}} 将被排序为 {{1, 1}, {1, 2}, {1, 7}, {4, 1}, {4, 2}, {4, 5}}。编写一个测试程序，提示用户输入 10 个点，调用该函数输出排序后的点。

*8.14 （最大行、列）编写一个程序，随机地用 0 和 1 填充一个 4 × 4 的矩阵，输出该矩阵，并且找到有最多 1 的第一个行和列。下面是样例输出（输出应为 The largest row index: 1 The largest column index: 0。——译者注）。

```
0011
1011
1101
1010
```

```
The largest row index: 1
The largest column index: 2
```

*8.15 （代数：2×2 矩阵的逆）一个方阵 A 的逆矩阵记为 A^{-1}，满足 $A\times A^{-1}=I$，其中 I 是恒等矩阵（对角线为 1，其他元素都是 0）。例如，矩阵 $\begin{bmatrix}1 & 2\\3 & 4\end{bmatrix}$ 的逆矩阵是 $\begin{bmatrix}-2 & 1\\1.5 & -0.5\end{bmatrix}$，因为有

$$\begin{bmatrix}1 & 2\\3 & 4\end{bmatrix}\times\begin{bmatrix}-2 & 1\\1.5 & -0.5\end{bmatrix}=\begin{bmatrix}1 & 0\\0 & 1\end{bmatrix}$$

所以一个 2×2 矩阵 A 的逆可用下列公式求出（在 $ad-bc!=0$ 的情况下）：

$$A=\begin{bmatrix}a & b\\c & d\end{bmatrix}\quad A^{-1}=\frac{1}{ad-bc}\begin{bmatrix}d & -b\\-c & a\end{bmatrix}$$

实现下列函数，用于计算矩阵的逆：

```
void inverse(const double A[][2], double inverseOfA[][2])
```

编写一个测试程序，提示用户输入矩阵的元素 a、b、c、d，打印输出该矩阵的逆矩阵。下面是样例输出：

```
Enter a, b, c, d: 1 2 3 4 ↵Enter
-2.0 1.0
1.5 -0.5
```

```
Enter a, b, c, d: 0.5 2 1.5 4.5 ↵Enter
-6.0 2.6666666666666665
2.0 -0.6666666666666666
```

*8.16 （几何：是否共线？）程序设计练习 6.20 给出了一个函数，可用于检验 3 个点是否共线。实现下面的函数，检验数组 points 中的所有点是否共线。

```
const int SIZE = 2;
bool sameLine(const double points[][SIZE], int numberOfPoints)
```

编写一个程序，提示用户输入 5 个点，输出它们是否共线。下面是样例输出：

```
Enter five points: 3.4 2 6.5 9.5 2.3 2.3 5.5 5 -5 4 ↵Enter
The five points are not on same line
```

```
Enter five points: 1 1 2 2 3 3 4 4 5 5 ↵Enter
The five points are on same line
```

8.7 ～ 8.8 节

***8.17 （最大元素的位置）编程实现下面的函数，可用于找到一个二维数组中最大元素的位置：

```
void locateLargest(const double a[][4], int location[])
```

位置信息存储在一个一维数组 location 中，它包含 2 个元素，分别表明二维数组中最大元素所在的行和列。编写一个测试程序，提示用户输入一个 3×4 的数组，输出最大元素的位置。样例输出如下：

```
Enter the array:
23.5 35 2 10 ↵Enter
4.5 3 45 3.5 ↵Enter
```

```
35 44 5.5 9.6 ↵Enter
The location of the largest element is at (1, 2)
```

*8.18 （代数：3×3 矩阵求逆）一个方阵 A 的逆矩阵记为 A^{-1}，满足 $A \times A^{-1} = I$，其中 I 是恒等矩阵（对角线为 1、其他元素都是 0 的方阵）。例如，矩阵 $\begin{bmatrix} 1 & 2 & 1 \\ 2 & 3 & 1 \\ 4 & 5 & 3 \end{bmatrix}$ 的逆矩阵是 $\begin{bmatrix} -2 & 0.5 & 0.5 \\ 1 & 0.5 & -0.5 \\ 1 & -1.5 & 0.5 \end{bmatrix}$，即

$$\begin{bmatrix} 1 & 2 & 1 \\ 2 & 3 & 1 \\ 4 & 5 & 3 \end{bmatrix} \times \begin{bmatrix} -2 & 0.5 & 0.5 \\ 1 & 0.5 & -0.5 \\ 1 & -1.5 & 0.5 \end{bmatrix} = \begin{bmatrix} 1 & 0 & 0 \\ 0 & 1 & 0 \\ 0 & 0 & 1 \end{bmatrix}$$

3×3 矩阵 $A = \begin{bmatrix} a_{11} & a_{12} & a_{13} \\ a_{21} & a_{22} & a_{23} \\ a_{31} & a_{32} & a_{33} \end{bmatrix}$ 的逆可由下列公式计算（如果 $|A| \neq 0$）：

$$A^{-1} = \frac{1}{|A|} \begin{bmatrix} a_{22}a_{33} - a_{23}a_{32} & a_{13}a_{32} - a_{12}a_{33} & a_{12}a_{23} - a_{13}a_{22} \\ a_{23}a_{31} - a_{21}a_{33} & a_{11}a_{33} - a_{13}a_{31} & a_{13}a_{21} - a_{11}a_{23} \\ a_{21}a_{32} - a_{22}a_{31} & a_{12}a_{31} - a_{11}a_{32} & a_{11}a_{22} - a_{12}a_{21} \end{bmatrix}$$

$$|A| = \begin{vmatrix} a_{11} & a_{12} & a_{13} \\ a_{21} & a_{22} & a_{23} \\ a_{31} & a_{32} & a_{33} \end{vmatrix} = a_{11}a_{22}a_{33} + a_{31}a_{12}a_{23} + a_{13}a_{21}a_{32} - a_{13}a_{22}a_{31} - a_{11}a_{23}a_{32} - a_{33}a_{21}a_{12}$$

实现下列函数用于计算矩阵的逆：

```
void inverse(const double A[][3], double inverseOfA[][3])
```

编写一个测试程序，提示用户输入矩阵的元素 $a_{11}, a_{12}, a_{13}, a_{21}, a_{22}, a_{23}, a_{31}, a_{32}, a_{33}$，打印输出该矩阵的逆矩阵。下面是样例输出：

```
Enter a11, a12, a13, a21, a22, a23, a31, a32, a33: 1 2 1 2 3 1 4 5 3 ↵Enter
-2 0.5 0.5
1 0.5 -0.5
1 -1.5 0.5
```

```
Enter a11, a12, a13, a21, a22, a23, a31, a32, a33: 1 4 2 2 5 8 2 1 8 ↵Enter
2.0 -1.875 1.375
0.0 0.25 -0.25
-0.5 0.4375 -0.1875
```

***8.19 （金融海啸）银行之间会互相借款。在经济困难时期，如果某家银行破产，它就可能无法偿还贷款。一家银行的总资产是它的当前余额加上其向其他银行的借款。图 8-7 中有 5 家银行，它们当前的余额分别为 25、125、175、75 和 181 亿美元，从节点 1 到节点 2 的有向边表示银行 1 借款 40 万美元给银行 2。

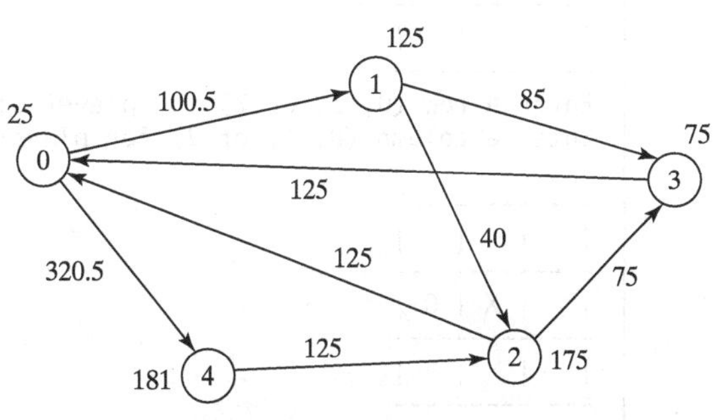

图 8-7 银行之间互相借款

如果一家银行的总资产低于一定程度，该银行将是不安全的。如果一家银

行不安全，那么它借的钱就不能还给贷款银行，这样贷款银行在计算总资产时就不能把这部分钱算进去，结果，贷款银行的总资产也可能低于一定程度，可能也是不安全的。编写一个程序，找出所有不安全的银行。程序的输入如下所述，首先读入两个整数 n 和 limit，其中 n 表明有几家银行，limit 是保证银行安全的最少资产数。然后程序读入 n 行数据，分别描述 n 家银行的信息（银行编号从 0 ～ n−1）。每行数据的第一个数表示这家银行的余额，第二个数表示共有几家银行从这家银行借款，剩下的为两个数的数对，每对数描述一个借款，第一个数描述借款方的编号，第二个数表示借款总额。假设银行总数最大值为 100。例如，图 8-7 的 5 家银行输入如下（银行安全的下限是 201）：

```
5 201
25 2 1 100.5 4 320.5
125 2 2 40 3 85
175 2 0 125 3 75
75 1 0 125
181 1 2 125
```

银行 3 的总资产为 75+125，低于安全下限 201，所以银行 3 是不安全的。由于银行 3 不安全，银行 1 的总资产就变成了 125+40，所以银行 1 也是不安全的。程序的输出应该是：

```
Unsafe banks are 3 1
```

（提示：用一个二维数组 loan 表示借款关系。loan[i][j] 表示银行 i 给银行 j 的借款额，一旦银行 j 变成不安全，那么 loan[i][j] 应该被置为 0。）

***8.20 （TicTacToe 游戏）所谓 TicTacToe 游戏，就是两个游戏者轮流在一个 3 × 3 的棋盘的空位中放入代表他们自己的棋子（可用 X 和 O 区分）。如果一个游戏者的棋子占据了棋盘的一行、一列或一条对角线，则游戏结束，此游戏者获胜。当所有棋盘格都被填满，而没有任何一方能占据一行、一列或一条对角线，则为平局。编写一个玩 TicTacToe 游戏的程序，提示第一个游戏者放置一个 X 棋子，然后提示第二个游戏者放置一个 O 棋子。每当游戏者放置一个棋子，程序即刷新屏幕显示的棋盘状况，并判断棋局状态（胜、平或尚未结束）。下面是样例输出：

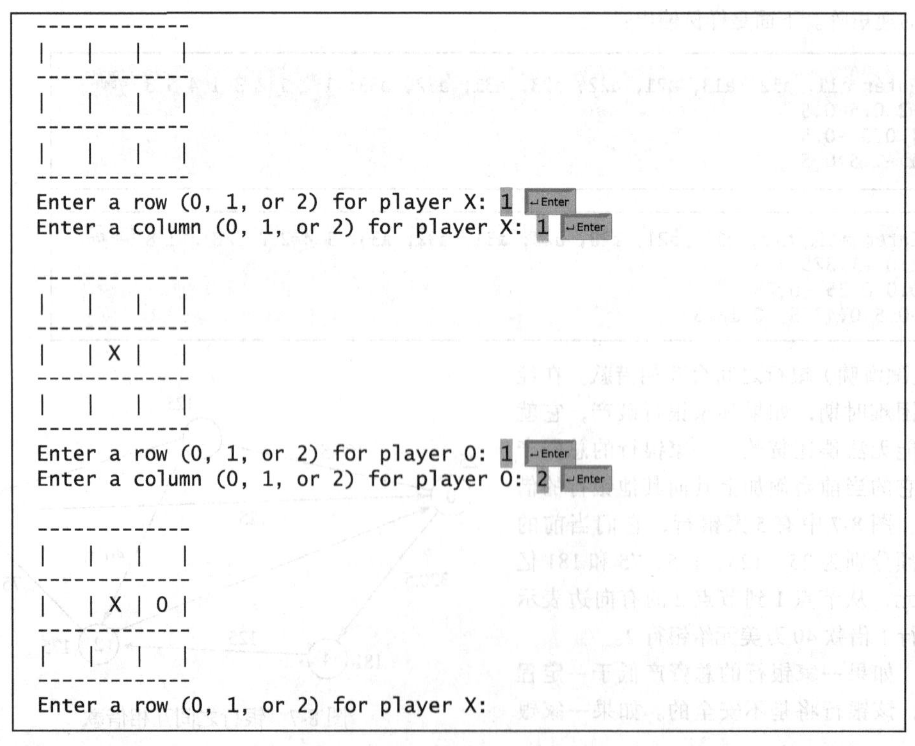

```
-------------
|   |   |   |
-------------
|   |   |   |
-------------
|   |   |   |
-------------
Enter a row (0, 1, or 2) for player X: 1 ↵Enter
Enter a column (0, 1, or 2) for player X: 1 ↵Enter

-------------
|   |   |   |
-------------
|   | X |   |
-------------
|   |   |   |
-------------
Enter a row (0, 1, or 2) for player O: 1 ↵Enter
Enter a column (0, 1, or 2) for player O: 2 ↵Enter

-------------
|   |   |   |
-------------
|   | X | O |
-------------
|   |   |   |
-------------
Enter a row (0, 1, or 2) for player X:
```

```
...

-------------
| X |   |   |
-------------
| O | X | O |
-------------
|   |   | X |
-------------
X player won
```

**8.21 （模式识别：连续 4 个相同数字）编程实现下面的函数，用于测试一个二维数组是否在水平、垂直或对角方向上含有连续 4 个相同的数字：

```
bool isConsecutiveFour(int values[][7])
```

编写一个测试程序，提示用户输入二维数组的行数和列数，以及数组元素值。如果该数组含有 4 个连续相同的数字，则输出为真，否则输出为假。下面是一些输出为真的例子：

0	1	0	3	1	6	1
0	1	6	8	6	0	1
5	6	2	1	8	2	9
6	5	6	1	1	9	1
1	3	6	1	4	0	7
3	3	3	3	4	0	7

0	1	0	3	1	6	1
0	1	6	8	6	0	1
5	5	2	1	8	2	9
6	5	6	1	1	9	1
1	5	6	1	4	0	7
3	5	3	3	4	0	7

0	1	0	3	1	6	1
0	1	6	8	6	0	1
5	6	2	1	6	2	9
6	5	6	6	1	9	1
1	3	6	1	4	0	7
3	6	3	3	4	0	7

0	1	0	3	1	6	1
0	1	6	8	6	0	1
9	6	2	1	8	2	9
6	9	6	1	1	9	1
1	3	9	1	4	0	7
3	3	3	9	4	0	7

***8.22 （游戏：四连盘）四连盘是个双人棋盘游戏，游戏双方在一个 7 列、6 行的垂直放置的棋盘上分别安放彩色盘子（棋子），如图所示。

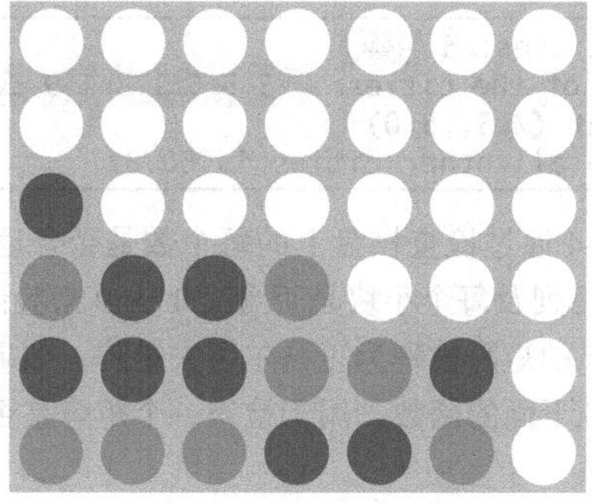

游戏的目标是看谁先在某行、某列或某对角方向上形成 4 个颜色相同的盘子。程序提示游戏双方交替在某一列安放“红色”（图中深蓝色所示）或“黄色”（浅蓝色所示）盘子。当一个盘子放置好后，程序在控制台上刷新输出棋盘情况，并判断游戏状态（胜、平或继续）。下面是样例输出：

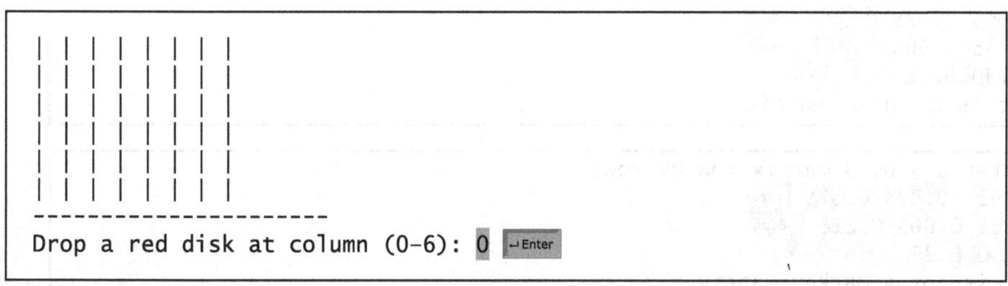

```
| | | | | | | |
| | | | | | | |
| | | | | | | |
| | | | | | | |
| | | | | | | |
|R| | | | | | |
----------------------
Drop a yellow disk at column (0-6): 3 ↵Enter

| | | | | | | |
| | | | | | | |
| | | | | | | |
| | | | | | | |
| | | | | | | |
|R| | |Y| | | |

...
...
...

Drop a yellow disk at column (0-6): 6 ↵Enter
| | | | | | | |
| | | | | | | |
| | | |R| | | |
| | | |Y|R|Y| |
| | |R|Y|Y|Y|Y|
|R|Y|R|Y|R|R|R|
----------------------
The yellow player won
```

*8.23 （中心城市）给定一些城市的集合，到其他所有城市距离和最小的城市被称为中心城市。编写一个程序，提示用户输入城市数量和位置（坐标），找到中心城市及它到其他城市的距离之和。假设城市数量的最大值为 20。程序输出为：

```
Enter the number of cities: 5 ↵Enter
Enter the coordinates of the cities: 2.5 5 5.1 3 1 9 5.4 54 5.5 2.1 ↵Enter
The central city is at (2.5, 5.0)
The total distance to all other cities is 60.81
```

*8.24 （验证数独解）程序清单 8-4 通过检查棋盘上的每个数是否合理来验证数独解的正确性。重写这个程序，通过检查每行、每列及每个小块是否含有 1 ～ 9 来验证数独解的正确性。

*8.25 （马尔可夫矩阵）一个 $n \times n$ 的矩阵被称为正马尔可夫矩阵，如果每个元素都大于 0 而且每一列的所有元素和为 1。编程实现下面的函数，用于检查一个矩阵是否为马尔可夫矩阵：

```
const int SIZE = 3;
bool isMarkovMatrix(const double m[][SIZE]);
```

编写一个测试程序，提示用户输入一个 3×3 的双精度值矩阵，验证它是否是一个马尔可夫矩阵。下面是样例输出：

```
Enter a 3 by 3 matrix row by row:
0.15 0.875 0.375 ↵Enter
0.55 0.005 0.225 ↵Enter
0.30 0.12 0.4 ↵Enter
It is a Markov matrix
```

```
Enter a 3 by 3 matrix row by row:
0.95 -0.875 0.375 ↵Enter
0.65 0.005 0.225 ↵Enter
0.30 0.22 -0.4 ↵Enter
It is not a Markov matrix
```

*8.26 （行排序）实现下面的函数，用于对一个二维数组的行进行排序，返回一个新的数组，不改变输入数组。

```
const int SIZE = 3;
void sortRows(const double m[][SIZE], double result[][SIZE]);
```

编写一个测试程序，提示用户输入一个 3×3 的双精度值矩阵，打印输出新排序好的矩阵。下面是样例输出：

```
Enter a 3 by 3 matrix row by row:
0.15 0.875 0.375 ↵Enter
0.55 0.005 0.225 ↵Enter
0.30 0.12 0.4 ↵Enter
The row-sorted array is
0.15 0.375 0.875
0.005 0.225 0.55
0.12 0.30 0.4
```

*8.27 （列排序）实现下面的函数，用于对一个二维数组的列进行排序，返回一个新的数组，不改变输入数组。

```
const int SIZE = 3;
void sortColumns(const double m[][SIZE], double result[][SIZE]);
```

编写一个测试程序，提示用户输入一个 3×3 的双精度值矩阵，打印输出新排序好的矩阵。下面是样例输出：

```
Enter a 3 by 3 matrix row by row:
0.15 0.875 0.375 ↵Enter
0.55 0.005 0.225 ↵Enter
0.30 0.12 0.4 ↵Enter
The column-sorted array is
0.15 0.0050 0.225
0.3  0.12   0.375
0.55 0.875  0.4
```

8.28 （严格等同数组）两个数组 m1 和 m2，如果它们的对应元素都相同，则称它们是严格等同（strictly identical）的。编写一个函数，当 m1 和 m2 严格等同时，输出为真。函数头如下：

```
const int SIZE = 3;
bool equals(const int m1[][SIZE], const int m2[][SIZE]);
```

编写一个测试程序，提示用户输入两个 3×3 的整型值矩阵，打印输出它们是否严格等同。下面是样例输出：

```
Enter m1: 51 22 25 6 1 4 24 54 6 ↵Enter
Enter m2: 51 22 25 6 1 4 24 54 6 ↵Enter
Two arrays are strictly identical
```

```
Enter m1: 51 25 22 6 1 4 24 54 6 ↵Enter
Enter m2: 51 22 25 6 1 4 24 54 6 ↵Enter
Two arrays are not strictly identical
```

8.29 （等同数组）两个数组 m1 和 m2，如果它们含有相同的元素，则称它们是等同（identical）的。编写一个函数，当 m1 和 m2 等同时，输出为真。函数头如下：

```
const int SIZE = 3;
bool equals(const int m1[][SIZE], const int m2[][SIZE]);
```

编写一个测试程序，提示用户输入两个 3×3 的整型值矩阵，打印输出它们是否等同。下面是样例输出：

```
Enter m1: 51 25 22 6 1 4 24 54 6 ↵Enter
Enter m2: 51 22 25 6 1 4 24 54 6 ↵Enter
Two arrays are identical
```

```
Enter m1: 51 5 22 6 1 4 24 54 6 ↵Enter
Enter m2: 51 22 25 6 1 4 24 54 6 ↵Enter
Two arrays are not identical
```

*8.30（代数：线性方程组求解）编写一个函数，求解下面的 2×2 线性方程组：

$$a_{00}x + a_{01}y = b_0 \qquad x = \frac{b_0 a_{11} - b_1 a_{01}}{a_{00}a_{11} - a_{01}a_{10}} \qquad y = \frac{b_1 a_{00} - b_0 a_{10}}{a_{00}a_{11} - a_{01}a_{10}}$$
$$a_{10}x + a_{11}y = b_1$$

函数头如下：

```
const int SIZE = 2;
bool linearEquation(const double a[][SIZE], const double b[],
  double result[]);
```

当 $a_{00}a_{11}-a_{01}a_{10}$ 是 0 时，函数返回假，否则返回真。编写测试程序，提示用户输入 a_{00}，a_{01}，a_{10}，a_{11}，b_0，b_1，打印输出结果。当 $a_{00}a_{11}-a_{01}a_{10}$ 为 0 时，输出“该方程组无解”。样例输出和程序设计练习 3.3 类似。

*8.31（几何：相交点）编写一个函数，返回两条直线的交点。两直线的交点可用程序设计练习 3.22 中的公式求得。假设（x1，y1）和（x2，y2）是直线 1 上的两个点，（x3，y3）和（x4，y4）是直线 2 上的两个点。如果方程组无解，则两直线平行。函数头如下：

```
const int SIZE = 2;
bool getIntersectingPoint(const double points[][SIZE],
  double result[]);
```

这些点存储在一个 4×2 的二维数组 points 中，（points[0][0]，points[0][1]）即为点（x1，y1）。当两直线平行时，函数返回为真，并求得交点坐标。编写一个程序，提示用户输入 4 个点，输出交点信息。样例输出请参看程序设计练习 3.22。

*8.32（几何：三角形面积）编写一个函数，计算三角形的面积。函数头如下：

```
const int SIZE = 2;
double getTriangleArea(const double points[][SIZE]);
```

三角形顶点存储在一个 3×2 的二维数组 points 中，（points[0][0]，points[0][1]）即为点（x1，y1）。三角形面积可用程序设计练习 2.19 的公式计算。当 3 点共线时，函数返回 0。编写一个程序，提示用户输入 3 个点，打印输出该三角形面积。下面是样例输出：

```
Enter x1, y1, x2, y2, x3, y3: 2.5 2 5 -1.0 4.0 2.0 ↵Enter
The area of the triangle is 2.25
```

```
Enter x1, y1, x2, y2, x3, y3: 2 2 4.5 4.5 6 6 ↵Enter
The three points are on the same line
```

*8.33（几何：多边形的子区域面积）凸四边形可以被分成 4 个三角形，如图 8-8 所示。

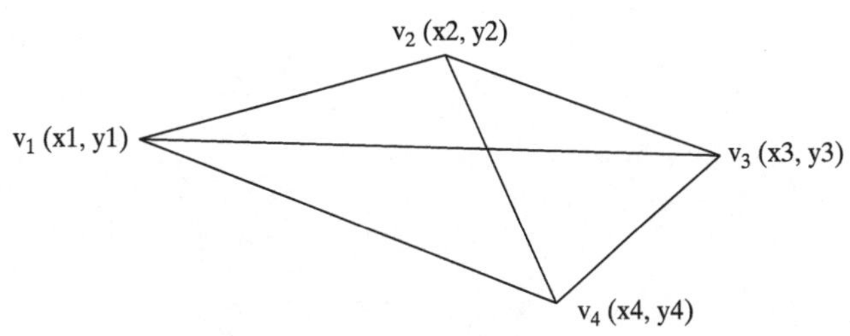

图 8-8 四边形由 4 个顶点定义

编写程序，提示用户输入 4 个顶点的坐标，按照升序打印输出 4 个三角形的面积。下面是样例输出：

```
Enter x1, y1, x2, y2, x3, y3, x4, y4: -2.5 2 4 4 3 -2 -2 -3.5 ↵Enter
The areas are 1.390 1.517 8.082 8.333
```

*8.34 （几何：最右下点）在计算几何中，经常需要寻找一个点集中最靠右下的点。实现下面的函数，返回点集中最右下点：

```
const int SIZE = 2;
void getRightmostLowestPoint(const double points[][SIZE],
  int numberOfPoints, double rightMostPoint[]);
```

编写测试程序，提示用户输入 6 个点，打印输出最靠右下的点。样例输出如下：

```
Enter 6 points: 1.5 2.5 -3 4.5 5.6 -7 6.5 -7 8 1 10 2.5 ↵Enter
The rightmost lowest point is (6.5, -7.0)
```

*8.35 （游戏：寻找更改的元素）假设给定一个 6 × 6 的矩阵，以 0 或 1 填充。所有的行和列都有偶数个 1。让玩家更改一个元素的值（从 1 变到 0 或者从 0 变到 1），编程找出哪个元素被更改了。程序提示用户输入一个 6 × 6 的矩阵（元素值为 0 或 1），找出奇偶性不满足（即 1 的数目不是偶数）的第一个行 r 和第一个列 c，可知被更改的元素位于（r，c）。下面是样例输出：

```
Enter a 6-by-6 matrix row by row:
1 1 1 0 1 1 ↵Enter
1 1 1 1 0 0 ↵Enter
0 1 0 1 1 1 ↵Enter
1 1 1 1 1 1 ↵Enter
0 1 1 1 1 0 ↵Enter
1 0 0 0 0 1 ↵Enter
The first row and column where the parity is violated is at (0, 1)
```

*8.36 （奇偶性检验）编写程序，生成 6 × 6 的矩阵，以 0 或 1 填充，输出该矩阵，并检查每行、每列是否含有偶数个 1。

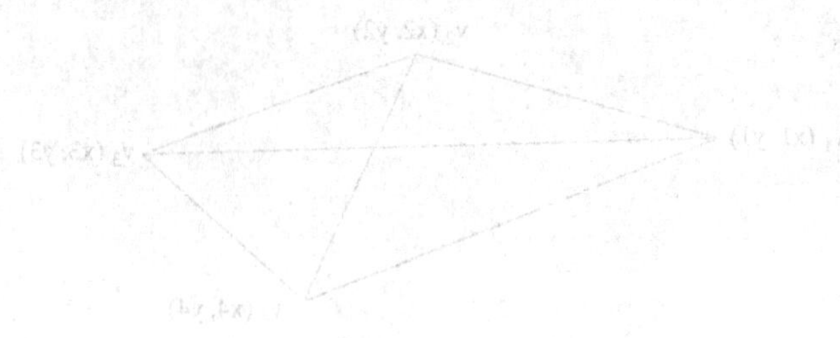

第二部分

面向对象编程

第 9 章

Introduction to Programming with C++, Third Edition

对象和类

目标

- 学会描述对象和类，以及如何使用类对对象建模（9.2 节）。
- 学会使用 UML 图形化表示方法描述类和对象（9.2 节）。
- 学会如何定义类及创建对象（9.3 节）。
- 能使用构造函数创建对象（9.4 节）。
- 学会使用对象成员访问运算符 (.) 来访问数据域及调用成员函数（9.5 节）。
- 学会如何将类的定义和实现分离（9.6 节）。
- 学会使用 #ifndef 预处理包含保护原语来避免头文件的多次包含（9.7 节）。
- 理解类内的内联函数（9.8 节）。
- 学会声明私有数据域及适当的 get 和 set 函数，来实现数据域封装，使类更易于维护（9.9 节）。
- 理解数据域的作用域（9.10 节）。
- 学会将类抽象应用于软件开发（9.11 节）。

9.1 引言

关键点：面向对象程序设计可以高效地开发大规模软件。

现在你已经学了前面章节中的内容，能够使用分支、循环、函数和数组来解决许多编程问题。然而，这些功能在开发大型软件系统时是不够的。本章将开始介绍面向对象的程序设计方法，它将能使你高效地开发大型软件系统。

9.2 声明类

关键点：类定义了对象的属性和行为。

面向对象程序设计（Object-Oriented Programming，OOP）利用对象来进行程序设计。一个对象（object）表示现实世界中一个独一无二的实体。例如，一个学生，一张桌子，一个圆，一颗钮扣，甚至一笔贷款都可看做对象。一个对象具有唯一的身份、状态和行为。

- 一个对象的状态（state，也称为属性）用数据域（data field）及它们的当前值来表示。例如，一个对象“圆”有数据域“半径”radius，它是刻画“圆”的属性；一个对象“矩形”，有数据域“宽度”width 和“高度”height，它们是刻画“矩形”的属性。
- 一个对象的行为（behavior，也称为动作）由一组函数定义。对一个对象调用一个函数就是请求对象执行一个操作。例如，你可以为“圆”对象定义一个函数 getArea()，一个“圆”对象可通过调用 getArea() 得到它的面积。

相同类型的对象用一个通用的类来定义。一个类（class）是指一个模板、蓝图或约定（contract），定义了对象具有什么样的数据域和函数。一个对象就是类的一个实例，我们可以创建一个类的多个实例。创建一个实例称为实例化（instantiation）。术语“对象”和“实例”通常是可以相互交换的。类和对象的关系类似于苹果派配方和苹果派之间的关系。你可以用一个配方制作很多苹果派。图 9-1 显示了一个名为 Circle 的类和它的 3 个对象。

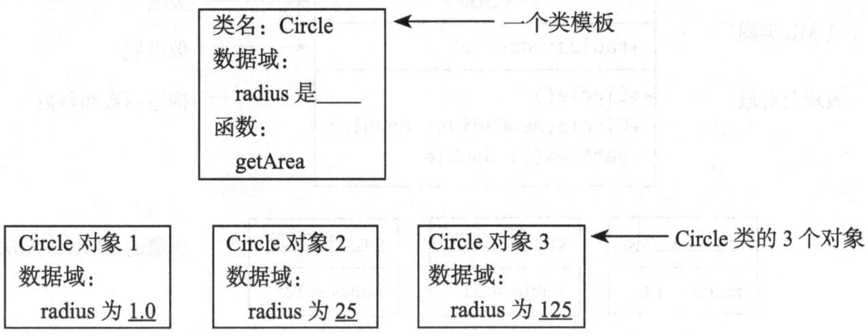

图 9-1　类就是用于创建对象的模板

在一个 C++ 类中，用变量定义数据域，用函数定义行为。另外，一个类还提供一些特殊类型的函数，在创建新对象时这些函数会被调用，我们称这些函数为构造函数（constructor）。一个构造函数是一个特殊种类的函数，它可以执行任何动作，但它的设计目的是用来执行初始化动作的，如初始化对象的数据域等。图 9-2 给出了一个实例——Circle 类的定义。

```
class Circle
{
public:
  // The radius of this circle
  double radius;

  // Construct a circle object
  Circle()
  {
    radius = 1;
  }

  // Construct a circle object
  Circle(double newRadius)
  {
    radius = newRadius;
  }

  // Return the area of this circle
  double getArea()
  {
    return radius * radius * 3.14159;
  }
};
```


图 9-2　一个类是这样一种结构——它定义了相同类型的一类对象

对于图 9-1 中的类模板和对象的图示，我们可以用 UML（Unified Modeling Language，统一建模语言）表示法将其标准化，如图 9-3 所示。这种表示方法被称为 UML 类图（UML class diagram）或简称类图（class diagram）。在类图中，数据域表示如下：

```
dataFieldName: dataFieldType
```

构造函数表示如下：

```
ClassName(parameterName: parameterType)
```

函数表示如下：

```
functionName(parameterName: parameterType): returnType
```

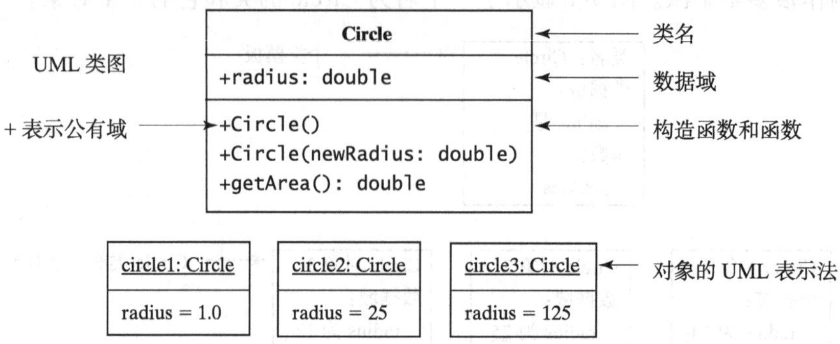

图 9-3　类和对象可以用 UML 表示法来描述

9.3　例：定义类和创建对象

关键点：类给对象做了定义，可以通过类来创建对象。

程序清单 9-1 给出了一个例子，展示了类和对象的使用。此程序创建了三个半径不同的“圆”对象，半径分别为 1.0、25 和 125。程序打印输出了每个对象的半径和面积，并且修改第二个对象的半径为 100，然后输出新的半径和面积。

程序清单 9-1　TestCircle.cpp

```
#include <iostream>
using namespace std;

class Circle
{
public:
  // The radius of this circle
  double radius;

  // Construct a default circle object
  Circle()
  {
    radius = 1;
  }

  // Construct a circle object
  Circle(double newRadius)
  {
    radius = newRadius;
  }

  // Return the area of this circle
  double getArea()
  {
    return radius * radius * 3.14159;
  }
}; // Must place a semicolon here

int main()
{
  Circle circle1(1.0);
  Circle circle2(25);
```

```
33    Circle circle3(125);
34
35    cout << "The area of the circle of radius "
36      << circle1.radius << " is " << circle1.getArea() << endl;
37    cout << "The area of the circle of radius "
38      << circle2.radius << " is " << circle2.getArea() << endl;
39    cout << "The area of the circle of radius "
40      << circle3.radius << " is " << circle3.getArea() << endl;
41
42    // Modify circle radius
43    circle2.radius = 100;
44    cout << "The area of the circle of radius "
45      << circle2.radius << " is " << circle2.getArea() << endl;
46
47    return 0;
48  }
```

程序输出：

```
The area of the circle of radius 1 is 3.14159
The area of the circle of radius 25 is 1963.49
The area of the circle of radius 125 is 49087.3
The area of the circle of radius 100 is 31415.9
```

Circle 类在 4 ～ 27 行定义，注意不要忘记在类定义末尾需要一个分号 (;)，如第 27 行。

第 6 行中的关键字 public 表示所有的数据域、构造函数和普通成员函数都可以通过类对象来访问。如果不使用 public 关键字，那么这些成员的可见性缺省为私有的（private）。私有的可见性将在 9.8 节介绍。

主函数的 31 ～ 33 行，分别创建了三个半径为 1.0、25 和 125 的对象 circle1、circle2 和 circle3。这三个对象有不同的半径，但是共享相同的函数，因此，计算三个对象各自的面积都是用 getArea() 函数。三个对象可分别通过 circle1.radius、circle2.radius 和 circle3.radius 来访问数据域，分别通过 circle1.getArea()、circle2.getArea() 和 circle3.getArea() 来调用函数。

这三个对象是独立的。在 43 行我们把 circle2 的半径修改为 100，在 44 ～ 45 行打印输出了这个对象的新的半径和面积。

另一个例子，我们考虑电视。每台电视为一个对象，它有一些状态（如当前的频道、音量以及开关状态等）和一些行为（如改变频道、调整音量、打开或关闭等）。我们用一个类来建模电视的集合，图 9-4 展示了这个类的 UML 图。

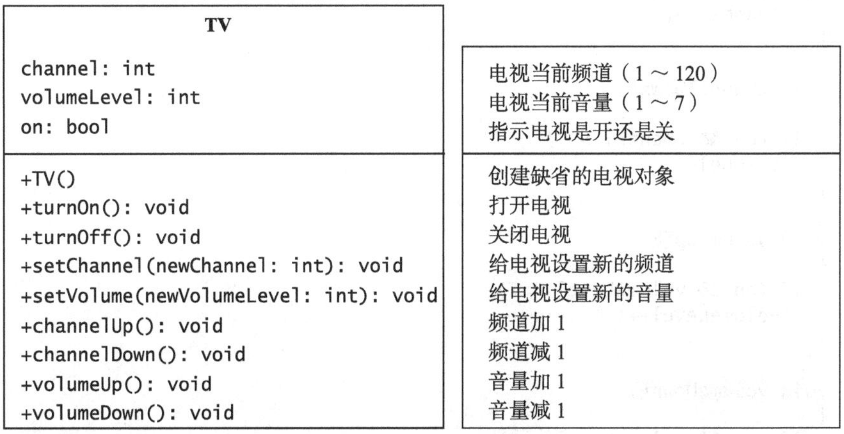

TV	
channel: int	电视当前频道（1 ～ 120）
volumeLevel: int	电视当前音量（1 ～ 7）
on: bool	指示电视是开还是关
+TV()	创建缺省的电视对象
+turnOn(): void	打开电视
+turnOff(): void	关闭电视
+setChannel(newChannel: int): void	给电视设置新的频道
+setVolume(newVolumeLevel: int): void	给电视设置新的音量
+channelUp(): void	频道加 1
+channelDown(): void	频道减 1
+volumeUp(): void	音量加 1
+volumeDown(): void	音量减 1

图 9-4 建模电视集合的类

程序清单 9-2 定义了 TV 类，并用这个类创建了两个对象。

程序清单 9-2 TV.cpp

```
#include <iostream>
using namespace std;

class TV
{
public:
  int channel;
  int volumeLevel; // Default volume level is 1
  bool on; // By default TV is off

  TV()
  {
    channel = 1; // Default channel is 1
    volumeLevel = 1; // Default volume level is 1
    on = false; // By default TV is off
  }

  void turnOn()
  {
    on = true;
  }

  void turnOff()
  {
    on = false;
  }

  void setChannel(int newChannel)
  {
    if (on && newChannel >= 1 && newChannel <= 120)
      channel = newChannel;
  }

  void setVolume(int newVolumeLevel)
  {
    if (on && newVolumeLevel >= 1 && newVolumeLevel <= 7)
      volumeLevel = newVolumeLevel;
  }

  void channelUp()
  {
    if (on && channel < 120)
      channel++;
  }

  void channelDown()
  {
    if (on && channel > 1)
      channel--;
  }

  void volumeUp()
  {
    if (on && volumeLevel < 7)
      volumeLevel++;
  }

  void volumeDown()
  {
    if (on && volumeLevel > 1)
```

```
61         volumeLevel--;
62     }
63 };
64
65 int main()
66 {
67   TV tv1;
68   tv1.turnOn();
69   tv1.setChannel(30);
70   tv1.setVolume(3);
71
72   TV tv2;
73   tv2.turnOn();
74   tv2.channelUp();
75   tv2.channelUp();
76   tv2.volumeUp();
77
78   cout << "tv1's channel is " << tv1.channel
79     << " and volume level is " << tv1.volumeLevel << endl;
80   cout << "tv2's channel is " << tv2.channel
81     << " and volume level is " << tv2.volumeLevel << endl;
82
83   return 0;
84 }
```

程序输出：

```
tv1's channel is 30 and volume level is 3
tv2's channel is 3 and volume level is 2
```

值得注意的是，如果电视处于关闭状态，频道和音量是不能改变的。在改变频道或音量之前，必须先检查当前的频道或音量值，确保它们处于合理的范围。

上面的程序在 67 行和 72 行创建了两个对象，并调用这两个对象的函数来执行设置频道和音量、增加频道和音量等操作。在 78 ～ 81 行打印输出了这两个对象的状态。68 行展示了调用函数的语法 tv1.trunOn()。78 行展示了访问数据域的语法 tv1.channel。

通过上面这些例子，我们简单了解了类和对象。关于构造函数和对象、访问数据域以及调用对象的函数等相关内容，我们将在接下来的几节中详细讨论。

9.4 构造函数

关键点：通过调用构造函数来创建对象。

构造函数是一种特殊的函数，与其他函数相比有下面 3 个不同点：

- 构造函数的名字必须与类名相同。
- 构造函数没有返回类型——即便返回 void 也不可以。
- 在创建对象时，构造函数被调用，它的作用就是初始化对象。

一个类的构造函数的名字与类名是相同的。与一般函数类似，构造函数可以被重载（即可以有多个同名的构造函数，但它们的函数签名不同），这方便了我们用不同初始数据创建对象。

一个常见的错误是在构造函数前放置一个 void 关键字。例如，对下面的代码

```
void Circle()
{
}
```

大多数 C++ 编译器会报告一个错误，但一些编译器可能将 Circle 作为一个普通函数，而不是一个构造函数。

构造函数可用来初始化数据域。在程序清单 9-1 中，数据域 radius 是没有初值的，因此，必须在构造函数中为其赋初值（13 和 19 行）。注意，一个变量（无论局部的还是全局的）可以在一条语句中完成声明和初始化，但作为一个类成员，数据域是不能在声明时进行初始化的。例如，如果将第 8 行替换为：

```
double radius = 5; // Wrong for data field declaration
```

这将是错误的。

一个类通常都会有一个无参数的构造函数（如 Circle()），这样的构造函数被称为*无参构造函数*（no-arg 或 no-argument constructor）。

一个类的声明中可以不包含构造函数的声明。这种情况下，相当于在类中隐含声明了一个无参的空构造函数。这个构造函数被称为*缺省构造函数*（default constructor），*只有当程序员没有在类中显式地声明构造函数时*，编译器才会自动提供缺省构造函数。

在构造函数中，可用初始化列表来初始化数据域，如下面语法所示：

```
ClassName(parameterList)
  : datafield1(value1), datafield2(value2) // Initializer list
{
  // Additional statements if needed
}
```

初始化列表用 value1 初始化 datafield1，用 value2 初始化 datafield2。

例如，

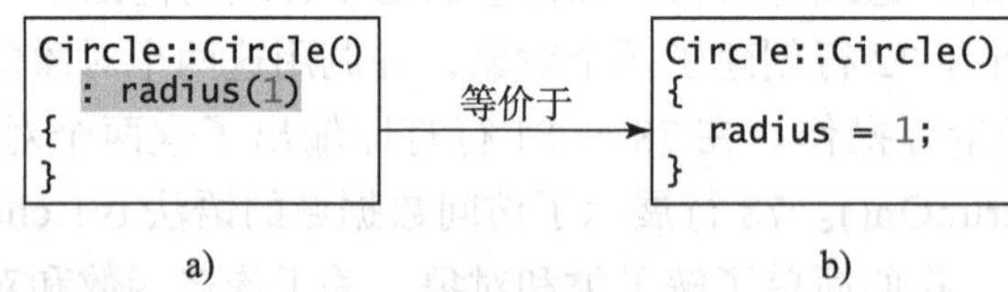

图 b 中的构造函数没有使用初始化列表，看起来比图 a 中的构造函数更加直观。然而，当对象的数据域没有无参构造函数时，就有必要采用初始化列表的方法来初始化。你可以在本书的网站上附加材料 IV.E 部分找到相应的进阶内容。

9.5 创建及使用对象

关键点：对象的数据域和函数可用对象名通过点运算符（.）来访问。

在对象创建时，会调用构造函数。使用无参构造函数创建一个对象的语法如下所示：

```
ClassName objectName;
```

例如，下面的声明语句创建一个名为 circle1 的对象，创建时调用了 Circle 类的无参构造函数：

```
Circle circle1;
```

使用带参数的构造函数创建对象的语法如下：

```
ClassName objectName(arguments);
```

例如，下面声明语句创建了一个名为 circle2 的对象，调用了 Circle 类的带参数的构造函数，参数指定了圆的半径为 5.5。

```
Circle circle2(5.5);
```

在面向对象程序设计中，对象的成员指的是这个对象的数据域和函数。新创建的对象保存在一块内存区域中。当对象创建后，我们可以使用点运算符（.），也就是所谓的对象成员访问运算符（object member access operator），来访问对象的数据及调用对象的函数。

- objectName.dataField 引用对象中的一个数据域。
- objectName.function(arguments) 调用对象上的一个函数。

例如，circle1.radius 引用 circle1 对象中的 radius 数据域，circle1.getArea() 对 circle1 对象调用函数 getArea。对于函数的调用，实质上是对对象执行操作。

数据域 radius 被称为实例成员变量（instance member variable）或实例变量（instance variable），因为它依赖于特定的实例。基于相同的原因，函数 getArea 被称为实例成员函数（instance member function）或实例函数（instance function），因为我们只能对特定的实例来调用此函数。我们在哪个对象上调用的实例函数，此对象就被称为调用对象（calling object）。

提示：自定义一个类时，应将类名中每个单词的首字母大写，例如，Circle、Rectangle 和 Desk 等都是好的类名。C++ 库中的类名都是小写形式。这样就易于区分两种不同的类。对象的命名可参照变量。

关于类和对象，有几点需要注意：

- 我们可以使用基本数据类型定义变量，也可以使用类名来声明对象。因此从这个意义上讲，一个类就是一个数据类型。
- 在 C++ 中，我们也可使用赋值运算符＝来进行对象间内容的复制。缺省情况下，源对象的每个数据域会被复制到目的对象的相应数据域。例如，下面语句

```
circle2 = circle1;
```

将 circle1 中的 radius 复制到 circle2 中的 radius。该语句执行后，circle1 和 circle2 仍是两个不同的对象，但它们具有相同的半径。

- 对象名有点像数组名。一旦一个对象名声明之后，它就表示一个特定的对象。不能对它重新赋值来表示其他对象。从这个意义上讲，对象名就是一个常量，虽然对象的内容是可以改变的。逐个成员复制的方式可以改变一个对象的内容，但不能改变其对象名。
- 一个对象包含数据并且还可以调用函数，这可能让我们认为一个对象总是很大。事实上不是这样。数据确实是存储在对象里，但是函数并不需要存储。因为函数是这个类所有对象共享的，编译器仅仅创建一份拷贝就可以了。可以通过 sizeof 函数来查看对象的实际大小。例如，下面的代码输出了对象 circle1 和 circle2 的大小。因为数据域 radius 是 double 型的，而 double 型占用 8 字节，所以它们的大小都是 8。

```
Circle circle1;
Circle circle2(5.0);

cout << sizeof(circle1) << endl;
cout << sizeof(circle2) << endl;
```

大多数时候，我们创建一个命名的对象，随后通过对象名访问对象的成员。但偶尔地，

我们可能需要创建一个对象，却只使用一次。对于这种情况，无须为对象命名。这种对象称为匿名对象（anonymous object）。

使用无参构造函数创建一个匿名对象的语法如下：

```
ClassName()
```

使用带参数的构造函数创建一个匿名对象的语法如下：

```
ClassName(arguments)
```

例如，下面的语句

```
circle1 = Circle();
```

使用无参构造函数创建了一个 Circle 对象，并将其内容复制给 circle1。

而下面的语句

```
circle1 = Circle(5);
```

创建了一个半径为 5 的 Circle 对象，并将其内容复制给 circle1。

再比如，下面的代码创建了两个 Circle 对象并调用了它们的 getArea() 函数：

```
cout << "Area is " << Circle().getArea() << endl;
cout << "Area is " << Circle(5).getArea() << endl;
```

如在这些例子中所看到的，如果一个对象只使用一次，我们创建一个匿名对象即可。

警示：请注意，在 C++ 中，如果使用无参的构造函数来创建匿名对象，必须在构造函数名之后加上括号（如 Circle()）。而使用无参的构造函数来创建一个命名对象，在对象名之后（原书此处误为“构造函数名之后”——译者注）是不能用括号的（如 Circle circle1 是正确的，Circle circle1() 是错误的）。这是我们必须遵守的语法规则。

检查点

9.1　描述对象和定义它的类的关系。怎样定义一个类？怎样声明和创建一个对象？

9.2　构造函数和普通函数有什么不同？

9.3　怎样使用无参构造函数来创建对象？怎样使用带参数的构造函数来创建对象？

9.4　一旦声明了一个对象名，可以给它赋值来表示其他对象吗？

9.5　假设 Circle 类如程序清单 9-1 中所示，请给出下面代码的输出：

```
Circle c1(5);
Circle c2(6);
c1 = c2;
cout << c1.radius << " " << c2.radius << endl;
```

9.6　下面代码有什么错误？（使用程序清单 9-1 中定义的 Circle 类。）

```
int main()
{
  Circle c1();
  cout << c1.getRadius() << endl;

  return 0;
}
```

a)

```
int main()
{
  Circle c1(5);
  Circle c1(6);

  return 0;
}
```

b)

9.7　下面代码有什么错误？

```
class Circle
{
public:
  Circle()
  {
  }
  double radius = 1;
};
```

9.8　下面哪一条语句是正确的？

```
Circle c;

Circle c();
```

9.9　假设下面两条语句是独立的。请问它们是正确的吗？

```
Circle c;

Circle c = Circle();
```

9.6　类定义和类实现的分离

关键点：分离类的定义和类的实现有利于类的维护。

C++ 允许将类的定义和实现分离。类定义描述了类的“约定”，而类实现则实现了这一约定。类定义简单地列出所有数据域、构造函数原型和函数原型，类实现给出构造函数和成员函数的实现，两者可以置于两个分离的文件中。两个文件应该使用相同的名字，但具有不同的扩展名。类定义文件的扩展名为 .h（h 意思为头），类实现文件的扩展名为 .cpp。

程序清单 9-3 和程序清单 9-4 分别给出了类 Circle 的定义和实现。

程序清单 9-3　Circle.h

```
class Circle
{
public:
  // The radius of this circle
  double radius;

  // Construct a default circle object
  Circle();

  // Construct a circle object
  Circle(double);

  // Return the area of this circle
  double getArea();
};
```

警示：一个常见的错误是漏掉了头文件末尾（类定义末尾）的分号（;）。

程序清单 9-4　Circle.cpp

```
#include "Circle.h"

// Construct a default circle object
Circle::Circle()
{
  radius = 1;
}

```

```
// Construct a circle object
Circle::Circle(double newRadius)
{
  radius = newRadius;
}

// Return the area of this circle
double Circle::getArea()
{
  return radius * radius * 3.14159;
}
```

符号 :: 称为二元作用域解析运算符（binary scope resolution operator），指明了类成员的作用范围。

这里，每个构造函数和函数之前的 Circle:: 告知编译器这些函数是定义于 Circle 类中的。

程序清单 9-5 给出了一个使用 Circle 类的程序。对于使用了某个类的程序，常称它为这个类的“客户”程序。

程序清单 9-5　TestCircleWithHeader.cpp

```
#include <iostream>
#include "Circle.h"
using namespace std;

int main()
{
  Circle circle1;
  Circle circle2(5.0);

  cout << "The area of the circle of radius "
    << circle1.radius << " is " << circle1.getArea() << endl;
  cout << "The area of the circle of radius "
    << circle2.radius << " is " << circle2.getArea() << endl;

  // Modify circle radius
  circle2.radius = 100;
  cout << "The area of the circle of radius "
    << circle2.radius << " is " << circle2.getArea() << endl;

  return 0;
}
```

程序输出：

```
The area of the circle of radius 1 is 3.14159
The area of the circle of radius 5 is 78.5397
The area of the circle of radius 100 is 31415.9
```

分离类的定义和实现至少有如下两点好处：

1）可以隐藏实现。在不改变类定义的前提下，可以自由地更改实现，而使用该类的客户程序并不需要更改。

2）作为软件供应商，可以只给用户提供头文件和类的目标代码，从而隐藏类实现的源代码。这可以保护软件供应商的知识产权。

提示：为了在命令行编译此主程序，需要在命令中指明所有辅助文件。例如，使用 GNU C++ 编译器编译 TestCircleWithHeader.cpp，应使用命令

```
g++ Circle.h Circle.cpp TestCircleWithHeader.cpp -o Main
```

提示：在集成开发环境中开发程序，如果主程序还使用其他程序，那么所有源程序文件都应包含在项目中。否则，就会导致连接错误。例如，在 Visual C++ 中编译 TestCircleWithHeader.cpp，你必须把 TestCircleWithHeader.cpp、Circle.cpp 和 Circle.h 都放在项目中，如图 9-5 所示。

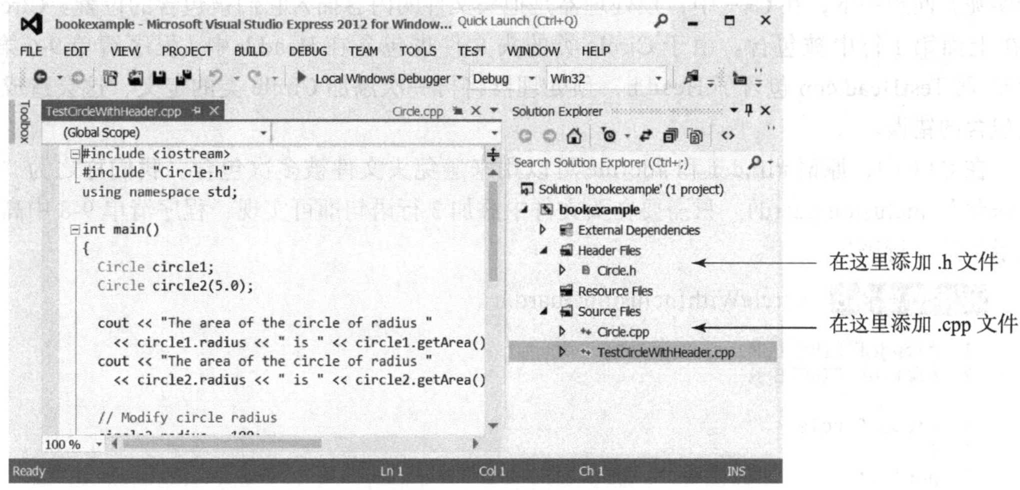

图 9-5 必须把所有依赖文件都放在项目里才可以顺利编译程序

检查点

9.10 怎样分离类的定义和实现？

9.11 下面代码的输出是什么？（使用程序清单 9-3 Circle.h 中的 Circle 类定义。）

a)

```
int main()
{
  Circle c1;
  Circle c2(6);
  c1 = c2;
  cout << c1.getArea() << endl;

  return 0;
}
```

b)

```
int main()
{
  cout << Circle(8).getArea()
    << endl;

  return 0;
}
```

9.7 避免多次包含

关键点：“包含保护”可避免头文件被多次包含。

在一个程序中多次包含相同的头文件，是无意中常常会犯的错误。假定 Head.h 包含 Circle.h，而 TestHead.cpp 包含了 Head.h 和 Circle.h，如程序清单 9-6 和程序清单 9-7 所示。

程序清单 9-6 Head.h

```
#include "Circle.h"
// Other code in Head.h omitted
```

程序清单 9-7 TestHead.cpp

```
#include "Circle.h"
#include "Head.h"

```

```
4 int main()
5 {
6   // Other code in TestHead.cpp omitted
7 }
```

如果编译 TestHead.cpp，编译器将报一个编译错误，指明 Circle 类有多个定义。有什么错误呢？回想一下，在 C++ 中，预处理器是把头文件的内容插入它们被包含的位置。Circle.h 在上面第 1 行中被包含。由于 Circle 类的头文件也包含在 Head.h 中（程序清单 9-6 第 1 行），而 TestHead.cpp 包含了 Head.h，预处理器将再一次添加 Circle 类的定义，这会造成多次包含的错误。

在 C++ 中，原语 #ifndef 和 #define 可以用来避免头文件被多次包含。我们称之为“包含保护”（inclusion guard）。只需要在头文件中添加 3 行语句即可实现，程序清单 9-8 中高亮显示了这 3 行语句。

程序清单 9-8 CircleWithInclusionGuard.h

```
1  #ifndef CIRCLE_H
2  #define CIRCLE_H
3
4  class Circle
5  {
6  public:
7    // The radius of this circle
8    double radius;
9
10   // Construct a default circle object
11   Circle();
12
13   // Construct a circle object
14   Circle(double);
15
16   // Return the area of this circle
17   double getArea();
18 };
19
20 #endif
```

我们知道，由“#”开始的语句是预处理原语，它们由 C++ 预处理器解释。预处理原语 #ifndef 表示“如果没有定义”。第 1 行测试符号 CIRCLE_H 是否已经定义，如果没有，在第 2 行中用 #define 原语去定义该符号并且头文件的其他部分被包含进来；否则，头文件剩下的部分将被忽略。原语 #endif 用于指出头文件结束，在这里也是必需的。

为避免多次包含错误，通常采用下面的“模板”和符号命名惯例：

```
#ifndef ClassName_H
#define ClassName_H

A class header for the class named ClassName

#endif
```

如果在程序清单 9-6 和程序清单 9-7 中替换 Circle.h 为 CircleWithInclusionGuard.h，程序则不会出现多次包含的错误。

检查点

9.12 什么会导致出现多次包含的错误？怎样才能避免头文件被多次包含？

9.13 预处理原语 #define 是做什么用的？

9.8　类中的内联函数

关键点：可以把短函数定义为内联函数来提升性能。

6.10 节“内联函数”中介绍了如何使用内联函数提高函数执行效率。如果一个函数是在类定义内实现的，那么它就自动地成为一个内联函数。这也被称为“内联定义”（inline definition）。例如，在下面的类 A 的定义中，构造函数和函数 f1 都自动地成为内联函数，而函数 f2 是一个普通函数。

```
class A
{
public:
  A()
  {
    // Do something;
  }

  double f1()
  {
    // Return a number
  }

  double f2();
};
```

还有另一种方法为类定义为内联函数——在类实现文件中指明成员函数是内联函数。例如，在函数 f2 的函数头之前使用关键字 inline，即可将其声明为内联函数，如下所示：

```
// Implement function as inline
inline double A::f2()
{
  // Return a number
}
```

如 6.10 节所述，将短函数定义为内联函数是一种很好的选择，长函数就不太适合。

检查点

9.14　如何将程序清单 9-4 中的函数都以内联函数实现？

9.9　数据域封装

关键点：数据域私有可以保护数据，并且使类易于维护。

程序清单 9-1 中定义的 Circle 类，其 radius 数据域可以直接修改（比如，circle1.radius = 5）。这不是一个好的编程习惯，原因有二：

- 首先，数据可能被搞乱。
- 其次，这种方式会使类难于维护，容易出现故障。假如希望修改 Circle 类，使 radius 保持非负值，而此时使用 Circle 类的其他程序已经编写好了，该怎么办？不仅需要修改 Circle 类本身，还必须修改使用 Circle 类的程序。造成这一困境的原因，就是客户程序可以直接修改 radius 的值（如 myCircle.radius = −5）。

为防止客户程序直接修改类的属性，我们应该使用 private 关键字，将数据域声明为私有的。这就是所谓的**数据域封装**（data field encapsulation）。为将 Circle 类中的 radius 数据域改为私有，类定义应改为如下方式：

```
class Circle
{
```

```
public:
  Circle();
  Circle(double);
  double getArea();
private:
  double radius;
};
```

如果一个数据域是私有的，那么在类之外的程序中，是无法通过直接引用类对象来访问它的。但客户程序常常需要提取、修改数据域。为了使私有数据域可被访问，可定义一个 get 函数返回数据域的值。为使私有数据域可被修改，可提供一个 set 函数为数据域设置新值。

提示：通俗地说，get 函数就是一个“访问器”（accessor），而 set 函数就是一个“更改器”（mutator）。

一个 get 函数具有如下的函数签名：

```
returnType getPropertyName()
```

假如返回类型是 bool 类型，则 get 函数习惯上定义为如下形式：

```
bool isPropertyName()
```

一个 set 函数的函数签名如下：

```
void setPropertyName(dataType propertyValue)
```

下面创建一个新的 Circle 类，它有一个私有数据域 radius 及其关联的访问器和更改器函数。图 9-6 给出了新 Circle 类的类图，程序清单 9-9 给出了类的定义。

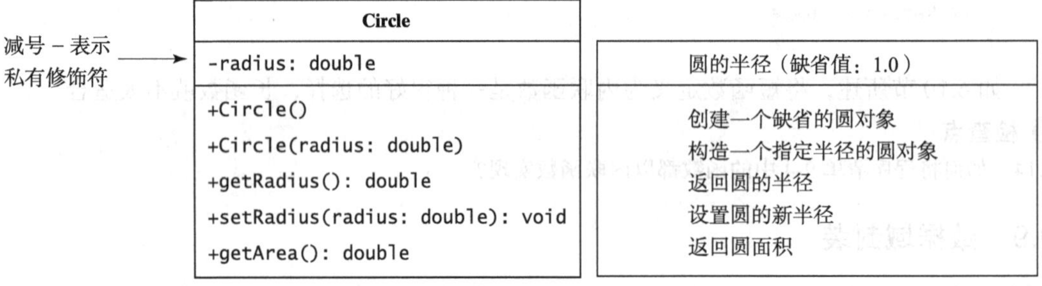

图 9-6 Circle 类封装了圆的属性，提供了 get/set 及其他函数

程序清单 9-9 CircleWithPrivateDataFields.h

```
#ifndef CIRCLE_H
#define CIRCLE_H

class Circle
{
public:
  Circle();
  Circle(double);
  double getArea();
  double getRadius();
  void setRadius(double);

private:
  double radius;
```

```
};

#endif
```

程序清单 9-10 实现了程序清单 9-9 的头文件中所设定的类约定。

程序清单 9-10 CircleWithPrivateDataFields.cpp

```
1  #include "CircleWithPrivateDataFields.h"
2
3  // Construct a default circle object
4  Circle::Circle()
5  {
6    radius = 1;
7  }
8
9  // Construct a circle object
10 Circle::Circle(double newRadius)
11 {
12   radius = newRadius;
13 }
14
15 // Return the area of this circle
16 double Circle::getArea()
17 {
18   return radius * radius * 3.14159;
19 }
20
21 // Return the radius of this circle
22 double Circle::getRadius()
23 {
24   return radius;
25 }
26
27 // Set a new radius
28 void Circle::setRadius(double newRadius)
29 {
30   radius = (newRadius >= 0) ? newRadius : 0;
31 }
```

函数 getRadius（22 ～ 25 行）返回半径，函数 setRadius(newRadius)（28 ～ 31 行）为对象设置一个新的半径。如果新半径值为负，则将对象的半径设置为 0。由于这些函数是客户程序读取、修改半径值的唯一途径，因此对 radius 属性的访问操作就尽在掌握。如果不得不修改这些函数的实现，那也没有关系，客户程序是无须任何改动的，这使类的维护非常简单。

程序清单 9-11 给出了一个客户程序，它使用 Circle 类创建了一个 Circle 对象，并使用 setRadius 函数修改半径值。

程序清单 9-11 TestCircleWithPrivateDataFields.cpp

```
#include <iostream>
#include "CircleWithPrivateDataFields.h"
using namespace std;

int main()
{
  Circle circle1;
  Circle circle2(5.0);

  cout << "The area of the circle of radius "
```

```
    << circle1.getRadius() << " is " << circle1.getArea() << endl;
  cout << "The area of the circle of radius "
    << circle2.getRadius() << " is " << circle2.getArea() << endl;

  // Modify circle radius
  circle2.setRadius(100);
  cout << "The area of the circle of radius "
    << circle2.getRadius() << " is " << circle2.getArea() << endl;

  return 0;
}
```

程序输出：

```
The area of the circle of radius 1 is 3.14159
The area of the circle of radius 5 is 78.5397
The area of the circle of radius 100 is 31415.9
```

数据域 radius 被声明为私有的，私有数据只能在定义它的类的内部访问。无法在客户程序中使用 circle1.radius 访问半径，这会导致一个编译错误。

小窍门：为防止数据被错误修改，使类更易于维护，在本书中，所有数据域都声明为私有的。

检查点

9.15 下面代码有什么错误？（使用程序清单 9-9 中定义的 Circle 类。）

```
Circle c;
cout << c.radius << endl;
```

9.16 访问器函数是什么？更改器函数是什么？访问器函数和更改器函数的命名习惯是什么？

9.17 数据域封装的优点是什么？

9.10 变量作用域

关键点：不论实例变量和静态变量在类的什么地方声明，它们的作用域都是整个类。

第 6 章讨论了全局变量、局部变量和静态局部变量的作用域。全局变量定义在任何函数之外，其作用域内的所有函数都可以访问它。一个全局变量的作用域从它的声明位置开始，直至程序末尾结束。局部变量定义在函数内，其作用域从它的声明位置开始，直至包含它的程序块的末尾结束。静态局部变量在程序中的存储空间是持久的，因此在下次函数调用时仍可访问。

数据域被定义为变量形式，可以被类中所有构造函数和成员函数访问。数据域和成员函数在类中的声明顺序可以是任意的。例如，下面几个类的声明是等价的：

```
class Circle
{
public:
  Circle();
  Circle(double);
  double getArea();
  double getRadius();
  void setRadius(double);

private:
  double radius;
};
```

a)

```
class Circle
{
public:
  Circle();
  Circle(double);

private:
  double radius;

public:
  double getArea();
  double getRadius();
  void setRadius(double);
};
```

b)

```
class Circle
{
private:
  double radius;

public:
  double getArea();
  double getRadius();
  void setRadius(double);

public:
  Circle();
  Circle(double);
};
```

c)

小窍门：虽然类成员可以按任意顺序声明，但较好的方式是先声明公有成员，再声明私有成员。

本节讨论在类的上下文中所有变量的作用域规则。

在类中，只能为一个数据域声明一个成员变量，但一个变量名可用在多个不同的函数中声明多个局部变量。

局部变量在函数内声明，只能在函数内使用。如果（成员函数中）一个局部变量与一个数据域具有相同的名字，数据域将被屏蔽，因为局部变量的优先级更高。例如，在程序清单 9-12 中，定义了一个数据域 x，同时成员函数中还定义了一个局部变量 x。

程序清单 9-12 HideDataField.cpp

```
1  #include <iostream>
2  using namespace std;
3
4  class Foo
5  {
6  public:
7    int x; // Data field
8    int y; // Data field
9
10   Foo()
11   {
12     x = 10;
13     y = 10;
14   }
15
16   void p()
17   {
18     int x = 20; // Local variable
19     cout << "x is " << x << endl;
20     cout << "y is " << y << endl;
21   }
22 };
23
24 int main()
25 {
26   Foo foo;
27   foo.p();
28
29   return 0;
30 }
```

程序输出：

```
x is 20
y is 10
```

为什么输出的 x 的值为 20，而 y 为 10？原因如下：

- 在类 Foo 中声明了一个数据域 x，但同时成员函数 p() 中也定义了一个初值为 20 的局部变量 x。第 19 行的输出语句输出的是后者的值。
- 类中声明了一个数据域 y，函数 p() 是可以访问它的。

小窍门：如此例所示，这种作用域规则容易引起错误。为避免混淆，不要在一个类中多次声明同名的变量，函数参数除外。

检查点

9.18 数据域和函数在类中的声明位置可以是任意的吗？

9.11　类抽象和封装

关键点：类抽象就是将类的实现和它的使用分离开来。类的实现细节被封装起来，对用户是隐藏的，这就是所谓的类封装。

在第 6 章中，我们已经学习了函数抽象，学习了如何用它进行逐步求精的程序开发。C++ 提供很多层次的抽象。类抽象（class abstraction）就是将类的实现和它的使用分离开来。类的创建者提供了类的描述，使用户了解如何使用类。在类之外可以访问的数据域和成员函数，以及对这些成员的预期行为的描述，一起构成了类的约定（class's contract）。如图 9-7 所示，类的使用者无须了解类是如何实现的。类实现的细节被封装起来，对用户是隐藏的。这就是所谓的类封装（class encapsulation）。例如，可以创建一个 Circle 对象，并求圆的面积，但并不需要知道面积是如何计算出来的。

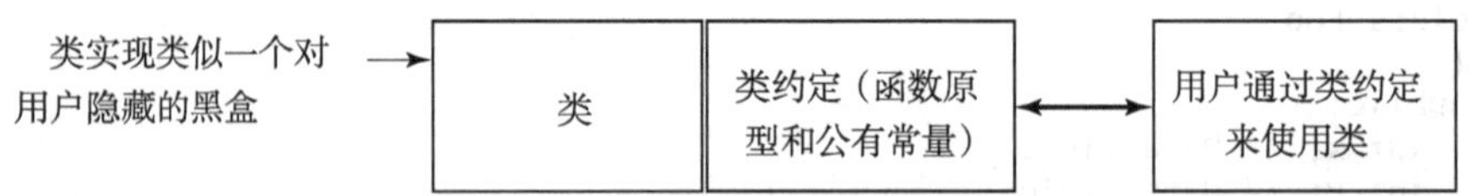

图 9-7　类抽象将类实现和类的使用分离开来

类抽象和封装是一个硬币的两面。很多现实生活中的例子可以说明类抽象思想。例如，让我们考察一个计算机系统的构建。个人计算机是由很多部件构成的，如 CPU、CD-ROM、软驱、主板、风扇等。每个部件可以看做一个对象，有自己的属性和功能。为了使这些部件协同工作，所需要知道的全部信息就是这些部件如何使用以及如何交互，我们无须知道它们内部是如何工作的。部件的内部实现是封装的，对我们来说是隐藏的。在不了解部件如何实现的情况下，我们也能组装出一台计算机。

上面用计算机系统进行类比的例子准确地反映出面向对象的方法。每个部件可以看做部件类的一个对象。例如，可能有一个表示所有风扇的风扇类，有尺寸、转速等属性，功能有启动、停止等。一个特定的风扇可以看做这个风扇类的一个对象，有着特定的属性值。

再看一个例子——获取贷款。一个特定的贷款可以看做 Loan 类的一个对象。利率、贷款额和贷款周期是其数据属性，计算月还款额和总还款额是其函数。当购买了一辆汽车，就利用你的贷款利率、贷款额和贷款周期创建了一个贷款对象。可以使用其函数计算月还款额和总还款额。作为 Loan 类的使用者，我们无须了解这些函数是如何实现的。

下面我们用 Loan 类为例演示一下类的定义和使用。Loan 类有三个数据域：annualInterestRate、numberOfYears 和 loanAmount，还有如下函数：getAnnualInterestRate、getNumberOfYears、getLoanAmount、setAnnualInterestRate、setNumberOfYears、setLoanAmount、getMonthlyPayment 和 getTotalPayment，如图 9-8 所示。

图 9-8 中的 UML 图给出了 Loan 类的类约定。在本书中，我们既是类的使用者也是类的设计者。作为类的使用者，可以在不知道类的实现信息的情况下使用类。假定 Loan 类是可用的，我们已经拥有程序清单 9-13 中的头文件 Loan.h。下面编写一个测试程序，使用 Loan 类，程序清单 9-14 给出了代码。

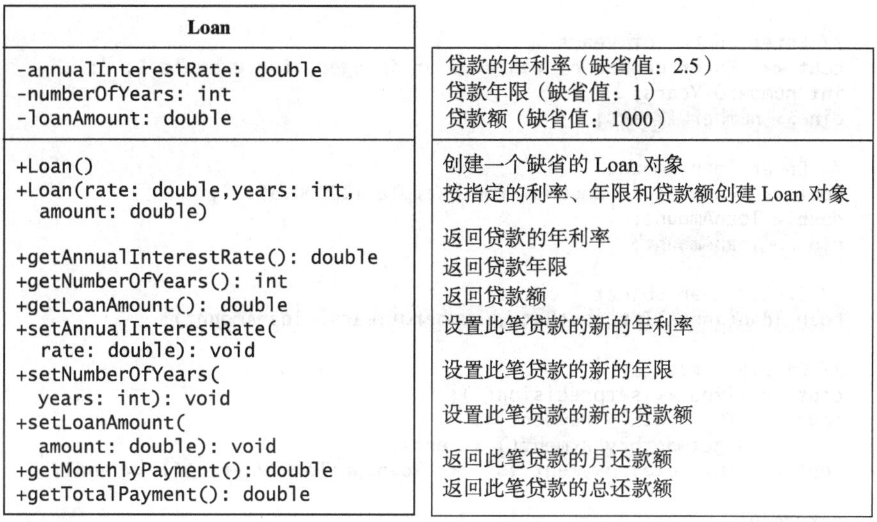

Loan	
-annualInterestRate: double	贷款的年利率（缺省值：2.5）
-numberOfYears: int	贷款年限（缺省值：1）
-loanAmount: double	贷款额（缺省值：1000）
+Loan()	创建一个缺省的 Loan 对象
+Loan(rate: double,years: int, amount: double)	按指定的利率、年限和贷款额创建 Loan 对象
+getAnnualInterestRate(): double	返回贷款的年利率
+getNumberOfYears(): int	返回贷款年限
+getLoanAmount(): double	返回贷款额
+setAnnualInterestRate(rate: double): void	设置此笔贷款的新的年利率
+setNumberOfYears(years: int): void	设置此笔贷款的新的年限
+setLoanAmount(amount: double): void	设置此笔贷款的新的贷款额
+getMonthlyPayment(): double	返回此笔贷款的月还款额
+getTotalPayment(): double	返回此笔贷款的总还款额

图 9-8 Loan 类对贷款的属性和行为建模

程序清单 9-13 Loan.h

```
#ifndef LOAN_H
#define LOAN_H

class Loan
{
public:
  Loan();
  Loan(double rate, int years, double amount);
  double getAnnualInterestRate();
  int getNumberOfYears();
  double getLoanAmount();
  void setAnnualInterestRate(double rate);
  void setNumberOfYears(int years);
  void setLoanAmount(double amount);
  double getMonthlyPayment();
  double getTotalPayment();

private:
  double annualInterestRate;
  int numberOfYears;
  double loanAmount;
};

#endif
```

程序清单 9-14 TestLoanClass.cpp

```
#include <iostream>
#include <iomanip>
#include "Loan.h"
using namespace std;

int main()
{
  // Enter annual interest rate
  cout << "Enter yearly interest rate, for example 8.25: ";
  double annualInterestRate;
  cin >> annualInterestRate;
```

```
12
13   // Enter number of years
14   cout << "Enter number of years as an integer, for example 5: ";
15   int numberOfYears;
16   cin >> numberOfYears;
17
18   // Enter loan amount
19   cout << "Enter loan amount, for example 120000.95: ";
20   double loanAmount;
21   cin >> loanAmount;
22
23   // Create Loan object
24   Loan loan(annualInterestRate, numberOfYears, loanAmount);
25
26   // Display results
27   cout << fixed << setprecision(2);
28   cout << "The monthly payment is "
29     << loan.getMonthlyPayment() << endl;
30   cout << "The total payment is " << loan.getTotalPayment() << endl;
31
32   return 0;
33 }
34
```

main 函数读取利率、贷款周期（以年为单位）和贷款额（8 ～ 21 行）；创建一个 Loan 对象（24 行）；然后使用 Loan 类中的成员函数计算月还款额（29 行）和总还款额（30 行）。

程序清单 9-15 给出了 Loan 类的实现。

程序清单 9-15 Loan.cpp

```
#include "Loan.h"
#include <cmath>
using namespace std;

Loan::Loan()
{
  annualInterestRate = 9.5;
  numberOfYears = 30;
  loanAmount = 100000;
}

Loan::Loan(double rate, int years, double amount)
{
  annualInterestRate = rate;
  numberOfYears = years;
  loanAmount = amount;
}

double Loan::getAnnualInterestRate()
{
  return annualInterestRate;
}

int Loan::getNumberOfYears()
{
  return numberOfYears;
}

double Loan::getLoanAmount()
{
  return loanAmount;
}
```

```
void Loan::setAnnualInterestRate(double rate)
{
  annualInterestRate = rate;
}

void Loan::setNumberOfYears(int years)
{
  numberOfYears = years;
}

void Loan::setLoanAmount(double amount)
{
  loanAmount = amount;
}

double Loan::getMonthlyPayment()
{
  double monthlyInterestRate = annualInterestRate / 1200;
  return loanAmount * monthlyInterestRate / (1 -
    (pow(1 / (1 + monthlyInterestRate), numberOfYears * 12)));
}

double Loan::getTotalPayment()
{
  return getMonthlyPayment() * numberOfYears * 12;
}
```

从一个类设计者的角度，设计一个类是要提供给很多用户使用的。为了能在各种各样的应用程序中使用，类应该通过构造函数、属性和成员函数提供多样的配置方式。

Loan 类有两个构造函数，三个 get 函数，三个 set 函数和计算月还款额和总还款额的函数。可以用无参构造函数创建一个 Loan 对象，也可以用含有如下三个参数的构造函数：年利率、贷款年限和贷款额。三个 get 函数 getAnnualInterest、getNumberOfYears 和 getLoanAmount 分别返回年利率、还款年限和贷款额。

重要的教学提示：图 9-8 给出了 Loan 类的 UML 图。一开始，学生应该先编写一个使用 Loan 类的测试程序，虽然此时他们并不知道 Loan 类该如何实现。这种方式有三个优点：

- 这种方式展示了将类的设计和类的使用划分为两个独立的工作。
- 这使学生能跳过特定类的复杂实现，又不会中断本书的学习顺序。
- 如果学生通过使用类而熟悉了它，那么学习如何实现它就会很容易。

从现在开始，对于本书中的所有例子，可以先创建一个类对象，并尝试使用它的函数，随后再把注意力放到类的实现上。

检查点

9.19 下面代码的输出是什么？（使用程序清单 9-13 Loan.h 中定义的 Loan 类。）

```
#include <iostream>
#include "Loan.h"
using namespace std;

class A
{
public:
  Loan loan;
  int i;
};

int main()
```

```
{
  A a;
  cout << a.loan.getLoanAmount() << endl;
  cout << a.i << endl;

  return 0;
}
```

关键术语

accessor（访问器函数）
anonymous object（匿名对象）
binary scope resolution operator (::，二元作用域解析运算符）
calling object（调用对象）
class（类）
class abstraction（类抽象）
class encapsulation（类封装）
client（客户程序）
constructor（构造函数）
constructor initializer list（构造函数初始化列表）
contract（类约定）
data field（数据域）
data field encapsulation（数据域封装）
default constructor（缺省构造函数）
dot operator (.，点运算符）
inclusion guard（包含保护）
inline definition（内联定义）
instance（实例）
instance function（实例函数）
instance variable（实例变量）
instantiation（实例化）
member function（成员函数）
member access operator（成员访问运算符）
mutator（更改器函数）
no-arg constructor（无参构造函数）
object（对象）
Object-Oriented Programming（OOP，面向对象程序设计）
property（属性）
private（私有的）
public（公有的）
state（状态）
UML class diagram（UML 类图）

本章小结

1. 一个类就是一个对象模板。
2. 类定义了数据域，用于存储对象的一般属性，并提供了创建对象的构造函数和操纵对象的函数。
3. 构造函数和类本身有相同的名字。
4. 无参构造函数是指没有参数的构造函数。
5. 一个类也是一个数据类型，可以用它声明和创建对象。
6. 一个对象是类的一个实例，可以用点运算符（.）作用于对象名来访问对象的成员。
7. 对象的状态由其*数据域*（也称为*属性*）当前值来表示。
8. 对象的行为由其（成员）函数定义。
9. 数据域没有初始值，必须在构造函数中进行初始化。
10. 可以在一个头文件中声明类，而在另一个独立的程序文件中实现类，这样就可以达到类的声明和实现相分离的效果。
11. C++ 的 #ifndef 原语可用于避免头文件被多次包含，这被称为“*包含保护*”。
12. 当成员函数在类定义里实现，它自动成为内联函数。
13. 可见性关键字用于指明类、函数及数据如何访问。
14. 一个公有的函数或数据，在任何客户程序中均可访问。
15. 一个私有的函数或数据，仅能在类的内部访问。
16. 可以设计相应的 get 函数或 set 函数，以使客户程序能获取或修改私有数据。

17. 通俗地说，一个 get 函数就是一个获取器（或称访问器），一个 set 函数就是一个设置器（或称更改器）。
18. 一个 get 函数的签名形如

```
returnType getPropertyName()
```

19. 如果 returenType 是 bool 类型，get 函数应定义为这样的形式

```
bool isPropertyName().
```

20. 一个 set 函数的签名形如

```
void setPropertyName(dataType propertyValue)
```

在线测验

请在 www.cs.armstrong.edu/liang/cpp3e/quiz.html 完成本章的在线测验。

程序设计练习

教学提示：本书第二部分中的程序设计练习要达到下面三个目标：

1）设计并画出类的 UML 图。

2）根据 UML 图实现类。

3）使用类开发应用程序。

偶数编号练习题的 UML 图的解答可从本书学生网站上下载，所有其他练习题的解答可从本书教师网站上下载。

9.2 ～ 9.11 节

9.1 （Rectangle 类）设计一个名为 Rectangle，表示矩形的类，类包含：
- 两个名为 width 和 height 的 double 类型的数据域，分别指明矩形的宽和高。
- 一个无参的构造函数，它创建一个矩形对象，width 和 height 都是 1。
- 一个带参数的构造函数，它创建一个指定宽、高的矩形。
- 所有数据域的访问器和更改器函数。
- 一个名为 getArea() 的函数，返回矩形的面积。
- 一个名为 getPerimeter() 的函数，返回矩形的周长。

画出类的 UML 图，实现类。编写一个测试程序，它创建两个 Rectangle 对象，将第一个矩形的宽、高设置为 4、40，第二个矩形的宽、高设为 3.5、35.9，并输出两个矩形对象的属性、面积和周长。

9.2 （Fan 类）设计一个名为 Fan 的类，表示一个风扇。类包含：
- 一个名为 speed 的 int 型数据域，表示风扇的转速。其取值有三种，1、2 或 3。
- 一个名为 on 的 bool 型数据域，表示风扇是否开启。
- 一个名为 radius 的 double 型数据域，指出风扇的半径。
- 一个无参的构造函数，创建一个缺省的风扇，其数据域 speed 为 1，on 为 false，radius 为 5。
- 所有数据域的访问器和更改器函数。

画出类的 UML 图，实现类。编写一个测试程序，它创建两个 Fan 对象。将第一个对象的转速、半径分别设置为 3、10，并将它打开。第二个对象的转速、半径分别设置为 2、5，并将它关闭。调用访问器函数输出风扇的属性。

9.3 （Account 类）设计一个名为 Account 的类，类包含：
- 一个名为 id 的 int 型数据域，表示账户的身份号。
- 一个名为 balance 的 double 型的数据域，表示账面余额。
- 一个名为 annualInterestRate 的 double 型数据域，保存当前年利率。
- 一个无参的构造函数，创建一个缺省的账户，其数据域 id 为 0，balance 为 0，annualInterest-

Rate 为 0。

- id、balance 和 annualInterestRate 的访问器和更改器函数。
- 一个名为 getMonthlyInterestRate() 的函数，返回月利率。
- 一个名为 withdraw(amount) 的函数，从账户中支取指定金额。
- 一个名为 deposit(amount) 的函数，向账户中存入指定金额。

画出类的 UML 图，实现类。编写一个测试程序，它创建一个 Account 对象，其 ID 为 1122，账面余额为 20 000，年利率为 4.5%。使用 withdraw 函数取出 2500 美元，使用 deposit 函数存入 3000 美元，然后输出账面余额、月利率。

9.4 （MyPoint 类）设计一个名为 MyPoint 的类，表示直角坐标系中一个点，类包含：

- 两个数据域 x 和 y，表示坐标。
- 一个无参构造函数，创建一个点 (0, 0)。
- 一个构造函数，按给定的坐标创建一个点。
- x 和 y 的 get 函数。
- 一个名为 distance 的函数，返回当前点和另一个给定的 MyPoint 类型的点之间的距离。

画出类的 UML 图，实现类。编写一个测试程序，它创建两个点 (0, 0) 和 (10, 30.5)，并输出两点之间的距离。

*9.5 （Time 类）设计一个名为 Time 的类，类包含：

- 数据域 hour、minute 和 second，表示一个时间。
- 一个无参构造函数，为当前时间创建一个 Time 对象。
- 一个构造函数，按给出的自 1970 年 1 月 1 日 0 时流逝的秒数所指出的时间，创建一个 Time 对象。
- 一个构造函数，创建一个给定 hour、minute 和 second 的 Time 对象。
- 数据域 hour、minute 和 second 的 3 个 get 函数。
- 一个成员函数 setTime(int elapseTime)，使用流逝的秒数为对象设置新的时间。

画出类的 UML 图，实现类。编写一个测试程序，它创建两个 Time 对象（分别使用 Time() 和 Time(555550)），然后输出它们的小时、分和秒。

（提示：前两个构造函数需要从流逝的秒数中抽取 hour、minute 和 second。例如，如果流逝时间为 555 550 秒，那么小时值为 10，分为 19，秒为 10。对无参构造函数来说，当前时间可用 time(0) 获得，如程序清单 2-9 ShowCurrentTime.cpp 中所示。）

*9.6 （代数：求解一元二次方程）给一元二次方程 $ax^2 + bx + c = 0$ 设计一个类，命名为 QuadraticEquation。这个类包含：

- 表示三个系数的数据域 a、b 和 c。
- 一个构造函数，参数分别对应 a、b 和 c。
- 数据域 a、b 和 c 的三个 get 函数。
- 一个成员函数，getDiscriminant()，返回判别式的值，也就是 $b^2 - 4ac$。
- 两个成员函数 getRoot1()、getRoot2()，分别返回方程的两个根：

$$r_1 = \frac{-b+\sqrt{b^2-4ac}}{2a}，r_2 = \frac{-b-\sqrt{b^2-4ac}}{2a}$$

这些函数只在判别式非负时才有意义。如果判别式为负，则函数返回 0。

画出类的 UML 图，实现类。编写一个测试程序，提示用户输入 a、b 和 c 的值，根据判别式的值打印输出结果。如果判别式为正，输出两个根；如果判别式为 0，输出一个根；否则，输出 "The equation has no real roots"。

*9.7 （秒表）定义秒表类 StopWatch，类包含：

- 私有域 startTime 和 endTime，及相应的 get 函数。
- 无参构造函数，利用当前时间初始化 startTime。

- 成员函数 start()，重置 startTime 为当前时间。
- 成员函数 stop()，设置 endTime 当前时间。
- 成员函数 getElapseTime()，返回该秒表流逝的时间，以毫秒为单位。

画出类的 UML 图，实现类。编写一个测试程序，利用选择排序方法对 100 000 个数进行排序，测量执行时间。

*9.8 (Date 类) 设计一个名为 Date 的类，类包含：

- 数据域 year、month 和 day，表示一个日期。
- 一个无参构造函数，为当前日期创建一个 Date 对象。
- 一个构造函数，按给出的自 1970 年 1 月 1 日 0 时流逝的秒数所指出的时间，创建一个 Date 对象。
- 一个构造函数，创建一个给定 year、month 和 day 的 Date 对象。
- 数据域 year、month 和 day 的 3 个 get 函数。
- 一个成员函数 setDate(int elapseTime)，使用流逝的秒数为对象设置新的日期。

画出类的 UML 图，实现类。编写一个测试程序，它创建两个 Date 对象（分别使用 Date() 和 Date(555550)），然后输出它们的 year、month 和 day。

（提示：前两个构造函数需要从流逝的秒数中抽取 year、month 和 day。例如，如果流逝时间为 561 555 550 秒，那么 year 为 1987，month 为 10，day 为 18（原书 day 为 17，应为 18——译者注）。对无参构造函数来说，当前时间可用 time(0) 获得，如程序清单 2-9 ShowCurrentTime.cpp 中所示。）

*9.9 (代数：2 × 2 线性方程组) 为 2 × 2 线性方程组设计类 LinearEquation：

$$\begin{matrix} ax+by=e \\ cx+dy=f \end{matrix} \quad x=\frac{ed-bf}{ad-bc} \quad y=\frac{af-ec}{ad-bc}$$

类包含：

- 私有数据域 a、b、c、d、e 和 f。
- 一个构造函数，参数分别对应 a、b、c、d、e 和 f。
- a、b、c、d、e 和 f 的 6 个 get 函数。
- 成员函数 isSolvable()，当 $ad - bc$ 不为 0 时，返回真。
- 成员函数 getX() 和 getY()，返回该线性方程组的解。

画出类的 UML 图，实现类。编写一个测试程序，提示用户输入 a、b、c、d、e 和 f 的值，打印输出结果。如果 $ad - bc$ 是 0，则输出 “The equation has no solution”。样例运行请参看程序设计练习 3.3。

**9.10 (几何：相交问题) 假设两条线段相交。第一条线段的两个端点是 (x1,y1) 和 (x2,y2)，第二条线段的两个端点是 (x3,y3) 和 (x4,y4)。编写一个程序，提示用户输入 4 个端点，打印输出交点。使用程序设计练习 9.9 中的 LinearEquation 类来计算相交点。样例运行请参看程序设计练习 3.22。

**9.11 (EvenNumber 类) 定义表示偶数的类 EvenNumber，类包含：

- int 型数据域 value，表示对象存储的整型数。
- 一个无参构造函数，为数值 0 创建 EvenNumber 对象。
- 一个构造函数，为特定数值创建 EvenNumber 对象。
- 成员函数 getValue()，返回对象存储的 int 型值。
- 成员函数 getNext()，返回该对象表示的数值的下一个偶数所对应的 EvenNumber 对象。
- 成员函数 getPrevious()，返回该对象表示的数值的前一个偶数所对应的 EvenNumber 对象。

画出类的 UML 图，实现类。编写一个测试程序，为数值 16 创建 EvenNumber 对象，调用 getNext() 和 getPrevious() 函数，获取并输出这些数值。

第 10 章

Introduction to Programming with C++, Third Edition

面向对象思想

目标

- 学会使用 string 类处理字符串（10.2 节）。
- 学会用对象作参数来编写函数（10.3 节）。
- 学会在数组中存储及处理对象（10.4 节）。
- 能区分实例变量、静态变量和函数（10.5 节）。
- 学会定义只读函数，避免无意中修改数据域（10.6 节）。
- 掌握面向过程泛型和面向对象泛型的不同点（10.7 节）。
- 学会设计体重指数类（10.7 节）。
- 学会为复合关系设计开发类（10.8 节）。
- 学会设计栈类（10.9 节）。
- 能根据类设计指南来设计类（10.10 节）。

10.1 引言

关键点：*本章的重点是类的设计，以及面向过程编程和面向对象编程的区别。*

第 9 章介绍了对象和类的重要概念。我们学习了如何定义类、创建对象及使用对象。本书在介绍面向对象编程之前先介绍了如何解决问题及基本的编程技巧，本章将讲解面向过程编程到面向对象编程的这种转变。学生将会看到面向对象编程的优点，并有效地使用它。

我们专注的焦点问题是类的设计，本章中将用一些例子来展示面向对象方法的优点，其中之一是 C++ 类库中的 string 类。我们还将以实际应用中的几个例子介绍如何设计新类及使用它们，在此过程中将引入一些语言特性的介绍。

10.2 string 类

关键点：*C++ 中的 string 类定义了 string 类型，它包含很多有用的函数，可以方便地操作字符串。*

C++ 中有两种方法处理字符串。一种把字符串看做以空终结符（'\0'）结尾的字符数组，在 7.11 节中讨论过，我们称之为 *C 字符串*。空终结符指示字符串的结束位置，要使 C 字符串函数能正常工作，空终结符是必要的。另一种方法通过使用 string 类来处理字符串。可以使用 C 字符串函数来操作及处理字符串，但使用 string 类会更加简单。处理 C 字符串时程序编写人员需要了解字符是如何在数组中存储的，而 string 类则把底层的存储给隐藏起来，用户不需要了解实现细节。

在 4.8 节中我们简要介绍了 string 类型，学习了使用 at(index) 函数及下标运算符 [] 来获取一个字符，也学习了使用 size() 和 length() 函数获取字符串中的字符个数。本节将详细介绍如何使用 string 对象。

10.2.1　构造一个字符串

可以使用如下语法创建一个字符串：

```
string s = "Welcome to C++";
```

这条语句效率不高，因为它包含两个步骤：首先使用一个字符串文本来创建一个字符串对象，然后把这个字符串对象拷贝给 s。

更好的方法是使用字符串构造函数来创建字符串：

```
string s("Welcome to C++");
```

使用 string 类的无参构造函数，可创建一个空字符串（empty string），如下所示：

```
string s;
```

也可以使用 string 类的构造函数从 C 字符串来创建一个字符串，如下所示：

```
char s1[] = "Good morning";
string s(s1);
```

这里，s1 是一个 C 字符串，而 s 是一个字符串对象。

10.2.2　追加字符串

C++ 提供了几个重载的函数来向一个字符串添加新内容，如图 10-1 所示。

string	
+append(s: string): string	将字符串 s 追加在当前字符串后
+append(s: string, index: int, n: int): string	将 s 中从下标 index 起的 n 个字符追加在当前字符串后
+append(s: string, n: int): string	将 s 的前 n 个字符追加在当前字符串后
+append(n: int, ch: char): string	将 n 个 ch 追加在当前字符串后

图 10-1　string 类提供的追加字符串的函数

下面代码给出了一些例子：

```
string s1("Welcome");
s1.append(" to C++"); // Appends " to C++" to s1
cout << s1 << endl; // s1 now becomes Welcome to C++

string s2("Welcome");
s2.append(" to C and C++", 0, 5); // Appends " to C" to s2
cout << s2 << endl; // s2 now becomes Welcome to C

string s3("Welcome");
s3.append(" to C and C++", 5); // Appends " to C" to s3
cout << s3 << endl; // s3 now becomes Welcome to C

string s4("Welcome");
s4.append(4, 'G'); // Appends "GGGG" to s4
cout << s4 << endl; // s4 now becomes WelcomeGGGG
```

10.2.3　字符串赋值

C++ 提供了若干重载函数，用于赋予字符串新的内容，如图 10-2 所示。

string	
+assign(s[]: char): string	将一个字符数组或一个字符串 s 赋予当前字符串
+assign(s: string): string	将字符串 s 赋予当前字符串
+assign(s: string, index: int, n: int): string	将 s 中从下标 index 起的 n 个字符赋予当前字符串
+assign(s: string, n: int): string	将 s 的前 n 个字符赋予当前字符串
+assign(n: int, ch: char): string	将当前字符串赋值为 ch 的 n 次重复

图 10-2　string 类提供的字符串赋值函数

如下面例子所示：

```
string s1("Welcome");
s1.assign("Dallas"); // Assigns "Dallas" to s1
cout << s1 << endl; // s1 now becomes Dallas

string s2("Welcome");
s2.assign("Dallas, Texas", 0, 5); // Assigns "Dalla" to s2
cout << s2 << endl; // s2 now becomes Dalla

string s3("Welcome");
s3.assign("Dallas, Texas", 5); // Assigns "Dalla" to s3
cout << s3 << endl; // s3 now becomes Dalla

string s4("Welcome");
s4.assign(4, 'G'); // Assigns "GGGG" to s4
cout << s4 << endl; // s4 now becomes GGGG
```

10.2.4　函数 at、clear、erase 及 empty

可以使用 at(index) 函数提取字符串中指定位置的字符，用 clear() 清空一个字符串，用 erase(index, n) 删除字符串指定的部分，以及用 empty() 检测一个字符串是否为空，如图 10-3 所示。

string	
+at(index: int): char	返回当前字符串中下标 index 处的字符
+clear(): void	清除当前字符串中所有字符
+erase(index: int, n: int): string	删除当前字符串从下标 index 开始的 n 个字符
+empty(): bool	若当前字符串为空，则返回 true

图 10-3　string 类提供的函数：获取一个字符、清空或删除字符串、检查字符串是否为空

下面是一些例子：

```
string s1("Welcome");
cout << s1.at(3) << endl; // s1.at(3) returns c
cout << s1.erase(2, 3) << endl; // s1 is now Weme
s1.clear(); // s1 is now empty
cout << s1.empty() << endl; // s1.empty returns 1 (means true)
```

10.2.5　函数 length、size、capacity 和 c_str()

函数 length()、size() 和 capacity() 分别用来获取字符串的长度、大小和分配的存储空间大小，c_str() 返回一个 C 字符串，如图 10-4 所示。函数 length() 是 size() 的别名，c_str() 和

data() 在新的 C++11 标准中功能相同，capacity() 函数返回内部缓冲区的大小，该值总是大于等于实际的字符串大小。

string	
+length(): int	返回当前字符串中字符个数
+size(): int	与 length() 相同
+capacity(): int	返回为当前字符串分配的存储空间大小
+c_str(): char[]	返回当前字符串对象的 C 字符串
+data(): char[]	与 c_str() 相同

图 10-4　string 类提供的函数：获得该字符串的长度、分配的存储空间大小及相应的 C 字符串

请看下面的例子：

```
1 string s1("Welcome");
2 cout << s1.length() << endl; // Length is 7
3 cout << s1.size() << endl; // Size is 7
4 cout << s1.capacity() << endl; // Capacity is 15
5
6 s1.erase(1, 2);
7 cout << s1.length() << endl; // Length is now 5
8 cout << s1.size() << endl; // Size is now 5
9 cout << s1.capacity() << endl; // Capacity is still 15
```

提示：当字符串 s1 被创建时（1 行），其存储容量（capacity）被设置为 15。在第 6 行删除两个字符后，容量仍为 15，但长度和大小都变为 5。

10.2.6　字符串比较

在程序中，我们常常要比较两个字符串的内容。我们可以使用 compare 函数来进行字符串比较。该函数根据当前字符串大于、等于及小于另一个字符串的不同情况，分别返回大于 0 的值、0 和小于 0 的值，返回值为整型，如图 10-5 所示。

string	
+compare(s: string): int	根据当前字符串大于、等于和小于 s，分别返回大于 0 的值、0 或小于 0 的值
+compare(index: int, n: int, s: string): int	比较当前字符串与子字符串 s(index,…,index + n − 1)

图 10-5　string 类提供的字符串比较的函数

下面是一些例子：

```
string s1("Welcome");
string s2("Welcomg");
cout << s1.compare(s2) << endl; // Returns -1
cout << s2.compare(s1) << endl; // Returns 1
cout << s1.compare("Welcome") << endl; // Returns 0
```

10.2.7　获取子串

我们可以用 at 函数获取字符串中的一个字符，使用 substr 函数获取字符串的一个子串，如图 10-6 所示。

string	
+substr(index: int, n: int): string	返回当前字符串从下标 index 开始的 n 个字符组成的子串
+substr(index: int): string	返回当前字符串从下标 index 开始的子串

图 10-6　string 类提供的获取子串的函数

举例如下：

```
string s1("Welcome");
cout << s1.substr(0, 1) << endl; // Returns W
cout << s1.substr(3) << endl; // Returns come
cout << s1.substr(3, 3) << endl; // Returns com
```

10.2.8　字符串搜索

find 函数可在字符串中搜索一个字符或一个子串，如图 10-7 所示。如果没有找到，则返回 string::npos（表示 not a position），npos 是 string 类定义的一个常量。

string	
+find(ch: char): unsigned	返回当前字符串中字符 ch 出现的第一个位置
+find(ch: char, index: int): unsigned	返回当前字符串中从下标 index 开始 ch 出现的第一个位置
+find(s: string): unsigned	返回当前字符串中子串 s 出现的第一个位置
+find(s: string, index: int): unsigned	返回当前字符串中从下标 index 开始 s 出现的第一个位置

图 10-7　string 类提供的查找子串的函数

下面是一些例子：

```
string s1("Welcome to HTML");
cout << s1.find("co") << endl; // Returns 3
cout << s1.find("co", 6) << endl; // Returns string::npos
cout << s1.find('o') << endl; // Returns 4
cout << s1.find('o', 6) << endl; // Returns 9
```

10.2.9　字符串插入和替换

可使用 insert 和 replace 函数在字符串中插入和替换一个子串，如图 10-8 所示。

String	
+insert(index: int, s: string): string	将字符串 s 插入本字符串下标 index 处
+insert(index: int, n: int, ch: char): string	将 n 个 ch 插入本字符串下标 index 处
+replace(index: int, n: int, s: string): string	将本字符串从下标 index 开始的 n 个字符替换为 s 的内容

图 10-8　string 类提供的字符串插入和替换的函数

下面是使用 insert 和 replace 函数的例子：

```
string s1("Welcome to HTML");
s1.insert(11, "C++ and ");
cout << s1 << endl; // s1 becomes Welcome to C++ and HTML
```

```
string s2("AA");
s2.insert(1, 4, 'B');
cout << s2 << endl; // s2 becomes to ABBBBA

string s3("Welcome to HTML");
s3.replace(11, 4, "C++");
cout << s3 << endl; // s3 becomes Welcome to C++
```

提示：string 对象通过调用 append、assign、erase、replace 和 insert 来改变该对象的内容，这些函数同时也返回了新的字符串。例如在下面的代码中，s1 调用 insert 函数把“C++ and”插入 s1 中，同时返回新的字符串，该字符串被赋值给 s2。

```
string s1("Welcome to HTML");
string s2 = s1.insert(11, "C++ and ");
cout << s1 << endl; // s1 becomes Welcome to C++ and HTML
cout << s2 << endl; // s2 becomes Welcome to C++ and HTML
```

提示：在大多数编译器中，当执行 append、assign、insert 及 replace 等函数时，会自动扩展字符串的存储空间以容纳更多的字符。如果存储空间大小固定且不足以容纳时，这些函数会尽力而为，复制尽可能多的字符。

10.2.10　字符串运算符

C++ 提供了一些字符串运算符，以简化字符串操作。表 10-1 列出了这些运算符。

表 10-1　字符串运算符

运算符	描述
[]	用数组下标运算符访问字符串中字符
=	将一个字符串的内容复制到另一个字符串
+	连接两个字符串得到一个新串
+=	将一个字符串追加到另一个字符串末尾
<<	将一个字符串插入一个流
>>	从一个流提取一个字符串，分界符为空格或空终结符
==, !=, <, <=, >, >=	用于字符串比较的 6 个比较运算符

下面是一些使用字符串运算符的例子：

```
string s1 = "ABC"; // The = operator
string s2 = s1;  // The = operator
for (int i = s2.size() - 1; i >= 0; i--)
  cout << s2[i]; // The [] operator

string s3 = s1 + "DEFG"; // The + operator
cout << s3 << endl; // s3 becomes ABCDEFG

s1 += "ABC";
cout << s1 << endl; // s1 becomes ABCABC

s1 = "ABC";
s2 = "ABE";
cout << (s1 == s2) << endl; // Displays 0 (means false)
cout << (s1 != s2) << endl; // Displays 1 (means true)
cout << (s1 > s2) << endl; // Displays 0 (means false)
cout << (s1 >= s2) << endl; // Displays 0 (means false)
cout << (s1 < s2) << endl; // Displays 1 (means true)
cout << (s1 <= s2) << endl; // Displays 1 (means true)
```

10.2.11 把数字转换为字符串

在 7.11.6 节中介绍了可通过函数 atoi 和 atof 把一个字符串转换为整数及浮点数。我们可以使用 itoa 函数把整数转换为字符串。有时候也需要把浮点数转换为字符串，这可以通过编写函数来实现该功能，然而，更简单的方法是使用 <sstream> 头文件中的 stringstream 类。stringstream 类提供的接口可使我们类似处理输入 / 输出流一样来处理字符串。一个应用就是把数字转换为字符串。下面是一个例子：

```
stringstream ss;
ss << 3.1415;
string s = ss.str();
```

10.2.12 字符串分割

经常需要从字符串中抽取单词。在这里假设单词由空格分隔，可以使用上节介绍的 stringstream 类来完成。程序清单 10-1 给出了一个例子，它从一个字符串中抽取单词，并在不同行打印输出这些单词。

程序清单 10-1 ExtractWords.cpp

```
1  #include <iostream>
2  #include <sstream>
3  #include <string>
4  using namespace std;
5
6  int main()
7  {
8    string text("Programming is fun");
9    stringstream ss(text);
10
11   cout << "The words in the text are " << endl;
12   string word;
13   while (!ss.eof())
14   {
15     ss >> word;
16     cout << word << endl;
17   }
18
19   return 0;
20 }
```

程序输出：

```
The words in the text are
Programming
is
fun
```

程序为字符串创建了 stringstream 对象（9 行），该对象如同控制台上的输入流，可从它读入数据。从该字符串流中发送数据到字符串对象 word 中（15 行）。当字符串流中的数据都读完后，类 stringstream 中的函数 eof() 返回真（13 行）。

10.2.13 实例研究：字符串替换

在本实例中，将实现下面的函数，它把字符串 s 中出现的子串 oldSubStr 全部替换为 newSubStr。

```
bool replaceString(string& s, const string& oldSubStr,
  const string& newSubStr)
```

如果字符串 s 发生改变，函数返回真，否则返回假。

程序清单 10-2 给出了代码。

程序清单 10-2 ReplaceString.cpp

```
1  #include <iostream>
2  #include <string>
3  using namespace std;
4
5  // Replace oldSubStr in s with newSubStr
6  bool replaceString(string& s, const string& oldSubStr,
7    const string& newSubStr);
8
9  int main()
10 {
11   // Prompt the user to enter s, oldSubStr, and newSubStr
12   cout << "Enter string s, oldSubStr, and newSubStr: ";
13   string s, oldSubStr, newSubStr;
14   cin >> s >> oldSubStr >> newSubStr;
15
16   bool isReplaced = replaceString(s, oldSubStr, newSubStr);
17
18   if (isReplaced)
19     cout << "The replaced string is " << s << endl;
20   else
21     cout << "No matches" << endl;
22
23   return 0;
24 }
25
26 bool replaceString(string& s, const string& oldSubStr,
27   const string& newSubStr)
28 {
29   bool isReplaced = false;
30   int currentPosition = 0;
31   while (currentPosition < s.length())
32   {
33     int position = s.find(oldSubStr, currentPosition);
34     if (position == string::npos) // No more matches
35       return isReplaced;
36     else
37     {
38       s.replace(position, oldSubStr.length(), newSubStr);
39       currentPosition = position + newSubStr.length();
40       isReplaced = true; // At least one match
41     }
42   }
43
44   return isReplaced;
45 }
```

程序输出：

```
Enter string s, oldSubStr, and newSubStr: abcdabab ab AAA
The replaced string is AAAcdAAAAAA
```

```
Enter string s, oldSubStr, and newSubStr: abcdabab gb AAA
No matches
```

该程序首先提示用户输入字符串 s、被替换子串 oldSubStr 和替换后子串 newSubStr（14

行)，然后调用 replaceString 函数替换所有出现的子串 oldSubStr 为 newSubStr（16 行)，同时打印消息显示字符串 s 是否被替换（18 ～ 21 行)。

函数 replaceString 从字符串 s 的 currentPosition 位置开始查找 oldSubStr，currentPosition 从 0 开始（30 行)。字符串类中的函数 find 可用来查找子串（33 行)，如果没有找到，find 返回 string::npos，在这种情况下，查找结束并返回 isReplaced（35 行)。isReplaced 是个 bool 变量，初始值为假（29 行)，当找到一个被替换子串时，它被置为真（40 行)。

函数 replaceString 重复查找子串并用 replace 函数替换子串（38 行)，因为需要从剩下的字符串中查找，所以每次查找后需重置开始查找的位置（39 行)。

检查点

10.1 可以使用如下两种方法创建字符串 "Welcome to C++"：

```
string s1("Welcome to C++");
```

```
string s1 = "Welcome to C++";
```

哪种方法更好？为什么？

10.2 假定 s1 和 s2 是两个字符串，其定义如下：

```
string s1("I have a dream");
string s2("Computer Programming");
```

假定下面每个表达式都是独立的、无关的，它们的运算结果是什么？

```
(1) s1.append(s2)
(2) s1.append(s2, 9, 7)
(3) s1.append("NEW", 3)
(4) s1.append(3, 'N')
(5) s1.assign(3, 'N')
(6) s1.assign(s2, 9, 7)
(7) s1.assign("NEWNEW", 3)
(8) s1.assign(3, 'N')
(9) s1.at(0)
(10) s1.length()
(11) s1.size()
(12) s1.capacity()
(13) s1.erase(1, 2)
(14) s1.compare(s2)
(15) s1.compare(0, 10, s2)
(16) s1.c_str()
(17) s1.substr(4, 8)
(18) s1.substr(4)
(19) s1.find('A')
(20) s1.find('a', 9)
(21) s1.replace(2, 4, "NEW")
(22) s1.insert(4, "NEW")
(23) s1.insert(6, 8, 'N')
(24) s1.empty()
```

10.3 假定 s1 和 s2 定义如下：

```
string s1("I have a dream");
string s2("Computer Programming");
char s3[] = "ABCDEFGHIJKLMN";
```

假定下面语句中每个表达式都是独立的、无关的，每条语句执行后 s1、s2 和 s3 的结果是什么？

```
(1) s1.clear()
(2) s1.copy(s3, 5, 2)
(3) s1.compare(s2)
```

10.4 假定 s1 和 s2 定义如下：

```
string s1("I have a dream");
string s2("Computer Programming");
```

假定下面每个表达式都是独立的、无关的，它们的运算结果是什么？

```
(1) s1[0]
(2) s1 = s2
(3) s1 = "C++ " + s2
(4) s2 += "C++ "
(5) s1 > s2
(6) s1 >= s2
(7) s1 < s2
(8) s1 <= s2
(9) s1 == s2
(10) s1 != s2
```

10.5 假定运行下面程序时输入 New York，程序输出是什么？

```
#include <iostream>
#include <string>
using namespace std;

int main()
{
  cout << "Enter a city: ";
  string city;
  cin >> city;

  cout << city << endl;

  return 0;
}
```

a)

```
#include <iostream>
#include <string>
using namespace std;

int main()
{
  cout << "Enter a city: ";
  string city;
  getline(cin, city);

  cout << city << endl;

  return 0;
}
```

b)

10.6 下面代码的输出是什么？（replaceString 函数在程序清单 10-2 中定义。）

```
string s("abcdabab"), oldSubStr("ab"), newSubStr("AAA");
replaceString(s, oldSubStr, newSubStr);
cout << s << endl;
```

10.7 如果在程序清单 10-2 中，replaceString 函数在第 44 行返回，返回值一定为 false 吗？

10.3 对象作为函数参数

关键点：*对象可以通过值或者引用传递给函数作参数，但通过引用传递更加有效。*

我们已经学习了如何向函数传递基本数据类型、数组类型和字符串类型的参数。对象同样可以作为参数传递给函数，传值方式和传引用方式都是允许的。程序清单 10-3 给出了一个以传值方式传递对象参数的例子。

程序清单 10-3 PassObjectByValue.cpp

```
1  #include <iostream>
2  // CircleWithPrivateDataFields.h is defined in Listing 9.9
3  #include "CircleWithPrivateDataFields.h"
4  using namespace std;
5
6  void printCircle(Circle c)
7  {
8    cout << "The area of the circle of "
9      << c.getRadius() << " is " << c.getArea() << endl;
10 }
11
12 int main()
13 {
14   Circle myCircle(5.0);
15   printCircle(myCircle);
16
17   return 0;
18 }
```

程序输出：

```
The area of the circle of 5 is 78.5397
```

程序第 3 行包含了程序清单 9-9 中的 CircleWithPrivateDataFields.h，其中定义了 Circle

类。函数 printCircle 的一个参数定义为 Circle 对象（6 行）。主函数中创建了一个名为 myCircle 的 Circle 对象（14 行），并以传值方式将它传递给函数 printCircle（15 行）。对象参数以传值方式传递，实际上是将对象的内容复制给函数的参数。因此 printCircle 中的对象 c 具有和 myCircle 相同的内容，如图 10-9a 所示。

程序清单 10-4 给出了一个以传引用方式传递对象参数的例子。

程序清单 10-4 PassObjectByReference.cpp

```
1  #include <iostream>
2  #include "CircleWithPrivateDataFields.h"
3  using namespace std;
4
5  void printCircle(Circle& c)
6  {
7    cout << "The area of the circle of "
8      << c.getRadius() << " is " << c.getArea() << endl;
9  }
10
11 int main()
12 {
13   Circle myCircle(5.0);
14   printCircle(myCircle);
15
16   return 0;
17 }
```

程序输出：

```
The area of the circle of 5 is 78.5397
```

printCircle 函数声明了一个 Circle 类型的引用参数（5 行）。主函数中创建了一个名为 myCircle 的 Circle 对象（13 行），并以传引用方式传递给 printCircle 函数（14 行）。因此 printCircle 中的对象 c 实质上是对象 myCircle 的一个别名，如图 10-9b 所示。

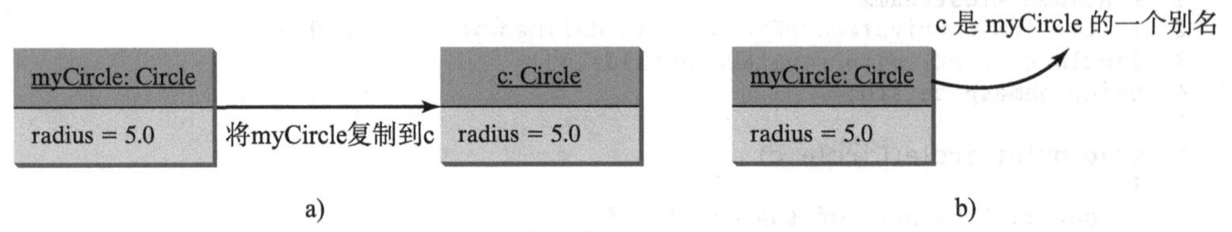

图 10-9　可以通过 a) 传值或 b) 传引用传递对象到函数参数

虽然对象参数的传递方式采用传值、传引用都可以，但最好使用传引用方式，因为传值方式需要额外的时间和内存空间。

检查点

10.8　为什么最好使用传引用的方式给函数传递对象作参数？

10.9　下面代码的输出是什么？

```
#include <iostream>
using namespace std;

class Count
{
public:
  int count;
```

```
    Count(int c)
    {
      count = c;
    }

    Count()
    {
      count = 0;
    }
  };

  void increment(Count c, int times)
  {
    c.count++;
    times++;
  }

  int main()
  {
    Count myCount;
    int times = 0;

    for (int i = 0; i < 100; i++)
      increment(myCount, times);

    cout << "myCount.count is " << myCount.count;
    cout << " times is " << times;

    return 0;
  }
```

10.10　如果检查点 10.9 中的高亮代码改为如下语句，程序的输出是什么？

```
void increment(Count& c, int times)
```

10.11　如果检查点 10.9 中的高亮代码改为如下语句，程序的输出是什么？

```
void increment(Count& c, int& times)
```

10.12　能否将检查点 10.9 中的高亮代码改为如下语句？

```
void increment(const Count& c, int times)
```

10.4　对象数组

关键点：可以创建基本类型或字符串的数组，同样可以创建对象的数组。

第 7 章介绍了元素为基本数据类型和 string 类型的数组，我们同样可以创建对象的数组。例如，下面语句声明并创建了一个包含 10 个 Circle 对象的数组：

```
Circle circleArray[10]; // Declare an array of ten Circle objects
```

数组名为 circleArray，这条语句会调用无参的构造函数，来初始化数组中的元素。因此，circleArray[0].getRadius() 会返回 1，因为无参构造函数将 radius 的值置为 1。

也可以用数组初始化语句声明对象数组，同时通过有参数的构造函数初始化对象元素。如下例所示：

```
Circle circleArray[3] = {Circle(3), Circle(4), Circle(5)};
```

程序清单 10-5 给出了一个例子，展示了如何使用对象数组。程序计算数组中所有圆的面积之和。首先创建了一个名为 circleArray 的数组，它由 10 个 Circle 对象组成；随后将圆的半径设置为 1、2、3、4、…、10，最后输出数组中所有圆的总面积。

程序清单 10-5　TotalArea.cpp

```
#include <iostream>
#include <iomanip>
#include "CircleWithPrivateDataFields.h"
using namespace std;

// Add circle areas
double sum(Circle circleArray[], int size)
{
  // Initialize sum
  double sum = 0;

  // Add areas to sum
  for (int i = 0; i < size; i++)
    sum += circleArray[i].getArea();

  return sum;
}

// Print an array of circles and their total area
void printCircleArray(Circle circleArray[], int size)
{
  cout << setw(35) << left << "Radius" << setw(8) << "Area" << endl;
  for (int i = 0; i < size; i++)
  {
    cout << setw(35) << left << circleArray[i].getRadius()
      << setw(8) << circleArray[i].getArea() << endl;
  }

  cout << "-----------------------------------------" << endl;

  // Compute and display the result
  cout << setw(35) << left << "The total area of circles is"
    << setw(8) << sum(circleArray, size) << endl;
}

int main()
{
  const int SIZE = 10;

  // Create a Circle object with radius 1
  Circle circleArray[SIZE];

  for (int i = 0; i < SIZE; i++)
  {
    circleArray[i].setRadius(i + 1);
  }

  printCircleArray(circleArray, SIZE);

  return 0;
}
```

程序输出：

```
Radius                             Area
1                                  3.14159
2                                  12.5664
```

```
Radius                             Area
3                                  28.2743
4                                  50.2654
5                                  78.5397
6                                  113.097
7                                  153.938
8                                  201.062
9                                  254.469
10                                 314.159
--------------------------------------------
The total area of circles is       1209.51
```

程序创建了一个 10 个 Circle 对象的数组（41 行）。第 9 章定义了两个 Circle 类，此例中使用的是程序清单 9-9 中定义的 Circle 类（3 行）。

数组中的每个对象元素用 Circle 类的无参构造函数来创建，43 ～ 46 行的代码为每个对象设置了新的半径值。circleArray[i] 引用数组中的一个 Circle 对象，circleArray[i].setRadius(i+1) 将此对象的 radius 数据域设置为新的值（45 行）。随后数组被传递给函数 printCircleArray，它会输出每个圆的半径和面积，以及所有圆的总面积（48 行）。

圆面积之和是用 sum 函数来计算的（33 行），它以一个 Circle 对象数组为参数，返回一个 double 值——总面积。

检查点

10.13　如何声明一个有 10 个字符串对象的数组？

10.14　下面代码的输出是什么？

```
int main()
{
  string cities[] = {"Atlanta", "Dallas", "Savannah"};
  cout << cities[0] << endl;
  cout << cities[1] << endl;

  return 0;
}
```

10.5　实例成员和静态成员

关键点：*静态变量由类中所有对象共享。静态函数不能访问类的实例成员。*

到目前为止，我们所接触的类的数据域都是*实例数据域*（instance data field），或者称*实例变量*（instance variable）。实例变量是与类的特定对象联系在一起的，对于同一个类的不同对象，实例变量是不同的，并不共享。例如，假定你用程序清单 9-9 中的 Circle 类声明了如下对象：

```
Circle circle1;
Circle circle2(5);
```

circle1 的 radius 和 circle2 的 radius 是独立无关的，存储在不同的内存位置。修改 circle1 的 radius 的值，不会影响到 circle2 的 radius 的值，反之亦然。

如果希望一个类的所有实例共享数据，那么就应该使用*静态变量*（static variable），也称为*类变量*（class variable）。静态变量机制在一个共同的内存位置中保存多个对象的变量的值。由于使用共同的内存位置，因此如果一个对象改变了静态变量的值，那么实际上同一个类的所有对象的此变量的值都被改变了。C++ 也支持静态函数（static function)，调用静态函数无须创建一个类实例，而实例函数则只能通过特定实例来调用。

下面来修改 Circle 类，为它增加一个静态变量 numberOfObjects，用来统计已创建的 Circle 对象数量。当 Circle 类的第一个对象被创建时，numberOfObjects 值为 1。当 Circle 类的第二个对象创建时，numberOfObjects 的值变为 2。修改过的类的 UML 图如图 10-10 所示。Circle 类定义了实例变量 radius 和静态变量 numberOfObjects，实例函数 getRadius、setRadius 和 getArea，以及静态函数 getNumberOfObjects。(注意，在 UML 图中，静态变量和静态函数都加下划线，以示与实例变量和实例函数的区分。)

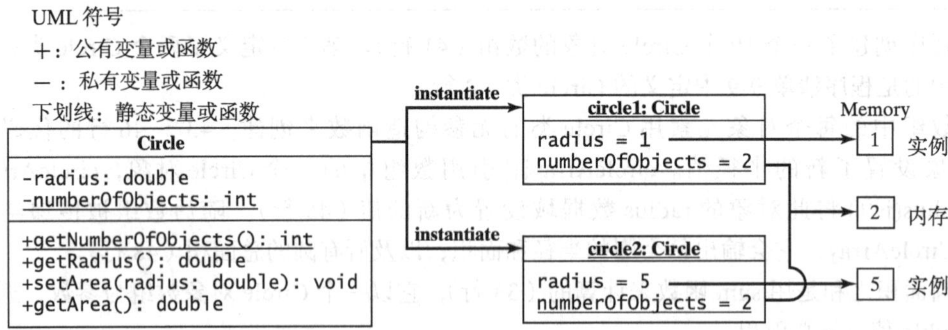

图 10-10　实例变量是从属于类对象的，不同对象的实例变量有独立的内存空间。静态变量则被同一个类的所有实例共享

为了声明一个静态变量或静态函数，需在变量或函数声明前放置修饰符 static。静态变量 numberOfObjects 和静态函数 getNumberOfObjects() 可用如下语句声明：

```
static int numberOfObjects;
static int getNumberOfObjects();
```

新的类定义如程序清单 10-6 所示。

程序清单 10-6　CircleWithStaticDataFields.h

```
1  #ifndef CIRCLE_H
2  #define CIRCLE_H
3
4  class Circle
5  {
6  public:
7    Circle();
8    Circle(double);
9    double getArea();
10   double getRadius();
11   void setRadius(double);
12   static int getNumberOfObjects();
13
14 private:
15   double radius;
16   static int numberOfObjects;
17 };
18
19 #endif
```

程序 12 行声明了一个静态函数 getNumberOfObjects，16 行声明了一个私有的静态变量 numberOfObjects 作为类中的私有数据域。

程序清单 10-7 给出了 Circle 类的实现。

程序清单 10-7 CircleWithStaticDataFields.cpp

```
1  #include "CircleWithStaticDataFields.h"
2
3  int Circle::numberOfObjects = 0;
4
5  // Construct a circle object
6  Circle::Circle()
7  {
8    radius = 1;
9    numberOfObjects++;
10 }
11
12 // Construct a circle object
13 Circle::Circle(double newRadius)
14 {
15   radius = newRadius;
16   numberOfObjects++;
17 }
18
19 // Return the area of this circle
20 double Circle::getArea()
21 {
22   return radius * radius * 3.14159;
23 }
24
25 // Return the radius of this circle
26 double Circle::getRadius()
27 {
28   return radius;
29 }
30
31 // Set a new radius
32 void Circle::setRadius(double newRadius)
33 {
34   radius = (newRadius >= 0) ? newRadius : 0;
35 }
36
37 // Return the number of circle objects
38 int Circle::getNumberOfObjects()
39 {
40   return numberOfObjects;
41 }
```

程序第 3 行对静态数据域 numberOfObjects 进行了初始化。当创建一个 Circle 对象的时刻，numberOfObjects 的值被加 1（9 行、16 行）。

实例函数（例如 getArea()）和实例数据域（例如 radius）是从属于类对象的，只有创建对象后，才能通过特定的对象使用它们。而对于静态函数（例如 getNumberOfObjects()）和静态数据域（例如，numberOfObjects），既可以通过任意的类对象来访问，也可以直接通过类名来访问。

程序清单 10-8 说明了如何使用实例变量 / 函数和静态变量 / 函数及不同效果。

程序清单 10-8 TestCircleWithStaticDataFields.cpp

```
#include <iostream>
#include "CircleWithStaticDataFields.h"
using namespace std;

```

```
5  int main()
6  {
7    cout << "Number of circle objects created: "
8      << Circle::getNumberOfObjects() << endl;
9
10   Circle circle1;
11   cout << "The area of the circle of radius "
12     << circle1.getRadius() << " is " << circle1.getArea() << endl;
13   cout << "Number of circle objects created: "
14     << Circle::getNumberOfObjects() << endl;
15
16   Circle circle2(5.0);
17   cout << "The area of the circle of radius "
18     << circle2.getRadius() << " is " << circle2.getArea() << endl;
19   cout << "Number of circle objects created: "
20       << Circle::getNumberOfObjects() << endl;
21
22   circle1.setRadius(3.3);
23   cout << "The area of the circle of radius "
24     << circle1.getRadius() << " is " << circle1.getArea() << endl;
25
26   cout << "circle1.getNumberOfObjects() returns "
27     << circle1.getNumberOfObjects() << endl;
28   cout << "circle2.getNumberOfObjects() returns "
29     << circle2.getNumberOfObjects() << endl;
30
31   return 0;
32 }
```

程序输出:

```
Number of circle objects created: 0
The area of the circle of radius 1 is 3.14159
Number of circle objects created: 1
The area of the circle of radius 5 is 78.5397
Number of circle objects created: 2
The area of the circle of radius 3.3 is 34.2119
circle1.getNumberOfObjects() returns 2
circle2.getNumberOfObjects() returns 2
```

静态变量和静态函数无须创建对象即可访问。第 8 行输出对象数为 0，因为没有对象被创建。

主函数创建了两个 Circle 对象，circle1 和 circle2（10 行、16 行）。circle1 的实例变量 radius 的值被修改为 3.3（22 行），这不会影响到 circle2 的实例变量 radius，因为两个实例变量是无关的。circle1 创建后静态变量 numberOfObjects 的值变为 1（10 行），circle2 创建后它变为 2（16 行）。

可以通过类对象来访问静态数据域，调用静态函数，比如第 27 行的 circle1.getNumberOfObjects() 和 29 行的 circle2.getNumberOfObjects()。但更好的方法是通过类名来访问静态成员，如 Circle::。因此，27 行的 circle1.getNumberOfObjects() 和 29 行的 circle2.getNumberOfObjects() 可以用 Circle::getNumberOfObjects() 来代替。这种方法可以提高程序的可读性，这样能很容易地识别出 getNumberOfObjects() 是静态函数。

小窍门：应使用 ClassName::functionName(arguments) 调用静态函数，以及 ClassName::staticVariable 访问静态变量，这会提高程序的可读性，可以很容易辨别出类中的静态函数和静态数据。

小窍门：如何确定一个变量或函数应该是实例的还是静态的呢？如果变量或函数是依赖具体类对象的，那么就应该声明为实例的。否则，如果变量或函数不依赖于任何类对象，那就应该声明为静态的。例如，每个圆都有自己的半径值，半径依赖于具体的圆对象，因此将 radius 声明为 Circle 类的一个实例变量。因为 getArea 函数依赖于具体的圆对象，所以声明为实例的，而 numberOfObjects 不依赖任何具体的圆对象，它就应该声明为静态的。

检查点

10.15 数据域和函数可以声明为实例的或静态的，确定声明为哪种类型的准则是什么？

10.16 静态数据域应该在哪里进行初始化？

10.17 假定类 C 中的函数 f() 是静态的，c 是 C 的一个对象。调用 f 的语法可以是 c.f()、C::f() 或者 c::f() 吗？

10.6 只读成员函数

关键点：C++ 允许声明只读成员函数，它告知编译器该函数不会改变对象的数据域。

可以给函数参数加上 const 关键字，告知编译器该参数不会被改变，同样可以给成员函数加上 const 关键字（即只读成员函数，简称为只读函数、const 函数），这样编译器将知道该函数不会改变对象的数据域，把 const 关键字放在函数头的结尾即可实现。例如，可以重新定义程序清单 10-6 中的 Circle 类，头文件如程序清单 10-9 所示，它的实现如程序清单 10-10 所示。

程序清单 10-9 CircleWithConstantMemberFunctions.h

```
#ifndef CIRCLE_H
#define CIRCLE_H

class Circle
{
public:
  Circle();
  Circle(double);
  double getArea() const;
  double getRadius() const;
  void setRadius(double);
  static int getNumberOfObjects();

private:
  double radius;
  static int numberOfObjects;
};

#endif
```

程序清单 10-10 CircleWithConstantMemberFunctions.cpp

```
#include "CircleWithConstantMemberFunctions.h"

int Circle::numberOfObjects = 0;

// Construct a circle object
Circle::Circle()
{
  radius = 1;
  numberOfObjects++;
}

```

```
// Construct a circle object
Circle::Circle(double newRadius)
{
  radius = newRadius;
  numberOfObjects++;
}

// Return the area of this circle
double Circle::getArea() const
{
  return radius * radius * 3.14159;
}

// Return the radius of this circle
double Circle::getRadius() const
{
  return radius;
}

// Set a new radius
void Circle::setRadius(double newRadius)
{
  radius = (newRadius >= 0) ? newRadius : 0;
}

// Return the number of circle objects
int Circle::getNumberOfObjects()
{
  return numberOfObjects;
}
```

只有实例成员函数可被定义为只读函数。和常量参数一样，只读函数也是一种防御式编程（defensive programming）。如果只读函数不小心更改了对象的数据域，编译器将报告一个编译错误。必须强调的是，只有实例函数可被定义为只读函数，静态函数是不能被定义为只读函数的。因为访问器实例函数不会改变对象内容，所以它应该总被定义为只读成员函数。

若函数不改变传递给它的对象内容，我们应该给该参数加上 const 关键字，如下所示：

```
void printCircle(const Circle& c)
{
  cout << "The area of the circle of "
    << c.getRadius() << " is " << c.getArea() << endl;
}
```

需要注意的是，如果 getRadius() 或者 getArea() 函数没有定义为 const，那么上面的代码就不能成功编译，所以如果使用程序清单 9-9 中的 Circle 类，上面的代码是不能编译成功的，若使用程序清单 10-9 中的 Circle 类，则能成功编译。

小窍门：可以使用 const 限定符来指明常量引用参数或者只读成员函数。在适当的情形下，应一致地（consistently）使用 const 限定符。

检查点

10.18 只有实例成员函数可被定义为只读函数。该句是否正确？

10.19 下面的类定义有什么错误？

```
class Count
{
public:
  int count;

  Count(int c)
```

```
  {
    count = c;
  }
  Count()
  {
    count = 0;
  }

  int getCount() const
  {
    return count;
  }

  void incrementCount() const
  {
    count++;
  }
};
```

10.20 下面代码哪里是错的？

```
#include <iostream>
using namespace std;

class A
{
public:
  A();
  double getNumber();

private:
  double number;
};

A::A()
{
  number = 1;
}

double A::getNumber()
{
  return number;
}

void printA(const A& a)
{
  cout << "The number is " << a.getNumber() << endl;
}

int main()
{
  A myObject;
  printA(myObject);

  return 0;
}
```

10.7 从对象的角度思考

关键点：面向过程范式要点是设计函数，而面向对象范式把数据和函数结合在一起形成对象。使用面向对象范式进行软件设计的要点是对象及对象的操作。

本书已经介绍了基本的编程技巧，讲解了如何使用循环、函数及数组来解决问题。这些技术是面向对象编程的基石。在构建可重用的软件方面，类提供了更大的灵活性及模块化程度。本节将利用面向对象方法改进第 3 章中的一些问题的求解。通过观察这些改进，可以看到面向过程编程和面向对象编程的内在不同，也能了解在开发可重用代码时使用对象和类的好处。

程序清单 3-2 展示了一个例程，可用于计算体重指数。该程序不能重用于其他程序，为使得代码可重用，可定义如下的计算体重指数的函数：

```
double getBMI(double weight, double height)
```

这个函数可计算给定体重和身高的人的体重指数。不过，该函数依然有局限。假定我们希望把体重和身高与此人的名字和出生日期联系起来，自然的想法是声明额外的变量来存储，但是这些值并没有真正耦合在一起。理想的方法是创建一个对象包含这些值，这样它们就耦合起来了。由于这些值都是单个对象相关的，所以应该存储在实例数据域。定义一个类 BMI，如图 10-11 所示。

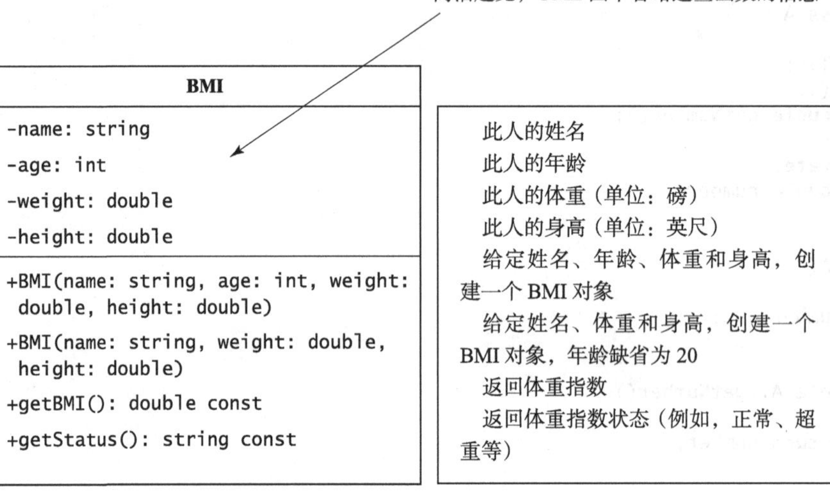

图 10-11 BMI 类封装了体重指数信息

BMI 类如程序清单 10-11 所定义。

程序清单 10-11 BMI.h

```
#ifndef BMI_H
#define BMI_H

#include <string>
using namespace std;

class BMI
{
public:
  BMI(const string& newName, int newAge,
    double newWeight, double newHeight);
  BMI(const string& newName, double newWeight, double newHeight);
  double getBMI() const;
```

```
  string getStatus() const;
  string getName() const;
  int getAge() const;
  double getWeight() const;
  double getHeight() const;

private:
  string name;
  int age;
  double weight;
  double height;
};

#endif
```

小窍门：类定义中的 string 类型参数 newName 是按引用传递的，语法是 string& newName，这可以避免编译器进行对象拷贝，从而提高效率。另外，该引用被限定为 const，可避免 newName 被无意中修改。在传递对象时，应该总使用按引用传递的方式。如果在函数中对象不会被改变，应把它定义成一个 const 引用参数。

小窍门：如果一个成员函数不改变对象的数据域，则定义该函数为 const 函数（只读函数）。BMI 中所有的成员函数都是 const 函数。

假设 BMI 类已经实现了，我们可以使用该类，如程序清单 10-12 中所示。

程序清单 10-12 UseBMIClass.cpp

```
1  #include <iostream>
2  #include "BMI.h"
3  using namespace std;
4
5  int main()
6  {
7    BMI bmi1("John Doe", 18, 145, 70);
8    cout << "The BMI for " << bmi1.getName() << " is "
9      << bmi1.getBMI() << " " << bmi1.getStatus() << endl;
10
11   BMI bmi2("Susan King", 215, 70);
12   cout << "The BMI for " << bmi2.getName() << " is "
13     << bmi2.getBMI() << " " + bmi2.getStatus() << endl;
14
15   return 0;
16 }
```

程序输出：

```
The BMI for John Doe is 20.8051 Normal
The BMI for Susan King is 30.849 Obese
```

程序第 7 行为 John Doe 创建了对象 bmi1，第 11 行为 Susan King 创建了对象 bmi2。我们可以调用实例函数 getName()、getBMI() 和 getStatus() 来得到对象的体重指数及相关信息。

BMI 类的实现如程序清单 10-13 所示。

程序清单 10-13 BMI.cpp

```
#include <iostream>
#include "BMI.h"
using namespace std;

BMI::BMI(const string& newName, int newAge,
 double newWeight, double newHeight)
```

```
{
  name = newName;
  age = newAge;
  weight = newWeight;
  height = newHeight;
}

BMI::BMI(const string& newName, double newWeight, double newHeight)
{
  name = newName;
  age = 20;
  weight = newWeight;
  height = newHeight;
}

double BMI::getBMI() const
{
  const double KILOGRAMS_PER_POUND = 0.45359237;
  const double METERS_PER_INCH = 0.0254;
  double bmi = weight * KILOGRAMS_PER_POUND /
    ((height * METERS_PER_INCH) * (height * METERS_PER_INCH));
  return bmi;
}

string BMI::getStatus() const
{
  double bmi = getBMI();
  if (bmi < 18.5)
    return "Underweight";
  else if (bmi < 25)
    return "Normal";
  else if (bmi < 30)
    return "Overweight";
  else
    return "Obese";
}

string BMI::getName() const
{
  return name;
}

int BMI::getAge() const
{
  return age;
}

double BMI::getWeight() const
{
  return weight;
}

double BMI::getHeight() const
{
  return height;
}
```

在 3.7 节中，我们给出了利用体重和身高计算 BMI 的数学公式，实例函数 getBMI() 返回计算得到的指数。身高和体重是对象的实例数据域，getBMI() 函数可以使用这些属性来计算对象的 BMI。

实例函数 getStatus() 返回一个字符串，用来解释 BMI，3.7 节中也给出了相关信息。

这个例子展示了使用面向对象范式的好处，面向过程范式要点是设计函数，而面向对象范式把数据和函数结合在一起形成对象，使用面向对象范式进行软件设计的要点是对象及对象的操作。面向对象方法不仅有面向过程方法的强大功能，而且还整合了数据及其相关操作。

在面向过程的程序设计中，数据和数据的操作是独立的，所以需要把数据传递给函数。而面向对象编程把数据和操作捏合在一起，形成一个整体，叫做对象（object）。这种方法解决了面向过程程序设计中的很多内在问题。面向对象编程类似镜像现实世界，其中对象既和其属性相关联，也和其活动相关联。使用面向对象方法可以增强软件的可重用性，并且易于开发和维护。

检查点

10.21 下面代码的输出是什么？

```
#include <iostream>
#include <string>
#include "BMI.h"
using namespace std;

int main()
{
  string name("John Doe");
  BMI bmi1(name, 18, 145, 70);
  name[0] = 'P';

  cout << "name from bmi1.getName() is " << bmi1.getName() <<
    endl;
  cout <<  "name is " << name << endl;

  return 0;
}
```

10.22 在下面的代码中，main 函数中 a.s 和 b.k 的输出是什么？

```
#include <iostream>
#include <string>
using namespace std;
class A
{
public:
  A()
  {
    s = "John";
  }

  string s;
}

class B
{
public:
  B()
  {
    k = 4;
  };

  int k;
};

int main()
{
  A a;
  cout << a.s << endl;
```

```
  B b;
  cout << b.k << endl;

  return 0;
}
```

10.23 下面代码错在哪里？

```
#include <iostream>
#include <string>
using namespace std;

class A
{
public:
  A() { };
  string s("abc");
};

int main()
{
  A a;
  cout << a.s << endl;

  return 0;
}
```

10.24 下面代码错在哪里？

```
#include <iostream>
#include <string>
using namespace std;
class A
{
public:
  A() { };

private:
  string s;
};

int main()
{
  A a;
  cout << a.s << endl;

  return 0;
}
```

10.8　对象合成

关键点：一个对象可以包含另一个对象，两者的关系称为合成（composition）。

在程序清单 10-11 中，我们定义了 BMI 类，它包含一个 string 类型数据域，BMI 和 string 之间的关系就是合成关系。

合成关系实际上是聚合（aggregation）关系的一种特殊情况。聚合关系建模了 has-a 关系，描述了两个对象间的所有关系（ownership）。所有者对象称为聚合对象（aggregating object），其类称为聚合类。主体对象称为被聚合对象（aggregated object），其类称为被聚合类。

一个对象可以被多个其他聚合对象所拥有。如果一个对象仅被一个聚合对象所有，则两个对象之间的关系就称为合成关系。例如，“一个学生有一个姓名”就是 Student 类和 Name

类之间的合成关系，而"一个学生有一个地址"则是 Student 类和 Address 类之间的聚合关系，因为多个学生可能有相同的地址。在 UML 中，用一个实心的菱形块附着在聚合类（例如，Student 类）上，表示该类与被聚合类（例如 Name 类）之间的合成关系；用一个附着在聚合类（例如 Student 类）上的空心的菱形块，表示该类与被聚合类（例如 Address 类）之间的聚合关系，如图 10-12 所示。

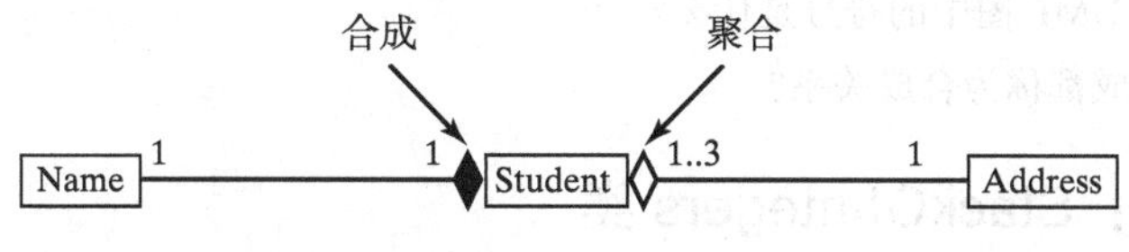

图 10-12　一个学生有一个姓名和一个地址

在一个关系中的每个类都可以指定一个*重数*（multiplicity）。重数可以是一个整数或者一个区间，指出此类有多少个对象可以包含在关系中。字符"*"表示对象数无限制，区间 *m..n* 表示对象的数量应在 *m* 到 *n* 之间（包含 *m* 和 *n*）。在图 10-12 中，每个学生只有一个地址，而每个地址最多有 3 个学生共享。每个学生只有一个姓名，而一个姓名也是唯一地对应一个学生。

通常，一个聚合关系体现为聚合类中的一个数据域。例如，图 10-12 中的聚合关系可表示为如下类定义：

同一个类的不同对象间也可能存在聚合关系。例如，一个人可以有一个导师，图 10-13 描述了这种关系。

在图 10-13 所示的关系"一个人有一个导师"中，导师可以表示为 Person 类中的一个数据域，如下面代码所示：

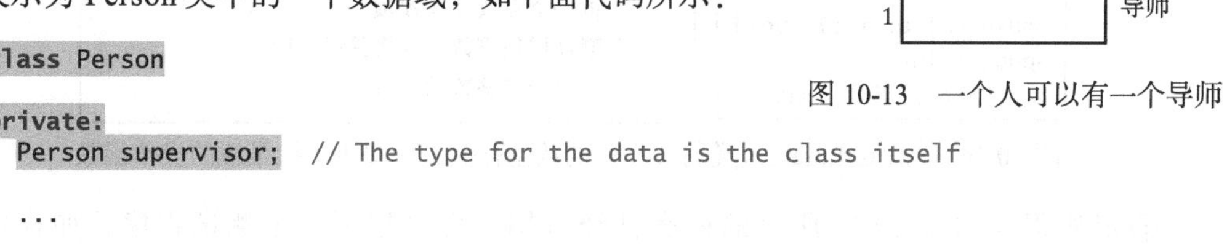


```
class Person
{
private:
  Person supervisor;  // The type for the data is the class itself

  ...
}
```

图 10-13　一个人可以有一个导师

如果一个人可以有多个导师，如图 10-14 所示，你可以使用一个数组保存所有导师（例如，10 个导师）。

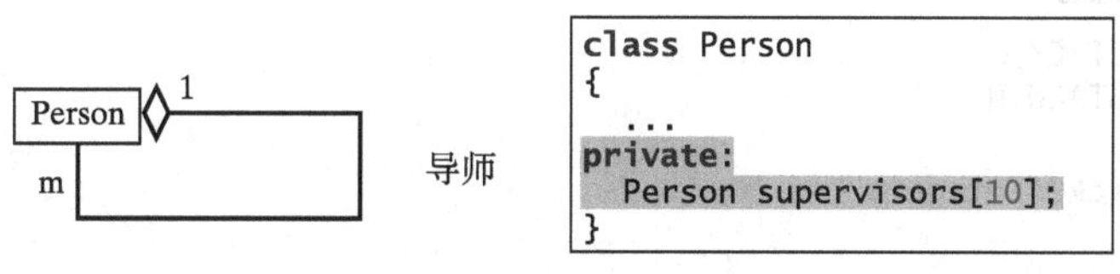

图 10-14　一个人可以有多个导师

提示：由于聚合关系和合成关系用类来表示的方式相同，很多教材都不区分它们，都称为合成关系。

检查点

10.25　什么是对象合成？

10.26　聚合和合成的区别是什么？

10.27　聚合和合成在 UML 图中的符号是什么？

10.28　为何聚合和合成都称为合成关系？

10.9　实例研究：StackOfIntegers 类

关键点：本节设计了栈类。

栈（stack）是这样一个数据结构，它以后进先出（last-in first-out）的方式处理数据，如图 10-15 所示。

栈有很广泛的应用。例如，编译器用栈处理函数调用，它用一个栈保存被调用函数的参数和局部变量。当一个函数调用另一个函数时，新函数的参数和局部变量被压入栈中。当一个函数完成工作，返回调用者时，它占用的空间将从栈中释放掉。

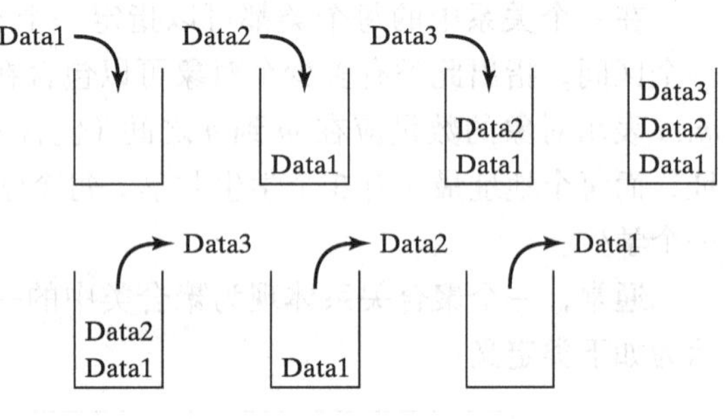

图 10-15　栈以后进先出的方式处理数据

可以定义一个类来建模栈，为简单起见，假定栈中保存的是 int 型值，这也是在本节中为栈类起名 StackOfIntegers 的原因，类的 UML 图如图 10-16 所示。

StackOfIntegers	
-elements[100]: int	用于保存栈中整数的数组
-size: int	栈中整数的个数
+StackOfIntegers()	创建一个空栈
+isEmpty(): bool const	如果栈空返回真
+peek(): int const	返回栈顶整数，并不将其从栈中删除
+push(value: int): void	将一个整数存在栈顶
+pop(): int	删除栈顶整数，并将其值返回
+getSize(): int const	返回栈中整数的个数

图 10-16　StackOfIntegers 类封装了栈的数据存储，并提供了操纵栈的操作函数

假定如程序清单 10-14 所示的栈类已经可用，可以编写一个测试程序，如程序清单 10-15 所示，它使用栈类创建一个栈（7 行），保存 10 个整数 0、1、2、…、9（9 ～ 10 行），并以逆序显示它们（12 ～ 13 行）。

程序清单 10-14　StackOfIntegers.h

```
#ifndef STACK_H
#define STACK_H

class StackOfIntegers
{
public:
  StackOfIntegers();
```

```
  bool isEmpty() const;
  int peek() const;
  void push(int value);
  int pop();
  int getSize() const;

private:
  int elements[100];
  int size;
};

#endif
```

程序清单 10-15 TestStackOfIntegers.cpp

```
#include <iostream>
#include "StackOfIntegers.h"
using namespace std;

int main()
{
  StackOfIntegers stack;

  for (int i = 0; i < 10; i++)
    stack.push(i);

  while (!stack.isEmpty())
    cout << stack.pop() << " ";

  return 0;
}
```

程序输出：

```
9 8 7 6 5 4 3 2 1 0
```

该如何实现 StackOfIntegers 类呢？栈中元素存储在一个名为 elements 的数组中。当创建一个栈对象时，数组也就被创建了。无参构造函数应该将 size 初始化为 0。变量 size 保存栈中元素个数，因此 size−1 就是栈顶元素在数组中的下标，如图 10-17 所示。对于一个空栈，size 的值为 0。

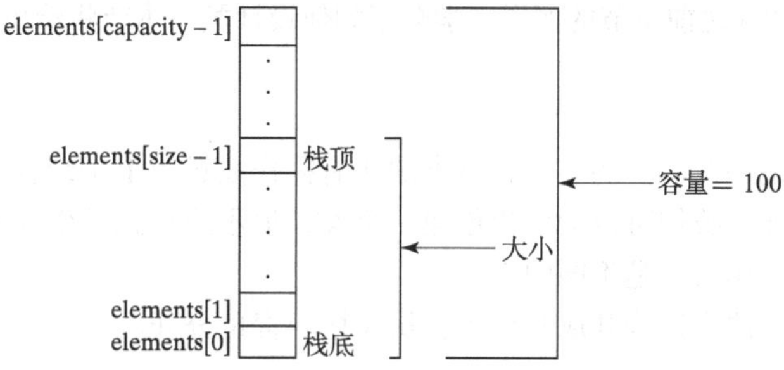

图 10-17　StackOfIntegers 类封装了栈的存储，并提供了栈中数据的示意图（原书有误——译者注）

StackOfIntegers 类的实现如程序清单 10-16 所示。

程序清单 10-16 StackOfIntegers.cpp

```
#include "StackOfIntegers.h"

StackOfIntegers::StackOfIntegers()
```

```
{
  size = 0;
}

bool StackOfIntegers::isEmpty() const
{
  return size == 0;
}

int StackOfIntegers::peek() const
{
  return elements[size - 1];
}

void StackOfIntegers::push(int value)
{
  elements[size++] = value;
}

int StackOfIntegers::pop()
{
  return elements[--size];
}

int StackOfIntegers::getSize() const
{
  return size;
}
```

检查点

10.29　当栈被创建后，数组 elements 的初始值是什么？

10.30　当栈被创建后，变量 size 的值是什么？

10.10　类设计准则

关键点：为了设计出合理的类，必须遵循一定的类设计准则。

本章主要关注的是面向对象的设计。目前有许多面向对象的方法学，而 UML 已经成为行业标准的面向对象建模方法，由它已经引出了一种方法学。设计类的过程中要求确定类，并发现它们之间的关系。

我们已经从本章和之前章节的例子中学会了如何设计类，本节将给出一些类的设计准则。

10.10.1　内聚

一个类描述的是一个单一的实体，该类的所有操作在逻辑上是结合在一起的，并且有一个连贯的目的。例如，我们可以为学生创建一个类，但不应该把学生和工作人员放在同一个类里，因为学生和工作人员是不同的实体。

有太多职责的实体应该分开成几个类，从而把职责也分开。

10.10.2　一致

遵循标准的编程风格和命名惯例，为类、数据域和函数选择有意义的名字。在 C++ 中一种流行的风格是把数据声明放在函数声明之后，并且把构造函数放在普通函数之前。

遵循一致的命名原则。对类似的操作使用相同的名字（即函数重载）是一个很好的习惯。

一般情况下，我们应该总提供一个公有的无参构造方法，来构建缺省实例。如果一个类不支持无参构造函数，应该说明一下原因。如果没有明确定义构造函数，那么缺省将有一个公有的无参构造函数，其函数体为空。

10.10.3 封装

为避免数据域被客户直接访问，我们需要隐藏这些数据域，可以使用 private 限定符来实现，这样使得类更加易于维护。

如果希望数据域可被读取，类应该提供相应的 get 函数，如果希望能更新数据域，则类应提供相应的 set 函数。当不希望客户使用某些函数时，应该隐藏它们，这些函数应被定义为私有函数。

10.10.4 清晰

为使类设计更加清晰明了，内聚、一致和封装都是好的设计准则。另外，类应具有清楚的约定，既易于解释又易于理解。

用户可能以任意组合、顺序及在任意环境中使用类。在设计类时，不能引入任何限制，比如假定用户如何使用类或者什么时候使用类。在设计属性（数据域）时，要注意，用户可能会按任意顺序和值来设置属性，在设计函数时，也应假定函数独立于它的出现顺序。例如，程序清单 9-13 中的 Loan 类包含 3 个函数 setLoanAmount、setNumberOfYears 和 setAnnualInterestRate，可按任意次序设置这些属性值。

如果一个数据域可从另一些数据域导出，则类中不应该声明这个数据域。例如，下面的 Person 类有两个数据域：birthDate 和 age，由于 age 可以从 birthDate 导出，所以 age 不应被声明为是一个数据域。

```
class Person
{
public:
  ...

private:
  Date birthDate;
  int age;
}
```

10.10.5 完整

类可被不同的用户使用，为使该类更加有用，设计的类应该提供多样化的功能。例如，在 string 类中，有超过 20 个函数，它们可用在不同的场合。

10.10.6 实例与静态

变量或函数如果依赖于类的特定实例，那么就是实例变量或实例函数。如果变量由类的所有实例共享，则应该声明该变量为静态变量。例如，程序清单 10-9 中的 Circle 类里，变量 numberOfObjects 由 Circle 类的所有实例共享，所以被声明为静态的。如果某个函数不依赖于特定实例，则它应被声明为静态函数。例如，Circle 类中的 getNumberOfObjects 函数与特定实例无关，所以是静态函数。

通过类名（非对象名）来引用静态变量和静态函数，这样可增加代码的可读性，减少错误。

因为构造函数总是用来创建特定对象，所以构造函数是实例函数。在实例函数中可以调用静态变量或静态函数，但是不能在静态函数中调用实例变量或实例函数。

检查点

10.31　描述类的设计准则。

关键术语

aggregation（聚合）
composition（合成）
constant function（只读函数）
has-a relationship（has-a 关系）
instance data field（实例数据域）
instance function（实例函数）
instance variable（实例变量）
multiplicity（重数）
static function（静态函数）
static variable（静态变量）

本章小结

1. C++ 中 string 类封装了字符数组，提供了诸多函数用于处理字符串，如 append、assign、at、clear、erase、empty、length、c_str、compare、substr、find、insert、replace 等。
2. C++ 支持通过运算符进行字符串操作，运算符包括 []、=、+、+ =、<<、>>、= =、! =、<、< =、>、> =。
3. 用 cin 读取以空格结尾的字符串，用 getline(cin, s, delimiterCharacter) 读取以特定分隔符结尾的字符串。
4. 可以通过传值和传引用两种方式给函数传递对象作参数，使用传引用方式性能更好。
5. 如果函数不改变传递给它的对象，则应定义该对象参数为常量引用参数，以避免不小心修改该对象内容。
6. 一个实例变量或实例函数属于类的某个特定实例，使用时应与具体实例相关联。
7. 静态变量由同一个类的所有实例共享。
8. 静态函数被调用时，不需要指明特定实例。
9. 类的实例可以访问类的静态变量和静态函数，但为清楚起见，使用静态变量和静态函数时最好用 ClassName::staticVariable 和 ClassName::functionName(arguments) 的方式。
10. 如果一个函数不改变对象的数据域，将其定义为只读函数可避免出错。
11. 只读函数不改变对象任何数据域的值。
12. 声明一个成员函数为只读函数，只需在函数声明最后加上 const 限定符。
13. 面向对象方法既有面向过程方法的强大，还整合了数据及数据的操作，形成对象。
14. 面向过程范式重在设计函数。面向对象范式用对象耦合了数据和函数。
15. 采用面向对象的软件设计方法，其要点是对象和对象的操作。
16. 一个对象可以包含另一个对象，这种关系称为合成。
17. 类设计的准则是内聚、一致、封装、清晰和完整。

在线测验

请在 www.cs.armstrong.edu/liang/cpp3e/quiz.html 完成本章的在线测验。

程序设计练习

10.2 ～ 10.6 节

*10.1　（字母异位破译）编写一个函数，检查两个单词是否有字母异位。两个词如果包含相同的字母，

但次序不同，则称为字母异位词。例如，“silent”和“listen”是字母异位词。函数头如下：

```
bool isAnagram(const string& s1, const string& s2)
```

编写测试程序，提示用户输入两个单词，检查它们是否为字母异位词。下面是样例运行：

```
Enter a string s1: silent ↵Enter
Enter a string s2: listen ↵Enter
silent and listen are anagrams
```

```
Enter a string s1: split ↵Enter
Enter a string s2: lisp ↵Enter
split and lisp are not anagrams
```

*10.2 （共同字符）编写函数，返回两个字符串的公共字符，函数头如下：

```
string commonChars(const string& s1, const string& s2)
```

编写测试程序，提示用户输入两个字符串，打印输出它们的公共字符。下面是样例运行：

```
Enter a string s1: abcd ↵Enter
Enter a string s2: aecaten ↵Enter
The common characters are ac
```

```
Enter a string s1: abcd ↵Enter
Enter a string s2: efg ↵Enter
No common characters
```

**10.3 （生物信息：找基因）生物学家使用 A、C、T 和 G 的字符序列表示基因组。基因是基因组的子串，以三元组 ATG 之后开始，在三元组 TAG、TAA 或 TGA 之前结束。而且，一个基因字符串的长度总是 3 的倍数，并且不包含 ATG、TAG、TAA 和 TGA 中任何一个。编写一个程序，提示用户输入一个基因组，打印输出其中的所有基因。如果序列中没有找到任何基因，则输出没有基因被找到。下面是样例运行：

```
Enter a genome string: TTATGTTTTAAGGATGGGGCGTTAGTT ↵Enter
TTT
GGGCGT
```

```
Enter a genome string: TGTGTGTATAT ↵Enter
no gene is found
```

10.4 （字符串中字符排序）编写函数，返回排序后的字符串。函数头如下：

```
string sort(string& s)
```

编写测试程序，提示用户输入一个字符串，打印输出排序后的字符串。下面是样例运行：

```
Enter a string s: silent ↵Enter
The sorted string is eilnst
```

*10.5 （回文串检查）实现下面的函数，可用于检查一个字符串是否为回文串，字母不区分大小写。函数头如下：

```
bool isPalindrome(const string& s)
```

编写测试程序，读入一个字符串，打印输出其是否为回文串。下面是样例运行：

```
Enter a string s: ABa ↵Enter
Aba is a palindrome
```

```
Enter a string s: AcBa ↵Enter
Acba is not a palindrome
```

*10.6 （字符串字母数）重写程序设计练习 7.35 中的 countLetters 函数，要求使用 string 类。函数头如下：

```
int countLetters(const string& s)
```

编写测试程序，读入一个字符串，打印输出该字符串中字母个数。样例运行参见程序设计练习 7.35。

*10.7 （字符串中各字母出现的次数）重写程序设计练习 7.37 中的 count 函数，要求使用 string 类，函数头如下：

```
void count(const string& s, int counts[], int size)
```

这里 size 指的是 counts 数组的大小，本题中，它等于 26。字母不区分大小写，即 A 和 a 看做相同，出现次数都计入 a 中。

编写测试程序，读入一个字符串，调用 count 函数，打印输出结果。样例运行参见程序设计练习 7.37。

*10.8 （金融应用：货币单位）重写程序清单 2-12 ComputeChange.cpp，修改其中转换浮点数为整数时可能的精度丢失。输入为字符串，比如 "11.56"。程序应提取小数点之前的数为美元数，小数点之后的数为美分数。

**10.9 （猜首府）编写程序，反复提示用户输入一个州的首府。读入用户输入后，程序向用户报告答案是否正确。下面是样例运行：

```
What is the capital of Alabama? Montgomery ↵Enter
Your answer is correct.
What is the capital of Alaska? Anchorage ↵Enter
The capital of Alaska is Juneau
```

假定 50 个州和它们的首府保存在一个二维数组中，如图 10-18 所示。程序提示用户输入所有 10 个州的首府，输出回答正确的数目。

```
Alabama    Montgomery
Alaska     Juneau
Arizona    Phoenix
...        ...
```

图 10-18 一个二维数组，保存州及它们的首府

10.7 节

10.10 （MyInteger 类）设计一个名为 MyInteger 的类，类包含：

- 一个名为 value 的 int 型数据域，保存此对象表示的 int 型值。
- 一个用指定的 int 型值创建一个 MyInteger 对象的构造函数。
- 一个返回 int 型值的 get 函数。
- 只读函数 isEven()、isOdd() 和 isPrime()，分别在整数为偶数、奇数或素数的情况下返回真。
- 静态函数 isEven(int)、isOdd(int) 以及 isPrime(int)，分别在给定整数为偶数、奇数或素数的情况下返回真。
- 静态函数 isEven(const MyInteger&)、isOdd(const MyInteger&) 和 isPrime(const MyInteger&)，分别在给定对象表示的整数为偶数、奇数或素数的情况下返回真。
- 只读函数 equals(int) 和 equals(const MyInteger&)，在本对象表示的整数值等于给定值的情况下返回真。
- 一个静态函数 parseInt(const string&)，将一个字符串转换为一个 int 型值。

画出类的 UML 图，实现类。编写一个客户程序，测试类的所有函数。

10.11 （修改 Loan 类）重写程序清单 9-13 中的 Loan 类，增加两个静态函数，计算每月还款额和总还款额，函数头如下所示：

```
double getMonthlyPayment(double annualInterestRate,
  int numberOfYears, double loanAmount)

double getTotalPayment(double annualInterestRate,
  int numberOfYears, double loanAmount)
```

编写客户程序，测试这两个函数。

10.8 ～ 10.11 节

10.12 （Stock 类）设计一个名为 Stock 的类，类包含：

- 一个字符串数据域 symbol，存储股票代码。
- 一个字符串数据域 name，存储股票名字。
- 一个 double 数据域 previousClosingPrice，存储前一天股票收盘价格。
- 一个 double 数据域 currentPrice，存储当前股票价格。
- 构造函数，使用特定代码和名字创建一个对象。
- 所有数据域的只读访问器函数。
- previousClosingPrice 和 currentPrice 的更改器函数。
- 只读函数 getChangePercent()，返回 previousClosingPrice 到 currentPrice 变化的百分比。

画出类的 UML 图，实现类。编写一个测试程序，使用代码 “MSFT”、名字 “Microsoft Corporation” 和前一天股票收盘价格 27.5 来创建一个 Stock 对象，设置当前股票价格为 27.6，并打印输出股价变化的百分比。

10.13 （几何：正 *n* 边形）一个正 *n* 边形有 *n* 条相同长度的边，所有角度也相同（既等边又等角的多边形）。设计一个名为 RegularPolygon 的类，类包含：

- 一个 int 型私有域 n，表示正多边形的边数。
- 一个 double 型私有域 side，存储边的长度。
- 一个 double 型私有域 x，存储正多边形中心在 x 轴方向的坐标。
- 一个 double 型私有域 y，存储正多边形中心在 y 轴方向的坐标。
- 无参构造函数，创建一个对象，n、side、x 和 y 分别为 3、1、0 和 0。
- 构造函数，使用给定的边数和边长，创建一个对象，中心位于 (0, 0)。
- 构造函数，使用给定的边数、边长和中心坐标，创建一个对象。
- 所有数据域的只读访问器函数和更改器函数。
- 只读函数 getPerimeter()，返回正多边形的周长。
- 只读函数 getArea()，返回正多边形的面积。计算正多边形的面积公式是：

$$\text{Area} = \frac{n \times s^2}{4 \times \tan\left(\frac{\pi}{n}\right)}$$ （*s* 指边长。——译者注）

画出类的 UML 图，实现类。编写一个测试程序，创建 3 个 RegularPolygon 对象，分别使用无参构造函数、RegularPolygon(6, 4) 和 RegularPolygon(10, 4, 5.6, 7.8)。对每个对象，打印输出其周长和面积。

*10.14 （输出素数）编写程序，降序输出小于 120 的所有素数。使用 StackOfIntegers 类保存素数（如 2、3、5…），并利用它逆序获取并输出素数。

***10.15 （游戏：猜词）编写一个猜词游戏，提示用户每次猜一个字母，如下样例运行所示。每个字母以星号 (*) 显示。当用户猜中一个字母，该字母就显示出来。当用户猜完一个单词后，程序打印猜错字母的次数，并询问用户是否继续猜词。声明一个数组来存储单词，如下所示：

```
// Use any words you wish
string words[] = {"write", "that", ...};
```

程序输出：

```
(Guess) Enter a letter in word ******* > p ↵Enter
(Guess) Enter a letter in word p****** > r ↵Enter
(Guess) Enter a letter in word pr**r** > p ↵Enter
      p is already in the word
(Guess) Enter a letter in word pr**r** > o ↵Enter
(Guess) Enter a letter in word pro*r** > g ↵Enter
(Guess) Enter a letter in word progr** > n ↵Enter
      n is not in the word
(Guess) Enter a letter in word progr** > m ↵Enter
(Guess) Enter a letter in word progr*m > a ↵Enter
The word is program. You missed 1 time

Do you want to guess for another word? Enter y or n>
```

*10.16 （输出素数因子）编写一个程序，它接收一个整型参数，降序输出其所有最小素数因子。例如，如果整数是 120，则输出 5、3、2、2、2。使用 StackOfIntegers 类保存因子（如 2、2、2、3、5），并利用它逆序获取并输出因子。

**10.17 （Location 类）设计一个类 Location，用于寻找二维数组中的最大值及其位置。该类包含数据域 row、column 和 maxValue，存储最大值及其下标，row 和 column 是 int 型，maxValue 是 double 型。

编写下面的函数，返回二维数组中的最大元素位置。假定列大小固定。

```
const int ROW_SIZE = 3;
const int COLUMN_SIZE = 4;
Location locateLargest(const double a[][COLUMN_SIZE]);
```

返回值是 Location 类的实例。编写一个测试程序，提示用户输入一个二维数组，打印输出最大元素的位置。下面是样例运行：

```
Enter a 3-by-4 two-dimensional array:
23.5 35 2 10 ↵Enter
4.5 3 45 3.5 ↵Enter
35 44 5.5 9.6 ↵Enter
The location of the largest element is 45 at (1, 2)
```

第 11 章

Introduction to Programming with C++, Third Edition

指针及动态内存管理

目标

- 理解指针是什么（11.1 节）。
- 学会如何声明一个指针及为其赋值（11.2 节）。
- 会通过指针访问数据（11.2 节）。
- 会使用 typedef 关键字定义同义类型（11.3 节）。
- 会声明常量指针和常量数据（11.4 节）。
- 理解数组和指针之间的关系，会使用指针访问数组元素（11.5 节）。
- 学会如何为函数传递指针参数（11.6 节）。
- 学会如何从函数返回指针（11.7 节）。
- 学会在数组函数中使用指针（11.8 节）。
- 会用 new 操作符创建动态数组（11.9 节）
- 学会动态创建对象及通过指针访问对象（11.10 节）
- 学会使用 this 指针引用调用对象（11.11 节）。
- 学会实现自定义操作的析构函数（11.12 节）。
- 为学生注册课程设计一个类（11.13 节）。
- 学会使用拷贝构造函数创建对象，实现从同类型的对象中拷贝数据（11.14 节）。
- 学会自定义实现拷贝构造函数，能执行深拷贝（11.15 节）。

11.1 引言

关键点：指针变量也称为指针，可以用指针来引用数组、对象或任何变量的地址。

指针是 C++ 的一个强有力的特性，它是 C++ 语言的核心和灵魂，很多的语言特性和库都要用到指针。举个例子来说明为什么需要指针。假定需要编写程序处理一些未知数量的整型数，我们可以创建一个数组来存储这些数，但是该创建多大的数组呢？当添加或者删除数时数组大小也会改变。为解决这个问题，需要能在运行时动态分配和释放内存，这可以通过指针实现。

11.2 指针基础

关键点：指针变量保存的是内存地址，利用解引用运算符（*）可以访问指针指向的特定内存位置中的数据。

指针变量，通常简称为指针（pointer），用来保存内存地址，即指针变量的值是内存地址。通常，一个变量包含一个数据值，如，一个整数、一个浮点数、一个字符。然而一个指针包含的则是另一个变量的内存地址，那个变量保存一个数据值。如图 11-1 所示，指针 pCount 包含变量 count 的内存地址。

内存的每一个字节都有一个唯一的地址，一个变量的地址就是分配给该变量内存第一个字节的地址。假设4个变量count、status、letter和s如下声明：

```
int count = 5;
short status = 2;
char letter = 'A';
string s("ABC");
```

如图11-1所示，变量count被声明为int型，包含4字节，status被声明为short型，包含2字节，letter被声明为char型，包含1字节。注意'A'的ASCII码是十六进制数55。变量s被声明为string类型，它的内存大小有可能改变，因为字符串内存大小依赖于该字符串中字符个数，但是一旦字符串声明后，它的内存地址就是固定的。

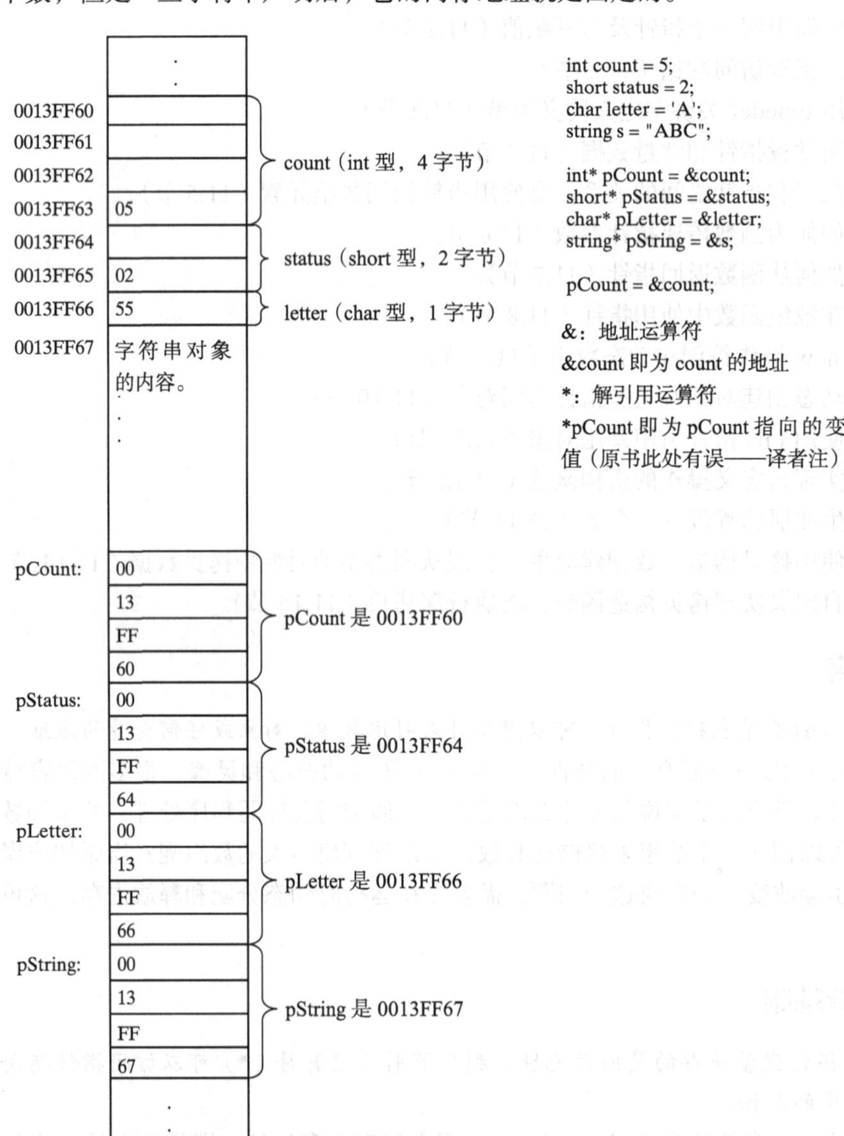

图11-1　pCount的值为变量count的内存地址

与其他任何变量一样，指针也必须先声明再使用。声明指针的语法如下：

```
dataType* pVarName;
```

声明一个指针变量，要在变量名放一个星号（*）。例如，下面语句分别声明了指向 int 型变量的指针 pCount、指向 short 型变量的指针 pStatus、指向 char 型变量的指针 pLetter 以及指向 string 型变量的指针 pString：

```
int* pCount;
short* pStatus;
char* pLetter;
string* pString;
```

现在就可以将变量的地址赋予一个指针了。例如，下面语句将变量 count 的地址赋予指针 pCount：

```
pCount = &count;
```

当“与符号”（&）放在一个变量之前时，称为*地址运算符*（address operator），此时它是一个单目运算符，返回变量的地址。所以，这里 &count 是 count 的地址。

程序清单 11-1 给出了一个完整的例子。

程序清单 11-1 TestPointer.cpp

```
 1  #include <iostream>
 2  using namespace std;
 3
 4  int main()
 5  {
 6    int count = 5;
 7    int* pCount = &count;
 8
 9    cout << "The value of count is " << count << endl;
10    cout << "The address of count is " << &count << endl;
11    cout << "The address of count is " << pCount << endl;
12    cout << "The value of count is " << *pCount << endl;
13
14    return 0;
15  }
```

程序输出：

```
The value of count is 5
The address of count is 0013FF60
The address of count is 0013FF60
The value of count is 5
```

程序第 6 行声明了一个名为 count 的整型变量，初值设置为 5。第 7 行声明了一个名为 pCount 的指针变量，将其初值设置为 count 的地址。变量 count 和 pCount 的关系如图 11-1 所示。

指针可以在声明时赋初值，或者在声明之后用赋值语句赋初值。但是，应注意，正确地向指针赋予地址的语法如下：

```
pCount = &count; // Correct
```

而不应该用如下语法：

```
*pCount = &count; // Wrong
```

第 10 行通过 &count 输出 count 的地址。第 11 行输出保存在 pCount 中的值——与

&count 是一样的。第 9 行和第 12 行都是提取 count 中保存的值并输出，不同的是第 9 行是直接从 count 中提取，而第 12 行则是用 *pCount，通过指针变量间接提取。

通过指针引用一个变量也被称为间接引用，语法如下：

```
*pointer
```

例如，可以使用语句

```
count++; // Direct reference
```

或者

```
(*pCount)++; // Indirect reference
```

给变量 count 加 1。

前面语句中使用的星号（*）也被称为*间接引用运算符*（indirection operator）或*解引用运算符*（dereference operator）。当*解引用*一个指针时，我们就得到了该指针变量存储的地址处的值。称 *pCount 为 pCount 间接指向的值，或简称为 pCount 指向的值。

关于指针，有下面几点需要注意：

1）我们已经学习了 C++ 中星号（*）的三种不同用法：

- 作为乘法运算符，如

```
double area = radius * radius * 3.14159;
```

- 用于声明指针变量，如

```
int* pCount = &count;
```

- 作为解引用运算符，如

```
(*pCount)++;
```

别担心，编译器可以判别出程序中的 * 是什么用途。

2）指针变量声明时都伴随着一个类型，如 int、double 等。对指针赋值，必须使用相同类型变量的地址。如果变量类型与指针类型不匹配，就会导致一个语法错误。例如，下面代码就是错误的：

```
int area = 1;
double* pArea = &area; // Wrong
```

可以把指针变量赋值为同类型的指针，但是不能把一个指针变量赋予一个非指针变量。例如，下面的代码也是错误的：

```
int area = 1;
int* pArea = &area;
int i = pArea; // Wrong
```

3）指针变量也是变量，所以，变量的命名习惯也适用于指针变量。到目前为止，我们都用 p 开头的名字来命名指针变量，如 pCount 和 pArea。但是，这个不是必须的，很快就会知道数组名字其实就是一个指针。

4）与局部变量类似，如果不为一个局部指针赋初值，其内容是任意的。可以将一个指针赋值为 0，这是一个特殊的指针值，表示指针未指向任何变量。因此，应该总是保证对指针进行初始化，以避免错误。解引用一个未初始化的指针，会导致系统出现一个致命的运行时错误，即便不发生错误，也可能错误地（不是我们所期望地）改变重要数据。很多 C++ 库包括 <iostream> 定义常量 NULL 为 0，使用 NULL 来替代 0 能让程序可读性更高。

假定 pX 和 pY 是指向 x 和 y 的两个指针变量，如图 11-2 所示。为了更好地理解变量和它们的指针之间的关系，让我们考察一下分别将 pY 赋予 pX 及将 *pY 赋予 *pX 的效果。

语句 pX = pY 将 pY 的值赋予 pX。而 pY 的值是变量 y 的地址，因此完成这个赋值后，pX 和 pY 包含相同的内容（变量 y 的地址），如图 11-2a 所示。

再看 *pX = *pY。在 pX 和 pY 前使用星号后，处理的就是 pX 和 pY 指向的变量了。*pX 引用的是 x 中的内容，而 *pY 引用的是 y 中内容。因此语句 *pX = *pY 会将 6 赋予 *pX，如图 11-2b 所示。

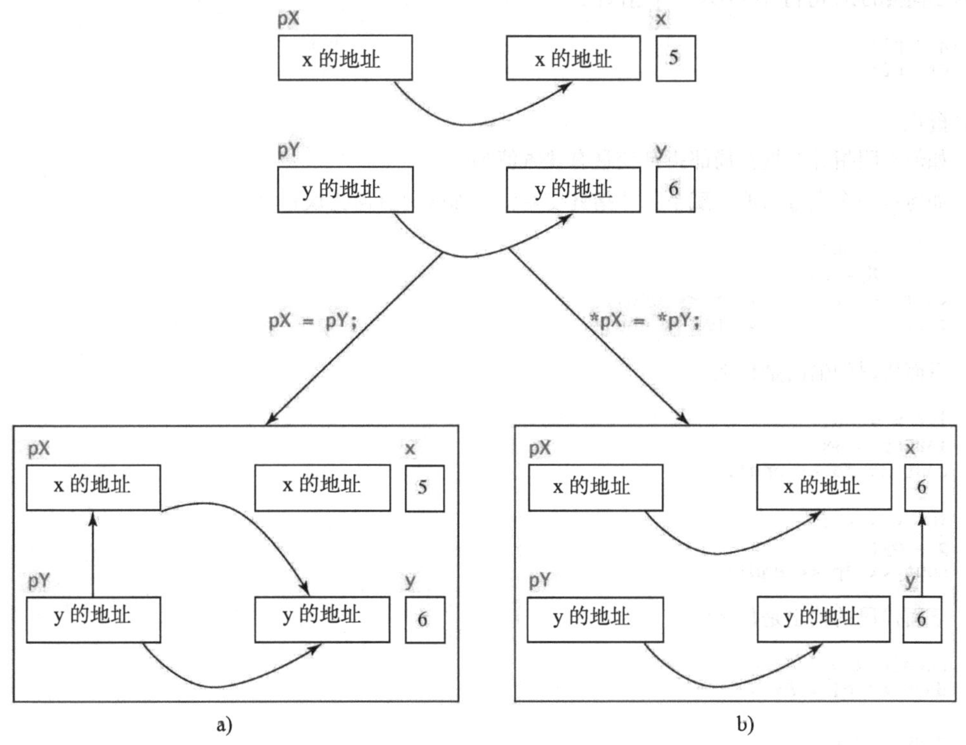

图 11-2　a) 将 pY 赋予 pX；b) 将 *pY 赋予 *pX

声明一个 int 型指针，可以有 3 种写法

```
int* p;
```

或

```
int *p;
```

或

```
int * p;
```

这些语句都是等价的，选择哪个取决于个人喜好。本书中采用的是 int* p，原因有以下两点：

1）int* p 把类型 int* 和标识符 p 显式地分开，可以清楚看出 p 的类型是 int*，不是 int。

2）本书后面将会看到函数可以返回一个指针，函数头

```
typeName* functionName(parameterList);
```

比

```
typeName *functionName(parameterList);
```

要直观一些。

使用 int* p 形式的缺点是，它有可能导致下面的错误：

```
int* p1, p2;
```

看起来像是声明了两个指针，但实际上不是，它和下面语句是等同的：

```
int *p1, p2;
```

推荐在单独的语句行中声明一个指针：

```
int* p1;
int* p2;
```

检查点

11.1　如何声明指针变量？局部指针变量有缺省值吗？

11.2　如何将一个变量的地址赋予一个指针变量？下面代码有何错误？

```
int x = 30;
int* pX = x;
cout << "x is " << x << endl;
cout << "x is " << pX << endl;
```

11.3　下面代码的输出是什么？

```
int x = 30;
int* p = &x;
cout << *p << endl;

int y = 40;
p = &y;
cout << *p << endl;
```

11.4　下面代码的输出是什么？

```
double x = 3.5;
double* p1 = &x;

double y = 4.5;
double* p2 = &y;

cout << *p1 + *p2 << endl;
```

11.5　下面代码的输出是什么？

```
string s = "ABCD";
string* p = &s;

cout << p << endl;
cout << *p << endl;
cout << (*p)[0] << endl;
```

11.6　下面代码有什么错误？

```
double x = 3.0;
int* pX = &x;
```

11.7　如下声明的 p1 和 p2 都是指针变量吗？

```
double* p1, p2;
```

11.3 用 typedef 定义同义类型

关键点：可以用 typedef 关键字来定义同义类型。

回想一下，unsigned 类型和 unsigned int 类型是同义类型。C++ 允许使用关键字 typedef 来自定义同义类型。使用同义类型能简化编码及避免潜在错误。

给已知数据类型定义同义类型的语法如下：

```
typedef existingType newType;
```

例如，下面的语句给 int 型定义了一个同义类型 integer：

```
typedef int integer;
```

这样，可以使用 integer 来声明 int 型变量：

```
integer value = 40;
```

使用 typedef 定义同义类型并不会创造新的数据类型，它只是创建了一个已知数据类型的同义名字。可以使用这个特性来定义指针的同义类型，提高程序可读性。例如，可以定义 int* 的同义类型 intPointer：

```
typedef int* intPointer;
```

这样一来，一个 int 型指针变量就可以如下声明：

```
intPointer p;
```

上面的这个语句和

```
int* p;
```

是等同的。

使用指针类型的同义名字可以避免在声明指针时缺少星号的错误。例如，假设想声明两个指针变量，下面的语句是错误的：

```
int* p1, p2;
```

但使用同义类型 intPointer 可以避免出现上面的错误：

```
intPointer p1, p2;
```

这里，p1 和 p2 都是 intPointer 类型的变量。

检查点

11.8　怎样定义 double* 的同义类型（该类型命名为 doublePointer）？

11.4 常量指针

关键点：常量指针指向一个不变的内存位置，但该内存位置处的实际值是可以改变的。

我们已经学过用 const 关键字声明一个常量，常量声明后就不能更改。类似地，可以声明常量指针（constant pointer），如下例：

```
double radius = 5;
double* const p = &radius;
```

其中 p 就是一个常量指针。其声明和初始化必须在同一条语句中，在后面的程序中不能为其赋予新的地址。注意，虽然 p 是常量，但 p 指向的数据不是常量，是可以更改的。例如，下面语句将 radius 的值改变为 10：

```
*p = 10;
```

可以声明一个指针，指向常量数据吗？完全可以，将关键字 const 放于数据类型之前即可。如下所示：

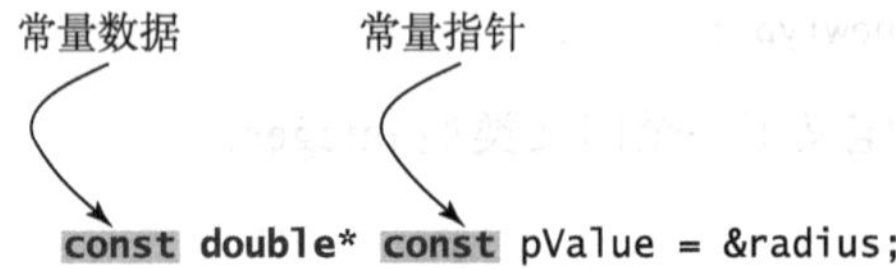

此例中，指针是常量，指针指向的数据也是常量。

如果用下面语句声明指针

```
const double* p = &radius;
```

则指针不是常量的，但指针指向的数据是常量。

下面代码给出了更多的例子。

```
double radius = 5;
double* const p = &radius;
double length = 5;
*p = 6; // OK
p = &length; // Wrong because p is constant pointer

const double* p1 = &radius;
*p1 = 6; // Wrong because p1 points to a constant data
p1 = &length; // OK

const double* const p2 = &radius;
*p2 = 6; // Wrong because p2 points to a constant data
p2 = &length; // Wrong because p2 is a constant pointer
```

检查点

11.9　下面代码有何错误？

```
int x;
int* const p = &x;
int y;
p = &y;
```

11.10　下面代码有何错误？

```
int x;
const int* p = &x;
int y;
p = &y;
*p = 5;
```

11.5　数组和指针

关键点：在 C++ 中，数组名实际上是指向数组中第一个元素的常量指针。

回忆一下，如果在数组变量后面不用方括号和下标，它实际上表示数组的起始地址。从这个意义上讲，一个数组变量实质上是一个指针。假设声明了一个整型数组：

```
int list[6] = {11, 12, 13, 14, 15, 16};
```

下面的语句可打印该数组的起始地址：

```
cout << "The starting address of the array is " << list << endl;
```

图 11-3 说明了数组在内存中的存放方式。C++ 允许用解引用运算符来访问数组元素。访问第一个元素，可使用 *list，其他元素可分别用 *(list + 1)、*(list + 2)、*(list + 3)、*(list + 4) 和 *(list + 5) 访问。

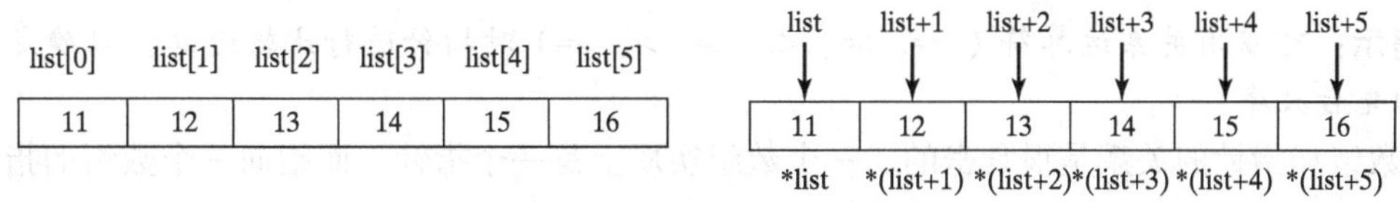

图 11-3 list 指向数组第一个元素

C++ 允许对指针加、减一个整数，效果是指针包含的地址值被增加或减少，变化的量是该整数乘以指针指向的元素的大小。

list 指向数组的起始地址，假定此地址为 1000。那么 list + 1 是 1001 吗？答案是否，应该是 1000 + sizeof(int)。为什么？因为 list 是一个整型数组，计算下一元素的地址时，C++ 会自动加上 sizeof(int) 而不是 1。回忆一下，sizeof(type) 返回一个数据类型的大小（参见 2.8 节）。每个数据类型的大小是机器相关的，在 Windows 系统中，int 类型的大小通常是 4。所以不管每个元素的大小是多少，list + 1 总是指向数组中第二个元素，list + 2 总是指向数组中第三个元素，以此类推。

提示：现在我们理解了为什么数组下标是从 0 开始的。因为数组名是一个指针，list + 0 指向该数组的第一个元素，即为 list[0]。

程序清单 11-2 给出了一个使用指针访问数组元素的完整例子。

程序清单 11-2 ArrayPointer.cpp

```
#include <iostream>
using namespace std;

int main()
{
  int list[6] = {11, 12, 13, 14, 15, 16};

  for (int i = 0; i < 6; i++)
    cout << "address: " << (list + i) <<
      " value: " << *(list + i) << " " <<
      " value: " << list[i] << endl;

  return 0;
}
```

程序输出：

```
address: 0013FF4C value: 11  value: 11
address: 0013FF50 value: 12  value: 12
address: 0013FF54 value: 13  value: 13
address: 0013FF58 value: 14  value: 14
address: 0013FF5C value: 15  value: 15
address: 0013FF60 value: 16  value: 16
```

如输出样例所示，数组 list 的地址为 0013FF4C。因此，(list + 1) 实际上是 0013FF4C +

4，而 (list + 2) 是 0013FF4C + 2 * 4（9 行）。第 10 行通过指针解引用方式 *(list + i) 访问数组元素。第 11 行通过下标变量 list[i] 访问数组元素，它与 *(list + i) 是等价的。

警示：*(list + 1) 与 *list + 1 是不同的。解引用运算符（*）的优先级高于 +。因此，*list + 1 是将数组第一个元素加 1，而 *(list + 1) 是将数组中地址 (list + 1) 处的元素解引用。（此处描述值得商榷，如果说"地址"的话，list + sizeof(int) 似乎较之 list + 1 更为妥当。——译者注）。

提示：可以用关系运算符（==、!=、<、<=、>、>=）对指针进行比较运算，以确定指针的先后次序。

数组和指针的关系是很紧密的。一个数组实质上是一个指针。而指向一个数组的指针可以像数组一样使用，甚至可以对指针使用下标变量。程序清单 11-3 给出了一个例子：

程序清单 11-3 PointerWithIndex.cpp

```
1  #include <iostream>
2  using namespace std;
3
4  int main()
5  {
6    int list[6] = {11, 12, 13, 14, 15, 16};
7    int* p = list;
8
9    for (int i = 0; i < 6; i++)
10     cout << "address: " << (list + i) <<
11       " value: " << *(list + i) << " " <<
12       " value: " << list[i] << " " <<
13       " value: " << *(p + i) << " " <<
14       " value: " << p[i] << endl;
15
16   return 0;
17 }
```

程序输出：

```
address: 0013FF4C value: 11  value: 11  value: 11  value: 11
address: 0013FF50 value: 12  value: 12  value: 12  value: 12
address: 0013FF54 value: 13  value: 13  value: 13  value: 13
address: 0013FF58 value: 14  value: 14  value: 14  value: 14
address: 0013FF5C value: 15  value: 15  value: 15  value: 15
address: 0013FF60 value: 16  value: 16  value: 16  value: 16
```

程序第 7 行声明了一个 int 型指针 p，并将一个数组的地址赋予了它。

```
int* p = list;
```

注意，将一个数组的地址赋予一个指针是不需要使用地址运算符（&）的，因为数组名已经表示数组的起始地址了。此行与下面代码是等价的：

```
int* p = &list[0];
```

这里的 &list[0] 表示 list[0] 的地址。

从上面的例子中可以看到，可以使用数组语法 list[i] 或者指针语法 *(list + i) 来访问数组元素。当 p 是指向该数组的指针时，也可以用语法 *(p + i) 或 p[i] 来访问数组元素。也就是说，数组语法和指针语法都可以访问数组元素，两者是等价的。但是，这里有一点差别。一旦数组声明之后，是不可能改变数组地址的。例如，下面语句是非法的：

```
int list1[10], list2[10];
list1 = list2; // 错误
```

从这个意义上讲，在 C++ 中数组名实质上是一个常量指针。

由于 C 字符串可通过指针来访问，所以 C 字符串也被称为基于指针的字符串（pointer-based string）。例如，下面的两个声明都是可以的：

```
char city[7] = "Dallas"; // Option 1
char* pCity = "Dallas";  // Option 2
```

每个声明都创建了一个字符序列 'D'、'a'、'l'、'l'、'a'、's'、'\0'。

可以用数组语法或指针语法来访问 city 或 pCity。例如，

```
cout << city[1] << endl;
cout << *(city + 1) << endl;
cout << pCity[1] << endl;
cout << *(pCity + 1) << endl;
```

均打印输出字符 a（字符串中的第二个元素）。

检查点

11.11　假定已经声明了 int *p 且 p 的当前值为 100，那么 p + 1 的值是多少？

11.12　假定声明了 int *p，那么 p++、*p++ 和 (*p)++ 的区别是什么？

11.13　假定声明了 int p[4] = {1, 2, 3, 4}，那么 *p、*(p+1)、p[0] 和 p[1] 的值是什么？

11.14　下面代码有什么错误？

```
char* p;
cin >> p;
```

11.15　下面语句的输出结果是什么？

```
char* const pCity = "Dallas";
cout << pCity << endl;
cout << *pCity << endl;
cout << *(pCity + 1) << endl;
cout << *(pCity + 2) << endl;
cout << *(pCity + 3) << endl;
```

11.16　下面代码的输出结果是什么？

```
char* city = "Dallas";
cout << city[0] << endl;

char* cities[] = {"Dallas", "Atlanta", "Houston"};
cout << cities[0] << endl;
cout << cities[0][0] << endl;
```

11.6　函数调用时传递指针参数

关键点：*在 C++ 中，函数的参数可以是指针。*

我们已经学习了 C++ 的两种向函数传递参数的方式：*传值方式*和*传引用方式*。还可以在函数调用时传递指针参数。指针参数可以通过传值或传引用的方式传递。例如，可以定义如下的函数：

```
void f(int* p1, int* &p2)
```

这和下面的语句是等价的：

```
typedef int* intPointer;
void f(intPointer p1, intPointer& p2)
```

如果使用指针 q1 和 q2 调用函数 f(q1, q2):

- q1 是通过传值方式传给 p1 的，所以 *p1 和 *q1 指向相同的内容。如果函数 f 修改了 *p1（例如，*p1 = 20），则 *q1 也相应修改了。但如果函数 f 修改了 p1,（例如，p1 = somePointerVariable)，则 q1 并未改变。
- q2 是通过传引用方式传给 p2 的，所以 q2 是 p2 的别名，它们是等同的。如果函数 f 修改了 *p2（例如，*p2 = 20），则 *q2 也相应修改了。如果函数 f 修改了 p2,（例如，p2 = somePointerVariable)，则 q2 也相应修改了。

程序清单 6-14 展示了传值方式的效果。程序清单 6-17 SwapByReference.cpp，展示了用引用变量传引用方式的效果。两个例子都用 swap 函数来说明参数传递的效果。下面用指针来重写 swap 函数，程序清单 11-4 给出了完整的程序。

程序清单 11-4 TestPointerArgument.cpp

```
#include <iostream>
using namespace std;

// Swap two variables using pass-by-value
void swap1(int n1, int n2)
{
  int temp = n1;
  n1 = n2;
  n2 = temp;
}

// Swap two variables using pass-by-reference
void swap2(int& n1, int& n2)
{
  int temp = n1;
  n1 = n2;
  n2 = temp;
}

// Pass two pointers by value
void swap3(int* p1, int* p2)
{
  int temp = *p1;
  *p1 = *p2;
  *p2 = temp;
}

// Pass two pointers by reference
void swap4(int* &p1, int* &p2)
{
  int* temp = p1;
  p1 = p2;
  p2 = temp;
}

int main()
{
  // Declare and initialize variables
  int num1 = 1;
  int num2 = 2;

  cout << "Before invoking the swap function, num1 is "
    << num1 << " and num2 is " << num2 << endl;
```

```
44
45     // Invoke the swap function to attempt to swap two variables
46     swap1(num1, num2);
47
48     cout << "After invoking the swap function, num1 is " << num1 <<
49       " and num2 is " << num2 << endl;
50
51     cout << "Before invoking the swap function, num1 is "
52       << num1 << " and num2 is " << num2 << endl;
53
54     // Invoke the swap function to attempt to swap two variables
55     swap2(num1, num2);
56
57     cout << "After invoking the swap function, num1 is " << num1 <<
58       " and num2 is " << num2 << endl;
59
60     cout << "Before invoking the swap function, num1 is "
61       << num1 << " and num2 is " << num2 << endl;
62
63     // Invoke the swap function to attempt to swap two variables
64     swap3(&num1, &num2);
65
66     cout << "After invoking the swap function, num1 is " << num1 <<
67       " and num2 is " << num2 << endl;
68
69     int* p1 = &num1;
70     int* p2 = &num2;
71     cout << "Before invoking the swap function, p1 is "
72       << p1 << " and p2 is " << p2 << endl;
73
74     // Invoke the swap function to attempt to swap two variables
75     swap4(p1, p2);
76
77     cout << "After invoking the swap function, p1 is " << p1 <<
78       " and p2 is " << p2 << endl;
79
80     return 0;
81   }
```

程序输出：

```
Before invoking the swap function, num1 is 1 and num2 is 2
After invoking the swap function, num1 is 1 and num2 is 2
Before invoking the swap function, num1 is 1 and num2 is 2
After invoking the swap function, num1 is 2 and num2 is 1
Before invoking the swap function, num1 is 2 and num2 is 1
After invoking the swap function, num1 is 1 and num2 is 2
Before invoking the swap function, p1 is 0028FB84 and p2 is 0028FB78
After invoking the swap function, p1 is 0028FB78 and p2 is 0028FB84
```

第 5 ～ 34 行定义了 4 个函数 swap1、swap2、swap3 和 swap4。swap1 是通过传值方式调用的，分别把 num1、num2 的值传递给 n1、n2（46 行）。swap1 交换 n1 和 n2 的值。n1、num1、n2、num2 是独立的变量，所以调用该函数以后，num1 和 num2 的值并未改变。

swap2 函数有两个引用参数，int& n1 和 int& n2（13 行）。将 num1 和 num2 的引用传递给 n1 和 n2（55 行），即 n1 和 num1 互为别名，n2 和 num2 互为别名。在 swap2 中交换了 n1 和 n2，所以调用该函数后，num1 和 num2 也进行了交换。

swap3 函数有两个指针参数,p1 和 p2(21 行)。将 num1 和 num2 的地址传递给 p1 和 p2(64 行)，所以 p1 和 &num1 指向相同的内存地址，p2 和 &num2 指向相同的内存地址，swap3 函数

中交换了 *p1 和 *p2，因此，调用 swap3 后，变量 num1 和 num2 中的值将被交换。

swap4 函数有两个通过引用方式传递的指针参数，p1 和 p2（29 行），调用此函数后，p1 和 p2 将被交换（75 行）。

函数中的数组参数都可以用指针参数来替换。例如，

`void m(int list[], int size)`	可被替换为	`void m(int* list, int size)`
`void m(char c_string[])`	可被替换为	`void m(char* c_string)`

回想一下，C 字符串是以空终结符结束的字符数组。一个 C 字符串的大小可从其本身得到。

有的参数的值（在函数执行过程中）不改变，为避免无意中修改它，应该把它声明为 const 类型。程序清单 11-5 给出了一个例子。

程序清单 11-5 ConstParameter.cpp

```
1  #include <iostream>
2  using namespace std;
3
4  void printArray(const int*, const int);
5
6  int main()
7  {
8    int list[6] = {11, 12, 13, 14, 15, 16};
9    printArray(list, 6);
10
11   return 0;
12 }
13
14 void printArray(const int* list, const int size)
15 {
16   for (int i = 0; i < size; i++)
17     cout << list[i] << " ";
18 }
```

程序输出：

```
11 12 13 14 15 16
```

函数 printArray 声明了一个数组参数，其数据为常量（4 行），这可以保证该数组的内容不会发生改变。注意另一个 size 参数也声明为常量，也可以不必这么做，因为该 int 型参数是通过传值方式传递的，即便在函数中 size 发生了改变，也不会影响函数外面原始的 size 值。

检查点

11.17 下面代码的输出是什么？

```
#include <iostream>
using namespace std;

void f1(int x, int& y, int* z)
{
  x++;
  y++;
  (*z)++;
}
```

```
int main()
{
  int i = 1, j = 1, k = 1;
  f1(i, j, &k);

  cout << "i is " << i << endl;
  cout << "j is " << j << endl;
  cout << "k is " << k << endl;

  return 0;
}
```

11.7 从函数中返回指针

关键点：在 C++ 中，函数可以返回一个指针。

指针可以用作函数的参数。那可以从一个函数返回一个指针吗？答案是肯定的。

假定需要写一个函数，它有一个数组参数，函数执行时将该数组反转，并返回这个数组。可以如程序清单 11-6 中所示，定义并实现该函数（命名为 reverse）。

程序清单 11-6 ReverseArrayUsingPointer.cpp

```
#include <iostream>
using namespace std;

int* reverse(int* list, int size)
{
  for (int i = 0, j = size - 1; i < j; i++, j--)
  {
    // Swap list[i] with list[j]
    int temp = list[j];
    list[j] = list[i];
    list[i] = temp;
  }

  return list;
}

void printArray(const int* list, int size)
{
  for (int i = 0; i < size; i++)
    cout << list[i] << " ";
}

int main()
{
  int list[] = {1, 2, 3, 4, 5, 6};
  int* p = reverse(list, 6);

  printArray(p, 6);

  return 0;
}
```

程序输出：

```
6 5 4 3 2 1
```

函数原型可以声明如下：

```
int* reverse(int* list, int size)
```

其返回值是一个 int 型指针。该函数交换（list 数组中）第一个元素和最后一个元素，交换第二个元素和倒数第二个元素，以此类推。如下图示。

该函数在第 14 行以指针形式返回 list。

检查点

11.18　下面代码的输出是什么？

```
#include <iostream>
using namespace std;

int* f(int list1[], const int list2[], int size)
{
  for (int i = 0; i <size; i++)
   list1[i]+ = list2[i];
  return list1;
}

int main()
{
  int list1[] = {1, 2, 3, 4};
  int list2[] = {1, 2, 3, 4};
  int* p = f(list1, list2, 4);
  cout << p[0] << endl;
  cout << p[1] << endl;

  return 0;
}
```

11.8　有用的数组函数

关键点： 函数 min_element、max_element、sort、random_shuffle 和 find 都可以应用在数组上。

C++ 提供了操作数组的一些有用函数。比如，函数 min_element 和 max_element 返回指向数组中最小和最大元素的指针，sort 函数可以对数组进行排序，random_shuffle 函数可以对数组进行随机洗牌，而 find 函数可以在数组中查找某个元素。所有这些函数的参数和返回值都是指针。程序清单 11-7 给出了一个使用它们的例子。

程序清单 11-7　UsefulArrayFunctions.cpp

```
#include <iostream>
#include <algorithm>
using namespace std;

void printArray(const int* list, int size)
{
  for (int i = 0; i < size; i++)
    cout << list[i] << " ";
  cout << endl;
}

int main()
{
  int list[] = {4, 2, 3, 6, 5, 1};
  printArray(list, 6);

  int* min = min_element(list, list + 6);
  int* max = max_element(list, list + 6);
  cout << "The min value is " << *min << " at index "
    << (min - list) << endl;
  cout << "The max value is " << *max << " at index "
    << (max - list) << endl;
```

```
23
24   random_shuffle(list, list + 6);
25   printArray(list, 6);
26
27   sort(list, list + 6);
28   printArray(list, 6);
29
30   int key = 4;
31   int* p = find(list, list + 6, key);
32   if (p != list + 6)
33     cout << "The value " << *p << " is found at position "
34          << (p - list) << endl;
35   else
36     cout << "The value " << *p << " is not found" << endl;
37
38   return 0;
39 }
```

程序输出：

```
4 2 3 6 5 1
The min value is 1 at index 5
The max value is 6 at index 3
5 2 6 3 4 1
1 2 3 4 5 6
The value 4 is found at position 3
```

调用 min_element(list, list + 6)（17 行）返回数组中从 list[0] 到 list[5] 最小元素的指针。在本例中，因为该数组中最小元素是 1，指向该元素的指针是 list + 5，所以返回的是 list + 5。注意，该函数的两个参数都是指针，指明了一个特定范围，第二个指针参数指向该范围的结尾。

调用 random_shuffle(list, list + 6)（24 行）随机重新安排数组中从 list[0] 到 list[5] 的各个元素。

调用 sort(list, list + 6)（27 行）对数组中从 list[0] 到 list[5] 的各个元素进行排序。

调用 find(list, list + 6, key)（31 行）查找数组中从 list[0] 到 list[5] 哪个元素等于 key。如果可以找到，则该函数返回数组中匹配元素的指针；否则，将返回指向该数组中最后一个元素后一个位置的指针（即在本例中为 list + 6）。

检查点

11.19　下面代码的输出是什么？

```
int list[] = {3, 4, 2, 5, 6, 1};
cout << *min_element(list, list + 2) << endl;
cout << *max_element(list, list + 2) << endl;
cout << *find(list, list + 6, 2) << endl;
cout << find(list, list + 6, 20) << endl;
sort(list, list + 6);
cout << list[5] << endl;
```

11.9　动态持久内存分配

关键点：new 操作符可以在运行时为基本数据类型、数组和对象分配持久的内存空间。

程序清单 11-6 实现了一个函数，它有一个数组参数，函数执行时将该数组反转，并返回这个数组。假设我们不想改变初始数组，则可以写一个函数，给该函数传递一个数组参数，返回的是一个新的数组，而新数组的内容是原数组的反转。

该函数的算法可描述如下：

1）令原数组为 list。

2）声明一个新的名为 result 的数组，与原数组大小相同。

3）编写一个循环，将原数组的第一个元素、第二个……依次复制到新数组的最后一个元素、倒数第二个……如右图所示。

4）将 result 作为一个指针返回给调用者。

函数原型可以声明如下：

```
int* reverse(const int* list, int size)
```

其返回值是一个 int 型指针。算法第 2）步所说的声明一个新的数组该如何做？可能试图如下声明：

```
int result[size];
```

但 C++ 不允许用变量作为数组大小。为绕开这个局限，不妨假定数组大小为 6。这样，就可用如下语句声明新数组：

```
int result[6];
```

可以像程序清单 11-8 一样实现上面算法，但很快就会发现这个程序是不正确的。

程序清单 11-8 WrongReverse.cpp

```
#include <iostream>
using namespace std;

int* reverse(const int* list, int size)
{
  int result[6];

  for (int i = 0, j = size - 1; i < size; i++, j--)
  {
    result[j] = list[i];
  }

  return result;
}

void printArray(const int* list, int size)
{
  for (int i = 0; i < size; i++)
    cout << list[i] << " ";
}

int main()
{
  int list[] = {1, 2, 3, 4, 5, 6};
  int* p = reverse(list, 6);
  printArray(p, 6);

  return 0;
}
```

程序输出：

```
6 4462476 4419772 1245016 4199126 4462476
```

输出结果是错误的。为什么会出现这种结果？原因是数组 result 是一个局部变量。而局部变量是非持久的，当函数返回时，调用栈中的局部变量会被丢弃掉。试图访问指向这样地址的指针，会导致不正确的、不可预知的结果。为修正这个错误，需要为 result 数组分配持久的内存空间，以便能在函数返回后正常访问它。接下来讨论如何分配持久的内存空间。

C++ 支持动态内存分配，这使我们能动态分配持久的内存空间。动态内存的分配使用 new 操作符，如下例所示：

```
int* p = new int(4);
```

其中 new int 告诉计算机在运行时为一个 int 变量分配内存空间，并在运行时初始化为 4，该 int 型变量的地址赋予指针 p。这样，就可以用指针访问内存地址。

也可以动态地创建一个数组。例如，

```
cout << "Enter the size of the array: ";
int size;
cin >> size;
int* list = new int[size];
```

这里，new int[size] 为给定元素个数的 int 型数组分配内存空间，其地址赋予 list。使用 new 操作符创建的数组称为*动态数组*（dynamic array）。注意，当创建一个普通数组，其大小在编译时就定下来了，因此不能是变量，必须是常量。例如，

```
int numbers[40]; // 40 is a constant value
```

当创建动态数组时，数组大小是在运行时确定的，可以为一个整型变量。例如，

```
int* list = new int[size]; // size is a variable
```

使用 new 操作符分配的内存是持久存在的，直到它被显式释放或者程序退出。现在可以在 reverse 函数中动态创建一个数组，来解决前面提到的问题。动态创建的数组在函数返回后也可以访问。程序清单 11-9 给出了新的代码。

程序清单 11-9 CorrectReverse.cpp

```
#include <iostream>
using namespace std;

int* reverse(const int* list, int size)
{
  int* result = new int[size];

  for (int i = 0, j = size - 1; i < size; i++, j--)
  {
    result[j] = list[i];
  }

  return result;
}

void printArray(const int* list, int size)
{
  for (int i = 0; i < size; i++)
    cout << list[i] << " ";
}

int main()
{
  int list[] = {1, 2, 3, 4, 5, 6};
```

```
25     int* p = reverse(list, 6);
26     printArray(p, 6);
27
28     return 0;
29   }
```

程序输出：

```
6 5 4 3 2 1
```

除了新数组是用 new 操作符动态创建之外，程序清单 11-9 与程序清单 11-6 几乎是完全相同的。使用 new 操作符创建动态数组时，数组大小可以是变量。

C++ 中，局部变量在栈中分配空间，而由 new 操作符分配的内存空间则出自于称为自由存储区（freestore）或者堆（heap）的内存区域。分配的内存空间一直都是可用的，直至显式地释放它或者程序终止。如果内存是在一个函数中分配的，在函数返回之后内存仍是可用的。程序清单 11-9 中数组 result 是在函数中创建的（6 行）。当函数返回后（25 行），数组 result 仍是完整无缺的。因此，可以在第 26 行访问 result 数组，打印它的所有元素。

显式地释放由 new 操作符分配的内存空间，应在指针之前使用 delete 操作符，如下所示：

```
delete p;
```

在 C++ 中，delete 是一个关键字。如果内存是为一个数组所分配的，为了正确地释放内存，则须在关键字 delete 和指针间放上符号 []，如下所示：

```
delete [] list;
```

当一个指针指向的内存被释放后，该指针的值就是未定义的。进一步，如果其他指针也指向相同的被释放了的内存区域，这些指针也是未定义的。这些未定义的指针被称为悬空指针（dangling pointers）。不能在悬空指针上应用解引用运算符（*），如果这样做可能会导致严重后果。

警示：delete 只能用于指向 new 操作符创建的内存的指针，否则会导致不可预料的问题。例如，下面的代码就是错误的，因为 p 指向的内存并不是由 new 创建的。

```
int x = 10;
int* p = &x;
delete p; // This is wrong
```

在释放一个指针指向的内存空间之前，可能无意中为它赋予了新的地址。考虑如下代码：

```
1  int* p = new int;
2  *p = 45;
3  p = new int;
```

第 1 行声明了一个指针 p，并赋予它一个整型值的动态内存地址，如图 11-4a 所示。第 2 行将 45 赋予 p 指向的变量，如图 11-4b 所示。第 3 行将一个新的内存地址赋予 p，如图 11-4c 所示。这样，保存值 45 的初始内存空间将无法再访问，

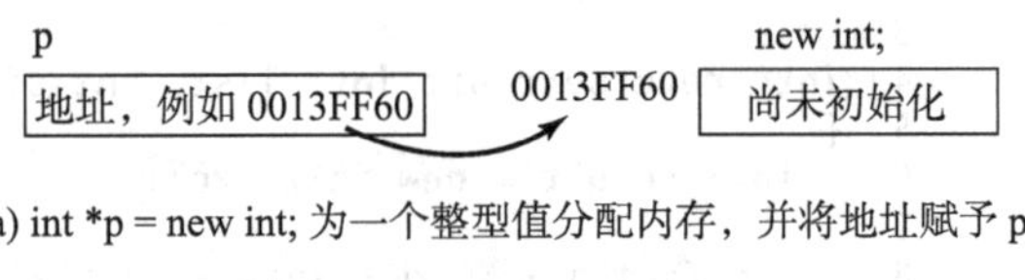

a) int *p = new int; 为一个整型值分配内存，并将地址赋予 p

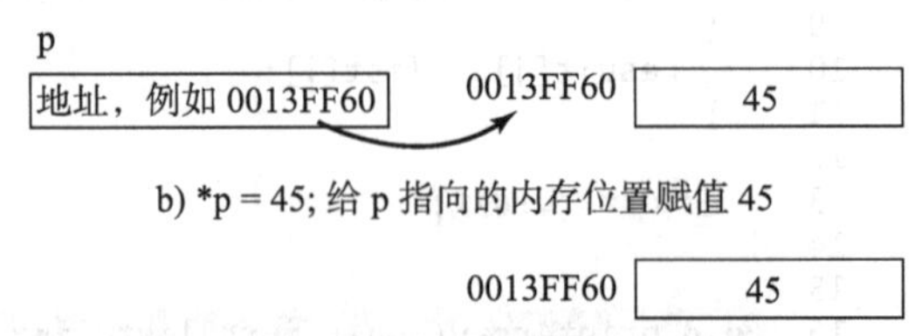

b) *p = 45; 给 p 指向的内存位置赋值 45

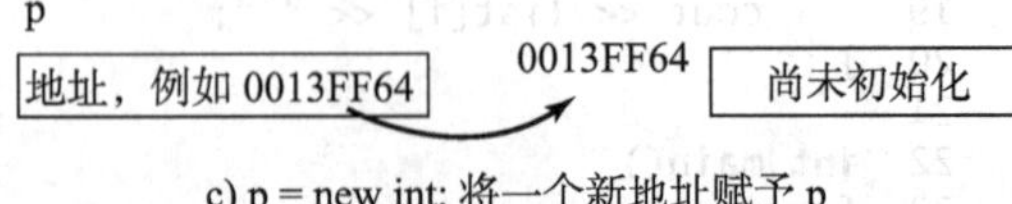

c) p = new int; 将一个新地址赋予 p

图 11-4　无引用的内存空间引起内存泄露

因为已经没有任何指针指向它。这段内存无法访问也无法释放，这就是所谓的内存泄漏(memory leak)。

动态内存分配是一个强大的特性，但是必须小心使用，才能避免内存泄漏和其他错误。作为一个好的编程习惯，每个 new 操作应该都有相对应的 delete 操作。

检查点

11.20 如何为一个 double 型值创建内存空间？如何访问这个 double 型值？如何释放此内存？

11.21 当程序退出时动态内存会销毁吗？

11.22 解释什么是内存泄漏。

11.23 假定创建了一个动态数组，随后需要释放它。指出下面代码的两处错误：

```
double x[] = new double[30];
...
delete x;
```

11.24 下面代码有何错误？

```
double d = 5.4;
double* p1 = d;
```

11.25 下面代码有何错误？

```
double d = 5.4;
double* p1 = &d;
delete p1;
```

11.26 下面代码有何错误？

```
double* p1;
p1* = 5.4;
```

11.27 下面代码有何错误？

```
double* p1 = new double;
double* p2 = p1;
*p2 = 5.4;
delete p1;
cout << *p2 << endl;
```

11.10 创建及访问动态对象

关键点：调用对象的构造函数可以动态地创建对象，语法是 new ClassName(arguments)。

可以使用如下语句在堆中动态创建对象：

```
ClassName* pObject = new ClassName();
```

或者

```
ClassName* pObject = new ClassName;
```

上面的语句使用无参构造函数创建一个对象，并将对象地址赋予指针。而语句

```
ClassName* pObject = new ClassName(arguments);
```

会使用带参数的构造函数创建一个对象，并将对象地址赋予指针。

例如：

```
// Create an object using the no-arg constructor
string* p = new string(); // or string* p = new string;
```

```
// Create an object using the constructor with arguments
string* p = new string("abcdefg");
```

通过指针访问所指向对象的成员，需要先解引用该指针，然后使用点操作符（.）来访问成员。例如，

```
string* p = new string("abcdefg");
cout << "The first three characters in the string are "
  << (*p).substr(0, 3) << endl;
cout << "The length of the string is " << (*p).length() << endl;
```

C++ 提供了一个成员选择操作符，可以简化通过指针来访问对象成员，该操作符称为箭头操作符（->），即短画线（-）后面紧跟一个大于号（>）。例如，

```
cout << "The first three characters in the string are "
  << p->substr(0, 3) << endl;
cout << "The length of the string is " << p->length() << endl;
```

当程序结束时，对象会被销毁。也可使用关键字 delete 显式销毁对象：

```
delete p;
```

检查点

11.28　下面程序是否正确？如果不正确，请改正。

```
int main()
{
  string s1;
  string* p = s1;

  return 0;
}
```

a)

```
int main()
{
  string* p = new string;
  string* p1 = new string();

  return 0;
}
```

b)

```
int main()
{
  string* p = new string("ab");

  return 0;
}
```

c)

11.29　怎样动态地创建对象？怎样销毁一个对象？下面代码中，为什么 a）是错误的，而 b）是正确的？

```
int main()
{
  string s1;
  string* p = &s1;
  delete p;
  return 0;
}
```

a)

```
int main()
{
  string* p = new string();
  delete p;

  return 0;
}
```

b)

11.30　下面代码中，第 7 行和第 8 行均创建了一个匿名对象并且打印了圆的面积，为什么第 8 行的写法不好？

```
 1  #include <iostream>
 2  #include "Circle.h"
 3  using namespace std;
 4
 5  int main()
 6  {
 7    cout << Circle(5).getArea() << endl;
 8    cout << (new Circle(5))->getArea() << endl;
 9
10    return 0;
11  }
```

11.11　this 指针

关键点：this 指针指向被调用对象本身。

有时需要在函数中访问被屏蔽的数据域。例如这样一种情况：一个数据域的名字被多次用作一组成员函数的参数名，而这些参数是用来设置数据域的。在这种情况下，需要在函数中引用被屏蔽的数据域，从而为此数据域赋予新的值。可以使用 this 指针来访问被屏蔽的数据域，这是一个 C++ 内置的特殊指针，用于引用（当前函数）的调用对象。可以使用 this 指针重新实现 Circle 类（在程序清单 9-9 中定义），如程序清单 11-10 所示。

程序清单 11-10　CircleWithThisPointer.cpp

```
1  #include "CircleWithPrivateDataFields.h"  // Defined in Listing 9.9
2
3  // Construct a default circle object
4  Circle::Circle()
5  {
6    radius = 1;
7  }
8
9  // Construct a circle object
10 Circle::Circle(double radius)
11 {
12   this->radius = radius; // or (*this).radius = radius;
13 }
14
15 // Return the area of this circle
16 double Circle::getArea()
17 {
18   return radius * radius * 3.14159;
19 }
20
21 // Return the radius of this circle
22 double Circle::getRadius()
23 {
24   return radius;
25 }
26
27 // Set a new radius
28 void Circle::setRadius(double radius)
29 {
30   this->radius = (radius >= 0) ? radius : 0;
31 }
```

构造函数（10 行）中名为 radius 的参数是一个局部变量，它屏蔽了对象中的数据域 radius。为了能引用 radius 数据域，需要使用 this->radius（12 行）。类似的是函数 setRadius（28 行）中名为 radius 的参数，为引用它所屏蔽的数据域 radius，需使用 this->radius（30 行）。

检查点

11.31　下面代码有何错误？怎样改正？

```
// Construct a circle object
Circle::Circle(double radius)
{
  radius = radius;
}
```

11.12 析构函数

关键点：每个类都有一个析构函数，当一个对象销毁时将自动调用该析构函数。

析构函数（destructor）是与构造函数相对的。当创建一个对象时其构造函数被调用，而对象销毁时析构函数被调用。如果程序员没有显式定义析构函数，那么编译器为每个类定义一个缺省的析构函数。有时，我们需要设计自己的析构函数，执行特定的操作。析构函数的名字与构造函数一样，但需要在前面加上一个代字符（~）。程序清单 11-11 实现了带析构函数的 Circle 类。

程序清单 11-11 CircleWithDestructor.h

```
 1 #ifndef CIRCLE_H
 2 #define CIRCLE_H
 3
 4 class Circle
 5 {
 6 public:
 7   Circle();
 8   Circle(double);
 9   ~Circle(); // Destructor
10   double getArea() const;
11   double getRadius() const;
12   void setRadius(double);
13   static int getNumberOfObjects();
14
15 private:
16   double radius;
17   static int numberOfObjects;
18 };
19
20 #endif
```

第 9 行定义了 Circle 类的一个析构函数。析构函数是没有返回类型和参数的。

程序清单 11-12 给出了新 Circle 类的实现。

程序清单 11-12 CircleWithDestructor.cpp

```
#include "CircleWithDestructor.h"

int Circle::numberOfObjects = 0;

// Construct a default circle object
Circle::Circle()
{
  radius = 1;
  numberOfObjects++;
}

// Construct a circle object
Circle::Circle(double radius)
{
  this->radius = radius;
  numberOfObjects++;
}

// Return the area of this circle
double Circle::getArea() const
{
  return radius * radius * 3.14159;
}

```

```
25 // Return the radius of this circle
26 double Circle::getRadius() const
27 {
28   return radius;
29 }
30
31 // Set a new radius
32 void Circle::setRadius(double radius)
33 {
34   this->radius = (radius >= 0) ? radius : 0;
35 }
36
37 // Return the number of circle objects
38 int Circle::getNumberOfObjects()
39 {
40   return numberOfObjects;
41 }
42
43 // Destruct a circle object
44 Circle::~Circle()
45 {
46   numberOfObjects--;
47 }
```

新的 Circle 类的实现与程序清单 10-7 中的实现是相同的，差别仅在于第 44 ～ 47 行实现了析构函数，它将 numberOfObjects 减 1。

下面给出的程序清单 11-13 展示了析构函数的效果。

程序清单 11-13 TestCircleWithDestructor.cpp

```
1  #include <iostream>
2  #include "CircleWithDestructor.h"
3  using namespace std;
4
5  int main()
6  {
7    Circle* pCircle1 = new Circle();
8    Circle* pCircle2 = new Circle();
9    Circle* pCircle3 = new Circle();
10
11   cout << "Number of circle objects created: "
12     << Circle::getNumberOfObjects() << endl;
13
14   delete pCircle1;
15
16   cout << "Number of circle objects created: "
17     << Circle::getNumberOfObjects() << endl;
18
19   return 0;
20 }
```

程序输出：

```
Number of circle objects created: 3
Number of circle objects created: 2
```

程序清单 11-13 的第 7 ～ 9 行使用 new 操作符创建了 3 个 Circle 对象，这之后 numberOfObjects 的值变为 3。程序在第 14 行释放了一个 Circle 对象，numberOfObjects 随之变为 2。

析构函数对于释放内存空间和对象动态分配的其他系统资源是很有用的，这在下节的实例研究中可以看到。

检查点

11.32 每个类都有析构函数吗？析构函数如何命名？析构函数可以重载吗？可以重定义一个析构函数吗？能显式调用析构函数吗？

11.33 下面代码的输出是什么？

```
#include <iostream>
using namespace std;

class Employee
{
public:
  Employee(int id)
  {
    this->id = id;
  }

  ~Employee()
  {
    cout << "object with id " << id << " is destroyed" << endl;
  }

private:
  int id;
};

int main()
{
  Employee* e1 = new Employee(1);
  Employee* e2 = new Employee(2);
  Employee* e3 = new Employee(3);

  delete e3;
  delete e2;
  delete e1;

  return 0;
}
```

11.34 下面的类为什么需要析构函数？为它添加一个析构函数。

```
class Person
{
public:
  Person()
  {
    numberOfChildren = 0;
    children = new string[20];
  }

  void addAChild(string name)
  {
    children[numberOfChildren++] = name;
  }

  string* getChildren()
  {
    return children;
  }

  int getNumberOfChildren()
  {
    return numberOfChildren;
  }
```

```
private:
  string* children;
  int numberOfChildren;
};
```

11.13　实例研究：Course 类

关键点：本节设计了课程类。

假设需要处理课程信息，每门课程的信息包括课程名以及选课的学生。可以添加学生到选课学生列表，以及从选课学生列表中去掉某个学生。在本节中，用一个类来建模课程信息，如图 11-5 所示。

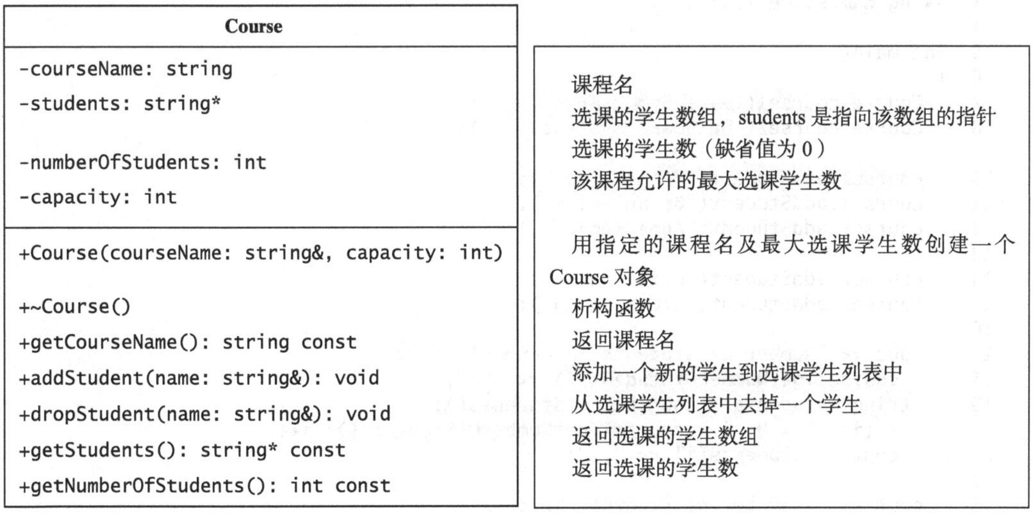

Course	
-courseName: string	课程名
-students: string*	选课的学生数组，students 是指向该数组的指针
-numberOfStudents: int	选课的学生数（缺省值为 0）
-capacity: int	该课程允许的最大选课学生数
+Course(courseName: string&, capacity: int)	用指定的课程名及最大选课学生数创建一个 Course 对象
+~Course()	析构函数
+getCourseName(): string const	返回课程名
+addStudent(name: string&): void	添加一个新的学生到选课学生列表中
+dropStudent(name: string&): void	从选课学生列表中去掉一个学生
+getStudents(): string* const	返回选课的学生数组
+getNumberOfStudents(): int const	返回选课的学生数

图 11-5　Course 类对课程进行了建模

可以使用构造函数 Course(string courseName, int capacity) 创建一个 Course 对象，向它传递课程名及最大允许的选课人数即可。可以用 addStudent(string name) 函数添加一个选课的学生，用 dropStudent(string name) 函数去掉一个选课学生，用 getStudents() 函数获得选课的所有学生。

假定 Course 类的定义如程序清单 11-14 所示。程序清单 11-15 给出了一个测试程序，它创建两个课程，并向课程添加学生。

程序清单 11-14　Course.h

```
#ifndef COURSE_H
#define COURSE_H
#include <string>
using namespace std;

class Course
{
public:
  Course(const string& courseName, int capacity);
  ~Course();
  string getCourseName() const;
  void addStudent(const string& name);
  void dropStudent(const string& name);
  string* getStudents() const;
```

```
  int getNumberOfStudents() const;

private:
  string courseName;
  string* students;
  int numberOfStudents;
  int capacity;
};

#endif
```

程序清单 11-15 TestCourse.cpp

```
#include <iostream>
#include "Course.h"
using namespace std;

int main()
{
  Course course1("Data Structures", 10);
  Course course2("Database Systems", 15);

  course1.addStudent("Peter Jones");
  course1.addStudent("Brian Smith");
  course1.addStudent("Anne Kennedy");

  course2.addStudent("Peter Jones");
  course2.addStudent("Steve Smith");

  cout << "Number of students in course1: " <<
    course1.getNumberOfStudents() << "\n";
  string* students = course1.getStudents();
  for (int i = 0; i < course1.getNumberOfStudents(); i++)
    cout << students[i] << ", ";

  cout << "\nNumber of students in course2: "

    << course2.getNumberOfStudents() << "\n";
  students = course2.getStudents();
  for (int i = 0; i < course2.getNumberOfStudents(); i++)
    cout << students[i] << ", ";

  return 0;
}
```

程序输出：

```
Number of students in course1: 3
Peter Jones, Brian Smith, Anne Kennedy,
Number of students in course2: 2
Peter Jones, Steve Smith,
```

程序清单 11-16 给出了 Course 类的实现。

程序清单 11-16 Course.cpp

```
#include <iostream>
#include "Course.h"
using namespace std;

Course::Course(const string& courseName, int capacity)
{
  numberOfStudents = 0;
  this->courseName = courseName;
```

```
 9     this->capacity = capacity;
10     students = new string[capacity];
11   }
12
13   Course::~Course()
14   {
15     delete [] students;
16   }
17
18   string Course::getCourseName() const
19   {
20     return courseName;
21   }
22
23   void Course::addStudent(const string& name)
24   {
25     students[numberOfStudents] = name;
26     numberOfStudents++;
27   }
28
29   void Course::dropStudent(const string& name)
30   {
31     // Left as an exercise
32   }
33
34   string* Course::getStudents() const
35   {
36     return students;
37   }
38
39   int Course::getNumberOfStudents() const
40   {
41     return numberOfStudents;
42   }
```

构造函数将 numberOfStudents 初始化为 0（7 行），设置了一个新的课程名（8 行），设置了最大允许选课的学生数（9 行），并且还创建了一个动态数组（10 行）。

Course 类使用一个数组保存所有选课的学生，该数组在构造 Course 对象时创建。数组大小即为最大允许选本课程的学生数，所以该数组使用 new string[capacity] 来创建。

当 Course 对象销毁时，析构函数会被调用，从而正确地销毁学生数组（15 行）。

函数 addStudent 将一个学生加入数组中（23 行）。此函数没有检查选课学生数是否超过最大允许选课人数。在第 16 章中，我们将学习如何修改此函数，使它更加健壮，采用的方法是当选课人数超过最大允许值时抛出异常。

函数 getStudents 返回学生数组的地址（34 ～ 37 行）。

函数 dropStudent 从学生数组中去掉一个学生（29 ～ 32 行），这个函数的实现留作练习。

用户可以创建一个 Course 对象，并通过函数 addStudent、dropStudent、getNumberOfStudents 和 getStudents 对它进行操作。然而，用户无须知道这些函数是如何实现的。Course 类封装了内部的实现。此例使用一个数组保存选课学生，完全可以使用不同的数据结构做同样的事。而只要公有函数的约定保持不变，使用 Course 的程序就无须任何改变。

提示：*当创建一个 Course 对象时，一个字符串数组也被创建了（10 行），其每个元素都是缺省的字符串值，这是通过调用 string 类的无参构造函数创建的。*

警示：*当类里包含指针数据域，而该指针指向动态分配的内存时，应使用自定义的析构函数。不然，使用该类的程序将会有内存泄漏。*

检查点

11.35 当 Course 的一个对象被创建时，students 指针的值是什么？

11.36 在析构函数的实现中，对指针 students，为什么要用 delele [] students ？

11.14 拷贝构造函数

关键点：每个类有一个拷贝构造函数，用于拷贝对象。

每个类可以定义若干重载的构造函数和一个析构函数。另外，每个类还可以有一个拷贝构造函数（copy constructor）。拷贝构造函数可用来创建一个对象，并用另一个对象的数据初始化新建对象。

拷贝构造函数的函数签名如下所示：

```
ClassName(const ClassName&)
```

例如，Circle 类的拷贝构造函数应声明如下：

```
Circle(const Circle&)
```

如果没有显式定义拷贝构造函数，则 C++ 将为每个类隐式地提供一个缺省的拷贝构造函数。缺省的拷贝构造函数简单地将参数对象的每个数据域复制给新建对象中相应的副本。程序清单 11-17 给出了这样一个例子。

程序清单 11-17 CopyConstructorDemo.cpp

```
#include <iostream>
#include "CircleWithDestructor.h" // Defined in Listing 11
using namespace std;

int main()
{
  Circle circle1(5);
  Circle circle2(circle1); // Use copy constructor

  cout << "After creating circle2 from circle1:" << endl;
  cout << "\tcircle1.getRadius() returns "
    << circle1.getRadius() << endl;
  cout << "\tcircle2.getRadius() returns "
    << circle2.getRadius() << endl;

  circle1.setRadius(10.5);
  circle2.setRadius(20.5);

  cout << "After modifying circle1 and circle2: " << endl;
  cout << "\tcircle1.getRadius() returns "
    << circle1.getRadius() << endl;
  cout << "\tcircle2.getRadius() returns "
    << circle2.getRadius() << endl;

  return 0;
}
```

程序输出：

```
After creating circle2 from circle1:
  circle1.getRadius() returns 5
  circle2.getRadius() returns 5

After modifying circle1 and circle2:
```

```
circle1.getRadius() returns 10.5
circle2.getRadius() returns 20.5
```

程序创建了两个 Circle 对象：circle1 和 circle2（7 ～ 8 行）。circle2 是利用拷贝构造函数通过复制 circle1 的数据来创建的。

程序接着修改了 circle1 和 circle2 的 radius 域（16 ～ 17 行），并在 20 ～ 23 行输出了新的 radius 值。

值得注意的是，按成员逐一赋值运算符和拷贝构造函数是相似的，它们都把一个对象的值赋予另一个对象。区别在于，使用拷贝构造函数将创建新的对象，而使用赋值运算符并不创建新对象。

缺省的拷贝构造函数和赋值运算符进行对象复制采用一种所谓的“浅拷贝”（shallow copy），而不是“深拷贝”（deep copy），即如果数据域是一个指向其他对象的指针，那么简单复制指针保存的地址值，而不是复制指向的对象的内容。程序清单 11-18 给出了一个例子。

程序清单 11-18 ShallowCopyDemo.cpp

```
1  #include <iostream>
2  #include "Course.h" // Defined in Listing 11.14
3  using namespace std;
4
5  int main()
6  {
7    Course course1("C++", 10);
8    Course course2(course1);
9
10   course1.addStudent("Peter Pan"); // Add a student to course1
11   course2.addStudent("Lisa Ma"); // Add a student to course2
12
13   cout << "students in course1: " <<
14     course1.getStudents()[0] << endl;
15   cout << "students in course2: " <<
16     course2.getStudents()[0] << endl;
17
18   return 0;
19 }
```

程序输出：

```
students in course1: Lisa Ma
students in course2: Lisa Ma
```

Course 类在程序清单 11-14 中定义。程序清单 11-18 先创建了一个 Course 对象 course1（7 行），然后使用拷贝构造函数创建了另一个 Course 对象 course2（8 行），即 course2 是 course1 的一个拷贝。Course 类有 4 个数据域：courseName、numberOfStudents、capacity 和 students，其中数据域 students 是指针类型。当把 course1 拷贝给 course2 时（8 行），所有的数据域都拷贝给了 course2。由于 students 是指针，这里就把它的值（也就是一个地址）拷贝给了 course2。这样，course1 和 course2 中的 students 都指向了相同的数组对象，如图 11-6 所示。

第 10 行给 course1 添加学生“Peter Pan”，即将学生数组的第一个元素赋值为“Peter Pan”。第 11 行给 course2 添加学生“Lisa Ma”，即将学生数组的第一个元素赋值为“Lisa Ma”。由于 course1 和 course2 使用相同的数组来存储学生名字，所以效果上相当于将“Peter

Pan”替换为“Lisa Ma”。此时，course1 和 course2 的学生都是“Lisa Ma”（13 ～ 16 行）。

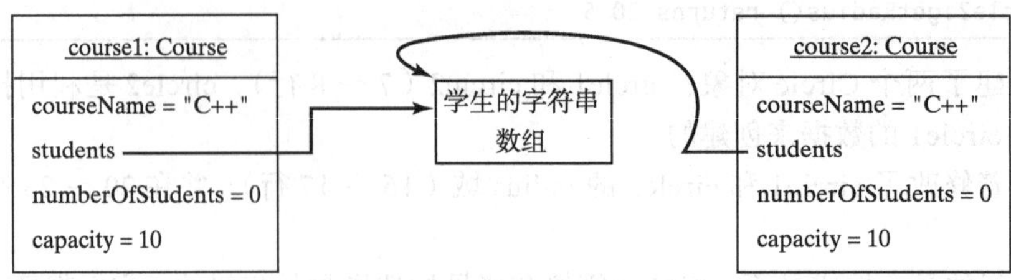

图 11-6　在 course1 拷贝给 course2 后，course1 和 course2 的 students 数据域指向相同的数组

当程序退出时，course1 和 course2 都被销毁，这时将调用它们的析构函数来删除在堆上分配的数组（程序清单 11-16 的第 10 行）。由于 course1 和 course2 的 students 指针指向相同的数组，该数组将被删除两次，这会产生运行时错误。

为避免这些问题，应该在拷贝构造函数里进行深拷贝，使 course1 和 course2 存储选课学生名字的数组是不同的数组。

检查点

11.37　每个函数都有一个拷贝构造函数吗？拷贝构造函数如何命名？它可以被重载吗？可以重定义一个拷贝构造函数吗？如何调用一个拷贝构造函数？

11.38　下面代码的输出是什么？

```
#include <iostream>
#include <string>
using namespace std;

int main()
{
  string s1("ABC");
  string s2("DEFG");
  s1 = string(s2);
  cout << s1 << endl;
  cout << s2 << endl;

  return 0;
}
```

11.39　上一题中的高亮代码与下面代码等价吗？哪个更好？

```
s1 = s2;
```

11.15　自定义拷贝构造函数

关键点： 可以自定义拷贝构造函数，实现深拷贝。

如上一节所述，缺省拷贝构造函数和赋值运算符（=）执行的是浅拷贝。为了执行深拷贝动作，需要实现自定义的拷贝构造函数。程序清单 11-19 修订了 Course 类的声明，在第 11 行声明了一个拷贝构造函数。

程序清单 11-19　CourseWithCustomCopyConstructor.h

```
1 #ifndef COURSE_H
2 #define COURSE_H
3 #include <string>
4 using namespace std;
```

```

class Course
{
public:
  Course(const string& courseName, int capacity);
  ~Course(); // Destructor
  Course(const Course&); // Copy constructor
  string getCourseName() const;
  void addStudent(const string& name);
  void dropStudent(const string& name);
  string* getStudents() const;
  int getNumberOfStudents() const;

private:
  string courseName;
  string* students;
  int numberOfStudents;
  int capacity;
};

#endif
```

程序清单 11-20 在第 51 ～ 57 行实现了新的拷贝构造函数，该函数拷贝某一个课程对象的数据域 courseName、numberOfStudents、capacity 到本课程对象（53 ～ 55 行）。在本对象中创建一个新的数组来存储学生名单（56 行）。

程序清单 11-20 CourseWithCustomCopyConstructor.cpp

```
1  #include <iostream>
2  #include "CourseWithCustomCopyConstructor.h"
3  using namespace std;
4
5  Course::Course(const string& courseName, int capacity)
6  {
7    numberOfStudents = 0;
8    this->courseName = courseName;
9    this->capacity = capacity;
10   students = new string[capacity];
11 }
12
13 Course::~Course()
14 {
15   delete [] students;
16 }
17
18 string Course::getCourseName() const
19 {
20   return courseName;
21 }
22
23 void Course::addStudent(const string& name)
24 {
25   if (numberOfStudents >= capacity)
26   {
27     cout << "The maximum size of array exceeded" << endl;
28     cout << "Program terminates now" << endl;
29     exit(0);
30   }
31
32   students[numberOfStudents] = name;
33   numberOfStudents++;
34 }
35
36 void Course::dropStudent(const string& name)
```

```
{
  // Left as an exercise
}

string* Course::getStudents() const
{
  return students;
}

int Course::getNumberOfStudents() const
{
  return numberOfStudents;
}

Course::Course(const Course& course) // Copy constructor
{
  courseName = course.courseName;
  numberOfStudents = course.numberOfStudents;
  capacity = course.capacity;
  students = new string[capacity];
  for (int i = 0; i < numberOfStudents; i++)
  students[i] = course.students[i];
}
```

程序清单 11-21 给出了一个自定义拷贝构造函数的测试程序，该程序使用头文件 CourseWithCustomCopyConstructor.h 替代头文件 Course.h，其他部分跟程序清单 11-18 ShallowCopyDemo.cpp 是一样的。

程序清单 11-21　CustomCopyConstructorDemo.cpp

```
1  #include <iostream>
2  #include "CourseWithCustomCopyConstructor.h"
3  using namespace std;
4
5  int main()
6  {
7    Course course1("C++ Programming", 10);
8    Course course2(course1);
9
10   course1.addStudent("Peter Pan"); // Add a student to course1
11   course2.addStudent("Lisa Ma"); // Add a student to course2
12
13   cout << "students in course1: " <<
14     course1.getStudents()[0] << endl;
15   cout << "students in course2: " <<
16     course2.getStudents()[0] << endl;
17
18   return 0;
19 }
```

程序输出：

```
students in course1: Peter Pan
students in course2: Lisa Ma
```

拷贝构造函数在 course2 中创建一个新的数组用于存储学生名字，该数组跟 course1 的数组是独立的。程序清单 11-21 给 course1 添加一个学生“ Peter Pan”（10 行），给 course2 添加一个学生“Lisa Ma”（11 行）。可以看到在输出结果中，course1 的第一个学生是“Peter Pan”，而 course2 的第一个学生是“ Lisa Ma”。图 11-7 展示了这两个 Course 对象及它们各自的学生字符串数组。

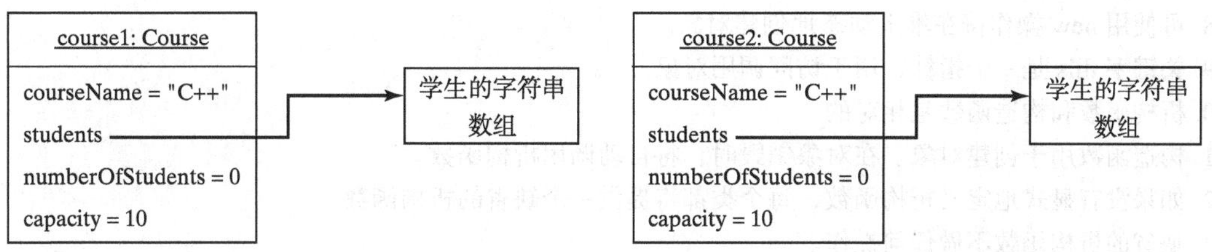

图 11-7 在 course1 拷贝给 course2 后，course1 和 course2 的 students 数据域指向不同的数组

提示：自定义的拷贝构造函数不会影响缺省的赋值运算符 = 的逐项拷贝行为。第 14 章将介绍如何自定义实现赋值运算符 (=)。

关键术语

address operator（&，地址运算符）
arrow operator（->，箭头运算符）
constant pointer（常量指针）
copy constructor（拷贝构造函数）
dangling pointer（悬空指针）
deep copy（深拷贝）
delete operator（delete 操作符）
dereference operator（*，解引用运算符）
destructor（析构函数）
freestore（自由存储区）
heap（堆）
indirection operator（间接引用运算符）
memory leak（内存泄漏）
new operator（new 操作符）
pointer（指针）
pointer-based string（基于指针的字符串）
shallow copy（浅拷贝）
this keyword（this 关键字）

本章小结

1. 指针是保存其他变量的内存地址的变量。
2. 下面语句声明了一个名为 pCount 的指针，它可以指向 int 型变量。

```
int* pCount;
```

3. "与" 符号（&）称为*地址运算符*，它是单目运算符，放置于变量之前，返回变量的地址。
4. 指针变量声明时须指明类型，如 int、double 等等。向指针赋值时，必须用相同类型的变量的地址。
5. 与局部变量类似，如果不为一个局部指针赋初值，其内容是任意的。
6. 可以将一个指针赋值为 NULL（即为 0），这是一个特殊的指针值，表示指针未指向任何变量。
7. 放置于指针之前的星号（*），被称为间接引用运算符（indirection operator）或解引用运算符（dereference operator）。
8. 当对一个指针进行解引用，得到的是该指针存储的地址中保存的数据。
9. 关键字 const 可用来声明常量指针和常量数据。
10. 数组名实际上是一个常量指针，它指向数组的起始地址。
11. 可以使用指针或通过下标来访问数组元素。
12. C++ 允许对指针加、减一个整数，指针包含的地址值将被增加或减少，变化的量是该整数乘以指针指向的元素的大小。
13. 可通过传值或传引用方式来传递指针参数。
14. 函数可以返回一个指针。但不应返回局部变量的指针，因为函数返回后局部变量就被销毁了。
15. new 操作符用来在堆中分配持久的内存空间。
16. 当 new 操作符创建的空间不再继续使用时，应该用 delete 操作符释放它。
17. 可用指针指向一个对象，并且通过该指针来访问对象的数据域及调用函数。

18. 可使用 new 操作符在堆上动态地创建对象。
19. 关键字 this 是一个指针，用于访问调用对象。
20. 析构函数和构造函数是相对的。
21. 构造函数用于创建对象。在对象销毁时，将自动调用析构函数。
22. 如果没有显式地定义析构函数，每个类都将提供一个缺省的析构函数。
23. 缺省的析构函数不做任何操作。
24. 如果没有显式地定义拷贝构造函数，每个类都将提供一个缺省的拷贝构造函数。
25. 缺省的拷贝构造函数只是简单地将一个对象的数据域的值拷贝到另一个对象的相应数据域。

在线测验

请在 www.cs.armstrong.edu/liang/cpp3e/quiz.html 完成本章的在线测验。

程序设计练习

11.2 ～ 11.11 节

11.1 （分析输入）编写程序，首先读入数组大小，接着读入数组中各个数，计算它们的均值，并求出有多少个数在均值之上。

**11.2 （打印不同的数）编写一个程序，先读入数组大小，再读入数组中各个数，输出其中不同的数（即如果一个数出现多次，只打印一次）。（提示：读入一个数，如果未出现过，将其存入数组。如果已在数组中，则丢弃。当输入完毕，数组保存的就是不同的数。）

*11.3 （增加数组大小）一旦数组创建后，其大小就是固定的了。有时，需要向数组中加入更多数据，但数组已经满了。在这种情况下，需要创建一个更大的新的数组，代替当前数组。编写一个函数，函数头如下：

```
int* doubleCapacity(const int* list, int size)
```

函数返回一个新的数组，大小是原数组 list 的两倍。

11.4 （求数组均值）编写两个重载的函数，返回一个数组的均值，函数头如下：

```
int average(const int* array, int size);
double average(const double* array, int size);
```

编写测试程序，提示用户输入 10 个 double 型数，调用上面的函数，打印输出它们的均值。

11.5 （求最小元素）使用指针编写一个程序，求整型数组中的最小元素。使用 {1, 2, 4, 5, 100, 2, −22} 测试函数。

**11.6 （统计字符串中每个数字出现的次数）编写一个函数，统计字符串中每个数字出现的次数，函数头如下：

```
int* count(const string& s)
```

该函数统计了每个数字在该字符串中出现了多少次，返回值是一个 10 个元素的数组，每个元素表示一个数字出现的次数。例如，进行如下调用后

```
int* counts = count("12203AB3")
```

counts[0] 为 1，counts[1] 为 1，counts[2] 为 2，counts[3] 为 2。

编写主函数，对字符串 "SSN is 343 32 4545 and ID is 434 34 4323"，输出相应的统计结果。

重新设计函数，将统计结果数组作为参数传递给函数：

```
void count(const string& s, int counts[], int size)
```

其中 size 是数组 counts 的大小，此例中为 10。

**11.7 （商业：ATM 机）使用程序设计练习 9.3 中的 Account 类来模拟 ATM 机。创建 10 个账户，存储到数组中，id 分别为 0、1、…、9，初始的余额都是 100 美元。系统提示用户输入一个 id，如果该 id 输入不正确，则提示用户再次输入。一旦接受了某个 id，则显示主界面，如下样例运行所示。可以输入 1 来查看当前余额，输入 2 来取钱，输入 3 来存钱，输入 4 退出主界面。一旦退出，系统将再次提示用户输入一个 id，也就是说，一旦系统启动，它将不会停止。

程序输出：

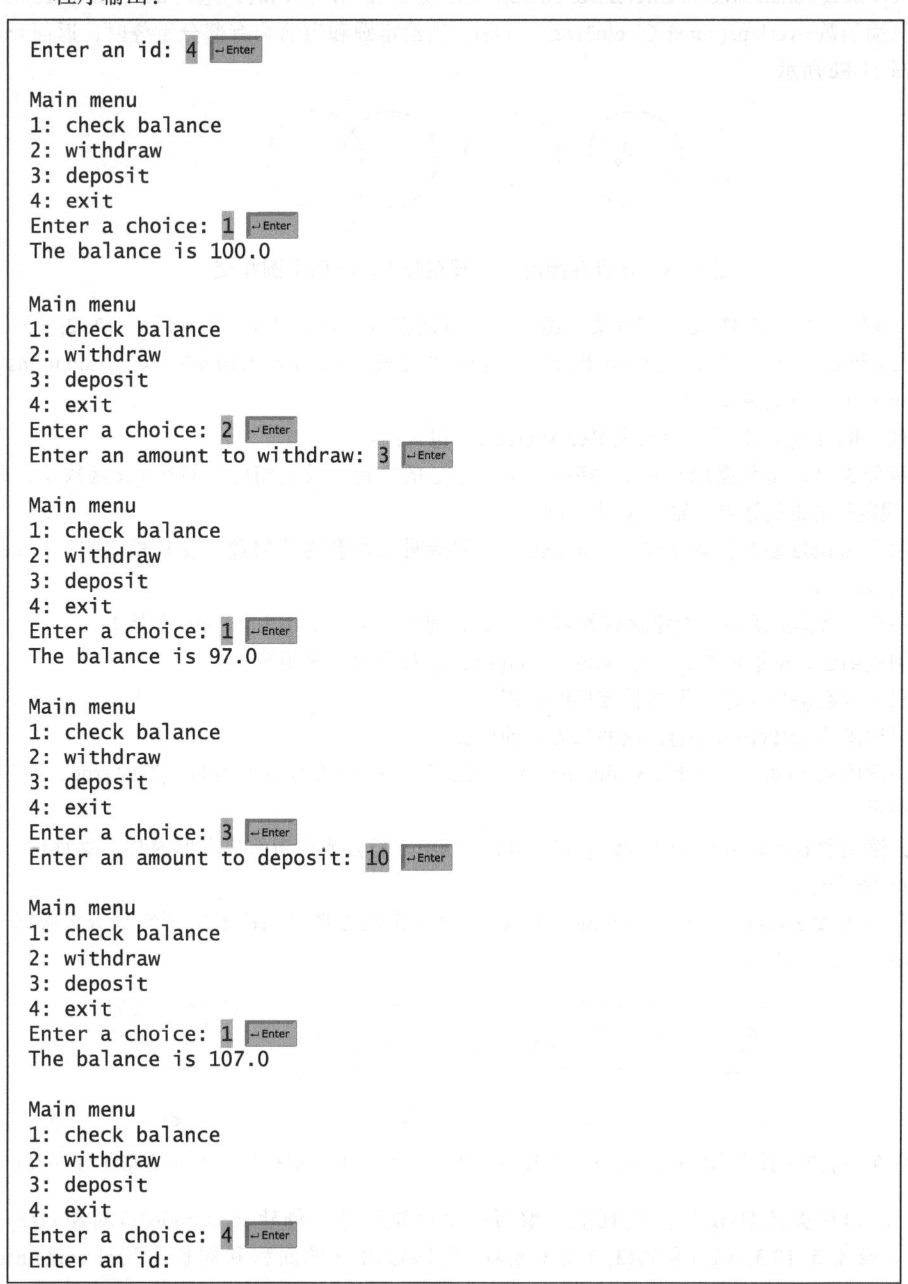

```
Enter an id: 4 ↵Enter

Main menu
1: check balance
2: withdraw
3: deposit
4: exit
Enter a choice: 1 ↵Enter
The balance is 100.0

Main menu
1: check balance
2: withdraw
3: deposit
4: exit
Enter a choice: 2 ↵Enter
Enter an amount to withdraw: 3 ↵Enter

Main menu
1: check balance
2: withdraw
3: deposit
4: exit
Enter a choice: 1 ↵Enter
The balance is 97.0

Main menu
1: check balance
2: withdraw
3: deposit
4: exit
Enter a choice: 3 ↵Enter
Enter an amount to deposit: 10 ↵Enter

Main menu
1: check balance
2: withdraw
3: deposit
4: exit
Enter a choice: 1 ↵Enter
The balance is 107.0

Main menu
1: check balance
2: withdraw
3: deposit
4: exit
Enter a choice: 4 ↵Enter
Enter an id:
```

*11.8 （几何：Circle2D 类）定义类 Circle2D，包含：

- 两个 double 型数据域 x 和 y，指明圆心的坐标，及其相应的只读 get 函数。

- 一个 double 型数据域 radius，指明圆的半径，及其相应的只读 get 函数。
- 一个无参构造函数，创建缺省的对象，(x, y) 是 (0, 0)，radius 是 1。
- 构造函数，用给定的 x、y 和 radius 做参数创建一个圆。
- 只读函数 getArea()，返回圆的面积。
- 只读函数 getPerimeter()，返回圆的周长。
- 只读函数 contains(double x, double y)，当给定点 (x, y) 在圆内时，返回 true，如图 11-8a 所示。
- 只读函数 contains(const Circle2D& circle)，当给定圆在当前圆内时，返回 true，如图 11-8b 所示。
- 只读函数 overlaps(const Circle2D& circle)，当给定圆和当前圆有部分重叠时，返回 true，如图 11-8c 所示。

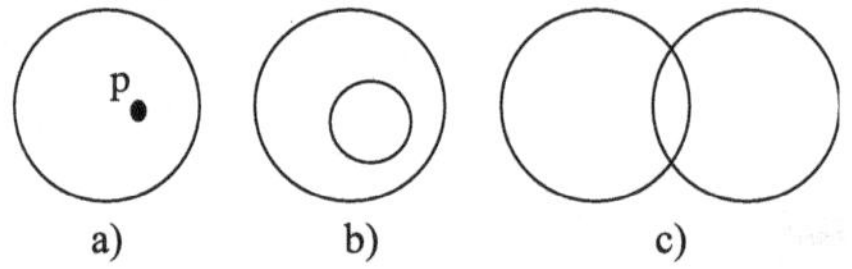

图 11-8 a) 点在圆内；b) 圆在圆内；c) 两个圆相交

画出该类的 UML 图。实现类。编写一个测试程序，创建 Circle2D 对象 c1(2, 2, 5.5)、c2(2, 2, 5.5) 和 c3(4, 5, 10.5)，打印输出 c1 的面积和周长，及 c1.contains(3, 3)、c1.contains(c2) 和 c1.overlaps(c3) 的输出结果。

*11.9 （几何：Rectangle2D 类）定义类 Rectangle2D，包含：

- 两个 double 型数据域 x 和 y，指明长方形中心的坐标，及其相应的只读 get 函数及 set 函数。（假定长方形的边和 x 轴或 y 轴平行。）
- 两个 double 型数据域 width 和 height，分别指明长方形的长和宽，及其相应的只读 get 函数及 set 函数。
- 一个无参构造函数，创建缺省的对象，(x, y) 是 (0, 0)，width 和 height 都是 1。
- 构造函数，用给定的 x、y、width、height 做参数创建一个矩形。
- 只读函数 getArea()，返回长方形的面积。
- 只读函数 getPerimeter()，返回长方形的周长。
- 只读函数 contains(double x, double y)，当给定点 (x, y) 在长方形内时，返回 true，如图 11-9a 所示。
- 只读函数 contains(const Rectangle2D &r)，当给定长方形在当前长方形内时，返回 true，如图 11-9b 所示。
- 只读函数 overlaps(const Rectangle2D &r)，当给定长方形和当前长方形有部分重叠时，返回 true，如图 11-9c 所示。

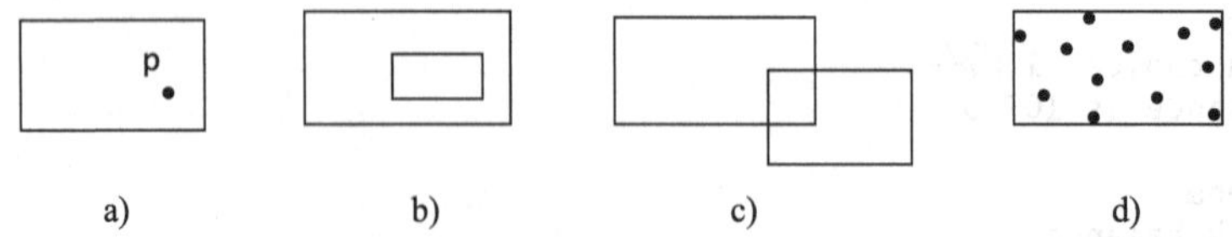

图 11-9 a) 点在长方形内；b) 长方形在长方形内；c) 两个长方形相交；d) 长方形围住一些点

画出该类的 UML 图。实现类。编写一个测试程序，创建 Rectangle2D 对象 r1(2, 2, 5.5, 4.9)、r2(4, 5, 10.5, 3.2)) 和 r3(3, 5, 2.3, 5.4)，打印输出 r1 的面积和周长，及 r1.contains(3, 3)、r1.contains(r2) 和 r1.overlaps(r3) 的输出结果。

*11.10 （统计字符串中每个字母出现的次数）重写程序设计练习 10.7 中的 count 函数，使用如下函数头：

```
int* count(const string& s)
```

函数返回统计结果数组，它有 26 个元素。例如，进行如下调用后

```
int counts[] = count("ABcaB")
```

counts[0] 为 2，counts[1] 为 2，counts[2] 为 1。

编写主函数，读入一个字符串，调用 count 函数，输出统计结果。样例运行请参看程序设计练习 10.7。

*11.11 （几何：找最小包围长方形）一个最小包围长方形是指，对二维空间的一些点来说，包含它们的最小的长方形，如图 11-9d 所示。编写函数，对二维空间的一些点，返回它们的最小包围长方形，函数头如下：

```
const int SIZE = 2;
Rectangle2D getRectangle(const double points[][SIZE]);
```

Rectangle2D 类在程序设计练习 11.9 中定义。编写一个测试程序，提示用户输入 5 个点，打印输出它们的最小包围长方形，输出信息包括长方形中心坐标、长和宽。下面是样例运行：

```
Enter five points: 1.0 2.5 3 4 5 6 7 8 9 10 ↵Enter
The bounding rectangle's center (5.0, 6.25), width 8.0, height 7.5
```

*11.12 （MyDate 类）设计一个名为 MyDate 的类，类包含：

- 数据域 year、month 和 day，表示一个日期。month 从 0 开始，即 0 表示一月。
- 一个无参构造函数，为当前日期创建一个 MyDate 对象。
- 一个构造函数，按给出的自 1970 年 1 月 1 日 0 时流逝的秒数所指出的时间，创建一个 MyDate 对象。
- 一个构造函数，创建一个给定 year、month 和 day 的 MyDate 对象。
- 数据域 year、month 和 day 的三个只读 get 函数。
- 数据域 year、month 和 day 的三个 set 函数。
- 一个成员函数 setDate(long elapsedTime)，使用流逝的秒数为对象设置新的日期。

画出类的 UML 图，实现类。编写一个测试程序，它创建两个 MyDate 对象（分别使用 MyDate() 和 MyDate(3435555513)），然后输出它们的 year、month 和 day。

（提示：前两个构造函数需要从流逝的秒数中抽取 year、month 和 day。例如，如果流逝时间为 561555550 秒，那么 year 为 1987，month 为 9，day 为 18。）

11.13 ～ 11.15 节

**11.13 （Course 类）修改程序清单 11-16 Course.cpp 中 Course 类的实现，要求如下：

- 给课程添加一名新的学生时，如果数组容量不够，则创建一个新的更大的数组，并将数组内容拷贝到新的数组。
- 实现 dropStudent 函数。
- 添加一个新的函数 clear()，删除该课程的所有学生。
- 在该类中实现自定义的析构函数和拷贝构造函数，达到深拷贝的目的。

编写测试程序，创建一门课程，添加三个学生，删除其中一个学生，并打印输出该课程现在的学生名单。

11.14 （实现 string 类）C++ 类库中提供了 string 类，现要求实现你自己的字符串类 MyString，包含如下函数：

```
MyString();
MyString(const char* cString);
char at(int index) const;
```

```
int length() const;
void clear();
bool empty() const;
int compare(const MyString& s) const;
int compare(int index, int n, const MyString& s) const;
void copy(char s[], int index, int n);
char* data() const;
int find(char ch) const;
int find(char ch, int index) const;
int find(const MyString& s, int index) const;
```

11.15 （实现 string 类）C++ 类库中提供了 string 类，现要求实现你自己的字符串类 MyString，包含如下函数：

```
MyString(const char ch, int size);
MyString(const char chars[], int size);
MyString append(const MyString& s);
MyString append(const MyString& s, int index, int n);
MyString append(int n, char ch);
MyString assign(const char* chars);
MyString assign(const MyString& s, int index, int n);
MyString assign(const MyString& s, int n);
MyString assign(int n, char ch);
MyString substr(int index, int n) const;
MyString substr(int index) const;
MyString erase(int index, int n);
```

11.16 （字符串中字符排序）使用 11.8 节介绍的 sort 函数，重写程序设计练习 10.4 中的 sort 函数。（提示：从 string 对象中获取 C 字符串，应用 sort 函数对 C 字符串中的字符进行排序，再从排序后的 C 字符串获得一个 string 对象。）编写一个测试程序，提示用户输入一个字符串，并打印输出排序好的字符串。样例运行请参看程序设计练习 10.4。

模板、向量和栈

目标

- 了解使用模板的动机和好处（12.2 节）。
- 学会使用类型参数定义模板函数（12.2 节）。
- 学会使用模板设计一个通用的排序函数（12.3 节）。
- 学习使用类模板设计一个通用的类（12.4 ～ 12.5 节）。
- 学会使用 C++ 中的 vector 类作为可变大小数组（12.6 节）。
- 学会用向量替换数组（12.7 节）。
- 能用栈对表达式进行解析和计算（12.8 节）。

12.1 引言

关键点：在 C++ 中，可以设计具有通用类型的模板函数和类，模板函数和模板类使得程序可用于不同数据类型而不需要为每个数据类型重写代码。

C++ 提供了函数和类机制，可用来设计可重用软件。而模板功能提供了在函数和类中将类型作为参数的能力。有了这种能力，就可以设计具有通用类型的函数和类，而编译器会在编译时将通用类型确定为一种具体的类型。例如，可以设计一个在两个数中求较大者的通用函数。如果程序中用两个 int 型参数调用此函数，则通用类型被替换为 int 类型。若用两个 double 型参数调用函数，则通用类型被替换为 double 类型。

本章介绍模板的概念，将学习如何定义函数模板和类模板，以及如何用具体类型来调用模板。我们将学习一个非常有用的通用模板类 vector，用于替换数组。

12.2 模板基础

关键点：模板功能提供了在函数和类中将类型作为参数的能力。可以设计具有通用类型的函数和类，而编译器会在编译时将通用类型确定为一种具体的类型。

让我们从一个简单的例子开始来看一下模板机制的必要性。假设想求两个整数中较大的那个，也想求两个 double 型值中较大的，两个字符中较大的，两个字符串中较大的。那么，我们也许要写 4 个重载函数，如下所示：

```
int maxValue(int value1, int value2)
{
  if (value1 > value2)
    return value1;
  else
    return value2;
}

double maxValue(double value1, double value2)
{
```

```
  if (value1 > value2)
    return value1;
  else
    return value2;
}

char maxValue(char value1, char value2)
{
  if (value1 > value2)
    return value1;
  else
    return value2;
}

string maxValue(string value1, string value2)
{
  if (value1 > value2)
    return value1;
  else
    return value2;
}
```

这 4 个函数几乎是一样的，差别仅仅在于使用的类型不同。第一个函数使用了 int 类型，第二个函数使用了 double 类型，第三个函数使用了 char 类型，第四个函数使用了 string 类型。如果能像下面代码一样简单地定义一个具有通用类型的函数，那就能节省大量输入代码的时间，节省存储空间，并使程序更易于维护。

```
GenericType maxValue(GenericType value1, GenericType value2)
{
  if (value1 > value2)
    return value1;
  else
    return value2;
}
```

这里的 GenericType 表示可适用于所有类型，如 int、double、char 和 string。

C++ 允许定义具有通用类型的函数模板。程序清单 12-1 定义了一个具有通用类型的求两个值中较大者的模板函数。

程序清单 12-1 GenericMaxValue.cpp

```
#include <iostream>
#include <string>
using namespace std;

template<typename T>
T maxValue(T value1, T value2)
{
  if (value1 > value2)
    return value1;
  else
    return value2;
}

int main()
{
  cout << "Maximum between 1 and 3 is " << maxValue(1, 3) << endl;
  cout << "Maximum between 1.5 and 0.3 is "
    << maxValue(1.5, 0.3) << endl;
  cout << "Maximum between 'A' and 'N' is "
    << maxValue('A', 'N') << endl;
  cout << "Maximum between \"NBC\" and \"ABC\" is "
```

```
22        << maxValue(string("NBC"), string("ABC")) << endl;
23
24    return 0;
25  }
```

程序输出:

```
Maximum between 1 and 3 is 3
Maximum between 1.5 and 0.3 is 1.5
Maximum between 'A' and 'N' is N
Maximum between "NBC" and "ABC" is NBC
```

函数模板的定义以关键字 template 开始，后面跟着一个参数列表。每个参数前面都必须有关键字 typename 或 class，形式为 <typename typeParameter> 或 <class typeParameter>。如上例中的第 5 行，

```
template<typename T>
```

以上的代码开始了函数模板 maxValue 的定义。这行代码也被称为模板前缀（template prefix）。此处的 T 是类型参数（type parameter）。习惯上，用单个大写字母，如 T，来表示类型参数。

程序第 6 ～ 12 行定义了 maxValue 函数。在函数中，一个类型参数可以像一个普通类型一样使用，可以用它指定函数返回类型，定义函数参数，以及定义函数中的变量。

在主函数的 16 ～ 22 行，分别调用 maxValue 来求两个 int、double、char 和 string 值中的较大者。对于函数调用 maxValue(1, 3)，编译器会识别出参数类型为 int，从而用 int 替换类型参数 T，以具体类型 int 来调用函数 maxValue。对于函数调用 maxValue(string("NBC"), string("ABC"))，编译器会识别出参数类型为 string，从而用 string 替换类型参数 T，以具体类型 string 来调用函数 maxValue。

如果在第 22 行，用 maxValue("NBC", "ABC") 替换 maxValue(string("NBC"), string("ABC"))，会发生什么？令人惊奇是，返回的是 "ABC"。为什么？因为 "NBC" 和 "ABC" 是 C 字符串，调用 maxValue("NBC", "ABC") 时传递给函数参数的是 "NBC" 和 "ABC" 的地址，在比较 value1 > value2 时，进行的是两个地址的比较，而不是数组内容的比较！

警示：通用函数 maxValue 可用于求两个任意类型的值中较大者，只要保证

- 两个值具有相同类型。
- 两个值（类型）可以使用 > 运算符进行比较操作。

例如，如果一个值是 int，而另一个是 double（比如 maxValue(1, 3.5)），编译器会报告一个语法错误，因为无法找到一个与此调用匹配的具体类型。如果调用 maxValue(Circle(1), Circle(2))，也会导致一个语法错误，因为 Circle 类中没有定义 > 运算符。

小窍门：使用 <typename T> 或 <class T> 指定类型参数都是可以的。使用 <typename T> 更好些，因为它含义更明确，而 <class T> 有可能与类声明混淆。

提示：有时，一个模板函数可能有多个类型参数。在此情况下，应将所有参数都放在尖括号内，以逗号隔开，如 <typename T1, typename T2, typename, T3>。

程序清单 12-1 中的函数参数定义为按值传递，可以修改它，使得参数按引用传递，如程序清单 12-2 所示。

程序清单 12-2 GenericMaxValuePassByReference.cpp

```
#include <iostream>
#include <string>
using namespace std;

template<typename T>
T maxValue(const T& value1, const T& value2)
{
  if (value1 > value2)
    return value1;
  else
    return value2;
}

int main()
{
  cout << "Maximum between 1 and 3 is " << maxValue(1, 3) << endl;
  cout << "Maximum between 1.5 and 0.3 is "
    << maxValue(1.5, 0.3) << endl;
  cout << "Maximum between 'A' and 'N' is "
    << maxValue('A', 'N') << endl;
  cout << "Maximum between \"NBC\" and \"ABC\" is "
    << maxValue(string("NBC"), string("ABC")) << endl;

  return 0;
}
```

程序输出：

```
Maximum between 1 and 3 is 3
Maximum between 1.5 and 0.3 is 1.5
Maximum between 'A' and 'N' is N
Maximum between "NBC" and "ABC" is NBC
```

检查点

12.1 对于程序清单 12-1 中的函数 maxValue，可以用两个不同类型的参数来调用它吗，比如 maxValue(1, 1.5)？

12.2 对于程序清单 12-1 中的函数 maxValue，可以用两个字符串作为参数调用它吗，例如 maxValue ("ABC", "ABD")？可以用两个 Circle 对象作为参数调用它吗，例如 maxValue(Circle(2), Circle(3))？

12.3 template<typename T> 可被 template<class T> 代替吗？

12.4 一个类型参数可以用关键字之外的任意标识符来命名吗？

12.5 一个类型参数可以是基本数据类型或对象类型吗？

12.6 下面代码有什么错误？

```
#include <iostream>
#include <string>
using namespace std;
template<typename T>
T maxValue(T value1, T value2)
{
  int result;
  if (value1 > value2)
    result = value1;
  else
    result = value2;
  return result;
}
```

```
int main()
{
  cout << "Maximum between 1 and 3 is "
    << maxValue(1, 3) << endl;
  cout << "Maximum between 1.5 and 0.3 is "
    << maxValue(1.5, 0.3) << endl;
  cout << "Maximum between 'A' and 'N' is "
    << maxValue('A', 'N') << endl;
  cout << "Maximum between \"ABC\" and \"ABD\" is "
    << maxValue("ABC", "ABD") << endl;

  return 0;
}
```

12.7 如果 maxValue 函数定义如下：

```
template<typename T1, typename T2>
T1 maxValue(T1 value1, T2 value2)
{
  if (value1 > value2)
    return value1;
  else
    return value2;
}
```

那么调用 maxValue(1, 2.5) 会返回什么结果？ maxValue(1.4, 2.5) 和 maxValue(1.5, 2) 呢？

12.3 例：一个通用排序函数

关键点：本节实现了一个通用的排序函数。

程序清单 7-11 给出了一个排序 double 值数组的函数，下面是那个函数的副本：

```
1  void selectionSort(double list[], int listSize)
2  {
3    for (int i = 0; i < listSize; i++)
4    {
5      // Find the minimum in the list[i..listSize-1]
6      double currentMin = list[i];
7      int currentMinIndex = i;
8
9      for (int j = i + 1; j < listSize; j++)
10     {
11       if (currentMin > list[j])
12       {
13         currentMin = list[j];
14         currentMinIndex = j;
15       }
16     }
17
18     // Swap list[i] with list[currentMinIndex] if necessary
19     if (currentMinIndex != i)
20     {
21       list[currentMinIndex] = list[i];
22       list[i] = currentMin;
23     }
24   }
25 }
```

修改此函数，设计出新的重载函数，用于排序 int 值数组、char 型数组、string 数组等，是很容易的，只需将关键字 double（1 行和 6 行）替换为 int、char 和 string 即可。

除了编写多个重载函数之外，另一种方法是只定义一个适用任意类型的模板函数。程序清单 12-3 定义了一个可进行数组排序的通用函数。

程序清单 12-3 GenericSort.cpp

```
#include <iostream>
#include <string>
using namespace std;

template<typename T>
void sort(T list[], int listSize)
{
  for (int i = 0; i < listSize; i++)
  {
    // Find the minimum in the list[i..listSize-1]
    T currentMin = list[i];
    int currentMinIndex = i;

    for (int j = i + 1; j < listSize; j++)
    {
      if (currentMin > list[j])
      {
        currentMin = list[j];
        currentMinIndex = j;
      }
    }

    // Swap list[i] with list[currentMinIndex] if necessary;
    if (currentMinIndex != i)
    {
      list[currentMinIndex] = list[i];
      list[i] = currentMin;
    }
  }
}

template<typename T>
void printArray(const T list[], int listSize)
{
  for (int i = 0; i < listSize; i++)
  {
    cout << list[i] << " ";
  }
  cout << endl;
}

int main()
{
  int list1[] = {3, 5, 1, 0, 2, 8, 7};
  sort(list1, 7);
  printArray(list1, 7);

  double list2[] = {3.5, 0.5, 1.4, 0.4, 2.5, 1.8, 4.7};
  sort(list2, 7);
  printArray(list2, 7);

  string list3[] = {"Atlanta", "Denver", "Chicago", "Dallas"};
  sort(list3, 4);
  printArray(list3, 4);

  return 0;
}
```

程序输出：

```
0 1 2 3 5 7 8
0.4 0.5 1.4 1.8 2.5 3.5 4.7
Atlanta Chicago Dallas Denver
```

程序中定义了两个模板函数 sort（5 ～ 30 行），它们使用类型参数 T 指定了数组元素类型。此函数与 selectionSort 函数是相同的，只是 double 类型被替换为通用类型 T。

printArray（32 ～ 40 行）使用类型参数 T 指定了数组元素的类型。此函数将数组中所有元素输出到控制台。

主函数调用 sort 函数将 int、double 和 string 型数组排序（45、49 和 53 行），并调用 printArray 将数组内容输出到控制台（46、50 和 54 行）。

小窍门：当设计一个通用函数时，最好先设计一个非通用的版本，调试测试完毕后，再将其转换为通用版本。

检查点

12.8 如果 swap 函数定义如下：

```
template<typename T>
void swap(T& var1, T& var2)
{
  T temp = var1;
  var1 = var2;
  var2 = temp;
}
```

那么下面的代码有何错误？

```
int main()
{
  int v1 = 1;
  int v2 = 2;
  swap(v1, v2);

  double d1 = 1;
  double d2 = 2;
  swap(d1, d2);

  swap(v1, d2);
  swap(1, 2);

  return 0;
}
```

12.4 模板类

关键点：可以实现具有通用类型的类。

在前面几节中，我们已经学习了用类型参数定义模板函数。类似地，可以用类型参数定义模板类（template class）。类型参数可以用于类中任何地方，就像使用普通类型一样。

回忆一下 10.9 节中定义的 StackOfIntegers 类，用它可创建一个整数栈。下面代码是此类的一份拷贝，图 12-1a 给出了它的 UML 类图。

```
#ifndef STACK_H
#define STACK_H

class StackOfIntegers
{
public:
```

```
  StackOfIntegers();
  bool empty() const;
  int peek() const;
  void push(int value);
  int pop();
  int getSize() const;

private:
  int elements[100];
  int size;
};

StackOfIntegers::StackOfIntegers()
{
  size = 0;
}

bool StackOfIntegers::empty() const
{
  return size == 0;
}

int StackOfIntegers::peek() const
{
  return elements[size - 1];
}

void StackOfIntegers::push(int value)
{
  elements[size++] = value;
}

int StackOfIntegers::pop()
{
  return elements[--size];
}

int StackOfIntegers::getSize() const
{
  return size;
}

#endif
```

StackOfIntegers	Stack<T>
-elements[100]: int -size: int	-elements[100]: T -size: int
+StackOfIntegers() +empty(): bool const +peek(): int const +push(value: int): void +pop(): int +getSize(): int const	+Stack() +empty(): bool const +peek(): T const +push(value: T): void +pop(): T +getSize(): int const
a)	b)

图 12-1　Stack<T> 是 Stack 类的通用版本

将上面代码中高亮的 int 用 double、char 或 string 替换，就可以很简单地将这个类修改为诸如 StackOfDouble、StackOfChar 以及 StackOfString 之类的新的类，用以描述浮点数栈、字符栈以及字符串栈。但是，多次重复几乎相同的代码显然不是一种好的方法，完全可以只定义一个模板类，而适用于多种不同的栈元素类型。图 12-1b 给出了新的通用 Stack 类的 UML 类图。程序清单 12-4 给出了类的定义。

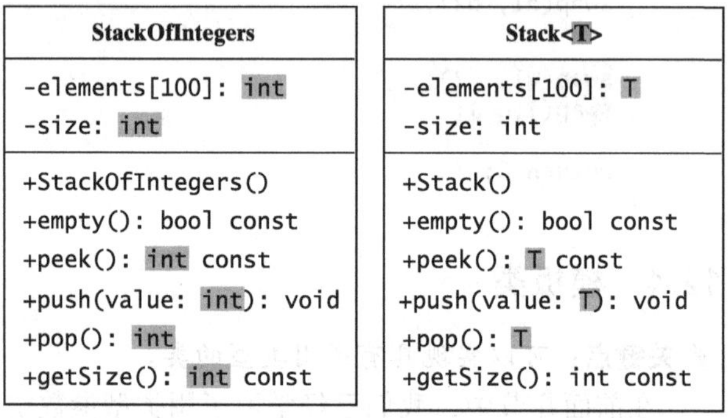

程序清单 12-4　GenericStack.h

```
#ifndef STACK_H
#define STACK_H
```

```
 3
 4 template<typename T>
 5 class Stack
 6 {
 7 public:
 8   Stack();
 9   bool empty() const;
10   T peek() const;
11   void push(T value);
12   T pop();
13   int getSize() const;
14
15 private:
16   T elements[100];
17   int size;
18 };
19
20 template<typename T>
21 Stack<T>::Stack()
22 {
23   size = 0;
24 }
25
26 template<typename T>
27 bool Stack<T>::empty() const
28 {
29   return size == 0;
30 }
31
32 template<typename T>
33 T Stack<T>::peek() const
34 {
35   return elements[size - 1];
36 }
37
38 template<typename T>
39 void Stack<T>::push(T value)
40 {
41   elements[size++] = value;
42 }
43
44 template<typename T>
45 T Stack<T>::pop()
46 {
47   return elements[--size];
48 }
49
50 template<typename T>
51 int Stack<T>::getSize() const
52 {
53   return size;
54 }
55
56 #endif
```

模板类的语法基本上与模板函数相同。应在类声明前加上模板前缀（4 行），就像在模板函数声明前添加模板前缀一样。

```
template<typename T>
```

在类中，类型参数可以如同任何普通类型一样使用。在此类中，类型 T 被用来声明函数 peek()（10 行）、push(T value)（11 行）和 pop()（12 行）。T 还用于声明数组 elements（16 行）。

模板类中的构造函数和成员函数的定义与普通类是一样的，唯一的区别在于它们都是模板函数。因此需要在函数头前添加模板前缀，如下所示：

```
template<typename T>
Stack<T>::Stack()
{
  size = 0;
}

template<typename T>
bool Stack<T>::empty()
{
  return size == 0;
}

template<typename T>
T Stack<T>::peek()
{
  return elements[size - 1];
}
```

另外，请注意在作用域解析运算符 :: 之前的类名是 Stack<T>，而不是 Stack。

小窍门：GenericStack.h 将类定义和类实现组合在一个文件中。通常，将类的定义和实现分隔在两个文件中。但是，对于模板类，将定义和实现放在一起更为安全，因为某些编译器不支持将两者分离。

程序清单 12-5 给出了一个测试程序，它创建一个 int 型栈（9 行）和一个字符串栈（18 行）。

程序清单 12-5 TestGenericStack.cpp

```
1  #include <iostream>
2  #include <string>
3  #include "GenericStack.h"
4  using namespace std;
5
6  int main()
7  {
8    // Create a stack of int values
9    Stack<int> intStack;
10   for (int i = 0; i < 10; i++)
11     intStack.push(i);
12
13   while (!intStack.empty())
14     cout << intStack.pop() << " ";
15   cout << endl;
16
17   // Create a stack of strings
18   Stack<string> stringStack;
19   stringStack.push("Chicago");
20   stringStack.push("Denver");
21   stringStack.push("London");
22
23   while (!stringStack.empty())
24     cout << stringStack.pop() << " ";
25   cout << endl;
26
27   return 0;
28 }
```

程序输出：

```
9 8 7 6 5 4 3 2 1 0
London Denver Chicago
```

为了声明一个模板类的对象，必须为类型参数 T 指定一个具体类型，如下所示：

```
Stack<int> intStack;
```

这个声明语句用 int 类型替换了类型参数 T，因此 intStack 是一个 int 型值的栈，这个对象与其他对象是没有任何差别的。程序随后对它调用了 push 函数压入了 10 个 int 型值（11 行），并输出栈中所有元素（13 ～ 14 行）。

程序还声明了一个字符串栈对象（18 行），向其中加入了三个字符串（19 ～ 21 行），然后输出了栈中所有字符串（24 行）。

注意 9 ～ 11 行的代码：

```
while (!intStack.empty())
  cout << intStack.pop() << " ";
cout << endl;
```

和 23 ～ 25 行的代码：

```
while (!stringStack.empty())
  cout << stringStack.pop() << " ";
cout << endl;
```

这两段代码几乎是相同的。差别在于前一段代码输出 intStack 中所有元素，而后一段输出 stringStack 中所有代码。我们完全可以定义一个函数来输出一个栈中的所有元素，函数接收一个栈作为参数。新程序如程序清单 12-6 所示。

程序清单 12-6　TestGenericStackWithTemplateFunction.cpp

```
1  #include <iostream>
2  #include <string>
3  #include "GenericStack.h"
4  using namespace std;
5
6  template<typename T>
7  void printStack(Stack<T>& stack)
8  {
9    while (!stack.empty())
10     cout << stack.pop() << " ";
11   cout << endl;
12 }
13
14 int main()
15 {
16   // Create a stack of int values
17   Stack<int> intStack;
18   for (int i = 0; i < 10; i++)
19     intStack.push(i);
20   printStack(intStack);
21
22   // Create a stack of strings
23   Stack<string> stringStack;
24   stringStack.push("Chicago");
25   stringStack.push("Denver");
26   stringStack.push("London");
27   printStack(stringStack);
28
29   return 0;
30 }
```

模板函数 printStack 的参数的类型是通用类 Stack<T>（7 行）。

提示：C++ 允许为模板类中的类型参数指定一个默认类型（default type）。例如，可以将

int 类型赋予通用类 Stack 中的类型参数 T，作为缺省类型，如下所示：

```
template<typename T = int>
class Stack
{
  ...
};
```

现在可以像如下代码一样使用默认类型来声明模板类对象了：

```
Stack<> stack;  // stack is a stack for int values
```

默认类型只能用于模板类，不能用于模板函数。

提示：在模板前缀中，除了类型参数外，还可以使用非类型参数（nontype parameter）。例如，在 Stack 类中，可以将数组容量声明为一个参数，如下所示：

```
template<typename T, int capacity>
class Stack
{
  ...
private:
  T elements[capacity];
  int size;
};
```

这样，当创建一个栈时，除了要指明元素类型外，还要指明数组大小。如下例所示：

```
Stack<string, 500> stack;
```

此语句声明了一个最多容纳 500 个字符串的栈。

提示：在模板类中可以定义静态成员。每个模板特例化都拥有独有的静态数据域拷贝。

检查点

12.9 模板类的声明中，每个函数都要使用模板前缀吗？模板类的实现中呢？

12.10 下面代码有什么错误？

```
template<typename T = int>
void printArray(const T list[], int arraySize)
{
  for (int i = 0; i < arraySize; i++)
  {
    cout << list[i] << " ";
  }
  cout << endl;
}
```

12.11 下面代码有什么错误？

```
template<typename T>
class Foo
{
public:
  Foo();
  T f1(T value);
  T f2();
};

Foo::Foo()
{
  ...
}

T Stack::f1(T value)
{
```

```
    ...
}

T Stack::f2()
{
    ...
};
```

12.12 假定 Stack 类的模板前缀如下所示

```
template<typename T = string>
```

可以用如下语句来创建一个字符串栈吗？

```
Stack stack;
```

12.5 改进 Stack 类

关键点：本节将实现一个动态的栈类。

前面的 Stack 类存在一个问题。栈元素被保存在一个固定大小（100 个元素）的数组中（程序清单 12-4 的 16 行）。因此，一个栈不能容纳超过 100 个元素。当然可以将 100 改为一个更大的值，但如果实际栈规模较小的话，这会造成空间浪费。一种解决此两难境地的方法是，预先分配较小的空间，在需要时分配更多的空间。

Stack<T> 类的 size 属性表示栈中元素的数目。我们增加一个新的属性 capacity，来表示保存元素的数组的当前大小。Stack<T> 类的无参构造函数创建一个容量为 16 的数组。当向栈中增加一个新的元素时，如果当前数组已满，就需要增加数组大小来保存新的元素。

如何增加数组的容量呢？数组一旦创建后，其大小是无法改变的。为突破这一局限，我们可以创建一个新的、更大的数组，将旧数组中的内容复制到新数组，并删除掉旧数组。

程序清单 12-7 是改进后的 Stack<T> 类。

程序清单 12-7 ImprovedStack.h

```
#ifndef IMPROVEDSTACK_H
#define IMPROVEDSTACK_H

template<typename T>
class Stack
{
public:
  Stack();
  Stack(const Stack&);
  ~Stack();
  bool empty() const;
  T peek() const;
  void push(T value);
  T pop();
  int getSize() const;

private:
  T* elements;
  int size;
  int capacity;
  void ensureCapacity();
};

template<typename T>
Stack<T>::Stack(): size(0), capacity(16)
{
```

```
  elements = new T[capacity];
}

template<typename T>
Stack<T>::Stack(const Stack& stack)
{
  elements = new T[stack.capacity];
  size = stack.size;
  capacity = stack.capacity;
  for (int i = 0; i < size; i++)
  {
    elements[i] = stack.elements[i];
  }
}

template<typename T>
Stack<T>::~Stack()
{
  delete [] elements;
}

template<typename T>
bool Stack<T>::empty() const
{
  return size == 0;
}

template<typename T>
T Stack<T>::peek() const
{
  return elements[size - 1];
}

template<typename T>
void Stack<T>::push(T value)
{
  ensureCapacity();
  elements[size++] = value;
}

template<typename T>
void Stack<T>::ensureCapacity()
{
  if (size >= capacity)
  {
    T* old = elements;
    capacity = 2 * size;
    elements = new T[size * 2];

    for (int i = 0; i < size; i++)
      elements[i] = old[i];

    delete [] old;
  }
}

template<typename T>
T Stack<T>::pop()
{
  return elements[--size];
}

template<typename T>
int Stack<T>::getSize() const
{
```

```
92    return size;
93  }
94
95  #endif
```

由于内部数组 elements 是动态创建的，必须提供相应的析构函数，用于释放数组，以避免内存泄露（42 ～ 46 行）。而程序清单 12-4 GenericStack.h 中的数组不是动态分配的，不需要提供析构函数。

函数 push(T value)（60 ～ 65 行）向栈中压入一个新的元素。此函数首先调用 ensureCapacity()（63 行），确保数组中有容纳新元素的空间。

函数 ensureCapacity()（67 ～ 81 行）检查数组是否已满。如果已满，创建一个新数组，大小为旧数组的两倍，将新数组设置为保存栈元素的数组，将旧数组的内容复制到新数组中，然后删除旧数组（79 行）。

注意，释放一个动态创建的数组，使用如下的语法：

```
delete [] elements; // Line 45
delete [] old; // Line 79
```

如果使用下面的语句，将会怎样？

```
delete elements; // Line 45
delete old; // Line 79
```

对基本数据类型，程序可以编译且运行良好，但若是对象类型的栈，程序就会出错。语句 delete [] elements 先调用数组 elements 中每个对象的析构函数，然后释放该数组，而 delete elements 只调用数组中第一个对象的析构函数。

检查点

12.13 如果替换程序清单 12-7 中第 79 行为

```
delete old;
```

将出现什么错误？

12.6 C++ 向量类

关键点：*C++ 提供了通用类 vector，可以用于存储对象列表。*

可以使用数组来存储字符串和整数值，但是有一个严重的局限：数组大小在类声明中就已固定下来。C++ 提供了向量类（vector），它比数组更为灵活。使用向量就像使用数组一样，但向量的大小可以按需自动增长。

创建向量的语法如下：

```
vector<elementType> vectorName;
```

下面是一个例子，创建了一个 int 型的向量：

```
vector<int> intVector;
```

下面语句创建了一个字符串对象的向量：

```
vector<string> stringVector;
```

图 12-2 的 UML 类图中列出了向量类中常用的几个函数。

可以创建一个初始大小的向量，以默认值填充各元素。例如，下面的代码创建一个大小为 10 的向量，默认值为 0。

vector<elementType>	
+vector<elementType>()	用指定的元素类型创建一个空向量
+vector<elementType>(size: int)	创建初始大小的向量，元素值为缺省值
+vector<elementType>(size: int, defaultValue: elementType)	创建初始大小的向量，元素值填充为给定值
+push_back(element: elementType): void	追加一个元素到向量
+pop_back(): void	删除向量最后一个元素
+size(): unsigned const	返回向量中元素的数目
+at(index: int): elementType const	返回向量中指定位置的元素
+empty(): bool const	如果向量空返回真
+clear(): void	删除向量中所有元素
+swap(v2: vector): void	交换此向量与另一个向量的内容

图 12-2 vector 类从功能上相当于一个可变大小的数组

```
vector<int> intVector(10);
```

向量的访问同数组一样，也是使用数组下标运算符 []，如，下面代码显示向量的第一个元素。

```
cout << intVector[0];
```

警示：使用数组下标运算符 []，需保证元素已经存在于向量中。与数组一样，向量中的下标也是从 0 开始的，即向量的第一个元素的下标为 0，最后一个元素下标为 v.size() − 1。使用超出范围的下标将导致出错。

程序清单 12-8 给出了一个使用向量的例子。

程序清单 12-8 TestVector.cpp

```
#include <iostream>
#include <vector>
#include <string>
using namespace std;

int main()
{
  vector<int> intVector;

  // Store numbers 1, 2, 3, 4, 5, ..., 10 to the vector
  for (int i = 0; i < 10; i++)
    intVector.push_back(i + 1);

  // Display the numbers in the vector
  cout << "Numbers in the vector: ";
  for (int i = 0; i < intVector.size(); i++)
    cout << intVector[i] << " ";

  vector<string> stringVector;

  // Store strings into the vector
  stringVector.push_back("Dallas");
  stringVector.push_back("Houston");
  stringVector.push_back("Austin");
  stringVector.push_back("Norman");

  // Display the string in the vector
```

```
28    cout << "\nStrings in the string vector: ";
29    for (int i = 0; i < stringVector.size(); i++)
30      cout << stringVector[i] << " ";
31
32    stringVector.pop_back(); // Remove the last element
33
34    vector<string> v2;
35    v2.swap(stringVector);
36    v2[0] = "Atlanta";
37
38    // Redisplay the string in the vector
39    cout << "\nStrings in the vector v2: ";
40    for (int i = 0; i < v2.size(); i++)
41      cout << v2.at(i) << " ";
42
43    return 0;
44  }
```

程序输出：

```
Numbers in the vector: 1 2 3 4 5 6 7 8 9 10
Strings in the string vector: Dallas Houston Austin Norman
Strings in the vector v2: Atlanta Houston Austin
```

由于要在程序中使用 vector 类，因此第 2 行包含了 vector 头文件。同样原因，第 3 行包含了 string 头文件。

程序第 8 行创建了一个保存 int 型值的 vector 头文件。第 12 行将 int 型值附加到向量末尾。向量的规模是没有限制的，随着更多的元素被加入向量，其大小会自动增长。程序随后输出向量中所有 int 型值（15 ～ 17 行）。注意，第 17 行使用了数组下标运算符 [] 获取向量元素。

程序第 19 行创建了一个字符串向量，随后加入了 4 个字符串（22 ～ 25 行）。29 ～ 30 行输出向量中所有字符串，这里同样使用了数组下标运算符 [] 访问数组元素。

程序第 32 行删除了向量的最后一个元素。34 行创建了另一个向量 v2。35 行将 v2 和 stringVector 的内容进行了交换。36 行将一个新字符串值赋予 v2[0]。程序随后输出了 v2 中的所有字符串（40 ～ 41 行），注意这里使用的是 at 函数来获取向量的元素。当然，这里使用数组下标运算符 [] 仍旧是可以的。

函数 size() 返回向量的大小，返回类型为 unsigned（无符号整数）型而非 int 型。某些编译器可能会给出警告，因为我们将 unsigned 型变量和 signed int 型变量 i 进行比较（16、29、40 行）。这只是一个警告，不会产生太大问题，这是因为在做比较时 unsigned 型将自动转换为 signed int 型。如果想去掉编译警告，可将 i 声明为 unsigned int 型，比如将第 16 行替换为如下语句：

```
for (unsigned i = 0; i < intVector.size(); i++)
```

检查点

12.14　怎样声明一个向量来存储 double 型值？怎样给向量追加一个 double 型元素？怎样得到向量的大小？怎样删除向量的一个元素？

12.15　下面的 a 代码是正确的，b 代码是错误的，为什么？

```
vector<int> v;
v[0] = 4;
```

a)

```
vector<int> v(5);
v[0] = 4;
```

b)

12.7 用 vector 类替换数组

关键点：向量可以用来替换数组，且比数组更灵活，而数组比向量更高效。

使用 vector 对象和使用数组类似，但也有些不同。表 12-1 列出了它们的相似和不同之处。

表 12-1 数组和向量的不同和相似之处

操作	数组	向量
创建一个数组 / 向量	string a[10]	vector<string> v
访问一个元素	a[index]	v[index]
更新一个元素	a[index] = "London"	v[index] = "London"
返回大小		v.size()
追加新的元素		v.push_back("London")
删除（最后的）元素		v.pop_back()
删除所有元素		v.clear()

数组和向量都可以用来存储元素列表。如果列表大小固定，使用数组会更加高效。向量是可变大小的数组。类 vector 包含很多成员函数，可用于操作向量。使用向量比使用数组更加灵活。一般地，可以使用向量来替换数组，之前章节中使用数组的例子都可以改为使用向量。本节将用向量重写程序清单 7-3 和程序清单 8-1。

回想一下，程序清单 7-3 从一副牌（52 张）中随机选择 4 张牌。我们用向量来存储 52 张牌，初始值为 0 ～ 51，如下所示：

```
const int NUMBER_OF_CARDS = 52;
vector<int> deck(NUMBER_OF_CARDS);

// Initialize cards
for (int i = 0; i < NUMBER_OF_CARDS; i++)
  deck[i] = i;
```

deck[0] 到 deck[12] 是梅花，deck[13] 到 deck[25] 是方片，deck[26] 到 deck[38] 是红桃，deck[39] 到 deck[51] 是黑桃。程序清单 12-9 给出了问题的解法。

程序清单 12-9 DeckOfCardsUsingVector.cpp

```
#include <iostream>
#include <vector>
#include <string>
#include <ctime>
using namespace std;

const int NUMBER_OF_CARDS = 52;
string suits[4] = {"Spades", "Hearts", "Diamonds", "Clubs"};
string ranks[13] = {"Ace", "2", "3", "4", "5", "6", "7", "8", "9",
  "10", "Jack", "Queen", "King"};

int main()
{
  vector<int> deck(NUMBER_OF_CARDS);

  // Initialize cards
  for (int i = 0; i < NUMBER_OF_CARDS; i++)
```

```
18      deck[i] = i;
19
20    // Shuffle the cards
21    srand(time(0));
22    for (int i = 0; i < NUMBER_OF_CARDS; i++)
23    {
24      // Generate an index randomly
25      int index = rand() % NUMBER_OF_CARDS;
26      int temp = deck[i];
27      deck[i] = deck[index];
28      deck[index] = temp;
29    }
30
31    // Display the first four cards
32    for (int i = 0; i < 4; i++)
33    {
34      cout << ranks[deck[i] % 13] << " of " <<
35        suits[deck[i] / 13] << endl;
36    }
37
38    return 0;
39  }
```

程序输出：

```
4 of Clubs
Ace of Diamonds
6 of Hearts
Jack of Clubs
```

除第 2 行包含 vector 类和第 14 行使用向量代替数组来存储牌之外，上面程序和程序清单 7-3 是一样的，有趣的是，连语法都很相似。在向量中可以使用下标及方括号来访问向量元素，这和数组元素的访问是相同的。

可以把数组 suits 和 ranks（8 ～ 10 行）也替换为向量，这样做的话，需要写很多行代码把花色和序号添加到向量中，这里用数组会比较简单。

回想一下，程序清单 8-1 创建了一个二维数组，并且调用函数返回该数组中所有元素的和。二维数组可用向量的向量来表示。在下面的例子中，用向量表示一个 4 行 3 列的数组：

```
vector<vector<int> > matrix(4); // four rows

for (int i = 0; i < 4; i++)

  matrix[i] = vector<int>(3);

matrix[0][0] = 1; matrix[0][1] = 2; matrix[0][2] = 3;
matrix[1][0] = 4; matrix[1][1] = 5; matrix[1][2] = 6;
matrix[2][0] = 7; matrix[2][1] = 8; matrix[2][2] = 9;
matrix[3][0] = 10; matrix[3][1] = 11; matrix[3][2] = 12;
```

提示：在下面的语句中两个 ">" 之间有个空格

```
vector<vector<int> > matrix(4); // Four rows
```

如果没有空格，一些编译器可能会报错。

使用向量来修改程序清单 8-1，如程序清单 12-10 所示。

程序清单 12-10 TwoDArrayUsingVector.cpp

```
#include <iostream>
#include <vector>
using namespace std;

int sum(const vector<vector<int>>& matrix)
{
  int total = 0;
  for (unsigned row = 0; row < matrix.size(); row++)
  {
    for (unsigned column = 0; column < matrix[row].size(); column++)
    {
      total += matrix[row][column];
    }
  }

  return total;
}

int main()
{
  vector<vector<int>> matrix(4); // Four rows

  for (unsigned i = 0; i < 4; i++)
    matrix[i] = vector<int>(3); // Each row has three columns

  matrix[0][0] = 1; matrix[0][1] = 2; matrix[0][2] = 3;
  matrix[1][0] = 4; matrix[1][1] = 5; matrix[1][2] = 6;
  matrix[2][0] = 7; matrix[2][1] = 8; matrix[2][2] = 9;
  matrix[3][0] = 10; matrix[3][1] = 11; matrix[3][2] = 12;

  cout << "Sum of all elements is " << sum(matrix) << endl;

  return 0;
}
```

程序输出：

```
Sum of all elements is 78
```

这里，变量 matrix 声明为向量，每个元素 matrix[i] 又是一个向量，所以 matrix[i][j] 表示第 i 行、第 j 列的元素。

函数 sum 返回所有元素的和。向量的大小可由 vector 类中的 size() 成员函数获得，所以，在调用 sum 函数时，不必指明向量的大小。如果用二维数组，函数则需要两个参数，如下所示：

```
int sum(const int a[][COLUMN_SIZE], int rowSize)
```

使用向量表示二维数组简化了代码。

检查点

12.16 重写代码，用向量表示下面的数组：

```
int list[4] = {1, 2, 3, 4};
```

12.17 重写代码，用向量表示下面的数组：

```
int matrix[4][4] =
  {{1, 2, 3, 4},
  {5, 6, 7, 8},
  {9, 10, 11, 12},
  {13, 14, 15, 16}};
```

12.8　实例研究：表达式计算

关键点：可用栈实现表达式计算。

栈有很多应用，本节将给出栈的一个应用。如图 12-3 所示，可以通过在 Google 中输入算术表达式，让 Google 返回给我们计算结果。

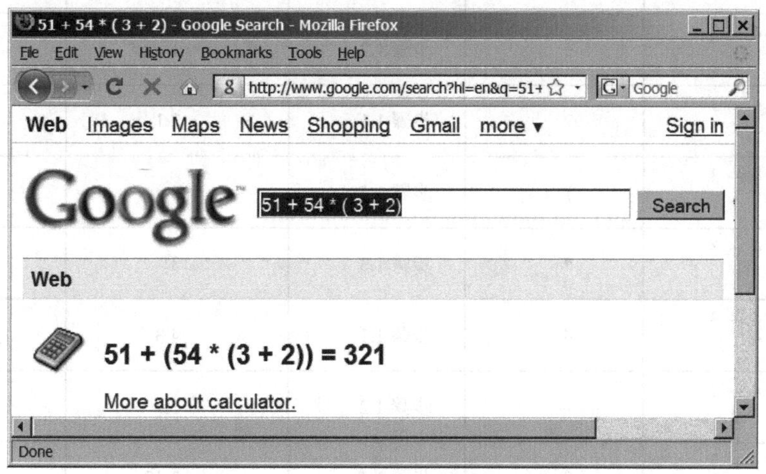

图 12-3　可以通过 Google 计算算术表达式

Google 是如何实现表达式计算的呢？本节我们将实现一个程序，可计算复合表达式（compound expression）的值，表达式可包含多个运算符和括号（例如 (15 ＋ 2) * 34 － 2)）。为简单起见，假定操作数都是整数，运算符为加（＋）、减（－）、乘（*）和除（/）。

为解决这个问题，需要使用两个栈 operandStack 和 operatorStack，分别存储操作数和运算符。操作数和运算符在处理之前需要先压进栈。当运算符被处理时，首先从 operatorStack 栈中弹出，用 operandStack 栈顶的两个操作数（从栈 operandStack 弹出的）进行计算，计算结果被压进栈 operandStack。

算法有两个步骤。

步骤 1：扫描表达式

程序从左往右扫描表达式，抽取操作数、运算符和括号。

1）如果抽取的是操作数，则压进栈 operandStack。

2）如果抽取的是“＋”或“－”运算符，则处理 operatorStack 栈顶比“＋”、“－”号优先级更高或相等的所有运算符（即“＋”、“－”、“*”、“/”），最后把抽取到的运算符压进栈 operatorStack。

3）如果抽取的是“*”或“/”运算符，则处理 operatorStack 栈顶比“*”、“/”号优先级更高或相等的所有运算符（即“*”、“/”），最后把抽取到的运算符压进栈 operatorStack。

4）如果抽取的是“(”，则将其压进 operatorStack 栈。

5）如果抽取的是“)”，重复处理 operatorStack 栈顶的所有运算符，直到遇到符号“(”。

步骤 2：清空栈

重复处理 operatorStack 栈顶的所有运算符，直到 operatorStack 栈为空。

表 12-2 演示了计算表达式 (1 ＋ 2) * 4 － 3 时的算法过程。

表 12-2　计算表达式

表达式	扫描	动作	operandStack	operatorStack
(1 + 2) * 4 − 3	(	步骤 1.4		(
(1 + 2) * 4 − 3	1	步骤 1.1	1	(
(1 + 2) * 4 − 3	+	步骤 1.2	1	+(
(1 + 2) * 4 − 3	2	步骤 1.1	2 1	+(
(1 + 2) * 4 − 3	)	步骤 1.5	3	
(1 + 2) * 4 − 3	*	步骤 1.3	3	*
(1 + 2) * 4 − 3	4	步骤 1.1	4 3	*
(1 + 2) * 4 − 3	−	步骤 1.2	12	−
(1 + 2) * 4 − 3	3	步骤 1.1	3 12	−
(1 + 2) * 4 − 3	空	步骤 2	9	

程序清单 12-11 给出了该程序。

程序清单 12-11　EvaluateExpression.cpp

```
#include <iostream>
#include <vector>
#include <string>
#include <cctype>
#include "ImprovedStack.h"

using namespace std;

// Split an expression into numbers, operators, and parentheses
vector<string> split(const string& expression);

// Evaluate an expression and return the result
int evaluateExpression(const string& expression);

// Perform an operation
void processAnOperator(
  Stack<int>& operandStack, Stack<char>& operatorStack);

int main()
{
  string expression;
  cout << "Enter an expression: ";
  getline(cin, expression);

  cout << expression << " = "
    << evaluateExpression(expression) << endl;

  return 0;
}
```

```

vector<string> split(const string& expression)
{
  vector<string> v; // A vector to store split items as strings
  string numberString; // A numeric string

  for (unsigned i = 0; i < expression.length(); i++)
  {
    if (isdigit(expression[i]))
      numberString.append(1, expression[i]); // Append a digit
    else
    {
      if (numberString.size() > 0)
      {
        v.push_back(numberString); // Store the numeric string
        numberString.erase(); // Empty the numeric string
      }

      if (!isspace(expression[i]))
      {
        string s;
        s.append(1, expression[i]);
        v.push_back(s); // Store an operator and parenthesis
      }
    }
  }

  // Store the last numeric string
  if (numberString.size() > 0)
    v.push_back(numberString);

  return v;
}

// Evaluate an expression
int evaluateExpression(const string& expression)
{
  // Create operandStack to store operands
  Stack<int> operandStack;

  // Create operatorStack to store operators
  Stack<char> operatorStack;

  // Extract operands and operators
  vector<string> tokens = split(expression);

  // Phase 1: Scan tokens
  for (unsigned i = 0; i < tokens.size(); i++)
  {
    if (tokens[i][0] == '+' || tokens[i][0] == '-')
    {
      // Process all +, -, *, / in the top of the operator stack
      while (!operatorStack.empty() && (operatorStack.peek() == '+'
       || operatorStack.peek() == '-' || operatorStack.peek() == '*'
       || operatorStack.peek() == '/'))
      {
        processAnOperator(operandStack, operatorStack);
      }

      // Push the + or - operator into the operator stack
      operatorStack.push(tokens[i][0]);
    }
    else if (tokens[i][0] == '*' || tokens[i][0] == '/')
    {
      // Process all *, / in the top of the operator stack
```

```
      while (!operatorStack.empty() && (operatorStack.peek() == '*'
        || operatorStack.peek() == '/'))
      {
        processAnOperator(operandStack, operatorStack);
      }

      // Push the * or / operator into the operator stack
      operatorStack.push(tokens[i][0]);
    }
    else if (tokens[i][0] == '(')
    {
      operatorStack.push('('); // Push '(' to stack
    }
    else if (tokens[i][0] == ')')
    {
      // Process all the operators in the stack until seeing '('
      while (operatorStack.peek() != '(')
      {
        processAnOperator(operandStack, operatorStack);
      }

      operatorStack.pop(); // Pop the '(' symbol from the stack
    }
    else
    { // An operand scanned. Push an operand to the stack as integer
      operandStack.push(atoi(tokens[i].c_str()));
    }
  }

  // Phase 2: process all the remaining operators in the stack
  while (!operatorStack.empty())
  {
    processAnOperator(operandStack, operatorStack);
  }

  // Return the result
  return operandStack.pop();
}

// Process one opeator: Take an operator from operatorStack and
// apply it on the operands in the operandStack
void processAnOperator(
    Stack<int>& operandStack, Stack<char>& operatorStack)
{
  char op = operatorStack.pop();
  int op1 = operandStack.pop();
  int op2 = operandStack.pop();
  if (op == '+')
    operandStack.push(op2 + op1);
  else if (op == '-')
    operandStack.push(op2 - op1);
  else if (op == '*')
    operandStack.push(op2 * op1);
  else if (op == '/')
    operandStack.push(op2 / op1);
}
```

程序输出：

```
Enter an expression: (13 + 2) * 4 - 3 ↵Enter
(13 + 2) * 4 - 3 = 57
```

```
Enter an expression: 5 / 4 + (2 - 3) * 5 ↵Enter
5 / 4 + (2 - 3) * 5 = -4
```

程序以字符串方式读入一个表达式（23 行），并调用 evaluateExpression 函数（26 行）计算表达式的值。

函数 evaluateExpression 创建两个栈 operandStack 和 operatorStack（68,71 行），然后调用 split 函数抽取其中的数字、运算符和括号（74 行），将抽取结果存储在字符串向量中。例如，如果表达式是 (13 + 2) * 4 − 3，那么抽取的结果为 (、13、+、2、)、*、4、−和 3。

函数 evaluateExpression 在 for 循环中扫描抽取到的每项（77 ～ 122 行）。如果该项为操作数，则压进 operandStack 栈（120 行）。如果是“+”或“−”运算符（79 行），则处理栈顶的所有运算符（如果有的话）（81 ～ 87 行）然后把新扫描到的运算符压进栈（90 行）。如果是“*”或“/”运算符（92 行），则处理栈顶所有的“*”和“/”运算符（如果有的话）（95 ～ 99 行）然后把新扫描到的运算符压进栈（102 行）。如果是左括号（104 行），则压进 operatorStack 栈。如果是右括号（108 行），则处理 operatorStack 栈顶的所有运算符，直到遇见左括号（111 ～ 114 行），然后把左括号弹出栈（116 行）。

当所有项都处理完，程序继续处理 operatorStack 栈中的其他运算符（125 ～ 128 行）。

函数 processAnOperator（136 ～ 150 行）处理一个运算符。该函数从栈 operatorStack 中弹出一个运算符（139 行），从 operandStack 栈中弹出两个操作数（140 ～ 141 行），根据弹出的运算符，该函数进行相应的计算，然后把计算结果压进 operandStack 栈中（143、145、147、149 行）。

检查点

12.18 描述用程序清单 12-11 计算表达式 (3 + 4) * (1 − 3) − ((1 + 3) * 5 − 4) 的过程。

关键术语

template（模板）
template class（模板类）
template function（模板函数）
template prefix（模板前缀）
type parameter（类型参数）

本章小结

1. 模板提供了在函数和类中参数化类型的能力。
2. 可以定义适用于通用类型的函数和类，编译器会将通用类型替换为特定的具体类型。
3. 模板函数的定义以关键字 template 开始，后接一个参数列表。每个参数必须以关键字 class 或 typename 开头，形式为 <typename typeParameter> 或 <class typeParameter>。
4. 设计一个通用函数，最好先设计非通用版本，调试测试完毕后，再转换为通用版本。
5. 声明模板类的语法基本上与声明模板函数相同。在类声明前需放置模板前缀，就像在模板函数前放置模板前缀一样。
6. 如果元素按照后进先出的方式访问，则应使用栈来存储元素。
7. 数组在创建后大小就固定了。C++ 提供了 vector 类，比数组更加灵活。
8. vector 类是一个通用类，可以用它创建各种具体类型的对象。
9. 可以像使用数组一样使用 vector 对象，而且在需要的时候该对象的大小可以自动增加。

在线测验

请在 www.cs.armstrong.edu/liang/cpp3e/quiz.html 完成本章的在线测验。

程序设计练习

12.2 ～ 12.3 节

12.1 （求数组中最大值）设计一个通用函数，能求出数组中的最大元素。函数有两个参数，一个是通用类型数组，另一个是数组的大小。用 int、double、string 数组测试这个函数。

12.2 （顺序搜索）重写程序清单 7-9 中的顺序搜索函数，改写为通用函数。用 int、double、string 数组测试这个函数。

12.3 （二分搜索）重写程序清单 7-10 中的二分搜索函数，改写为通用函数。用 int、double、string 数组测试这个函数。

12.4 （是否排好序？）实现下面的函数，检查数组中的元素是否排好序。

```
template<typename T>
bool isSorted(const T list[], int size)
```

用 int、double、string 数组测试这个函数。

12.5 （交换值）编写一个可交换两个变量的值的通用函数。函数应有两个类型相同的参数。用 int、double、string 值测试这个函数。

12.4 ～ 12.5 节

*12.6 （函数 printStack）向 Stack 类添加一个实例函数 printStack，它能打印栈中所有元素。Stack 类在程序清单 12-4 GenericStack.h 中定义。

*12.7 （函数 contains）为 Stack 类添加一个实例函数 contains(T element)，检查给定元素是否在栈中。Stack 类在程序清单 12-4 中定义。

12.6 ～ 12.7 节

**12.8 （实现 vector 类）C++ 标准库中提供了 vector 类。请实现你自己的 vector 类。标准 vector 类有很多函数。由于只是一个练习，只实现图 12-2 中 UML 类图定义的函数即可。

12.9 （用向量实现栈类）在程序清单 12-4 中，GenericStack 类是使用数组实现的，请使用 vector 类来实现。

12.10 （Course 类）重写程序清单 11-19 中的 Course 类，使用向量替代数组来存储学生信息。

**12.11 （模拟：赠券收集问题）利用向量替代数组，重写程序设计练习 7.21。

**12.12 （几何：是否共线？）利用向量替代数组，重写程序设计练习 8.16。

12.8 节

**12.13 （计算表达式）修改程序清单 12-11，添加指数运算符“^”和取模运算符“%”。例如，3^2 等于 9，3%2 等于 1。“^”运算符拥有最高优先级，“%”运算符和“*”、“/”优先级相同。下面是样例运行：

```
Enter an expression: (5 * 2 ^ 3 + 2 * 3 % 2) * 4 ↵Enter
(5 * 2 ^ 3 + 2 * 3 % 2) * 4 = 160
```

*12.14 （最近邻点对）程序清单 8-3 是用来寻找距离最近的两个点。该程序提示用户输入 8 个点，这里 8 是固定的。重写该程序，使得程序运行时先提示用户输入点的个数，然后再提示用户输入所有点。

**12.15 （分组符号配对）C++ 程序包含多种将符号分组的符号对，如

小括号：(和)

花括号：{ 和 }

方括号：[和]

注意分组符号不能交叉。例如，(a{b)} 是不对的。编写一个程序，检查一份 C++ 源代码文件中是否分组符号都是正确的。文件使用下面的命令通过输入重定向到程序：

```
Exercise12_15 < file.cpp
```

**12.16 （后序标记法）后序标记法可以不使用括号来书写表达式。例如，表达式“(1 + 2) * 3”可以写作“1 2 + 3 *”。一个后序表达式可以用栈来计算。从左往右扫描后序表达式，数字被压进栈，当遇到运算符时，使用栈顶的两个操作数进行计算，计算结果替换这两个操作数。下面的图展示了如何计算“1 2 + 3 *”。

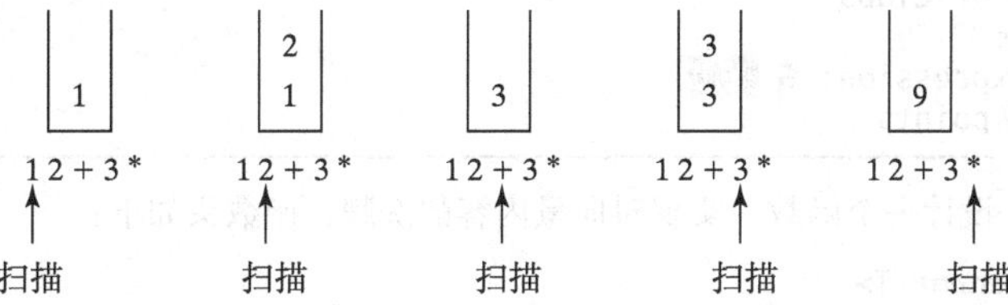

编写一个程序，提示用户输入一个后序表达式，输出计算结果。

***12.17 （测试 24）编写一个程序，提示用户输入 1 到 13 之间的 4 个数，检查它们是否可以通过表达式运算得到 24。表达式可以按任意组合使用运算符（加、减、乘和除）以及括号。每个数必须用一次且只能用一次。下面是样例运行：

```
Enter four numbers (between 1 and 13): 5 4 12 13 ↵Enter
The solution is 4+12+13-5
```

```
Enter four numbers (between 1 and 13): 5 6 5 12 ↵Enter
There is no solution
```

**12.18 （中序转后序）设计一个函数，将中序表达式转换为后序表达式，函数头如下：

```
string infixToPostfix(const string& expression)
```

例如，该函数应该把中序表达式“(1 + 2) * 3”转换为“1 2 + 3 *”，把“2 * (1 + 3)”转换为“2 1 3 + *”。

***12.19 （游戏：24 点）24 点游戏的规则如下：从 52 张牌（去掉大小王）中抽出任意 4 张牌，每张牌代表一个数，从 1 到 13。编写一个程序，随机选择 4 张牌，提示用户输入一个表达式，该表达式由选择的 4 张牌代表的 4 个数字组成，每个数字必须使用，且只能使用一次，表达式可以按任意组合使用运算符（加、减、乘和除）以及括号。该表达式的计算结果必须为 24。如果这样的表达式不存在，输入 0。下面是样例运行：

```
4 of Clubs
Ace (1) of Diamonds
6 of Hearts
Jack (11) of Clubs
Enter an expression: (11 + 1 - 6) * 4 ↵Enter
Congratulations! You got it!
```

```
Ace (1) of Diamonds
5 of Diamonds
9 of Spades
Queen (12) of Hearts
Enter an expression: (13 - 9) * (1 + 5) ↵Enter
Congratulations! You got it!
```

```
6 of Clubs
5 of Clubs
Jack (11) of Clubs
```

```
5 of Spades
Enter an expression: 0 ↵Enter
Sorry, one correct expression would be (5 * 6) - (11 - 5)
```

```
6 of Clubs
5 of Clubs
Queen (12) of Clubs
5 of Spades
Enter an expression: 0 ↵Enter
Yes. No 24 points
```

**12.20 （对向量洗牌）设计一个函数，实现对向量内容的洗牌，函数头如下：

```
template<typename T>
void shuffle(vector<T>& v)
```

编写测试程序，读入 10 个 int 型值，存在向量里，打印出洗牌后的结果。

**12.21 （24 点游戏无解的比例）对程序设计练习 12.19 中介绍的 24 点游戏，编写一个程序，找出 24 点游戏无解的比例，即在所有可能的 4 张牌的组合中，无解的游戏个数与游戏总数的比值。

*12.22 （模式识别：连续 4 个相同数）使用向量重写程序设计练习 7.24 中的 isConsecutiveFour 函数，函数头如下：

```
bool isConsecutiveFour(const vector<int>& values)
```

编写测试程序，实现程序设计练习 7.24 中类似目的，样例运行参见该练习题。

**12.23 （模式识别：连续 4 个相同数）使用向量重写程序设计练习 8.21 中的 isConsecutiveFour 函数，函数头如下：

```
bool isConsecutiveFour(const vector<vector<int>>& values)
```

编写测试程序，实现程序设计练习 8.21 中类似目的。

*12.24 （代数：解 3 × 3 线性方程组）可以使用下面的公式求解 3 × 3 线性方程组：

$a_{11}x + a_{12}y + a_{13}z = b_1$
$a_{21}x + a_{22}y + a_{23}z = b_2$
$a_{31}x + a_{32}y + a_{33}z = b_3$

$$x = \frac{(a_{22}a_{33} - a_{23}a_{32})b_1 + (a_{13}a_{32} - a_{12}a_{33})b_2 + (a_{12}a_{23} - a_{13}a_{22})b_3}{|A|}$$

$$y = \frac{(a_{23}a_{31} - a_{21}a_{33})b_1 + (a_{11}a_{33} - a_{13}a_{31})b_2 + (a_{13}a_{21} - a_{11}a_{23})b_3}{|A|}$$

$$z = \frac{(a_{21}a_{32} - a_{22}a_{31})b_1 + (a_{12}a_{31} - a_{11}a_{32})b_2 + (a_{11}a_{22} - a_{12}a_{21})b_3}{|A|}$$

$$|A| = \begin{vmatrix} a_{11} & a_{12} & a_{13} \\ a_{21} & a_{22} & a_{23} \\ a_{31} & a_{32} & a_{33} \end{vmatrix} = a_{11}a_{22}a_{33} + a_{31}a_{12}a_{23} + a_{13}a_{21}a_{32}$$

$$-a_{13}a_{22}a_{31} - a_{11}a_{23}a_{32} - a_{33}a_{21}a_{12}$$

编写程序，提示用户输入 a_{11}，a_{12}，a_{13}，a_{21}，a_{22}，a_{23}，a_{31}，a_{32}，a_{33}，b_1，b_2 和 b_3。打印输出解。如果 $|A|$ 是 0，则输出“方程组无解”。

程序输出：

```
Enter a11, a12, a13, a21, a22, a23, a31, a32, a33:
  1 2 1 2 3 1 4 5 3 ↵Enter
```

```
Enter b1, b2, b3: 2 5 3 ↵Enter
The solution is 0 3 -4
```

```
Enter a11, a12, a13, a21, a22, a23, a31, a32, a33:
  1 2 1 0.5 1 0.5 1 4 5 ↵Enter
Enter b1, b2, b3: 2 5 3 ↵Enter
No solution
```

**12.25 （新 Account 类）Account 类在程序设计练习 9.3 中介绍过，按如下要求修改该类：

- 假定所有账户的年利率都相同，所以，属性 annualInterestRate 应该是静态的。
- 添加一个新的 string 类型的数据域 name，存储顾客的名字。
- 添加一个新的构造函数，使用指定的 name、id 和 balance 创建一个对象。
- 添加一个新的 vector<Transaction> 类型的数据域 transactions，存储该账户的事务。每个事务是 Transaction 类的一个实例。Transaction 类由图 12-4 定义。
- 修改 withdraw 和 deposit 函数，添加一个事务到 transactions 向量。
- 其他属性和函数和程序设计练习 9.3 相同。

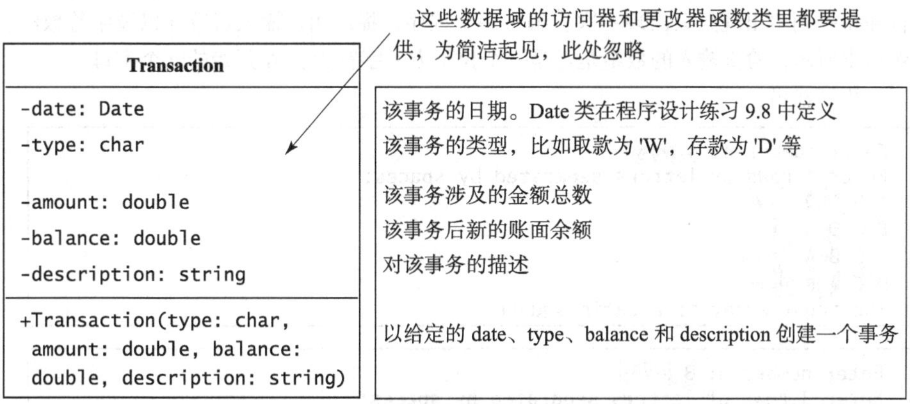

这些数据域的访问器和更改器函数类里都要提供，为简洁起见，此处忽略

Transaction	
-date: Date	该事务的日期。Date 类在程序设计练习 9.8 中定义
-type: char	该事务的类型，比如取款为 'W'，存款为 'D' 等
-amount: double	该事务涉及的金额总数
-balance: double	该事务后新的账面余额
-description: string	对该事务的描述
+Transaction(type: char, amount: double, balance: double, description: string)	以给定的 date、type、balance 和 description 创建一个事务

图 12-4 Transaction 类描述银行账户的一个事务

编写测试程序，以年利率 1.5%、账面余额 1000、id 为 1122 和顾客姓名为“George”创建一个 Account 对象。存入 30、40、50 美元，取出 5、4、2 美元。打印输出账户的信息，包括账户所有者姓名、年利率、账面余额以及所有的事务。

*12.26 （新 Location 类）修改程序设计练习 10.17，如下定义 locateLargest 函数：

```
Location locateLargest(const vector<vector<double>> v);
```

这里向量 v 表示一个二维数组。编写一个测试程序，提示用户输入一个二维数组行数和列数，打印输出该数组中最大元素的位置。样例运行参见程序设计练习 10.17。

**12.27 （最大块）给定一个元素为 0 或 1 的方阵，编写一个程序，找出其中最大的子方阵，使得该子方阵的元素都是 1。程序先提示用户输入矩阵的行数，然后提示用户输入矩阵内容，打印输出最大子方阵的第一个元素的位置以及最大子方阵的行数。假定矩阵最多有 100 行。下面是样例运行：

```
Enter the number of rows for the matrix: 5 ↵Enter
Enter the matrix row by row:
1 0 1 0 1 ↵Enter
1 1 1 0 1 ↵Enter
1 0 1 1 1 ↵Enter
```

```
1 0 1 1 1 ↵Enter
1 0 1 1 1 ↵Enter
The maximum square submatrix is at (2, 2) with size 3
```

程序中应实现下面的函数来寻找最大子方阵：

```
vector<int> findLargestBlock(const vector<vector<int>>& m)
```

返回值是一个向量，包含 3 个值，前两个值代表该最大子方阵第一个元素的行标和列标，第三个值表示该最大子方阵的行数。

*12.28 （最大行和列）使用向量重新完成程序设计练习 8.14，该程序随机用 0 和 1 填充一个 4×4 的矩阵，打印输出该矩阵，并找出拥有最多数量的 1 的行和列。下面是样例运行：

```
0011
1011
1101
1010
The largest row index: 1, 2
The largest column index: 0, 2, 3
```

**12.29 （拉丁方）一个拉丁方指的是一个 $n\times n$ 的数组，以 n 个不同的拉丁字母填充，每个字母在每一行和每一列中出现且只出现一次。编写一个程序，提示用户输入行数 n 以及字符数组，如下样例输出所示，检查输入的数组是否是一个拉丁方。字符为从 A 开始的 n 个字母。

程序输出：

```
Enter number n: 4 ↵Enter
Enter 4 rows of letters separated by spaces:
A B C D ↵Enter
B A D C ↵Enter
C D B A ↵Enter
D C A B ↵Enter
The input array is a Latin square
```

```
Enter number n: 3 ↵Enter
Enter 3 rows of letters separated by spaces:
A F D ↵Enter
Wrong input: the letters must be from A to C
```

**12.30 （检查矩阵）利用向量重新完成程序设计练习 8.7。该程序提示用户输入方阵的大小，随机用数字 0 和 1 填充该矩阵，打印输出该矩阵，找出全为 0 或 1 的行、列和对角线。下面是样例运行：

```
Enter the size for the matrix: 4 ↵Enter
1111
0000
0100
1111
All 0s on row 1
All 1s on row 1, 3
No same numbers on a column
No same numbers on the major diagonal
No same numbers on the subdiagonal
```

**12.31 （求交）设计一个函数，返回两个向量的交集，函数头如下：

```
template<typename T>
vector<T> intersect(const vector<T>& v1, const vector<T>& v2)
```

两个向量的交集为它们共同包含的元素，例如，向量 {2,3,1,5} 和 {3,4,5} 的交集是 {3,5}。编写一个测试程序，提示用户输入两个向量，每个包含 5 个字符串，打印输出它们的交集。下面是样例输出：

```
Enter five strings for vector1:
  Atlanta Dallas Chicago Boston Denver ↵Enter
Enter five strings for vector2:
  Dallas Tampa Miami Boston Richmond ↵Enter
The common strings are Dallas Boston
```

**12.32 (删除重复元素）设计一个函数，删除一个向量中重复的元素，使用如下函数头：

```
template<typename T>
void removeDuplicate(vector<T>& v)
```

编写测试程序，提示用户输入 10 个整数，存储在向量中，打印输出不同的元素。下面是样例运行：

```
Enter ten integers: 34 5 3 5 6 4 33 2 2 4 ↵Enter
The distinct integers are 34 5 3 6 4 33 2
```

*12.33 (多边形面积）修改程序设计练习 7.29，使该程序提示用户输入一个凸多边形的顶点个数，然后提示用户按顺时针方向输入各个顶点，打印输出该多边形的面积。下面是样例运行：

```
Enter the number of the points: 7 ↵Enter
Enter the coordinates of the points:
  -12 0 -8.5 10 0 11.4 5.5 7.8 6 -5.5 0 -7 -3.5 -3.5 ↵Enter
The total area is 250.075
```

12.34 (减法测验）重写程序清单 5-1 RepeatSubtractionQuiz.cpp，使它能在用户再次输入相同的回答时提示用户。提示：使用一个向量来存储答案。下面是样例运行：

```
What is 4 - 3? 4 ↵Enter
Wrong answer. Try again. What is 4 - 3? 5 ↵Enter
Wrong answer. Try again. What is 4 - 3? 4 ↵Enter
You already entered 4
Wrong answer. Try again. What is 4 - 3? 1 ↵Enter
You got it!
```

**12.35 (代数：完全平方数）编写程序，提示用户输入一个整数 m，找出最小的整数 n，使得 $m*n$ 是一个完全平方数。(提示：用向量存储 m 的所有因子，n 则是在该向量中只出现奇数次的因子的乘积。例如，若 m=90，则把 90 的因子 2、3、3、5 存储到一个向量中，其中 2 和 5 出现了奇数次，所以 n 就是 10。）下面是样例运行：

```
Enter an integer m: 1500 ↵Enter
The smallest number n for m * n to be a perfect square is 15
m * n is 22500
```

```
Enter an integer m: 63 ↵Enter
The smallest number n for m * n to be a perfect square is 7
m * n is 441
```

***12.36 (游戏：四连盘）利用向量，重新完成程序设计练习 8.22 中的四连盘游戏。

第 13 章

Introduction to Programming with C++, Third Edition

文件输入输出

目标

- 学会使用 ofstream 进行文件输出（13.2.1 节）及 ifstream 进行文件输入（13.2.2 节）。
- 学会测试一个文件是否存在（13.2.3 节）。
- 学会检测文件末尾（13.2.4 节）。
- 能处理用户输入文件名（13.2.5 节）。
- 学会以指定格式输出数据（13.3 节）。
- 学会用函数 getline、get 和 put 读写数据（13.4 节）。
- 学会用 fstream 对象读写数据（13.5 节）。
- 学会按指定模式打开一个文件（13.5 节）。
- 学会使用函数 eof()、fail()、bad() 和 good() 测试流的状态（13.6 节）。
- 理解文本 I/O 和二进制 I/O 的区别（13.7 节）。
- 学会使用函数 write 写二进制数据（13.7.1 节）。
- 学会使用函数 read 读二进制数据（13.7.2 节）。
- 学会使用 reinterpret_cast 运算符将基本数据类型和对象转换为字符数组（13.7 节）。
- 学会读写数组和对象（13.7.3 ～ 13.7.4 节）。
- 学会使用函数 seekp 和 seekg 移动文件指针，进行随机文件访问（13.8 节）。
- 学会以输入 / 输出模式打开文件，用于文件更新（13.9 节）。

13.1 引言

关键点：使用 ifstream、ofstream 和 fstream 类中的函数进行文件读写操作。

保存在变量、数组和对象中的数据是暂时性的，当程序退出后就会丢失。为了永久保存程序中产生的数据，应该将数据保存于磁盘或光盘上的文件中。文件可以被传输，也可以在随后被其他程序读取。4.11 节介绍了简单的文本 I/O，包括数值的输入输出。本章将详细介绍文件输入输出。

C++ 定义了 ifstream、ofstream 和 fstream 类用于处理和操作文件，这些类都定义于头文件 <fstream> 中。类 ifstream 用于从文件中读数据，类 ofstream 用于向文件写数据，而类 fstream 用于既读又写的情形。

C++ 使用“流”（stream）来描述数据流动。若数据是流向程序，该流称为是*输入流*（input stream）；若数据从程序流出，则称为是*输出流*（output stream）。另一方面，C++ 使用对象来读写数据流。为方便起见，输入对象就叫做*输入流*，而输出对象叫做*输出流*。

我们已经使用过输入流和输出流，cin（控制台输入）和 cout（控制台输出）是预定义的对象，cin 用来从键盘读入数据，而 cout 用来向控制台输出。这两个对象定义在头文件 <iostream> 中。在本章中，将学习如何进行文件读写操作。

13.2 文本输入输出

关键点：可以通过文本编辑器查看文本文件的内容。

本节将展示如何进行简单的文本输入和输出。

在文件系统中，每个文件都放置在一个目录中。*绝对文件名*（absolute file name）包含一个文件的名字及其完整的路径和驱动器符。例如，c:\example\score.txt 就是 Windows 操作系统中文件 score.txt 的绝对文件名。其中 c:\example 是文件的*目录路径*（directory path）。绝对文件名是平台相关的。在 UNIX 系统中，绝对文件名可能是这样的——/home/liang/example/scores.txt，其中 /home/liang/example 是文件 scores.txt 的目录路径。

相对文件名（relative file name）是相对于当前的工作路径来说的，在这里忽略了完整的目录路径。例如，scores.txt 是一个相对文件名。如果当前工作路径是 c:\example，那么绝对文件名就是 c:\example\scores.txt。

13.2.1 向文件中写入数据

可以用 ofstream 类向一个文本文件中写入基本数据类型值、数组、字符串和对象。程序清单 13-1 展示了如何向文件中写入数据。程序创建了一个 ofstream 对象，并向文件 scores.txt 写入两行。每行包含一个学生的名（一个字符串）、中间名的首字母（一个字符）、姓（一个字符串）以及成绩（一个整数）。

程序清单 13-1 TextFileOutput.cpp

```
1  #include <iostream>
2  #include <fstream>
3  using namespace std;
4
5  int main()
6  {
7    ofstream output;
8
9    // Create a file
10   output.open("scores.txt");
11
12   // Write two lines
13   output << "John" << " " << "T" << " " << "Smith"
14     << " " << 90 << endl;
15   output << "Eric" << " " << "K" << " " << "Jones"
16     << " " << 85 << endl;
17
18   output.close();
19
20   cout << "Done" << endl;
21
22   return 0;
23 }
```

scores.txt

```
John T Smith 90
Eric K Jones 85
```

由于 ofstream 类定义于 fstream 头文件，因此第 2 行包含了此头文件。

第 7 行用无参构造函数创建了一个 ofstream 对象——output。

第 10 行用 output 对象打开了一个名为 scores.txt 的文件。如果文件不存在，会创建一个新文件。如果文件已经存在，其内容会被清除，系统不会给出任何警告。

可以使用流插入运算符（<<）将数据写入 output 对象（当前打开的文件），与将数据发送到 cout 对象的方式一样。实际上，cout 不过是一个预定义的特殊的输出流对象而已，它

可以将输出送到控制台。程序 13 ～ 16 行将字符串和数值写入 output 对象，如图 13-1 所示。

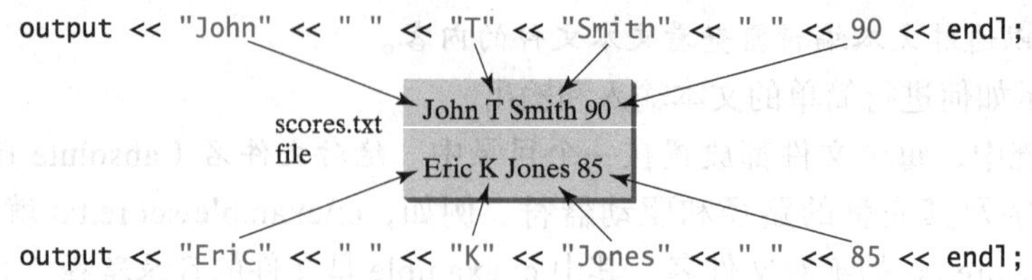

图 13-1　输出流将数据发送到文件

文件读写完毕后，必须使用函数 close()（18 行）将流关闭。如果不调用此函数，数据有可能不会真正写入磁盘。

可以使用如下语法来打开一个输出流：

```
ofstream output("scores.txt");
```

等价于：

```
ofstream output;
output.open("scores.txt");
```

警示：如果一个文件已经存在，文件的内容将被清除，系统不会给出任何警告信息。

警示：Windows 的目录分隔符是一个反斜线（\），而反斜线是 C++ 的特殊符号，因此需写为 \\（参见表 4-5）。下面是一个例子：

```
output.open("c:\\example\\scores.txt");
```

提示：绝对文件名是平台相关的。最好使用不带驱动器符的相对文件名。如果你使用 IDE 运行 C++，相对文件名的路径可以在 IDE 中设置。例如，数据文件的缺省目录与 Visual C++ 中源代码的目录是一样的。

13.2.2　从文件中读取数据

可以用 ifstream 类从文本文件读取数据。程序清单 13-2 展示了如何读取数据。程序创建了一个 ifstream 对象，并从文件 scores.txt 中读取数据，scores.txt 由上个程序示例创建。

程序清单 13-2　TextFileInput.cpp

```
#include <iostream>
#include <fstream>
#include <string>
using namespace std;

int main()
{
  ifstream input("scores.txt");

  // Read data
  string firstName;
  char mi;
  string lastName;
  int score;
  input >> firstName >> mi >> lastName >> score;
  cout << firstName << " " << mi << " " << lastName << " "
    << score << endl;

  input >> firstName >> mi >> lastName >> score;
```

```
20   cout << firstName << " " << mi << " " << lastName << " "
21     << score << endl;
22
23   input.close();
24
25   cout << "Done" << endl;
26
27   return 0;
28 }
```

程序输出：

```
John T Smith 90
Eric K Jones 85
Done
```

由于 ifstream 类定义于 fstream 头文件中，因此程序第 2 行包含了这个头文件。

第 8 行为文件 scores.txt 创建了一个 ifstream 类的对象——input。

可以使用流提取运算符（>>）从 input 对象读取数据，与从 cin 对象读取数据的方式一样。程序 15 ~ 19 行从输入文件读取字符串和数值，如图 13-2 所示。

文件读取完毕后，应该使用函数 close()（23 行）将流关闭。关闭输入文件并不是必须要做的操作，但这是一种好的编程习惯，可以将文件占用的系统资源释放掉。

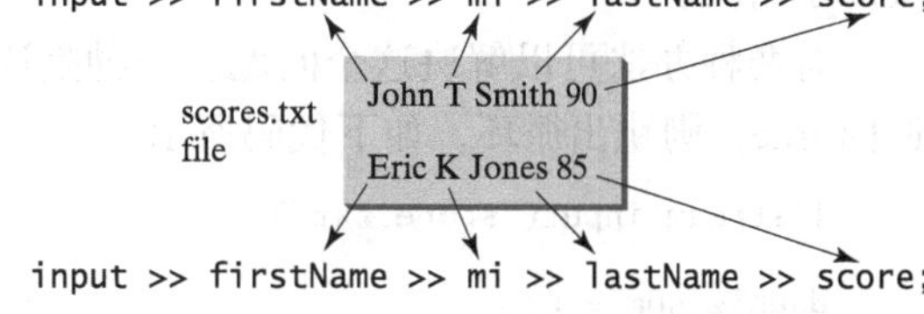

图 13-2　输出流从文件读取数据

也可以用下面的语法打开输入流：

```
ifstream input("scores.txt");
```

等价于：

```
ifstream input;
input.open("scores.txt");
```

警示：为了正确读写数据，需要精确了解数据存储方式。例如，如果在程序清单 13-2 中，文件里 score 是 double 型值带小数点，那么程序就不能正常工作。

13.2.3　检测文件是否存在

如果文件不存在，我们程序的运行结果将是不正确的。那么，在程序中能否检查文件是否存在呢？答案是肯定的。可以在调用 open 函数后，立刻使用函数 fail() 来进行检测。如果 fail() 返回 true，则表示文件不存在。

```
// Open a file
input.open("scores.txt");

if (input.fail())
{
  cout << "File does not exist" << endl;
  cout << "Exit program" << endl;

  return 0;
}
```

13.2.4　检测文件结束

程序清单 13-2 从文件中读取了两行数据。如果不知道文件中有多少行数据，而又想读取所有内容，那该如何知道文件结束位置呢？可以对输入对象调用函数 eof() 来检测文件末尾，在程序清单 5-6 ReadAllData.cpp 中我们讨论过，但若在最后的数字后面有额外的空字符，则该程序不能正常工作。为方便理解，让我们查看如图 13-3 中所示的包含数字的文件，注意在最后的数字后面还有一个额外的空字符。

9 5 . 5   6   7 0 . 2   1 . 5 5 \n

1 2   3 . 3   1 2 . 9   8 5 . 6

空格

图 13-3 由空格分隔的数字文件

如果使用下面的代码读入所有数据并求和，最后的数字将被加两次。

```
ifstream input("score.txt");

double sum = 0;
double number;
while (!input.eof()) // Continue if not end of file
{
  input >> number;  // Read data
  cout << number << " ";  // Display data
  sum += number;
}
```

原因如下：当最后的数字 85.6 读入后，因为在其后还有空字符，所以文件系统并不知道这是最后的数字。因此，eof() 返回 false。当程序再次读入数字时，eof() 返回 true，但是因为没有读入任何数据，所以变量 number 不改变，依然包含数值 85.6，这样在 sum 中它就被加了两次。

有两种办法可以解决这个问题。一种是读入一个数字后立即进行 eof() 检查，如果 eof() 返回 true，则跳出循环，如下代码所示：

```
ifstream input("score.txt");

double sum = 0;
double number;
while (!input.eof()) // Continue if not end of file
{
  input >> number; // Read data
  if (input.eof()) break;
  cout << number << " "; // Display data
  sum += number;
}
```

另一种方法是使用如下代码：

```
while (input >> number) // Continue to read data until it fails
{
  cout << number << " ";  // Display data
  sum += number;
}
```

语句 input >> number 实际上调用了运算符函数，这将在第 14 章中介绍，如果一个数字被读入，该函数返回一个对象，否则返回 NULL。NULL 是常量 0，在循环语句或选择语句中作为判断条件时，C++ 将自动把 NULL 转换为 bool 型值 false。所以，如果没有数据被读入，input >> number 将返回 NULL 并且循环终止。

程序清单 13-3 给出了完整的代码，读入文件里的数据并打印它们的和。

程序清单 13-3 TestEndOfFile.cpp

```
#include <iostream>
#include <fstream>
using namespace std;

```

```
5  int main()
6  {
7    // Open a file
8    ifstream input("score.txt");
9
10   if (input.fail())
11   {
12     cout << "File does not exist" << endl;
13     cout << "Exit program" << endl;
14     return 0;
15   }
16
17   double sum = 0;
18   double number;
19   while (input >> number) // Continue if not end of file
20   {
21     cout << number << " ";  // Display data
22     sum += number;
23   }
24
25   input.close();
26
27   cout << "\nSum is " << sum << endl;
28
29   return 0;
30 }
```

程序输出：

```
95.5 6 70.2 1.55 12 3.3 12.9 85.6
Total is 287.05
```

此程序在一个循环中读取文件数据（19 ～ 23 行）。每次循环迭代读取一个数字，并将其加到 sum 上。当读取到文件末尾时，循环结束。

13.2.5 让用户输入文件名

在之前的例子中，文件名都是硬编码在程序中的字符串。在很多情况下，让用户在程序运行时输入文件名是非常有利的。程序清单 13-4 给出了一个例子，提示用户输入文件名并检查文件是否存在。

程序清单 13-4 CheckFile.cpp

```
#include <iostream>
#include <fstream>
#include <string>
using namespace std;

int main()
{
  string filename;
  cout << "Enter a file name: ";
  cin >> filename;

  ifstream input(filename.c_str());

  if (input.fail())
    cout << filename << " does not exist" << endl;
  else
    cout << filename << " exists" << endl;

  return 0;
}
```

程序输出：

```
Enter a file name: c:\example\Welcome.cpp ↵Enter
c:\example\Welcome.cpp exists
```

```
Enter a file name: c:\example\TTTT.cpp ↵Enter
c:\example\TTTT.cpp does not exist
```

此程序提示用户输入文件名，存储为 string 类型（10 行）。由于在标准 C++ 中，传递给输入输出流构造函数或者 open 函数的文件名必须是 C 字符串，需要用 string 类的 c_str() 函数进行转换，把 string 对象转换为 C 字符串（12 行）。

提示：一些编译器（比如 Visual C++）允许传递给输入输出流构造函数或者 open 函数的文件名参数是 string 类型。为使程序可以在所有的 C++ 编译器上正常编译，需要传递 C 字符串给文件名参数。

检查点

13.1 如何声明并打开一个文件用于输出？如何声明并打开一个文件用于输入？

13.2 为什么处理完一个文件后总要关闭它？

13.3 如何检测一个文件是否存在？

13.4 如何检测是否到达一个文件的末尾？

13.5 当创建输入输出流对象或使用 open 函数时，需要传递一个文件名参数，该传递参数是字符串类型还是 C 字符串类型？

13.3 格式化输出

关键点：流控制符可用于格式化控制台及文件输出。

在 4.10 节中，我们已经学习了如何使用流格式控制符格式化控制台输出，可以使用同样的方式格式化文件输出。程序清单 13-5 给出了一个例子，它将学生信息进行格式处理后输出到名为 formattedscores.txt 的文件中。

程序清单 13-5 WriteFormattedData.cpp

```cpp
#include <iostream>
#include <iomanip>
#include <fstream>
using namespace std;

int main()
{
  ofstream output;

  // Create a file
  output.open("formattedscores.txt");

  // Write two lines
  output << setw(6) << "John" << setw(2) << "T" << setw(6) << "Smith"
    << " " << setw(4) << 90 << endl;
  output << setw(6) << "Eric" << setw(2) << "K" << setw(6) << "Jones"
    << " " << setw(4) << 85;

  output.close();

  cout << "Done" << endl;
```

```
  
  return 0;
}
```

程序执行后文件内容如下所示：

		J	o	h	n		T		S	m	i	t	h			9	0	\n
		E	r	i	c		K		J	o	n	e	s			8	5	

检查点

13.6　可以使用流控制符格式化文本输出吗？

13.4　函数：getline、get 和 put

关键点：*函数 getline 可用来读入包含空格的字符串，函数 get/put 可用来读写单个字符。*

使用流提取运算符（>>）读取数据存在一个问题，其算法认为所有数据都是以空格符分隔的。如果空格符是字符串的一部分，那么用流提取运算符读取会出现什么情况？在 4.8.4 节中，我们已经学习了如何使用 getline 函数读取包含空格符的字符串，也可以使用这个函数从文件中读取字符串。回忆一下，getline 函数的语法如下（原书此处有误，已更改。——译者注）：

```
getline(ifstream& input, int string s, char delimitChar)
```

当函数读到间隔符或到达文件末尾，就会停止读取。如果函数是在读到间隔符后终止，间隔符虽然被读入，但不保存在数组中。第三个参数 delimitChar 的缺省值为（'\n'）。函数 getline 定义在头文件 iostream 中。

假定一个名为 state.txt 的文件内容为美国的州名，不同州名以井号（#）间隔，下图是一个例子：

N	e	w		Y	o	r	k	#	N	e	w		M	e	x	i	c	o
#	T	e	x	a	s	#	I	n	d	i	a	n	a					

程序清单 13-6 给出了一个从此文件中正确读取州名的例程。

程序清单 13-6　ReadCity.cpp

```
#include <iostream>
#include <fstream>
#include <string>
using namespace std;

int main()
{
  // Open a file
  ifstream input("state.txt");

  if (input.fail())
  {
    cout << "File does not exist" << endl;
    cout << "Exit program" << endl;
    return 0;
  }

  // Read data
  string city;
```

```
20
21   while (!input.eof()) // Continue if not end of file
22   {
23     getline(input, city, '#');
24     cout << city << endl;
25   }
26
27   input.close();
28
29   cout << "Done" << endl;
30
31   return 0;
32 }
```

程序输出：

```
New York
New Mexico
Texas
Indiana
Done
```

调用函数 getline(input, state, '#')（23 行）从文件中读取字符，存入数组 state 中，重复此操作直至遇到字符 #，或者到达文件末尾。

另两个有用的函数是 get 和 put。前者从一个输入对象读取一个字符，后者向输出对象写入一个字符。

get 函数有两个版本：

```
char get() // Return a char
ifstream* get(char& ch) // Read a character to ch
```

第一个版本返回从输入对象读入的一个字符。第二个版本需要一个字符引用参数 ch，从输入对象读入字符后，存入 ch 中，此版本还返回所使用的输入对象的引用。

put 函数只有一个版本：

```
void put(char ch)
```

它将指定的字符写入输出对象。

程序清单 13-7 给出了一个使用这两个函数的示例。程序提示用户输入一个文件名，然后将此文件内容复制到一个新文件中。

程序清单 13-7 CopyFile.cpp

```
#include <iostream>
#include <fstream>
#include <string>
using namespace std;

int main()
{
  // Enter a source file
  cout << "Enter a source file name: ";
  string inputFilename;
  cin >> inputFilename;

  // Enter a target file
  cout << "Enter a target file name: ";
  string outputFilename;
  cin >> outputFilename;
```

```
17
18      // Create input and output streams
19      ifstream input(inputFilename.c_str());
20      ofstream output(outputFilename.c_str());
21
22      if (input.fail())
23      {
24        cout << inputFilename << " does not exist" << endl;
25        cout << "Exit program" << endl;
26        return 0;
27      }
28
29      char ch = input.get();
30      while (!input.eof()) // Continue if not end of file
31      {
32        output.put(ch);
33        ch = input.get(); // Read next character
34      }
35
36      input.close();
37      output.close();
38
39      cout << "\nCopy Done" << endl;
40
41      return 0;
42    }
```

程序输出：

```
Enter a source file name: c:\example\CopyFile.cpp ↵Enter
Enter a target file name: c:\example\temp.txt ↵Enter
Copy Done
```

程序第 11 行提示用户输入源文件名，16 行要求用户输入目标文件名。19 行创建输入文件对象，20 行创建输出文件对象，文件名必须是 C 字符串，inputFilename.c_str() 返回 inputFilename 字符串的 C 字符串类型。

22 ～ 27 行检测输入文件是否存在。30 ～ 34 行反复地用 get 函数从输入文件读入字符，并用 put 函数写入字符到输出文件中。

假设把 29 ～ 34 行代码替换为如下代码：

```
while (!input.eof()) // Continue if not end of file
{
  output.put(input.get());
}
```

会发生什么？如果运行新的代码，会发现目标文件比源文件大一个字节。新文件末尾多一个额外的垃圾字符。原因在于，当用 input.get() 从输入文件读入最后一个字符时，input.eof() 仍为 false。随后，程序试图读取下一个字符，input.eof() 此时变为 true。但是，额外的垃圾字符已经被写到输出文件了。

程序清单 13-7 中的代码是正确的，它读取一个字符（29 行），然后检测 eof()（30 行）。如果 eof() 为 true，字符不写入 output；只有当 eof() 为 false 时，才复制字符（32 行）。重复此过程，直至 eof() 返回 true。

检查点

13.7　函数 getline 和 get 的区别是什么？

13.8　写入一个字符用什么函数？

13.5　fstream 和文件打开模式

关键点：使用 fstream 创建既能输入又能输出的文件对象。

在前面几节中，我们已经学习了使用 ofstream 写数据以及用 ifstream 读数据。还可以使用 fstream 类创建输入流和输出流。如果程序需要使用同一个流对象既进行输入又进行输出，那么使用 fstream 是很方便的。为了用 fstream 对象打开一个文件，必须指定文件打开模式（file open mode），告知 C++ 要如何使用文件。表 13-1 列出了文件模式。

表 13-1　文件模式

模式	描述
ios::in	打开一个文件用于输入
ios::out	打开一个文件用于输出
ios::app	所有输出数据追加于文件末尾
ios::ate	打开一个输出文件。如果文件已存在，移动到文件末尾。数据可写入文件任何位置
ios::trunc	如果文件已存在，丢弃文件内容。（这实际上是 ios::out 的缺省方式）
ios::binary	打开一个文件用于二进制输入输出

提示：一些文件模式也可用于 ifstream 和 ofstream 对象。例如，用 ofstream 对象打开一个文件时，可以使用 ios::app 模式，这样就可以向文件附加数据。但是，出于一致性和简明性考虑，最好只对 fstream 对象使用文件模式。

提示：可以用“|”运算符组合使用多个模式。“|”是位或运算符，可参考附录 E 获得更多相关信息。例如，为了打开一个名为 city.txt 的输出文件用于附加数据，可使用如下语句：

```
stream.open("city.txt", ios::out | ios::app);
```

程序清单 13-8 给出了一个程序，它创建一个名为 city.txt 的新文件（11 行），并向其中写入数据。程序随后关闭文件，接着重新打开它，打开模式是附加新数据（19 行），而不是覆盖它。最后，程序从文件中读取所有数据。

程序清单 13-8 AppendFile.cpp

```
1  #include <iostream>
2  #include <fstream>
3  #include <string>
4  using namespace std;
5
6  int main()
7  {
8    fstream inout;
9
10   // Create a file
11   inout.open("city.txt", ios::out);
12
13   // Write cities
14   inout << "Dallas" << " " << "Houston" << " " << "Atlanta" << " ";
15
16   inout.close();
17
18   // Append to the file
19   inout.open("city.txt", ios::out | ios::app);
20
21   // Write cities
22   inout << "Savannah" << " " << "Austin" << " " << "Chicago";
23
```

```
24    inout.close();
25
26    string city;
27
28    // Open the file
29    inout.open("city.txt", ios::in);
30    while (!inout.eof()) // Continue if not end of file
31    {
32      inout >> city;
33      cout << city << " ";
34    }
35
36    inout.close();
37
38    return 0;
39  }
```

程序输出：

```
Dallas Houston Atlanta Savannah Austin Chicago
```

程序第 8 行创建了一个 fstream 对象，并使用 ios::out 模式打开了一个输出文件 city.txt（11 行）。第 14 行写入数据后，16 行将流关闭。

程序第 19 行使用相同的流对象重新打开这个文本文件，打开模式为组合模式 ios::out | ios::app。随后将新数据附加到文件末尾（22 行），然后关闭了流（24 行）。

最后，程序使用同一个流对象，以输入模式 ios::in 重新打开此文本文件（29 行），随后读入文件中所有内容（30 ～ 34 行）。

检查点

13.9　如何打开一个文件以进行附加数据操作？

13.10　文件打开模式 ios::trunc 是什么含义？

13.6　检测流状态

关键点：函数 eof()、fail()、good() 和 bad() 可用来检测流操作的状态。

我们已经学习了用 eof() 函数和 fail() 函数检测一个流的状态。C++ 还提供了另外几个检测流状态（stream state）的函数。实际上，每个流都包含一个位集合，起到标识位的作用。这些位的值（0 或 1）指明了流的状态。表 13-2 列出了这些标识位。

I/O 操作的状态就是通过这些标识位来表示。直接使用这些标识位很不方便，C++ 提供了很多 I/O 流对象的成员函数来检测这些标识位。表 13-3 列出了这些函数。

表 13-2　流状态标识位

标识位	描述
ios::eofbit	当到达文件末尾时置位
ios::failbit	当操作失败时置位
ios::hardfail	当发生不可恢复错误时置位
ios::badbit	当试图进行非法操作时置位
ios::goodbit	当操作成功时置位

表 13-3　流状态检测函数

函数	描述
eof()	若 eofbit 置位，则返回 true
fail()	若 failbit 或 hardfailbit 置位，则返回 true
bad()	若 badbit 置位，则返回 true
good()	若 goodbit 置位，则返回 true
clear()	将所有标识位复位

程序清单 13-9 给出了一个检测流状态的示例程序。

程序清单 13-9 ShowStreamState.cpp

```
#include <iostream>
#include <fstream>
#include <string>
using namespace std;

void showState(const fstream&);

int main()
{
  fstream inout;

  // Create an output file
  inout.open("temp.txt", ios::out);
  inout << "Dallas";
  cout << "Normal operation (no errors)" << endl;
  showState(inout);
  inout.close();

  // Create an input file
  inout.open("temp.txt", ios::in);

  // Read a string
  string city;
  inout >> city;
  cout << "End of file (no errors)" << endl;
  showState(inout);

  inout.close();

  // Attempt to read after file closed
  inout >> city;
  cout << "Bad operation (errors)" << endl;
  showState(inout);

  return 0;
}

void showState(const fstream& stream)
{
  cout << "Stream status: " << endl;
  cout << "  eof(): " << stream.eof() << endl;
  cout << "  fail(): " << stream.fail() << endl;
  cout << "  bad(): " << stream.bad() << endl;
  cout << "  good(): " << stream.good() << endl;
}
```

程序输出：

```
Normal operation (no errors)
Stream status:
  eof(): 0
  fail(): 0
  bad(): 0
  good(): 1
End of file (no errors)

Stream status:
  eof(): 1
  fail(): 0
  bad(): 0
  good(): 0
```

```
Bad operation (errors)
Stream status:
  eof(): 1
  fail(): 1
  bad(): 0
  good(): 0
```

程序在第 10 行用无参构造函数创建了一个 fstream 对象，在 13 行打开了一个输出文件 temp.txt，并在第 14 行将字符串“ Dallas”写入文件。第 15 行显示了流的状态。到这里为止还未出现错误。

程序接着关闭了流（17 行），然后重新打开文件 temp.txt（20 行），读入字符串“Dallas”（24 行）。26 行输出了流的状态。到这里为止仍未出现错误，但已经到达文件末尾。

最后，程序关闭了流（28 行），并试图在文件关闭的情况下读取数据（31 行），这导致了一个错误。33 行输出了流的状态。

在程序的第 16、26 和 33 行调用 showState 函数时，流对象通过传引用的方式传递给了函数。

检查点

13.11　如何来确定 I/O 操作的状态？

13.7　二进制输入输出

关键点：*文件模式 ios::binary 可用于二进制输入输出方式打开文件。*

到目前为止，我们接触的都是文本文件。文件可以分为文本文件和二进制文件两类。可被文本编辑器处理（读取、创建或修改）的文件称为*文本文件*（text file），文本编辑器如 Windows 系统中的 Notepad 或者 UNIX 系统中的 vi 等。非文本文件都是*二进制文件*（binary file），我们不能使用文本编辑器来读取它，必须由计算机程序读取处理。例如，C++ 源程序是存储在文本文件中的，人们可以借助文本编辑器直接阅读，但 C++ 可执行文件则是存在二进制文件中，由操作系统读取的。

虽然在技术上这么讲不是很准确，但我们可以将一个文本文件理解为由一个字符序列构成，而一个二进制文件由一个二进制位序列构成。例如，十进制整数 199 在文本文件中存储为三个字符 '1'、'9'、'9' 构成的序列，而在二进制文件中存储为一个字节类型的值 C7，因为十进制的 199 等于十六进制的 C7（$199=12\times16^1+7$）。处理二进制文件比处理文本文件效率更高。

提示：*计算机本身是不区分二进制文件和文本文件的。所有文件实际上都存储为二进制格式，因此所有文件本质上都可以说是二进制文件。文本 I/O 是建立在二进制 I/O 基础上的，在这之上提供了一层字符编码 / 解码的抽象。*

二进制 I/O 不需要任何转换。如果采用二进制 I/O 方式向文件中写入一个数值，那么内存中存储的值会被原样复制到文件中。为了在 C++ 中进行二进制 I/O，必须以二进制方式 ios::binary 打开文件。缺省情况下，文件是以文本方式打开的。

可以使用“ <<”运算符和 put 函数将数据写入文本文件，使用“ >>”运算符、get 和 getline 函数从文本文件读取数据。为了读 / 写二进制文件，必须对流对象使用 read 和 write 函数。

13.7.1　write 函数

write 函数的语法如下：

```
streamObject.write(const char* s, int size)
```

该函数写入类型为 char* 的字符数组，每个字符一个字节。

程序清单 13-10 给出了一个使用 write 函数的例子。

程序清单 13-10 BinaryCharOutput.cpp

```
1  #include <iostream>
2  #include <fstream>
3  #include <string>
4  using namespace std;
5
6  int main()
7  {
8    fstream binaryio("city.dat", ios::out | ios::binary);
9    string s = "Atlanta";
10   binaryio.write(s.c_str(), s.size()); // Write s to file
11   binaryio.close();
12
13   cout << "Done" << endl;
14
15   return 0;
16 }
```

程序第 8 行打开了一个二进制文件 city.dat 用于输出。随后调用 binaryio.write(s.c_str(), s.size())（10 行）将字符串 s 写入文件。

常需要向文件中写入非字符数据。如何做呢？ C++ 提供了 reinterpret_cast 运算符来实现此目的。此运算符可以将一个指针类型转换为与其不相关的指针类型，它只是简单地进行了指针值的二进制复制，并不改变指针指向的数据。其语法如下所示：

```
reinterpret_cast<dataType*>(address)
```

其中 address 是输出数据（基本类型、数组或对象）的起始地址，dataType 是希望转换出的数据类型。在此例中，由于希望用于二进制 I/O，因此目标类型是 char。

程序清单 13-11 给出了一个示例。

程序清单 13-11 BinaryIntOutput.cpp

```
1  #include <iostream>
2  #include <fstream>
3  using namespace std;
4
5  int main()
6  {
7    fstream binaryio("temp.dat", ios::out | ios::binary);
8    int value = 199;
9    binaryio.write(reinterpret_cast<char*>(&value), sizeof(value));
10   binaryio.close();
11
12   cout << "Done" << endl;
13
14   return 0;
15 }
```

程序第 9 行将变量 value 的内容写入文件，reinterpret_cast<char*>(&value) 将 int 型值的地址转换为 char * 型，sizeof(value) 返回变量值的存储空间大小，在这里是 4，因为变量是整型的。

提示：简单起见，本书对文本文件使用 .txt 后缀，二进制文件使用 .dat 后缀。

13.7.2 read 函数

read 函数语法如下：

```
streamObject.read(char* address, int size)
```

参数 size 指示可以读取的最大字节数，实际读取的字节数可从成员函数 gcount 获得。

程序清单 13-10 创建了文件 city.dat，程序清单 13-12 使用 read 函数将其中的字符读取出来。

程序清单 13-12 BinaryCharInput.cpp

```
1  #include <iostream>
2  #include <fstream>
3  using namespace std;
4
5  int main()
6  {
7    fstream binaryio("city.dat", ios::in | ios::binary);
8    char s[10]; // Array of 10 bytes. Each character is a byte.
9    binaryio.read(s, 10);
10   cout << "Number of chars read: " << binaryio.gcount() << endl;
11   s[binaryio.gcount()] = '\0'; // Append a C-string terminator
12   cout << s << endl;
13   binaryio.close();
14
15   return 0;
16 }
```

程序输出：

```
number of chaps read: 7
Atlanta
```

程序第 7 行打开二进制文件 city.dat 用于输入数据。第 9 行调用 binaryio.read(s, 10) 从文件中读取 10 字节存入数组中。在 11 行调用 binaryio.gcount() 获得实际读取的字节数。

程序清单 13-11 创建了文件 temp.dat，程序清单 13-13 使用 read 函数从中读取整数。

程序清单 13-13 BinaryIntInput.cpp

```
#include <iostream>
#include <fstream>
using namespace std;

int main()
{
  fstream binaryio("temp.dat", ios::in | ios::binary);
  int value;
  binaryio.read(reinterpret_cast<char*>(&value), sizeof(value));
  cout << value << endl;
  binaryio.close();

  return 0;
}
```

程序输出：

```
199
```

数据文件 temp.dat 由程序清单 13-11 创建，内容为一个整数，并且在存储到文件之前先转变为二进制字节，本程序第 9 行从文件读取这些字节，然后使用 reinterpret_cast 将字节转换为 int 型值。

13.7.3 例：二进制数组 I/O

可以使用 reinterpret_cast 将任意类型的数据转变为二进制字节，反之亦然。本节给出一个例子——程序清单 13-14，将一个 double 型数组写入一个二进制文件，然后再从文件中读取出来。

程序清单 13-14 BinaryArrayIO.cpp

```
1  #include <iostream>
2  #include <fstream>
3  using namespace std;
4
5  int main()
6  {
7    const int SIZE = 5; // Array size
8
9    fstream binaryio; // Create stream object
10
11   // Write array to the file
12   binaryio.open("array.dat", ios::out | ios::binary);
13   double array[SIZE] = {3.4, 1.3, 2.5, 5.66, 6.9};
14   binaryio.write(reinterpret_cast<char*>(&array), sizeof(array));
15   binaryio.close();
16
17   // Read array from the file
18   binaryio.open("array.dat", ios::in | ios::binary);
19   double result[SIZE];
20   binaryio.read(reinterpret_cast<char*>(&result), sizeof(result));
21   binaryio.close();
22
23   // Display array
24   for (int i = 0; i < SIZE; i++)
25     cout << result[i] << " ";
26
27   return 0;
28 }
```

程序输出：

```
3.4 1.3 2.5 5.66 6.9
```

程序在第 9 行创建了一个流对象，第 12 行打开二进制文件 array.dat 用于输出，第 14 行将一个 double 型数组内容写入文件，第 15 行将文件关闭。

程序随后在第 18 行打开二进制文件 array.dat 用于数据输入，第 20 行从文件读取一个 double 型数组，第 21 行将文件关闭。

最终，程序输出数组 result 中的内容（24 ～ 25 行）。

13.7.4 例：二进制对象 I/O

本节给出一个示例，展示如何向二进制文件写入对象，以及如何从二进制文件读出数据。

程序清单 13-1 将学生信息写入文本文件。一个学生的信息包括名、中间名的首字符、姓和成绩，这些域分别被写入文件。一个更好的处理方式是声明一个类，来表示学生信息，每个学生的信息用一个 Student 类的对象表示。

我们将类取名为 Student，它包含 firstName、mi、lastName 和 score 四个数据域，还包含相应的访问器和更改器函数，及两个构造函数。类的 UML 图如图 13-4 所示。

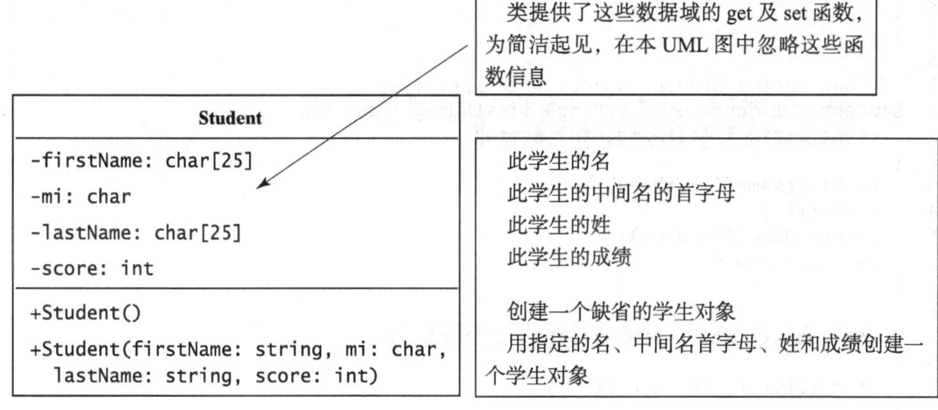

图 13-4 Student 类描述了学生信息

程序清单 13-15 在头文件中声明了 Student 类，程序清单 13-16 实现了类。注意，名字和姓是两个 25 字节固定长度的字符数组（22、24 行），所以每个学生记录大小相同，这是为了保证正确读取学生数据。另外因为 string 类型比 C 字符串型更易使用，所以在 firstName 和 lastName 的 get 和 set 函数中使用的是 string 类型（12、14、16、18 行）。

程序清单 13-15 Student.h

```
1  #ifndef STUDENT_H
2  #define STUDENT_H
3  #include <string>
4  using namespace std;
5
6  class Student
7  {
8  public:
9    Student();
10   Student(const string& firstName, char mi,
11     const string& lastName, int score);
12   void setFirstName(const string& s);
13   void setMi(char mi);
14   void setLastName(const string& s);
15   void setScore(int score);
16   string getFirstName() const;
17   char getMi() const;
18   string getLastName() const;
19   int getScore() const;
20
21 private:
22   char firstName[25];
23   char mi;
24   char lastName[25];
25   int score;
26 };
27
28 #endif
```

程序清单 13-16 Student.cpp

```
#include "Student.h"
#include <cstring>

// Construct a default student
Student::Student()
{
}

// Construct a Student object with specified data
Student::Student(const string& firstName, char mi,
  const string& lastName, int score)
{
  setFirstName(firstName);
  setMi(mi);
  setLastName(lastName);
  setScore(score);
}

void Student::setFirstName(const string& s)
{
  strcpy(firstName, s.c_str());
}

void Student::setMi(char mi)
{
  this->mi = mi;
}

void Student::setLastName(const string& s)
{
   strcpy(lastName, s.c_str());
}

void Student::setScore(int score)
{
  this->score = score;
}

string Student::getFirstName() const
{
  return string(firstName);
}

char Student::getMi() const
{
  return mi;
}

string Student::getLastName() const
{
  return string(lastName);
}

int Student::getScore() const
{
  return score;
}
```

程序清单 13-17 创建了 4 个 Student 对象，将它们写入一个名为 student.dat 的文件，然后再从文件读出 4 个对象的内容。

程序清单 13-17 BinaryObjectIO.cpp

```
1  #include <iostream>
2  #include <fstream>
3  #include "Student.h"
4  using namespace std;
5
6  void displayStudent(const Student& student)
7  {
8    cout << student.getFirstName() << " ";
9    cout << student.getMi() << " ";
10   cout << student.getLastName() << " ";
11   cout << student.getScore() << endl;
12 }
13
14 int main()
15 {
16   fstream binaryio; // Create stream object
17   binaryio.open("student.dat", ios::out | ios::binary);
18
19   Student student1("John", 'T', "Smith", 90);
20   Student student2("Eric", 'K', "Jones", 85);
21   Student student3("Susan", 'T', "King", 67);
22   Student student4("Kim", 'K', "Peterson", 95);
23
24   binaryio.write(reinterpret_cast<char*>
25     (&student1), sizeof(Student));
26   binaryio.write(reinterpret_cast<char*>
27     (&student2), sizeof(Student));
28   binaryio.write(reinterpret_cast<char*>
29     (&student3), sizeof(Student));
30   binaryio.write(reinterpret_cast<char*>
31     (&student4), sizeof(Student));
32
33   binaryio.close();
34
35   // Read student back from the file
36   binaryio.open("student.dat", ios::in | ios::binary);
37
38   Student studentNew;
39
40   binaryio.read(reinterpret_cast<char*>
41     (&studentNew), sizeof(Student));
42
43   displayStudent(studentNew);
44
45   binaryio.read(reinterpret_cast<char*>
46     (&studentNew), sizeof(Student));
47
48   displayStudent(studentNew);
49
50   binaryio.close();
51
52   return 0;
53 }
```

程序输出：

```
John T Smith 90
Eric K Jones 85
```

程序在第 16 行创建了一个流对象，在第 17 行打开了一个文件 student.dat 用于二进制输出，19 ～ 22 行创建了 4 个 Student 对象，随后 24 ～ 31 行将 4 个对象的内容写入文件，33

行将文件关闭。

将对象写入文件的语句为

```
binaryio.write(reinterpret_cast<char*>
  (&student1), sizeof(Student));
```

对象 student1 的地址被转换为 char * 类型，对象的大小由它所包含的数据域决定。每个学生信息大小相同，都是 sizeof(Student)。

程序在第 36 行打开文件 student.dat 用于二进制输入，38 行用无参构造函数创建了一个 Student 对象，随后从文件读出一个 Student 对象内容（40 ～ 41 行），再显示对象的数据（43 行）。程序继续读出另一个对象（45 ～ 46 行）并显示其数据（48 行）。

最终，程序在第 50 行关闭了文件。

检查点

13.12 什么是文本文件，什么是二进制文件？你能利用文本编辑器查看一个文本文件或二进制文件吗？

13.13 如何打开一个文件用于二进制 I/O ？

13.14 write 函数只能将一个字节数组写入文件。如何将一个基本数据类型值或一个对象写入一个二进制文件？

13.15 如果将字符串 "ABC" 写入一个 ASCII 文本文件，实际上什么值被存入文件？

13.16 如果将字符串 "100" 写入一个 ASCII 文本文件，实际上什么值被存入文件？如果将一个数值字节类型值 100 写入一个二进制文件，实际上什么值被存入文件？

13.8 随机访问文件

关键点：随机访问文件时，可用函数 seekg() 和 seekp() 移动文件指针到任意位置。

一个文件由一个字节序列构成。操作系统中都维护一个称为*文件指针*（file pointer）的特殊标记，指向序列中某个位置。读写操作都是在文件指针指向的位置处进行。当文件打开时，文件指针被设置在文件开始位置。当读写数据时，文件指针会移动到下一个数据项。例如，如果使用 get() 函数读取一个字节，C++ 从文件指针指向的位置读出一个字节，文件指针会向前移动一个字节，如图 13-5 所示。

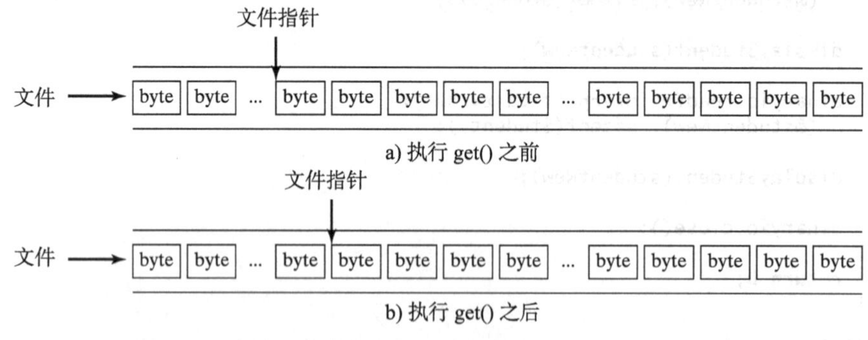

图 13-5 读取一个字节之后，文件指针向前移动了一个字节

到目前为止，我们所设计的程序都是顺序读 / 写数据，即文件指针一直向前移动，这被称为*顺序访问文件*（sequential access file）。如果一个文件以输入方式打开，将从其文件开始位置向文件结尾读取数据。如果一个文件以输出方式打开，则从其开始位置或末尾位置（追加模式 ios::app）开始一个接一个地写入数据项。

顺序访问的问题在于，为了读取特定位置的一个字节，必须读取它前面的所有字节，这样效率太低。C++ 允许对流对象使用 seekp 和 seekg 函数，任意地向前或向后移动文件指针。这被称为随机访问文件（random access file）。

函数 seekp（“seek put”）用于输出流，seekg（“seek get”）用于输入流。两个函数都各有两个版本——一个参数的版本和两个参数的版本。一个参数的版本，参数指出绝对位置，例如：

```
input.seekg(0);
output.seekp(0);
```

这两条语句将文件指针移动到文件开始位置。

两个参数的版本，第一个参数是长整型，指出偏移量，第二个参数称为*定位基址*（seek base），指出偏移量是相对于哪个位置。表 13-4 列出了三个支持的定位基址参数。

表 13-4　定位基址

定位基址	描述
ios::beg	偏移量相对于文件开始位置
ios::end	偏移量相对于文件结尾位置
ios::cur	偏移量相对于文件指针当前位置

表 13-5 给出了一些使用 seekp 和 seekg 函数的例子。

表 13-5　seekp 和 seekg 举例

语句	描述
seekg(100, ios::beg);	将文件指针移动到从文件开始第 100 个字节处
seekg(− 100, ios::end);	将文件指针移动到文件末尾向后 100 个字节处
seekp(42, ios::cur);	将文件指针从当前位置向前移动 42 个字节
seekp(− 42, ios::cur);	将文件指针从当前位置向后移动 42 个字节
seekp(100);	将文件指针移动到文件第 100 个字节处

可以使用 tellp 和 tellg 函数返回文件指针的当前位置。

程序清单 13-18 展示了如何随机访问一个文件。首先将 10 个学生对象写入文件，然后从文件中读取第 3 个学生的信息。

程序清单 13-18　RandomAccessFile.cpp

```
#include <iostream>
#include <fstream>
#include "Student.h"
using namespace std;

void displayStudent(const Student& student)
{
  cout << student.getFirstName() << " ";
  cout << student.getMi() << " ";
  cout << student.getLastName() << " ";
  cout << student.getScore() << endl;
}

int main()
{
  fstream binaryio; // Create stream object
  binaryio.open("student.dat", ios::out | ios::binary);

  Student student1("FirstName1", 'A', "LastName1", 10);
  Student student2("FirstName2", 'B', "LastName2", 20);
  Student student3("FirstName3", 'C', "LastName3", 30);
  Student student4("FirstName4", 'D', "LastName4", 40);
  Student student5("FirstName5", 'E', "LastName5", 50);
```

```
24      Student student6("FirstName6", 'F', "LastName6", 60);
25      Student student7("FirstName7", 'G', "LastName7", 70);
26      Student student8("FirstName8", 'H', "LastName8", 80);
27      Student student9("FirstName9", 'I', "LastName9", 90);
28      Student student10("FirstName10", 'J', "LastName10", 100);
29
30      binaryio.write(reinterpret_cast<char*>
31        (&student1), sizeof(Student));
32      binaryio.write(reinterpret_cast<char*>
33        (&student2), sizeof(Student));
34      binaryio.write(reinterpret_cast<char*>
35        (&student3), sizeof(Student));
36      binaryio.write(reinterpret_cast<char*>
37        (&student4), sizeof(Student));
38      binaryio.write(reinterpret_cast<char*>
39        (&student5), sizeof(Student));
40      binaryio.write(reinterpret_cast<char*>
41        (&student6), sizeof(Student));
42      binaryio.write(reinterpret_cast<char*>
43        (&student7), sizeof(Student));
44      binaryio.write(reinterpret_cast<char*>
45        (&student8), sizeof(Student));
46      binaryio.write(reinterpret_cast<char*>
47        (&student9), sizeof(Student));
48      binaryio.write(reinterpret_cast<char*>
49        (&student10), sizeof(Student));
50
51      binaryio.close();
52
53      // Read student back from the file
54      binaryio.open("student.dat", ios::in | ios::binary);
55
56      Student studentNew;
57
58      binaryio.seekg(2 * sizeof(Student));
59
60      cout << "Current position is " << binaryio.tellg() << endl;
61
62      binaryio.read(reinterpret_cast<char*>
63        (&studentNew), sizeof(Student));
64
65      displayStudent(studentNew);
66
67      cout << "Current position is " << binaryio.tellg() << endl;
68
69      binaryio.close();
70
71      return 0;
72    }
```

程序输出：

```
Current position is 112
FirstName3 C LastName3 30
Current position is 168
```

程序在第 16 行创建了一个流对象，第 17 行打开文件 student.dat 用于二进制输出，19 ～ 28 行创建了 10 个 Student 对象，30 ～ 49 行将它们写入文件，第 51 行将文件关闭。

程序第 54 行打开 student.dat 文件用于二进制输入，56 行用无参构造函数创建了一个 Student 对象，58 行将文件指针移动到文件中第 3 个学生的位置。此时文件指针的位置为 112（每个学生对象的大小为 56）。当读出第 3 个学生信息后，文件指针移动到第 4 个学生的位置。因此，当前文件指针位置为 168。

检查点

13.17 文件指针是什么？

13.18 seekp 和 seekg 的区别是什么？

13.9 更新文件

关键点：为更新二进制文件，可用组合模式 ios::in | ios:out | ios::binary 打开该文件。

常需要更新文件的内容。可以按读写方式打开一个文件，如下所示：

```
binaryio.open("student.dat", ios::in | ios::out | ios::binary);
```

此语句以读写方式打开二进制文件 student.dat。

程序清单 13-19 展示了如何更新一个文件。假定文件 student.dat 已由程序清单 13-18 创建，包含 10 个学生信息。程序首先从文件读出第 2 个学生信息，修改他的姓，将修改后的对象写回文件，最后将新对象再从文件中读出来。

程序清单 13-19 UpdateFile.cpp

```
#include <iostream>
#include <fstream>
#include "Student.h"
using namespace std;

void displayStudent(const Student& student)
{
  cout << student.getFirstName() << " ";
  cout << student.getMi() << " ";
  cout << student.getLastName() << " ";
  cout << student.getScore() << endl;
}

int main()
{
  fstream binaryio; // Create stream object

  // Open file for input and output
  binaryio.open("student.dat", ios::in | ios::out | ios::binary);

  Student student1;
  binaryio.seekg(sizeof(Student));
  binaryio.read(reinterpret_cast<char*>
    (&student1), sizeof(Student));
  displayStudent(student1);

  student1.setLastName("Yao");
  binaryio.seekp(sizeof(Student));
  binaryio.write(reinterpret_cast<char*>
    (&student1), sizeof(Student));

  Student student2;
  binaryio.seekg(sizeof(Student));
  binaryio.read(reinterpret_cast<char*>
    (&student2), sizeof(Student));
  displayStudent(student2);

  binaryio.close();

  return 0;
}
```

程序输出：

```
FirstName2 B LastName2 20
FirstName2 B Yao 20
```

程序在第 16 行创建了一个流对象，19 行以输入输出方式打开二进制文件 student.dat。

程序先在文件中移动到第 2 个学生（22 行），读取该学生信息（23 ～ 24 行），显示它的内容（25 行），修改姓（27 行），再把修改后的对象写回文件（29 ～ 30 行）。

程序再一次在文件中移动到第 2 个学生（33 行），读取该学生信息（34 ～ 35 行），并显示它的内容（36 行）。从输出示例中你可以看到，这个对象的姓确实被修改了。

关键术语

absolute file name（绝对文件名）
binary file（二进制文件）
file open mode（文件打开模式）
file pointer（文件指针）
input stream（输入流）
output stream（输出流）
random access file（随机访问文件）
relative file name（相对文件名）
sequential access file（顺序访问文件）
stream state（流状态）
text file（文本文件）

本章小结

1. C++ 提供了 ofstream、ifstream 和 fstream 三个类，方便文件的输入输出。
2. 可以使用 ofstream 类向文件写数据，可以使用 ifstream 类从文件读数据，可以使用 fstream 类对文件进行读写操作。
3. 可以使用 open 函数打开一个文件，用 close 函数关闭一个文件，使用 fail 函数检测文件是否存在，用 eof 函数检测是否到达文件末尾。
4. 可以用流格式控制符（如 setw、setprecision、fixed、showpoint、left 和 right）格式化文件输出。
5. 可以使用 getline 函数从文件读取一行，用 get 函数从文件读取一个字符，用 put 函数向文件写入一个字符。
6. 文件的打开模式（ios::in、ios::out、ios:app、ios::trunc 和 ios::binary）可用来指明如何打开一个文件。
7. 文件 I/O 可分为文本 I/O 和二进制 I/O 两类。
8. 文本 I/O 将文件中数据解释为字符序列。文本在文件中如何存储由文件所用的编码 / 解码方案决定。对文本 I/O，C++ 会自动进行编码 / 解码工作。
9. 二进制 I/O 将数据解释为原始二进制值。为了进行二进制 I/O，需以 ios::binary 模式打开文件。
10. 二进制输出使用 write 函数，二进制输入使用 read 函数。
11. 可以用 reinterpret_cast 运算符将任意类型的数据转换为字节数组类型，以用于二进制输入输出。
12. 文件访问可以是顺序方式，也可以是随机方式。
13. seekp 和 seekg 函数可将文件指针移动到文件中任何位置，随后即可在新位置处进行 put/write 和 get/read 操作。

在线测验

请在 www.cs.armstrong.edu/liang/cpp3e/quiz.html 完成本章的在线测验。

程序设计练习

13.2 ~ 13.6 节

*13.1 （创建一个文本文件）编写程序，它创建一个名为 Exercise13_1.txt 的文件（若其不存在的话）。如果文件存在，将新数据附加在文件原内容之后。将随机生成的 100 个整数写入文件（文本 I/O 方式）。整数间用一个空格分隔。

*13.2 （字符计数）编写一个程序，提示用户输入文件名，显示文件中字符的数量。

*13.3 （处理一个文本文件中保存的成绩）假定一个文本文件 Execise13_3.txt 包含未知个数的成绩。编写一个程序，从文件中读出所有成绩，显示它们的总和与平均值。成绩间都是以空格间隔的。

*13.4 （读、排序、写数据）假定名为 Execise13_4.txt 的文本文件包含 100 个整数。编写程序，从文件中读取数据，对这些整数进行排序，将排序后的数字写回文件。整数在文件中以空格分隔。

*13.5 （婴儿名字知名度排名）2001 年到 2010 年的婴儿名字知名度排名可从网站 www.ssa.gov/oact/babynames 下载，将排名数据分别存储到文件 Babynameranking2001.txt、Babynameranking2002.txt、…、Babynameranking2010.txt 中。这些文件可以从以下网址下载得到：www.cs.armstrong.edu/liang/data/Babynameranking2001.txt，…，www.cs.armstrong.edu/liang/data/Babynameranking 2010.txt。每个文件包含 1000 行，每行包含名次、男孩名字、该男孩名字数量、女孩名字、该女孩名字数量。例如，文件 Babynameranking2010.txt 的前两行为：

```
1  Jacob   21 875           Isabella   22 731
2  Ethan   17 866           Sophia     20 477
```

由上可以得知，男孩名字 Jacob 和女孩名字 Isabella 排名第一，男孩名字 Ethan 和女孩名字 Sophia 排名第二。有 21 875 个男孩叫 Jacob，有 22 731 个女孩叫 Isabella。编写一个程序，提示用户输入年份、性别、名字，打印输出该名字当年的排名。下面是样例运行：

```
Enter the year: 2010 ↵Enter
Enter the gender: M ↵Enter
Enter the name: Javier ↵Enter
Javier is ranked #190 in year 2010
```

```
Enter the year: 2010 ↵Enter
Enter the gender: F ↵Enter
Enter the name: ABC ↵Enter
The name ABC is not ranked in year 2010
```

*13.6 （男女共用名）编写程序，提示用户输入程序设计练习 13.5 中的某个文件名，打印输出在该文件中男女共用的名字。下面是样例运行：

```
Enter a file name for baby name ranking: Babynameranking2001.txt ↵Enter
69 names used for both genders
They are Tyler Ryan Christian ...
```

*13.7 （无重复排序名字）编写程序，读入程序设计练习 13.5 中的 10 个文件，将所有的名字（男孩、女孩都计入，删除重复的）进行排序，存储排序后的结果到一个文件，每行 10 个名字。

*13.8 （带重复排序名字）编写程序，读入程序设计练习 13.5 中的 10 个文件，将所有的名字（男孩、女孩都计入，允许重复）进行排序，存储排序后的结果到一个文件，每行 10 个名字。

*13.9 （累积排名）编写程序，使用程序设计练习 13.5 的 10 个文件中的数据，计算在 10 年间所有名字的累积排名。程序应该分开输出男孩和女孩的累积排名。对每个名字，输出它的排名、名字及累积出现次数。

*13.10 （删除排名）编写程序，提示用户输入程序设计练习 13.5 的某个文件名，从文件读取数据，将数据去除排名后存储到新文件中。新文件每行没有排名信息，其他和源文件相同，新文件名字是输入文件名加后缀 .new。

*13.11 （是否排好序？）编写程序，从文件 SortedStrings.txt 中读取字符串，检查该文件中的所有字符串是否按升序排好。如果未排好序，则打印输出前两个不按升序排列的字符串。

*13.12 （排名摘要）编写程序，使用程序设计练习 13.5 的文件，打印输出排名摘要表，包含前 5 个女孩和前 5 个男孩的排名，如下所示：

```
Year  Rank 1    Rank 2   Rank 3   Rank 4  Rank 5  Rank 1  Rank 2   Rank 3   Rank 4     Rank 5
2010  Isabella  Sophia   Emma     Olivia  Ava     Jacob   Ethan    Michael  Jayden     William
2009  Isabella  Emma     Olivia   Sophia  Ava     Jacob   Ethan    Michael  Alexander  William
...
2001  Emily     Madison  Hannah   Ashley  Alexis  Jacob   Michael  Matthew  Joshua     Christopher
```

13.7 节

*13.13 （创建一个二进制数据文件）编写程序，它创建一个名为 Execise13_13.dat 的文件（如果它不存在的话）。如果文件已存在，新数据应附加在原有数据之后。将随机生成的 100 个整数写入文件（二进制 I/O 方式）。

*13.14 （排序 Loan 对象）编写程序，创建 5 个 Loan 对象，将它们写入一个名为 Execise13_14.dat 的文件中。Loan 类在程序清单 9-13 中定义。

*13.15 （重新存储文件中的对象）假定前一个练习中已经创建了一个名为 Execise13_15.dat 的文件。编写程序，从文件中读取 Loan 对象，并计算总贷款额。假定你不知道文件中保存了多少个 Loan 对象。使用 eof() 来检测文件末尾。

*13.16 （文件拷贝）在程序清单 13-7 CopyFile.cpp 中，使用文本 I/O 来拷贝文件。修改该程序，使用二进制 I/O 来进行文件拷贝。下面是样例运行：

```
Enter a source file name: c:\exercise.zip ↵Enter
Enter a target file name: c:\exercise.bak ↵Enter
Copy Done
```

*13.17 （分割文件）假设要备份一个巨大的文件（比如 10GB AVI 文件）到 CD-R，可以把文件分割成几个小的文件，然后逐个备份。编写一个实用程序，它能将大文件分割成小文件。程序提示用户输入原文件名和每个小文件的字节数。下面是样例运行：

```
Enter a source file name: c:\exercise.zip ↵Enter
Enter the number of bytes in each smaller file: 9343400 ↵Enter
File c:\exercise.zip.0 produced
File c:\exercise.zip.1 produced
File c:\exercise.zip.2 produced
File c:\exercise.zip.3 produced
Split Done
```

*13.18 （合并文件）编写一个实用程序，合并文件到一个新的文件。程序提示用户输入源文件的个数、每个源文件的名字及目标文件名字。下面是样例运行：

```
Enter the number of source files: 4 ↵Enter
Enter a source file: c:\exercise.zip.0 ↵Enter
Enter a source file: c:\exercise.zip.1 ↵Enter
Enter a source file: c:\exercise.zip.2 ↵Enter
Enter a source file: c:\exercise.zip.3 ↵Enter
Enter a target file: c:\temp.zip ↵Enter
Combine Done
```

13.19 （加密文件）通过将每个字节加 5 来加密文件。编写程序，提示用户输入输入文件名和输出文件名，保存输入文件加密后的版本到输出文件。

13.20 （解密文件）假定一个文件使用程序设计练习 13.19 中的加密方法进行了加密。编写一个程序，解密该文件。程序提示用户输入输入文件名和输出文件名，保存输入文件解密后的版本到输出文件。

***13.21 （游戏：猜词）重写程序设计练习 10.15。程序读入文本文件 Exercise13_21.txt 中存储的单词，单词以空格分隔。提示：从文件读取单词并以 vector 类型存储。

13.8 节

*13.22 （更新计数）假定你希望跟踪一个程序被执行了多少次。你可以将计数值保存在一个文件中。每次执行此程序时将计数值加 1。令程序名为 Execise13_22，计数值保存在 Execise13_22.dat 中。

第 14 章
Introduction to Programming with C++, Third Edition

运算符重载

目标

- 理解运算符重载及其带来的好处（14.1 节）。
- 学会定义 Rational 类，来描述有理数（14.2 节）。
- 理解 C++ 中如何使用函数重载一个运算符（14.3 节）。
- 掌握如何重载关系运算符（<，<=，==，!=，>=，>）和算术运算符（+，–，*，/）(14.3 节)。
- 掌握如何重载数组下标运算符 []（14.4 节）。
- 掌握如何重载简写运算符 +=、–=、*= 和 /=（14.5 节）。
- 掌握如何重载一元运算符 + 和 –（14.6 节）。
- 掌握如何重载前缀和后缀运算符 ++/––（14.7 节）。
- 掌握如何让友元函数和友元类访问类的私有成员（14.8 节）。
- 掌握如何以友元函数形式重载流插入和提取运算符 << 和 >>（14.9 节）。
- 学会定义运算符函数，执行对象转换（14.10.1 节）。
- 学会定义适当的构造函数，执行数值到对象的转换（14.10.2 节）。
- 学会定义非成员函数，执行隐式类型转换（14.11 节）。
- 学会定义带有重载运算符的新 Rational 类（14.12 节）。
- 学会重载赋值运算符 =，执行深拷贝（14.13 节）。

14.1 引言

关键点： *C++ 允许我们为运算符定义专门的函数，这被称为运算符重载。*

在 10.2.10 节中，我们已经学习了如何使用运算符简化字符串操作。你可以使用 + 运算符连接两个字符串，使用关系运算符（==、!=、<、<=、> 和 >=）比较两个字符串，以及使用数组下标运算符 [] 访问字符串中字符。在 12.6 节中，我们学习了如何使用 [] 运算符访问向量中的元素。例如，下面程序使用 [] 运算符从一个字符串中获得一个字符（3 行），使用 + 运算符连接两个字符串（4 行），使用 < 运算符比较两个字符串（5 行），使用 [] 运算符从一个向量中获得一个元素（10 行）

```
1  string s1("Washington");
2  string s2("California");
3  cout << "The first character in s1 is " << s1[0] << endl;
4  cout << "s1 + s2 is " << (s1 + s2) << endl;
5  cout << "s1 < s2? " << (s1 < s2) << endl;
6
7  vector<int> v;
8  v.push_back(3);
9  v.push_back(5);
10 cout << "The first element in v is " << v[0] << endl;
```

运算符实际上是类中定义的函数。这些函数以关键字 operator 加上运算符来命名。例如，对于上面的程序，我们还可以用函数调用形式重写：

```
string s1("Washington");
string s2("California");
cout << "The first character in s1 is " << s1.operator[](0)
  << endl;
cout << "s1 + s2 is " << operator+(s1, s2) << endl;
cout << "s1 < s2? " << operator<(s1, s2) << endl;

vector<int> v;
v.push_back(3);
v.push_back(5);
cout << "The first element in v is " << v.operator[](0) << endl;
```

这里，函数 operator[] 是 string 类的成员函数。vector、operator+ 和 operator < 则是 string 类的非成员函数。需要注意的是，对象调用成员函数时，必须采用“对象名 . 成员函数名 (…)”的形式。例如，s1.operator[](0)。显然，采用运算符形式的 s1[0] 比采用函数调用形式的 s1. operator[](0) 更为直观和方便。

运算符函数的定义成为*运算符重载*（operator overloading）。+，==，!=，<，<=，>=，> 和 [] 等运算符是在 string 类中重载的。在我们自己定义的类中如何重载运算符呢？本章将以 Rational 类为例，展示如何重载各种运算符。首先我们将学习如何创建一个支持有理数运算的类 Rational，然后学习如何重载运算符以简化操作。

14.2 Rational 类

关键点：本节给出用来描述有理数的 Rational 类的定义。

一个有理数是由一个分子和一个分母组成的 *a*/*b* 形式的数，其中 *a* 是分子，*b* 是分母。例如，1/3、3/4 和 10/4 都是有理数。

一个有理数不能以 0 为分母，但以 0 为分子是可以的。每个整数 *i* 都等价于有理数 *a*/1。有理数用于包含分数的精确运算，例如，1/3=0.33333…。这个数是不能用 double 型或 float 型的浮点数精确表示的。为了获得精确的结果，必须使用有理数。

C++ 为整数和浮点数提供了相应的数据类型，但并不支持有理数。本节展示如何定义一个类来表示有理数。

一个 Rational 型数可描述为两个数据域：numerator 和 denominator。你可以根据指定的分子、分母创建一个 Rational 数，也可以创建一个缺省的 Rational 数——分子为 0，分母为 1。你可以对有理数进行加、减、乘、除以及比较运算。你也可以将一个有理数转换为一个整数、一个浮点数或者一个字符串。Rational 类的 UML 类图如图 14-1 所示。

一个有理数由一个分子和一个分母组成。一个有理数可能有很多值相等的其他有理数，例如：1/3 = 2/6 = 3/9 = 4/12。为简单起见，对于这种情况，我们选取 1/3 表示所有值等于 1/3 的有理数。1/3 的分子和分母没有大于 1 的公因子，因此 1/3 被称为*最低项*（lowest term）。

为了将一个有理数化简为对应的最低项，需要求分子和分母的绝对值的最大公约数（Greast Common Divisor，GCD），然后分子、分母都除以此最大公约数。你可以用程序清单 6-4 中给出的函数求最大公约数，将 Rational 对象中的分子和分母化简为最低项。

Rational	
-numerator: int	该有理数的分子
-denominator: int	该有理数的分母
+Rational()	创建一个分子为 0 分母为 1 的有理数
+Rational(numerator: int, denominator: int)	用指定的分子和分母值创建有理数
+getNumerator(): int const	返回该有理数的分子
+getDenominator(): int const	返回该有理数的分母
+add(secondRational: Rational): Rational const	返回该有理数和指定有理数的和
+subtract(secondRational: Rational): Rational const	返回该有理数和指定有理数的差
+multiply(secondRational: Rational): Rational const	返回该有理数和指定有理数的积
+divide(secondRational: Rational): Rational const	返回该有理数和指定有理数的商
+compareTo(secondRational: Rational): int const	当该有理数小于、等于和大于指定有理数时，分别返回 -1、0 和 1
+equals(secondRational: Rational): bool const	当该有理数等于指定有理数时，返回真
+intValue(): int const	返回分子 / 分母的商（整数除法）
+doubleValue(): double const	返回 1.0* 分子 / 分母的商（浮点数除法）
+toString(): string const	返回形如“分子 / 分母”形式的字符串，若分母为 1，则返回形如“分子”的字符串
-gcd(n: int, d: int): int	返回 n 和 d 的最大公约数

图 14-1 UML 表示的 Rational 类的属性、构造函数和成员函数

与往常一样，我们可以先写一个测试程序，创建两个 Rational 对象，测试其函数功能。程序清单 14-1 给出了 Rational 类的头文件，程序清单 14-2 给出了测试程序。

程序清单 14-1 Rational.h

```
#ifndef RATIONAL_H
#define RATIONAL_H
#include <string>
using namespace std;

class Rational
{
public:
  Rational();
  Rational(int numerator, int denominator);
  int getNumerator() const;
  int getDenominator() const;
  Rational add(const Rational& secondRational) const;
  Rational subtract(const Rational& secondRational) const;
  Rational multiply(const Rational& secondRational) const;
  Rational divide(const Rational& secondRational) const;
  int compareTo(const Rational& secondRational) const;
  bool equals(const Rational& secondRational) const;
  int intValue() const;
  double doubleValue() const;
  string toString() const;
```

```
private:
  int numerator;
  int denominator;
  static int gcd(int n, int d);
};

#endif
```

程序清单 14-2 TestRationalClass.cpp

```
1  #include <iostream>
2  #include "Rational.h"
3  using namespace std;
4
5  int main()
6  {
7    // Create and initialize two rational numbers r1 and r2
8    Rational r1(4, 2);
9    Rational r2(2, 3);
10
11   // Test toString, add, subtract, multiply, and divide
12   cout << r1.toString() << " + " << r2.toString() << " = "
13     << r1.add(r2).toString() << endl;
14   cout << r1.toString() << " - " << r2.toString() << " = "
15     << r1.subtract(r2).toString() << endl;
16   cout << r1.toString() << " * " << r2.toString() << " = "
17     << r1.multiply(r2).toString() << endl;
18   cout << r1.toString() << " / " << r2.toString() << " = "
19     << r1.divide(r2).toString() << endl;
20
21   // Test intValue and double
22   cout << "r2.intValue()" << " is " << r2.intValue() << endl;
23   cout << "r2.doubleValue()" << " is " << r2.doubleValue() << endl;
24
25   // Test compareTo and equal
26   cout << "r1.compareTo(r2) is " << r1.compareTo(r2) << endl;
27   cout << "r2.compareTo(r1) is " << r2.compareTo(r1) << endl;
28   cout << "r1.compareTo(r1) is " << r1.compareTo(r1) << endl;
29   cout << "r1.equals(r1) is "
30        << (r1.equals(r1) ? "true" : "false") << endl;
31   cout << "r1.equals(r2) is "
32        << (r1.equals(r2) ? "true" : "false") << endl;
33
34   return 0;
35 }
```

程序输出：

```
2 + 2/3 = 8/3
2 - 2/3 = 4/3
2 * 2/3 = 4/3
2 / 2/3 = 3
r2.intValue() is 0
r2.doubleValue() is 0.666667
r1.compareTo(r2) is 1
r2.compareTo(r1) is -1
r1.compareTo(r1) is 0
r1.equals(r1) is true
r1.equals(r2) is false
```

程序的主函数创建了两个有理数 r1 和 r2（8～9 行），显示了 r1 + r2、r1 −r2、r1 × r2

和 r1 / r2 的结果（12 ～ 19 行）。计算 r1 + r2 通过调用 r1.add(r2) 来完成，它返回一个新的 Rational 对象。类似地，r1.substract(r2) 返回一个新的 Rational 对象，保存 r1 –r2 的计算结果，r1.multiply(r2) 计算 r1 × r2，r1.divide(r2) 计算 r1 / r2。

22 行调用函数 intValue() 显示 r2 的整型值，23 行调用 doubleValue() 显示 r2 的浮点型值。

26 行调用 r1.compareTo(r2) 返回 1，因为 r1 大于 r2。27 行调用 r2.compareTo(r1) 返回 –1，因为 r2 小于 r1。28 行调用 r1.compareTo(r1) 返回 0，因为 r1 等于 r1。29 行调用 r1.equals(r1) 返回 1（真），因为 r1 等于 r1。30 行调用 r1.equals(r2) 返回 0（假），因为 r1 和 r2 不相等。

程序清单 14-3 实现了 Rational 类。

程序清单 14-3 Rational.cpp

```
#include "Rational.h"
#include <sstream> // Used in toString to convert numbers to strings
#include <cstdlib> // For the abs function
Rational::Rational()
{
  numerator = 0;
  denominator = 1;
}

Rational::Rational(int numerator, int denominator)
{
  int factor = gcd(numerator, denominator);
  this->numerator = ((denominator > 0) ? 1 : -1) * numerator / factor;
  this->denominator = abs(denominator) / factor;
}

int Rational::getNumerator() const
{
  return numerator;
}

int Rational::getDenominator() const
{
  return denominator;
}

// Find GCD of two numbers
int Rational::gcd(int n, int d)
{
  int n1 = abs(n);
  int n2 = abs(d);
  int gcd = 1;

  for (int k = 1; k <= n1 && k <= n2; k++)
  {
    if (n1 % k == 0 && n2 % k == 0)
      gcd = k;
  }

  return gcd;
}

Rational Rational::add(const Rational& secondRational) const
{
  int n = numerator * secondRational.getDenominator() +
    denominator * secondRational.getNumerator();
  int d = denominator * secondRational.getDenominator();
```

```
  return Rational(n, d);
}

Rational Rational::subtract(const Rational& secondRational) const
{
  int n = numerator * secondRational.getDenominator()
    - denominator * secondRational.getNumerator();
  int d = denominator * secondRational.getDenominator();
  return Rational(n, d);
}

Rational Rational::multiply(const Rational& secondRational) const
{
  int n = numerator * secondRational.getNumerator();
  int d = denominator * secondRational.getDenominator();
  return Rational(n, d);
}

Rational Rational::divide(const Rational& secondRational) const
{
  int n = numerator * secondRational.getDenominator();
  int d = denominator * secondRational.numerator;
  return Rational(n, d);
}

int Rational::compareTo(const Rational& secondRational) const
{
  Rational temp = subtract(secondRational);
  if (temp.getNumerator() < 0)
    return -1;
  else if (temp.getNumerator() == 0)
    return 0;
  else
    return 1;
}

bool Rational::equals(const Rational& secondRational) const
{
  if (compareTo(secondRational) == 0)
    return true;
  else
    return false;
}

int Rational::intValue() const
{
  return getNumerator() / getDenominator();
}

double Rational::doubleValue() const
{
  return 1.0 * getNumerator() / getDenominator();
}

string Rational::toString() const
{
  stringstream ss;
  ss << numerator;

  if (denominator > 1)
    ss << "/" << denominator;

  return ss.str();
}
```

Rational 对象对有理数进行了封装。在内部表示中，每个有理数都被转化为最低项保存（13 ～ 14 行）。总是将分母转换为正数（14 行），由分子决定有理数的符号（13 行）。

gcd 函数（28 ～ 41 行）被定义为私有的，因为用户并不直接使用它，它只是在 Rational 类内部被其他成员函数所调用。gcd() 函数还是静态的，因为它不依赖任何具体的 Rational 对象。

函数 abs(x)（30 ～ 31 行）是 C++ 标准库中定义的，它返回 x 的绝对值。

两个 Rational 对象可以相互作用，执行加、减、乘、除操作。这些函数返回一个保存着运算结果的新 Rational 对象（43 ～ 71 行）。

函数 compareTo（&secondRational)（73 ～ 82 行）将此有理数与另一个有理数进行比较。它首先将两者相减，结果保存在 temp 中（75 行）。若 temp 的分子小于 0，则返回 -1，若等于 0，则返回 0，若大于 0，则返回 1。

函数 equals（&secondRational)（84 ～ 90 行）利用函数 compareTo 比较此有理数和另一个有理数，如果得到的返回结果为 0，则 equals 返回真，否则返回假。

函数 intValue 和 doubleValue 分别返回此有理数的 int 值和 double 型值（92 ～ 100 行）。

函数 toString（102 ～ 111 行）返回一个表示此 Rational 对象的字符串，形式为 numerator/denominator，若 denominator 为 1，则简单表示为 numerator。这里使用了字符流将一个数转换为一个字符串，在 10.2.11 节中已经介绍过了。

小窍门：Rational 类中用两个变量表示分子和分母，我们也可以用一个两个元素的数组保存分子和分母，参见程序设计练习 14.2。这样修改后，虽然有理数的内部表示发生改变，但类的公有函数的签名是完全无须改变的。这是一个很好的例子，说明了类封装的思想——将数据域声明为私有的，从而将类的实现和使用分离。

14.3 运算符函数

关键点：*C++ 中的大部分运算符都可以被定义为函数，用于执行一定的操作。*

使用类似下面这样的语法比较两个字符串，应该是最直观、最方便的：

```
string1 < string2
```

那么，我们能用类似的语法比较两个有理数吗？

```
r1 < r2
```

答案是肯定的。我们可以在类中定义一种特殊的称为运算符函数（operator function）的函数。这些函数看起来与一般函数没什么差别，只是函数命名必须使用关键字 operator，并后接一个真正的运算符。例如，下面就是一个运算符函数的函数头：

```
bool operator<(const Rational& secondRational) const
```

它声明了一个 < 运算符函数，当此 Rational 对象小于给定的 Rational 对象时返回真。你可以用如下方式调用此函数：

```
r1.operator<(r2)
```

但更为简单的方式是：

```
r1 < r2
```

为了使用这个运算符，你需要在程序清单 14-1Rational.h 头文件中加入函数头，并在程序清单 14-3Rational.cpp 文件中实现函数，如下所示：

```
bool Rational::operator<(const Rational& secondRational) const
{
  // compareTo is already defined Rational.h
  if (compareTo(secondRational) < 0)
    return true;
  else
    return false;
}
```

因此，下面的代码：

```
Rational r1(4, 2);
Rational r2(2, 3);
cout << "r1 < r2 is " << (r1.operator<(r2) ? "true" : "false");
cout << "\nr1 < r2 is " << ((r1 < r2) ? "true" : "false");
cout << "\nr2 < r1 is " << (r2.operator<(r1) ? "true" : "false");
```

会输出

```
r1 < r2 is false
r1 < r2 is false
r2 < r1 is true
```

需要注意，r1.operator<(r2) 与 r1<r2 等价。但后者更简洁，这也是推荐使用后者的原因。

C++ 允许重载表 14-1 中的运算符。表 14-2 给出了 4 个不能重载的运算符。C++ 不允许创建新的运算符。

表 14-1　可重载的运算符

<table>
<tr><td>+</td><td>−</td><td>*</td><td>/</td><td>%</td><td>^</td><td>&</td><td>|</td><td>~</td><td>!</td><td>=</td></tr>
<tr><td><</td><td>></td><td>+=</td><td>−=</td><td>*=</td><td>/=</td><td>%=</td><td>^=</td><td>&=</td><td>|=</td><td><<</td></tr>
<tr><td>>></td><td>>>=</td><td><<=</td><td>==</td><td>!=</td><td><=</td><td>>=</td><td>&&</td><td>||</td><td>++</td><td>−−</td></tr>
<tr><td>->*</td><td>,</td><td>-></td><td>[]</td><td>()</td><td>new</td><td>delete</td><td></td><td></td><td></td><td></td></tr>
</table>

表 14-2　不可重载的运算符

<table>
<tr><td>?:</td><td>.</td><td>.*</td><td>::</td></tr>
</table>

提示：C++ 定义了运算符的优先级和结合率（参见 3.15 节）。运算符重载不能改变运算符的优先级和结合率。

提示：大多数运算符都是二元运算符，一少部分是一元运算符。运算符重载不能改变运算符操作的预算对象数目。例如，除法运算符 / 是二元的，而 ++ 是一元的，这不能通过重载来改变。

下面给出另一个例子，在 Rational 类中重载了加法运算符。在程序清单 14-1 中加入下面的函数原型。

```
Rational operator+(const Rational& secondRational) const
```

在程序清单 14-3 中加入下面的函数

```
Rational Rational::operator+(const Rational& secondRational) const
{
  // add is already defined Rational.h
  return add(secondRational);
}
```

因此，下面代码：

```
Rational r1(4, 2);
Rational r2(2, 3);
cout << "r1 + r2 is " << (r1 + r2).toString() << endl;
```

会输出：

```
r1 + r2 is 8/3
```

检查点

14.1　如何定义一个运算符函数，来重载运算符？

14.2　列出不能重载的运算符。

14.3　通过重载运算符，你能改变运算符的优先级或结合率吗？

14.4　重载 [] 运算符

关键点：*数组下标运算符 [] 通常被用于访问、修改一个对象中的数据域或者元素。*

在 C++ 中，数组下标符号 [] 被视为*下标运算符*（subscript operator）。可以使用这个运算符来访问数组元素或者字符串对象及向量对象中的元素。如果需要，还可以重载此运算符来访问对象的内容。例如，你可能希望用 r[0] 和 r[1] 这样的语法访问有理数 r 的分子和分母。

我们先给出一种重载 [] 运算符的错误方法，然后再重新认识这个问题，并给出正确的方法。我们可以在 Rational.h 头文件中声明下面的函数头，就能实现用数组下标 [] 来访问一个 Rational 对象的分子和分母：

```
int operator[](int index);
```

函数的实现如下所示：

```
int Rational::operator[](int index)   ←—— 部分正确
{
  if (index == 0)
    return numerator;
  else
    return denominator;
}
```

则下面代码：

```
Rational r(2, 3);
cout << "r[0] is " << r[0] << endl;
cout << "r[1] is " << r[1] << endl;
```

会输出：

```
r[0] is 2
r[1] is 3
```

你可以用类似数组赋值的语法形式来设置有理数的分子和分母的新值吗？就像下面代码这样：

```
r[0] = 5;
r[1] = 6;
```

你可以尝试编译一下这段代码，你会得到下面的编译错误：

```
Lvalue required in function main()
```

C++ 中。左值（Lvalue，left value 的简写）表示任何可以出现在赋值运算符（=）左部的内容，而右值（Rvalue，right value 的简写）表示任何可以出现在赋值运算符右部的内容。我们能将 r[0] 和 r[1] 变为左值，从而实现对它们的赋值吗？办法是有的，就是将 [] 运算符函数声明为返回一个引用。

将下列函数原型加到 Rational.h 中

```
int& operator[](int index);
```

在 Rational.cpp 中实现如下函数：

```
int& Rational::operator[](int index)  ←—— 正确
{
  if (index == 0)
    return numerator;
  else
    return denominator;
}
```

我们已经熟悉了引用传递。而引用返回与引用传递本质上是一样的。在引用传递中，形参是实参的别名。而在引用返回中，函数返回的是一个变量的别名。

在上述函数中，如果 `index` 是 `0`，函数返回值是变量 `numerator` 的别名。如果，`index` 是 `1`，函数返回值是变量 `denominator` 的别名。

需要注意的是，函数并没有检查下标的边界。在第 16 章中，我们将学习在 `index` 不是 `0` 或 `1` 时，如何通过抛出异常让你的程序更具有鲁棒性。

下面代码：

```
Rational r(2, 3);
r[0] = 5; // Set numerator to 5
r[1] = 6; // Set denominator to 6
cout << "r[0] is " << r[0] << endl;
cout << "r[1] is " << r[1] << endl;
cout << "r.doubleValue() is " << r.doubleValue() << endl;
```

会输出：

```
r[0] is 5
r[1] is 6
r.doubleValue() is 0.833333
```

在 r[0] 中，r 是一个对象，而 0 是成员函数 [] 的参数。当 r[0] 用作一个表达式时，它返回分子的值。而当它作为一个左值使用时，它是变量 numerator 的别名。因此，r[0] = 5 就会将 5 赋予分子。

[] 运算符函数既是访问器，又是修改器。例如，你可以在一个表达式中使用 r[0]，这样它就作为访问器来提取分子的值，而使用 r[0] = value 时，就是作为修改器。

我们一般把返回引用的运算符函数称为*左值运算符*（Lvalue operator）。例如，+=、-=、*=、/= 和 %= 都是左值运算符。

检查点

14.4 什么是左值？什么是右值？

14.5 解释一下引用传递和返回值传递。

14.6　[] 运算符的函数签名应该是怎样的？

14.5　重载简写运算符

关键点：我们可以把简写运算符定义为返回值为引用的函数。

C++ 提供了简写运算符 +=、-=、*=、/= 和 %=，用于对一个变量加、减、乘、除、模另一个变量。我们可以在 Rational 类中重载这些运算符。

注意，简写运算符可以作为左值使用。例如，下列代码

```
int x = 0;
(x += 2) += 3;
```

是合法的。因此，简写运算符是左值运算符，它们必须返回一个引用。

下面是重载加法赋值运算符 += 的示例。将下面的函数头加到程序清单 14-1 中：

```
Rational& operator+=(const Rational& secondRational)
```

在程序清单 14-3 中实现下列函数：

```
1 Rational& Rational::operator+=(const Rational& secondRational)
2 {
3   *this = add(secondRational);
4   return *this;
5 }
```

其中，第 3 行调用函数 add 将调用对象和另一个 Rational 对象相加。结果复制到调用对象 *this 中（3 行），第 4 行将调用对象返回。

于是，下面代码：

```
Rational r1(2, 4);
Rational r2 = r1 += Rational(2, 3);
cout << "r1 is " << r1.toString() << endl;
cout << "r2 is " << r2.toString() << endl;
```

会输出：

```
r1 is 7/6
r2 is 7/6
```

检查点

14.7　当重载一个简写运算符，如 += 时，函数的返回类型应该是 void 还是非 void？

14.8　为什么简写运算符的函数返回值是引用？

14.6　重载一元运算符

关键点：一元运算符 + 和 - 可以被重载。

+ 和 - 作为一元运算符时，它们同样可以重载。由于一元运算符作用于一个运算对象——就是调用对象本身，因此一元运算符函数没有参数。

下面是 - 运算符重载的实例。将下面函数头加到程序清单 14-1 中：

```
Rational operator-()
```

在程序清单 14-3 中实现下面的函数：

```
Rational Rational::operator-()
{
```

```
3     return Rational(-numerator, denominator);
4  }
```

将一个 Rational 对象取反，也就是对其分子取反（3 行）。第 4 行将调用对象返回。注意取反操作返回一个新对象，原对象本身并没有改变。

于是，下面的代码：

```
Rational r2(2, 3);
Rational r3 = -r2;  // Negate r2
cout << "r2 is " << r2.toString() << endl;
cout << "r3 is " << r3.toString() << endl;
```

会输出：

```
r2 is 2/3
r3 is -2/3
```

检查点

14.9　一元运算符 + 的函数签名应该是怎样的？

14.10　为什么下面的一元运算符的实现是错的？

```
Rational Rational::operator-()
{
  numerator *= -1;
  return *this;
}
```

14.7 重载 ++ 和 -- 运算符

关键点：前缀加、前缀减、后缀加和后缀减运算符可以被重载。

++ 和 -- 运算符可以是前缀的，也可以是后缀的。前缀形式 ++var 和 --var 先将变量的值增 1 或减 1，然后使用变量的新的值对表达式求值。后缀形式 var++ 和 var-- 同样将变量的值增 1 或减 1，但使用变量的旧值对表达式求值。

如果正确实现了 ++ 和 -- 运算符函数，则下面代码：

```
Rational r2(2, 3);
Rational r3 = ++r2; // Prefix increment
cout << "r3 is " << r3.toString() << endl;
cout << "r2 is " << r2.toString() << endl;

Rational r1(2, 3);
Rational r4 = r1++; // Postfix increment
cout << "r1 is " << r1.toString() << endl;
cout << "r4 is " << r4.toString() << endl;
```

应该输出：

```
r3 is 5/3
r2 is 5/3
r1 is 5/3
r4 is 2/3  <-------  r4 stores the original value of r1
```

C++ 是如何分辨前缀 ++/-- 运算符函数和后缀 ++/-- 运算符函数呢？方法是这样的，若定义后缀形式，C++ 使用一个特殊的 int 型的伪参数来表示，而前缀形式则不需要任何参数，如下所示：

```
Rational& operator++();

Rational operator++(int dummy)
```

注意，前缀 ++/-- 运算符是左值运算符，而后缀 ++/-- 运算符不是。前缀和后缀 ++ 运算符函数可实现如下：

```
1  // Prefix increment
2  Rational& Rational::operator++()
3  {
4    numerator += denominator;
5    return *this;
6  }
7
8  // Postfix increment
9  Rational Rational::operator++(int dummy)
10 {
11   Rational temp(numerator, denominator);
12   numerator += denominator;
13   return temp;
14 }
```

在前缀 ++ 函数中，第 4 行将分母加到分子上——得到调用对象增 1 之后的新的分子。第 5 行将调用对象返回。

在后缀 ++ 函数中，第 11 行创建了一个临时的 Rational 对象，保存原调用对象的值。第 12 行将调用对象增 1。第 13 行返回临时对象——原调用对象。

检查点

14.11　前缀和后缀 ++ 运算符的函数签名分别应该是怎样的？

14.12　假设你以下面的形式实现后缀 ++ 运算符

```
Rational Rational::operator++(int dummy)
{
  Rational temp(*this);
  add(Rational(1, 0));
  return temp;
}
```

这一实现正确吗？如果正确，与上文中的实现方式相比，哪一个更好呢？

14.8　友元函数和友元类

关键点：*你可以通过定义一个友元函数或者友元类，使得它能够访问其他类中的私有成员。*

C++ 允许重载流插入运算符（<<）和流提取运算符（>>）。这些运算符必须以非成员的友元函数形式实现。本节内容将介绍友元函数和友元类的概念，为实现上述运算符的重载做准备。

类的私有成员在类外不能被访问。偶尔，我们需要允许一些受信任的函数或类访问一个类的私有成员。C++ 通过 friend 关键字所定义的友元函数或友元类来实现这一目的。

程序清单 14-4 给出了一个友元类的例子。

程序清单 14-4　Date.h

```
#ifndef DATE_H
#define DATE_H
class Date
{
public:
```

```
6    Date(int year, int month, int day)
7    {
8      this->year = year;
9      this->month = month;
10     this->day = day;
11   }
12
13   friend class AccessDate;
14
15 private:
16   int year;
17   int month;
18   int day;
19 };
20
21 #endif
```

第 4 行的 AccessDate 类被定义为友元类。这样，在程序清单 14-5 的 AccessDate 类中你可以直接访问私有数据成员 year、month 和 day。

程序清单 14-5 TestFriend Class.cpp

```
1  #include <iostream>
2  #include "Date.h"
3  using namespace std;
4
5  class AccessDate
6  {
7  public:
8    static void p()
9    {
10     Date birthDate(2010, 3, 4);
11     birthDate.year = 2000;
12     cout << birthDate.year << endl;
13   }
14 };
15
16 int main()
17 {
18   AccessDate::p();
19
20   return 0;
21 }
```

程序的 5 ～ 14 行定义了 AccessDate 类。在该类中创建了一个 Date 对象。因为 AccessDate 是 Date 类的友元类，所以 Date 对象中的私有成员可以被 AccessDate 访问（11 ～ 12 行）。在程序的第 18 行，主函数调用了静态函数 AccessDate::p()。

程序清单 14-6 是一个如何使用友元函数的示例。这个程序定义了一个带有友元函数 p（13 行）的 Date 类。函数 p 虽然不是 Date 类的成员，但是它可以访问 Date 的私有成员。在函数 p 中，第 23 行创建了一个 Date 对象，私有数据成员 year 在第 24 行被修改，并在第 25 行被输出。

程序清单 14-6 TestFriend Function.cpp

```
1  #include <iostream>
2  using namespace std;
3
4  class Date
5  {
6  public:
```

```
  Date(int year, int month, int day)
  {
    this->year = year;
    this->month = month;
    this->day = day;
  }
  friend void p();

private:
  int year;
  int month;
  int day;
};

void p()
{
  Date date(2010, 5, 9);
  date.year = 2000;
  cout << date.year << endl;
}

int main()
{
  p();

  return 0;
}
```

检查点

14.13　如何通过定义一个友元函数来访问一个类的私有成员？

14.14　如何通过定义一个友元类来访问一个类的私有成员？

14.9　重载 << 和 >> 运算符

关键点：流提取运算符（>>）和流插入运算符（<<）可以被重载用于输入输出操作。

注意，我们到目前为止，必须调用 toString() 函数返回一个表示 Rational 对象的字符串，再把它显示出来。例如，为了显示 Rational 对象 r，要编写以下代码：

```
cout << r.toString();
```

如果能使用类似下面的语法，直接显示 Rational 对象吗？

```
cout << r;
```

流插入运算符（<<）和流提取运算符（>>）的使用与 C++ 中其他二元运算符一样。cout <<r 实际上等同于 <<(cout,r) 或者 operator <<(cout,r)。

下列语句

```
r1 + r2;
```

表示运算符 + 和两个算子 r1 和 r2。它们都是 Rational 类的实例。因此，+ 运算符可以被作为成员函数重载。但是，对下面的语句

```
cout << r;
```

运算符 << 有两个算子 cout 和 r。第一个算子是 ostream 类的实例，而不是 Rational 类的。因此，cout 不能作为 Rational 类的成员函数被重载。在这里，在 Rational.h 头文件中，我们把它声明为 Rational 类的友元函数：

```
friend ostream& operator<<(ostream& out, const Rational& rational);
```

注意，这一函数返回的是 ostream 的引用，因为 << 运算符可能会以链的形式表示。例如，下面的语句：

```
cout << r1 << " followed by " << r2;
```

等价于

```
((cout << r1) << " followed by ") << r2;
```

因为 cout<<r1 必须返回 ostream 的引用，所以函数 << 可以以如下形式实现：

```
ostream& operator<<(ostream& out, const Rational& rational)
{
  out << rational.numerator << "/" << rational.denominator;
  return out;
}
```

类似地，为了重载 >> 运算符，需要在 Rational.h 头文件中定义如下函数：

```
friend istream& operator>>(istream& in, Rational& rational);
```

实现如下所示：

```
istream& operator>>(istream& in, Rational& rational)
{
  cout << "Enter numerator: ";
  in >> rational.numerator;

  cout << "Enter denominator: ";
  in >> rational.denominator;
  return in;
}
```

下面代码给出了一个测试程序，测试了上面实现的 << 和 >> 运算符函数：

```
1  Rational r1, r2;
2  cout << "Enter first rational number" << endl;
3  cin >> r1;
4
5  cout << "Enter second rational number" << endl;
6  cin >> r2;
7
8  cout << r1 << " + " << r2 << " = " << r1 + r2 << endl;
```

程序输出：

```
Enter first rational number
Enter numerator: 1 ↵Enter
Enter denominator: 2 ↵Enter
Enter second rational number
Enter numerator: 3 ↵Enter
Enter denominator: 4 ↵Enter
1/2 + 3/4 is 5/4
```

程序第 3 行从 cin 中读取了一个有理数对象。第 8 行计算了 r1 + r2，结果保存在一个新有理数中，然后将它发送到 cout。

检查点

14.15 运算符 << 和 >> 的函数签名分别应该是怎样的？

14.16 为什么运算符 << 和 >> 要定义为非成员函数？

14.17 假设运算符 << 以如下形式重载：

```
ostream& operator<<(ostream& stream, const Rational& rational)
{
  stream << rational.getNumerator() << " / "
    << rational.getDenominator();
  return stream;
}
```

你仍然需要在 Rational 类中说明如下语句么？

```
friend ostream& operator<<(ostream& stream, Rational& rational)
```

14.10 自动类型转换

关键点：你可以定义函数实现从对象到基本数据类型值的自动转换，反之亦然。

C++ 可以执行一些特定类型的自动转换。我们可以定义一些函数实现 Rational 对象到基本数据类型值的转换，反之亦然。

14.10.1 转换为基本数据类型

在 C++ 中，我们可以将一个 int 型值和一个 double 型值相加，如下所示：

```
4 + 5.5
```

此例中，C++ 自动执行了一次类型转换，将 int 型值 4 转换为 double 型值 4.0。

我们能将一个有理数与一个 int 型或 double 型值相加吗？这是可以做到的。我们需要定义一个运算符函数，它能将一个有理数对象转换为 int 或 double 型值。下面给出的运算符函数即可完成 Rational 对象到 double 型值的转换。

```
Rational::operator double()
{
  return doubleValue(); // doubleValue() already in Rational.h
}
```

不要忘了在 Rational.h 头文件中加上函数声明：

```
operator double();
```

这是 C++ 中一种用来定义类型转换函数的特殊语法。函数没有返回类型，函数名就是你期望将对象转换到的目标类型。

因此，下面的代码：

```
1  Rational r1(1, 4);
2  double d = r1 + 5.1;
3  cout << "r1 + 5.1 is " << d << endl;
```

将输出：

```
r1 + 5.1 is 5.35
```

程序第 2 行将一个有理数 r1 和一个 double 型值 5.1 相加。由于 Rational 类中定义了将一个有理数转换为一个 double 型值的函数，r1 先被转换为一个 double 型值 0.25，然后将它与 5.1 相加。

14.10.2 转换为对象类型

一个 Rational 对象可以自动转换为数值。一个数值也能够被自动转换为 Rational 对象么？答案是肯定的。

为了实现这一点，在头文件中定义如下构造函数：

```
Rational(int numerator);
```

函数实现代码如下：

```
Rational::Rational(int numerator)
{
  this->numerator = numerator;
  this->denominator = 1;
}
```

注意，+ 运算符也被重载了（见 14.3 节），下面的代码：

```
Rational r1(2, 3);
Rational r = r1 + 4; // Automatically converting 4 to Rational
cout << r << endl;
```

会输出：

```
14 / 3
```

当 C++ 看到 r1+4，它首先会检查 + 运算符是否被重载用于 Rational 对象和整数的加法。如果没有这一定义，它才会继续查找 + 运算符是否被用于两个 Rational 对象的加法操作。这里，4 是一个整数，C++ 使用构造函数基于该整数生成一个 Rational 对象。也就是说，C++ 执行了一次从整数到 Rational 对象的自动转换。因为相应的构造函数存在，这一自动转换是可行的。结果是，使用重载的 + 运算符，两个 Rational 对象实现加法操作，返回结果是一个新的 Rational 对象（14/3）。

一个类可以定义转换函数实现对象到基本数据类型值的转换，或者定义一个转换构造函数实现基本数据类型值到对象的转换。但是在一个类中两者不能同时存在。如果两者都定义了，编译器将报一个二义性错误。

检查点

14.18 转换一个对象到整型的函数签名是什么？

14.19 如何将一个基本数据类型值转换为对象？

14.20 能够在一个类中定义转换函数，实现对象到基本数据类型值的转换，并同时定义一个转换构造函数实现基本数据类型值到对象的转换么？

14.11 定义重载运算符的非成员函数

关键点：如果一个运算符能够被重载为非成员函数，将其定义为非成员函数可以实现隐式类型转换。

C++ 可以实现一定的自动类型转换。你可以通过定义函数实现这种转换。

你可以实现 Rational 对象 r1 和整数的加法：

```
r1 + 4
```

你能够实现整数和 Rational 对象 r1 的加法吗？

```
4 + r1
```

很自然地，你会认为 + 运算符是对称的。但是，上述语句会出错。因为，左边的运算对象是 + 运算符的调用者，它必须是一个 Rational 对象才能实现自动转换。而 4 是一个整数，并不是一个 Rational 对象。所以，这里 C++ 不会执行自动转换。如果要解决这一问题，需要做下述两步：

1）定义并实现前文中提到的构造函数：

```
Rational(int numerator);
```

这一构造函数能够实现整数到 Rational 对象的转换。

2）在 Rational.h 头文件中，将 + 运算符定义为非成员函数，如下：

```
Rational operator+(const Rational& r1, const Rational& r2)
```

在 Rational.cpp 中实现该函数，如下：

```
Rational operator+(const Rational& r1, const Rational& r2)
{
  return r1.add(r2);
}
```

对于关系运算符（<, <=, ==, !=, >, >=）来说，针对用户定义对象的自动类型转换同样适用。

注意，14.3 节中，operator< 和 operator+ 的例子是成员函数形式的。在下文中，我们将以非成员函数形式定义它们。

检查点

14.21　为什么将运算符定义为非成员函数更好？

14.12　带有重载运算符函数的 Rational 类

关键点：*本节使用重载运算符函数重写 Rational 类。*

前面几节介绍了如何重载运算符函数。下面几点需要注意：

- 从一个类到基本数据类型和从基本数据类型到类的转换函数不能同时出现在同一个类中。如果出现的话，将导致二义性错误，因为编译器不知道应该执行哪个转换函数。通常，从基本数据类型到类的转换更有用。因此，在 Rational 类中，定义了实现从基本数据类型到类的自动转换。
- 大部分运算符既可以以成员函数形式，也可以以非成员函数形式重载。但是，=、[]、-> 和 () 运算符只能以成员函数重载，而 << 和 >> 只能以非成员函数形式重载。
- 如果一个运算符（+, -, *, /, %, <, <=, ==, !=, > 和 >= 等）既可以以成员函数形式也可以以非成员函数形式重载，那最好以非成员函数形式重载。因为，这样可以实现自动类型转换。
- 如果你希望返回对象是左值（通常用在赋值运算符的左边），那么函数返回值应该定义为引用。赋值运算符 +=、-=、*=、/= 和 %=，以及前缀 ++ 和 -- 运算符，下标运算符 [] 等都是左值运算符。

程序清单 14-7 为 Rational 类给出了一个新的带有运算符函数的名为 RationalWithOperators.h 的头文件。其中第 10 ～ 22 行与程序清单 14-1 相同。赋值运算符（+=, -=, *=, /=），下标运算符 []，前缀 ++ 和 -- 运算符定义的返回值为引用（27 ～ 37 行）。流提取运算符 >> 和流插入运算符 << 在第 48 ～ 49 行定义。非成员函数形式的关系运算符（<,

<=, >, >=, ==, !=）和算术运算符（+, -, *, /）在第 57 ~ 69 行定义。

程序清单 14-7 Rational WithOperators.h

```
1  #ifndef RATIONALWITHOPERATORS_H
2  #define RATIONALWITHOPERATORS_H
3  #include <string>
4  #include <iostream>
5  using namespace std;
6
7  class Rational
8  {
9  public:
10   Rational();
11   Rational(int numerator, int denominator);
12   int getNumerator() const;
13   int getDenominator() const;
14   Rational add(const Rational& secondRational) const;
15   Rational subtract(const Rational& secondRational) const;
16   Rational multiply(const Rational& secondRational) const;
17   Rational divide(const Rational& secondRational) const;
18   int compareTo(const Rational& secondRational) const;
19   bool equals(const Rational& secondRational) const;
20   int intValue() const;
21   double doubleValue() const;
22   string toString() const;
23
24   Rational(int numerator); // Suitable for type conversion
25
26   // Define function operators for augmented operators
27   Rational& operator+=(const Rational& secondRational);
28   Rational& operator-=(const Rational& secondRational);
29   Rational& operator*=(const Rational& secondRational);
30   Rational& operator/=(const Rational& secondRational);
31
32   // Define function operator []
33   int& operator[](int index);
34
35   // Define function operators for prefix ++ and --
36   Rational& operator++();
37   Rational& operator--();
38
39   // Define function operators for postfix ++ and --
40   Rational operator++(int dummy);
41   Rational operator--(int dummy);
42
43   // Define function operators for unary + and -
44   Rational operator+();
45   Rational operator-();
46
47   // Define the << and >> operators
48   friend ostream& operator<<(ostream& , const Rational&);
49   friend istream& operator>>(istream& , Rational&);
50
51 private:
52   int numerator;
53   int denominator;
54   static int gcd(int n, int d);
55 };
56
57 // Define nonmember function operators for relational operators
58 bool operator<(const Rational& r1, const Rational& r2);
59 bool operator<=(const Rational& r1, const Rational& r2);
60 bool operator>(const Rational& r1, const Rational& r2);
61 bool operator>=(const Rational& r1, const Rational& r2);
```

```
bool operator==(const Rational& r1, const Rational& r2);
bool operator!=(const Rational& r1, const Rational& r2);

// Define nonmember function operators for arithmetic operators
Rational operator+(const Rational& r1, const Rational& r2);
Rational operator-(const Rational& r1, const Rational& r2);
Rational operator*(const Rational& r1, const Rational& r2);
Rational operator/(const Rational& r1, const Rational& r2);

#endif
```

程序清单 14-8 是头文件内容的实现。成员函数形式的赋值运算符 +=、-=、*=、/= 通过调用对象改变内容（120 ～ 142 行）。你需要将操作的结果分配给 this。关系运算符通过调用 r1.compareTo(r2) 来实现（213 ～ 241 行）。算术运算符 +、-、*、/ 通过调用函数 add、subtract、multiply 和 divide 来实现（第 244 ～ 262 行）。

程序清单 14-8 Rational WithOperators.cpp

```
1  #include "RationalWithOperators.h"
2  #include <sstream>
3  #include <cstdlib> // For the abs function
4  Rational::Rational()
5  {
6    numerator = 0;
7    denominator = 1;
8  }
9
10 Rational::Rational(int numerator, int denominator)
11 {
12   int factor = gcd(numerator, denominator);
13   this->numerator = (denominator > 0 ? 1 : -1) * numerator / factor;
14   this->denominator = abs(denominator) / factor;
15 }
16
17 int Rational::getNumerator() const
18 {
19   return numerator;
20 }
21
22 int Rational::getDenominator() const
23 {
24   return denominator;
25 }
26
27 // Find GCD of two numbers
28 int Rational::gcd(int n, int d)
29 {
30   int n1 = abs(n);
31   int n2 = abs(d);
32   int gcd = 1;
33
34   for (int k = 1; k <= n1 && k <= n2; k++)
35   {
36     if (n1 % k == 0 && n2 % k == 0)
37       gcd = k;
38   }
39
40   return gcd;
41 }
42
43 Rational Rational::add(const Rational& secondRational) const
44 {
45   int n = numerator * secondRational.getDenominator() +
```

```
    denominator * secondRational.getNumerator();
  int d = denominator * secondRational.getDenominator();
  return Rational(n, d);
}

Rational Rational::subtract(const Rational& secondRational) const
{
  int n = numerator * secondRational.getDenominator()
    - denominator * secondRational.getNumerator();
  int d = denominator * secondRational.getDenominator();
  return Rational(n, d);
}

Rational Rational::multiply(const Rational& secondRational) const
{
  int n = numerator * secondRational.getNumerator();
  int d = denominator * secondRational.getDenominator();
  return Rational(n, d);
}

Rational Rational::divide(const Rational& secondRational) const
{
  int n = numerator * secondRational.getDenominator();
  int d = denominator * secondRational.numerator;
  return Rational(n, d);
}

int Rational::compareTo(const Rational& secondRational) const
{
  Rational temp = subtract(secondRational);
  if (temp.getNumerator() < 0)
    return -1;
  else if (temp.getNumerator() == 0)
    return 0;
  else
    return 1;
}

bool Rational::equals(const Rational& secondRational) const
{
  if (compareTo(secondRational) == 0)
    return true;
  else
    return false;
}

int Rational::intValue() const
{
  return getNumerator() / getDenominator();
}

double Rational::doubleValue() const
{
  return 1.0 * getNumerator() / getDenominator();
}

string Rational::toString() const
{
  stringstream ss;
  ss << numerator;

  if (denominator > 1)
    ss << "/" << denominator;

  return ss.str();
```

```
}

Rational::Rational(int numerator) // Suitable for type conversion
{
  this->numerator = numerator;
  this->denominator = 1;
}

// Define function operators for augmented operators
Rational& Rational::operator+=(const Rational& secondRational)
{
  *this = add(secondRational);
  return *this;
}

Rational& Rational::operator-=(const Rational& secondRational)
{
  *this = subtract(secondRational);
  return *this;
}

Rational& Rational::operator*=(const Rational& secondRational)
{
  *this = multiply(secondRational);
  return *this;
}

Rational& Rational::operator/=(const Rational& secondRational)
{
  *this = divide(secondRational);
  return *this;
}

// Define function operator []
int& Rational::operator[](int index)
{
  if (index == 0)
    return numerator;
  else
    return denominator;
}

// Define function operators for prefix ++ and --
Rational& Rational::operator++()
{
  numerator += denominator;
  return *this;
}

Rational& Rational::operator--()
{
  numerator -= denominator;
  return *this;
}

// Define function operators for postfix ++ and --
Rational Rational::operator++(int dummy)
{
  Rational temp(numerator, denominator);
  numerator += denominator;
  return temp;
}

Rational Rational::operator--(int dummy)
{
```

```
  Rational temp(numerator, denominator);
  numerator -= denominator;
  return temp;
}

// Define function operators for unary + and -
Rational Rational::operator+()
{
  return *this;
}

Rational Rational::operator-()
{
  return Rational(-numerator, denominator);
}

// Define the output and input operator
ostream& operator<<(ostream& out, const Rational& rational)
{
  if (rational.denominator == 1)
    out << rational.numerator;
  else
    out << rational.numerator << "/" << rational.denominator;
  return out;
}

istream& operator>>(istream& in, Rational& rational)
{
  cout << "Enter numerator: ";
  in >> rational.numerator;

  cout << "Enter denominator: ";
  in >> rational.denominator;
  return in;
}

// Define function operators for relational operators
bool operator<(const Rational& r1, const Rational& r2)
{
  return r1.compareTo(r2) < 0;
}

bool operator<=(const Rational& r1, const Rational& r2)
{
  return r1.compareTo(r2) <= 0;
}

bool operator>(const Rational& r1, const Rational& r2)
{
  return r1.compareTo(r2) > 0;
}

bool operator>=(const Rational& r1, const Rational& r2)
{
  return r1.compareTo(r2) >= 0;
}

bool operator==(const Rational& r1, const Rational& r2)
{
  return r1.compareTo(r2) == 0;
}

bool operator!=(const Rational& r1, const Rational& r2)
{
  return r1.compareTo(r2) != 0;
```

```
}

// Define nonmember function operators for arithmetic operators
Rational operator+(const Rational& r1, const Rational& r2)
{
  return r1.add(r2);
}

Rational operator-(const Rational& r1, const Rational& r2)
{
  return r1.subtract(r2);
}

Rational operator*(const Rational& r1, const Rational& r2)
{
  return r1.multiply(r2);
}

Rational operator/(const Rational& r1, const Rational& r2)
{
  return r1.divide(r2);
}
```

程序清单 14-9 给出了一个新 Rational 类的测试程序。

程序清单 14-9　Test Rational With Operators.cpp

```
#include <iostream>
#include <string>
#include "RationalWithOperators.h"
using namespace std;

int main()
{
  // Create and initialize two rational numbers r1 and r2.
  Rational r1(4, 2);
  Rational r2(2, 3);

  // Test relational operators
  cout << r1 << " > " << r2 << " is " <<
    ((r1 > r2) ? "true" : "false") << endl;
  cout << r1 << " < " << r2 << " is " <<
    ((r1 < r2) ? "true" : "false") << endl;
  cout << r1 << " == " << r2 << " is " <<
    ((r1 == r2) ? "true" : "false") << endl;
  cout << r1 << " != " << r2 << " is " <<
    ((r1 != r2) ? "true" : "false") << endl;

  // Test toString, add, subtract, multiply, and divide operators
  cout << r1 << " + " << r2 << " = " << r1 + r2 << endl;
  cout << r1 << " - " << r2 << " = " << r1 - r2 << endl;
  cout << r1 << " * " << r2 << " = " << r1 * r2 << endl;
  cout << r1 << " / " << r2 << " = " << r1 / r2 << endl;

  // Test augmented operators
  Rational r3(1, 2);
  r3 += r1;
  cout << "r3 is " << r3 << endl;

  // Test function operator []
  Rational r4(1, 2);
  r4[0] = 3; r4[1] = 4;
  cout << "r4 is " << r4 << endl;

  // Test function operators for prefix ++ and --
```

```
39    r3 = r4++;
40    cout << "r3 is " << r3 << endl;
41    cout << "r4 is " << r4 << endl;
42
43    // Test function operator for conversion
44    cout << "1 + " << r4 << " is " << (1 + r4) << endl;
45
46    return 0;
47  }
```

程序输出：

```
2 > 2/3 is true
2 < 2/3 is false
2 == 2/3 is false
2 != 2/3 is true
2 + 2/3 = 8/3
2 - 2/3 = 4/3
2 * 2/3 = 4/3
2 / 2/3 = 3
r3 is 5/2
r4 is 3/4
r3 is 3/4
r4 is 7/4
1 + 7/4 is 11/4
```

检查点

14.22　下标运算符 [] 可以被定义为非成员函数么？

14.23　如果函数 + 有如下定义，会出什么错？

```
Rational operator+(const Rational& r1, const Rational& r2) const
```

14.24　如果将构造函数 Rational (int numerator) 从 RationalWithOperators.h 和 RationalWithOperators.cpp 中同时去除，TestRationalWithOperators.cpp 的第 44 行会出编译错误么？出现的错误会是什么？

14.25　Rational 类中的 gcd 函数能被定义为常量函数么？

14.13　重载赋值运算符

关键点：当你需要做对象拷贝的时候，你必须重载 = 运算符。

默认情况下，赋值运算符 = 执行从一个对象到另一个对象的逐成员拷贝。例如，下面代码将 r2 复制到 r1：

```
Rational r1(1, 2);
Rational r2(4, 5);
r1 = r2;
cout << "r1 is " << r1 << endl;
cout << "r2 is " << r2 << endl;
```

因此，程序的输出为：

```
r1 is 4/5
r2 is 4/5
```

赋值运算符 = 的行为与缺省的拷贝构造函数一样，执行的是浅拷贝（shallow copy）操作，这意味着如果数据域是指向某个对象的指针，则复制的是指针的地址值，而不是复制指向的内容。在 11.15 节中，我们已经学习了如何自定义拷贝构造函数来执行深拷贝。但是，自定义拷贝构造函数不会改变赋值拷贝运算符 = 的缺省行为。例如，程序清单 11-19 中定义的 Course 类，CourseWithCustomCopyConstructor.h，有一个名为 students 的指针数据域，指向一个 string 对象数组。如果运行下面的代码，用赋值运算符将 course1 赋值给 course2，如下面程序清单 14-10 第 9 行所示，则 course1 和 course2 都将指向同一个 students。

程序清单 14-10 Default Assignment Demo.cpp

```
1  #include <iostream>
2  #include "CourseWithCustomCopyConstructor.h" // See Listing 11.19
3  using namespace std;
4
5  int main()
6  {
7    Course course1("Java Programming", 10);
8    Course course2("C++ Programming", 14);
9    course2 = course1;
10
11   course1.addStudent("Peter Pan"); // Add a student to course1
12   course2.addStudent("Lisa Ma"); // Add a student to course2
13
14   cout << "students in course1: " <<
15     course1.getStudents()[0] << endl;
16   cout << "students in course2: " <<
17     course2.getStudents()[0] << endl;
18
19   return 0;
20 }
```

程序输出：

```
students in course1: Lisa Ma
students in course2: Lisa Ma
```

为了改变缺省赋值运算符 = 的工作方式，我们需要重载 = 运算符，如程序清单 14-11 第 17 行所示。

程序清单 14-11 Course With Equal Operator Overloaded.h

```
1  #ifndef COURSE_H
2  #define COURSE_H
3  #include <string>
4  using namespace std;
5
6  class Course
7  {
8  public:
9    Course(const string& courseName, int capacity);
10   ~Course(); // Destructor
11   Course(const Course&); // Copy constructor
12   string getCourseName() const;
13   void addStudent(const string& name);
14   void dropStudent(const string& name);
15   string* getStudents() const;
16   int getNumberOfStudents() const;
17   const Course& operator=(const Course& course);
18
19 private:
20   string courseName;
21   string* students;
```

```
  int numberOfStudents;
  int capacity;
};

#endif
```

在程序清单 14-11 中，我们定义了

```
const Course& operator=(const Course& course);
```

为什么返回类型是 Course 而不是 void？因为 C++ 允许多重赋值，如下例：

```
course1 = course2 = course3;
```

在此语句中，course3 首先复制到 course2，这个赋值操作返回 course2，随后将 course2 复制到 course1。因此，赋值运算符必须返回复制的数据的类型。

在程序清单 14-12 中，实现了上述头文件。

程序清单 14-12 Course With Equals Operator Overloaded.h

```
#include <iostream>
#include "CourseWithEqualsOperatorOverloaded.h"
using namespace std;

Course::Course(const string& courseName, int capacity)
{
  numberOfStudents = 0;
  this->courseName = courseName;
  this->capacity = capacity;
  students = new string[capacity];
}

Course::~Course()
{
  delete [] students;
}

string Course::getCourseName() const
{
  return courseName;
}

void Course::addStudent(const string& name)
{
  if (numberOfStudents >= capacity)
  {
    cout << "The maximum size of array exceeded" << endl;
    cout << "Program terminates now" << endl;
    exit(0);
  }

  students[numberOfStudents] = name;
  numberOfStudents++;
}

void Course::dropStudent(const string& name)
{
  // Left as an exercise
}

string* Course::getStudents() const
{
  return students;
}
```

```
45
46 int Course::getNumberOfStudents() const
47 {
48   return numberOfStudents;
49 }
50
51 Course::Course(const Course& course) // Copy constructor
52 {
53   courseName = course.courseName;
54   numberOfStudents = course.numberOfStudents;
55   capacity = course.capacity;
56   students = new string[capacity];
57 }
58
59 const Course& Course::operator=(const Course& course)
60 {
61   if (this != &course) // Do nothing with self-assignment
62      {
63         courseName = course.courseName;
64         numberOfStudents = course.numberOfStudents;
65         capacity = course.capacity;
66
67         delete[] this->students; // Delete the old array
68
69         // Create a new array with the same capacity as course copied
70         students = new string[capacity];
71         for (int i = 0; i < numberOfStudents; i++)
72          students[i] = course.students[i];
73       }
74
75   return *this;
76  }
```

程序第 75 行返回调用对象 *this，因为 this 是指向调用对象的指针。

程序清单 14-13 是一个针对使用重载 = 运算符复制对象的测试程序。正如输出结果所示，两个 courses 具有不同的 students 数组。

程序清单 14-13 CustomAssignment Demo.cpp

```
#include <iostream>
#include "CourseWithEqualsOperatorOverloaded.h"
using namespace std;

int main()
{
  Course course1("Java Programming", 10);
  Course course2("C++ Programming", 14);
  course2 = course1;

  course1.addStudent("Peter Pan"); // Add a student to course1
  course2.addStudent("Lisa Ma"); // Add a student to course2

  cout << "students in course1: " <<
    course1.getStudents()[0] << endl;
  cout << "students in course2: " <<
    course2.getStudents()[0] << endl;

  return 0;
}
```

程序输出：

```
students in course1: Peter Pan
students in course2: Lisa Ma
```

提示：拷贝构造函数、赋值运算符和析构函数被称为“三规则”(rule of three) 或者“大三元”(the Big Three)。如果它们没有被显式说明，它们将会被编译器自动生成。如果类中的一个数据成员是指向动态生成的数组或对象的指针，那么你需要修改上述三者中的相应内容。并且，你修改了三者中的任意一个，另两个也需要做修改。

检查点

14.26 什么时候需要重载赋值运算符 = ?

关键术语

friend class（友元类）
friend function（友元函数）
Lvalue（左值）
Lvalue operator（左值运算符）
Rvalue（右值）
return-by-reference（引用返回）
rule of three（三规则）

本章小结

1. C++ 允许重载运算符，以简化对象运算的操作。
2. 我们可以重载几乎所有运算符，除了 ?:、.、.* 和 ::。
3. 运算符重载不能改变运算符的优先级和结合率。
4. 如果需要，你可以重载数组下标运算符 []，以访问对象内容。
5. C++ 函数可以返回一个引用，它是一个返回变量的别名。
6. 简写赋值运算符（+=，-=，*=，/=）以及前缀 ++ 和 -- 运算符和下标运算符 [] 都是左值运算符。重载这些运算符需要返回一个引用。
7. 使用 friend 关键字可以让受信任的函数和类访问一个类的私有成员。
8. 运算符 []、++、-- 和 () 必须以成员函数形式重载。
9. 运算符 << 和 >> 必须以非成员的友元函数形式重载。
10. 算术运算符（+，-，*，/）和关系运算符（>，>=，==，!=，<，<=）应以非成员函数实现。
11. 如果相应的函数和构造函数存在，C++ 可以实现一定的自动类型转换。
12. 缺省是，= 运算符实现逐个成员的拷贝。如果要实现深度拷贝，你需要重载 = 运算符。

在线测验

请在 www.cs.armstrong.edu/liang/cpp3e/quiz.html 完成本章的在线测验。

程序设计练习

14.2 节

14.1（使用 Rational 类）编写一个程序，使用 Rational 类计算下面的求和级数：

$$\frac{1}{2}+\frac{3}{3}+\frac{3}{4}+\cdots+\frac{98}{99}+\frac{99}{100}$$

*14.2（展示封装的好处）重写 14.2 节中的 Rational 类，为分子和分母设计新的内部表示形式。定义一个两个元素的整型数组

```
int r[2];
```

使用 r[0] 表示分子，r[1] 表示分母。Rational 类中的函数的签名不进行任何改动，因此使用旧 Rational 类的客户程序无须任何修改，仍可适用于新 Rational 类。

14.3 ～ 14.13 节

*14.3 （Circle 类）在程序清单 10-9，CircleWithConstantMemberFunctions.h, 中给出的 Circle 类中实现关系运算符（<、<=、==、!=、>、>=)，实现按半径对 Circle 对象排序。

*14.4 （StackOfIntegers 类）10.9 节定义了 StackOfIntegers 类。在此类中实现下标运算符 []，使得栈中元素可用 [] 运算符访问。

**14.5 （实现字符串运算符）C++ 标准库中的 string 类支持重载运算符，如表 10-1 所示。对程序设计练习 11.15 中的 MyString 类，实现下面几个运算符：>>、==、!=、>、>=。

**14.6 （实现字符串运算符）C++ 标准库中的 string 类支持重载运算符，如表 10-1 所示。对程序设计练习 11.14 中的 MyString 类，实现下面几个运算符：[]、+ 和 +=。

**14.7 （数学：复数类）复数形式是 $a+b$i，其中 a 和 b 是实数，i 是$\sqrt{-1}$。a 和 b 分别被称为复数的实部和虚部。你可以使用下列格式实现复数的加、减、乘、除：

$a + b\text{i} + c + d\text{i} = (a + c) + (b + d)\text{i}$

$a + b\text{i} - (c + d\text{i}) = (a - c) + (b - d)\text{i}$

$(a + b\text{i})*(c + d\text{i}) = (ac - bd) + (bc + ad)\text{i}$

$(a + b\text{i}) / (c + d\text{i}) = (ac + bd) / (c^2 + d^2) + (bc - ad)\text{i} / (c^2 + d^2)$

使用下面公式也可以获得复数的绝对值：

$$|a + b\text{i}| = \sqrt{a^2 + b^2}$$

（一个复数可以表示平面上坐标为（a, b）的点。复数的绝对值对应的是该点到原点的距离，如图 14-2 所示。）

设计一个名为 Complex 的复数类，它可以用函数 add、subtract、multiply、divide 和 abs 实现复数的加、减、乘、除和取绝对值。toString 函数实现以字符串形式表示的复数 $a + b$i。如果 b 是 0，只返回 a。

该类有三个构造函数 Complex(a,b)、Complex(a) 和 Complex()。Complex() 生成一个表示原点的复数对象，Complex(a) 生成一个 b 值为 0 的复数对象。函数 getRealPart() 和 getImaginaryPart() 分别返回复数的实部和虚部。

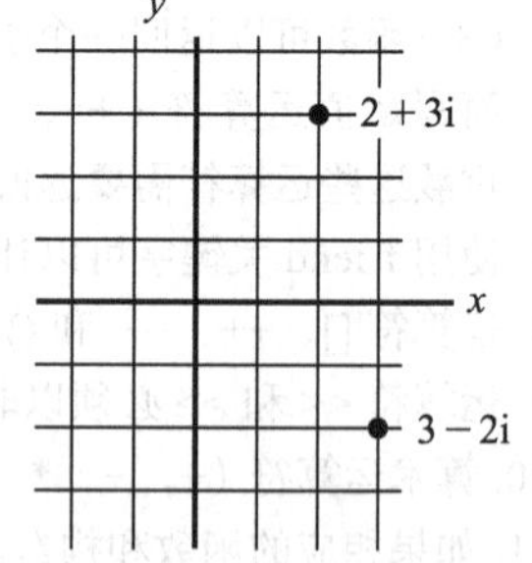

图 14-2 平面中的一个点可以用一个复数表示

重载运算符 +，−，*，/，+=，−=，*=，/=，[]，一元 + 和 −，前缀 ++ 和 −−，后缀 ++ 和 −−, <<, >>

以非成员函数形式重载 +，−，*，/。重载 []，使得 [0] 返回 a，[1] 返回 b。

编写一个测试程序：当用户输入两个复数后，程序显示它们的加、减、乘、除操作的结果。样例输出如下：

```
Enter the first complex number: 3.5 5.5 ↵Enter
Enter the second complex number: -3.5 1 ↵Enter
(3.5 + 5.5i) + (-3.5 + 1.0i) = 0.0 + 6.5i
(3.5 + 5.5i) - (-3.5 + 1.0i) = 7.0 + 4.5i
(3.5 + 5.5i) * (-3.5 + 1.0i) = -17.75 + -15.75i
(3.5 + 5.5i) / (-3.5 + 1.0i) = -0.5094 + -1.7i
|3.5 + 5.5i| = 6.519202405202649
```

*14.8 （曼德勃罗集）曼德勃罗集是以数学家伯努瓦·曼德勃罗的名字命名的。曼德勃罗集定义了一个复数平面上的点的集合，用下面的迭代公式产生：

$$z_{n+1} = z_n^2 + c$$

c 是由一个复数，起始点是 z_0=0。对一个给定的 c，上述迭代公式将产生一系列复数 {z_0, z_1, … z_n, …}。根据 c 值的不同，这一序列或者趋向于无穷大，或者是一个有界区间。例如，如果 c 的值为 0，这一序列是 {0, 0…}，这是一个有界区间。如果 c 值是 i，这一序列是 {0, i, $-1 + i$,

$-i, -1 + i, \cdots\}$, 它也是有界的。如果 c 是 $1+i$, 这一序列是 $\{0, 1 + i, 1 + 3i, \cdots\}$，是无界的。目前已知，如果序列中的一个复数 z_i 的绝对值大于 2，那么这个序列是无界的。如果某个 c 值使得序列是有界的，那么它在曼德勃罗集中。例如，0 和 i 属于曼德勃罗集。

编写一个程序，来确定用户输入的复数 c 是否属于曼德勃罗集。在这里，程序只需要计算 $z_1, z_2, \cdots, z_{60}$。如果没有一个绝对值超过 2，我们就认为 c 属于曼德勃罗集。当然，这不可避免会出现一些错误，但一般情况下，60 次迭代已经足够了。你可以使用程序设计练习 14.7 中的 Complex 类，或者 C++ 提供的 Complex 类。C++ 中的 Complex 类是一个在头文件 <complex> 中定义的模板类。你可以通过 complex<double> 创建一个复数。

**14.9 （偶数类）修改程序设计练习 9.11，实现 getNext() 和 getPrevious() 函数的前缀加、前缀减、后缀加和后缀减运算。写一个测试程序，创建一个值为 16 的 EvenNumber 对象，并通过 ++ 和 -- 运算符获得下一个和前一个偶数。

**14.10 （转化小数为分数）编写程序可以实现将用户输入的小数转换为分数输出。

（提示：将输入的小数存为字符串，并分别抽取字符串中的整数部分和小数点后部分。使用 Rational 类获得该小数相应的有理数。）

程序输出：

```
Enter a decimal number: 3.25 ↵Enter
The fraction number is 13/4
```

```
Enter a decimal number: 0.45452 ↵Enter
The fraction number is 11363/25000
```

第 15 章
Introduction to Programming with C++, Third Edition

继承和多态

目标

- 学会使用继承机制从一个基类设计一个派生类（15.2 节）。
- 学会通过向基类类型的形参传递派生类对象，实现泛型编程（15.3 节）。
- 理解如何调用基类的带参数构造函数（15.4.1 节）。
- 理解构造函数链和析构函数链（15.4.2 节）。
- 学会在派生类中重定义函数（15.5 节）。
- 理解重定义函数和重载函数的差别（15.5 节）。
- 学会利用多态性声明泛型函数（15.6 节）。
- 学会使用虚函数进行动态绑定（15.7 节）。
- 学会区分函数重定义和函数覆盖的区别（15.7 节）。
- 学会区分静态匹配和动态绑定间的区别（15.7 节）。
- 学会从派生类访问基类的保护成员（15.8 节）。
- 学会声明包含纯虚函数的抽象类（15.9 节）。
- 学会使用 static_cast 和 dynamic_cast 运算符将一个基类对象转换为派生类类型，并理解两者之间的区别（15.10 节）。

15.1 引言

关键点：面向对象程序设计允许从已有类派生出新的类，这称为继承（inheritance）。

继承是 C++ 为了软件重用而引入的一个重要且有力的机制。假设你想设计一些类来建模几何对象：圆、矩形、三角形。这些类之间有很多共同点。那么在设计这些类的同时避免冗余的最佳方式是什么呢？答案正是继承——这也是本章的主题。

15.2 基类和派生类

关键点：继承允许声明一个通用类（例如，基类），并随后将其扩展为更专用的类（例如，派生类）。

人们往往使用类来建模同类型的对象。但不同的类之间可能具有很多共通的属性和行为，这些属性和行为允许在一个类中通用化并被其他类所共享。继承允许声明一个通用类，并随后将其扩展为更专用的类。而专用类可从通用类中继承属性和函数。

以几何对象为例。假定你想设计一些类来建模几何对象，如圆、矩形等。几何对象具有很多共通的属性和行为。例如，它们都可以以一个特定的颜色绘制出来，绘制形式可以是填充颜色或者不填充。因此，我们可以设计一个通用类 GeometricObject，用来建模所有几何对象。该类包含属性 color 和 filled 及它们的 get 和 set 函数。还可以为此类设计一个 toString() 函数，返回几何对象的字符串描述。由于一个圆是一个特殊类型的几何对象，它与其他几何对象共享共通属性和函数。因此，从 GeometricObject 类扩展出 Circle 类是合理的方式。类似地，矩形类也可以声明为 GeometricObject 类的一个派生类。图 15-1 显示了这些类之间的关系。我们用一个指向基类的箭头表示两个类之间的继承关系。

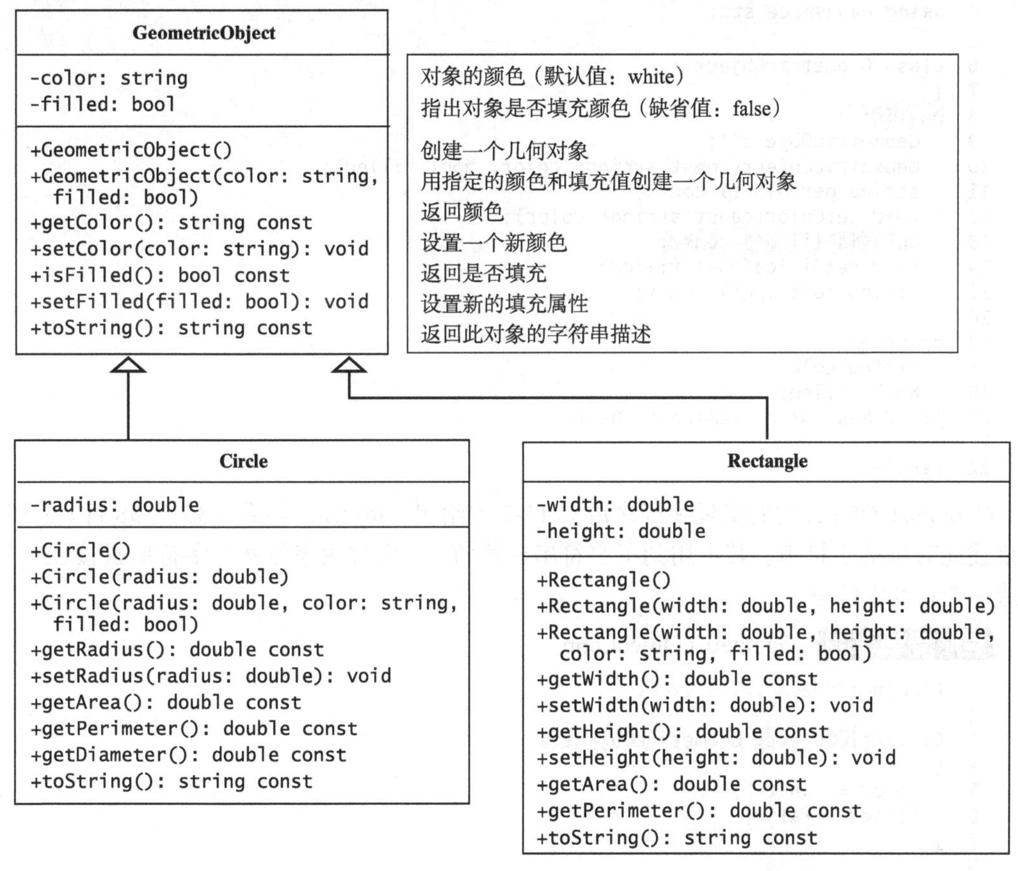

图 15-1　GeometricObject 类是 Circle 类和 Rectangle 类的基类

在 C++ 的术语中，一个类 C1 从另一个类 C2 扩展而来，则称 C1 为派生类（derived class），C2 为基类（base class）。基类也称为父类（parent class）或超类（superclass），派生类也称子类（child class）。一个派生类继承了其基类所有可访问的数据域和函数，同时可以增加新的数据域和函数。

Circle 类从 GeometricObject 类继承了所有可访问的数据域和函数。另外，它又声明了一个新的数据域 radius 及相关的 get 和 set 函数。它还包含 getArea()、getPerimeter() 和 getDiameter() 函数，分别返回圆的面积、周长和直径。

Rectangle 类从 GeometricObject 类继承了所有可访问的数据域和函数。另外，它又声明了新的数据域 width 和 height 及相关的 get 和 set 函数。它还包含函数 getArea() 和 getPerimeter()，分别返回矩形的面积和周长。

类 GeometricObject 的声明如程序清单 15-1 所示。第 1 行和第 2 行的预处理指令保证不会出现重复声明的情况。第 3 行包含了 string 头文件，因此可在 GeometricObject 类中使用字符串类。函数 isFilled() 是 filled 数据域的访问器函数。由于此数据域为 bool 类型，因此按命名习惯将访问器函数命名为 isFilled()。

程序清单 15-1 GeometricObject.h

```
#ifndef GEOMETRICOBJECT_H
#define GEOMETRICOBJECT_H
#include <string>
using namespace std;

class GeometricObject
{
public:
  GeometricObject();
  GeometricObject(const string& color, bool filled);
  string getColor() const;
  void setColor(const string& color);
  bool isFilled() const;
  void setFilled(bool filled);
  string toString() const;

private:
  string color;
  bool filled;
}; // Must place semicolon here

#endif
```

GeometricObject 类的实现在程序清单 15-2 中给出。toString 函数（35 ～ 38 行）返回一个描述此对象的字符串。其中用到了字符串运算符 +，它被用来将两个字符串拼接在一起，构造一个新的字符串。

程序清单 15-2 GeometricObject.cpp

```
1  #include "GeometricObject.h"
2
3  GeometricObject::GeometricObject()
4  {
5    color = "white";
6    filled = false;
7  }
8
9  GeometricObject::GeometricObject(const string& color, bool filled)
10 {
11   this->color = color;
12   this->filled = filled;
13 }
14
15 string GeometricObject::getColor() const
16 {
17   return color;
18 }
19
20 void GeometricObject::setColor(const string& color)
21 {
22   this->color = color;
23 }
24
25 bool GeometricObject::isFilled() const
26 {
27   return filled;
28 }
29
30 void GeometricObject::setFilled(bool filled)
31 {
32   this->filled = filled;
```

```
}

string GeometricObject::toString() const
{
  return "Geometric Object";
}
```

Circle 类的声明如程序清单 15-3 所示。第 5 行声明 Circle 类是从 GeometricObject 类派生出来的。下面的语法告诉编译器当前类是从基类派生出来的。因此，GeometricObject 的所有公有成员都被继承到 Circle 类中。

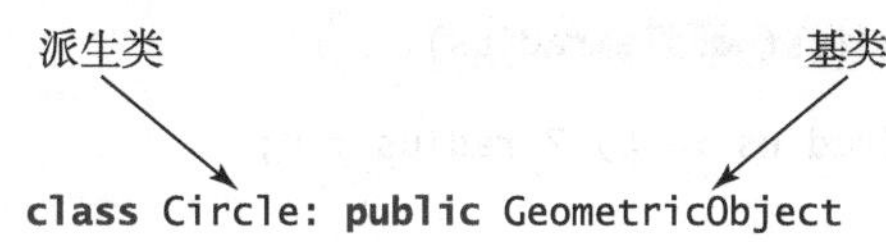

程序清单 15-3 DerivedCircle.h

```
1  #ifndef CIRCLE_H
2  #define CIRCLE_H
3  #include "GeometricObject.h"
4
5  class Circle: public GeometricObject
6  {
7  public:
8    Circle();
9    Circle(double);
10   Circle(double radius, const string& color, bool filled);
11   double getRadius() const;
12   void setRadius(double);
13   double getArea() const;
14   double getPerimeter() const;
15   double getDiameter() const;
16   string toString() const;
17
18 private:
19   double radius;
20 }; // Must place semicolon here
21
22 #endif
```

Circle 类的实现在程序清单 15-4 中。

程序清单 15-4 DerivedCircle.cpp

```
#include "DerivedCircle.h"

// Construct a default circle object
Circle::Circle()
{
  radius = 1;
}

// Construct a circle object with specified radius
Circle::Circle(double radius)
{
  setRadius(radius);
}

// Construct a circle object with specified radius,
// color and filled values
Circle::Circle(double radius, const string& color, bool filled)
{
```

```
19    setRadius(radius);
20    setColor(color);
21    setFilled(filled);
22  }
23
24  // Return the radius of this circle
25  double Circle::getRadius() const
26  {
27    return radius;
28  }
29
30  // Set a new radius
31  void Circle::setRadius(double radius)
32  {
33    this->radius = (radius >= 0) ? radius : 0;
34  }
35
36  // Return the area of this circle
37  double Circle::getArea() const
38  {
39    return radius * radius * 3.14159;
40  }
41
42  // Return the perimeter of this circle
43  double Circle::getPerimeter() const
44  {
45    return 2 * radius * 3.14159;
46  }
47
48  // Return the diameter of this circle
49  double Circle::getDiameter() const
50  {
51    return 2 * radius;
52  }
53
54  // Redefine the toString function
55  string Circle::toString() const
56  {
57    return "Circle object";
58  }
```

构造函数 Circle(double radius, const string& color, bool filled) 通过调用函数 setColor 和 setFilled 来设置颜色和填充属性（17 ～ 22 行）。这两个公有函数被声明在基类 GeometricObject 中，并被 Circle 类继承。因此可在派生类中使用它们。

你可能会试图在构造函数中以下列方式直接使用 color 和 filled：

```
Circle::Circle(double radius, const string& c, bool f)
{
  this->radius = radius; // This is fine
  color = c; // Illegal since color is private in the base class
  filled = f; // Illegal since filled is private in the base class
}
```

这样做是错误的，因为除了在类 GeometricObject 中，它的私有成员 color 和 filled 无法在其他任何类中被直接访问。读取和修改 color 及 filled 的唯一方法是通过调用函数 get 和 set。

Rectangle 类的声明如程序清单 15-5 所示。第 5 行声明 Rectangle 类是从 GeometricObject 类派生而来的。下面的语法告诉编译器当前类是从基类派生出来的。因此，GeometricObject 类的所有公有成员都被继承到 Rectangle 类中。

程序清单 15-5 DerivedRectangle.h

```
#ifndef RECTANGLE_H
#define RECTANGLE_H
#include "GeometricObject.h"

class Rectangle: public GeometricObject
{
public:
  Rectangle();
  Rectangle(double width, double height);
  Rectangle(double width, double height,
    const string& color, bool filled);
  double getWidth() const;
  void setWidth(double);
  double getHeight() const;
  void setHeight(double);
  double getArea() const;
  double getPerimeter() const;
  string toString() const;

private:
  double width;
  double height;
};  // Must place semicolon here

#endif
```

Rectangle 类的实现在程序清单 15-6 中给出。

程序清单 15-6 DerivedRectangle.cpp

```
#include "DerivedRectangle.h"

// Construct a default rectangle object
Rectangle::Rectangle()
{
  width = 1;
  height = 1;
}

// Construct a rectangle object with specified width and height
Rectangle::Rectangle(double width, double height)
{
  setWidth(width);
  setHeight(height);
}

Rectangle::Rectangle(
  double width, double height, const string& color, bool filled)
{
  setWidth(width);
  setHeight(height);
  setColor(color);
  setFilled(filled);
}

// Return the width of this rectangle
double Rectangle::getWidth() const
```

```
{
  return width;
}

// Set a new radius
void Rectangle::setWidth(double width)
{
  this->width = (width >= 0) ? width : 0;
}

// Return the height of this rectangle
double Rectangle::getHeight() const
{
  return height;
}

// Set a new height
void Rectangle::setHeight(double height)
{
  this->height = (height >= 0) ? height : 0;
}

// Return the area of this rectangle
double Rectangle::getArea() const
{
  return width * height;
}

// Return the perimeter of this rectangle
double Rectangle::getPerimeter() const
{
  return 2 * (width + height);
}

// Redefine the toString function, to be covered in Section 15.5
string Rectangle::toString() const
{
  return "Rectangle object";
}
```

程序清单 15-7 给出了一个测试 GeometricObject、Circle 和 Rectangle 三个类的程序。

程序清单 15-7 TestGeometricObject.cpp

```
#include "GeometricObject.h"
#include "DerivedCircle.h"
#include "DerivedRectangle.h"
#include <iostream>
using namespace std;

int main()
{
  GeometricObject shape;
  shape.setColor("red");
  shape.setFilled(true);
  cout << shape.toString() << endl
    << " color: " << shape.getColor()
    << " filled: " << (shape.isFilled() ? "true" : "false") << endl;

  Circle circle(5);
  circle.setColor("black");
  circle.setFilled(false);
  cout << circle.toString()<< endl
    << " color: " << circle.getColor()
```

```
21        << " filled: " << (circle.isFilled() ? "true" : "false")
22        << " radius: " << circle.getRadius()
23        << " area: " << circle.getArea()
24        << " perimeter: " << circle.getPerimeter() << endl;
25
26      Rectangle rectangle(2, 3);
27      rectangle.setColor("orange");
28      rectangle.setFilled(true);
29      cout << rectangle.toString()<< endl
30        << " orange: " << rectangle.getColor()
31        << " true: " << (rectangle.isFilled() ? "true" : "false")
32        << " width: " << rectangle.getWidth()
33        << " height: " << rectangle.getHeight()
34        << " area: " << rectangle.getArea()
35        << " perimeter: " << rectangle.getPerimeter() << endl;
36
37      return 0;
38    }
```

程序输出：

```
Geometric Object
 color: red filled: true
Circle object
 color: black filled: false radius: 5 area: 78.5397 perimeter: 31.4159
Rectangle object
 color: black filled: false width: 2 height: 3 area: 6 perimeter: 10
```

程序创建了一个 GeometricObject 对象并调用其函数 setColor、setFilled、toString、getColor 和 isFilled（9 ～ 14 行）。

随后程序创建了一个 Circle 对象，并调用了它的 setColor、setFilled、toString、getColor、isFilled、getRadius、getArea 和 getPerimeter 函数（16 ～ 24 行）。注意 setColor 和 setFilled 两个函数是定义于 GeometricObject 类中的，它们被继承到 Circle 类中。

程序还创建了一个 Rectangle 对象，并调用了它的 setColor、setFilled、toString、getColor、isFilled、getWidth、getHeight、getArea 和 getPerimeter 函数（26 ～ 35 行）。注意 setColor 和 setFilled 两个函数是定义于 GeometricObject 类中的，它们被继承到 Rectangle 类中。

关于继承，请注意以下几点：

- 基类的私有数据域不能在该基类外被访问，因此在派生类中不能直接使用它们，但是可以通过定义在基类中的公有访问函数 / 赋值函数来对它们进行访问 / 赋值。
- 不是所有的 is-a 关系都要使用继承加以建模。例如，正方形属于矩形，但是你不应扩展一个 Rectangle 类来定义一个 Square 类，因为从矩形到正方形没有可扩展（或可补充）的东西。你应当扩展 GeometricObject 类来定义一个 Square 类。对于扩展类 B 定义类 A 的情形，A 应当比 B 包含更详细的信息。
- 继承用于建模 is-a 关系。不要仅仅为了重用函数，就盲目扩展一个类。例如，扩展一个 Person 类来定义一个 Tree 类是不恰当的，即便它们包含诸如高度和权重等共同的属性。一个派生类和其基类必须具有 is-a 关系。
- C++ 允许同时扩展多个类来得到一个派生类。该功能被称为多重继承（multiple inheritance），详见网站的附加材料 IV.A。

检查点

15.1 下面的陈述是正确还是错误？派生类是基类的子集。

15.2　在 C++ 中一个类能否被多个基类派生？

15.3　找出下面程序中存在的问题。

```
class Circle
{
public:
  Circle(double radius)
  {
    radius = radius;
  }

  double getRadius()
  {
    return radius;
  }

  double getArea()
  {
    return radius * radius * 3.14159;
  }

private:
  double radius;
};

class B: Circle
{
public:
  B(double radius, double length)
  {
    radius = radius;
    length = length;
  }

  // Returns Circle's getArea() * length
  double getArea()
  {
    return getArea() * length;
  }

private:
  double length;
};
```

15.3　泛型程序设计

关键点：当程序中需要一个基类对象时，向其提供一个派生类对象是允许的。这种特性使得一个函数可适用于较大范围的对象实参，变得更通用。我们称之为泛型程序设计（generic programming）。

如果一个函数的参数类型是基类（比如 GeometricObject），你可以向它传递任何派生类的对象（比如 Circle 或 Rectangle）。

例如，如果你定义了如下函数：

```
void displayGeometricObject(const GeometricObject& shape)
{
  cout << shape.getColor() << endl;
}
```

其参数类型为 GeometricObject，你可以像如下代码一样调用这个函数：

```
displayGeometricObject(GeometricObject("black", true));
displayGeometricObject(Circle(5));
displayGeometricObject(Rectangle(2, 3));
```

每条语句都创建一个匿名对象，并将其传递给 displayGeometricObject 函数。由于 Circle 和 Rectangle 是 GeometricObject 的派生类，因此将一个 Circle 对象或一个 Rectangle 对象作为 GeometricObject 类型参数传递给函数 displayGeometricObject 是合法的。

15.4 构造函数和析构函数

关键点：派生类的构造函数在执行其自身代码之前首先调用它的基类的构造函数。派生类的析构函数首先执行其自身的代码，然后自动调用其基类的析构函数。

一个派生类从其基类继承了所有可访问的数据域和函数。那么它也继承构造函数和析构函数吗？从派生类中能调用基类的构造函数和析构函数吗？本节讨论此问题及其衍生出的一些其他问题。

15.4.1 调用基类构造函数

构造函数用于创建类的实例，即对象。与一般数据域和函数不同，派生类并不继承基类的构造函数。派生类仅仅在自己的构造函数中调用基类的构造函数，来初始化基类的数据域。可以通过派生类的初始化列表来调用基类的构造函数。调用语法如下：

```
DerivedClass(parameterList): BaseClass()
{
  // Perform initialization
}
```

或者

```
DerivedClass(parameterList): BaseClass(argumentList)
{
  // Perform initialization
}
```

前者是调用基类的无参构造函数，后者是调用基类的带指定参数的构造函数。

派生类中的构造函数总是显式或者隐式地调用基类中的构造函数。如果基类中的构造函数没有被显式调用，基类中的无参构造函数会被默认调用。例如，

```
public Circle()
{
  radius = 1;
}
```

等价于

```
public Circle(): GeometricObject()
{
  radius = 1;
}
```

```
public Circle(double radius)
{
  this->radius = radius;
}
```

等价于

```
public Circle(double radius)
  : GeometricObject()
{
  this->radius = radius;
}
```

在程序清单 15-4 中（17 ～ 22 行），Circle 类的构造函数 Circle (double radius, const string& color, bool filled) 也可以通过调用基类的构造函数 GeometricObject (const string& color, bool filled) 来实现，如下：

```
// Construct a circle object with specified radius, color and filled
Circle::Circle(double radius, const string& color, bool filled)
  : GeometricObject(color, filled)
{
  setRadius(radius);
}
```

或者

```
// Construct a circle object with specified radius, color and filled
Circle::Circle(double radius, const string& color, bool filled)
  : GeometricObject(color, filled), radius(radius)
{
}
```

后者在初始化列表中也初始化了数据域 radius，radius 是 Circle 类中定义的数据域。

15.4.2 构造函数链和析构函数链

构造一个类的实例，会导致沿着继承链上的所有基类的构造函数都被依次调用。当构造一个派生类对象时，派生类的构造函数在执行自身任务之前会先调用其基类的构造函数。如果一个基类是从另外一个类派生的，这个基类的构造函数在执行自己功能之前会先调用其父类的构造函数。这个过程会一直持续，直到沿着继承层次的最后一个构造函数被调用。这被叫做构造函数链（constructor chaining）。相对地，析构函数则按照相反的顺序被自动调用。当一个派生类的对象被销毁时，派生类的析构函数被调用，在它结束任务时，它调用其基类的析构函数。这个过程一直持续，直到沿着继承层次的最后一个析构函数被调用。这叫做析构函数链（destructor chaining）。

我们看在程序清单 15-8 中的如下代码：

程序清单 15-8 ConstructorDestructorCallDemo.cpp

```
#include <iostream>
using namespace std;

class Person
{
public:
  Person()
  {
    cout << "Performs tasks for Person's constructor" << endl;
  }

  ~Person()
  {
    cout << "Performs tasks for Person's destructor" << endl;
  }
};

class Employee: public Person
{
public:
  Employee()
  {
    cout << "Performs tasks for Employee's constructor" << endl;
  }

  ~Employee()
  {
    cout << "Performs tasks for Employee's destructor" << endl;
```

```
29     }
30   };
31
32   class Faculty: public Employee
33   {
34   public:
35     Faculty()
36     {
37       cout << "Performs tasks for Faculty's constructor" << endl;
38     }
39
40     ~Faculty()
41     {
42       cout << "Performs tasks for Faculty's destructor" << endl;
43     }
44   };
45
46   int main()
47   {
48     Faculty faculty;
49
50     return 0;
51   }
```

程序输出：

```
Performs tasks for Person's constructor
Performs tasks for Employee's constructor
Performs tasks for Faculty's constructor
Performs tasks for Faculty's destructor
Performs tasks for Employee's destructor
Performs tasks for Person's destructor
```

程序在第 48 行创建了一个 Faculty 对象。由于 Faculty 派生自 Employee，Employee 派生自 Person，因此 Faculty 类的构造函数在执行自身任务之前调用 Employee 的构造函数，Employee 的构造函数在执行自身任务之前调用 Person 的构造函数。如下图所示。

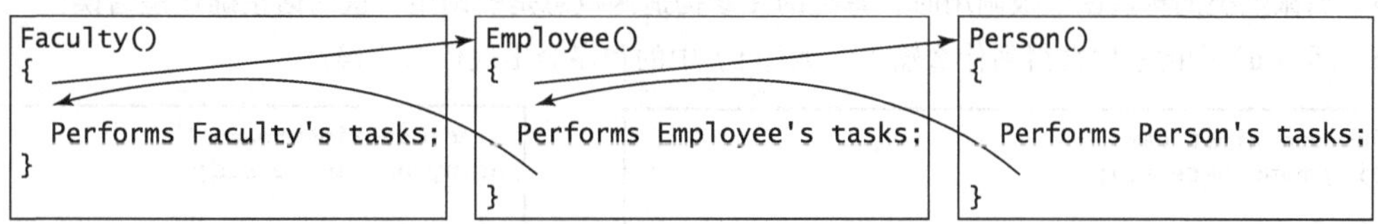

当程序退出时，Faculty 对象被销毁。因此，Faculty 的析构函数被调用，接着为 Employee 的，最后为 Person 的。如下图所示。

```
~Faculty()                    ~Employee()                    ~Person()
{                             {                              {
  Performs Faculty's ...;       Performs Employee's ...;       Performs Person's ...;
}                             }                              }
```

警示：如果考虑一个类可能被继承，最好为它设计一个无参的构造函数，以避免编程错误。看一看下面的代码：

```
class Fruit
{
public:
  Fruit(int id)
  {
  }
```

```
};

class Apple: public Fruit
{
public:
  Apple()
  {
  }
};
```

由于 Apple 中没有显式的构造函数，因此其默认无参构造函数会被隐式声明。由于 Apple 是 Fruit 的派生类，Apple 的缺省无参构造函数会自动调用 Fruit 的无参构造函数。但是，Fruit 没有无参构造函数，因为它已经显式声明了一个带参数的构造函数。因此，程序不能被正确编译。

提示：如果基类有一个自定义的拷贝构造函数和赋值操作，应该在派生类中自定义这些来保证基类中的数据域被正确拷贝。假设 Child 类从 Parent 类派生，Child 类中的拷贝构造函数代码通常看起来像这样：

```
Child::Child(const Child& object): Parent(object)
{
  // Write the code for copying data fields in Child
}
```

Child 类中的赋值操作代码通常看起来像这样：

```
Child& Child::operator=(const Child& object)
{
  Parent::operator(object);
  // Use Parent::operator=(object) to apply the assignment operator in the base class
}
```

当派生类的析构函数被调用时，它自动调用基类的析构函数。派生类的析构函数只需要销毁在派生类中动态创建的内存。

检查点

15.4　当派生类的构造函数被调用时，基类的无参构造函数总是被调用。这句话正确还是错误？

15.5　运行 a）中的程序会得到什么输出？编译 b）中的程序会出现什么错误？

```
#include <iostream>
using namespace std;

class Parent
{
public:
  Parent()
  {
    cout <<
      "Parent's no-arg constructor is invoked";
  }
};

class Child: public Parent
{
};

int main()
{
  Child c;

  return 0;
}
```

a)

```
#include <iostream>
using namespace std;

class Parent
{
public:
  Parent(int x)
  {
  }
};

class Child: public Parent
{
};

int main()
{
  Child c;

  return 0;
}
```

b)

15.6 指出下列代码会出现什么输出结果：

```
#include <iostream>
using namespace std;

class Parent
{
public:
  Parent()
  {
    cout << "Parent's no-arg constructor is invoked" << endl;
  }

  ~Parent()
  {
    cout << "Parent's destructor is invoked" << endl;
  }
};

class Child: public Parent
{
public:
  Child()

  {
    cout << "Child's no-arg constructor is invoked" << endl;
  }

  ~Child()
  {
    cout << "Child's destructor is invoked" << endl;
  }
};
int main()
{
  Child c1;
  Child c2;

  return 0;
}
```

15.7 如果基类中有自定义拷贝构造函数和赋值操作，应该如何定义派生类中的拷贝构造函数和赋值操作？

15.8 如果基类中有自定义的析构函数，需要在派生类中实现析构函数吗？

15.5 函数重定义

关键点：在基类中定义的函数能够在派生类中被重新定义。

GeometricObject 类中定义了函数 toString()，它返回一个字符串 "Geometric Object"（程序清单 15-2，35 ～ 38 行）。如下：

```
string GeometricObject::toString() const
{
  return "Geometric object";
}
```

为了在派生类中重定义基类的函数，需要在派生类的头文件中添加函数的原型，并在派生类的实现文件中提供函数的新的实现。

在 Circle 类（程序清单 15-4，55 ～ 58 行）中，toString() 函数被重新定义，如下所示：

```
string Circle::toString() const
{
  return "Circle object";
}
```

在 Rectangle 类（程序清单 15-4，63 ～ 66 行）中，toString() 函数按照如下形式被重新定义：

```
string Rectangle::toString() const
{
  return "Rectangle object";
}
```

因此，以下代码

```
1  GeometricObject shape;
2  cout << "shape.toString() returns " << shape.toString() << endl;
3
4  Circle circle(5);
5  cout << "circle.toString() returns " << circle.toString() << endl;
6
7  Rectangle rectangle(4, 6);
8  cout << "rectangle.toString() returns "
9    << rectangle.toString() << endl;
```

会输出如下内容：

```
shape.toString() returns Geometric object
circle.toString() returns Circle object
rectangle.toString() returns Rectangle object
```

这段代码第 1 行创建了一个 GeometricObject 对象。第 2 行调用了 GeometricObject 类中定义的 toString 函数，因为 shape 的类型是 GeometricObject。

第 4 行创建了一个 Circle 对象。第 5 行调用的是 Circle 类中重新定义的 toString 函数，因为 circle 的类型是 Circle。

第 7 行创建了一个 Rectangle 对象。第 9 行调用了 Rectangle 类中重新定义的 toString 函数，因为 rectangle 的类型是 Rectangle。

如果希望在调用对象是 circle 的情况下，仍旧调用基类 GeometricObject 中定义的 toString 函数，应使用基类名和作用域解析运算符（::）。例如，下面的代码：

```
Circle circle(5);
cout << "circle.toString() returns " << circle.toString() << endl;
cout << "invoke the base class's toString() to return "
  << circle.GeometricObject::toString();
```

会输出如下内容：

```
circle.toString() returns Circle object
invoke the base class's toString() to return Geometric object
```

提示：在 6.7 节中我们已经学习了重载函数的有关内容。重载一个函数是为了提供多个名字相同，但签名不同（用以区分它们）的函数。而重定义一个函数，则必须在派生类中定义一个与基类中函数具有相同签名和返回类型的函数。

检查点

15.9 函数重载和函数重定义的区别是什么？

15.10 下列语句正确还是错误？（1）可以重新定义基类中的私有成员函数。（2）可以重新定义基类中的静态成员函数。（3）可以重新定义构造函数。

15.6 多态

关键点：多态意味着一个超类型的变量可以引用一个子类型的对象。

面向对象编程的三个支柱是封装性、继承性和多态性。前两个特性已经学过了，本节介绍多态性。

首先，让我们定义两个有用的术语：子类型和超类型。一个类定义了一种类型，被派生类定义的类型叫做*子类型*（subtype），被基类定义的类型叫做*超类型*（supertype）。所以，你可以说 Circle 类是 GeometricObject 类的子类型，GeometricObject 类是 Circle 类的超类型。

继承关系使得派生类从基类中继承特性并可以拥有新的特性。派生类是其基类的一个实例化；每一个派生类对象也是其基类的对象，但是反之则不然。例如，每一个 circle 都是 geometric 对象，但是不是每一个 geometric 对象都是一个 circle。所以，你总能将一个派生类的对象作为基类类型的参数进行参数传递。看一看程序清单 15-9 的代码。

程序清单 15-9 PolymorphismDemo.cpp

```
1  #include <iostream>
2  #include "GeometricObject.h"
3  #include "DerivedCircle.h"
4  #include "DerivedRectangle.h"
5
6  using namespace std;
7
8  void displayGeometricObject(const GeometricObject& g)
9  {
10   cout << g.toString() << endl;
11 }
12
13 int main()
14 {
15   GeometricObject geometricObject;
16   displayGeometricObject(geometricObject);
17
18   Circle circle(5);
19   displayGeometricObject(circle);
20
21   Rectangle rectangle(4, 6);
22   displayGeometricObject(rectangle);
23
24   return 0;
25 }
```

程序输出：

```
Geometric object
Geometric object
Geometric object
```

函数 displayGeometricObject（8 行）使用了 GeometricObject 类型的形参。在调用 displayGeometricObject 时，你可以使用任何 GeometricObject、Circle 和 Rectangle 类（16、19、22 行）的实例做为实参。在任何其基类对象使用的地方，派生类的对象也能够被使用。

这通常称为多态性（polymorphism，来自希腊词，意思是“许多形式”）。简单来说，多态性意味着一个超类型的变量能够引用一个子类型的对象。

检查点

15.11 什么是超类型和子类型？什么是多态？

15.7 虚函数和动态绑定

关键点：*一个函数可以在沿着继承关系链的多个类中实现。虚函数使得系统能够基于对象的实际类型决定在运行时调用哪一个函数。*

程序清单 15-9 中的程序定义了 displayGeometricObject 函数，它调用了 GeometricObject 类中的 toString 函数（10 行）。

函数 displayGeometricObject 在第 16、19、22 行通过传递 GeometricObject、Circle 和 Rectangular 类的对象被相应地调用。正如输出所示，在类 GeometricObject 中定义的 toString() 函数被调用。你能够在执行 displayGeometricObject(circle) 时调用类 Circle 中定义的 toString() 函数，在执行 displayGeometricObject(rectangle) 时调用类 Rectangle 中定义的 toString() 函数，在执行 displayGeometricObject(geometricObject) 时调用类 GeometricObject 中定义的 toString() 函数吗？这些都可以简单地通过在基类 GeometricObject 中将 toString 声明为虚函数来实现。

假设用下列函数声明来代替程序清单 15-1 中的第 15 行：

```
virtual string toString() const;
```

现在重新运行程序清单 15-9，将得到下列输出：

```
Geometric object
Circle object
Rectangle object
```

随着 toString() 函数在基类当中被定义成 virtual 类型，C++ 动态决定在运行时调用哪一个 toString() 函数。当调用 displayGeometricObject(circle) 时，一个 Circle 类对象通过引用被传递给 g。由于 g 引用了一个 Circle 类型的对象，在类 Circle 中定义的 toString 函数被调用。这种在运行时判断调用哪个函数的功能叫做*动态绑定*（dynamic binding）。

提示：*在 C++ 中，在派生类中重定义一个虚函数，被称为函数覆盖*（overriding a function）。

为使一个函数能动态绑定，你要做两件事：

- 在基类中，函数必须声明为虚函数。
- 在虚函数中，引用对象的变量必须以引用或者指针的形式传递。

程序清单 15-9 通过引用将对象传递给参数（8 行）；另外，也可以重写第 8 ～ 11 行，通过传递指针实现参数传递，如程序清单 15-10 所示。

程序清单 15-10 VirtualFunctionDemoUsingPointer.cpp

```
#include <iostream>
#include "GeometricObject.h" // toString() is defined virtual now
#include "DerivedCircle.h"
#include "DerivedRectangle.h"

using namespace std;

```

```
void displayGeometricObject(const GeometricObject* g)
{
  cout << (*g).toString() << endl;
}

int main()
{
  displayGeometricObject(&GeometricObject());
  displayGeometricObject(&Circle(5));
  displayGeometricObject(&Rectangle(4, 6));

  return 0;
}
```

程序输出：

```
Geometric object
Circle object
Rectangle object
```

然而，如果对象变量通过传值传递，虚函数也不会被动态联编。如程序清单 15-11 所示，尽管函数被定义成虚函数，输出和不用虚函数时的输出是一样的。

程序清单 15-11 VirtualFunctionDemoPassByValue.cpp

```
#include <iostream>
#include "GeometricObject.h"
#include "DerivedCircle.h"
#include "DerivedRectangle.h"

using namespace std;

void displayGeometricObject(GeometricObject g)
{
  cout << g.toString() << endl;
}

int main()
{
  displayGeometricObject(GeometricObject());
  displayGeometricObject(Circle(5));
  displayGeometricObject(Rectangle(4, 6));

  return 0;
}
```

程序输出：

```
Geometric object
Geometric object
Geometric object
```

注意关于虚函数的以下几点：

- 如果一个函数在基类中定义为虚函数，在派生类中，它自然也是虚函数，你不必在派生类中的函数声明中加上关键字 virtual。
- 匹配一个函数的签名与绑定一个函数的实现是两个独立的问题。变量的类型声明决定了编译时匹配哪个函数，这是静态绑定（static binding）。编译器根据参数类型、参数个数及参数顺序在编译时寻找匹配的函数。一个虚函数可以在多个派生类中实现，

C++ 在运行时动态绑定函数的实现，这是由变量所引用的对象的实际类型所决定的。这是动态绑定（dynamic binding）。

- 如果一个基类中定义的函数需要在派生类中重定义，你应该将其声明为虚函数，以避免混淆和错误。另一方面，如果一个函数不会被重定义，将其声明为非虚函数会得到更好的性能，因为在运行时动态绑定虚函数会花费更多时间和系统资源。我们把含有虚函数的类称为多态类型（poly morphic type）。

检查点

15.12 回答关于下列程序的问题：

```
1  #include <iostream>
2  using namespace std;
3
4  class Parent
5  {
6  public:
7    void f()
8    {
9      cout << "invoke f from Parent" << endl;
10   }
11 };
12
13 class Child: public Parent
14 {
15 public:
16   void f()
17   {
18     cout << "invoke f from Child" << endl;
19   }
20 };
21
22 void p(Parent a)
23 {
24   a.f();
25 }
26
27 int main()
28 {
29   Parent a;
30   a.f();
31   p(a);
32
33   Child b;
34   b.f();
35   p(b);
36
37   return 0;
38 }
```

a. 程序的输出是什么？

b. 如果第 7 行用 virtual void f() 代替，程序的输出是什么？

c. 如果第 7 行用 virtual void f() 代替，第 22 行用 void p(Parent& a) 代替，程序的输出是什么？

15.13 什么是静态绑定？什么是动态绑定？

15.14 声明虚函数足以启用动态绑定吗？

15.15 说明下列代码的输出：

15.16 把所有函数都定义成虚函数是很好的做法吗？

```
#include <iostream>
#include <string>
using namespace std;

class Person
{
public:
  void printInfo()
  {
    cout << getInfo() << endl;
  }

  virtual string getInfo()
  {
    return "Person";
  }
};

class Student: public Person
{
public:
  virtual string getInfo()
  {
    return "Student";
  }
};

int main()
{
  Person().printInfo();
  Student().printInfo();
}
```

a)

```
#include <iostream>
#include <string>
using namespace std;

class Person
{
public:
  void printInfo()
  {
    cout << getInfo() << endl;
  }

  string getInfo()
  {
    return "Person";
  }
};

class Student: public Person
{
public:
  string getInfo()
  {
    return "Student";
  }
};

int main()
{
  Person().printInfo();
  Student().printInfo();
}
```

b)

15.8 关键字 protected

关键点：一个类的保护成员可以被派生类所访问。

到现在为止，你已经学习过用关键字 private 和 public 指定数据域和函数是否可以被类之外的程序所访问。私有成员只能在类内或通过友元函数和友元类访问，公有成员可以被任意其他类所访问。

在基类中定义的数据域和函数经常需要允许派生类访问而不允许非派生类访问。为此，你可以使用关键字 protected。基类中的一个保护数据域或保护函数可被派生类访问。

关键字 private、protected 和 public 被称为可见性关键字（visibility keyword）或可访问性关键字（accessibility keyword），因为它们决定了类和类成员的可访问性。它们的可见性按如下顺序递增：

可见性递增 →

private, protected, public

程序清单 15-12 说明了如何使用关键字 protected。

程序清单 15-12 VisibilityDemo.cpp

```
#include <iostream>
using namespace std;

class B
```

```
 5 {
 6 public:
 7   int i;
 8
 9 protected:
10   int j;
11
12 private:
13   int k;
14 };
15
16 class A: public B
17 {
18 public:
19   void display() const
20   {
21     cout << i << endl; // Fine, can access it
22     cout << j << endl; // Fine, can access it
23     cout << k << endl; // Wrong, cannot access it
24   }
25 };
26
27 int main()
28 {
29   A a;
30   cout << a.i << endl; // Fine, can access it
31   cout << a.j << endl; // Wrong, cannot access it
32   cout << a.k << endl; // Wrong, cannot access it
33
34   return 0;
35 }
```

由于 A 派生自 B，而 j 是保护的，因此 j 可被 A 访问（22 行）。由于 k 是私有的，因此 k 不能被 A 访问。

由于 i 是公有的，i 可在类外函数中用 a.i 来访问（30 行）。由于 j 和 k 不是公有的，因此不能在类外函数中通过对象来访问（31 ～ 32 行）。

检查点

15.17 如果类里的成员被声明为私有的，那它可以被其他类访问吗？如果类里的成员被声明为保护的，那它可以被其他类访问吗？如果类里的成员被声明为公有的，那它可以被其他类访问吗？

15.9 抽象类和纯虚函数

关键点：抽象类不能用来创建对象。抽象类中可以包含抽象函数，这些抽象函数在具体的派生类中实现。

在继承层次中，从基类到新派生类，类的内容越来越明确和具体。如果从派生类返回到其父类和祖先类，类的内容会越来越一般化和不具体。在设计类时应确保一个基类包含其派生类的共同特性。有时，基类会非常抽象，以至于不包含任何具体的实例。这样的基类称为抽象类（abstract class）。

在 15.2 节中，GeometricObject 被声明为 Circle 类和 Rectangle 类的基类。GeometricObject 描述了几何对象的公共属性。Circle 和 Rectangle 都包含函数 getArea() 和 getPerimeter()，用于计算圆和矩形的面积和周长。由于所有几何对象都可以计算其面积和周长，因此最好在 GeometricObject 类中声明函数 getArea() 和 getPerimeter()。然而，这些函数不能在 GeometricObject 类中实现，因为它们的实现依赖于具体的几何对象。这种函数称为抽象函数

(abstract function)。如果你在 GeometricObject 类中声明了这些函数，GeometricObject 就变成了抽象类（abstract class）。图 15-2 给出了新的 GeometricObject 类。在 UML 的图示中，抽象类及其抽象函数的名字以斜体表示，如图 15-2 所示。

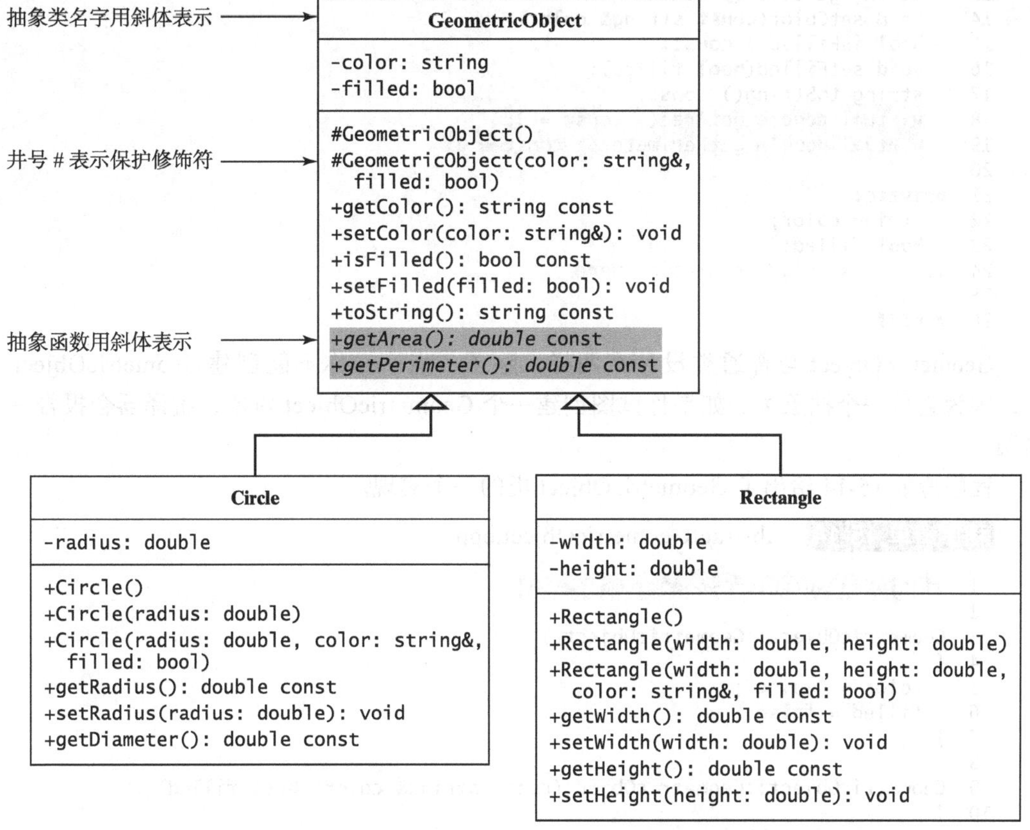

图 15-2 新 GeometricObject 类包含抽象函数

在 C++ 中，抽象函数被称为*纯虚函数*（pure virtual function）。包含纯虚函数的类就称为抽象类。一个纯虚函数可按如下方式定义：

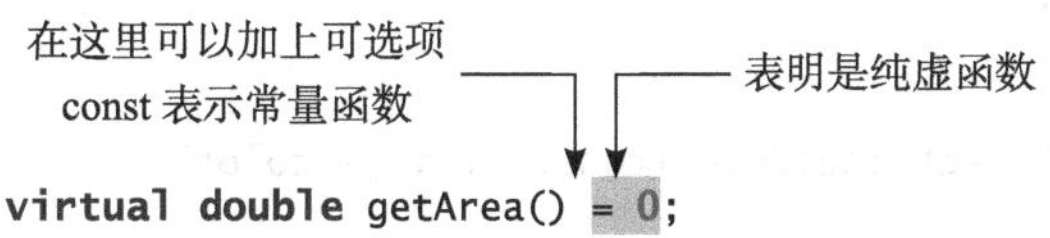

“=0” 指明 getArea 是一个纯虚函数。在基类中，纯虚函数没有函数体或实现。

程序清单 15-13 定义了一个新的抽象类 GeometricObject，它有两个纯虚函数（18 ～ 19 行）。

程序清单 15-13 AbstractGeometricObject.h

```
1  #ifndef GEOMETRICOBJECT_H
2  #define GEOMETRICOBJECT_H
3  #include <string>
4  using namespace std;
5
6  class GeometricObject
7  {
```

```
protected:
  GeometricObject();
  GeometricObject(const string& color, bool filled);

public:
  string getColor() const;
  void setColor(const string& color);
  bool isFilled() const;
  void setFilled(bool filled);
  string toString() const;
  virtual double getArea() const = 0;
  virtual double getPerimeter() const = 0;

private:
  string color;
  bool filled;
}; // Must place semicolon here

#endif
```

GeometricObject 与普通类没什么两样，除了一点——你不能创建 GeometricObject 对象，因为它是一个抽象类。如果你试图创建一个 GeometricObject 对象，编译器会报告一个错误。

程序清单 15-14 给出了 GeometricObject 类的一个实现。

程序清单 15-14 AbstractGeometricObject.cpp

```
#include "AbstractGeometricObject.h"

GeometricObject::GeometricObject()
{
  color = "white";
  filled = false;
}

GeometricObject::GeometricObject(const string& color, bool filled)
{
  setColor(color);
  setFilled(filled);
}

string GeometricObject::getColor() const
{
  return color;
}

void GeometricObject::setColor(const string& color)
{
  this->color = color;
}

bool GeometricObject::isFilled() const
{
  return filled;
}

void GeometricObject::setFilled(bool filled)
{
  this->filled = filled;
}

string GeometricObject::toString() const
{
```

```
  return "Geometric Object";
}
```

程序清单 15-15、15-16、15-17 和 15-18 给出了从抽象类 GeometricObject 派生的新的 Circle 类和 Rectangle 类的代码。

程序清单 15-15 DerivedCircleFromAbstractGeometricObject.h

```
#ifndef CIRCLE_H
#define CIRCLE_H
#include "AbstractGeometricObject.h"

class Circle: public GeometricObject
{
public:
  Circle();
  Circle(double);
  Circle(double radius, const string& color, bool filled);
  double getRadius() const;
  void setRadius(double);
  double getArea() const;
  double getPerimeter() const;
  double getDiameter() const;

private:
  double radius;
}; // Must place semicolon here

#endif
```

程序清单 15-16 DerivedCircleFromAbstractGeometricObject.cpp

```
#include "DerivedCircleFromAbstractGeometricObject.h"

// Construct a default circle object
Circle::Circle()
{
  radius = 1;
}

// Construct a circle object with specified radius
Circle::Circle(double radius)
{
  setRadius(radius);
}

// Construct a circle object with specified radius, color, filled
Circle::Circle(double radius, const string& color, bool filled)
{
  setRadius(radius);
  setColor(color);
  setFilled(filled);
}

// Return the radius of this circle
double Circle::getRadius() const
{
  return radius;
}

// Set a new radius
void Circle::setRadius(double radius)
{
  this->radius = (radius >= 0) ? radius : 0;
```

```
}

// Return the area of this circle
double Circle::getArea() const
{
  return radius * radius * 3.14159;
}

// Return the perimeter of this circle
double Circle::getPerimeter() const
{
  return 2 * radius * 3.14159;
}

// Return the diameter of this circle
double Circle::getDiameter() const
{
  return 2 * radius;
}
```

程序清单 15-17 DerivedRectangleFromAbstractGeometricObject.h

```
#ifndef RECTANGLE_H
#define RECTANGLE_H
#include "AbstractGeometricObject.h"

class Rectangle: public GeometricObject
{
public:
  Rectangle();
  Rectangle(double width, double height);
  Rectangle(double width, double height,
      const string& color, bool filled);
  double getWidth() const;
  void setWidth(double);
  double getHeight() const;
  void setHeight(double);
  double getArea() const;
  double getPerimeter() const;

private:
  double width;
  double height;
}; // Must place semicolon here

#endif
```

程序清单 15-18 DerivedRectangleFromAbstractGeometricObject.cpp

```
#include "DerivedRectangleFromAbstractGeometricObject.h"

// Construct a default retangle object
Rectangle::Rectangle()
{
  width = 1;
  height = 1;
}

// Construct a rectangle object with specified width and height
Rectangle::Rectangle(double width, double height)
{
  setWidth(width);
  setHeight(height);
}
```

```

// Construct a rectangle object with width, height, color, filled
Rectangle::Rectangle(double width, double height,
    const string& color, bool filled)
{
  setWidth(width);
  setHeight(height);
  setColor(color);
  setFilled(filled);
}

// Return the width of this rectangle
double Rectangle::getWidth() const
{
  return width;
}

// Set a new radius
void Rectangle::setWidth(double width)
{
  this->width = (width >= 0) ? width : 0;
}

// Return the height of this rectangle
double Rectangle::getHeight() const
{
  return height;
}

// Set a new height
void Rectangle::setHeight(double height)
{
  this->height = (height >= 0) ? height : 0;
}

// Return the area of this rectangle
double Rectangle::getArea() const
{
  return width * height;
}

// Return the perimeter of this rectangle
double Rectangle::getPerimeter() const
{
  return 2 * (width + height);
}
```

你可能会疑惑，函数 getArea 和 getPerimeter 是否应该从 GeometricObject 类中移出。下面程序清单 15-19 中的例子说明了将它们留在 GeometricObject 类中的好处。

这个程序创建了两个几何对象（一个圆和一个矩形），并调用 equalArea 函数检查两个对象是否具有相等的面积，调用 displayGeometricObject 输出对象。

程序清单 15-19 TestAbstractGeometricObject.cpp

```
#include "AbstractGeometricObject.h"
#include "DerivedCircleFromAbstractGeometricObject.h"
#include "DerivedRectangleFromAbstractGeometricObject.h"
#include <iostream>
using namespace std;

// A function for comparing the areas of two geometric objects
bool equalArea(const GeometricObject& g1,
  const GeometricObject& g2)
```

```
10 {
11   return g1.getArea() == g2.getArea();
12 }
13
14 // A function for displaying a geometric object
15 void displayGeometricObject(const GeometricObject& g)
16 {
17   cout << "The area is " << g.getArea() << endl;
18   cout << "The perimeter is " << g.getPerimeter() << endl;
19 }
20
21 int main()
22 {
23   Circle circle(5);
24   Rectangle rectangle(5, 3);
25
26   cout << "Circle info: " << endl;
27   displayGeometricObject(circle);
28
29   cout << "\nRectangle info: " << endl;
30   displayGeometricObject(rectangle);
31
32   cout << "\nThe two objects have the same area? " <<
33     (equalArea(circle, rectangle) ? "Yes" : "No") << endl;
34
35   return 0;
36 }
```

程序输出：

```
Circle info:
The area is 78.5397
The perimeter is 31.4159

Rectangle info:
The area is 15
The perimeter is 16

The two objects have the same area? No
```

程序 23 ～ 24 行创建了一个 Circle 对象和一个 Rectangle 对象。

GeometricObject 中定义的纯虚函数 getArea() 和 getPerimeter() 在 Circle 类中和 Rectangle 类中被覆盖。

当调用 displayGeometricObject(circle)（27 行）时，Circle 类中定义的 getArea 和 getPerimeter 函数被调用，而当调用 displayGeometricObject(rectangle)（30 行）时，Rectangle 类中定义的 getArea 和 getPerimeter 被调用。C++ 在运行时，根据对象的类型，动态地决定调用哪个函数。

类似地，当调用 equalArea(circle, rectangle) 时（33 行），g1.getArea() 调用的是 Circle 类中定义的 getArea 函数，因为 g1 是一个圆。而 g2.getArea() 调用的是 Rectangle 类中定义的 getArea 函数，因为 g2 是一个矩形。

注意如果函数 getArea 和 getPerimeter 不在 GeometricObject 中定义，你不可能定义此程序中 equalArea 和 display Geometric Object 这样的函数。这就是在 GeometricObject 类中定义纯虚函数的好处。

检查点

15.18 如何定义一个纯虚函数？

15.19 下面代码有什么错误？

```
class A
{
public:
  virtual void f() = 0;
};

int main()
{
  A a;

  return 0;
}
```

15.20 你能否编译和运行下面的代码？程序的输出是什么？

```
#include <iostream>
using namespace std;

class A
{
public:
  virtual void f() = 0;
};

class B: public A
{
public:
  void f()
  {
    cout << "invoke f from B" << endl;
  }
};

class C: public B
{
public:
  virtual void m() = 0;
};

class D: public C
{
public:
  virtual void m()
  {
    cout << "invoke m from D" << endl;
  }
};

void p(A& a)
{
  a.f();
}

int main()
{
  D d;
  p(d);
  d.m();

  return 0;
}
```

15.21 类 GeometricObject 中的函数 getArea 和 getPerimeter 函数将被删除。在类 GeometricObject 中定义抽象函数 getArea 和 getPerimeter 的好处是什么？

15.10 类型转换：static_cast 和 dynamic_cast

关键点：dynamic_cast 运算符能够在运行时将一个对象强制转换成其实际类型。

如果你想重写程序清单 15-19 中的 displayGeometricObject 函数，当对象是圆时用来显示圆的半径和直径，当对象是矩形时显示宽和高。你可以用如下方式完成这个函数：

```
void displayGeometricObject(GeometricObject& g)
{
  cout << "The radius is " << g.getRadius() << endl;
  cout << "The diameter is " << g.getDiameter() << endl;

  cout << "The width is " << g.getWidth() << endl;
  cout << "The height is " << g.getHeight() << endl;

  cout << "The area is " << g.getArea() << endl;
  cout << "The perimeter is " << g.getPerimeter() << endl;
}
```

这段代码有两个问题。首先，这段代码无法通过编译，因为 g 的类型是 GeometricObject 但是 GeometricObject 类里没有函数 getRadius()、getDiameter()、getWidth()、getHeight()。其次，代码必须先判断对象是圆还是矩形，再根据相应的判断显示相应的半径、直径或者宽和高。

这些问题可以通过将 g 强制转换成 Circle 或是 Rectangle 来解决，代码如下：

```
void displayGeometricObject(GeometricObject& g)
{
  GeometricObject* p = &g;
  cout << "The raidus is " <<
    static_cast<Circle*>(p)->getRadius() << endl;
  cout << "The diameter is " <<
    static_cast<Circle*>(p)->getDiameter() << endl;

  cout << "The width is " <<
    static_cast<Rectangle*>(p)->getWidth() << endl;
  cout << "The height is " <<
    static_cast<Rectangle*>(p)->getHeight() << endl;

  cout << "The area is " << g.getArea() << endl;
  cout << "The perimeter is " << g.getPerimeter() << endl;
}
```

p 在指向类 GeometricObject 的对象 g（3 行）时发生了静态转换。这个改写的函数可以通过编译但依然错误。在第 10 行，一个 Circle 类的对象可能被强制转换为 Rectangle 从而调用 getWidth()。同样的，在第 5 行，一个 Rectangle 类的对象可能被强制转换为 Circle 从而调用 getRadius()。我们需要在调用 getRadius() 之前确保对象确实是一个 Circle 类的对象。通过 dynamic_cast 可以解决这个问题。

dynamic_cast 与 static_cast 运作相似。除此之外，dynamic_cast 在程序运行时进行检查从而确保强制转换成功进行。如果强制转换失败，它返回 NULL。所以如果你运行以下代码，

```
1  Rectangle rectangle(5, 3);
2  GeometricObject* p = &rectangle;
3  Circle* p1 = dynamic_cast<Circle*>(p);
4  cout << (*p1).getRadius() << endl;
```

p1 为 NULL。当运行到第 4 行时将出现运行错误。Null 被定义为 0，代表该指针没有指

向任何对象。Null 的定义在包括 <iostream> 和 <cstddef> 在内的一些标准库中。

提示：将一个派生类指针赋值成一个基类指针，称为向上转型（upcasting），反之称为向下转型（downcasting）。可以不使用 static_cast 或是 dynamic_cast 运算符，来隐式地进行向上转型。例如，下面代码是正确的：

```
GeometricObject* p = new Circle(1);
Circle* p1 = new Circle(2);
p = p1;
```

但是，向下转型必须显式地执行，将 p 赋予 p1，必须使用

```
p1 = static_cast<Circle*>(p);
```

或者

```
p1 = dynamic_cast<Circle*>(p);
```

提示：dynamic_cast 只能在多态类型的指针或引用上使用，也就是说，该类型必须包含虚函数。dynamic_cast 可以在运行时检查强制转换是否成功。static_cast 则在编译时起作用。

现在你能像程序清单 15-20 那样用动态转换重写 displayGeometricObject 函数了，查看程序运行时转换是否成功。

程序清单 15-20 Dynami cCastingDemo.cpp

```
#include "AbstractGeometricObject.h"
#include "DerivedCircleFromAbstractGeometricObject.h"
#include "DerivedRectangleFromAbstractGeometricObject.h"
#include <iostream>
using namespace std;

// A function for displaying a geometric object
void displayGeometricObject(GeometricObject& g)
{
  cout << "The area is " << g.getArea() << endl;
  cout << "The perimeter is " << g.getPerimeter() << endl;

  GeometricObject* p = &g;
  Circle* p1 = dynamic_cast<Circle*>(p);
  Rectangle* p2 = dynamic_cast<Rectangle*>(p);

  if (p1 != NULL)
  {
    cout << "The radius is " << p1->getRadius() << endl;
    cout << "The diameter is " << p1->getDiameter() << endl;
  }

  if (p2 != NULL)
  {
    cout << "The width is " << p2->getWidth() << endl;
    cout << "The height is " << p2->getHeight() << endl;
  }
}

int main()
{
  Circle circle(5);
  Rectangle rectangle(5, 3);

  cout << "Circle info: " << endl;
  displayGeometricObject(circle);

```

```
38    cout << "\nRectangle info: " << endl;
39    displayGeometricObject(rectangle);
40
41    return 0;
42  }
```

程序输出：

```
Circle info:
The area is 78.5397
The perimeter is 31.4159
The radius is 5
The diameter is 10

Rectangle info:
The area is 15
The perimeter is 16
The width is 5
The height is 3
```

在第 13 行，为类 GeometricObject 的对象 g 创建了一个指针。dynamic_cast 运算符（14 行）检查指针 p 是否指向了一个 Circle 类的对象。如果是，那么对象的地址会分配给 p1，否则 p1 为 NULL。如果 p1 非空，Circle 对象的函数 getRadius() 和 getDiameter() 会被调用。相似的，如果对象是一个矩形，对象的宽度和高度会在 25 ～ 26 行显示。

程序调用 displayGeometricObject 函数显示一个 Circle 对象（36 行）和一个 Rectangle 对象（39 行）。函数将参数 g 转换为一个 Circle 指针 p1（14 行）和一个 Rectangle 指针 p2（15 行）。如果参数是一个 Circle 对象，则函数调用它的 getRadius() 和 getDiameter() 函数（19 ～ 20 行）。如果参数是一个 Rectangle 对象，则调用它的 getWidth() 和 getHeight() 函数（25 ～ 26 行）。

函数还调用 GeometricObject 类的 getArea() 函数和 getPerimeter() 函数（10 ～ 11 行）。由于两个函数定义于 GeometricObject 类中，无须将参数对象向下转型为 Circle 和 Rectangle 类型，直接调用两个函数即可。

小窍门：我们有时需要获得对象的类的相关信息。你可以使用 typeid 运算符获得给定对象的类的信息（一个 type_info 类对象的引用）。例如，你可以使用下面代码显示对象 x 的类名。

```
string x;
cout << typeid(x).name() << endl;
```

这段代码会显示字符串，因为 x 是 string 类的一个对象。若需使用 typeid 运算符，程序必须包括 <typeinfo> 头文件。

小窍门：总是定义虚析构函数是一个好习惯。如果 Child 类从 Parent 类继承而来，并且析构函数不是虚函数，考虑以下代码：

```
Parent* p = new Child;
...
delete p;
```

当调用 delete p 时，由于 p 被声明为 Parent 类的一个指针，Parent 类的析构函数会被调用。虽然 p 指向了 Child 类的一个对象，然而 Child 类的析构函数没有被调用。为了解决这个问题，需要定义 Parent 类的析构函数为虚函数。这样，在 delete p 的时候，由于构造函数为虚，先调用 Child 的析构函数，再调用 Parent 类的析构函数。

检查点

15.22　什么是向上转型？什么是向下转型？

15.23　什么时候需要将一个对象从基类向派生类向下转型？

15.24　执行以下代码后 p1 的值是什么？

```
GeometricObject* p = new Rectangle(2, 3);
Circle* p1 = new Circle(2);
p1 = dynamic_cast<Circle*>(p);
```

15.25　分析以下代码：

```
#include <iostream>
using namespace std;

class Parent
{
};

class Child: public Parent
{
public:
  void m()
  {
    cout << "invoke m" << endl;
  }
};

int main()
{
  Parent* p = new Child();

  // To be replaced in the questions below

  return 0;
}
```

a. 将高亮处替换以下代码后将出现哪些编译错误？

```
(*p).m();
```

b. 将高亮处替换以下代码后将出现哪些编译错误？

```
Child* p1 = dynamic_cast<Child*>(p);
(*p1).m();
```

c. 如果将高亮处替换以下代码，程序能通过编译并正常运行么？

```
Child* p1 = static_cast<Child*>(p);
(*p1).m();
```

d. 如果 virtual void m() { } 被加进 Parent 类里且高亮处被替换为 " dynamic_cast<Child*>(p)->m();" 程序能通过编译并正常运行么？

15.26　为什么要定义虚析构函数？

关键术语

abstract class（抽象类）
abstract function（抽象函数）
base class（基类）
child class（子类）
constructor chaining（构造函数链）
derived class（派生类）

destructor chaining（析构函数链）
downcasting（向下转型）
dynamic binding（动态绑定）
generic programming（泛型程序设计）
inheritance（继承）
override function（覆盖函数）
parent class（父类）
polymorphic type（多态类型）
polymorphism（多态）
protected（protected 关键字）
pure virtual function（纯虚函数）
subclass（子类）
subtype（子类型）
superclass（超类）
supertype（超类型）
upcasting（向上转型）
virtual function（虚函数）

本章小结

1. 你可以从一个已有类派生出一个新类，这就是所谓的*类继承*。新类称为*派生类*、*子类*或*扩展类*，已有类称为*基类*、*父类*或*超类*。
2. 在需要一个基类对象的场合，都可以使用一个派生类对象。这一特性使函数能适用于更广泛的参数类型，这被称为*泛型程序设计*。
3. 构造函数用于创建类对象。与数据域和一般成员函数不同，基类的构造函数是不被派生类继承下来的。只能在派生类的构造函数中调用基类的构造函数来初始化基类的数据域。
4. 派生类的构造函数必须要调用基类的构造函数。如果没有显式地调用基类的构造函数，编译器会缺省地调用基类的无参构造函数。
5. 当创建一个类对象时，会沿着继承链调用所有基类的构造函数。
6. 基类的构造函数先于派生类的构造函数调用。相对的，构造函数会以相反次序被自动调用，即派生类的析构函数首先被调用。这被称为*构造函数链*和*析构函数链*。
7. 定义于基类的函数可以在派生类中重定义。重定义函数的函数签名和返回类型必须与基类中函数相匹配。
8. 使用虚函数会触发动态绑定机制。一个虚函数常常在派生类中重定义。编译器会在运行时动态确定使用函数的哪个定义。
9. 如果基类中定义的一个函数需要在派生类中重定义，最好将其声明为虚函数，以避免混淆和错误。另一方面，如果一个函数不会重定义，将其声明为非虚函数会获得更高效率，因为在运行时动态绑定虚函数会消耗更多的时间和系统资源。
10. 基类中的保护数据域和保护函数可被派生类访问。
11. 纯虚函数也称为抽象函数。
12. 包含纯虚函数的类，称为抽象类。
13. 你不能创建一个抽象类的对象，但函数的参数可声明为抽象类类型。
14. 你可以使用 static_cast 运算符或 dynamic_cast 运算符将一个基类类型转换为一个派生类类型。static_cast 在编译时生效，dynamic_cast 则在运行时进行类型检查。dynamic_cast 只在多态类型（有虚函数的类型）上起作用。

在线测验

请在 www.cs.armstrong.edu/liang/cpp3e/quiz.html 完成本章的在线测试。

程序设计练习

15.2 ~ 15.4 节

15.1 (Triangle 类) 设计一个名为 Triangle 的类，作为 GeometricObject 的派生类，类包含：

- 三个名为 side1、side2 和 side3 的 double 型数据成员，表示三角形的三条边长。
- 一个无参的构造函数，它创建一个缺省的三角形（边长为 1.0）。
- 一个带参数的构造函数，它创建一个指定 side1、side2 和 side3 值的三角形。
- 可以访问所有三个数据成员的访问器函数。
- 一个名为 getArea() 的常量函数，返回三角形的面积。
- 一个名为 getPerimeter() 的常量函数，返回三角形的周长。

画出类的 UML 图，包含 Triangle 和 GeometricObject 类。实现该类。编写一个测试程序，提示用户输入三角形的三条边，输入一种颜色，并且输入 1 或 0 来指示是否该三角形被填充。程序应使用用户的输入来创建具有三条边和颜色设置及填充属性的 Triangle 对象。程序应输出面积、周长、颜色以及是否被填充。

15.5 ~ 15.10 节

15.2 (Person 类、Student 类、Employee 类、Faculty 类和 Staff 类) 设计一个名为 Person 的类，它的两个派生类为 Student 和 Employee，以及 Employee 的两个派生类 Faculty 和 Staff。一个人（person）有一个名字、一个地址、一个电话号码和一个 e-mail 地址。一个学生（student）有一个年级属性（freshman、sophomore、junior 或 senior）。将年级属性值定义为常量。一个雇员（employee）有一个办公地点、一个薪水和一个雇用日期。定义一个名为 MyDate 的类，它包含 year、month 和 day 三个数据域。一个教师（faculty）有一个办公时间和一个级别。一个教工（staff）有一个职务。在 Person 类中定义一个常量虚函数 toString，并在每个类中覆盖 toString 函数，用来输出类名和人名。

画出这些类的 UML 图，实现该类，并编写一个测试程序，它创建一个 Person、一个 Student、一个 Empoyee、一个 Faculty 和一个 Staff 对象，并调用它们的 toString() 函数。

15.3 (扩展 MyPoint 类) 在程序设计练习 9.4 中，我们创建了一个 MyPoint 类来建模二维空间中的一个点。MyPoint 类包含两个属性 x 和 y，表示 x 轴和 y 轴坐标，两个 get 函数用于获得 x 和 y 的值，以及一个返回两点间距离的函数。创建一个名为 ThreeDPoint 的类，来建模三维空间中的一个点。将 ThreeDPoint 设计为 MyPoint 的一个派生类，包含如下额外属性：

- 一个名为 z 的数据域，表示 z 轴坐标。
- 一个无参的构造函数，创建一个坐标为 (0, 0, 0) 的点。
- 一个带参数的构造函数，按指定坐标创建一个点。
- 用于返回 z 值的 get 函数。
- 常量函数 distance (constant MyPoint&)，返回三维空间中两点间距离。

画出这些类的 UML 图，实现该类，并编写一个测试程序，它创建两个点，坐标为（0, 0, 0）和（10, 30, 25.5），并输出两点距离。

15.4 (Account 类的派生类) 在程序设计练习 9.3 中，我们创建了 Account 类来建模银行账户。一个账户有账号、余额、年利率和账户创建时间等属性，还有存款和取款函数。创建它的两个派生类——支票账户和储蓄账户，前者有一个透支额度，后者不允许透支。定义 Account 类的一个常量虚函数 toString()，并在派生类覆盖它，用来以字符串形式返回账号的余额。

画出这些类的 UML 图，实现该类，并编写一个测试程序，它创建一个 Account、一个 SavingsAccount 和一个 CheckingAccount 账户，并调用它们的 toString() 函数。

15.5 (通过继承实现一个栈类) 在程序清单 12-4 中，GenericStack 是通过数组实现的。通过扩展 vector 创建一个新的栈类，画出类的 UML 图，实现该类。

第 16 章

Introduction to Programming with C++, Third Edition

异常处理

目标

- 理解什么是异常和异常处理（16.2 节）。
- 学会如何抛出和捕获一个异常（16.2 节）。
- 理解使用异常处理的好处（16.3 节）。
- 学习使用 C++ 标准异常类创建异常（16.4 节）。
- 学会自定义异常类（16.5 节）。
- 学会捕获多重异常（16.6 节）。
- 理解异常的传播机制（16.7 节）。
- 学会在 catch 块中重抛出异常（16.8 节）。
- 学会声明带异常抛出列表的函数（16.9 节）。
- 学会恰当地使用异常（16.10 节）。

16.1 引言

关键点：*异常处理能够使程序处理一些特殊现象，并继续正确的执行。*

异常在程序执行过程中发生，它表示程序正处在不正常的状态。例如，假定你的程序使用一个向量 v 保存数据元素。假如向量中索引 i 处的元素是存在的，那么程序可以使用 v[i] 访问此元素。但假如索引 i 处的元素不存在，则访问 v[i] 就会引起一个异常。本节介绍 C++ 中异常处理的一些相关内容。我们将会学习如何抛出、捕获以及处理一个异常。

16.2 异常处理概述

关键点：*异常是用一个 throw 语句抛出，同时用一个 try-catch 块来捕获。*

为了说明异常处理机制，让我们从程序清单 16-1 中的例程开始，它读入两个整数，并输出它们的商。

程序清单 16-1 Quotient.cpp

```
#include <iostream>
using namespace std;

int main()
{
  // Read two integers
  cout << "Enter two integers: ";
  int number1, number2;
  cin >> number1 >> number2;

  cout << number1 << " / " << number2 << " is "
    << (number1 / number2) << endl;

```

```
  return 0;
}
```

程序输出：

```
Enter two integers: 5 2
5 / 2 is 2
```

如果对第二个整数输入 0，就会引起一个运行时错误，因为将一个整数除以 0 是不允许的。修正此问题的一个简单方法是添加一个 if 语句，来检查第二个整数是否为 0，如程序清单 16-2 所示。

程序清单 16-2 QuotientWithIf.cpp

```
#include <iostream>
using namespace std;

int main()
{
  // Read two integers
  cout << "Enter two integers: ";
  int number1, number2;
  cin >> number1 >> number2;

  if (number2 != 0)
  {
    cout << number1 << " / " << number2 << " is "
      << (number1 / number2) << endl;
  }
  else
  {
    cout << "Divisor cannot be zero" << endl;
  }

  return 0;
}
```

程序输出：

```
Enter two integers: 5 0
Divisor cannot be zero
```

通过重写程序清单 16-2，如程序清单 16-3 所示，我们可以展示异常处理机制，包括如何进行创建、抛出、获取和处理一个异常。

程序清单 16-3 QuotientWithException.cpp

```
#include <iostream>
using namespace std;

int main()
{
  // Read two integers
  cout << "Enter two integers: ";
  int number1, number2;
  cin >> number1 >> number2;

  try
  {
    if (number2 == 0)
      throw number1;

```

```
16     cout << number1 << " / " << number2 << " is "
17       << (number1 / number2) << endl;
18   }
19   catch (int ex)
20   {
21     cout << "Exception: an integer " << ex <<
22       " cannot be divided by zero" << endl;
23   }
24
25   cout << "Execution continues ..." << endl;
26
27   return 0;
28 }
```

程序输出：

```
Enter two integers: 5 3 ↵Enter
5 / 3 is 1
Execution continues ...
```

```
Enter two integers: 5 0 ↵Enter
Exception: an integer 5 cannot be divided by zero
Execution continues . . .
```

此程序包含一个 try 块和一个 catch 块。try 块（11 ～ 18 行）包含在正常情况下应执行的代码。catch 块包含当 number2 为 0 时应执行的代码。当 number2 为 0 时，程序抛出一个异常：

```
throw number1;
```

此例中抛出的值 number1，被称为异常（exception）。执行抛出语句被称为*抛出一个异常*（throwing an exception）。你可以抛出任何类型的值，此例中是 int 型。

当异常被抛出后，程序的正常执行流程被中断。就像名字中所暗示的含义，“抛出异常”是将异常从程序中一个地方传递到另一个地方——异常被 catch 块所捕获。catch 块中代码将被执行，来*处理异常*（handle the exception）。随后，将继续执行 catch 块之后的语句（25 行）。

throw 语句类似于一个函数调用，但调用的不是一个函数，而是 catch 块。从这个意义上说，一个 catch 块就像一个函数，其参数与抛出的异常值类型匹配。与函数不同，catch 块执行完毕后，程序控制流不会返回到 throw 语句，而是执行 catch 块的下一条语句。

catch 块头部中的标识符 ex

```
catch (int ex)
```

其作用与函数中的参数非常相似，因此也被称为 catch 块参数。ex 前面的类型（如 int）指出此 catch 块可捕获何种类型的异常。一旦异常被捕获，在 catch 块的代码中，你可以用此参数来访问抛出的异常值。

总之，try-throw-catch 块模板如下所示：

```
try
{
  Code to try;
  Throw an exception with a throw statement or
    from function if necessary;
  More code to try;
}
catch (type ex)
```

```
{
  Code to process the exception;
}
```

异常可以通过 try 块中的 throw 语句直接抛出，也可以是从一个可能抛出异常的函数中产生。

提示：如果你对异常对象的内容不感兴趣，那么可以忽略 catch 块参数，例如，下面的 catch 块是合法的：

```
try
{
  // ...
}
catch (int)
{
  cout << "Error occurred " << endl;
}
```

检查点

16.1 若输入为 120，给出下面代码的输出结果：

```
#include <iostream>
using namespace std;

int main()
{
  cout << "Enter a temperature: ";
  double temperature;
  cin >> temperature;

  try
  {
    cout << "Start of try block ..." << endl;

    if (temperature > 95)
      throw temperature;

    cout << "End of try block ..." << endl;
  }
  catch (double temperature)
  {
    cout << "The temperature is " << temperature << endl;
    cout << "It is too hot" << endl;
  }

  cout << "Continue ..." << endl;

  return 0;
}
```

16.2 如果输入为 80，上题中程序的输出结果是什么？

16.3 如果把前面代码中的这一部分

```
catch (double temperature)
{
  cout << "The temperature is " << temperature << endl;
  cout << "It is too hot" << endl;
}
```

改为如下代码，它是错误的吗？

```
catch (double)
{
```

```
    cout << "It is too hot" << endl;
  }
```

16.3 异常处理机制的优点

关键点：异常处理使函数的调用者可以处理该函数引发的异常。

程序清单 16-3 给出了一个异常是如何被创建、抛出、捕获和处理的。为了表明异常处理的优势，程序清单 16-4 重写了程序清单 16-3，它使用一个函数来计算商。

程序清单 16-4 QuotientWithFunction.cpp

```
1  #include <iostream>
2  using namespace std;
3
4  int quotient(int number1, int number2)
5  {
6    if (number2 == 0)
7      throw number1;
8
9    return number1 / number2;
10 }
11
12 int main()
13 {
14   // Read two integers
15   cout << "Enter two integers: ";
16   int number1, number2;
17   cin >> number1 >> number2;
18
19   try
20   {
21     int result = quotient(number1, number2);
22     cout << number1 << " / " << number2 << " is "
23       << result << endl;
24   }
25   catch (int ex)
26   {
27     cout << "Exception from function: an integer " << ex <<
28       " cannot be divided by zero" << endl;
29   }
30
31   cout << "Execution continues ..." << endl;
32
33   return 0;
34 }
```

程序输出：

```
Enter two integers: 5 3 ↵Enter
5 / 3 is 1
Execution continues ...
```

```
Enter two integers: 5 0 ↵Enter
Exception from function: an integer 5 cannot be divided by zero
Execution continues ...
```

函数 quotient（4 ～ 10 行）返回两个整数的商。如果除数 number2 为 0，此函数不返回任何结果，而是抛出一个异常（7 行）。

主函数调用函数 quotient（21 行）。如果 quotient 函数正常执行，它返回给主函数计算结果。如果 quotient 函数遇到异常情况，它抛出一个异常，调用者的 catch 块会捕获这个异常。

现在你已经看到了使用异常处理的优点了——它允许一个函数给它的调用者抛出一个异常。如果不具备这种能力，函数必须自己处理异常，或者终止程序。通常，当错误发生时，一个被调用的函数，尤其是库函数，其自身并不知道如何处理。库函数可以检测到错误，但当错误发生时，只有函数调用者本身知道该如何处理。异常处理的基本思路就是将错误检测（在一个被调函数中完成）与异常处理（在一个调用函数中完成）分开。

检查点

16.4 使用异常处理的优势是什么？

16.4 异常类

关键点：可以使用 C++ 标准中的异常类来创建异常处理对象，抛出异常。

在前面的例子中，catch 块参数都是 int 类型。而一般来说，采用类更为常用。因为一个对象可承载更多的你希望传递给 catch 块的信息。C++ 预定义了多个可用于创建异常对象的类，图 16-1 列出了这些类。

整个类层次中的根是 exception 类（定义于头文件 <exception> 中）。类中包含一个虚函数 what()，它返回一个异常对象的错误信息。

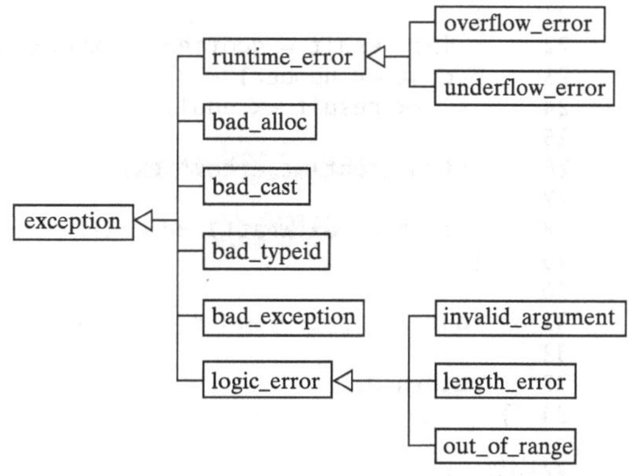

图 16-1 你可以使用标准库中的类来创建异常对象

runtime_error 类（定义于头文件 <stdexcept> 中）是多个描述运行时错误的标准异常（standard exception）类的基类。类 overflow_error 描述了算术运算溢出，即一个值太大，超出了 C++ 能表示的范围。类 underflow_error 描述了算术运算向下溢出的错误，即一个值太小，超出了 C++ 能表示的范围。

logic_error 类（定义于头文件 <stdexcept> 中）是多个描述逻辑错误的标准异常类的基类。类 invalid_argument 描述的是将非法的参数传递给函数的错误。类 length_error 描述的是对象大小超过最大允许长度的错误。而类 out_of_range 描述的是值超出允许范围的错误。

类 bad_alloc、bad_cast、bad_typeid 和 bad_exception 描述了 C++ 运算符抛出的异常。例如，bad_alloc 异常是 new 运算符在无法分配内存时抛出的。bad_cast 异常是 dynamic_cast 运算符在转换引用类型发生错误时抛出。bad_typeid 异常是 typeid 运算符在运算对象为空指针时抛出的。bad_exception 类则描述了从未预料的异常处理程序所抛出的异常，这将在 16.9 节中讨论。

C++ 标准库中的一些函数使用了这些类来抛出异常。你也可以在你的程序中使用这些类抛出异常。程序清单 16-5 重写了程序清单 16-4 给出了抛出 runtime_error 异常的例子。

程序清单 16-5 QuotientThrowRuntimeError.cpp

```
#include <iostream>
#include <stdexcept>
using namespace std;

```

```
 5 int quotient(int number1, int number2)
 6 {
 7   if (number2 == 0)
 8     throw runtime_error("Divisor cannot be zero");
 9
10   return number1 / number2;
11 }
12
13 int main()
14 {
15   // Read two integers
16   cout << "Enter two integers: ";
17   int number1, number2;
18   cin >> number1 >> number2;
19
20   try
21   {
22     int result = quotient(number1, number2);
23     cout << number1 << " / " << number2 << " is "
24       << result << endl;
25   }
26   catch (runtime_error& ex)
27   {
28     cout << ex.what() << endl;
29   }
30
31   cout << "Execution continues ..." << endl;
32
33   return 0;
34 }
```

程序输出：

```
Enter two integers: 5 3 ↵Enter
5 / 3 is 1
Execution continues ...
```

```
Enter two integers: 5 0 ↵Enter
Divisor cannot be zero
Execution continues ...
```

在程序清单 16-4 中的商函数抛出一个 int 型数值，但是程序中的函数抛出了一个 runtime_error（8 行）。你可以通过传递一个描述异常的字符串来创建一个 runtime_error 对象。

程序中 Catch 模块捕捉到一个 runtime_error 异常，并且调用 what 函数返回一个描述异常的字符串（28 行）。

程序清单 16-6 给出了一个处理 bad_alloc 异常的例子。

程序清单 16-6 BadAllocExceptionDemo.cpp

```
#include <iostream>
using namespace std;

int main()
{
  try
  {
    for (int i = 1; i <= 100; i++)
    {
      new int[70000000];
      cout << i << " arrays have been created" << endl;
```

```
    }
  }
  catch (bad_alloc& ex)
  {
    cout << "Exception: " << ex.what() << endl;
  }

  return 0;
}
```

程序输出：

```
1 arrays have been created
2 arrays have been created
3 arrays have been created
4 arrays have been created
5 arrays have been created
6 arrays have been created
Exception: bad alloc exception thrown
```

程序输出表明程序创建了 6 个数组，在创建第七个时失败。失败后，new 运算符抛出一个 bad_alloc 异常，程序的 catch 块捕获了这个异常，并利用 ex.what() 函数输出了错误信息。

程序清单 16-7 给出了一个处理 bad_cast 异常的例子。

程序清单 16-7 BadCastExceptionDemo.cpp

```
1  #include <typeinfo>
2  #include "DerivedCircleFromAbstractGeometricObject.h"
3  #include "DerivedRectangleFromAbstractGeometricObject.h"
4  #include <iostream>
5  using namespace std;
6
7  int main()
8  {
9    try
10   {
11     Rectangle r(3, 4);
12     Circle&  c = dynamic_cast<Circle&>(r);
13   }
14   catch (bad_cast& ex)
15   {
16     cout << "Exception: " << ex.what() << endl;
17   }
18
19   return 0;
20 }
```

程序输出：

```
Exception: Bad Dynamic_cast!
```

动态类型转换我们已经在 15.10 节中学习过。在程序第 12 行，一个 Rectangle 对象的引用被转换为一个 Circle 引用类型，这是非法的转换，因此 dynamic_cast 运算符会抛出一个 bad_cast 异常。程序第 14 行的 catch 块捕获了此异常。

程序清单 16-8 给出了一个处理 invalid_argument 异常的例子。

程序清单 16-8 InvalidArgumentExceptionDemo.cpp

```
#include <iostream>
#include <stdexcept>
```

```
3  using namespace std;
4
5  double getArea(double radius)
6  {
7    if (radius < 0)
8      throw invalid_argument("Radius cannot be negative");
9
10   return radius * radius * 3.14159;
11 }
12
13 int main()
14 {
15   // Prompt the user to enter radius
16   cout << "Enter radius: ";
17   double radius;
18   cin >> radius;
19
20   try
21   {
22     double result = getArea(radius);
23     cout << "The area is " << result << endl;
24   }
25   catch (exception& ex)
26   {
27     cout << ex.what() << endl;
28   }
29
30   cout << "Execution continues ..." << endl;
31
32   return 0;
33 }
```

程序输出：

```
Enter radius: 5 ↵Enter
The area is 78.5397
Execution continues ...

Enter radius: -5 ↵Enter
Radius cannot be negative
Execution continues ...
```

在程序输出样例中，程序提示用户输入半径，5 和 −5。调用函数 getArea(−5)（22 行）会导致 invalid_argument 异常被抛出（8 行）。而这个异常在 25 行被 catch 块捕获。需要注意的是，由于 catch-block 的异常捕获参数是 invalid_argument 的一个基类，所以能够捕捉到 invalid_argument。

检查点

16.5 描述一下 C++ 的 exception 类及其派生类。给出使用 bad_alloc 和 bad_cast 的例子。

16.6 若输入分别为 10、60 和 120，则下面代码的输出结果是什么？

```
#include <iostream>
using namespace std;

int main()
{
  cout << "Enter a temperature: ";
  double temperature;
  cin >> temperature;
```

```
    try
    {
      cout << "Start of try block ..." << endl;

      if (temperature > 95)
        throw runtime_error("Exceptional temperature");

      cout << "End of try block ..." << endl;
    }
    catch (runtime_error& ex)
    {
       cout << ex.what() << endl;
       cout << "It is too hot" << endl;
    }

    cout << "Continue ..." << endl;

    return 0;
  }
```

16.5 自定义异常类

关键点：对于那些不能使用 C++ 标准异常类充分定义的异常，也可以通过自定义异常类的方式描述这些异常。

如图 16-1 所示，C++ 提供了很多异常类。多数情况下应尽量使用这些类，而避免创建你自己的异常类。但有时，如果程序出现的问题不能很好地用标准的异常类来表述，C++ 还是允许你创建自己的异常类的。异常类与其他 C++ 类没什么差别，但通常应派生自 exception 类，或 exception 类的某个派生类，这样你就能够利用 exception 类中的一些公共的特性（比如 what 函数）。

让我们来考察 Triangle 类，它描述了三角形，其 UML 类图如图 16-2 所示。这个类派生自 GeometricObject 类——15.9 节中设计的一个抽象类。

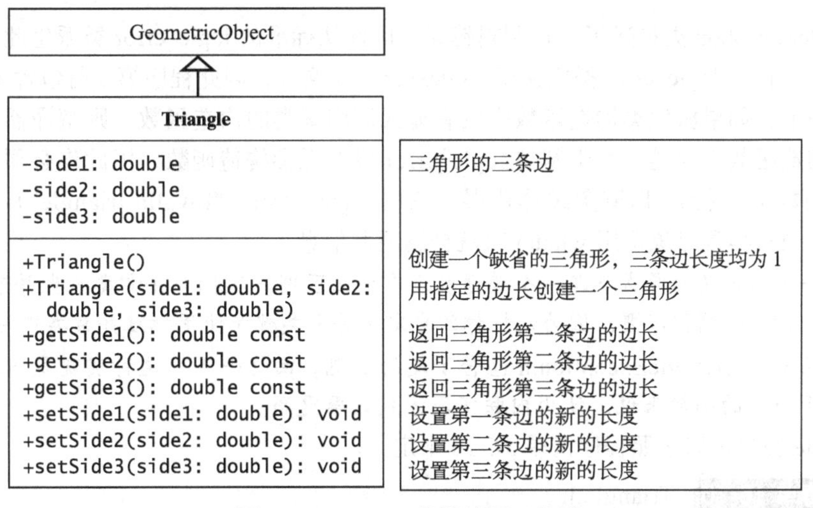

图 16-2 Triangle 类描述了三角形

一个三角形是有效的，当且仅当其任意两边长度之和大于第三条边的长度。当你试图创建一个三角形，或改变一个三角形的边长时，应该确保不破坏此性质。如果这条性质被破坏，应该抛出一个异常。你可以定义一个 TriangleException 类来描述这个异常，如程序清单 16-9 所示。

程序清单 16-9 TriangleException.h

```
1  #ifndef TRIANGLEEXCEPTION_H
2  #define TRIANGLEEXCEPTION_H
3  #include <stdexcept>
4  using namespace std;
5
6  class TriangleException: public logic_error
7  {
8  public:
9    TriangleException(double side1, double side2, double side3)
10     : logic_error("Invalid triangle")
11   {
12     this->side1 = side1;
13     this->side2 = side2;
14     this->side3 = side3;
15   }
16
17   double getSide1() const
18   {
19     return side1;
20   }
21
22   double getSide2() const
23   {
24     return side2;
25   }
26
27   double getSide3() const
28   {
29     return side3;
30   }
31
32 private:
33   double side1, side2, side3;
34 }; // Semicolon required
35
36 #endif
```

TriangleException 类描述了一种逻辑错误，因此从标准的 logic_error 类派生此类是恰当的方法（6 行）。由于 logic_error 类定义于 <stdexcept> 头文件，因此程序第 3 行包含了此头文件。

回忆一下，如果派生类构造函数中没有显式调用基类的构造函数，则编译器缺省调用基类的无参构造函数。但是，由于基类 logic_error 没有无参构造函数，因此你必须显式调用基类的构造函数（10 行），以避免编译错误。调用 logic_error（"Invalid triangle"）设置了一个错误信息，当对异常对象调用 what() 时就会返回此信息。

提示：一个自定义的异常类与一个普通类没有什么区别。从标准异常类派生并不是必须的，但却是一种好的编程习惯，因为这样你的自定义异常类就能使用标准异常类中定义的函数。

提示：头文件 TriangleException.h 包含了类的实现。回忆一下，这种实现是内联方式的实现。对于简短的函数来说，使用内联实现方式效率更高。

Triangle 类也可以按照程序清单 16-10 来定义。

程序清单 16-10 Triangle.h

```
#ifndef TRIANGLE_H
#define TRIANGLE_H
#include "AbstractGeometricObject.h" // Defined in Listing 15.13
#include "TriangleException.h"
#include <cmath>

```

```
class Triangle: public GeometricObject
{
public:
  Triangle()
  {
    side1 = side2 = side3 = 1;
  }

  Triangle(double side1, double side2, double side3)
  {
    if (!isValid(side1, side2, side3))
      throw TriangleException(side1, side2, side3);

    this->side1 = side1;
    this->side2 = side2;
    this->side3 = side3;
  }

  double getSide1() const
  {
    return side1;
  }

  double getSide2() const
  {
    return side2;
  }

  double getSide3() const
  {
    return side3;
  }

  void setSide1(double side1)
  {
    if (!isValid(side1, side2, side3))
      throw TriangleException(side1, side2, side3);

    this->side1 = side1;
  }

  void setSide2(double side2)
  {
    if (!isValid(side1, side2, side3))
      throw TriangleException(side1, side2, side3);

    this->side2 = side2;
  }

  void setSide3(double side3)
  {
    if (!isValid(side1, side2, side3))
      throw TriangleException(side1, side2, side3);

    this->side3 = side3;
  }

  double getPerimeter() const
  {
    return side1 + side2 + side3;
  }

  double getArea() const
  {
```

```
71      double s = getPerimeter() / 2;
72      return sqrt(s * (s - side1) * (s - side2) * (s - side3));
73    }
74
75  private:
76    double side1, side2, side3;
77
78    bool isValid(double side1, double side2, double side3) const
79    {
80      return (side1 < side2 + side3) && (side2 < side1 + side3) &&
81        (side3 < side1 + side2);
82    }
83  };
84
85  #endif
```

Triangle 类扩展了 GeometricObject 类（7 行），并覆盖了 GeometricObject 类中的纯虚函数 getPerimeter() 和 getArea()（64 ～ 73 行）。

函数 isValid（78 ～ 83 行）检查一个三角形是否有效。此函数声明为私有的，只在 Triangle 类内使用。

当使用 3 个指定的边长创建一个 Triangle 对象时，构造函数会调用 isValid 函数（17 行）来检查有效性。如果无效，18 行创建并抛出一个 TriangleException 对象。当调用函数 setSide1、setSide2 和 setSide3 时，也会检查有效性。当调用 setSide1(side1) 时，会调用 isValid(side1, side2, side3)。此处 side1 为新设置的边长，而非当前边长。

程序清单 16-11 给出了一个测试程序，它利用无参构造函数创建一个 Triangle 对象（9 行），输出它的边长和面积（10 ～ 11 行），并将第三条边的长度改为 4（13 行），这会导致一个 TriangleException 异常，异常会被 catch 块捕获（17 ～ 22 行）。

程序清单 16-11 TestTriangle.cpp

```
 1  #include <iostream>
 2  #include "Triangle.h"
 3  using namespace std;
 4
 5  int main()
 6  {
 7    try
 8    {
 9      Triangle triangle;
10      cout << "Perimeter is " << triangle.getPerimeter() << endl;
11      cout << "Area is " << triangle.getArea() << endl;
12
13      triangle.setSide3(4);
14      cout << "Perimeter is " << triangle.getPerimeter() << endl;
15      cout << "Area is " << triangle.getArea() << endl;
16    }
17    catch (TriangleException& ex)
18    {
19      cout << ex.what();
20      cout << " three sides are " << ex.getSide1() << " "
21        << ex.getSide2() << " " << ex.getSide3() << endl;
22    }
23
24    return 0;
25  }
```

程序输出：

```
Perimeter is 3
Area is 0.433013
Invalid triangle three sides are 1 1 4
```

函数 what() 是在 exception 类中定义的。由于 TriangleException 派生自 logic_error 类，而 logic_error 又是派生自 exception 类的，因此你可以对一个 TriangleException 对象调用 what() 函数（19 行）输出错误信息。TriangleException 对象包含与三角形相关的错误信息，此信息对异常处理是有用的。

检查点

16.7 从一个异常类中定义一个自定义异常类的好处是什么？

16.6 多重异常捕获

关键点：一个 try-catch 模块可能包含多个 catch 语句，用于处理 try 语句抛出的各种异常类型。

通常一个 try 模块在执行时不会抛出任何异常。但是，try 模块偶尔会抛出一种或几种异常。举个例子，对于程序清单 16-11，还可能存在 TriangleException 之外的异常类型，比如说三角形存在一条非正的边。因此，try 模块会根据运行的情况抛出非正边异常，也可能抛出 TriangleException。另一方面，一个 catch 模块只能捕获一种类型的异常。C++ 允许你在一个 try 语句块后添加多个 catch 模块用于捕获不同类型的异常。

我们来修改一下前一节的例子。我们创建一个名为 NonPositiveSideException 的新的异常类，并将它融入 Triangle 类中。程序清单 16-12 给出了 NonPositiveSideException 类的定义，新的 Triangle 类在程序清单 16-13 中给出。

程序清单 16-12 NonPositiveSideException.h

```
1  #ifndef NonPositiveSideException_H
2  #define NonPositiveSideException_H
3  #include <stdexcept>
4  using namespace std;
5
6  class NonPositiveSideException: public logic_error
7  {
8  public:
9    NonPositiveSideException(double side)
10     : logic_error("Non-positive side")
11   {
12     this->side = side;
13   }
14
15   double getSide()
16   {
17     return side;
18   }
19
20 private:
21   double side;
22 };
23
24 #endif
```

NonPositiveSideException 类描述的是一种逻辑上的错误，因此在程序第 6 行，将其定义为标准异常 logic_error 的派生类是合适的。

程序清单 16-13 NewTriangle.h

```
#ifndef TRIANGLE_H
#define TRIANGLE_H
#include "AbstractGeometricObject.h"
#include "TriangleException.h"
#include "NonPositiveSideException.h"
#include <cmath>

class Triangle: public GeometricObject
{
public:
  Triangle()
  {
    side1 = side2 = side3 = 1;
  }

  Triangle(double side1, double side2, double side3)
  {
    check(side1);
    check(side2);
    check(side3);

    if (!isValid(side1, side2, side3))
      throw TriangleException(side1, side2, side3);

    this->side1 = side1;
    this->side2 = side2;
    this->side3 = side3;
  }

  double getSide1() const
  {
    return side1;
  }

  double getSide2() const
  {
    return side2;
  }

  double getSide3() const
  {
    return side3;
  }

  void setSide1(double side1)
  {
    check(side1);
    if (!isValid(side1, side2, side3))
      throw TriangleException(side1, side2, side3);

    this->side1 = side1;
  }

  void setSide2(double side2)
  {
    check(side2);
    if (!isValid(side1, side2, side3))
      throw TriangleException(side1, side2, side3);

    this->side2 = side2;
  }

  void setSide3(double side3)
```

```
64   {
65     check(side3);
66     if (!isValid(side1, side2, side3))
67       throw TriangleException(side1, side2, side3);
68
69     this->side3 = side3;
70   }
71
72   double getPerimeter() const
73   {
74     return side1 + side2 + side3;
75   }
76
77   double getArea() const
78   {
79     double s = getPerimeter() / 2;
80     return sqrt(s * (s - side1) * (s - side2) * (s - side3));
81   }
82
83 private:
84   double side1, side2, side3;
85
86   bool isValid(double side1, double side2, double side3) const
87   {
88     return (side1 < side2 + side3) && (side2 < side1 + side3) &&
89       (side3 < side1 + side2);
90   }
91
92   void check(double side) const
93   {
94     if (side <= 0)
95       throw NonPositiveSideException(side);
96   }
97 };
98
99 #endif
```

新的 Triangle 类除了检查非正边的部分，其他都与程序清单 16-10 中的相同。当创建一个 Triangle 对象时，所有边长都通过调用 check 函数进行了检查（18 ～ 20 行）。check 函数检查一条边的长度是否为非正的（94 行），若是，则抛出一个 NonPositiveSideException 异常（95 行）。

程序清单 16-14 给出了一个测试程序，它提示用户输入三条边长（9 ～ 11 行），并创建一个 Triangle 对象（12 行）。

程序清单 16-14 MultipleCatchDemo.cpp

```
1  #include <iostream>
2  #include "NewTriangle.h"
3  using namespace std;
4
5  int main()
6  {
7    try
8    {
9      cout << "Enter three sides: ";
10     double side1, side2, side3;
11     cin >> side1 >> side2 >> side3;
12     Triangle triangle(side1, side2, side3);
13     cout << "Perimeter is " << triangle.getPerimeter() << endl;
14     cout << "Area is " << triangle.getArea() << endl;
15   }
16   catch (NonPositiveSideException& ex)
```

```
17    {
18      cout << ex.what();
19      cout << " the side is " << ex.getSide() << endl;
20    }
21    catch (TriangleException& ex)
22    {
23      cout << ex.what();
24      cout << " three sides are " << ex.getSide1() << " "
25        << ex.getSide2() << " " << ex.getSide3() << endl;
26    }
27
28    return 0;
29  }
```

程序输出：

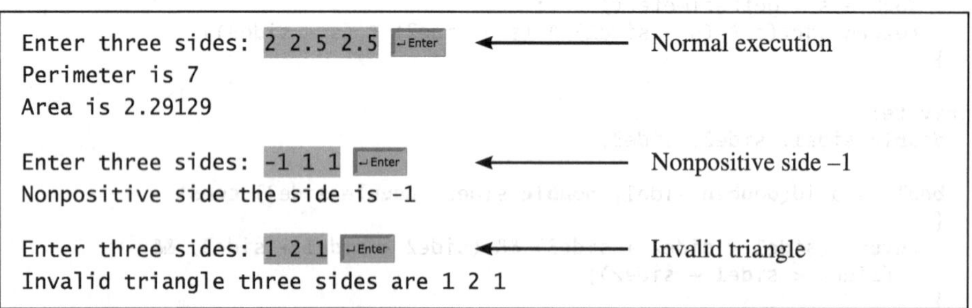

如输出样例所示，如果你输入三条边长为 2、2.5 和 2.5，就是一个合法的三角形。程序会输出三角形的周长和面积（13 ～ 14 行）。如果你输入 -1、1 和 1，构造函数（12 行）会抛出一个 NonPositiveSideException 异常。此异常会被第 16 行的 catch 模块捕获，18 ～ 19 行的代码进行相应的异常处理。如果你输入 1、2 和 1，构造函数（12 行）会抛出一个 TriangleException 异常，它被第 21 行的 catch 模块捕获，23 ～ 25 行对此异常进行处理。

提示：多个不同的异常类可以派生自同一个基类。如果 catch 模块被设计为捕获一个基类的异常对象，那么它就能捕获所有的派生类的异常对象了。

提示：多个不同类型的异常所在的 catch 模块的次序是很重要的。很明显，基类对应的 catch 模块应放置在派生类的 catch 模块之后。否则，派生类类型的异常总是会被基类类型的 catch 模块所捕获。例如，下面代码 a 中的次序就是错误的，因为 TriangleException 是 logic_error 的派生类。正确的次序如代码 b 所示。在 a 中，如果 try 模块中发生一个 TriangleException 异常，将会被 logic_error 对应的 catch 模块所捕获。

```
try
{
  ...
}
catch (logic_error& ex)
{
  ...
}
catch (TriangleException& ex)
{
  ...
}
```

a）错误的次序

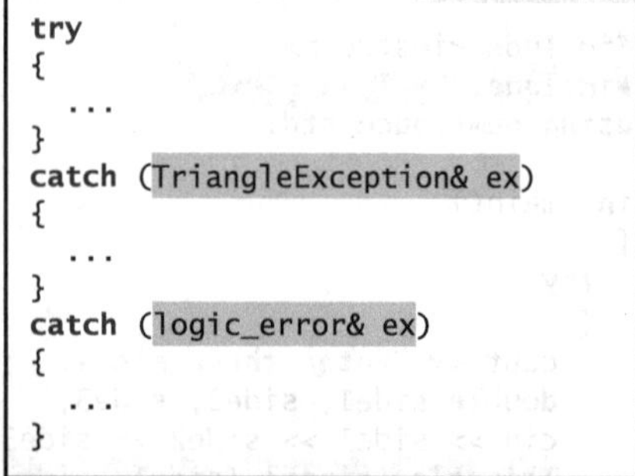

```
try
{
  ...
}
catch (TriangleException& ex)
{
  ...
}
catch (logic_error& ex)
{
  ...
}
```

b）正确的次序

你可以使用省略号（...）作为 catch 的参数，这么做将会使这个 catch 块捕获所有类型的异常。将这样的 catch 块放置在所有异常处理程序的最后，就可以将它作为默认异常处理程序使用，因为它将捕获所有没有被之前的异常处理程序捕获的异常。如下例所示：

```
try
{
  Execute some code here
}
catch (Exception1& ex1)
{
  cout << "Handle Exception1" << endl;
}
catch (Exception2& ex2)
{
  cout << "Handle Exception2" << endl;
}
catch (...)
{
  cout << "Handle all other exceptions" << endl;
}
```

检查点

16.8 你能用一条 throw 语句抛出多个异常吗？ 你能在一个 try-catch 模块中定义多个 catch 块吗？

16.9 在下面的 try-catch 模块中，假设 statement2 引发了一个异常：

```
try
{
  statement1;
  statement2;
  statement3;
}
catch (Exception1& ex1)
{
}
catch (Exception2& ex2)
{
}

statement4;
```

请回答以下问题：

- statement3 会被执行吗？
- 如果异常没有被捕获，statement4 会被执行吗？
- 如果在 catch 模块中异常被捕获，statement4 会被执行吗？

16.7 异常的传播

关键点：一个异常通过一条函数调用链被不断抛出，直到被捕获或是到达 main 函数。

我们已经知道了如何声明一个异常以及如何抛出一个异常。当一个异常被抛出后，它将被一个 try-catch 模块所捕获，然后进行相应的异常处理，如下所示：

```
try
{
  statements;  // Statements that may throw exceptions
}
catch (Exception1& ex1)
{
  handler for exception1;
}
catch (Exception2& ex2)
{
  handler for exception2;
```

```
}
...
catch (ExceptionN& exN)
{
  handler for exceptionN;
}
```

如果 try 模块执行过程中没有发生异常，则 catch 模块将被忽略。

如果 try 模块内的一条语句抛出一个异常，try 模块中剩余的语句将被跳过，C++ 启动搜寻处理异常的代码的过程。处理异常的代码称为*异常处理程序*（exception handler）。C++ 会从当前函数开始，沿函数调用链逆向寻找异常处理程序。C++ 会由前至后依次检查函数中每个 catch 模块，检查异常对象是否与 catch 模块参数的异常类型相匹配。如果匹配，则将异常对象赋予 catch 参数，执行 catch 中代码。如果未发现匹配的异常处理程序，C++ 会退出当前函数，将异常传递给调用者，继续上述寻找过程。如果在函数调用链中都未找到匹配的异常处理程序，C++ 会终止程序，在控制台或终端上打印一条错误信息。寻找异常处理程序的过程称为*捕获异常*（catching an exception）。

假定主函数调用了 function1，function1 调用了 function2，function2 又调用了 function3，在 function3 执行过程中发生了一个异常，如图 16-3 所示。让我们考虑如下场景：

- 如果异常类型是 Exception3，它被 function2 中处理异常 ex3 中的 catch 块所捕获，那么 statement5 会被跳过，statement6 会被执行。
- 如果异常类型是 Exception2，function2 会中止执行，控制流返回到 function1，异常被 function1 中处理 ex2 的 catch 块所捕获，那么 statement3 被跳过，statement4 会被执行。

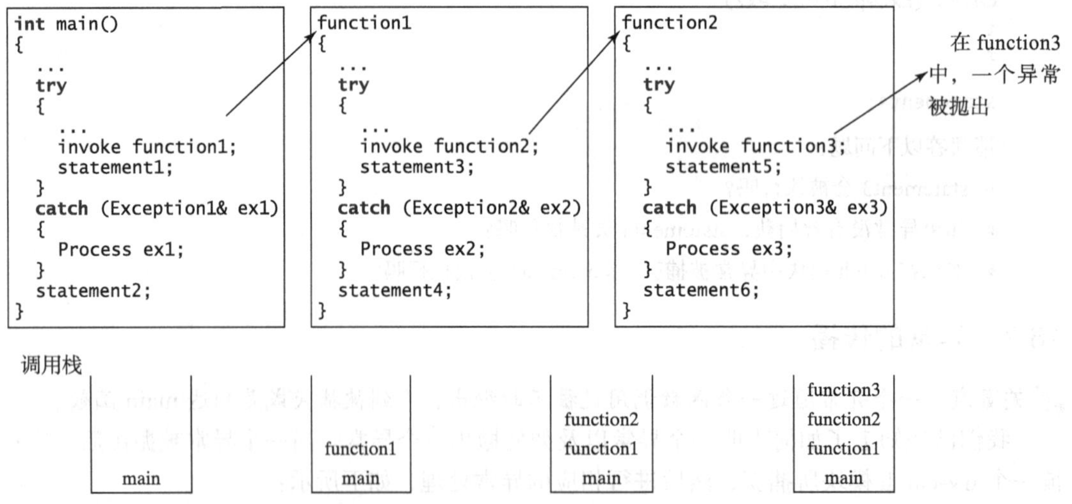

图 16-3 如果一个异常没有被当前函数所捕获，它将被传递给调用者。C++ 会重复异常处理函数的搜寻过程，直至异常被捕获，或者被传递给主函数

- 如果异常类型是 Exception1，function1 会中止执行，控制流返回主函数，异常被主函数中处理 ex1 的 catch 所捕获，statement1 被跳过，异常处理完毕后会执行 statement2。
- 如果异常类型不是上述三种之一，则它不会被捕获，程序会终止，statement1 和 statement2 都不会被执行。

16.8 重抛出异常

关键点：一个异常被捕获后，它可以被重新抛出给函数的调用者。

如果异常处理程序无法处理一个异常，或者它想通知调用者发生了一个异常，那么 C++ 允许它重抛出这个异常。语法如下所示：

```
try
{
  statements;
}
catch (TheException& ex)
{
  perform operations before exits;
  throw;
}
```

语句 throw 重抛出了异常，因此其他异常处理程序有机会处理这个异常。

程序清单 16-15 展示了如何重抛出一个异常。

程序清单 16-15 RethrowExceptionDemo.cpp

```
#include <iostream>
#include <stdexcept>
using namespace std;

int f1()
{
  try
  {
    throw runtime_error("Exception in f1");
  }
  catch (exception& ex)
  {
    cout << "Exception caught in function f1" << endl;
    cout << ex.what() << endl;
    throw; // Rethrow the exception
  }
}

int main()
{
  try
  {
    f1();
  }
  catch (exception& ex)
  {
    cout << "Exception caught in function main" << endl;
    cout << ex.what() << endl;
  }

  return 0;
}
```

程序输出：

```
Exception caught in function f1        <-- Handler in function f1
Exception in f1

Exception caught in function main      <-- Handler in function main
Exception in f1
```

程序第 23 行调用了函数 f1，此函数在第 9 行抛出了一个异常。这个异常被 11 行的 catch 所捕获，并被重新抛出给主函数（15 行）。主函数中的 catch 捕获了重抛出的异常，并对该异常进行了处理（27 ～ 28 行）。

检查点

16.10　在下面的例子中，假设 statement2 引发了一个异常：

```
try
{
  statement1;
  statement2;
  statement3;
}
catch (Exception1& ex1)
{
}
catch (Exception2& ex2)
{
}
catch (Exception3& ex3)
{
  statement4;
  throw;
}
statement5;
```

回答下列问题：

- 如果异常没有被捕获，statement5 会被执行吗？
- 如果这个异常的类型是 Exception3，statement4 会被执行吗？ statement5 会被执行吗？

16.9　异常说明

关键点：*你可以在函数头部声明这个函数可能抛出的异常类型。*

异常说明（exception specification），也称为*异常类型列表*（throw list），是函数声明中的一个列表，列出了函数可以抛出的异常类型。到目前为止，我们所定义的函数都是没有异常类型列表的，这些函数可以抛出任何异常。由此看来，也许省略异常规约会更为方便。但请注意，这不是一个好的编程习惯。函数应该通知程序员它可以抛出哪些异常，这样程序员就能写出健壮的程序，在 try-catch 块中处理所有可能的异常。

异常说明的语法如下所示：

```
returnType functionName(parameterList) throw (exceptionList)
```

异常说明在函数头中声明。例如，程序清单 16-13 中的函数 check 和 Triangle 类的构造函数应按如下方式修改来指明异常列表：

```
void check(double side) throw (NonPositiveSideException)
{
  if (side <= 0)
    throw NonPositiveSideException(side);
}

Triangle(double side1, double side2, double side3)
  throw (NonPositiveSideException, TriangleException)
{
  check(side1);
  check(side2);
```

```
    check(side3);

    if (!isValid(side1, side2, side3))
      throw TriangleException(side1, side2, side3);

    this->side1 = side1;
    this->side2 = side2;
    this->side3 = side3;
  }
```

函数 check 声明为可能抛出 NonPositiveSideException 异常，而构造函数 Triangle 声明为可能抛出 NonPositiveSideException 和 TriangleException 异常

提示：将 throw() 放置于函数头之后，被称为空异常说明（empty exception specification），表明函数不能抛出任何异常。如果函数试图抛出异常，C++ 会调用标准函数 unexpected，此函数通常情况下会终止程序。而在 Visual C++ 中，空异常说明和缺失异常类型列表具有相同的效果。

提示：抛出一个不在异常类型列表中的异常，也会导致函数 unexpected 被调用。但是，不带异常说明的函数可以抛出任何异常，而不会引起函数 unexpected 被调用。

提示：如果一个函数在其异常类型列表中声明了 bad_exception，那么在该函数内部抛出了一个未声明的异常时，该函数将抛出一个 bad_exception 异常。

检查点

16.11 异常说明的意义是什么？怎样声明一个异常类型列表？你可以在函数声明的部分声明多个异常类型吗？

16.10 何时使用异常机制

关键点：异常处理机制是针对意外情况的，不要用它来处理能用 if 语句解决的简单逻辑错误。

try 模块包含正常情况下应执行的代码，而 catch 模块包含异常情况下应执行的代码。异常处理机制将错误处理代码和正常程序分隔开来，因此使程序更易读，更易维护。但是，我们应该知道，异常处理机制一般会消耗更多运行时间和系统资源，因为异常处埋过程需要创建一个新的异常对象、回滚调用栈，并沿函数调用链传播异常来搜索异常处理程序。

异常都是发生在某个函数中，如果希望函数的调用者来处理异常，你应该在函数中抛出这个异常。如果你能在发生异常的函数内进行处理，则没有必要抛出或使用异常。

一般来说，一个项目内多个类都可能发生的共有的异常，可以被设计为异常类。而只会发生在单独函数中的简单错误，最好就地直接处理，不必使用异常。

异常处理机制是用来解决意外错误状态的。不要使用 try-catch 模块来处理简单的、意料中的情况。当然，哪些状态是异常的，哪些又是预期的，有时是很难判断的。我们可以把握住这样一点——不要将异常处理滥用于简单的逻辑检测。

典型的异常处理的程序样式如下所示，如代码 a 那样在函数中声明抛出一个异常，如代码 b 一样在 try-catch 模块中使用此函数。

```
returnType function1(parameterList)
  throw (exceptionList)
{
  ...
  if (an exception condition)
    throw AnException(arguments);
  ...
}
```

a)

```
returnType function2(parameterList)
{
  try
  {
    ...
    function1 (arguments);
    ...
  }
  catch (AnException& ex)
  {
    Handler;
  }
  ...
}
```

b)

检查点

16.12　在一个程序中，应该处理哪些异常？

关键术语

exception（异常）
exception specification（异常说明）
rethrow exception（重抛出异常）
standard exception（标准异常）
throw exception（抛出异常）
throw list（异常类型列表）

本章小结

1. 使用异常处理机制可以使程序更为健壮。异常处理可以将错误处理代码和正常程序分隔开来，因此使程序更易读、易维护。异常处理的另一个重要优点是，函数能将异常抛给其调用者。
2. C++ 允许在异常发生时，使用 throw 语句抛出一个任意类型的值（基本数据类型或类）。此值被传递至 catch 模块，就像一个参数一样，catch 可利用此值来进行异常处理。
3. 当异常被抛出后，正常的控制流被中断。如果异常值与某个 catch 模块参数类型匹配，控制流转移到此 catch 模块。否则，函数将退出，异常被传递给函数的调用者。如果此过程重复下去，直至主函数异常也未能处理，则程序会终止。
4. C++ 提供了很多预定义的异常类，可用于创建异常对象。你可以使用 exception 类或其派生类 runtime_error 和 logic_error 来创建异常对象。
5. 如果预定义的异常类不能很好地描述异常，你也可以自定义异常类。这些类与其他 C++ 类没有什么差别，不同之处仅在于它们一般派生自 exception 类或其派生类，因为这样你就可以使用 exception 类中的一些公有特性（比如 what()）。
6. 一个 try 模块可以跟随多个 catch 模块。多个 catch 模块中异常的次序是很重要的，基类类型对应的 catch 模块应出现在派生类类型对应的 catch 模块。
7. 如果函数抛出一个异常，你应该在函数头中声明异常的类型，用以告知程序员应处理哪些可能的异常。
8. 如果是简单的逻辑检测，不应使用异常处理机制。只要可能的话，应使用分支语句等机制检测简单的错误情况，而将异常处理用于处理分支语句不能处理的情况。

在线测验

请在 www.cs.armstrong.edu/liang/cpp3e/quiz.html 完成本章的在线测验。

程序设计练习

16.2 ～ 16.4 节

*16.1 (invalid_argument 异常) 程序清单 6-18 给出了一个函数 hex2Dec (const string& hexString) 用于将一个十六进制 string 类型字符串转换为一个十进制数。实现 hex2Dec 函数使得当字符串不是一个十六进制字符串时，函数将抛出一个 invalid_argument 异常。写一个测试程序，提示用户输入一个十六进制字符串，程序输出这个十六进制数转换为十进制的结果。

*16.2 (invalid_argument 异常) 程序设计练习 6.39 说明了一个函数 bin2Dec (const string& binaryString)，它接受一个二进制字符串，返回一个十进制数。实现 bin2Dec 函数使得当字符串不是一个二进制字符串时，函数将抛出一个 invalid_argument 异常。写一个测试程序，提示用户输入一个二进制字符串，程序输出这个二进制数转换为十进制的结果。

*16.3 (修改 Course 类) 重写程序清单 11-16 中 Course 类的 addStudent 函数，使得在 Course.cpp 中，如果学生的数量超过了容量，代码抛出 runtime_error 异常。

*16.4 (修改 Rational 类) 重写程序清单 14-8 中 Rational 类的下标操作符函数，使得 RationalWith-Operators.cpp 在下标不为 0 或 1 时，抛出 runtime_error 异常。

16.5 ～ 16.10 节

*16.5 (HexFormatException) 实现程序设计练习 16.1 中的 hex2Dec 函数，使得当输入的字符串不是十六进制字符串时，函数抛出 HexFormatException。定义一个异常类 HexFormatException。写一个测试程序，提示用户输入一个十六进制字符串，程序输出这个十六进制数转换为十进制的结果。

*16.6 (BinaryFormatException) 实现程序设计练习 16.2 中的 bin2Dec 函数，使得当输入的字符串不是二进制字符串时，函数抛出 BinaryFormatException。定义一个异常类 BinaryFormatException。写一个测试程序，提示用户输入一个二进制字符串，程序输出这个二进制数转换为十进制的结果。

*16.7 (修改 Rational 类) 14.4 节中，介绍了怎样在 Rational 类中重载下标操作符 []。如果下标不为 0 或 1 时，函数抛出 runtime_error 异常。定义一个异常类 IllegalSubscriptException，当下标不为 0 或 1 时，函数抛出 IllegalSubscriptException。写一个带有 try-catch 语句的测试程序来处理这样的异常。

*16.8 (修改 StackOfIntegers 类) 在 10.9 节中，你定义了一个适用于整型的堆栈类型。定义一个异常类 EmptyStackException，使得在堆栈为空时，调用 pop 和 pcck 函数将抛出 EmptyStackException 异常。写一个带有 try-catch 语句的测试程序来处理这样的异常。

*16.9 (代数：解决 3 × 3 线性方程组) 程序设计练习 12.24 解决的是 3 × 3 的线性方程组问题。实现下面这个函数来求解方程。

```
vector<double> solveLinearEquation(
    vector<vector<double>> a, vector<double> b)
```

参数 a 存储有 $\{\{a_{11}, a_{12}, a_{13}\}, \{a_{21}, a_{22}, a_{23}\}, \{a_{31}, a_{32}, a_{33}\}\}$，参数 b 存储有 $\{b_1, b_2, b_3\}$。$\{x, y, z\}$ 的解以一个带 3 个元素的 vector 形式返回。当 $|A|$ 等于 0 时，该函数抛出 runtime_error 异常；当 a, $a[0]$, $a[1]$, $a[2]$ 和 b 的大小不为 3 时，抛出 invalid_argument 异常。

写一个程序，提示用户输入 $a_{11}, a_{12}, a_{13}, a_{21}, a_{22}, a_{23}, a_{31}, a_{32}, a_{33}, b_1, b_2, b_3$，程序输出方程的解。如果 $|A|$ 为 0, 程序报告“方程无解”。程序样例和程序设计练习 12.24 中一样。

第三部分

Introduction to Programming with C++, Third Edition

算法和数据结构

第 17 章

Introduction to Programming with C++, Third Edition

递　　归

目标

- 了解什么是递归函数，使用递归函数有什么好处（17.1 节）。
- 为递归的数学函数编写递归程序（17.2 ～ 17.3 节）。
- 理解递归函数是如何调用的，在调用栈中是如何处理的（17.2 ～ 17.3 节）。
- 学会用递归求解问题（17.4 节）。
- 学会使用重载的辅助函数导出递归函数（17.5 节）。
- 使用递归解决选择排序问题（17.5.1 节）。
- 使用递归解决二分法搜索问题（17.5.2 节）。
- 学会使用递归解决汉诺塔问题（17.6 节）。
- 学会使用递归解决八皇后问题（17.7 节）。
- 理解递归和迭代之间的关系和差别（17.8 节）。
- 理解什么是尾递归函数（17.9 节）。

17.1　引言

关键点： *递归是一种能够解决那些难以用简单循环解决的问题的编程技术。*

假设要打印一个字符串得到所有排列，例如，对于字符串 abc，其排列有 abc，acb，bac，bca，cab 和 cba。如何来解决这一问题呢？有几种方法可以解决这一问题，一种直观而且有效的解决方法就是使用递归。

经典的八皇后问题是把八皇后放在棋盘上，使任意两者都不可以相互攻击（即没有两个皇后都在同一行、同一列或同一对角），如图 17-1 所示。怎么写一个程序来解决这个问题？对于这个问题有好几种方法来解决，一种直观且有效的解决方案是使用递归。

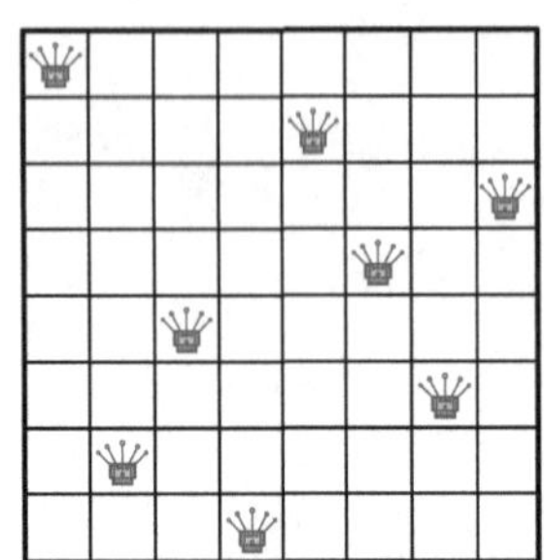
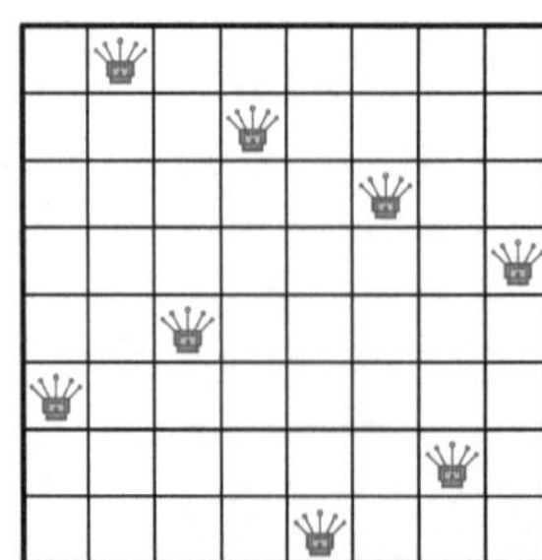
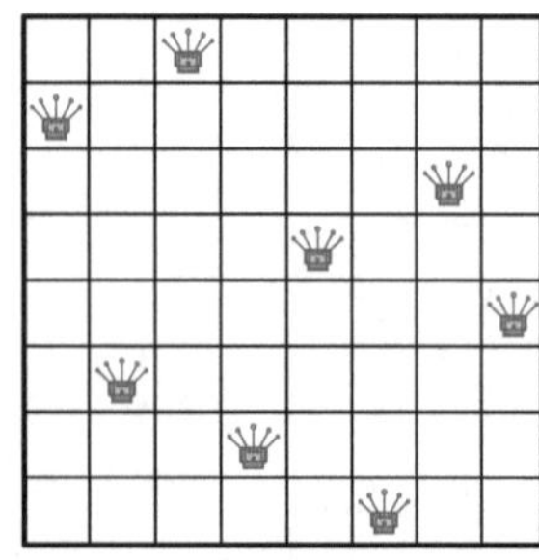

图 17-1　八皇后问题可以使用递归来解决

要使用递归，就是使用*递归函数*（recursive function）来编程——所谓递归函数，就是那些调用自身的函数。递归是一种很有用的程序设计技术。在某些情况下，使用递归可以设计出自然、直接、简单的问题求解方案，而使用其他方法求解则会很困难。本章介绍递归程序设计的思想和技术，并通过一些实例展示如何“递归地思考问题”。

17.2 例：阶乘

关键点：递归就是函数调用自身。

很多数学函数都是通过递归形式定义的。我们从一个简单的递归例子开始。

整数 n 的阶乘即可递归式定义如下：

```
0! = 1;
n! = n × (n - 1)!; n > 0
```

对给定的 n，如何求 n!？求 1! 是很容易的，因为我们知道 0! 的值，而 1! 等于 1 × 0!。假定已经知道（n−1）! 的值，那么 n! 的值可以立即通过 n ×（n−1）! 求出来。因此，计算 n! 的问题被归约为计算（n−1）!。当计算（n−1）! 时，可以递归地使用同样的思路，直至 n 归约至 0。

令 factorial(n) 为计算 n! 的函数。如果用参数 n=0 调用函数，应立即返回结果。函数知道如何求解最简单的情形，我们称之为基本情况（base case）或停止条件（stopping condition）。如果以参数 n>0，函数将问题归约为计算 n−1 的阶乘的子问题。子问题本质上应该与原问题相同，但应该更简单或更小。由于子问题与原问题具有相同的性质，我们可以用一个不同的参数调用本函数来求解子问题，这称为*递归调用*（recursive call）。

计算 factorial(n) 的递归算法可以简单描述如下：

```
if (n == 0)
  return 1;
else
  return n * factorial(n - 1);
```

一条递归调用语句在程序运行时可能会导致很多次递归调用，因为函数不断地将子问题分解为新的子问题。为使递归函数终止，问题必须最终归约为停止情况。当到达停止情况时，函数向调用者返回结果。随后调用者做一些运算，再返回它的调用者。此过程一直持续下去，直至运算结果返回最初的调用者。此时，原始问题就得解了——将 n 乘以 factorial（n−1）的结果即可。

程序清单 17-1 给出了一个完整的程序，它提示用户输入一个非负的整数，输出其阶乘。

程序清单 17-1 ComputeFactorial.cpp

```
#include <iostream>
using namespace std;

// Return the factorial for a specified index
int factorial(int);

int main()
{
  // Prompt the user to enter an integer
  cout << "Please enter a non-negative integer: ";
  int n;
  cin >> n;

  // Display factorial
  cout << "Factorial of " << n << " is " << factorial(n);

  return 0;
}
```

```
19
20 // Return the factorial for a specified index
21 int factorial(int n)
22 {
23   if (n == 0) // Base case
24     return 1;
25   else
26     return n * factorial(n - 1); // Recursive call
27 }
```

程序输出：

```
Please enter a nonnegative integer: 5 ↵Enter
Factorial of 5 is 120
```

函数 factorial（21 ～ 27 行）实质上是阶乘的递归形式的数学定义到 C++ 代码的一个很直接的转换。其中对 factorail 的调用是递归的，因为是对自身的调用。传递给 factorial 的参数不断减小，直到转化为基本情况——0 为止。

以上可以看出要如何写一个递归函数，那么递归函数是如何运行的？图 17-2 说明了从 n=4 开始递归调用的执行过程，调用栈空间的使用如图 17-3 所示。

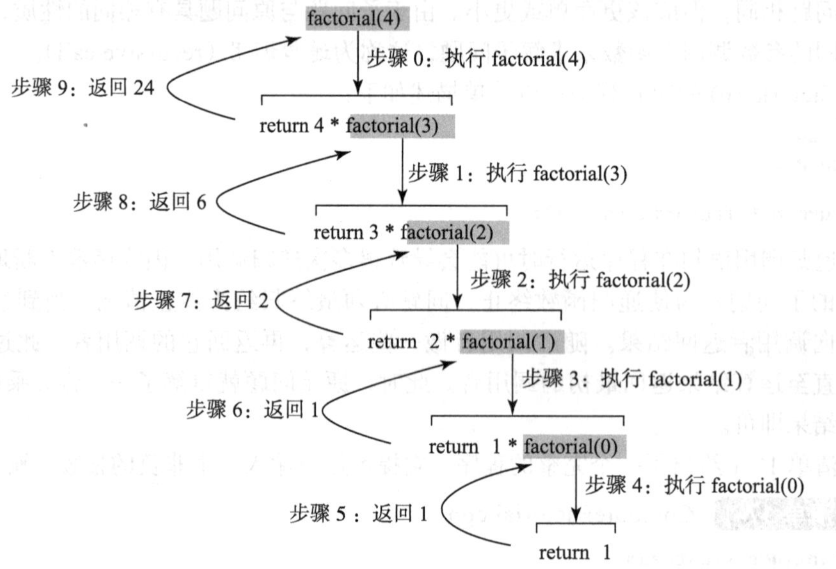

图 17-2　调用 factorial(4) 引出对 factorial 的递归调用

警示： 如果递归程序对原问题的归约不能最终收敛至基本情况，就会导致无限递归（infinite recursion）。例如，下面代码就出现了这种错误：

```
int factorial(int n)
{
  return n * factorial(n - 1);
}
```

函数会无限执行下去，最终导致栈溢出。

教学提示： 使用一个循环来实现函数 factorial，比递归方法更简单、高效。不过，递归的 factorial 函数是展示递归思想的一个很好的例子。

提示： 这一事例展示了递归函数如何调用自身，这是我们所知道的直接递归（direct

recursion)，但它也可能是间接递归（indirect recursion）。这发生在当函数 A 调用函数 B，B 反过来调用函数 A，而且可以多个函数同时进入递归。举个例子，函数 A 可以调用函数 B，B 可以调用函数 C，C 可以调用函数 A。

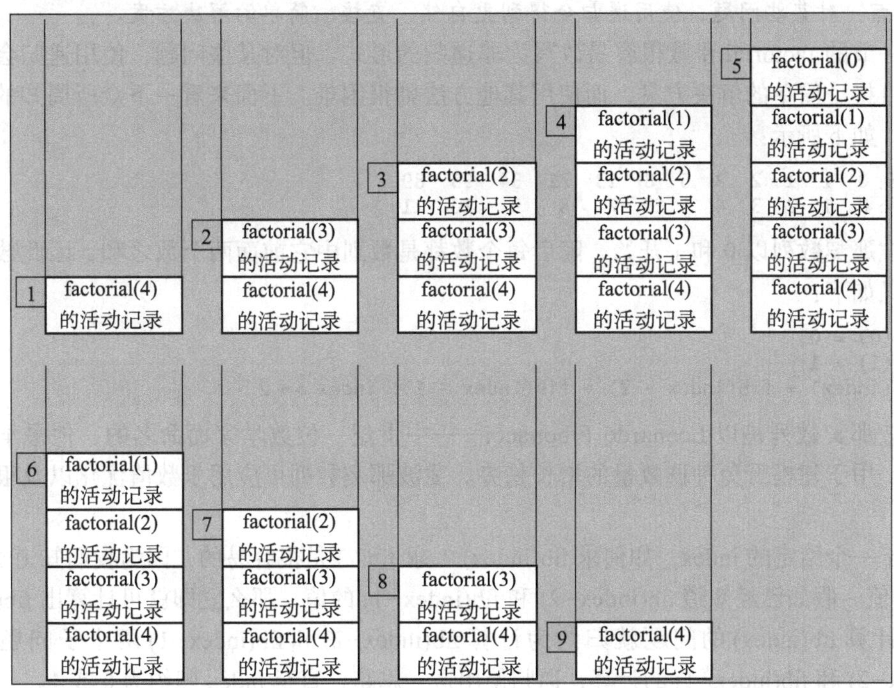

图 17-3 当执行 factorial(4) 时，函数 factorial 会被递归地调用，导致内存空间的使用动态变化

检查点

17.1 什么是递归函数？描述递归函数的特征。什么是无限递归？

17.2 给出下列程序的输出，并指出其基本情况和递归调用。

```
#include <iostream>
using namespace std;

int f(int n)
{
  if (n == 1)
    return 1;
  else
    return n + f(n - 1);
}

int main()
{
  cout << "Sum is " << f(5) << endl;

  return 0;
}
```

```
#include <iostream>
using namespace std;

void f(int n)
{
  if (n > 0)
  {
    cout << n % 10;
    f(n / 10);
  }
}

int main()
{
  f(1234567);

  return 0;
}
```

17.3 写一段递归代码，计算出 2^n，其中 n 为任意正整数。

17.4 写一段递归代码，计算出 x^n，其中 n 为任意正整数，x 为任意实数。

17.5 写一段递归代码，对于任意的正整数，计算 $1 + 2 + 3 + \cdots + n$。

17.6 在程序清单 17-1 中函数调用 factorial(6) 需要多少次？

17.3 实例研究：斐波那契数

关键点：对某些问题，使用递归会得到更自然、直接、简单的解决方案。

上一节的 factorial 函数很容易改写为非递归的形式。但对某些问题，使用递归会得到更自然、直接、简单的解决方案，而使用其他方法则很困难。下面来看一下众所周知的斐波那契数列，如下所示：

```
数列: 0  1  1  2  3  5  8  13  21  34  55  89 . . .
下标: 0  1  2  3  4  5  6  7   8   9   10  11
```

斐波那契数列以 0 和 1 开始，随后每个数都是数列中它前面两个数之和。因此数列可以递归定义如下：

```
fib(0) = 0;
fib(1) = 1;
fib(index) = fib(index - 2) + fib(index - 1); index >= 2
```

斐波那契数列是以 Leonardo Fibonacci——中世纪一位数学家而命名的，他最早提出这个数列，用于建模野兔种群数量的增长趋势。斐波那契数列可应用于数值优化以及很多其他领域。

对于一个给定的 index，如何求 fib(index)？求 fib(2) 是很容易的，因为我们知道 fib(0) 和 fib(1) 的值。假如已经知道 fib(index−2) 和 fib(index−1) 的值，那么立即就可计算出 fib(index)。因此，计算 fib(index) 的问题就归约为计算 fib(index−2) 和 fib(index−1) 两个子问题。对于 fib(index−2) 和 fib(index−1) 的计算，递归使用这一思路，直至 index 归约为 0 或 1。

本问题的基本情况为 index=0 或 index=1。如果以参数 index=0 或 index=1 调用函数，应理解返回结果。如果参数 index>=2，函数将问题分解为计算 fib(index−1) 和 fib(index−2) 两个子问题，通过递归调用进行两个子问题的求解。计算 fib(index) 的递归算法可简要描述如下：

```
if (index == 0)
  return 0;
else if (index == 1)
  return 1;
else
  return fib(index - 1) + fib(index - 2);
```

程序清单 17-2 给出了完整的程序，提示用户输入一个下标，计算该下标对应的斐波那契数。

程序清单 17-2 ComputeFibonacci.cpp

```
#include <iostream>
using namespace std;

// The function for finding the Fibonacci number
int fib(int);

int main()
{
  // Prompt the user to enter an integer
  cout << "Enter an index for the Fibonacci number: ";
  int index;
  cin >> index;

```

```
  // Display factorial
  cout << "Fibonacci number at index " << index << " is "
    << fib(index) << endl;

  return 0;
}

// The function for finding the Fibonacci number
int fib(int index)
{
  if (index == 0) // Base case
    return 0;
  else if (index == 1) // Base case
    return 1;
  else // Reduction and recursive calls
    return fib(index - 1) + fib(index - 2);
}
```

程序输出：

```
Enter an index for the Fibonacci number: 7 ↵Enter
Fibonacci number at index 7 is 13
```

程序代码并没有显示出在程序运行时计算机所做的相当巨大的计算工作量。图 17-4 给出了计算 fib(4) 所引起的连续的递归调用。原函数 fib(4) 进行了两个递归调用——fib(3) 和 fib(2)，然后就返回 fib(3) + fib(2)。但这些函数调用是以什么样的次序进行的？在 C++ 中，运算符 + 的运算对象的求值可以按任意顺序进行。假定编译器按由左至右的次序求值，图 17-4 中的标号显示了递归调用的次序。

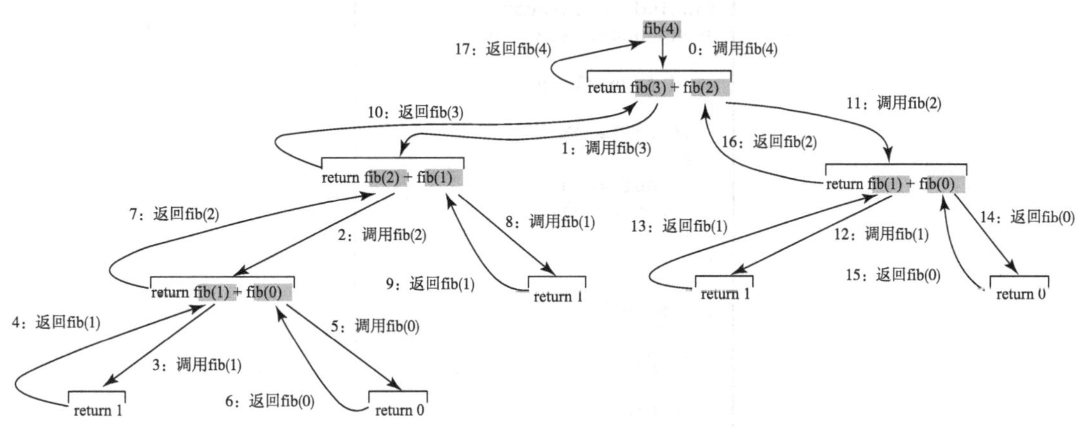

图 17-4　调用 fib(4) 所产生的对 fib 的递归调用

如图 17-4 所示，很多递归调用是重复的。例如，fib(2) 被调用了 2 次，fib(1) 被调用了 3 次，fib(0) 被调用了 2 次。一般来说，计算 fib(index) 需要进行的递归调用次数两倍于计算 fib(index−1) 所需递归调用次数。当计算更大下标值对应的斐波那契数时，递归调用的次数也会大大增加，详见表 17-1。

表 17-1　在 fib(index) 中递归调用的次数

下标	2	3	4	10	20	30	40	50
调用次数	3	5	9	177	21 891	2 692 537	331 160 281	2 075 316 483

教学提示： 函数 fib 的递归实现非常简单、直接，但效率很差。参见程序设计练习 17.2，

如何使用循环设计更为高效的方案。虽然递归的 fib 函数不实用，但它是展示如何编写递归函数的一个很好的例子。

检查点

17.7 程序清单 17-2 中，函数 fib 对 fib(6) 共调用了多少次？

17.8 给出下面两段程序的输出：

```
#include <iostream>
using namespace std;

void f(int n)
{
  if (n > 0)
  {
    cout << n << " ";
    f(n - 1);
  }
}

int main()
{
  f(5);

  return 0;
}
```

```
#include <iostream>
using namespace std;

void f(int n)
{
  if (n > 0)
  {
    f(n - 1);
    cout << n << " ";
  }
}

int main()
{
  f(5);

  return 0;
}
```

17.9 下面的函数错在哪里？

```
#include <iostream>
using namespace std;

void f(double n)
{
  if (n != 0)
  {
    cout << n;
    f(n / 10);
  }
}

int main()
{
  f(1234567);

  return 0;
}
```

17.4 用递归方法求解问题

关键点：*如果用递归的方式思考，就可以用递归方法解决问题。*

前面几节介绍了两个经典的递归程序设计实例。一般来说，所有递归函数都有如下特性：

- 函数都使用 if-else 或 switch 语句实现，来处理不同情况。
- 各种不同情况中包括一个或多个基本情况（最简单的情况），用于停止递归。
- 每次递归调用会对原问题进行归约，使其逐步地逼近某种基本情况，直至转化为该基本情况为止。

一般来说，使用递归方法求解问题，就是将原问题分解为子问题。如果子问题与原问题是相似的，可以递归地使用相同的方法求解子问题。通常子问题与原问题本质上几乎是相同的，只是规模较小。

递归无处不在，用递归的方式进行思考是非常有趣的事情。例如，对于喝咖啡这件事，可以按照如下的递归步骤来描述这一过程：

```
void drinkCoffee(Cup& cup)
{
  if (!cup.isEmpty())
  {
    cup.takeOneSip(); // Take one sip
    drinkCoffee(cup);
  }
}
```

假设杯子是具有实例函数的 isEmpty() 和 takeOneSip() 的一杯咖啡的对象。可以将问题分成两个子问题：一个是喝一小口的咖啡，而另一个是喝杯中剩余的咖啡。第二个问题是与原来一样的问题，但规模稍小一些。这个问题的基本情况是杯子是空的。

再考虑这样一个简单的问题——打印一条信息 n 次。我们可以将此问题分解为两个子问题：打印消息 1 次；以及打印信息 n−1 次。第二个问题与原问题是一样的，只是规模小一些。此问题的基本情况是 n==0。因此可用递归方法求解此问题，如下所示：

```
void nPrintln(const string& message, int times)
{
  if (times >= 1)
  {
    cout << message << endl;
    nPrintln(message, times - 1);
  } // The base case is times == 0
}
```

注意，程序清单 17-2 中的 fib 函数是有返回值的，但是这里的 nPrintln 函数是 void 类型的，不返回任何值。

在前面章节中提出的很多问题都可以用递归方法来求解，前提是你“递归地思考问题”(think recursively)。考察程序清单 5-16 中的回文问题，TestPalindrome.cpp。回忆一下，如果一个字符串由左至右读和由右至左读结果一样，那么就称它是回文串。例如，“mom”和“dad”都是回文串，但“uncle”和“aunt”不是。检查一个字符串是否为回文的问题可以分解为如下两个子问题：

- 检查字符串的首字符和尾字符是否相同。
- 忽略首尾两个字符，检查剩下的子串是否为回文串。

除了规模较小，第二个子问题与原问题是完全相同的。此问题有两种基本情况：1）首尾两个字符不同；2）字符串长度为 0 或 1。如果是第一种情况，字符串不是回文串；若是第二种情况，字符串是一个回文串。程序清单 17-3 实现了上述递归算法。

程序清单 17-3 RecursivePalindrome.cpp

```
1  #include <iostream>
2  #include <string>
3  using namespace std;
4
5  bool isPalindrome(const string& s)
6  {
7    if (s.size() <= 1) // Base case
8      return true;
9    else if (s[0] != s[s.size() - 1]) // Base case
10     return false;
11   else
12     return isPalindrome(s.substr(1, s.size() - 2));
13 }
14
15 int main()
16 {
17   cout << "Enter a string: ";
18   string s;
19   getline(cin, s);
20
21   if (isPalindrome(s))
22     cout << s << " is a palindrome" << endl;
23   else
24     cout << s << " is not a palindrome" << endl;
25
26   return 0;
27 }
```

程序输出：

```
Enter a string: aba ↵Enter
aba is a palindrome
```

```
Enter a string: abab ↵Enter
abab is not a palindrome
```

isPalindrom 函数检查字符串的大小是否小于或等于 1（7 行）。如果是，字符串就是回文。函数检查字符串的第一个和最后一个元素是否相同（9 行）。如果不是，字符串就不是回文。否则，通过 s.substr(1,s.size()−2) 获得 s 的子串，并用新的字符串递归调用 isPalindrome（12 行）。

17.5 递归辅助函数

关键点：*有时候我们可以给一个类似于原问题的问题定义一个递归函数，从而得到原问题的求解方案。这种新的函数叫做递归辅助函数。原问题可以通过调用递归辅助函数得到解决。*

上一节递归的 isPalindrome 函数效率是很差的，因为每次递归调用都要创建一个新的字符串。为了避免创建新字符串，我们可以使用 low 和 high 两个下标指出子串的范围。这两个下标必须作为参数传递给递归函数。由于原函数的原型为 isPalindrome(const string & s)，我们必须创建一个新的函数 isPalindrome(const string & s, int low, int high) 来接收这两个参数，程序清单 17-4 给出了完整的实现。

程序清单 17-4 RecursivePalindromeUsingHelperFunction.cpp

```
1  #include <iostream>
2  #include <string>
3  using namespace std;
4
5  bool isPalindrome(const string& s, int low, int high)
6  {
7    if (high <= low) // Base case
8      return true;
9    else if (s[low] != s[high]) // Base case
10     return false;
11   else
12     return isPalindrome(s, low + 1, high - 1);
13 }
14
15 bool isPalindrome(const string& s)
16 {
17   return isPalindrome(s, 0, s.size() - 1);
18 }
19
20 int main()
21 {
22   cout << "Enter a string: ";
23   string s;
24   getline(cin, s);
25
26   if (isPalindrome(s))
27     cout << s << " is a palindrome" << endl;
28   else
29     cout << s << " is not a palindrome" << endl;
30
31   return 0;
32 }
```

程序输出：

```
Enter a string: aba ↵Enter
aba is a palindrome

Enter a string: abab ↵Enter
abab is not a palindrome
```

程序中声明了两个重载的 isPalindrome 函数。15 行声明的函数 isPalindrome(const string & s) 检查一个字符串是否是回文串，第二个 isPalindrome(const string & s, int low, int high)（5 行）检查子串 s(low..high) 是否是回文串。第一个函数将 s、low=0 及 high=s.size()−1 传递给第二个函数。第二个函数可能会递归地调用来检查持续减小的子串是否是回文串。声明一个重载的函数，以接收额外的参数，这种方法是递归程序设计中常用的一种技术。这种函数称为*递归辅助函数*（recursive helper function）。

如果问题的递归求解方案中涉及字符串和数组，辅助函数是非常有用的。下一小节中给出了另外两个例子。

17.5.1 选择排序

在 7.10 节中我们介绍了选择排序算法。本节介绍一个用于字符串中字符排序的递归的选择排序算法。回忆一下，选择排序求列表中最大元素，将其放置于列表末尾。接着，求剩余列表的最大元素放置于倒数第二个位置，依此类推，直到列表只包含一个元素为止。本问题可以分解为如下两个子问题：

- 求列表的最大元素，将其交换到列表末尾位置。
- 忽略列表末尾元素（最大元素），递归地排序剩余的较小的列表。

基本情况是列表仅包含一个元素。

程序清单 17-5 给出了递归的选择排序函数。

程序清单 17-5 RecursiveSelectionSort.cpp

```
#include <iostream>
#include <string>
using namespace std;

void sort(string& s, int high)
{
  if (high > 0)
  {
    // Find the largest element and its index
    int indexOfMax = 0;
    char max = s[0];
    for (int i = 1; i <= high; i++)
    {
      if (s[i] > max)
      {
        max = s[i];
        indexOfMax = i;
      }
    }

    // Swap the largest with the last element in the list
    s[indexOfMax] = s[high];
    s[high] = max;

    // Sort the remaining list
    sort(s, high - 1);
  }
}

void sort(string& s)
{
  sort(s, s.size() - 1);
}

int main()
{
  cout << "Enter a string: ";
  string s;
  getline(cin, s);

  sort(s);

  cout << "The sorted string is " << s << endl;

  return 0;
}
```

程序输出：

```
Enter a string: ghfdacb ↵Enter
The sorted string is abcdfgh
```

程序中声明了两个重载的 sort 函数。函数 sort(string& s) 将 s[0..s.size() − 1] 中的元素排

序，第二个函数 sort(string& s, int high) 将 s[0..high] 中的元素排序。辅助函数可被递归地调用，以排序逐渐缩小的子数组。

17.5.2　二分搜索

7.9.2 节中介绍了二分搜索算法。只有数组中元素已经排序的情况下，才能应用二分搜索算法。二分搜索算法首先将关键字与数组的中央元素进行比较，分如下三种情况进行处理：

- 情况 1：如果关键字小于中央元素，递归地在数组的前半部分搜索关键字。
- 情况 2：如果关键字与中央元素相等，搜索结束，找到匹配元素。
- 情况 3：如果关键字大于中央元素，递归地在数组的后半部分搜索关键字。

情况 1 和情况 3 将问题归约为更小的子问题。情况 2 是一种基本情况，表示搜索成功。另一种基本情况是，所有元素都搜索完毕，没有与关键字相匹配的。程序清单 17-6 给出了二分搜索算法的一个清晰、简洁的递归实现。

程序清单 17-6　RecursiveBinarySearch.cpp

```
#include <iostream>
using namespace std;

int binarySearch(const int list[], int key, int low, int high)
{
  if (low > high)  // The list has been exhausted without a match
    return -low - 1; // key not found, return the insertion point

  int mid = (low + high) / 2;
  if (key < list[mid])
    return binarySearch(list, key, low, mid - 1);
  else if (key == list[mid])
    return mid;
  else
    return binarySearch(list, key, mid + 1, high);
}

int binarySearch(const int list[], int key, int size)
{
  int low = 0;
  int high = size - 1;
  return binarySearch(list, key, low, high);
}

int main()
{
  int list[] = { 2, 4, 7, 10, 11, 45, 50, 59, 60, 66, 69, 70, 79};
  int i = binarySearch(list, 2, 13); // Returns 0
  int j = binarySearch(list, 11, 13); // Returns 4
  int k = binarySearch(list, 12, 13); // Returns -6

  cout << "binarySearch(list, 2, 13) returns " << i << endl;
  cout << "binarySearch(list, 11, 13) returns " << j << endl;
  cout << "binarySearch(list, 12, 13) returns " << k << endl;

  return 0;
}
```

程序输出：

```
binarySearch(list, 2, 13) returns 0
binarySearch(list, 11, 13) returns 4
binarySearch(list, 12, 13) returns -6
```

第 18 行的函数 binarySearch 在整个列表中搜索关键字。第 4 行的辅助函数 binarySearch 在 low 至 high 之间的子列表中搜索关键字。

第 18 行的 binarySearch 函数将初始数组及 low=0 和 high=size-1 传递给辅助函数 binarySearch。辅助函数被递归地调用，在逐渐缩小的子数组中搜索关键字。

检查点

17.10 对于程序清单 17-3 和程序清单 17-4，当调用 isPalindrome("abcba") 时，分别给出调用栈的变化情况。

17.11 对于程序清单 17-5，当调用 selectionSort("abcba") 时，给出调用栈的变化情况。

17.12 什么是递归辅助函数？

17.6 汉诺塔

关键点：经典的汉诺塔问题可以很容易地使用递归来解决，但用其他方法求解就相当困难。

汉诺塔问题是另一个经典的递归求解的例子。这个问题用递归方法求解非常容易，但用其他方法求解相当困难。

汉诺塔问题就是要将一组确定数量的、大小不同的盘子从一个塔移动到另一个塔上，移动过程中要遵循如下规则：

- 有 n 个盘子，标号分别为 1、2、3、…、n，有三个塔，标记为 A、B 和 C。
- 任何时候，都不允许较大的盘子放在较小的盘子之上。
- 初始时，所有盘子都在 A 塔上。
- 每个步骤只能移动一个盘子，且只能移动某个塔上最上面的盘子。

问题的最终目标是将所有盘子从 A 移动到 B 上，C 作为辅助。例如，如果盘子数量为 3，图 17-5 给出了移动方法。

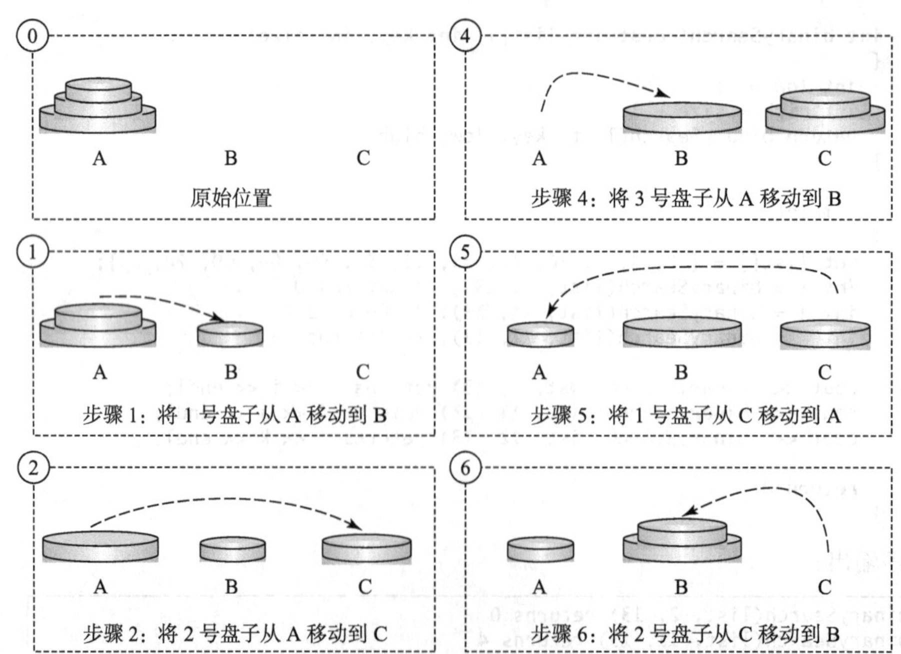

图 17-5 汉诺塔问题的目标是将所有盘子从塔 A 移动到塔 B 上，且遵循一定规则

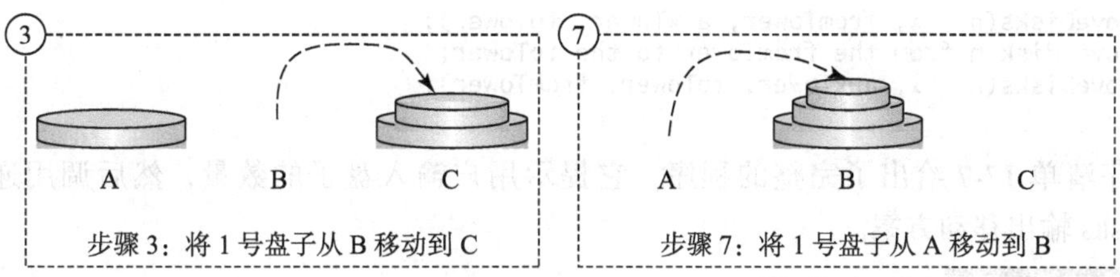

图 17-5（续）

提示：汉诺塔问题是一个经典的计算机科学问题。有很多针对此问题的网站，www.cut-the-knot.com/recurrence/hanoi.html 值得一看。

在盘子数量为 3 时，可以很容易地手工求出答案。但是，当盘子数量较大时——即便仅仅是 4 时，此问题会变得相当复杂。幸运的是，此问题本质上的递归特点非常明显，可由此设计一个直接的递归求解方案。

此问题的基本情况是 n=1。如果 n == 1，只需要简单地将唯一一个盘子从 A 移动到 B。当 n > 1 时，可以将原问题分解为三个子问题，依次解决这三个子问题：

1）将上面 n − 1 个盘子从 A 移动到 C，B 作为辅助，如图 17-6 中步骤 1 所示。

2）将最下面的 n 号盘子从 A 移动到 B，如图 17-6 中步骤 2 所示。

3）将 n − 1 个盘子从 C 移动到 B，A 作为辅助，如图 17-6 中步骤 3 所示。

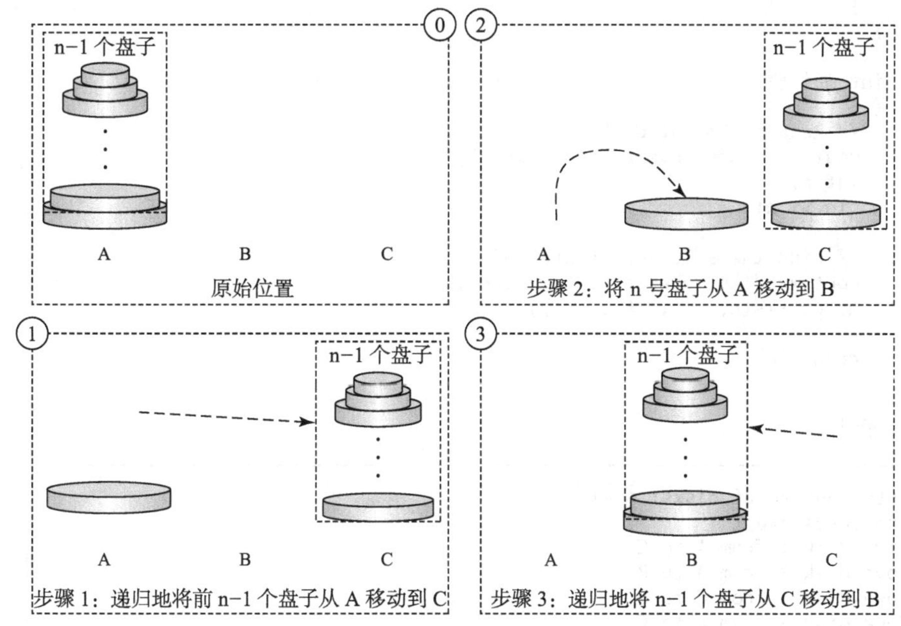

图 17-6　汉诺塔问题可以分解为三个子问题

下面的函数将 n 个盘子从 fromTower 移动到 toTower，用 auxTower 作为辅助：

```
void moveDisks(int n, char fromTower, char toTower, char auxTower)
```

算法可描述如下：

```
if (n == 1) // Stopping condition
  Move disk 1 from the fromTower to the toTower;
else
{
```

```
  moveDisks(n - 1, fromTower, auxTower, toTower);
  Move disk n from the fromTower to the toTower;
  moveDisks(n - 1, auxTower, toTower, fromTower);
}
```

程序清单 17-7 给出了完整的程序，它提示用户输入盘子的数量，然后调用递归函数 moveDisks 输出移动方案。

程序清单 17-7 TowersOfHanoi.cpp

```
#include <iostream>
using namespace std;

// The function for finding the solution to move n disks
// from fromTower to toTower with auxTower
void moveDisks(int n, char fromTower,
    char toTower, char auxTower)
{
  if (n == 1) // Stopping condition
    cout << "Move disk " << n << " from " <<
      fromTower << " to " << toTower << endl;
  else
  {
    moveDisks(n - 1, fromTower, auxTower, toTower);
    cout << "Move disk " << n << " from " <<
      fromTower << " to " << toTower << endl;
    moveDisks(n - 1, auxTower, toTower, fromTower);
  }
}

int main()
{
  // Read number of disks, n
  cout << "Enter number of disks: ";
  int n;
  cin >> n;

  // Find the solution recursively
  cout << "The moves are: " << endl;
  moveDisks(n, 'A', 'B', 'C');

  return 0;
}
```

程序输出：

```
Enter number of disks: 4 ↵Enter
The moves are:
Move disk 1 from A to C
Move disk 2 from A to B
Move disk 1 from C to B
Move disk 3 from A to C
Move disk 1 from B to A
Move disk 2 from B to C
Move disk 1 from A to C
Move disk 4 from A to B
Move disk 1 from C to B
Move disk 2 from C to A
Move disk 1 from B to A
Move disk 3 from C to B
Move disk 1 from A to C
Move disk 2 from A to B
Move disk 1 from C to B
```

汉诺塔问题本质上是递归的，使用递归方法可以得到一个自然的、简单的求解方案。不使用递归技术，求解本问题将非常困难。

对 n=3 的情况，跟踪一下程序清单 17-7，递归调用的过程如图 17-7 所示。容易看出，编写这个递归程序远比跟踪递归调用过程容易。系统利用栈这样一种数据结构，对幕后的复杂的递归调用进行跟踪处理。因此，从某种意义上讲，递归提供了一层抽象，将迭代及其他细节隐藏起来，无须用户了解。

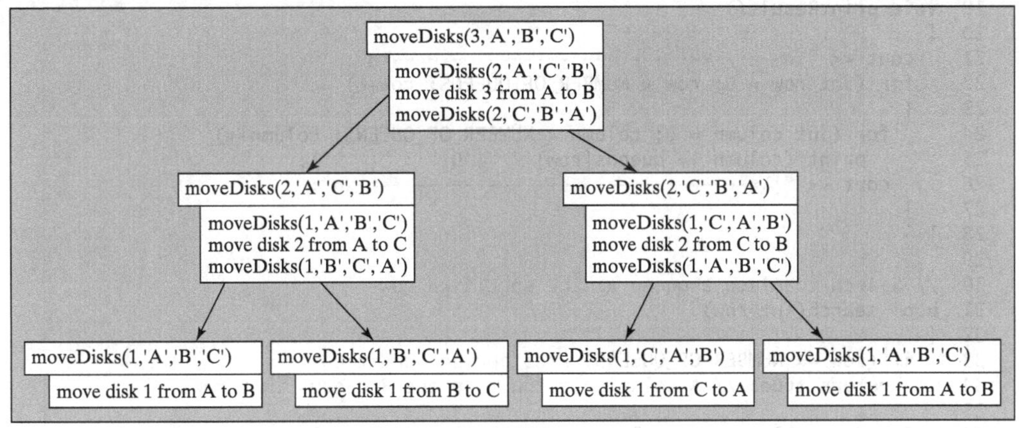

图 17-7　调用函数 moveDisks(3,'A','B','C') 递归调用 moveDisks

检查点

17.13　对于程序清单 17-7，移动盘子函数 moveDisks 一共调用了 moveDisks(5, 'A', 'B', 'C') 多少次？

17.7　八皇后问题

关键点：八皇后问题可以通过递归方法求解。

这一部分是为了解决之前介绍的八皇后问题。国际象棋上摆放八个皇后，令任意两个皇后都不能处于同一行、同一列或同一斜线上，使其不能互相攻击，问有多少种摆法。可以用一个二维排列代表棋盘网格。当然，每一行只能有一个皇后。首先按照下面的形式声明数组 queens：

```
int queens[8];
```

分配 j 到网格 queens[i] 上，其中 i 表示行，j 表示列。图 17-8a 展示皇后的排列内容，图 17-8b 展示的是网格中的排列。

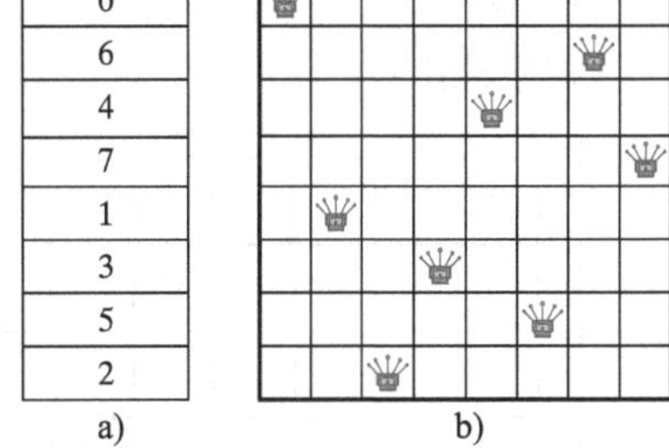

图 17-8　queens[i] 表示了第 i 行的皇后的位置

程序清单 17-8 是求解八皇后问题的程序。

程序清单 17-8　EightQueen.cpp

```
#include <iostream>
using namespace std;

const int NUMBER_OF_QUEENS = 8; // Constant: eight queens
int queens[NUMBER_OF_QUEENS];

// Check whether a queen can be placed at row i and column j
bool isValid(int row, int column)
```

```
{
  for (int i = 1; i <= row; i++)
    if (queens[row - i] == column       // Check column
      || queens[row - i] == column - i  // Check upper left diagonal
      || queens[row - i] == column + i) // Check upper right diagonal
      return false; // There is a conflict
  return true; // No conflict
}

// Display the chessboard with eight queens
void printResult()
{
  cout << "\n---------------------------------\n";
  for (int row = 0; row < NUMBER_OF_QUEENS; row++)
  {
    for (int column = 0; column < NUMBER_OF_QUEENS; column++)
      printf(column == queens[row] ? "| Q " : "|   ");
    cout << "|\n---------------------------------\n";
  }
}

// Search to place a queen at the specified row
bool search(int row)
{
  if (row == NUMBER_OF_QUEENS) // Stopping condition
    return true; // A solution found to place 8 queens in 8 rows

  for (int column = 0; column < NUMBER_OF_QUEENS; column++)
  {
    queens[row] = column; // Place a queen at (row, column)
    if (isValid(row, column) && search(row + 1))
      return true; // Found, thus return true to exit for loop
  }

  // No solution for a queen placed at any column of this row
  return false;
}

int main()
{
  search(0); // Start search from row 0. Note row indices are 0 to 7
  printResult(); // Display result

  return 0;
}
```

程序输出：

```
---------------------------------
| Q |   |   |   |   |   |   |   |
---------------------------------
|   |   |   |   | Q |   |   |   |
---------------------------------
|   |   |   |   |   |   |   | Q |
---------------------------------
|   |   |   |   |   | Q |   |   |
---------------------------------
|   |   | Q |   |   |   |   |   |
---------------------------------
|   |   |   |   |   |   | Q |   |
---------------------------------
|   | Q |   |   |   |   |   |   |
---------------------------------
|   |   |   | Q |   |   |   |   |
---------------------------------
```

该程序调用 search(0)（49 行）开始寻找在第 0 行上的一个解决方案，这递归调用了 search(1)，search(2)，…，search(7)（39 行）。

递归函数 search(row) 返回真值，如果所有的行都被填充了（39 ～ 40 行）。函数通过一个 for 循环检查皇后是否可以被放置在 0,1,2，…，7 列（36 行）。在列上放置一个皇后（38 行）。如果本次放置是有效的，将调用 search(row+1) 递归寻找下一列（39 行）。如果搜索成功，则返回 true（40 行）来退出 for 循环。在这种情况下，就没有必要去寻找再下一列。如果在当前行上皇后不能够被放置在任何一列中，那么函数返回 false（44 行）。

假设当前调用 search(row) 的 row 是 3，如图 17-9a 所示。函数试图在 0、1、2 这 3 列中放置皇后，对于每一次试探，函数 isValid(row, column)（39 行）都被调用来检验是否在指定位置上放置的皇后与放置在该行之前的皇后冲突。这能够保证没有皇后会被放在同一列上（11 行），没有皇后被放在左上方对角线上（12 行），也没有皇后被放在右上方对角线上（13 行），如图 17-9a 所示。如果 isValid(row, column) 返回 false，则检查下一列，如图 17-9b 所示。如果 isValid(row, column) 返回 true，递归调用 search(row+1)，如图 17-9d 所示。如果 search(row+1) 返回 false，则检查前面行的下一列，如图 17-9c 所示。

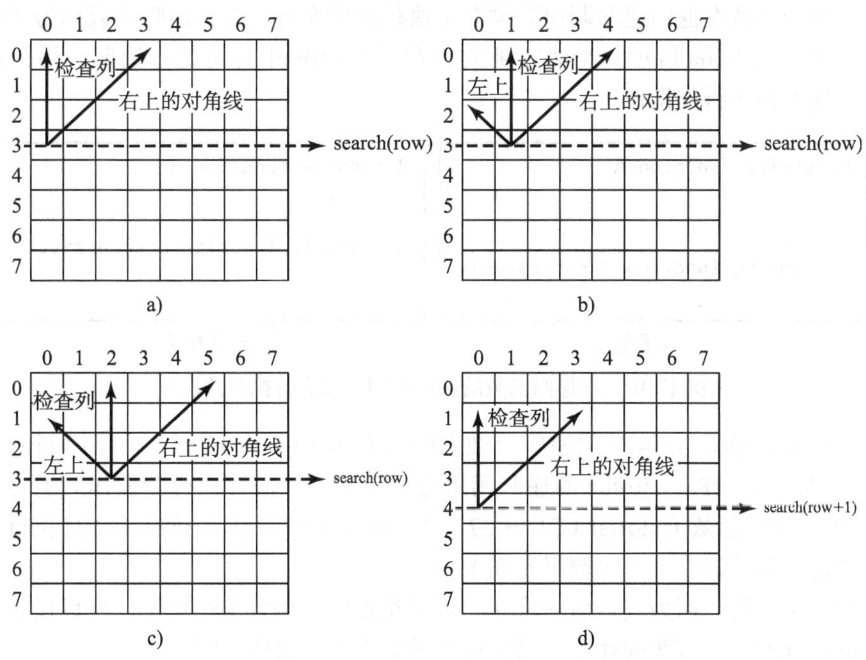

图 17-9 调用 search(row) 函数在同一列上填充皇后

17.8 递归与循环

关键点：*递归是一种程序控制流机制，本质上是反复执行的，但又不是循环。*

递归是一种程序控制流机制，它本质上是反复执行的，但又不需要循环控制。当我们使用循环时，要指定一个循环体，循环体的反复执行由循环控制结构来掌控。而对于递归，函数本身反复地被（自身）调用，函数中必须使用分支语句来控制是进行递归调用还是终止。

递归有着严重的额外开销。每当程序进行函数调用时，系统必须为所有的局部变量和参数分配内存空间，这可能消耗相当可观的内存，并需要额外的时间进行额外存储空间的管理。

任何能用递归方法求解的问题，都同样能用非递归的方式——迭代来求解。递归有很多负面的特点：它可能消耗大量时间和空间。那么，我们为什么还要使用递归呢？如前所述，对于某些问题，使用递归能令我们得到一个清晰、简洁的解决方法，而用其他方法则很难办到。汉诺塔问题就是这样一个例子，如果不使用递归，解决它将变得很困难。

确定是使用递归还是迭代，应该基于要求解的问题的本质，以及对问题的理解。一个从以往经验中总结出的原则是，两种方法，哪种能设计出更能自然反映问题本质的直观的解决方案，就用哪种方法。如果可以很直接地设计出迭代方案，那么就用迭代，通常会比递归方案效率高很多。

提示： *递归程序有可能耗尽内存，造成栈溢出（stack overflow）的运行时错误。*

小窍门： *如果你很在意你的程序的性能，应避免使用递归，因为递归会比迭代消耗更多的时间和内存。*

17.9　尾递归

关键点： *尾递归函数可以有效地减少堆栈空间。*

当一个递归函数在返回递归调用后没有待执行的操作时，这种递归函数称为*尾递归*（tail recursive）。如图 17-10a 所示。当然，函数 B 在图 17-10b 中并不是尾递归，因为在函数调用返回之后还有待执行的操作。

```
Recursive function A
    ...
    ...
    ...
    Invoke function A recursively
```

a) 尾递归

```
Recursive function B
    ...
    ...
    Invoke function B recursively
    ...
    ...
```

b) 非尾递归

图 17-10　尾递归函数的递归调用后没有待执行的操作

例如，在程序清单 17-4 中的递归函数 isPalindrome（5 ～ 13 行）是尾递归函数，因为在第 12 行中完成对 isPalindrome 的递归调用之后没有其他需要执行的操作。但是，在程序清单 17-1 中的递归函数 factorial（21 ～ 27 行）不是尾递归，因为还有一个待执行的操作需要完成后才意味着从每一个递归调用完成了。

尾递归是可取的，因为当最后一次递归调用结束时，函数就结束了。所以没有必要存储在堆栈中的中间调用。有些编译器可以优化尾递归来减少堆栈空间。

一个非尾递归函数通常可以通过使用辅助参数而转换为一个尾递归函数。这些参数用于包含结果。这个想法是把待执行的操作都合并起来，形成辅助参数，使递归调用不在有待执行的操作。可以定义一个新的辅助递归函数与辅助参数。此函数可以重载同名的原函数，但是不能使用相同的签名。举一个例子，在程序清单 17-1 中，可以使用尾递归函数来重写阶乘函数，其代码如下所示：

```
// Return the factorial for a specified number
int factorial(int n)
{
  return factorial(n, 1); // Call auxiliary function
}

```

```
7  // Auxiliary tail-recursive function for factorial
8  int factorial(int n, int result)
9  {
10   if (n == 1)
11     return result;
12   else
13     return factorial(n - 1, n * result); // Recursive call
14 }
```

第一个阶乘函数简单调用第二个辅助函数（4 行）。而第二个函数包含参数 n 并且这一函数在第 13 行进行递归调用。在调用完成返回后，没有未完成的操作。因此调用的返回在第 11 行，并且返回值也来自第 4 行的 factorial(n,1)。

检查点

17.14 下列观点哪一项是正确的？

- 任意递归函数可转变为非递归函数。
- 递归函数会比非递归函数耗费更多时间和存储空间。
- 递归函数总是比非递归函数简便。
- 对于一个选择语句，在递归函数内总是能够被基本案例库查询到。

17.15 栈溢出异常的原因是什么？

17.16 明确这一章关于尾递归函数的定义。

17.17 用尾递归重写程序清单 17-2 中的 fib 函数。

关键术语

base case（基本情况）
infinite recursion（无限递归）
recursive function（递归函数）
recursive helper function（递归辅助函数）
stopping condition（停止条件）
tail recursion（尾递归）

本章小结

1. 递归函数就是直接和间接调用自身的函数。为使递归函数能正常终止，必须有一个或多个基本情况。
2. 递归是一种程序控制形式，它本质上是重复执行的，但无须循环控制结构。使用递归技术可以对一些本质上具有递归特性的问题给出简单、清晰的解决方案，而使用其他方法求解则很困难。
3. 某些原函数需要改写，以接收额外的参数，从而能递归地进行调用。可以声明递归辅助函数来达到此目的。
4. 递归有严重的额外开销。每当程序进行函数调用时，系统必须为所有的局部变量和参数分配内存空间，这可能消耗相当可观的内存，并需要额外的时间进行额外存储空间的管理。
5. 当一个递归函数在返回递归调用后没有待执行的操作时，这种递归函数称为*尾递归*。有些编译器可以优化尾递归来减少堆栈空间。

在线测验

请在 www.cs.armstrong.edu/liang/cpp3e/quiz.html 完成本章的在线测验。

程序设计练习

17.2 ～ 17.3 节

17.1 （计算阶乘）用循环重写程序清单 17-1 中的 factorial 函数。

*17.2 （斐波那契数）用循环重写程序清单 17-2 中的 fib 函数。

提示：为了计算 fib(n)，需要首先要算出 fib(n−2) 和 fib(n−1)。令 f0 和 f1 表示前两个斐波那契数，则当前要计算的斐波那契数为 f0 + f1。算法可描述如下：

```
f0 = 0; // For fib(0)
f1 = 1; // For fib(1)

for (int i = 2; i <= n; i++)
{
  currentFib = f0 + f1;
  f0 = f1;
  f1 = currentFib;
}

// After the loop, currentFib is fib(n)
```

编写测试程序，提示用户输入一个下标，显示对应的斐波那契数。

*17.3 （使用递归计算最大公约数）gcd(m, n) 可用递归形式定义如下：

- 若 m % n 等于 0，则 gcd(m, n) 等于 n。
- 否则，gcd(m, n) 等于 gcd(n, m % n)。

编写一个递归函数，求最大公约数。编写一个测试程序，提示用户输入两个整数并显示它们的最大公约数。

17.4 （级数求和）编写一个递归函数，计算下面的级数：

$$m(i)=1+\frac{1}{2}+\frac{1}{3}+\ \cdots\ +\frac{1}{i}$$

编写测试程序，显示 m(i)（i=1,2,···10）。

17.5 （级数求和）编写一个递归函数，计算下面的级数：

$$m(i)=\frac{1}{3}+\frac{2}{5}+\frac{3}{7}+\frac{4}{9}+\frac{5}{11}+\frac{6}{13}+\ \cdots\ +\frac{i}{2i+1}$$

编写测试程序，显示 m(i)（i=1,2,···10）。

**17.6 （级数求和）编写一个递归函数，计算下面的级数：

$$m(i)=\frac{1}{2}+\frac{2}{3}+\ \cdots\ +\frac{i}{i+1}$$

编写测试程序，显示 m(i)（i=1,2,···10）。

*17.7 （斐波那契数）修改程序清单 17-2，使得程序能求出函数 fib 被调用的次数。（提示：使用一个全局变量，每次函数调用时将其加 1。）

17.4 节

**17.8 （逆序打印一个整数中的所有数字）编写一个递归函数，在控制台逆序输出一个 int 型值，函数头如下：

```
void reverseDisplay(int value)
```

例如，reverseDisplay(12345) 输出 54321。编写一个测试程序，提示用户输入一个整数并输出其逆序。

**17.9 （逆序打印一个字符串中所有字符））编写一个递归函数，在控制台逆序输出一个字符串，函数头如下：

```
void reverseDisplay(const string& s)
```

例如，reverseDisplay("abcd") 输出 dcba。编写一个测试程序，提示用户输入一个字符串并输出其逆序。

*17.10 （指定字符在字符串中出现的次数）编写一个递归函数，统计一个指定字符在一个字符串中出现的次数，函数头如下：

```
int count(const string& s, char a)
```

例如，count("Welcome", 'e') 返回 2。编写一个测试程序，提示用户输入一个字符串和一个字符，输出该字符在字符串中出现的次数。

**17.11 （使用递归方法求一个整数中所有数字之和）编写一个递归函数，计算一个整数中所有数字之和，函数头如下：

```
int sumDigits(int n)
```

例如，sumDigits(234) 返回 2 + 3 + 4 = 9。编写一个测试程序，提示用户输入一个整数，并输出其和。

17.5 节

**17.12 （逆序打印字符串中所有字符）使用辅助函数重写程序设计练习 17.9 中的程序，将子串尾下标作为参数传递给辅助函数，辅助函数的函数头如下：

```
void reverseDisplay(const string& s, int high)
```

**17.13 （求数组中最大数）编写一个递归函数，返回数组中最大数。编写一个测试程序，提示用户输入 8 个整数的序列，并输出最大值。

*17.14 （求字符串中大写字母数量）编写一个递归函数，返回一个字符串中大写字母的数目。需要声明下面两个函数，第二个是递归辅助函数。

```
int getNumberOfUppercaseLetters(const string& s)
int getNumberOfUppercaseLetters(const string& s, int high)
```

编写测试程序，提示用户输入一个字符串，并输出该字符串中大写字符的数量。

*17.15 （指定字符在字符串中出现的次数）使用辅助函数重写程序设计练习 17.10 中程序，将子串的尾下标作为参数传递给辅助函数。需要声明如下两个函数，第二个是递归辅助函数。

```
int count(const string& s, char a)
int count(const string& s, char a, int high)
```

编写一个测试程序，提示用户输入一个字符串和一个字符，并输出该字符在字符串中出现的次数。

17.6 节

*17.16 （汉诺塔）修改程序清单 17-7 TowersOfHanoi.cpp，使程序能求出将 *n* 个盘子从塔 A 移到塔 B 所需要的移动次数。（提示：使用一个全局变量，每次函数调用时将其加 1。）

综合

***17.17 （字符串排列）编写一个递归函数，打印一个字符串的所有排列。例如，对字符串 abc，输出结果为：

```
abc
acb
bac
bca
cab
cba
```

（提示：声明如下两个函数，第二个为递归辅助函数。）

```
void displayPermuation(const string& s)
void displayPermuation(const string& s1, const string& s2)
```

第一个函数简单地调用 displayPermutation(" ", s)。第二个函数使用一个循环将一个字符从 s2 移到 s1，并使用新的 s1 和 s2 递归地调用自身。基本情况是 s2 为空，此时将 s1 输出到控制台。

编写一个测试程序，提示用户输入一个字符串，并输出其所有的排列。

***17.18 （游戏：数独）本书网站附加材料 VI.A 给出了求解数独问题的程序，使用递归方法重写该程序。

***17.19 （游戏：八皇后问题的多个解）使用递归方法重写程序清单 17-8。

***17.20 （游戏：数独问题的多个解）修改程序设计练习 17.18，显示数独问题的所有可能的解。

*17.21 （十进制转换为二进制）编写递归函数，将一个十进制数转换为二进制数形式的字符串。函数头为：

```
string decimalToBinary(int value)
```

编写测试程序，提示用户输入十进制的数，并输出对应的二进制序列。

*17.22 （十进制转换为十六进制）编写递归函数，将一个十进制数转换为十六进制数形式的字符串。函数头为：

```
string decimalToHex(int value)
```

编写测试程序，提示用户输入十进制的数，并输出对应的十六进制序列。

*17.23 （二进制转换为十进制）编写递归函数，将一个二进制数组成的字符串转换为十进制数。函数头为：

```
int binaryToDecimal(const string& binaryString)
```

编写测试程序，提示用户输入二进制数组成的字符串，并输出对应的十进制序列。

*17.24 （十六进制转换为十进制）编写递归函数，将一个十六进制数组成的字符串转换为十进制数形式的字符串。函数头为：

```
int hexToDecimal(const string& hexString)
```

编写测试程序，提示用户输入十六进制的数组成的字符串，并输出对应的十进制序列。

附　　录

Introduction to Programming with C++, Third Edition

附录 A

Introduction to Programming with C++, Third Edition

C++ 关键字

下列关键字是 C++ 语言保留使用的，除了预定义的作用外，这些关键字不能用于其他用途。

asm	do	inline	short	typeid
auto	double	int	signed	typename
bool	dynamic_cast	long	sizeof	union
break	else	mutable	static	unsigned
case	enum	namespace	static_cast	using
catch	explicit	new	struct	virtual
char	extern	operator	switch	void
class	false	private	template	volatile
const	float	protected	this	wchar_t
const_cast	for	public	throw	while
continue	friend	register	true	
default	goto	reinterpret_cast	try	
delete	if	return	typedef	

注意，以下 11 个 C++ 关键字不是基本的。不是所有的 C++ 编译器都支持它们。然而，它们为一些 C++ 中的运算符提供了更多便于阅读与理解的选择。

关键字	等同的运算符
and	&&
and_eq	&=
bitand	&
bitor	|
compl	~
not	!
not_eq	!=
or	||
or_eq	|=
xor	^
xor_eq	^=

附录 B

ASCII 字符集

表 B-1 和表 B-2 分别给出了 ASCII 字符及其编码的十进制和十六进制表示。一个字符的十进制和十六进制编码由表项所在行和列的下标组合而成。例如，在表 B-1 中，字母 A 位于第 6 行第 5 列，因此其十进制编码为 65 ；在表 B-2 中，字母 A 位于第 4 行第 1 列，因此其十六进制编码为 41。

表 B-1 ASCII 字符集及十进制表示

	0	*1*	*2*	*3*	*4*	*5*	*6*	*7*	*8*	*9*
0	nul	soh	stx	etx	eot	enq	ack	bel	bs	ht
1	nl	vt	ff	cr	so	si	dle	dc1	dc2	dc3
2	dc4	nak	syn	etb	can	em	sub	esc	fs	gs
3	rs	us	sp	!	”	#	$	%	&	’
4	(	)	*	+	,	−	.	/	0	1
5	2	3	4	5	6	7	8	9	:	;
6	<	=	>	?	@	A	B	C	D	E
7	F	G	H	I	J	K	L	M	N	O
8	P	Q	R	S	T	U	V	W	X	Y
9	Z	[	\	]	^	_	‘	a	b	c
10	d	e	f	g	h	i	j	k	l	m
11	n	o	p	q	r	s	t	u	v	w
12	x	y	z	{	|	}	~	del		

表 B-2 ASCII 字符集及十六进制表示

	0	*1*	*2*	*3*	*4*	*5*	*6*	*7*	*8*	*9*	*A*	*B*	*C*	*D*	*E*	*F*
0	nul	soh	stx	etx	eot	enq	ack	bel	bs	ht	nl	vt	ff	cr	so	si
1	dle	dc1	dc2	dc3	dc4	nak	syn	etb	can	em	sub	esc	fs	gs	rs	us
2	sp	!	”	#	$	%	&	’	(	)	*	+	,	−	.	/
3	0	1	2	3	4	5	6	7	8	9	:	;	<	=	>	?
4	@	A	B	C	D	E	F	G	H	I	J	K	L	M	N	O
5	P	Q	R	S	T	U	V	W	X	Y	Z	[	\	]	^	_
6	‘	a	b	c	d	e	f	g	h	i	j	k	l	m	n	o
7	p	q	r	s	t	u	v	w	x	y	z	{	|	}	~	del

附录 C

Introduction to Programming with C++, Third Edition

运算符优先级表

下表按优先级由上至下依次下降的次序列出了 C++ 运算符，列在一组中的运算符优先级相同，结合率如表中所列。

运算符	类型	结合率
::	二元作用域解析	左结合
::	一元作用域解析	
.	通过对象访问对象成员	左结合
->	通过指针访问对象成员	
()	函数调用	
[]	数组下标	
++	后增	
--	后减	
typeid	运行时信息	
dynamic_cast	动态类型转换（运行时）	
static_cast	静态类型转换（编译时）	
reinterpret_cast	非标准类型转换	
++	前增	右结合
--	前减	
+	一元加	
-	一元减	
!	一元逻辑非	
~	位反	
sizeof	类型大小	
&	变量地址	
*	变量指针	
new	动态内存分配	
new[]	动态分配数组	
delete	动态内存释放	
delete[]	动态释放数组	
(type)	C- 风格类型转换	右结合
*	乘	左结合
/	除	
%	模	

（续）

运算符	类型	结合率
+	加	左结合
-	减	
<<	流输出或位左移	左结合
>>	流输入或位右移	
<	小于	左结合
<=	小于等于	
>	大于	
>=	大于等于	
==	相等	左结合
!=	不等	
&	位与	左结合
^	位异或	左结合
|	位或	左结合
&&	布尔与	左结合
||	布尔或	左结合
?:	三元运算符	右结合
=	赋值	右结合
+=	加赋值	
-=	减赋值	
*=	乘赋值	
/=	除赋值	
%=	模赋值	
&=	位与赋值	
^=	位异或赋值	
|=	位或赋值	
<<=	左移位赋值	
>>=	右移位赋值	

数字系统

D.1 引言

计算机内部使用二进制系统，因为计算机只能存储和处理 0 和 1。二进制系统只有两个数，0 和 1。对于一个数字或者一个字符，被存储在 0 和 1 的序列中。每一个 0 或 1 被称为 1 个比特（二进制码）。

在我们的日常生活中，我们采用的是十进制数。当我们在程序中输入一个数，如 20，它是一个十进制数。实际上，计算机内部将十进制转换为二进制，反之亦然。

我们在程序中写入十进制数。但是，实际处理操作系统的是底层采用二进制的物理层。二进制数会非常冗长。通常用十六进制数来缩写二进制，用一位的十六进制来代表四位的二进制。十六进制数一共 16 个：0 ～ 9 和 A ～ F。字母 A、B、C、D、E 和 F 代表着十进制中的 10、11、12、13、14 和 15。

十进制数中是 0、1、2、3、4、5、6、7、8 和 9。十进制数在数列中能够代表更多的数。每一个数字的位置代表着它们相对的 10 的幂指数。举一个例子，对于十进制数 7423 中的 7、4、2 和 3，分别代表着 7000、400、20 和 3，如下所示：

$$\boxed{7\,|\,4\,|\,2\,|\,3} = 7\times 10^3 + 4\times 10^2 + 2\times 10^1 + 3\times 10^0$$

$$10^3\ 10^2\ 10^1\ 10^0 = 7\,000 + 400 + 20 + 3 = 7\,423$$

在十进制中，每一个数字的位置代表着它们相对的 10 的幂指数。在十进制系统中，是以 10 为底或根。相同的，对于二进制而言，是以 2 为底，相同的还有十六进制。如果在二进制中的数 1101，其中的 1、1、0、1 代表着 1×2^3、1×2^2、0×2^1 和 1×2^0：

$$\boxed{1\,|\,1\,|\,0\,|\,1} = 1\times 2^3 + 1\times 2^2 + 0\times 2^1 + 1\times 2^0$$

$$2^3\ 2^2\ 2^1\ 2^0 = 8 + 4 + 0 + 1 = 13$$

如果是十六进制数 7423，其中 7、4、2、3 代表 7×16^3、4×16^2、2×16^1 和 3×16^0：

$$\boxed{7\,|\,4\,|\,2\,|\,3} = 7\times 16^3 + 4\times 16^2 + 2\times 16^1 + 3\times 16^0$$

$$16^3\ 16^2\ 16^1\ 16^0 = 28\,672 + 1\,024 + 32 + 3 = 29\,731$$

D.2 二进制与十进制之间的转换

给定一个二进制数 $b_n b_{n-1} b_{n-2} \cdots b_2 b_1 b_0$，等价的十进制数的值为：

$$b_n\times 2^n + b_{n-1}\times 2^{n-1} + b_{n-2}\times 2^{n-2} + \cdots + b_2\times 2^2 + b_1\times 2^1 + b_0\times 2^0$$

下面是一些二进制数转换为十进制数的例子：

二进制	转换公式	十进制
10	$1\times 2^1 + 0\times 2^0$	2
1000	$1\times 2^3 + 0\times 2^2 + 0\times 2^1 + 0\times 2^0$	8
10101011	$1\times 2^7 + 0\times 2^6 + 1\times 2^5 + 0\times 2^4 + 1\times 2^3 + 0\times 2^2 + 1\times 2^1 + 1\times 2^0$	171

要将一个十进制数 d 转换为二进制数，就是要找到一个二进制位的序列 b_n，b_{n-1}，b_{n-2}，…，b_2，b_1 和 b_0，使得：

$$d = b_n\times 2^n + b_{n-1}\times 2^{n-1} + b_{n-2}\times 2^{n-2} + \cdots + b_2\times 2^2 + b_1\times 2^1 + b_0\times 2^0$$

这些二进制位可以按照每次都用 d 除以 2 来得到，直到商为 0。余数就是 b_0，b_1，b_2，…，b_{n-2}，b_{n-1} 和 b_n。

例如，十进制数 123 的二进制表示是 1111011，其转换过程如下所示：

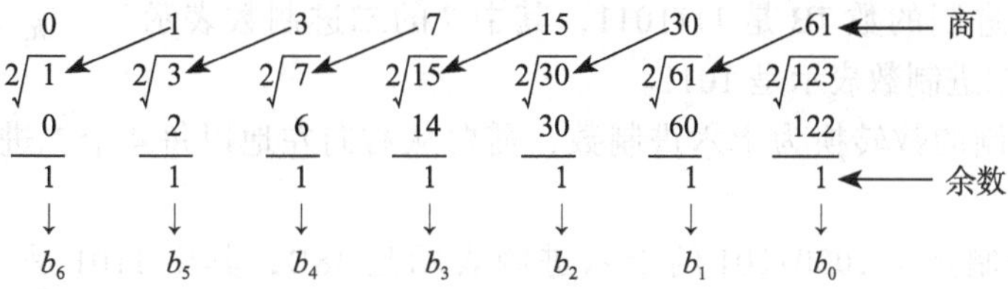

小窍门：图 D-1 中所示的 Windows Calculator 程序，是一个很好的数制转换工具。可以在“开始”按钮中搜索到“Calculator”运行该程序，然后在 View 菜单中选择 Scientific 选项。

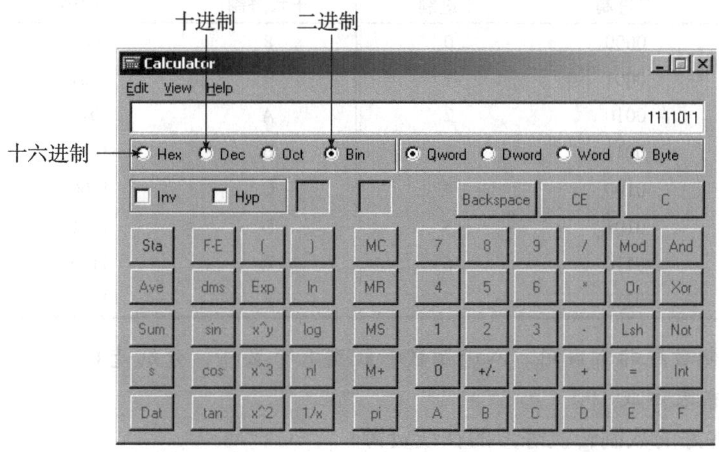

图 D-1 使用 Windows Calculator 程序进行数制转换

D.3 十六进制与十进制之间的转换

给定一个十六进制数 $h_nh_{n-1}h_{n-2}\cdots h_2h_1h_0$，等价的十进制数的值为：

$$h_n\times 16^n + h_{n-1}\times 16^{n-1} + h_{n-2}\times 16^{n-2} + \cdots + h_2\times 16^2 + h_1\times 16^1 + h_0\times 16^0$$

下面是一些十六进制数转换为十进制数的例子：

十六进制	转换公式	十进制
7F	$7 \times 16^1 + 15 \times 16^0$	127
FFFF	$15 \times 16^3 + 15 \times 16^2 + 15 \times 16^1 + 15 \times 16^0$	65535
431	$4 \times 16^2 + 3 \times 16^1 + 1 \times 16^0$	1073

要将一个十进制数 d 转换为十六进制数，就是要找到十六进制位的序列 h_n，h_{n-1}，h_{n-2}，…，h_2，h_1 和 h_0，使得：

$$d = h_n\times 16^n + h_{n-1}\times 16^{n-1} + h_{n-2}\times 16^{n-2} + \cdots + h_2\times 16^2 + h_1\times 16^1 + h_0\times 16^0$$

这些十六进制的数可以按照每次都用 d 除以 16 来得到，直到商为 0。余数就是 h_0，h_1，

h_2，…，h_{n-2}，h_{n-1} 和 h_n。

例如，十进制数 123 的十六进制表示是 7B，其转换过程如下图所示。

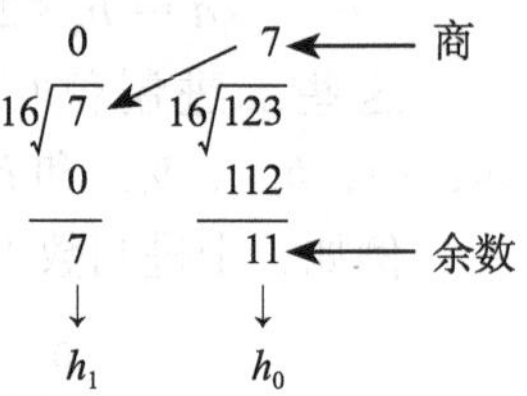

D.4 二进制与十六进制之间的转换

将一个十六进制的数转换为二进制数，只要简单地将每个十六进制的数转换为一组 4 个二进制位即可，如表 D-1 所示。

例如，十六进制的数 7B 是 1111011，其中 7 的二进制数表示是 111，而 B 的二进制数表示是 1011。

将一个二进制的数转换为十六进制数，需要从右向左地以每 4 个二进制位转换为一个十六进制数。

例如，二进制数 1110001101 的十六进制表示是 38D，其中 1101 是 D，1000 是 8，而 11 是 3，如右所示。

11 1000 1101
3 8 D

表 D-1 十六进制转换为二进制

十六进制	二进制	十进制	十六进制	二进制	十进制
0	0000	0	8	1000	8
1	0001	1	9	1001	9
2	0010	2	A	1010	10
3	0011	3	B	1011	11
4	0100	4	C	1100	12
5	0101	5	D	1101	13
6	0110	6	E	1110	14
7	0111	7	F	1111	15

提示： 八进制数也非常有用。八进制数系统有 8 个数字，分别是 0 ～ 7。十进制数 8 在八进制系统中被表示成 10。

下面是一些好的数制转换练习的在线资源：

- http://forums.cisco.com/CertCom/game/binary_game_page.htm。
- http://people.sinclair.edu/nickreeder/Flash/binDec.htm。
- http://people.sinclair.edu/nickreeder/Flash/binHex.htm。

检查点

D.1 将下列十进制数转换为十六进制数和二进制数：

100；4340；2000

D.2 将下列二进制数转换为十六进制数和十进制数：

1000011001；100000000；100111

D.3 将下列十六进制数转换为二进制数和十进制数：

FEFA9；93；2000

附录 E

位 运 算

为了编写一些更接近机器底层的程序，你常常需要直接处理二进制数，进行位级运算。C++ 提供了位运算符和移位运算符，下表列出了这些运算符。

<table>
<tr><th>运算符</th><th>名称</th><th>示例</th><th>描述</th></tr>
<tr><td>&</td><td>位与</td><td>10101110 & 10010010
得到 10000010</td><td>如果两个二进制位均为 1，则位与结果为 1</td></tr>
<tr><td>|</td><td>位或</td><td>10101110 | 10010010
得到 10111110</td><td>两个二进制位有一个为 1，位或结果即为 1</td></tr>
<tr><td>^</td><td>位异或</td><td>10101110 ^ 10010010
得到 00111100</td><td>如果两个二进制位不同，则位异或结果为 1</td></tr>
<tr><td>~</td><td>位补</td><td>~10101110
得到 01010001</td><td>将每个二进制位从 0 翻转为 1，1 翻转为 0</td></tr>
<tr><td><<</td><td>左移位</td><td>10101110 << 2
得到 10111000</td><td>将第一个运算对象的所有二进制位左移，移动距离由第二个运算对象指出，右部补 0</td></tr>
<tr><td>>></td><td>无符号整数右移位</td><td>1010111010101110 >> 4
得到 0000101011101010</td><td>将第一个运算对象的所有二进制位右移，移动距离由第二个运算对象指出，左部补 0</td></tr>
<tr><td>>></td><td>有符号整数右移位</td><td></td><td>计算方式依赖于具体平台。因此，应尽量避免使用这个运算</td></tr>
</table>

所有位运算符都可以构成位运算赋值运算符，例如 ^=、|=、<<= 和 >>=。

推荐阅读

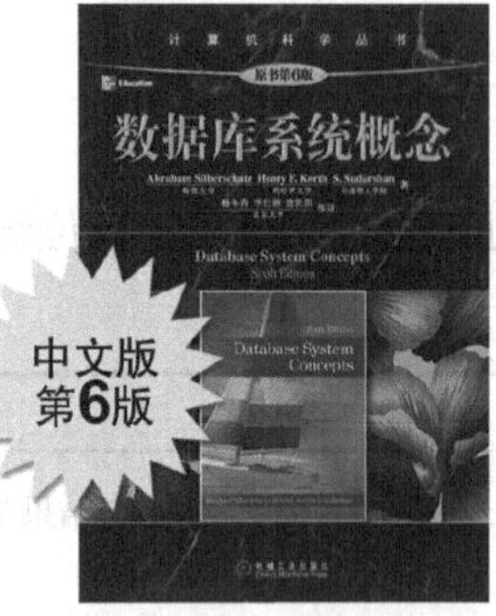

作者：Abraham Silberschatz 著
中文翻译版：978-7-111-37529-6，99.00元
英文精编版：978-7-111-40086-8，69.00元
本科教学版：978-7-111-40085-1，59.00元

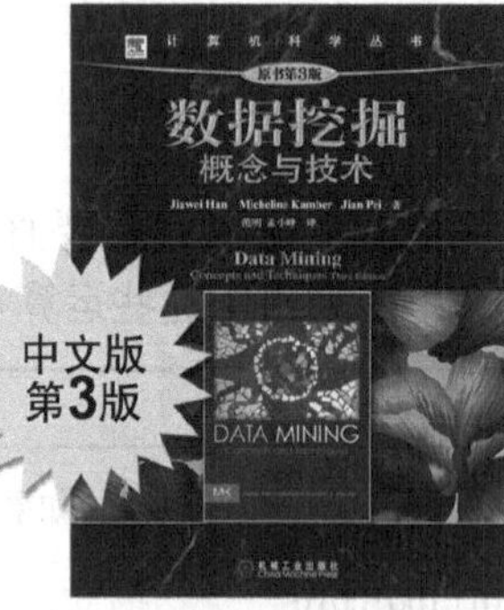

作者：Jiawei Han 等著
英文版：978-7-111-37431-2，118.00元
中文版：978-7-111-39140-1，79.00元

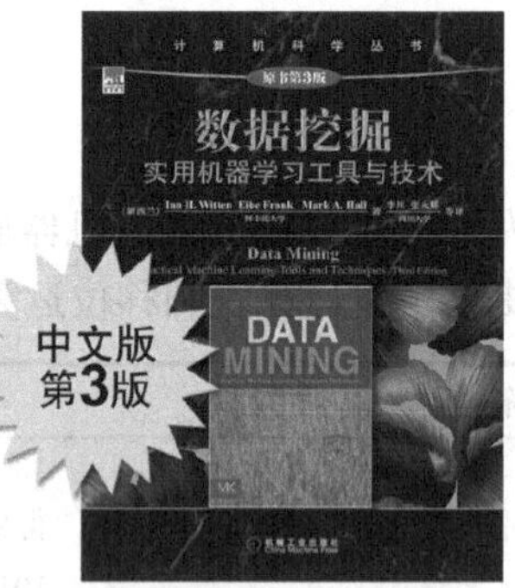

作者：Ian H.Witten 等著
英文版：978-7-111-37417-6，108.00元
中文版：978-7-111-45381-9，79.00元

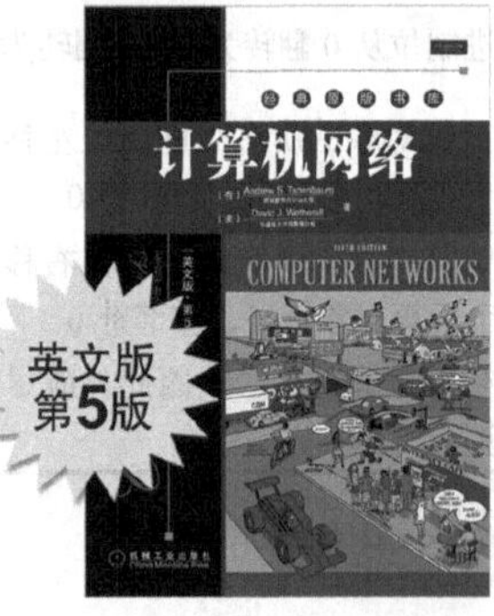

作者：Andrew S. Tanenbaum 著
书号：978-7-111-35925-8，99.00元

作者：Behrouz A. Forouzan 著
英文版：978-7-111-37430-5，79.00元
中文版：978-7-111-40088-2，99.00元

作者：James F. Kurose 著
书号：978-7-111-45378-9，79.00元

作者：Thomas H. Cormen 等著
书号：978-7-111-40701-0，128.00元

作者：John L. Hennessy 著
书号：978-7-111-36458-0，138.00元

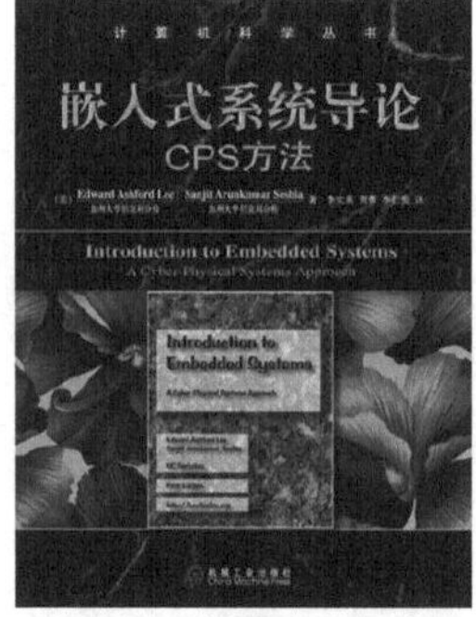

作者：Edward Ashford Lee 著
书号：978-7-111-36021-6，55.00元